J. Nentwig · M. Kreuder · K. Morgenstern

Lehrprogramm CHEMIE I

VCH

Vertrieb

VCH Verlagsgesellschaft, Postfach 1260/1280, D-6940 Weinheim (Bundesrepublik Deutschland)

Schweiz: VCH Verlags-AG, Postfach, CH-4020 Basel (Schweiz)

Großbritannien und Irland: VCH Publishers (UK) Ltd., 8 Wellington Court, Wellington Street, Cambridge CB1 1HW (Großbritannien)

USA und Canada: VCH Publishers, Suite 909, 220 East 23rd Street, New York, NY 10010-4606 (USA)

ISBN 3-527-25951-1

J. Nentwig · M. Kreuder · K. Morgenstern

Lehrprogramm CHEMIE I

20 Programme Anorganische Chemie
7 Programme Allgemeine Chemie
2 Programme Organische Chemie

Fünfte Auflage

VCH

Dr. Joachim Nentwig
Wolff Walsrode AG
D-3030 Walsrode 1

Dr. Manfred Kreuder, Dr. Karl Morgenstern
Bayer AG, Werk Uerdingen
D-4150 Krefeld-Uerdingen

1. Auflage 1969
2. Auflage 1970
1. Nachdruck, 1970, der 2. Auflage 1970
2. Nachdruck, 1970, der 2. Auflage 1970
3., völlig neu bearbeitete Auflage 1971
1. Nachdruck, 1973, der 3. Auflage 1971
2., verbesserter Nachdruck, 1974, der 3. Auflage 1971
4. Auflage 1977
1. Nachdruck, 1981, der 4. Auflage 1977
2. Nachdruck, 1983, der 4. Auflage 1977
5. Auflage 1985
1. Nachdruck, 1988, der 5. Auflage 1985

Dieses Buch enthält 40 Abbildungen und 22 Tabellen

CIP-Kurztitelaufnahme der Deutschen Bibliothek

Nentwig, Joachim:
Lehrprogramm Chemie / J. Nentwig; M. Kreuder; K. Morgenstern. – Weinheim; Deerfield Beach, Florida; Basel: VCH Verlagsgesellschaft mbH
NE: Kreuder, Manfred: ; Morgenstern, Karl:
1. 20 Programme anorganische Chemie, 7 Programme allgemeine Chemie, 2 Programme organische Chemie. – 5. Aufl. – 1985.
ISBN 3-527-25951-1

Satz: Filmsatz Unger, D-6940 Weinheim
Druck und Bindung: Clausen & Bosse, D-2262 Leck
Printed in the Federal Republic of Germany.

Vorwort zur 5. Auflage

Mit dieser 5. Auflage legen wir – unter Beibehaltung der bewährten Programmierung – eine weiter verbesserte Form des *Lehrprogramm Chemie I* vor. Der Text wurde durchgehend überprüft und den veränderten Erkenntnissen und Verhältnissen angepaßt. In der Terminologie wurden die neuen Vorschriften und Empfehlungen der internationalen Gremien berücksichtigt. Deshalb ergaben sich besonders in den Programmen mit theoretischem und allgemeinem Inhalt weitgehende Veränderungen.

Wir danken für die vielen Zuschriften, die uns gezeigt haben, daß das *Lehrprogramm Chemie* für einen großen und weit gestreuten Kreis von Benutzern eine Hilfe ist. Schüler und Auszubildende, Fach- und Hochschulstudenten mit Chemie als Nebenfach sowie Berufstätige, die chemische Grundkenntnisse erwerben müssen, können durch das Studium des Lehrprogramms auf einfache Weise Wissen erwerben, auf dem sie dann weiter aufbauen können.

Für Anregungen und kritische Bemerkungen sind wir jederzeit dankbar.

Krefeld und Walsrode, im Oktober 1984 Die Autoren

Aus dem Vorwort zur 1. Auflage

Die Methoden des programmierten Unterrichts wurden in den USA entwickelt und dort in der Praxis angewandt. In Europa ist die programmierte Unterweisung erst seit Anfang der 60er Jahre über einen kleinen Kreis von Fachleuten hinaus bekannt geworden. Inzwischen sind auf verschiedenen Wissensgebieten Lehrprogramme auch in deutscher Sprache erschienen. Auf dem naturwissenschaftlichen Sektor, besonders in der Chemie, beschränken sich die Programme jedoch auf die Behandlung von Einzelthemen.

Wir freuen uns deshalb, mit dem „Lehrprogramm Chemie I" den ersten Teil eines Lehrbuches vorlegen zu können, das die Grundlagen eines in sich geschlossenen Wissensgebietes nach den Methoden der programmierten Unterweisung behandelt.

Wir haben uns bei der Gestaltung der Programme nicht dogmatisch auf eine bestimmte Methode festgelegt, sondern waren immer bemüht, die Programmierungstechnik dem Lehrstoff optimal anzupassen. Die lineare Programmierung (nach Skinner) und die verzweigte Programmierung (nach Crowder) wurden nebeneinander verwendet.

Die Ausarbeitung und vor allem die breite Erprobung von Lehrprogrammen erfordert einen beträchtlichen materiellen Aufwand. Ohne die großzügige Unterstützung der Farbenfabriken Bayer AG wäre das Projekt kaum zu verwirklichen gewesen.

Krefeld, im November 1969

Joachim Nentwig
Manfred Kreuder
Karl Morgenstern

Inhalt

Anleitung zum Gebrauch der Lehrprogramme

Sie haben mit diesem Buch die Möglichkeit, sich chemische Grundkenntnisse nach einer modernen Unterrichtsmethode anzueignen, nach der Methode der

programmierten Unterweisung.

Der Lehrstoff wird Ihnen in 29 Programmen dargeboten. Die anfänglich geringen Anforderungen werden bei den folgenden Programmen rasch gesteigert.

Die neue Methode bedingt eine besondere Arbeitstechnik, mit der Sie jetzt vertraut gemacht werden sollen.

In einem Lehrprogramm ist der Lernstoff in viele kleine Abschnitte zerlegt. Am Ende eines jeden Abschnittes wird Ihnen eine Aufgabe gestellt. Sie sollen zeigen, daß Sie den Inhalt dieses Abschnittes verstanden haben. Die Aufgabe besteht z. B. darin, eine Formel oder Gleichung aufzustellen, etwas zu berechnen, fehlende Worte zu ergänzen usw. Sie werden dann auf den nächsten Abschnitt verwiesen, wo Sie die Lösung der Aufgabe finden oder wo Ihnen Ihre Fehler erklärt werden. Anschließend lernen Sie wieder etwas Neues. So werden Sie Schritt für Schritt durch das Programm geführt.

Diese Arbeitstechnik soll Ihnen an zwei einfachen Lernabschnitten erläutert werden, wobei Sie zugleich die beiden grundsätzlichen Möglichkeiten der Fragestellung kennenlernen werden. Sie brauchen beim Durcharbeiten des Programms stets Schreibpapier und einen Bleistift, Kugelschreiber o. ä.

---

1 Sie können Chemie nach einer modernen Unterrichtsmethode, nach der Methode der programmierten Unterweisung lernen. Der Lehrstoff wird in 29 Programmen dargeboten.

Sie schreiben also auf: „Wir lernen Chemie mit Hilfe der programmierten Unterweisung.“

Aber bitte *nicht* in das Programm hineinschreiben! Sie nehmen sich sonst selbst die Möglichkeit der späteren Wiederholung! Für *alle Notizen* benutzen Sie bitte Schreibpapier.

Wenn Sie Ihre Antwort aufgeschrieben haben, schlagen Sie den angegebenen Abschnitt 11 auf. Dort können Sie selbst kontrollieren, ob Ihre Antwort richtig war. (Achten Sie aber darauf, daß Sie beim Blättern innerhalb des gleichen Programms bleiben.)

Wegweiser durch das Programm sind nicht die Seitenzahlen, sondern die Nummern in Kästchen oben links vor jedem Abschnitt.

Sie suchen jetzt also nach Abschnitt [11], (*nicht* Seite 11!) und finden die richtige Antwort, die Sie mit Ihrer Lösung vergleichen. In der Lösung ist das Wort, das in der Aufgabe fehlt, kursiv gedruckt.

---

[11] Wir lernen Chemie mit Hilfe der *programmierten* Unterweisung.

Es hat sich gezeigt, daß das programmierte Lernen wirkungsvoller ist als das Lernen mit Hilfe eines Lehrbuches.

Man lernt nach einem Programm leichter und besser, weil der Lernstoff in kleinen Schritten dargeboten wird, weil man sich sofort selbst kontrollieren und sein individuelles Lerntempo einhalten kann.

Wie lernt man am wirkungsvollsten?

- Beim Lernen nach einem Lehrbuch → [3]
- Beim Lernen nach einem Programm → [18]
- Es gibt keinen unterschiedlichen Lernerfolg → [34]
- Ich kann die Frage noch nicht beantworten → [54]

Sie müssen sich jetzt für eine der vier Antworten entscheiden und den Abschnitt im Programm aufschlagen, der hinter der nach Ihrer Meinung richtigen Antwort angegeben ist.

Wenn Sie als Antwort [3] oder [34] auswählen, dann werden Sie erfahren, daß Ihre Antwort *nicht richtig* ist. Das ist nicht schlimm, denn Sie bekommen eine zusätzliche Erklärung und werden im Programm weitergeführt.

Die richtige Antwort ist [18].

Wenn Sie aber noch zu unsicher sind, um die Frage sofort zu beantworten und eine zusätzliche Erklärung wünschen, schlagen Sie [54] auf. Es ist immer besser, diesen Weg zu gehen, als bei einer solchen Auswahlantwort einfach zu raten.

In den nächsten Wochen werden Sie selbst erkennen, daß das Arbeiten mit Lehrprogrammen nicht nur leichter ist und wesentlich mehr Spaß macht als das Lernen nach einem üblichen Lehrbuch, sondern auch, daß der Lernerfolg bei der programmierten Unterweisung besser ist. Allerdings: *Eine Wundermethode,* die Ihre eigene Mitarbeit überflüssig macht und mit der Sie die Chemie „im Schlafe" lernen, *ist auch die programmierte Unterweisung nicht!* Nur wenn Sie die Programme gewissenhaft durcharbeiten, werden Sie Erfolg haben. Dazu noch einige Tips:

1. Wenn Sie sich ein Programm vornehmen, müssen Sie *Zeit und Ruhe* haben. Es ist das Beste, ein Programm in *einem Zug* durchzuarbeiten und in den nächsten Tagen mehrfach zu wiederholen. Man kann das Durcharbeiten eines Programms natürlich unterbrechen. Notieren Sie sich in diesem Falle die Nummer des letzten Lernabschnittes. Bei den umfangreichen Programmen ist gelegentlich die Mitte markiert, damit dort eine sinnvolle Pause möglich ist.

2. Die einzelnen Abschnitte sind zum Durch*arbeiten,* nicht zum Durch*lesen* geschrieben. Verlassen Sie deshalb einen Abschnitt erst, wenn Sie den Inhalt wirklich begriffen haben. Sie können nämlich nicht mehr zurückblättern! Vergleichen Sie Ihre Antworten mit den Lösungen im nächsten Lernabschnitt sehr sorgfältig und verbessern Sie evtl. Fehler. Es ist nicht schlimm, wenn Sie, besonders beim ersten Durcharbeiten, einige Fehler machen. Es wäre aber sehr schade, wenn Sie sich nicht bemühen würden, aus diesen Fehlern zu lernen!

3. Seien Sie *ehrlich* an den Stellen, wo Sie aus mehreren Antwortmöglichkeiten die richtige heraussuchen sollen. Natürlich kann man bei der Beantwortung dieser „Quizfragen" mogeln. Bemühen Sie sich aber, die richtige Antwort selbst zu finden. Durch Mogeln bringen Sie sich *um den Lernerfolg.* Manchmal werden Sie die Möglichkeit haben, als Antwort zu wählen: „Ich verstehe die Frage nicht" oder „Ich kann die Frage nicht beantworten." Nutzen Sie ruhig diese Möglichkeit, wenn Sie unsicher sind. Sie werden dann im Programm an einen Abschnitt geführt, wo Sie zusätzlich eine ausführliche Erklärung erhalten.

4. Durch die ständige Kontrolle Ihres Lernerfolges und durch die Auswahlantworten, die eine Entscheidung von Ihnen verlangen, kommt ein Element der Spannung und des Spiels in das Lernen hinein. Das ist durchaus beabsichtigt und erwünscht, hat aber auch die Gefahr, daß das Programm einen „Sog" auf Sie ausübt, der Sie zum zu schnellen Durchblättern und Raten verführt. Hüten Sie sich davor! Arbeiten Sie langsam, ruhig und konzentriert!

5. Das Register am Schluß des Buches erlaubt Ihnen ein „Einsteigen" in das Programm an vielen wichtigen Stellen. So kann das *Lehrprogramm Chemie* auch zum Nachschlagen und zur gezielten Wiederholung verwendet werden.

Erfolgreiches Lernen setzt *aktive Teilnahme* des Lernenden, *sofortige Kontrolle* des Lernergebnisses und Arbeiten nach *individuellem Lernrhythmus* voraus. Diese Voraussetzungen erfüllt das programmierte Lernen.

1. Programm

Einführung

1 Die Chemie bildet einen Teil der Naturwissenschaften. Andere Teile der Naturwissenschaften sind z. B. die Zoologie (Tierkunde), die Botanik (Pflanzenkunde), die Mineralogie und die Physik. Bei der Chemie und der Physik grenzen die Forschungsgebiete besonders eng aneinander. Wir wollen versuchen, uns den Unterschied zwischen physikalischen und chemischen Vorgängen klarzumachen.

Wasser kennen wir nicht nur als flüssiges Wasser, sondern auch als Eis oder als Wasserdampf. Wasser kommt also fest, flüssig oder gasförmig vor.

Man nennt diese drei Erscheinungsformen auch *Aggregratzustände.*

Bitte notieren Sie diesen Begriff und lesen Sie weiter bei 44.

---

2 Sie haben richtig erkannt, daß es sich beim 2. Versuch (Erstarren des Wassers zu Eis) um einen physikalischen Vorgang handelt. Es findet nur eine Zustandsänderung statt.

Der 1. Versuch (Verdampfen des Wassers) ist aber *kein* chemischer, sondern ein physikalischer Vorgang. Wasserdampf ist nur ein anderer *Aggregatzustand* des Wassers, denn beim Abkühlen wandelt sich der Dampf wieder in flüssiges *Wasser* um.

Lesen Sie bitte weiter bei 7.

---

3 Sie arbeiten nicht sorgfältig und konzentriert mit. Ihre Antwort zeigt, daß Sie den bisher behandelten Lehrstoff nicht aufgenommen haben. Beginnen Sie nochmals bei 1, lassen Sie sich durch nichts ablenken und arbeiten Sie nicht zu schnell, sondern ruhig Schritt für Schritt das Programm durch.

---

4 Sie haben zwar richtig erkannt, daß sich der Stoff Glas nicht ändert, wenn man die Gläser durch leichtes Anstoßen zum Klingen bringt.

Aber auch bei dem zweiten Versuch handelt es sich um einen physikalischen Vorgang, denn wenn Sie Glas durch einen kräftigen Stoß zerschlagen, ändert sich der Stoff Glas nicht. Auch Glasscherben, selbst feinstgemahlenes Glaspulver, ist immer noch Glas. Eine Stoffumwandlung ist also *nicht* eingetreten. Es handelt sich daher auch *nicht* um einen chemischen Vorgang.

Lesen Sie bitte weiter bei 13.

---

5 Sie haben zwar richtig erkannt, daß das hellgraue Pulver *keine* chemische Verbindung ist.

Das Verreiben ist aber ein *physikalischer* Vorgang, denn beim Zerkleinern und Mischen bleiben *die Stoffe erhalten*, nur der Zustand ändert sich.

Es ist schade, daß Sie in der Beurteilung, ob ein Vorgang physikalischer oder chemischer Natur ist, noch nicht sicher sind. Sie sollten dieses Programm bald einmal wiederholen!

Gehen Sie jetzt nach [29].

6 Schwefeldioxid ist eine chemische Verbindung, die durch Vereinigung von *Schwefel* und *Sauerstoff* entstanden ist.

Schwefel und Sauerstoff haben sich unter Flammenerscheinung miteinander verbunden. Chemische Verbindungen bilden sich häufig unter Feuererscheinungen oder Hitzeentwicklung.

Wichtig für Sie ist der neue Begriff: *chemische Verbindung.*

Vereinigen sich zwei Stoffe in einem chemischen Vorgang, so entsteht eine ....

Notieren Sie bitte, was fehlt, und lesen Sie weiter unter [35].

7 Ihre Antwort ist richtig.

Erstarren und Verdampfen des Wassers sind *physikalische* Vorgänge, da nur Änderungen des Aggregatszustandes eingetreten sind.

Dagegen sind *chemische* Vorgänge solche, bei denen sich die beteiligten Stoffe ....

Ergänzen Sie bitte diese Begriffsbestimmung schriftlich, und vergleichen Sie bei [17].

8 Wasser in festem Aggregatzustand: Eis.

Wasser in gasförmigem Aggregatzustand: Wasserdampf.

Nicht nur Wasser tritt in den drei Aggregatzuständen auf. Sehr viele Stoffe können in drei Aggregatzuständen auftreten. Sie können fest, ... oder ......

sein.

Bitte ergänzen Sie und lesen weiter bei 45.

9 Sie haben die Beschreibung des Versuchs nicht genau gelesen. Es hätte Ihnen auffallen müssen, daß das Gemenge nicht in der Flamme geglüht wurde, sondern beim Erwärmen plötzlich selbst zu glühen begann. Das Glühen wurde noch stärker, nachdem die Flamme schon wieder entfernt worden war. Die große Hitze hat sich also während des chemischen Vorganges entwickelt.

Die entstandene graue Substanz stellt einen einheitlichen Stoff dar. Mit der Lupe ließ sich nichts von dem vorher vorhandenen Schwefel oder Eisen erkennen, und mit einem Magneten ließ sich kein freies Eisen mehr herausholen. Auch der Versuch, mit Schwefelkohlenstoff aus der grauen Masse Schwefel herauszulösen, gelang nicht.

Wiederholen Sie ab 38.

10

1. Das Schmelzen des Zuckers ist ein physikalischer Vorgang. Änderung des Aggregatzustandes fest → flüssig.

2. Beim starken Erhitzen verkohlt der Zucker. Stoffumwandlung. Chemischer Vorgang.

3. Eisen verrostet. Es bildet sich Rost, eine Substanz mit völlig anderen Eigenschaften. Stoffumwandlung. Chemischer Vorgang.

4. a) Wachs schmilzt. Zustandsänderung. Physikalischer Vorgang.

   b) Wachs verbrennt. Stoffumwandlung. Chemischer Vorgang.

Denken Sie auch bei anderen Beispielen und Vorgängen aus dem täglichen Leben darüber nach, ob es sich um einen chemischen oder physikalischen Vorgang handelt!

Lesen Sie bitte weiter bei 19.

11 Gut, daß Sie nicht geraten haben, sondern ehrlich zugeben, daß Ihnen noch einiges unklar ist.

Das Lösen von Zucker in Wasser ist ein physikalischer Vorgang.

Zucker erfährt dabei keine Stoffumwandlung, d. h. es entsteht kein neuer Stoff mit völlig anderen Eigenschaften. Durch einen einfachen physikalischen Vorgang (Verdunsten des Wassers) gewinnt man den unveränderten Zucker zurück.

Vergleichen Sie diese Angaben mit der Begriffbestimmung für eine chemische Verbindung, und gehen Sie nach [30] zurück.

---

[12] Vereinigen sich zwei oder mehrere Stoffe zu *einem neuen Stoff mit völlig anderen Eigenschaften*, so ist dieser neue Stoff eine *chemische* Verbindung.

Zur Durchführung von Versuchen im Laboratorium müssen wir häufig Stoffe abmessen.

Eine bestimmte abgemessene oder abgetrennte Menge eines Stoffes nennen wir *Stoffportion.*

Wir wollen (in Gedanken) noch einen Versuch machen:

Eine Stoffportion von 4 g (Gramm) Schwefel und eine Stoffportion von 7 g Eisenpulver werden in einer Reibschale verrieben (zerkleinert und gemischt). Man erhält aus dem gelben Schwefel und dem grauen Eisenpulver ein hellgraues Pulver. Sieht man dieses Gemenge durch eine Lupe an, so erkennt man, daß Schwefel- und Eisenkörnchen *unverändert* nebeneinander liegen.

Was ist richtig?

- Das Verreiben ist ein physikalischer Vorgang.
  Das hellgraue Pulver ist eine chemische Verbindung. → [43]

- Das Verreiben ist ein physikalischer Vorgang.
  Das hellgraue Pulver ist *keine* chemische Verbindung. → [29]

- Das Verreiben ist ein chemischer Vorgang.
  Das hellgraue Pulver ist eine chemische Verbindung. → [36]

- Das Verreiben ist ein chemischer Vorgang.
  Das hellgraue Pulver ist *keine* chemische Verbindung. → [5]

---

[13] Ja, es handelt sich um zwei physikalische Vorgänge. Wenn wir die Gläser zum Klingen bringen, verändern wir den Stoff in keiner Weise. Selbst wenn wir Glas zerschlagen, ändert sich der Stoff nicht. Auch Glasscherben, selbst feinstgemahlenes Glaspulver, sind immer noch Glas. In keinem Fall tritt eine Stoffumwandlung ein.

Noch ein drittes Beispiel:

Schwefel ist eine gelbe Substanz. Er ist spröde und kann leicht gepulvert werden.

1. Versuch: Wir erhitzen Schwefel vorsichtig auf einem Porzellanlöffel. Nach kurzer Zeit schmilzt der Schwefel.

2. Versuch: Wir erhitzen stärker. Der geschmolzene Schwefel beginnt mit einer blauen Flamme zu brennen. Es bilden sich Verbrennungsgase von stechendem Geruch. Nach einiger Zeit ist der Schwefel verschwunden. Beim Abkühlen der Verbrennungsgase bildet sich kein Schwefel zurück.

Worum handelt es sich bei den beiden Versuchen?

- Um zwei physikalische Vorgänge → 39
- Um zwei chemische Vorgänge → 21
- Beim ersten Versuch um einen physikalischen, beim zweiten um einen chemischen Vorgang → 27
- Beim ersten Versuch um einen chemischen, beim zweiten um einen physikalischen Vorgang → 3

---

14 Richtig! Beim Verdampfen und beim Erstarren ändert Wasser *nur* seinen Aggregatzustand.

Kehren Sie zurück nach 15, und beantworten Sie die Frage dort noch einmal.

---

15 Kohle ist *Ausgangsstoff*, Asche und Rauch sind *Endprodukte* einer chemischen Reaktion.

Begriffsbestimmung: Chemische Vorgänge sind solche, bei denen sich die beteiligten Stoffe *in andere Stoffe umwandeln*.

Bitte merken Sie sich auch diese Begriffsbestimmung gut!

Beispiele für chemische Vorgänge sind alle *Verbrennungen*. Denken Sie an das Verbrennen von Leuchtgas, Wachskerzen, Zigaretten, Streichhölzern usw.

Wir machen folgende Versuche:

1. Wir erhitzen Wasser zum Sieden. Bei 100 °C beginnt das Wasser zu kochen. Wasserdampf steigt auf. Nach einiger Zeit ist das Wasser restlos verdampft.

2. In einem zweiten Versuch kühlen wir Wasser ab. Bei 0 °C erstarrt es zu Eis.

Worum handelt es sich bei diesen Versuchen?

- Um zwei chemische Vorgänge → [25]
- Um zwei physikalische Vorgänge → [7]
- Bei dem ersten um einen chemischen, bei dem zweiten um einen physikalischen Vorgang → [2]
- Bei dem ersten um einen physikalischen, bei dem zweiten um einen chemischen Vorgang → [31]

---

[16] Benzin wird im Vergaser des Autos verdampft. Übergang des *flüssigen* Aggregatzustandes in den *gasförmigen.*

Bei einer solchen Änderung des Aggregatzustandes *bleibt der Stoff erhalten*, er geht *nur* vom einen in den anderen Aggregatzustand über. Eine Aggregatszustandsänderung kann auch ohne weiteres *rückgängig* gemacht werden.

Beispiel: Wenn wir Wasser in einem Topf zum Kochen bringen, bildet sich Wasserdampf (Übergang flüssig → gasförmig). Am kalten Deckel des Topfes beobachten wir nach kurzer Zeit Wassertropfen, die sich durch Abkühlen des Wasserdampfes bilden (Übergang gasförmig → flüssig).

Beschreiben Sie entsprechend dem vorstehenden Beispiel die Zustandsänderung flüssig → fest → flüssig beim Wasser. Vergleichen Sie unter [24].

---

[17] Chemische Vorgänge sind solche, bei denen sich die beteiligten Stoffe *in andere Stoffe umwandeln.*

$$\text{Ausgangsstoffe} \xrightarrow{\text{Chemische Reaktion}} \text{Endprodukte.}$$

Wenn Sie diese Begriffsbestimmung richtig ergänzt haben, dann arbeiten Sie gut mit! Hatten Sie aber Schwierigkeiten und haben Sie noch Fehler gemacht, so prägen Sie sich diesen wichtigen Merksatz nochmals gut ein.

Schreiben Sie jetzt die Begriffsbestimmung für physikalische Vorgänge auf, und vergleichen Sie bei [26].

---

[18] Das Auflösen von Zucker in Wasser ist ein *physikalischer Vorgang.* Wasser enhält dann den Zucker in gelöster Form. Dabei ist *keine Umwandlung der*

Stoffe Zucker und Wasser eingetreten. Wir können den Zucker auch in Lösung noch am Geschmack erkennen.

Ihnen ist der wichtige Begriff „chemische Verbindung" noch nicht klar. Wiederholen Sie ab [35].

---

[19] Erinnern Sie sich noch an den chemischen Vorgang der Verbrennung von Schwefel? Sie können den Versuch selbst ausprobieren. Eine kleine Stoffportion Schwefel läßt sich leicht mit einem Streichholz entzünden. Aber Vorsicht, machen Sie den Versuch über einer nicht brennbaren Unterlage (z. B. Porzellanteller)! Der Schwefel brennt mit einer blauen Flamme ab. Es entwickelt sich ein stechend riechendes Gas.

Beim Verbrennen des Schwefels verbindet sich Schwefel mit dem Sauerstoff der Luft zu einem neuen Stoff, dem Schwefeldioxid, das wir als stechend riechendes Gas bemerken. Schwefel und Sauerstoff liegen im Schwefeldioxid nicht mehr frei, sondern in verbundener Form vor. Es hat sich eine chemische Verbindung gebildet.

Ergänzen Sie im folgenden Satz die fehlenden Wörter:

Schwefeldioxid ist eine chemische Verbindung, die durch Vereinigung von ...... und ...... entstanden ist.

Vergleichen Sie unter [6].

---

[20] Es ist gut, daß Sie nicht geraten haben, sondern nach einer zusätzlichen Erklärung suchen.

Bei der Versuchsbeschreibung müssen Ihnen zwei Tatsachen besonders aufgefallen sein.

1. Das Glühen des Gemenges wurde stärker, obwohl die Flamme bereits entfernt worden war.
   Diese Tatsache deutet auf einen chemischen Vorgang hin. Chemische Vorgänge laufen oft unter Wärmeentwicklung, ja sogar unter Feuererscheinungen ab.

2. Die dabei entstandene graue Substanz zeigte andere Eigenschaften als das ursprüngliche Gemenge.

Gehen Sie zurück nach [38], und vergleichen Sie besonders die Eigenschaften der grauen Substanz mit denen des ursprünglichen Gemenges.

---

21 Sie haben zwar richtig erkannt, daß das *Verbrennen* des Schwefels ein *chemischer* Vorgang ist.

Aber beim Schmelzen des Schwefels tritt nur eine Änderung des Aggregatzustandes (fest → flüssig), keine Stoffumwandlung ein. Das Schmelzen des Schwefels ist also ein *physikalischer* Vorgang.

Lesen Sie bitte weiter bei 37.

---

22 *Schwefel* + *Sauerstoff* → Schwefeldioxid

Schwefeldioxid ist eine chemische Verbindung, die durch die Vereinigung von Schwefel und Sauerstoff entstanden ist.

Was versteht man unter einer chemischen Verbindung?

Vereinigen sich zwei oder mehrere Stoffe zu ...., so ist der neue Stoff eine ....

Bitte notieren Sie die vollständige Begriffsbestimmung, und vergleichen Sie bei 12.

---

23 Richtig.

Die Kohle bleibt bei der Verbrennung *nicht* erhalten:

$$\text{Kohle} \xrightarrow{\text{Verbrennung}} \text{Asche, Rauch}$$

Vorgänge, bei denen Stoffe umgewandelt werden, sind chemische Vorgänge. Bei einem chemischen Vorgang wird aus einem *Ausgangsstoff* oder mehreren *Ausgangsstoffen* ein andersartiges *Endprodukt* oder mehrere *Endprodukte*.

In unserem Beispiel gilt:

Kohle ist ......, Asche und Rauch sind ...... einer chemischen Reaktion.

Ergänzen Sie diesen Satz, und kontrollieren Sie ihr Ergebnis bei 15.

---

24 Kühlt man Wasser unter 0 °C ab, bildet sich Eis (Übergang: flüssig → fest). Erwärmt man das Eis, bildet sich wieder Wasser (Übergang: fest → flüssig).

Aggregatzustandsänderungen sind *physikalische Vorgänge* und haben mit Chemie nichts zu tun.

Andere Eigenschaften von Stoffen, die sich während eines *physikalischen Vorgangs* ändern können, sind z. B. warm – kalt, magnetisch – unmagnetisch, grobkörnig – feinkörnig – gepulvert, aufgelöst – ungelöst.

Beachten Sie bitte, daß bei den hier angeführten Änderungen *der Stoff* als solcher *erhalten bleibt*. Das heißt: Stellt man die ursprünglichen Bedingungen (Temperatur usw.) wieder her, so nimmt auch der Stoff wieder seine ursprüngliche Beschaffenheit an. Das ist ein wichtiges Kennzeichen physikalischer Vorgänge.

Ergänzen Sie: Physikalische Vorgänge sind solche, bei denen der Stoff erhalten bleibt und sich nur sein ...... ändert. → [32].

---

[25] Ihre Antwort ist nicht richtig.

Chemische Vorgänge sind doch solche, bei denen sich die beteiligten Stoffe in *andere* Stoffe umwandeln.

Überlegen Sie bitte: Wandelt sich Wasser, wenn es verdampft oder zu Eis erstarrt, in einen *anderen* Stoff um?

- Ja → [33]
- Nein → [14]

---

[26] Physikalische Vorgänge sind solche, bei denen der Stoff erhalten bleibt und nur eine Änderung seines Aggregatzustandes und der damit verbundenen Eigenschaften eintritt.

Wir wollen ein zweites Beispiel untersuchen:

Versuch 1: Wenn wir zwei Weingläser vorsichtig gegeneinander stoßen, hören wir einen Klang.

Versuch 2: Stoßen wir kräftig zu, gibt es Scherben. Die Scherben können wir in einer Reibschale weiter zerkleinern (mahlen), bis wir ein Pulver vor uns haben.

Worum handelt es sich bei den beiden Versuchen?

- Um zwei physikalische Vorgänge → [13]
- Bei Versuch 1 um einen physikalischen, bei Versuch 2 um einen chemischen Vorgang → [4]
- Um zwei chemische Vorgänge → [41]
- Bei Versuch 1 um einen chemischen, bei Versuch 2 um einen physikalischen Vorgang → [34]

---

27 Das Schmelzen des Schwefels ist ein physikalischer, das Verbrennen des Schwefels ein chemischer Vorgang.

Ihre Antwort zeigt, daß Sie den bisher behandelten Lehrstoff verstanden haben, Sie dürfen deshalb nach 19 springen!

Oder fühlen Sie sich trotzdem noch nicht ganz sicher?

Dann kontrollieren Sie ihr Wissen bei 37.

---

28 Beide Fragen müssen Sie mit „nein" beantwortet haben, denn weder beim Klingen noch beim Zerkleinern wandelt sich Glas in einen *anderen* Stoff um.

Kehren Sie zurück nach 26, und beantworten Sie die Frage dort noch einmal.

---

29 Richtig! Das Verreiben von Eisen- und Schwefelpulver ist ein physikalischer Vorgang. Die Stoffe bleiben erhalten, nur der Zerteilungsgrad ändert sich.

Das Gemenge aus Eisen- und Schwefelkörnchen, ein hellgraues Pulver, ist keine chemische Verbindung. Es ist *kein neuer Stoff* mit anderen Eigenschaften entstanden. Durch Trennen des Gemenges können wir uns davon überzeugen.

Wir können das Trennen leicht auf zwei verschiedenen Wegen erreichen:

1. Eisen wird von einem Magneten anzogen, Schwefel aber nicht. So gelingt es mit einem Magneten, das Eisen aus dem Gemenge herauszuziehen. Schwefel bleibt zurück.

2. Schwefel ist in einem bestimmten Lösungsmittel (Schwefelkohlenstoff) löslich, Eisen dagegen nicht. So gelingt es, durch Behandeln des Gemenges mit Schwefelkohlenstoff den Schwefel herauszulösen. Beim Filtrieren bleibt das Eisen auf dem Filter zurück. Schwefel können wir zurückgewinnen, wenn wir den Schwefelkohlenstoff nach dem Filtrieren verdunsten lassen. **(Vorsicht!! Schwefelkohlenstoff ist leicht brennbar und sehr giftig.)**

Beide Trennmethoden sind .... (physikalische/chemische?) Vorgänge → 38

---

30 Ihre Antwort ist richtig. Das graue Produkt ist eine neue chemische Verbindung. Das starke Glühen, das noch stärker wurde, nachdem die Flamme schon wieder entfernt worden war, deutete auf einen chemischen Vorgang hin, bei dem sich eine neue Verbindung bildete. Die dabei aus Schwefel und Eisen entstandene Verbindung nennen wir *Eisensulfid* (lateinisch sulfur = Schwefel). Sie hat andere Eigenschaften als das Gemenge aus Schwefel und Eisen.

Im Gegensatz zu einem Gemenge (oder Gemisch) läßt sich eine chemische Verbindung *nicht* durch *physikalische* Vorgänge in die ursprünglichen Ausgangsstoffe zerlegen.

In einem weiteren Versuch lösen wir Zucker in Wasser. Das Wasser bekommt einen süßen Geschmack. Ansonsten können wir aber nicht ohne weiteres erkennen, daß im Wasser Zucker gelöst worden ist. Lassen wir das Wasser verdunsten, bleibt eine Kruste aus Zucker zurück.

Ist beim Auflösen des Zuckers in Wasser eine neue chemische Verbindung entstanden?

- Ja → 18
- Nein → 42
- Ich weiß es nicht → 11

31 Sie haben richtig erkannt, daß es sich beim 1. Versuch (Verdampfen des Wassers) um einen physikalischen Vorgang handelt. Das Verdampfen ist lediglich eine Änderung des Aggregatzustandes.

Der 2. Versuch ist aber *kein* chemischer, sondern ein physikalischer Vorgang, denn das Erstarren des Wassers zu Eis ist auch nur eine Änderung des Aggregatzustandes! Es findet *keine* Stoffumwandlung statt. Sobald genügend Wärme zugeführt wird, schmilzt das Eis wieder zu *Wasser.*

Lesen Sie weiter bei 7.

32 Physikalische Vorgänge sind solche, bei denen der Stoff erhalten bleibt und sich nur sein *Zustand* ändert.

Diesen wichtigen Satz wollen wir noch etwas anders formulieren und kommen damit zu einer *Begriffsbestimmung.* (Begriffsbestimmungen sollen es Ihnen erleichtern, auf Fragen nach diesen Begriffen eine klare Antwort zu geben.)

Begriffsbestimmung: *Physikalische* Vorgänge sind solche, bei denen der *Stoff* erhalten bleibt und nur eine *Änderung seines Zustandes und der damit verbundenen Eigenschaften eintritt.*

Prägen Sie sich diese Begriffsbestimmung gut ein!

Beim Verbrennen von Kohle entsteht neben der gewünschten Wärme noch Asche und Rauch. Was meinen Sie: Bleibt bei diesem Vorgang die Kohle als solche erhalten und ändert sich nur ihr Zustand?

Die richtige Antwort finden Sie unter [23], denken Sie aber vorher selbst nach!

---

[33] Nein! Wenn Wasser verdampft, wandelt es sich *nicht* in einen *anderen* Stoff um, sondern es ändert *nur* seinen Aggregatzustand. Beim Abkühlen wandelt sich der Wasserdampf wieder in flüssiges Wasser um.

Wenn Wasser zu Eis erstarrt, wandelt es sich *nicht* in einen anderen Stoff um, sondern ändert *nur* seinen Aggregatzustand. Sobald genügend Wärme zugeführt wird, schmilzt das Eis wieder zu Wasser.

Wiederholen Sie bitte ab [16].

---

[34] Sie haben zwar richtig erkannt, daß sich der Stoff Glas nicht ändert, wenn das Glas durch einen kräftigen Stoß zerbrochen wird.

Aber auch bei dem ersten Versuch handelt es sich um einen physikalischen Vorgang, denn wenn wir die Gläser durch Anstoßen zum Klingen bringen, verändern wir den Stoff Glas in keiner Weise. Eine Stoffumwandlung ist *nicht* eingetreten. Es handelt sich daher auch *nicht* um einen chemischen Vorgang.

Lesen Sie bitte weiter bei [13].

---

[35] *Chemische Verbindung.*

Wir wollen für diesen wichtigen Begriff wieder eine allgemein gültige Begriffsbestimmung formulieren, die leicht zu behalten ist.

Begriffsbestimmung: Vereinigen sich zwei oder mehrere Stoffe zu einem neuen Stoff mit anderen Eigenschaften, so ist der neue Stoff eine *chemische Verbindung.*

Rost ist z. B. eine chemische Verbindung und ist durch die Vereinigung von Eisen und Sauerstoff entstanden. Rost hat andere Eigenschaften als der Ausgangsstoff Eisen.

Eisen + Sauerstoff → Rost

Wie entsteht die chemische Verbindung Schwefeldioxid?

...... + ... → Schwefeldioxid

Bitte ergänzen Sie die letzte Zeile, und vergleichen Sie bei [22].

---

36 Beim Verreiben (Zerkleinern und Vermischen) wird nur der Zustand eines Stoffes (grob → feinkrönig → gepulvert) geändert.

Solange im Gemisch Schwefel- und Eisenkörnchen *unverändert* nebeneinander vorliegen, kann man nicht von einer Stoffumwandlung sprechen.

Gehen Sie zurück nach [12], und durchdenken Sie die Aufgabe erneut!

---

37 Bei den folgenden Versuchen sollen Sie entscheiden, ob es sich um einen physikalischen oder chemischen Vorgang handelt.

1. Zucker wird in einem Topf vorsichtig erhitzt. Es entsteht eine zähflüssige, klare Schmelze.

2. Den geschmolzenen Zucker erhitzen wir weiter. Die Schmelze wird dunkel, Dämpfe steigen auf, und schließlich bleibt eine kohleartige Substanz zurück.

3. Eisen verrostet.

4. Eine Wachskerze brennt. Dabei wird
   a) das Wachs durch die Wärme der Flamme geschmolzen,
   b) das Wachs am Docht der Kerze verbrannt.

Notieren Sie bitte kurz, um welche Vorgänge es sich bei den Beispielen 1, 2, 3, 4a und 4b handelt, und vergleichen Sie unter [10].

---

38 Beide Trennmethoden sind *physikalische* Vorgänge.

(Ist Ihnen noch nicht klar warum? Dann lesen Sie die zusätzliche Erklärung unter [40]. Dort ist auch ein Versuch beschrieben, den Sie selbst ausführen können.)

Wir wollen nun das Gemenge einer Stoffportion von 4 g Schwefel und 7 g Eisenpulver in einem Reagenzglas vorsichtig mit kleiner Flamme an *einer* Stelle erhitzen. Noch ehe der ganze Inhalt des Reagenzglases heiß geworden ist, beginnt an der Erwärmungsstelle ein Glühen. Obwohl wir jetzt das Reagenzglas *sofort* aus der Flamme nehmen, wird das Glühen stärker und erfaßt schließlich das ganze Gemenge.

Nach dem Erkalten liegt im Reagenzglas eine einheitliche graue Substanz vor. Mit der Lupe läßt sich nichts mehr von den ursprünglichen Schwefel- oder Eisenteilchen erkennen. Aus der gepulverten grauen Substanz läßt sich weder mit dem Magneten Eisen, noch mit Schwefelkohlenstoff Schwefel herausholen.

Was stellt die graue Substanz dar?

- Ein Gemenge von Schwefel und Eisenpulver, das in der Flamme geglüht worden ist → 9
- Eine neue chemische Verbindung → 30
- Ich weiß es nicht → 20

---

39 Sie haben zwar richtig erkannt, daß das *Schmelzen* des Schwefels ein *physikalischer* Vorgang ist, da dabei nur eine Änderung des Aggregatzustandes (fest → flüssig) eintritt.

Beim Verbrennen des Schwefels bildet sich jedoch ein stechend riechendes Verbrennungsgas. Es handelt sich hierbei *nicht* um dampfförmigen Schwefel. Schwefel hat sich bei der Verbrennung in einen neuen Stoff umgewandelt. (Beim Abkühlen der Verbrennungsgase bildet sich kein Schwefel zurück!) Das *Verbrennen* des Schwefels ist also ein *chemischer* Vorgang.

Lesen Sie bitte weiter bei 37.

---

40 Bei der ersten Trennmethode (Eisen wird durch einen Magneten aus dem Gemenge herausgezogen) ist es leichter einzusehen als bei der zweiten Trennmethode (lösen in Schwefelkohlenstoff und filtrieren), daß es sich um physikalische Vorgänge handelt.

Es ist offensichtlich keine Stoffumwandlung, wenn Eisen von einem Magneten angezogen wird. Auch der Schwefel bleibt dabei unverändert.

Beim Behandeln des Gemenges mit Schwefelkohlenstoff löst sich Schwefel vollständig auf (wie z. B. Salz in Wasser). Es findet dabei aber *keine* Stoffumwandlung statt. Beweis: Beim Verdunsten des Schwefelkohlenstoffs bleibt der Schwefel unverändert zurück.

Wenn Sie sich diesen Vorgang schlecht vorstellen können, machen Sie selbst folgenden Versuch:

Versuch	*Vergleich*
1. Mischen Sie Sand und Salz.	Schwefel + Eisen werden verrieben.
2. Etwas Wasser dazugeben und umrühren (Salz löst sich, Sand nicht).	Lösen von Schwefel in Schwefelkohlenstoff, Eisen löst sich nicht.
3. Filtrieren (Kaffeefilter), Sand bleibt auf dem Filter	Filtrieren, Eisen bleibt auf dem Filter.
4. Durchgelaufene Lösung in einer flachen Schale verdunsten lassen. Salz bleibt zurück (Sie dürfen ruhig mal kosten!).	Schwefelkohlenstoff verdunstet, Schwefel bleibt zurück.

Lesen Sie wieder weiter bei [38].

---

41 Es handelt sich *nicht* um zwei chemische Vorgänge.

Überlegen Sie bitte:

1. Wandelt sich Glas in einen *anderen* Stoff um, wenn es durch Anstoßen zum Klingen gebracht wird? ...... (ja/nein)

2. Wandelt sich Glas in einen *anderen* Stoff um, wenn es zerkleinert wird? ...... (ja/nein)

Notieren Sie bitte Ihre Antwort, und vergleichen Sie bei [28].

---

42 Ihre Antwort ist richtig.

Beim Lösen des Zuckers in Wasser handelt es sich um einen physikalischen Vorgang, es entsteht keine neue chemische Verbindung.

Die Trennung der beiden Stoffe, Zucker und Wasser, voneinander ist ganz einfach: Lassen wir das Wasser verdunsten oder abdampfen, dann bleibt Zucker zurück. Den dabei entstehenden Wasserdampf können wir durch eine geeignete Vorrichtung abkühlen und so wieder in flüssiges Wasser umwandeln (kondensieren).

Es gibt jedoch Fälle, in denen die Unterscheidung zwischen physikalischem und chemischem Vorgang, zwischen einer chemischen Verbindung und einem Gemenge, nicht so einfach ist wie bei den hier genannten Beispielen. Manchmal bedarf es dazu größerer Apparaturen und umfangreicher Arbeit. In jedem Falle ist es jedoch wichtig, alle Versuche, die man anstellt, sehr genau vorzubereiten, mit der größten Gewissenhaftigkeit durchzuführen und alle auftretenden Erscheinungen sorgfältig und genau zu beobachten. Auch kleinste Beobachtungen sind bei der Durchführung chemischer Versuche von größter Wichtigkeit.

Wir fassen zusammen:

Sie haben drei Begriffsbestimmungen gelernt (und hoffentlich behalten!). Durch Anwendung der Begriffsbestimmungen können Sie einfache *physikalische* und *chemische Vorgänge* unterscheiden und beurteilen, ob eine neue *chemische Verbindung* auftritt.

Gemische, Gemenge und Lösungen können durch *physikalische Vorgänge* zerlegt werden, *chemische Verbindungen* dagegen können *nicht* durch physikalische Vorgänge zerlegt werden.

Ende des 1. Programms.

---

43 Sie haben zwar richtig erkannt, daß das Verreiben ein physikalischer Vorgang ist.

Das hellgraue Pulver, ein Gemenge aus feinen Eisen- und Schwefelkörnchen, ist aber *keine* chemische Verbindung.

Begründung:

1. Chemische Verbindungen entstehen nur durch chemische Vorgänge, nie durch physikalische Vorgänge.

2. Eisen und Schwefel haben sich nicht verbunden, sondern liegen unverändert nebeneinander vor. Man kann, wenn auch nur mit der Lupe, gelbe Schwefelkörnchen und graue Eisenkörnchen erkennen.

Gehen Sie weiter nach 29.

---

44 Aggregatzustände.

Die drei Aggregatzustände des Wassers sind

festes Wasser	=	Eis
flüssiges Wasser	=	Wasser
gasförmiges Wasser	=	Wasserdampf

Wie nennt man Wasser im festen Aggregatzustand?
Wie nennt man Wasser im flüssigen Aggregatzustand?

Schreiben Sie bitte die Antwort als vollständigen Satz auf ein Blatt Papier und vergleichen Sie das Ergebnis unter 8

---

45 Die drei Aggregatzustände sind

fest, flüssig und gasförmig.

Zwei Beispiele:

Eisen kann man schmelzen (Übergang des festen Aggregatzustandes in den flüssigen).

Benzin wird im Vergaser des Autos verdampft.

(Übergang des ...... Aggregatzustandes in den ......)

Schreiben Sie bitte die Ergänzungen auf und vergleichen Sie unter 16

---

2. Programm

Die Luft

1 Wir wissen, daß viele Stoffe brennen, z. B. Holz, Benzin, Kohle, Papier. Auch Phosphor ist brennbar.

Wir machen in Gedanken folgende Versuche:

Versuch 1. In eine kleine Schale, die auf Wasser schwimmt, legen wir ein Stück Phosphor und stellen einen Glaszylinder darüber (Abb. 1). Bald entzündet sich der Phosphor von selbst und verbrennt. Wir beobachten, daß das Wasser im Glaszylinder hochsteigt und daß die Flamme – sofern wir nicht zu wenig Phosphor genommen haben – erlischt, noch ehe aller Phosphor verbrannt ist. (Im Schälchen befindet sich jetzt außer dem restlichen Phosphor noch eine weiße Substanz.) Das Volumen des Gases im Glaszylinder hat sich um etwa 20% verringert (Abb. 2).

(Führen Sie diesen Versuch bitte nicht selbst aus. Versuche mit Phosphor sind gefährlich!)

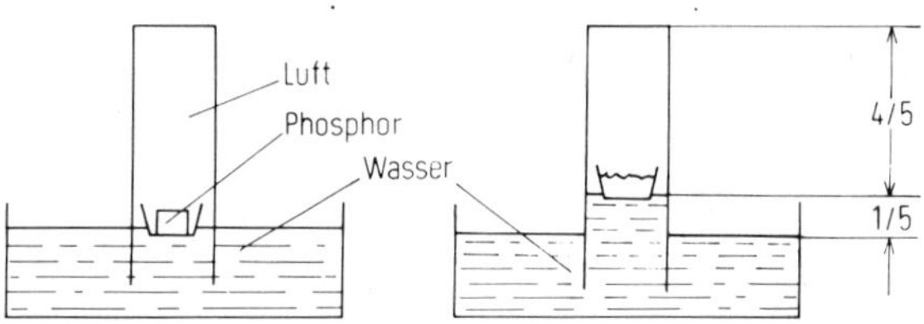

Abb. 1. Abb. 2.

Versuch 2. In ein Glasrohr füllen wir kleine Kupferdrahtstückchen und erhitzen diese mit einer Flamme bis zur Rotglut. Nun blasen wir 1 Liter Luft (= 1000 cm^3) an einem Ende in das Rohr. Am anderen Ende messen wir die ausströmende Gasmenge und stellen fest, daß es nur rund 800 cm^3 sind. Etwa 200 cm^3 wurden also verbraucht.

Welcher Anteil der eingeblasenen Luft wurde verbraucht?

- Etwa 30% → 8
- Etwa 20% → 16
- Ich weiß es nicht → 24

2 Durchdenken Sie nochmals, was sich beim Verbrennen von Phosphor ereignet: Phosphor verbindet sich mit Sauerstoff, den er der Luft entzieht. Zum Phosphor kommt also etwas hinzu, nämlich die Portion Sauerstoff, um welche die an der Verbrennung beteiligte Luftportion geringer wird.

Lesen Sie bitte nochmals [10].

---

3 Luft ist kein einheitlicher Stoff, sondern ein Gasgemisch von hauptsächlich zwei Gasen. Das *eine* beteiligt sich an der Verbrennung und wird dabei *verbraucht.* Das *andere* beteiligt sich *nicht* an der Verbrennung, wird also auch *nicht verbraucht.*

Lesen Sie bitte noch einmal [1].

---

4 Es handelt sich bei der Oxidation um eine *chemische Reaktion*, aber Stickstoff ist *nicht* beteiligt. Wie schon der Name erkennen läßt, *erstickt Stickstoff* z. B. eine brennende Kerze, d. h. jede Verbrennung oder Oxidation kommt in Stickstoff zum Stillstand.

Lesen Sie bitte noch einmal [19].

---

5 Ihre Antwort ist richtig

Die Farbe des Lackmus schlägt, wenn die Lösung sauer wird, von *blau* nach *rot* um. Wir können uns das leicht merken:

Säure rötet

(In beiden Wörtern kommt ein **r** vor.)

Kehren wir zur Luft zurück und wiederholen kurz:

Was ist Luft?

- Ein Gasgemisch aus hauptsächlich zwei Gasen → [13]
- Ein einheitliches Gas → [30]
- Eine chemische Verbindung von zwei Gasen → [21]

---

6 Bitte genau aufpassen:

Bei der Verbrennung, z. B. von Phosphor, werden etwa 20% der Luft (Volumenanteile) verbraucht. Die restlichen 80% Volumenanteile unterhalten die Verbrennung nicht, sie ersticken jede Verbrennung, daher der Name Stickstoff.

Notieren Sie bitte:

Luft besteht zu etwa 20% (Volumenanteilen) aus .... und zu etwa ...... aus ....

Lesen Sie weiter unter 15

7 Sie haben zwar richtig erkannt, daß bei der Verbrennung nur ein Teil der Luft verbraucht wird, jedoch ist die Angabe des Volumenanteils falsch.

Lesen Sie bitte noch einmal 1 .

8 Ihre Antwort ist falsch.

Lesen Sie bitte weiter bei 24 .

9 Stickstoff *verdampft* aus flüssiger Luft *zuerst,* anschließend Sauerstoff.

Wir wollen uns das Verflüssigen und Verdampfen von Luft ausführlicher ansehen: Luft wird von +20 °C auf 0 °C, −100 °C, −150 °C u. s. w. abgekühlt und verflüssigt sich bei etwa −200 °C. Erwärmt man die flüssige hellblaue Luft von ca. −200 °C langsam auf etwa −195 °C, so beginnt die Flüssigkeit zu sieden. Der Stickstoff (Siedepunkt −196 °C) verdampft allmählich. Dabei steigt die Temperatur weiter von −195 °C über −194 °C, −193 °C usw. bis −183 °C. Die Flüssigkeit verfärbt sich dabei langsam von hellblau nach tiefblau, da sie an flüssigem Stickstoff verarmt, der farblos ist. Sauerstoff, im flüssigen Zustand tiefblau, reichert sich an. Bei −183 °C ist nur noch flüssiger Sauerstoff vorhanden, der bei dieser Temperatur vollkommen verdampft.

Notieren Sie bitte:
1. Farbe der flüssigen Luft.
2. Farbe und Siedepunkt von flüssigem Stickstoff.
3. Farbe und Siedepunkt von flüssigem Sauerstoff. → 22

10 Ihr Antwort ist richtig.

Eine *chemische Reaktion,* bei der sich ein Stoff mit Sauerstoff *verbindet,* ist eine Oxidation.

Wird Phosphor verbrannt, verbindet er sich mit dem in der Luft enthaltenen Sauerstoff. Bei dieser Oxidation entsteht eine chemische Verbindung aus Phosphor und Sauerstoff, ein Phosphoroxid. Es ist eine weiße feste Substanz.

Hat sich die Masse der entstandenen Phosphoroxid-Portion im Vergleich zur Masse ursprünglich vorhandenen Phosphor-Portion verkleinert, vergrößert oder ist sie gleich geblieben?

- Die Masse hat sich verkleinert → 34
- Die Masse hat sich vergrößert → 26
- Die Masse ist gleich geblieben → 2
- Ich weiß es nicht → 18

---

11 Überlegen Sie sich nochmals den Unterschied zwischen einem chemischen und einem physikalischen Vorgang. Bei einem chemischen Vorgang tritt eine Stoffumwandlung, bei einem physikalischen Vorgang nur eine Änderung des Aggregat-Zustandes (z. B. Übergang flüssig → fest) der beteiligten Stoffe auf.

Das Verflüssigen der Luft ist nur eine Änderung des Aggregatzustandes, also ein ....Vorgang.

Notieren Sie bitte das fehlende Wort. → 31

---

12 Nur der Sauerstoff kann Verbrennungen unterhalten, Stickstoff dagegen nicht.

Bei der Verbrennung bilden sich Oxide.

Beispiel:

Phosphor + Sauerstoff ergeben ein ....

Ergänzen Sie den letzten Satz, und vergleichen Sie unter 29

---

13 Ihre Antwort ist richtig.

Luft ist ein Gasgemisch aus hauptsächlich zwei Gasen.

Wie heißen die beiden Gase?

Notieren Sie bitte die Namen, und vergleichen Sie unter 25

---

14 Die blaue Farbe von Lackmusfarbstoff schlägt in Säuren nach *rot* um.

Beantworten Sie bitte folgende Fragen schriftlich:

1. Auf welche Temperatur muß man Luft abkühlen, um sie zu verflüssigen?
2. Welche Farbe hat flüssige Luft?
3. Welcher Bestandteil der flüssigen Luft verdampft bei Erwärmen zuerst.
4. Welche beiden Gase werden in der Technik in großem Umfange aus flüssiger Luft gewonnen? → 32

---

15 Ihre Antwort ist richtig.

Luft ist ein Gasgemisch, das etwa 20% Sauerstoff und etwa 80% Stickstoff (Volumenanteile) enthält. Luft ist farblos und geruchlos. Man kann Luft auch verflüssigen.

Damit wir uns das Verflüssigen leichter vorstellen können, wollen wir an den Wasserdampf denken, der sich beim Abkühlen verflüssigt und sich in Form von flüssigem Wasser niederschlägt, z. B. innen am Deckel eines Kochtopfes.

Auch Luft wird beim Abkühlen flüssig, allerdings müssen wir die Luft dazu sehr stark abkühlen, nämlich auf eine Temperatur von $-200\,°C$ (lies: minus 200 Grad Celsius).

Frisch kondensierte flüssige Luft ist eine bläuliche Flüssigkeit, ein Gemisch, die etwa ...... mal mehr Stickstoff als Sauerstoff enthält.

Bitte ergänzen Sie das fehlende Wort. → 23

---

16 Ihre Antwort ist richtig.

An beiden Versuchen wurden etwa 20% der Luft verbraucht.

Bringen wir in die übrig gebliebenen 80% eine brennende Kerze, so erlischt sie sofort.

Wir gewinnen folgende Erkenntnisse:

In der Luft sind zwei verschiedenartige Gase enthalten. Ein Gas beteiligt sich an der Verbrennung und wird dabei verbraucht. Das Restgas beteiligt sich nicht an der Verbrennung. Im Gegenteil, in ihm erstickt jede Flamme.

Wie groß ist der Volumenanteil der Luft, der bei der Verbrennung verbraucht wird?

- Die Luft wird vollständig verbraucht. → 3
- Ein Volumenanteil von etwa 20% der Luft wird verbraucht. → 27
- Ein Volumenanteil von etwa 80% der Luft wird verbraucht. → 7

---

17 Sie haben die Farben verwechselt.

Lackmus ändert seine Farbe bei der Zugabe von *Säuren* von ....nach..............

Notieren Sie bitte, was fehlt, und lesen Sie weiter unter 5.

---

18 Durchdenken Sie nochmals, was sich beim Verbrennen von Phosphor ereignet: Phosphor verbindet sich mit Sauerstoff, den er der Luft entzieht. Zum Phosphor kommt also etwas hinzu, nämlich die Portion Sauerstoff, um welche die an der Verbrennung beteiligte Luftportion geringer wird.

Lesen Sie bitte nochmals 10.

---

19 Vergleichen Sie:

Luft besteht zu etwa 20% aus *Sauerstoff* und zu etwa 80% aus *Stickstoff.*

Sauerstoff fördert die Verbrennung, Stickstoff dagegen erstickt die Flamme. Es ist also nicht die *Luft*, die eine Verbrennung unterhält, sondern der in der Luft enthaltene *Sauerstoff.* Dabei verbindet sich der Sauerstoff mit dem brennbaren Stoff (z. B. mit der Kohle oder dem Phosphor) und wird durch diese *chemische Reaktion* der Luft entzogen. Wir nennen diese chemische Reaktion *Oxidation.*

Was ist eine Oxidation?

- Eine chemische Reaktion (chemischer Vorgang), bei der sich ein Stoff mit Sauerstoff verbindet → 10
- Eine chemische Reaktion (chemischer Vorgang), bei der sich ein Stoff mit Stickstoff verbindet → 4
- Jede chemische Reaktion ist eine Oxidation → 28

---

20 Flüssige Luft hat eine Temperatur von etwa −200 °C.

Beim Erwärmen verdampft flüssige Luft. Dabei verdampft der flüssige Stickstoff früher und schneller als der flüssige Sauerstoff. Die flüssige Luft wird also beim Verdampfen immer ärmer an Stickstoff, und schließlich bleibt flüssiger Sauerstoff zurück, der beim weiteren Erwärmen verdampft.

Notieren Sie bitte, in welcher Reihenfolge die Bestandteile der flüssigen Luft beim Erwärmen verdampfen. → 9

---

21 Ihre Antwort zeigt, daß Sie das bisher Gelesene nicht verstanden haben.

Luft ist ein Gasgemisch aus hauptsächlich zwei Gasen, aber keine chemische Verbindung. In einem Gemisch liegen die gemischten Stoffe unverändert nebeneinander vor.

Nicht nur feste Stoffe kann man mischen, sondern auch Flüssigkeiten oder Gase. Luft ist ein ....verschiedener Gase.

Notieren Sie bitte das fehlende Wort, und lesen Sie weiter unter 13

---

22 Bitte vergleichen Sie:

1. hellblau

2. farblos, −196 °C

3. tiefblau, −183 °C

Da Stickstoff aus flüssiger Luft bei tieferer Temperatur verdampft als der Sauerstoff, können beide Stoffe nacheinander aufgefangen und damit jeder für sich rein gewonnen werden. (Wie rein, ist im wesentlichen eine Frage des apparativen Aufwands und des experimentellen Geschicks).

Auf diese Weise werden in der Technik in großem Umfang Stickstoff und Sauerstoff aus Luft gewonnen und anschließend unter hohem Druck in Stahlflaschen (sogenannte Bomben) gefüllt. Aus diesen Bomben können die Gase in kleinen Portionen bei Bedarf entnommen werden. (Stickstoff und Sauerstoff werden im Laboratorium also *nicht* aus flüssiger Luft gewonnen. Die benötigten Apparate wären zu unhandlich und zu kompliziert).

Wir wollen wiederholen:

Luft ist ein farbloses, geruchloses Gasgemisch, das aus

Sauerstoff (Volumenanteil etwa 20%) und

Stickstoff (Volumenanteil etwa 80%) besteht.

Nur der...............kann Verbrennungen unterhalten,...............dagegen nicht.

Ergänzen Sie bitte den letzten Satz, und vergleichen Sie unter [12].

---

[23] Ja, *flüssige* Luft enthält, wie Luft im gasförmigen Zustand, ungefähr viermal mehr Stickstoff als Sauerstoff.

Ist das Verflüssigen der Luft ein chemischer oder physikalischer Vorgang?

- Ein chemischer Vorgang → [11]
- Ein physikalischer Vorgang → [31]

---

[24] Es fehlen rund 200 cm^3. Wieviel % von 1000 cm^3 sind das?

100 cm^3 sind 10% von 1000 cm^3

200 cm^3 sind ......von 1000 cm^3

Ergänzen Sie, was fehlt, und vergleichen Sie bei [16]

---

[25] Luft ist ein Gasgemisch, das zur Hauptsache aus Sauerstoff und Stickstoff besteht.

Haben Sie auch die Volumenanteile der beiden Gase behalten?

- Etwa 40% Sauerstoff und etwa 60% Stickstoff → [6]
- Etwa 80% Sauerstoff und etwa 20% Stickstoff → [33]
- Etwa 20% Sauerstoff und etwa 80% Stickstoff → [15]

---

[26] Ihre Antwort ist richtig.

Das Endprodukt der Oxidation, das Phosphoroxid, besitzt infolge der Aufnahme von Sauerstoff eine größere Masse als die ursprünglich vorhandene Phosphor-Portion.

Wir wollen jetzt versuchen, das Verbrennungsprodukt des Phosphors, das Phosphoroxid in Wasser zu lösen. Es löst sich gut. Wasser, in dem Phosphoroxid gelöst wurde, ist sauer, da eine *Säure* entstanden ist (übrigens hat der *Sauerstoff* von Experimenten dieser Art seinen Namen erhalten).

Um festzustellen, ob das Wasser durch Auflösen des Phosphoroxids sauer geworden ist, benutzen wir jedoch keinesfalls die Zunge, denn das könnte gefährlich sein. Es gibt Farbstoffe, welche bei Berührung mit Säuren ihre Farbe ändern. Man sagt: „Sie schlagen um". Ein solcher Farbstoff ist der *Lackmus*farbstoff. Lackmus hat die Eigenschaft, bei Zugabe von Säuren von *blau* nach *rot* umzuschlagen.

Löst man das Verbrennungsprodukt des Phosphors, das Phosphoroxid, in Wasser, das Lackmus enthält, so ändert dieser Farbstoff seine Farbe. Welche Farbänderung tritt auf?

- von blau nach rot → 5
- von rot nach blau → 17

---

27 Ihre Antwort ist richtig.

Bei der Verbrennung werden etwa 20% (Volumenanteile) der Luft verbraucht.

Das Gas, das bei der Verbrennung verbraucht wird, nennen wir *Sauerstoff*.

Das Gas, das sich nicht an der Verbrennung beteiligt, nennen wir *Stickstoff* (weil es die Flamme *erstickt*).

Luft ist ein Gemisch aus zwei Gasen und besteht zu etwa 20% aus .... und zu etwa 80% aus ....

Notieren Sie bitte die fehlenden Namen. → 19

---

28 Nein, eine Oxidation ist nur eine *bestimmte* chemische Reaktion, nämlich eine chemische Reaktion, bei der sich ein Stoff mit .... verbindet.

Notieren Sie bitte den fehlenden Namen. → 10

---

29 Phosphor + Sauerstoff ergeben ein *Phosphoroxid*.

Löst man dieses Phosphoroxid im Wasser, so reagiert die Lösung *sauer*. Die blaue Farbe von Lackmusfarbstoff schlägt dabei nach ...... um.

Notieren Sie bitte die Farbe. → 14

---

30 Ihre Antwort zeigt, daß Sie das bisher Gelesene nicht verstanden haben.

Lesen Sie noch einmal 1, und achten Sie gut auf die dort beschriebenen Versuche, die Ihnen klarmachen sollen, daß Luft *kein* einheitliches Gas ist. → 1

---

31 Ihre Antwort ist richtig.

Das Verflüssigen der Luft ist nur eine Änderung des Aggregatzustandes, also ein *physikalischer* Vorgang.

Gießen wir flüssige Luft auf einen Tisch, so verdampft sie, wie ein Wassertropfen auf einer heißen Herdplatte verdampft. Der Tisch ist um mehr als 200 °C wärmer als die flüssige Luft, die eine Temperatur von etwa – ...... °C hat.

Notieren Sie bitte die Temperatur der flüssigen Luft. Weiter unter 20.

---

32 Richtig ist:

1. *–200 °C*
2. *hellblau*
3. *Stickstoff*
4. *Stickstoff* und *Sauerstoff*

Haben Sie bei den Wiederholungen noch Fehler gemacht? Wenn ja, arbeiten Sie das Programm in Ihrem eigenen Interesse möglichst bald nochmals durch.

Ende des 2. Programms.

---

33 Bedenken Sie, daß bei der Verbrennung etwa 20% der Luft verbraucht werden. Die restlichen 80% können die Verbrennung *nicht* unterhalten; Sie ersticken jede Verbrennung, daher der Name Stickstoff.

Sie haben also die Volumenanteile der zwei Hauptbestandteile der Luft verwechselt.
Notieren Sie bitte:

Zusammensetzung der Luft: etwa 20% ......

etwa 80% ......

Lesen Sie bitte weiter unter 15.

---

34 Durchdenken Sie nochmals, was sich beim Verbrennen von Phosphor ereignet: Phosphor verbindet sich mit Sauerstoff, den er der Luft entzieht. Zum Phosphor kommt also etwas hinzu, nämlich die Portion Sauerstoff, um welche die an der Verbrennung beteiligte Luftportion geringer wird.

Lesen Sie bitte nochmals 10.

3. Programm

Sauerstoff

1 Wir wissen vom Sauerstoff schon eine ganze Menge, denn er wurde im letzten Programm bei der Besprechung der Luft oft erwähnt. Wir wollen das Bekannte kurz wiederholen:

Luft ist ein Gasgemisch aus zwei Gasen. Volumenanteil Sauerstoff etwa 20%, Volumenanteil Stickstoff etwa 80%.

Sauerstoff unterhält die Verbrennung. Sauerstoff läßt sich verflüssigen. Flüssiger Sauerstoff siedet bei −183 °C und sieht ...... (Farbe?) aus.

Sauerstoff wird in der Technik durch Erwärmen von flüssiger Luft gewonnen, wobei zuerst der ...., später der .... siedet. Beide Stoffe können *nacheinander* aufgefangen werden. So werden die beiden Hauptbestandteile der Luft getrennt.

Notieren Sie bitte die Farbe des flüssigen Sauerstoffs und die Reihenfolge, in der die beiden Hauptbestandteile der Luft sieden, wenn man flüssige Luft erwärmt. → 8

2 Nein, Wasser ist eine *Verbindung*!

Wiederholen Sie ab 28.

3 Ihre Antwort ist richtig.

Eine *Elektrolyse* ist ein *chemischer* Vorgang, bei dem durch den elektrischen Gleichstrom Verbindungen zerlegt werden.

Wasser erweist sich also als eine *Verbindung* aus Sauerstoff und Wasserstoff.

Luft dagegen ist ein .... aus Sauerstoff und Stickstoff.

Bitte notieren Sie das fehlende Wort. → 12

4 Die Masse des Gemenges wird nicht kleiner. Es geht nichts verloren, sondern die beiden gemischten Stoffe Schwefel und Eisen bilden (ohne daß etwas hinzukommt oder weggenommen wird) die Verbindung Eisensulfid.

Lesen Sie noch einmal 37.

5 Sauerstoff, Wasserstoff und Eisen sind Elemente. Luft ist aber ein *Gasgemisch*, das hauptsächlich aus den Elementen Stickstoff und Sauerstoff besteht.

Beantworten Sie die Frage unter 34 noch einmal.

6 Sauerstoff ist ein *Gas*, das sich zu einer *blauen* Flüssigkeit verflüssigen läßt.

Man gewinnt Sauerstoff:

1. Durch Erhitzen von .... (in Gegenwart von Braunstein als Katalysator).

2. Aus flüssiger Luft durch Abtrennen des ....

3. Durch .... des .... im Hofmannschen Wasserzersetzungsapparat.

Bitte notieren Sie die drei Verfahren. → 25

7 Eine Verbrennung ist keine Methode zur Herstellung von Sauerstoff. Im Gegenteil, bei der Verbrennung wird Sauerstoff *verbraucht.*

Lesen Sie bitte nochmals 46

8 Flüssiger Sauerstoff ist *tiefblau.* Zuerst siedet *Stickstoff* (Siedepunkt −196 °C), dann *Sauerstoff* (Siedepunkt −183 °C).

Wenn Sie einen Fehler haben, sollten Sie unbedingt das zweite Programm nochmals gründlich durcharbeiten, damit Sie mit seinem Inhalt völlig vertraut sind, bevor Sie jetzt etwas Neues hinzulernen.

Ein zweiter Weg zur Gewinnung von Sauerstoff besteht in der Zerlegung des Wassers durch den elektrischen Strom. Wir benutzen dazu den *Hofmannschen Wasserzersetzungsapparat* (s. Abb. 3).

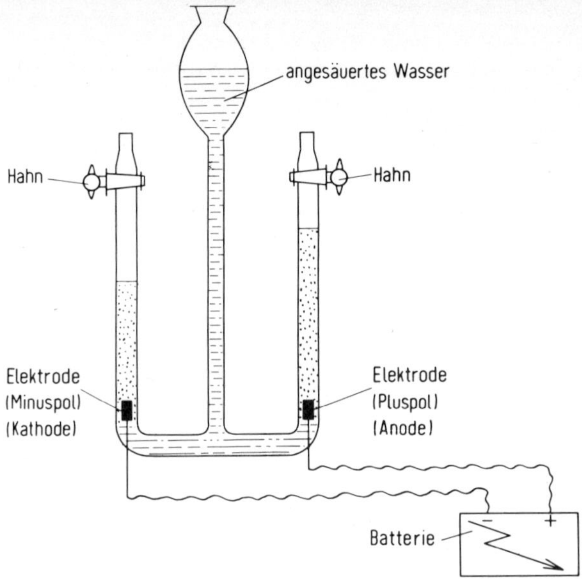

Abb. 3.

Zeichnen Sie den Hofmannschen Wasserzersetzungsapparat ab. Er besteht aus drei Glasröhren, die unten verbunden sind. Zwei Rohre sind oben mit je einem ...... verschlossen. Unten ist in jedem der äußeren Rohre eine .... angebracht. Beide Elektroden sind mit der .... verbunden.

Notieren Sie die fehlenden Wörter, und vergleichen Sie unter 16

---

9 Wir hatten schon besprochen, daß die Gewinnung von Sauerstoff durch Verflüssigen der Luft und Abtrennen des Stickstoffs für das Labor wegen der großen Apparaturen unhandlich und ungeeignet, dagegen für die Technik gut geeignet ist.

Ihre Antwort war also falsch. → 30

---

10 Ja, eine *Verbindung* wird durch *chemische* Vorgänge zerlegt.

Wie wird Wasser in Sauerstoff und Wasserstoff zerlegt?

- Durch einen physikalischen Vorgang → 2
- Durch einen chemischen Vorgang → 18

11 *Physikalische* Vorgänge sind solche, bei denen der Stoff erhalten bleibt und nur eine Änderung des Aggregatzustandes und der damit verbundenen Eigenschaften eintritt.

Bei der Elektrolyse wird aber das Wasser durch den elektrischen Gleichstrom in zwei Stoffe (Sauerstoff und Wasserstoff) zerlegt, die andere Eigenschaften als das Wasser haben. Es ist durch die Elektrolyse keine Änderung des Aggregatzustands, sondern eine *Stoffumwandlung* eingetreten.

Vorgänge, bei denen sich die beteiligten Stoffe in andere Stoffe umwandeln, sind *chemische* Vorgänge.

Die Elektrolyse ist also ein ...... Vorgang.

Bitte notieren Sie das fehlende Wort. → 3

---

12 *Gasgemisch*

Luft ist ein *Gasgemisch*, Wasser dagegen ist eine ......

Bitte notieren Sie das fehlende Wort. → 20

---

13 Ihre Antwort ist richtig.

Die Masse verändert sich nicht, da kein Stoff während der Reaktion hinzutritt. Es geht auch nichts verloren.

Dieses Prinzip können wir bei allen chemischen Versuchen beobachten. Es ist das *Gesetz von der Erhaltung der Masse*:

Bei chemischen Vorgängen wird keine Masse (kein Stoff) vernichtet oder aus dem Nichts geschaffen.

Wir wollen das Erlernte kurz zusammenfassen und wiederholen.

Sauerstoff ist ein farbloses, geruchloses und geschmackloses ...... Er unterhält die Verbrennung, brennt aber selbst nicht. Man erkennt Sauerstoff daran, daß er einen glimmenden Span zum lebhaften Brennen entfacht. Sauerstoff läßt sich zu einer ...... (Farbe) Flüssigkeit verflüssigen. Der Siedepunkt des flüssigen Sauerstoffs ist $-183\,°C$.

Bitte notieren Sie die beiden fehlenden Wörter. → 6

14 Reiner Sauerstoff wirkt bei der Verbrennung *nicht* als Katalysator, denn Sauerstoff wird bei der Verbrennung chemisch gebunden und damit verbraucht.

In Luft verläuft die Verbrennung nur deshalb langsamer, weil hier der Sauerstoff in verdünnter Form (20%) vorliegt. → 33

15 Nein, in der von Ihnen ausgewählten Zeile stehen nur *Verbindungen*! Sie sollten aber nach *Elementen* suchen.

Gehen Sie bitte zurück nach 34, und überlegen Sie sich bei jedem der dort genannten Stoffe genau, ob es sich um ein Element (das also chemisch nicht weiter zerlegt werden kann) oder um eine Verbindung (die also aus Elementen zusammengesetzt ist) handelt.

16 *Hahn, Elektrode, Batterie.*

Im Wasserzersetzungsapparat sind als Elektroden kleine Metallplatten angebracht.

Sie werden mit den Polen einer Batterie (oder einer anderen Gleichstromquelle) verbunden, wodurch die eine Elektrode zum *Pluspol* und die andere zum *Minuspol* wird. Der Pluspol heißt auch *Anode*, der Minuspol *Kathode*.

Schicken wir durch den mit angesäuertem Wasser gefüllten Apparat elektrischen Gleichstrom, beispielsweise durch Anschließen einer Batterie, so bemerken wir an den beiden Elektroden eine lebhafte Gasentwicklung. Die Gasbläschen steigen nach oben und sammeln sich unterhalb der Hähne.

Das Gas, das sich unterhalb des einen Hahnes (Abb. 3 *rechts*) gesammelt hat, erweist sich bei der Untersuchung als reiner Sauerstoff. Das Gas, das sich unterhalb des anderen Hahnes (Abb. 3 *links*) gesammelt hat, ist Wasserstoff (den wir erst später besprechen).

Vergleichen Sie diese Angaben mit Ihrer Zeichnung, und notieren Sie bitte mit den entsprechenden Ergänzungen:

Am Pluspol (oder ......) entsteht ....

Am Minuspol (oder ......) entsteht .... → 24

17 Ihre Antwort ist teilweise richtig.

Auch die Elektrolyse des Wassers ist für die Gewinnung des Sauerstoffs im *Labor* geeignet. In der Technik dagegen wird die Elektrolyse des Wassers zur Gewinnung von Sauerstoff wegen der hohen Stromkosten wenig verwendet. → 22

18 Ihre Antwort ist richtig.

Wasser ist eine Verbindung. Es kann deshalb nur durch einen *chemischen* Vorgang zerlegt werden, z. B. durch die Elektrolyse.

Bei der Elektrolyse von Wasser im ....apparat entsteht am Pluspol (Anode) Sauerstoff und am Minuspol (Kathode) Wasserstoff.

Notieren Sie den fehlenden Namen, und vergleichen Sie unter 26.

19 Ja, Gemische lassen sich durch *physikalische* Vorgänge trennen.

Wie kann eine Verbindung zerlegt werden?

- Durch physikalische Vorgänge → 27
- Durch chemische Vorgänge → 10

20 *Verbindung*

Luft ist ein Gasgemisch aus ...... und ....

Wasser ist eine Verbindung aus ...... und ....

Notieren Sie bitte die fehlenden Wörter. → 28

21 Ihre Antwort ist teilweise richtig.

Auch das Erhitzen von Kaliumchlorat ist zur Gewinnung von Sauerstoff im *Labor* geeignet. → 22

22 Ihre Antwort ist richtig.

Die Elektrolyse des Wassers (Verfahren 2) und das Erhitzen von Kaliumchlorat (Verfahren 3) liefern schnell und ohne großen Aufwand kleinere Portionen Sauerstoff und sind deshalb für das Labor geeignet.

Für die Technik sind die beiden Verfahren wegen zu hoher Kosten nicht geeignet.

Die Methode zur Gewinnung von Sauerstoff aus Kaliumchlorat hat einen Nachteil: Die Sauerstoffabgabe erfolgt sehr ungleichmäßig, und man muß sehr stark erhitzen. Viel schneller läuft die Reaktion ab, wenn man dem Kaliumchlorat

Braunstein zusetzt: Die Sauerstoffentwicklung beginnt viel früher. Sie verläuft gleichmäßig und bei tieferer Temperatur.

Braunstein selbst wird bei dieser Reaktion nicht verbraucht, sondern liegt am Ende der Reaktion im gleichen Zustand vor, wie am Anfang.

Derartige Stoffe, welche einen chemischen Vorgang beschleunigen, heißen *Katalysatoren*. Den Vorgang selbst bezeichnet man als *Katalyse*.

Bitte überlegen Sie:

Ein glimmender Holzspan verbrennt in reinem Sauerstoff schneller als mit Luft. Wirkt reiner Sauerstoff bei diesem Vorgang als Katalysator?

- Ja → 14
- Nein → 33

---

23 Phosphor, Wasserstoff und Schwefel sind Elemente.
Eisensulfid ist aber eine *Verbindung*!

Phosphor, Wasserstoff und Schwefel können, da sie *Elemente* sind, chemisch nicht weiter zerlegt werden. Eisensulfid als *Verbindung* kann aber durch ...... Vorgänge zerlegt werden. → 10

---

24 Am Pluspol (oder *Anode*) entsteht *Sauerstoff*.
Am Minuspol (oder *Kathode*) entsteht *Wasserstoff*.

Eine solche Zerlegung einer Substanz mit Hilfe des elektrischen Gleichstroms nennt man *Elektrolyse*.

Ist die Elektrolyse ein chemischer Vorgang?

- ja → 3
- nein, sie ist ein physikalischer Vorgang → 32
- Ich weiß es nicht → 11

---

25 1. Durch Erhitzen von *Kaliumchlorat* (in Gegenwart von Braunstein als Katalysator).

2. Aus flüssiger Luft durch Abtrennen des *Stickstoffs*.

3. Durch *Elektrolyse* des *Wassers* im Hofmannschen Wasserzersetzungsapparat.

Verfahren 2 ist besonders geeignet für ....
Verfahren 1 und 3 sind besonders geeignet für ....

Bitte notieren sie, welchen Verfahren für die Technik oder das Labor besonders geeignet sind. → 61

---

26 Im *Hofmannschen Wasserzersetzungsapparat* entsteht am Pluspol (Anode) **Sauerstoff** und am Minuspol (Kathode) **Wasserstoff**.

Sauerstoff und Wasserstoff können durch chemische Vorgänge *nicht* weiter zerlegt werden. Wir nennen sie *chemische Elemente.*

Auch Eisen, Schwefel und Phosphor lassen sich durch chemische Vorgänge *nicht* zerlegen.

Eisen, Schwefel und Phosphor sind deshalb ....

Notieren Sie bitte die beiden fehlenden Wörter. → 34

---

27 Nein, denken Sie an die *Verbindung* aus Eisen und Schwefel, das Eisensulfid! Aus dieser Verbindung läßt sich durch physikalische Vorgänge (Magnet, Lösen mit Schwefelkohlenstoff) weder Eisen noch Schwefel abtrennen.

Verbindungen lassen sich durch physikalische Vorgänge **nicht** trennen.

Verbindungen kann man nur durch .... Vorgänge zerlegen.

Notieren Sie bitte das fehlende Wort. → 10

---

28 Luft ist ein Gasgemisch aus *Sauerstoff* und *Stickstoff.*
Wasser ist eine Verbindung aus *Sauerstoff* und *Wasserstoff.*

Der Unterschied zwischen *Gemisch* und *Verbindung* ist wichtig!

Wie kann ein Gemisch zerlegt werden?

- Durch physikalische Vorgänge → 19
- Durch chemische Vorgänge → 36
- Ich weiß es nicht → 44

---

29 Ihre Antwort ist richtig.

Für die vollständige Verbrennung des Gases ist ein bestimmtes Verhältnis des Gasanteils und des Luftanteils im Gasgemisch nötig.

Wenn dieses erreicht ist, bringt eine weitere Erhöhung des Luftanteils bei gleichbleibendem Gasanteil keine Temperaturerhöhung.

Auch bei anderen Verbrennungsvorgängen ist für eine vollständige Verbrennung die richtige Abstimmung von Brennstoffzufuhr : Luftzufuhr wichtig. Dadurch erfolgt eine optimale Ausnutzung des Brennstoffes. Wir sparen Energie.

Beispiele sind die richtige Einstellung des Vergasers beim Motorrad oder Auto oder die richtige Einstellung des Brenners bei der Ölheizung.

Bitte notieren Sie:

> Richtiges Verhältnis von ....:
> .... = optimale Ausnutzung des
> Brennstoffes.

Vergleichen Sie unter 54

---

30 Verfahren zur Gewinnung von Sauerstoff:

1. Verflüssigen der Luft. Verdampfen des Stickstoffs, zurück bleibt *Sauerstoff.*

2. Elektrolyse des Wassers im Hofmannschen Wasserzersetzungsapparat. Am Pluspol entwickelt sich *Sauerstoff*, am Minuspol Wasserstoff.

3. Erhitzen von Kaliumchlorat, es entwickelt sich *Sauerstoff.*

Welches Verfahren ist für das Labor geeignet?

- Verfahren 1 → 9
- Verfahren 2 → 21
- Verfahren 3 → 17
- Verfahren 2 und 3 → 22
- Ich weiß es nicht → 40

31 Es gibt verschiedene Oxide. Wir kennen Phosphor*oxid* und Eisen*oxid*. Im Eisenoxid ist kein Phosphor, im Phosphoroxid ist kein Eisen enthalten. Beide Oxide enthalten aber ...., der grundsätzlich in jedem Oxid vorkommt.

Notieren Sie bitte den Namen. → 41

32 *Physikalische* Vorgänge sind solche, bei denen der Stoff erhalten bleibt und nur eine Änderung seines Zustandes und der damit verbundenen Eigenschaften eintritt.

Bei der Elektrolyse wird aber das Wasser durch den elektrischen Gleichstrom in zwei Stoffe (Sauerstoff und Wasserstoff) zerlegt, die andere Eigenschaften als das Wasser haben. Es ist durch die Elektrolyse keine Zustandsänderung, sondern eine *Stoffumwandlung* eingetreten.

Vorgänge, bei denen sich die beteiligten Stoffe in andere Stoffe umwandeln, sind *chemische* Vorgänge.

Die Elektrolyse ist also ein .... Vorgang.

Bitte notieren Sie das fehlende Wort. → 3

33 Ihre Antwort ist richtig.

Reiner Sauerstoff ist *kein* Katalysator.

Die Verbrennung läuft zwar in Luft langsamer als in reinem Sauerstoff, aber *nur* wegen des niedrigen Sauerstoffgehaltes der Luft (20%). Sauerstoff wird bei der Verbrennung (gleichgültig ob in Luft oder als reiner Sauerstoff) *verbraucht*.

Ein Katalysator ist ein Stoff, der einen chemischen Vorgang beschleunigt, am Ende der Reaktion aber wieder in der gleichen Form vorliegt wie am Anfang; der Vorgang heißt Katalyse.

Merken Sie sich diese Begriffsbestimmung gut!

Wenn man ein Stück Würfelzucker in eine Gasflamme hält, wird der Zucker gebräunt und beginnt zu schmelzen. Es gelingt nicht, den Zucker zu entzünden. Bringt man jedoch auf den Zucker eine kleine Menge von Zigarettenasche, dann entzündet sich der Zucker und brennt langsam ab. Würden Sie diesen Vorgang als Katalyse bezeichnen?

- Ja → 43
- Nein → 51

34 *Chemische Elemente*

Elemente können sich zu *chemischen Verbindungen* vereinigen. So verbindet sich z. B. das Element *Phosphor* mit dem Element *Sauerstoff* zu einem *Phosphoroxid.*
(Der Name *Oxid* leitet sich von *Oxygenium*, dem lateinischen Namen für *Sauerstoff*, ab.)
Das Element *Schwefel* vereinigt sich mit dem Element *Eisen* zur Verbindung *Eisensulfid.*
(Der Name *Sulfid* leitet sich von *Sulfur*, dem lateinischen Namen für Schwefel, ab.)
Das Element *Sauerstoff* und das Element *Wasserstoff* vereinigen sich zu der Verbindung *Wasser* (das wir durch Elektrolyse wieder in die Elemente Sauerstoff und Wasserstoff zerlegen können). Im chemischen Sinne ist Wasser also ein Wasserstoff*oxid.*

In welcher der folgenden Zeilen stehen *nur Elemente*?

- Sauerstoff, Luft, Wasserstoff, Eisen → 5
- Phosphor, Wasserstoff, Schwefel, Eisensulfid → 23
- Eisensulfid, Phosphoroxid, Wasser → 15
- Eisen, Schwefel, Wasserstoff → 42

35 Ihre Antwort ist falsch.

Arbeiten Sie konzentriert, und lesen Sie noch einmal 72.

36 Wir haben schon die Zerlegung verschiedener Gemische besprochen. Denken Sie an

die Zerlegung der flüssigen Luft und
die Trennung von Eisen- und Schwefelpulver

Die zur Trennung dieser Gemische erforderlichen Maßnahmen waren alles...............Vorgänge.

Bitte notieren Sie das fehlende Wort. → 19

37 Ihre Antwort ist richtig.

Die Masse des Verbrennungsproduktes ist *größer*. Zum Phosphor kam ja bei dieser chemischen Reaktion der Sauerstoff *hinzu*.

Beim Verbrennen von Kohle, Holz oder Heizöl sieht es so aus, als ob diese Stoffe „verschwinden". In Wirklichkeit verbinden sie sich jedoch mit Sauerstoff zu Verbrennungsgasen, die man mit einer geeigneten Versuchsapparatur auffangen und deren Masse man durch Wägung bestimmen kann. Dabei stellt man dann fest, daß die Verbrennungsgase und die Asche zusammengenommen eine größere Masse haben als das verbrannte Ausgangsmaterial. Sauerstoff ist hinzugekommen.

Auch beim Rosten von Eisen gilt sinngemäß das gleiche:
Die Masse einer Eisenportion nimmt beim Rosten durch Aufnahme von Sauerstoff *zu*.

Wir können beim Verbrennen keine Stoffe vernichten, sondern wandeln nur den einen Stoff in einen anderen um.

Wenn Schwefel und Eisen unter Aufglühen Eisensulfid bilden, wird die Masse des Gemenges

- größer → 67
- kleiner → 4
- die Masse ändert sich nicht → 13

---

38 Ja, Kaliumchlorat gibt beim Erhitzen *Sauerstoff* ab.

Beim Erhitzen von Kaliumchlorat schmilzt dieses zunächst zu einer klaren Flüssigkeit. Beim weiteren Erhitzen steigen Gasblasen auf. Halten wir einen glimmenden Holzspan in das Reagenzglas, dann beginnt dieser sofort lebhaft zu brennen. Das entstandene Gas ist also Sauerstoff.

Wir haben damit eine dritte Gewinnungsmethode für Sauerstoff kennengelernt. Erinnern Sie sich noch an die beiden anderen Methoden zur Gewinnung von Sauerstoff?

Beschreiben Sie die drei Methoden in Stichworten, und lesen Sie weiter unter 30.

---

39 Sie haben sich durch die Feuererscheinung bei der Vereinigung von Schwefel und Eisen täuschen lassen.

Feuer *kann* bei einer Verbrennung auftreten. Es gibt aber auch Vorgänge *ohne* Flammenerscheinung, die man in übertragenem Sinne „Verbrennungen" nennt, weil sie mit den unter Flammenerscheinung verlaufenden Prozessen verwandt sind (Eisen + Sauerstoff → Rost).

Was ist das Wesentliche bei einer Verbrennung?

Die Vereinigung eines Stoffes mit..............

Notieren Sie bitte das fehlende Wort. → 47

---

40 Es ist gut, daß Sie nicht geraten haben. Überlegen Sie sich folgendes:

Verfahren 1 (Verflüssigen der Luft und Abtrennen des Stickstoffs) benötigt große, unhandliche Apparaturen.

Verfahren 2 (Elektrolyse des Wassers) ist für keine Mengen gut geeignet. Bei größeren sind die Stromkosten zu hoch.

Verfahren 3 (Erhitzen von Kaliumchlorat) liefert schnell und einfach kleine Mengen Sauerstoff.

Beantworten Sie die Frage unter 30 nochmals.

---

41 Ihre Antwort ist richtig.

Oxide sind Verbindungen des *Sauerstoffs*. (Der Name *Oxid* leitet sich von der lateinischen Bezeichnung *Oxygenium* für *Sauerstoff* ab.)

Sauerstoff verbindet sich auch mit dem Element Kohlenstoff, Kohle besteht hauptsächlich aus Kohlenstoff. Der Vorgang, bei dem sich Sauerstoff (z. B. aus der Luft) und Kohlenstoff (z. B. aus der Kohle) verbinden, ist die *Verbrennung* der Kohle.

Aber nicht nur beim Verbrennen der Kohle ist Sauerstoff maßgeblich beteiligt, sondern *bei jeder Verbrennung* muß *Sauerstoff* zugegen sein. *Ohne Sauerstoff ist keine Verbrennung möglich.*

Wir haben (außer Kohlenstoff) schon zwei Elemente kennengelernt, die unter Flammenbildung verbrennen. Notieren Sie bitte die beiden Namen. → 49

---

42 Ihre Antwort ist richtig: Eisen, Schwefel und Wasserstoff sind Elemente.

Vereinigen sich zwei (oder mehrere) *Elemente*, so entsteht eine Verbindung.

Die Verbindung *Wasser* besteht aus den Elementen...............und..............

Die Verbindung *Phosphoroxid* besteht aus den Elementen...............und..............

Notieren Sie bitte die fehlenden Namen. → 50

---

43 Ihre Antwort ist richtig.

Bei dieser Katalyse wirkt Zigarettenasche als *Katalysator*. Der Katalysator beschleunigt den chemischen Vorgang der Verbrennung von Zucker so, daß der Zucker auch weiterbrennt, wenn wir ihn aus der Gasflamme herausnehmen. Die Zigarettenasche wird bei diesem Vorgang in keiner Weise verändert.

Die Zigarettenasche hatte bei dem beschriebenen Versuch einen überraschenden Effekt. Der Chemiker spricht im Laborjargon von einem „Dreckeffekt" und ist peinlich darauf bedacht, solche Effekte bei seiner täglichen Arbeit auszuschließen. Er achtet deshalb streng darauf, nur mit sauberen Geräten und Chemikalien zu arbeiten.

Notieren Sie bitte den folgenden Satz mit Ergänzungen:

Ein Katalysator ist ein Stoff, der einen chemischen Vorgang.............., am Ende der Reaktion aber in der gleichen Form vorliegt wie am Anfang; der Vorgang heißt.............. → 52

---

44 Wir haben schon die Zerlegung verschiedener Gemische besprochen. Denken Sie an

die Zerlegung der flüssigen Luft und
die Trennung von Eisen- und Schwefelpulver.

Die zur Trennung dieser Gemische erforderlichen Maßnahmen waren alles..............Vorgänge.

Bitte notieren Sie das fehlende Wort. → 19

---

45 Ihre Antwort ist falsch.

Arbeiten Sie konzentrierter, und lesen Sie nochmals 72.

---

46 *Sauerstoff* entsteht, wenn wir Kaliumchlorat mit Braunstein als Katalysator erhitzen. Dabei wird die *Verbindung* Kaliumchlorat zerlegt. Das ist ein chemischer Vorgang.

Wir kennen noch einen zweiten chemischen Vorgang, um aus einer Verbindung Sauerstoff herzustellen. Um welches der folgenden Verfahren handelt es sich?

- Gewinnung aus der flüssigen Luft → 71
- Elektrolyse des Wassers → 55
- Verbrennen von Zucker in Gegenwart von Zigarettenasche → 7
- Verbrennen von Phosphor → 63

---

47 *Sauerstoff*

Bei der Bildung von Eisensulfid aus Eisen und Schwefel ist *Sauerstoff* aber *nicht* beteiligt.

Es handelt sich daher nicht um eine Verbrennung! → 48

---

48 Es ist keine Verbrennung, wenn sich Schwefel und Eisen zu Eisensulfid verbinden, da an der Reaktion *kein Sauerstoff* teilnimmt. Zu jeder Verbrennung gehört *Sauerstoff*. (Das Auftreten von Feuererscheinungen ist für den Chemiker *nicht* das Wesentliche einer Verbrennung.)

Im allgemeinen stammt der für eine Verbrennung (Oxidation) notwendige Sauerstoff aus der Luft (Ofen, Kerze). Ein Feuer, das nicht gut brennen will, wird durch Zuführung von Luft angefacht.

Am schnellsten läuft die Verbrennung daher in reinem Sauerstoff ab. Einen Holzspan, der an der Luft (also in verdünntem Sauerstoff) nur glimmt, tauchen wir in ein mit reinem Sauerstoff gefülltes Glasgefäß. Sofort beginnt er mit heller Flamme zu brennen. (Dieser Versuch mit einem glimmenden Span kann als *Nachweis* für *Sauerstoff* dienen.)

In reinem Sauerstoff verbrennen alle Stoffe schneller und lebhafter als in der Luft oder in verdünntem Sauerstoff.

Wir können den zur Verbrennung eines Stoffes notwendigen Sauerstoff statt aus der Luft oder aus einer Bombe auch aus einer Verbindung entnehmen, die Sauerstoff gebunden enthält und ihn leicht abgibt. Eine solche Verbindung ist *Kaliumchlorat*.

Machen wir einen Versuch:

Wir erhitzen in einem Reagenzglas *Kaliumchlorat*. In die Schmelze werfen wir Holzkohlestückchen. Sie entzünden sich sofort von selbst und brennen unter Feuererscheinungen schnell vollkommen ab. Kaliumchlorat gibt beim Erhitzen..............ab, der zum lebhaften Verbrennen der Holzkohle führt.

Lesen Sie weiter bei 38

---

49 *Schwefel. Phosphor*

Eine Verbrennung muß nicht unbedingt unter Feuererscheinungen und Flammenbildung vor sich gehen. In übertragenem Sinne werden auch manche langsam verlaufenden Vorgänge, die ohne Feuer, ohne Flamme und ohne spürbare Wärmeentwicklung vonstatten gehen, ebenfalls als „Verbrennungen" bezeichnet. Zum Beispiel ist das Rosten des Eisens eine solche langsame „Verbrennung"; hier geht Eisen mit dem Sauerstoff der Luft langsam in Eisenoxid (Rost) über.

Der Vorgang, bei dem sich aus Phosphor und Sauerstoff die Verbindung..............bildet, ist eine..............

Ergänzen Sie die fehlenden Wörter, und vergleichen Sie unter 57

---

50 Wasser besteht aus *Wasserstoff* und *Sauerstoff*.
Phosphoroxid besteht aus *Phosphor* und *Sauerstoff*.

Das Element Sauerstoff zeigt eine große Neigung, sich mit anderen Elementen zu verbinden. Wir wissen, daß sich der Sauerstoff, der in der Luft enthalten ist, mit dem Element Phosphor zu einem Phosphoroxid verbindet (Phosphor verbrennt).

Auch mit dem Element Eisen verbindet sich der Sauerstoff sehr leicht. Wir haben alle schon gesehen, wie Eisen verrostet (zum Beispiel rosten Schienen, Nägel oder die eisernen Teile eines Fahrrades). Bei diesem Vorgang, beim Verrosten, verbindet sich Sauerstoff mit Eisen. Es entsteht die Verbindung Eisenoxid (die wir Rost nennen).

Welches Element ist in *allen* Oxiden enthalten?

- Phosphor → 58
- Sauerstoff → 41
- Eisen → 31

---

51 Warum nicht? Der Vorgang *ist* eine Katalyse. Die Zigarettenasche ist der Katalysator für das Brennen des Zuckers. Ohne Zigarettenasche brennt der Zucker nicht. Erst wenn Asche als Katalysator zugegen ist, brennt der Zucker langsam ab. Der Katalysator (Zigarettenasche) liegt nach dem Versuch in keiner Weise verändert vor. Damit sind alle Bedingungen für eine Katalyse erfüllt.

Lesen Sie weiter unter 43

52 Vergleichen Sie bitte:

Ein Katalysator ist ein Stoff, der einen chemischen Vorgang *beschleunigt,* am Ende der Reaktion aber im gleichen Zustand vorliegt wie am Anfang; der Vorgang heißt Katalyse.

Wir haben zwei Stoffe kennengelernt, die chemische Vorgänge katalysieren können.

Ergänzen Sie:

1. .... katalysiert die Sauerstoffentwicklung aus ....

2. .... katalysiert die Verbrennung des Zuckers → 60

---

53 Nein, es handelt sich um einen chemischen Vorgang. Sie hätten die richtige Antwort gefunden, wenn Sie folgendes beachtet hätten:

1. Die Verbindung Kaliumchlorat wird zerlegt, um Sauerstoff zu gewinnen.

2. Ein Katalysator ist ein Stoff, der einen *chemischen* Vorgang beschleunigt, ohne sich dabei zu verändern.

Lesen Sie weiter unter 46

---

54 Richtiges Verhältnis von *Brennstoffzufuhr: Luftzufuhr* = optimale Ausnutzung des Brennstoffes.

Im Laboratorium wird häufig mit brennbaren Stoffen gearbeitet. Es ist deshalb wichtig, hier einige Maßnahmen zur Bekämpfung von Bränden zu erwähnen:

Es ist nicht immer richtig, mit Wasser zu löschen. Das gilt besonders für Laborbrände, aber auch z. B. für Autobrände.

Brennen nämlich Flüssigkeiten, die eine geringere Dichte als Wasser haben, also auf Wasser schwimmen (z. B. Benzin oder Öl), ist mit Wasser als Löschmittel nur wenig auszurichten.

Man bekämpft den Brand dann mit Feuerlöschern, deren Löschmittel den Brandherd von der Luft (und damit vom Sauerstoff) abschließen und so das Feuer ersticken.

Sehr gefährlich sind Kleiderbrände. Hier gilt vor allem:

nie weglaufen,
Geistesgegenwart bewahren,
niederwerfen und das Feuer durch Löschdecken ersticken.

Durch Weglaufen würde nur die Sauerstoffzufuhr vermehrt und damit das Feuer weiter angefacht.

Soweit einige Verhaltensregeln bei Bränden.

Und nun zurück zum Verbrennungsvorgang, den wir uns noch genauer ansehen wollen.

Erinnern wir uns an die Verbrennung des Phosphors an der Luft.

Ist die Masse des als Verbrennungsprodukt entstehenden Phosphoroxids

- größer als die des eingesetzten Phosphors → 37
- kleiner als die des eingesetzten Phosphors → 66
- unverändert → 74

---

55 Ihre Antwort ist richtig.

Zwei der drei Gewinnungsmethoden für Sauerstoff sind *chemische Verfahren:*

1. Elektrolyse des Wassers
2. Erhitzen von Kaliumchlorat mit Braunstein.

Die dritte Methode ist ein *physikalisches Verfahren:*

3. Trennung der flüssigen Luft.

Bei den chemischen Verfahren gehen wir von Verbindungen aus, nämlich von .... bzw. von.............. → 64

---

56 Ihre Antwort ist falsch.

Arbeiten Sie konzentrierter, und lesen Sie nochmals 72.

---

57 Der Vorgang, bei dem sich aus Phosphor und Sauerstoff *Phosphoroxid* bildet, ist eine *Verbrennung.*

Die Vereinigung eines Stoffes mit Sauerstoff (mit oder ohne Flammenbildung) ist eine Verbrennung. Der Chemiker nennt diesen Vorgang Oxidation.

Eine Oxidation tritt ein, wenn

1. ein brennbarer (oxidierbarer) Stoff vorhanden ist.

2. Sauerstoff vorhanden ist.

3. die Entzündungstemperatur erreicht ist (bei Verbrennungen mit Flammenerscheinungen).

Wir kennen eine ganze Reihe brennbarer Stoffe: Benzin, Öl, Holz, Kohle, Phosphor und Eisen.

Phosphor und Eisen verbinden sich schon bei Zimmertemperatur mit dem Sauerstoff der Luft, wenn auch sehr langsam. Bei höherer Temperatur verbrennen auch sie rasch und unter Feuererscheinungen.

Die folgende Frage ist nicht ganz leicht zu beantworten.

Schwefel und Eisen verbinden sich beim Erhitzen unter Feuererscheinungen zu Eisensulfid. Handelt es sich um eine Verbrennung?

- Ja → 65
- Nein → 48
- Ich bin mir nicht sicher → 39

---

58 Es gibt verschiedene *Oxide.* Wir kennen Phosphor*oxid.* Im Eisenoxid ist kein Phosphor, im Phosphoroxid ist kein Eisen enthalten. Beide Oxide enthalten aber..............., der grundsätzlich in jedem Oxid vorkommt.

Notieren Sie bitte den Namen. → 41

---

59 Eine Verbrennung ist jede Vereinigung eines Stoffes mit Sauerstoff, mit oder ohne Flammenerscheinung. An der Verbrennung können wir besonders gut das Gesetz von der Erhaltung der Masse erkennen.

Wie heißt es?

Notieren Sie den Merksatz, und vergleichen Sie unter 73

[60] *Braunstein* katalysiert die Sauerstoffentwicklung aus *Kaliumchlorat.*

Zigarettenasche katalysiert die Verbrennung des Zuckers.

Wenn wir durch Erhitzen von Kaliumchlorat Sauerstoff entwickeln können, so muß der Sauerstoff im Kaliumchlorat enthalten sein.

Wir können auch sagen:

Kaliumchlorat ist eine *sauerstoff*haltige Verbindung.

Sauerstoff kommt im Kaliumchlorat gebunden vor. Wenn wir Sauerstoff herstellen wollen, müssen wir ihn *aus der Verbindung* Kaliumchlorat *befreien.* Das geschieht, wenn wir Kaliumchlorat mit Braunstein als Katalysator erhitzen.

Handelt es sich dabei um einen physikalischen oder um einen chemischen Vorgang?

- Physikalischer Vorgang → [53]
- Chemischer Vorgang → [46]
- Ich bin nicht sicher → [68]

[61] Sauerstoff gewinnt man in der *Technik* aus flüssiger Luft. Die anderen beiden Verfahren sind für *das Labor* besonders geeignet.

Sauerstoff ist lebenswichtig. Er unterhält die Atmung. Schreiben Sie bitte folgenden Satz ab, und ergänzen Sie:

Menschen und Tiere atmen .... ein und .... aus. → [69]

[62] Ihre Antwort ist richtig.

Beim Atmen wird Sauerstoff aufgenommen und Kohlendioxid abgegeben.

Im Labor nutzen wir häufig einen Verbrennungsvorgang, wenn wir mit dem Bunsenbrenner arbeiten. Dieser verwendet Gas als Brennstoff.

Die Gaszufuhr kann reguliert werden.

Der Bunsenbrenner besitzt eine Vorrichtung, mit der Luft zugeführt werden kann. Luft und Gas werden gemischt und dann entzündet.

Bitte notieren Sie mit Ergänzungen:

Im .... wird als Brennstoff .... verwendet.

Die .... wird reguliert. → 70

---

63 Eine Verbrennung ist keine Methode zur Herstellung von Sauerstoff; im Gegenteil, bei der Verbrennung wird Sauerstoff *verbraucht.*

Lesen Sie bitte nochmals 46

---

64 Bei den chemischen Verfahren gehen wir von *Wasser* bzw. von *Kaliumchlorat* aus. Beide sind Verbindungen. Denn *nur durch chemische Verfahren können wir sauerstoffhaltige Verbindungen zerlegen,* um aus ihnen Sauerstoff zu gewinnen.

Da die flüssige Luft ein Gemisch ist, können wir sie durch ein physikalisches Verfahren zerlegen, um Sauerstoff zu gewinnen.

In einem Gemisch sind die Bestandteile *nicht* miteinander *verbunden.* Luft ist ein Gemisch aus *freiem Sauerstoff* und *freiem Stickstoff.*

Verbindungen (z. B. Wasser) werden durch .... Verfahren zerlegt.

Gemische (z. B. Luft) werden durch .... Verfahren zerlegt.

Ergänzen Sie die beiden Sätze. → 72

---

65 Sie haben sich durch die Feuererscheinung bei der Vereinigung von Schwefel und Eisen täuschen lassen.

Feuer *kann* bei einer Verbrennung auftreten. Es gibt aber auch Vorgänge *ohne* Flammenbildung (Eisen + Sauerstoff → Rost), die man in chemischem Sinne als Verbrennungen auffassen kann.

Was ist für den Chemiker das Wesentliche bei einer Verbrennung?

Eine Verbrennung ist die Vereinigung eines Stoffes mit ....

Notieren Sie bitte das fehlende Wort. → 47

66 Beim Verbrennen des Phosphors geht von der ursprünglichen Phosphorportion nichts verloren, sondern es kommt etwas hinzu, nämlich der Sauerstoff. Die Masse des Reaktionsprodukts ist also .... (größer/kleiner).

Lesen Sie weiter unter 37.

67 Die Masse des Gemenges wird nicht größer. Es tritt nichts hinzu, sondern die beiden gemischten Stoffe Schwefel und Eisen bilden (ohne daß etwas hinzukommt oder weggenommen wird) die Verbindung Eisensulfid.

Lesen Sie noch einmal 37.

68 Achten Sie bitte beim Beantworten der Frage auf Folgendes:

1. Die Verbindung Kaliumchlorat wird zerlegt, um Sauerstoff zu gewinnen.
2. Ein Katalysator ist ein Stoff, der einen *chemischen* Vorgang beschleunigt, ohne sich dabei zu verändern.

Gehen Sie bitte zurück nach 60.

69 Menschen und Tiere atmen *Sauerstoff* ein und *Kohlendioxid* aus.

Sauerstoff unterhält nicht nur die Atmung, sondern auch die Verbrennung. Erklären Sie kurz, was eine Verbrennung ist, und lesen Sie weiter unter 59.

70 Im *Bunsenbrenner* wird als Brennstoff *Gas* verwendet. Die *Luftzufuhr* wird reguliert.

Für die Funktion des Brenners ist das Mischungsverhältnis Brenngas : Luft wichtig.

Drosselt man die Luftzufuhr, so erhält man eine gelb-leuchtende, nicht sehr heiße Flamme. Die Verbrennung des Gases ist unvollständig.

Steigert man bei gleichbleibender Gaszufuhr die Luftzufuhr, wird die Verbrennung immer vollständiger, bis ein optimales Verhältnis

Gasanteil zu Luftanteil

im Gasgemisch erreicht ist. Die Flamme ist dann sehr heiß und schwach blau.

Kann man durch weitere Steigerung der Luftzufuhr die Flammentemperatur noch erhöhen?

- Ja → 75
- Nein → 29

---

71 Luft ist *keine* Verbindung, sondern ein *Gasgemisch.* Die Trennung eines Gemisches ist *kein* chemischer, sondern ein *physikalischer* Vorgang.

Lesen Sie bitte 46 nochmals.

---

72 Verbindungen werden durch *chemische Verfahren* zerlegt. Gemische werden durch *physikalische* Verfahren zerlegt.

Sauerstoff kommt also in der Luft frei als Element und im Wasser in chemisch gebundener Form vor. Beide Stoffe kommen auf der Erde sehr häufig vor. Sauerstoff ist sogar das am häufigsten vorkommende Element. Auch viele Gesteine enthalten Sauerstoff in gebundener Form.

Sauerstoff ist lebenswichtig. Wir atmen mit der Luft Sauerstoff ein und Kohlendioxid aus. Wo Sauerstoff zum Atmen fehlt, z. B. im Weltraum, muß der Mensch Sauerstoff mitnehmen, um leben zu können.

Sauerstoff findet Verwendung beim Schweißen, weil durch Verbrennung bei Gegenwart von reinem Sauerstoff sehr heiße Flammen erzeugt werden können (Genaueres darüber später).

Welcher Vorgang spielt sich bei der Atmung ab?

- Man atmet Sauerstoff ein und Stickstoff aus. → 35
- Man atmet Sauerstoff ein und Kohlendioxid aus. → 62
- Man atmet Kohlendioxid ein und Sauerstoff aus. → 56
- Man atmet Kohlendioxid ein und Stickstoff aus. → 45

---

73 Bei chemischen Vorgängen wird keine Masse (kein Stoff) vernichtet oder aus dem Nichts geschaffen.

Hatten Sie bei den Wiederholungen noch Fehler? Wenn ja, arbeiten Sie das Programm bald noch einmal durch.

Ende des 3. Programms.

---

74 Beim Verbrennen des Phosphors geht von der ursprünglichen Phosphorportion nichts verloren, sondern es kommt etwas hinzu, nämlich der Sauerstoff. Das Reaktionsprodukt ist also .... (leichter/schwerer).

Lesen Sie weiter unter 37

---

75 Ihre Antwort ist falsch.

Für die vollständige Verbrennung des Gases ist ein bestimmtes Verhältnis von Gasanteil zu Luftanteil im Gasgemisch nötig. Wenn dies erreicht ist, bringt eine weitere Erhöhung des Luftanteils bei gleichbleibendem Gasanteil keine Temperaturerhöhung.

Arbeiten Sie weiter unter 29

---

4. Programm

Das Wasser

1 Wasser ist eine außerordentlich weit verbreitete chemische Verbindung. Der größte Teil der Erdoberfläche ist vom Wasser der Ozeane bedeckt. Dazu kommt das Wasser in Seen, Teichen und Flüssen.

Wenn an kalten Tagen die Fenster beschlagen, dann haben wir einen Beweis, daß auch in der Luft stets mehr oder weniger große Anteile von unsichtbarem Wasserdampf vorhanden sind.

Wasser ist ein wesentlicher Bestandteil aller Lebewesen.

Das Wasser befindet sich auf der Erde in einem ständigen Kreislauf: Durch Verdunstung gelangt Wasser als unsichtbarer Wasserdampf in die Luft. Dieser bildet Dunst, Nebel oder Wolken. Aus den Wolken kann das Wasser je nach den Witterungsbedingungen als Tau, Regen, Hagel oder Schnee wieder zur Erde herunterkommen. Als Grundwasser sammelt es sich dann im Erdreich und kann in Quellen wieder an die Oberfläche treten. Die Quelle wächst an zum Bach, zum Fluß, zum Strom, der schließlich in Seen oder Meere mündet. Dort beginnt durch Verdunsten der Kreislauf des Wassers von neuem.

Wodurch kommt der beschriebene Kreislauf des Wassers zustande?

- Durch eine Reihe von chemischen Vorgängen → 26
- Durch eine Reihe von physikalischen Vorgängen → 8
- Durch eine Reihe von physikalischen und chemischen Vorgängen → 18

2 Bei der Elektrolyse wird zwar elektrischer Gleichstrom verwendet, und die Erzeugung und Handhabung von elektrischem Gleichstrom gehört in das Gebiet der Physik. Wenn aber der elektrische Gleichstrom durch Wasser geht, ruft er einen *chemischen* Vorgang hervor.

Eine Elektrolyse ist ein chemischer Vorgang, bei dem mit Hilfe des elektrischen Gleichstroms Stoffe zerlegt werden.

Notieren Sie diese Definition, und lesen Sie dann bitte weiter bei 19

3 Nein. Beachten Sie bitte, daß sich beim Einleiten von Chlor in einen mit Luft gefüllten Glaszylinder dieser *von unten nach oben* mit dem Chlor füllt.

Denken Sie daran, daß Körper, die eine größere Dichte als Wasser haben, im Wasser nach unten sinken.

Lesen Sie bitte noch einmal [17].

---

[4] Temperaturskala nach *Celsius*.

Häufig benutzen wir Wasser als Lösungsmittel. Wasser löst feste Stoffe (Kochsalz, Zucker, Soda), flüssige Stoffe (Schwefelsäure, Alkohol) und gasförmige Stoffe (Kohlendioxid im Mineralwasser).

Leitungswasser oder Quellwasser enthält geringe Mengen von *Calcium*-Verbindungen, die aus dem Erdboden herausgelöst wurden. Wir nennen solches Wasser *hartes* Wasser. Regenwasser enthält keine gelösten *Calcium*-Verbindungen. Es ist reiner als Leitungswasser, wir nennen es *weiches* Wasser.

(Calcium ist ein Element, dessen wichtigste Verbindungen später besprochen werden.)

Hartes Wasser, z. B. Quellwasser, enthält ....

Weiches Wasser, z. B. ...., enthält keine ....

Bitte notieren Sie die fehlenden Wörter [12].

---

[5] Wenn Sie Ihr Thermometer in schmelzendes Eis halten, können Sie nur den 0 °C-Punkt festlegen.

Zur Festlegung einer Skala brauchen Sie aber *zwei* Fixpunkte. Sie müssen also auch noch durch Eintauchen des Thermometers in siedendes Wasser den 100 °C-Punkt festlegen. Durch Einteilen der Strecke zwischen dem 0 °C-Punkt und dem 100 °C-Punkt in ...... gleiche Teile erhalten Sie die Thermometerskala nach Celsius.

Notieren Sie bitte die fehlende Zahl. → [13]

---

[6] Nein, bitte notieren Sie:

Chlorknallgas = Gasgemisch aus Wasserstoff und ....

Knallgas = Gasgemisch aus .... und Sauerstoff.

Lesen Sie bitte weiter unter [15].

---

7 Sicher haben Sie schon folgende Beobachtung gemacht: Wenn man ein Gefäß bis zum Rand gefüllt hat, z. B. einen Eimer mit Sand, kann man durch Rütteln und Klopfen erreichen, daß der Sand etwas zusammenrutscht. Der Eimer ist nicht mehr ganz voll.

Die gleiche Menge Sand, die, locker geschüttet, den Eimer gefüllt hat, nimmt nach dem Zusammenrütteln einen kleineren Raum (ein kleineres Volumen) ein. Der Sand liegt jetzt dichter.

Auch die Dichte von Wasser kann größer werden, allerdings nicht durch Zusammenrütteln, sondern durch Abkühlen.

Lesen Sie noch einmal 16.

8 Ihre Antwort ist richtig: Der Kreislauf des Wassers in der Natur kommt durch eine Reihe von *physikalischen* Vorgängen zustande.

Das Wasser als chemische Verbindung ändert sich dabei ja nicht. Es ist lediglich durch Verdunsten vom flüssigen in den dampfförmigen Zustand und durch Kondensieren vom dampfförmigen wieder in den flüssigen Zustand übergegangen.

Wir wollen den Kreislauf des Wassers noch einmal in einer Zeichnung betrachten (Abb. 4):

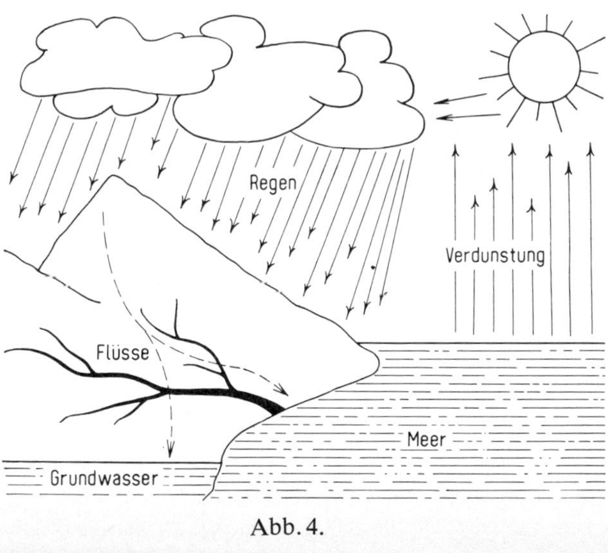

Abb. 4.

Ist die Zeichnung des Wasserkreislaufs richtig?

- Ja → 16
- Nein → 21

9 Nein, Sie haben etwas verwechselt.

Sehen Sie sich die Skizze bei 19 nochmals an. Überlegen Sie sich bitte genau, welches Gas an der Kathode und welches an der Anode entsteht.

10 Es ist gut, daß Sie nicht raten. Notieren Sie die folgende Begriffsbestimmung:

Eine Elektrolyse ist ein chemischer Vorgang, bei dem mit Hilfe des elektrischen Gleichstroms Stoffe zerlegt werden.

Lesen Sie bitte weiter unter 19.

11 Bei der Elektrolyse von Wasser entsteht zwar Wasserstoff. In der Technik wird Wasserstoff aber meist durch Elektrolyse von Kochsalzlösung gewonnen. Hierbei erhält man als weitere wichtige Produkte .... und ....

Notieren Sie bitte die beiden Namen. → 42

12 Bitte vergleichen Sie:

Hartes Wasser, z. B. Quellwasser, enthält *Calcium-Verbindungen*. Weiches Wasser, z. B. *Regenwasser*, enthält keine *Calcium-Verbindungen*.

Man kann hartes und weiches Wasser durch den Geschmack unterscheiden: Hartes Wasser schmeckt erfrischend. Das reine, weiche Regenwasser schmeckt schal und fade.

Es gibt noch eine weitere Möglichkeit, hartes und weiches Wasser voneinander zu unterscheiden:

Gibt man zu Leitungswasser Seifenlösung, dann beobachtet man im Wasser die Ausscheidung unlöslicher Flocken. Wiederholt man den Versuch mit Regenwasser, dann bleibt die Lösung klar und schäumt außerdem besser.

Notieren Sie bitte in Stichworten die Eigenschaften (Geschmack, Verhalten gegen Seifenlösung) von hartem und weichem Wasser.

Hartes Wasser: ....

Weiches Wasser: .... → 20

---

13 Ihre Antwort ist richtig.

Nach Festlegung des 0 °C-Punktes und des 100 °C-Punktes wird die dazwischenliegende Strecke in 100 gleiche Teile eingeteilt.

So erhält man die Temperaturskala nach ....

Notieren Sie bitte den Namen. → 4

---

14 Wenn Wasser gefriert, dehnt es sich aus. 1 kg Eis nimmt also einen größeren Raum ein als 1 kg Wasser. Eis ist also nicht so „dicht gepackt" wie Wasser.
Die Dichte von Eis ist *kleiner* als die Dichte von Wasser.

Was geschieht, wenn man ein Stück Eis in Wasser gibt? Sie können diese Frage leicht beantworten, wenn Sie bedenken, daß weniger dichte Stoffe auf dichteren schwimmen.

- Das Eis schwimmt auf dem Wasser. → 22
- Das Eis sinkt unter. → 30

---

15 Ihre Antwort ist richtig.

Chlorknallgas: Gasgemisch aus Wasserstoff und Chlor.

Knallgas: Gasgemisch aus Wasserstoff und Sauerstoff.

Die bei der Reaktion von Chlorknallgas aus Chlor und Wasserstoff entstehende neue chemische Verbindung nennt man *Chlorwasserstoff*.

Chlorwasserstoff ist ein stechend riechendes Gas. Es löst sich sehr leicht in Wasser. Diese wäßrige Lösung von Chlorwasserstoff reagiert sauer, wir nennen sie Salzsäure.

Chlor ist eines der aktivsten chemischen Elemente. Es verbindet sich leicht mit vielen anderen Elementen. Aus diesem Grunde kommt Chlor in der Natur nicht frei, sondern nur in Verbindungen vor. Die wichtigste natürlich vorkommende Chlorverbindung ist das Kochsalz. Seine chemische Bezeichnung ist Natriumchlorid, denn es entsteht aus den Elementen Natrium und Chlor.

Notieren Sie Namen und Eigenschaften der in diesem Abschnitt genannten zwei Chlorverbindungen.

Lesen Sie dann bitte weiter unter 34

---

16 Ihre Antwort ist richtig.

Wir wollen uns nun eine wichtige physikalische Eigenschaft des Wassers klarmachen.

Die Dichte des Wassers beträgt 1 g/cm³, d. h. 1 cm³ Wasser hat bei +4 °C die Masse 1 g. Füllt man Wasser von +20 °C in ein langes, enges Röhrchen, markiert den Wasserstand und kühlt das Wasser ab, dann kann man feststellen, daß der Wasserspiegel sinkt.

In welchem Röhrchen der Abb. 5 hat das Wasser die größte Dichte?

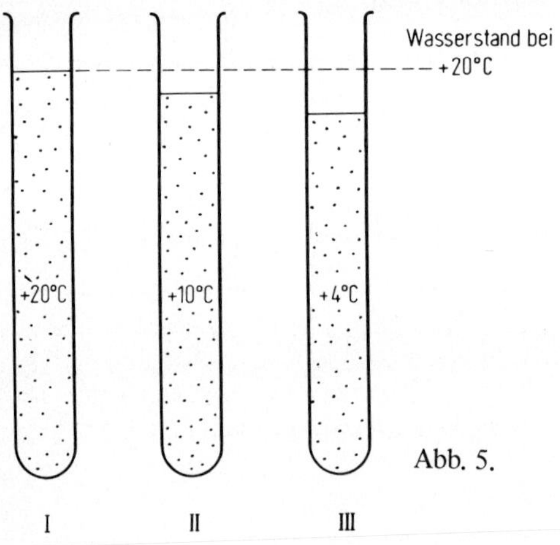

Abb. 5.

- Im Röhrchen I → 32
- Im Röhrchen II → 40
- Im Röhrchen III → 24
- Ich weiß es nicht. → 7

17 Es entsteht *Knallgas.*

Knallgas enthält Wasserstoff und Sauerstoff in dem Volumenverhältnis, in dem die beiden Gase bei der Elektrolyse von Wasser entstehen, nämlich im Volumenverhältnis:

Wasserstoff : Sauerstoff = 2 : 1

Auch in der Technik wird Wasserstoff durch Elektrolyse gewonnen. Allerdings elektrolysiert man hier nicht Wasser, sondern Kochsalzlösung. Hierbei entstehen neben Wasserstoff noch Natronlauge und Chlor. Während wir die Natronlauge erst später kennenlernen werden, wollen wir das *Chlor* schon jetzt besprechen.

Chlor ist ein Gas. Es sieht grünlich-gelb aus. **Chlor ist giftig.**

Wenn wir in einen Gaszylinder (unter dem Abzug!) Chlor einleiten, wird die Luft aus dem Zylinder verdrängt; dieser füllt sich allmählich *von unten nach oben* mit Chlor.

Welche der drei Angaben ist die richtige?

Die Dichte von Chlor ist

- größer als die von Luft → 25
- kleiner als die von Luft → 45
- gleich wie die von Luft → 3

18 Der Kreislauf des Wassers kommt nur durch physikalische Vorgänge zustande. Das Wasser ändert sich ja dabei *als Stoff* nicht. Nur sein Aggregatzustand ändert sich von flüssig nach dampfförmig oder von dampfförmig nach flüssig. Es sind also ausschließlich physikalische Vorgänge, die den Kreislauf des Wassers bedingen.

Lesen Sie noch einmal 1.

19 Ihre Antwort ist richtig.

Eine Elektrolyse ist ein chemischer Vorgang, bei welchem mit Hilfe des elektrischen Gleichstroms Stoffe zerlegt werden.

Schickt man elektrischen Gleichstrom durch angesäuertes Wasser, dann wird das Wasser in seine Bestandteile zerlegt. Wir erhalten an der Anode (dem Pluspol)

Sauerstoff, an der Kathode (dem Minuspol) Wasserstoff. Wasser besteht also aus Wasserstoff und Sauerstoff. Der Versuch gibt zugleich Auskunft über die *quantitative (mengenmäßige)* Zusammensetzung.

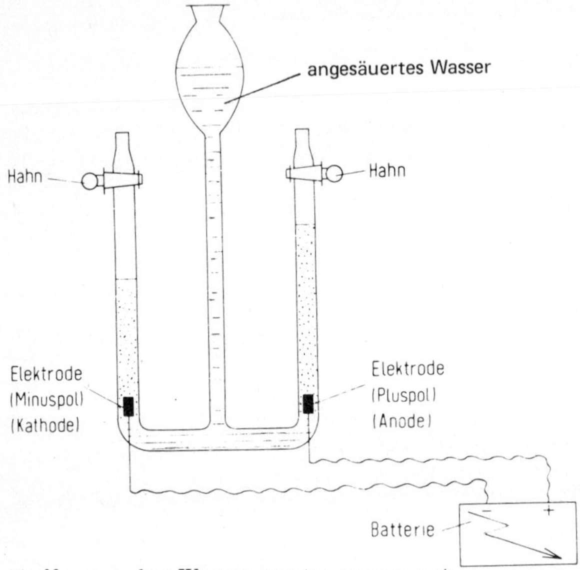

Abb. 6. Hoffmannscher Wasserzersetzungsapparat.

Zu Beginn des Versuches sind die beiden Schenkel des Hofmannschen Wasserzersetzungsapparates bis an die Hähne mit Wasser gefüllt. Nach dem Anschließen der Batterie steigen von den Elektroden Gasbläschen auf und sammeln sich unter den Hähnen. Nach einiger Zeit bietet sich uns vorstehendes Bild (Abb. 6).

Was können Sie anhand der Skizze folgern?

Auf das Volumen bezogen entsteht

- doppelt so viel Wasserstoff wie Sauerstoff. → 29
- doppelt so viel Sauerstoff wie Wasserstoff. → 9
- die Volumenanteile sind gleich. → 39

---

20 Bitte vergleichen Sie:

Hartes Wasser: Geschmack gut und erfrischend; mit Seifenlösung unlösliche Flocken, schäumt schlecht.

Weiches Wasser: Geschmack schal und fade; löst Seife klar, schäumt gut.

Weiches Wasser können wir aus hartem Wasser durch Destillieren gewinnen. Eine Apparatur zur Destillation von Wasser ist in der folgenden Skizze dargestellt (Abb. 7):

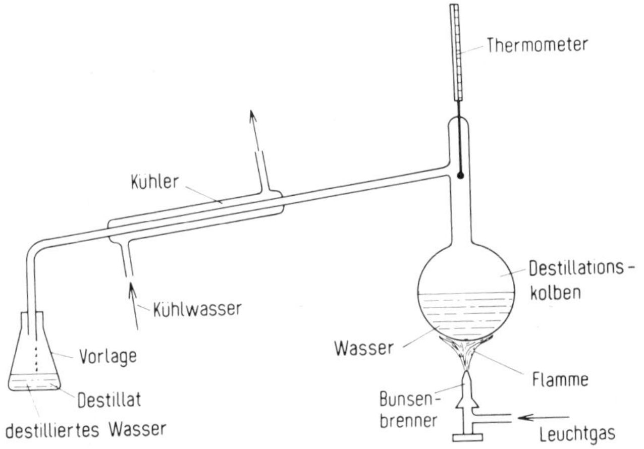

Abb. 7.

Wenn Sie sich die Skizze genau ansehen, finden Sie leicht die in der folgenden Beschreibung fehlenden Wörter: Notieren Sie diese bitte in der richtigen Reihenfolge: Wasser wird im..............verdampft. Der Dampf steigt auf, geht an einem..............vorbei und wird im..............wieder zu Wasser kondensiert (verdichtet). Zur Kühlung wird..............gebraucht. Das durch Destillation gereinigte Wasser tropft in die..............Das gewonnene Destillat nennt man..............

Lesen Sie bitte weiter unter 28.

---

21 Die Zeichnung ist völlig richtig:
Das Wasser der Meere gelangt durch Verdunsten in die Atmosphäre. Es verdichtet sich zu Wolken und kehrt wieder als Niederschlag auf die Erde zurück. Dort sammelt es sich im Grundwasser zu Quellen, die zu Bächen und Flüssen werden und in das Meer münden. Damit ist der Kreislauf geschlossen.

Sehen Sie sich die Zeichnung noch einmal an; Sie finden sie unter 8.

---

22 Ihre Antwort ist richtig.

Wasser gefriert bei 0 °C und siedet unter dem Druck von 1 bar bei 100 °C (bar = Einheit des Druckes. Erklärung im 10. Programm). Diese beiden Temperaturpunkte, **0 °C** und **100 °C**, sind sog. Festpunkte oder Fixpunkte, auf denen die Einteilung des Thermometers nach Celsius beruht. Man erhält diese Einteilung, indem man an einem Quecksilberthermometer die Strecke zwischen den beiden Fixpunkten in 100 gleiche Teile teilt (Abb. 8). Eine solche Thermometereinteilung bezeichnet man auch als Temperatur-Skala oder Thermometerskala.

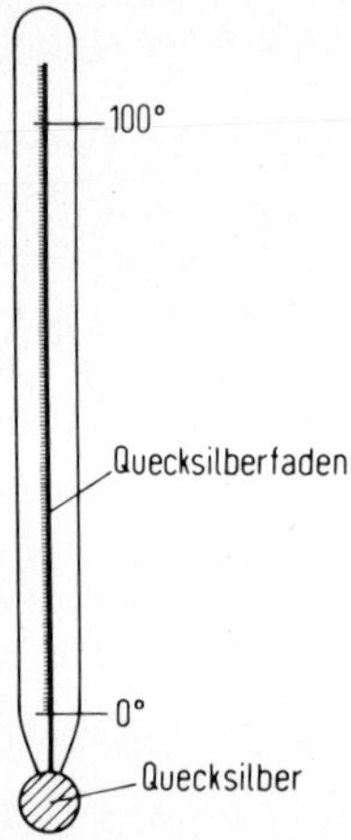

Abb. 8.

Wie können Sie die beiden Fixpunkte eines Thermometers auf möglichst einfache Weise selbst ermitteln?

- Durch Übertragen der entsprechenden Punkte von irgendwelchen anderen Thermometern. → 31
- Indem ich das Thermometer in siedendes Wasser halte. → 43
- Indem ich das Thermometer in siedendes Wasser und dann in schmelzendes Eis halte. → 13
- Indem ich das Thermometer in schmelzendes Eis halte. → 5

---

23 Sie haben vorhin notiert:

Wasser $\xrightarrow{\text{Elektrolyse}}$ 2 Volumenanteile Wasserstoff + 1 Volumenanteil Sauerstoff.

Die Volumenanteile verhalten sich also wie ...... : ...... → 37

---

24 Ihre Antwort ist richtig.

Sicher haben Sie schon folgende Beobachtungen gemacht: Wenn man ein Gefäß z. B. einen Eimer, bis zum Rand mit Sand gefüllt hat, kann man durch Rütteln und Klopfen erreichen, daß der Sand etwas zusammenrutscht. Der Eimer ist nicht mehr ganz voll.

Die gleiche Menge Sand, die, locker geschüttet, den Eimer gefüllt hat, nimmt nach dem Zusammenrütteln einen kleineren Raum (ein kleineres Volumen) ein. Der Sand liegt jetzt dichter. Auch die Dichte von Wasser kann größer werden, allerdings nicht durch Zusammenrütteln, sondern durch Abkühlen.

Bei +4 °C hat Wasser also eine größere Dichte als bei +10 °C oder +20 °C. Das ist nichts Besonderes. Alle Stoffe ziehen sich ja beim Abkühlen zusammen. Etwas Besonderes können wir jedoch beobachten, wenn wir das auf +4 °C abgekühlte Wasser noch weiter abkühlen. Dann zieht sich das Wasser nämlich nicht mehr weiter zusammen, sondern es dehnt sich wieder aus (Abb. 9)!

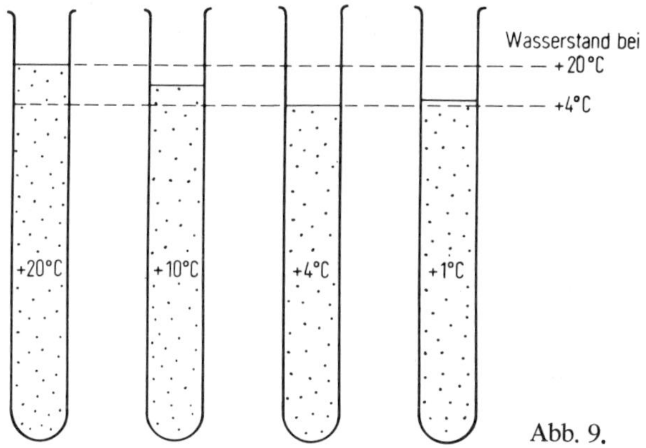

Abb. 9.

Ergänzen Sie bitte in den folgenden Sätzen die Wörter: *größer* oder *kleiner.*

1. Kühlt man Wasser von +10 °C auf +4 °C ab, wird seine Dichte .... und sein Volumen ....

2. Kühlt man Wasser von +4 °C auf +1 °C ab, wird seine Dichte .... und sein Volumen .... → 33

---

25 Ihre Antwort ist richtig.

Die Dichte von Chlor ist größer als die von Luft. Chlor riecht stechend und ist **giftig**. In kleinen Mengen wirkt Chlor bleichend und desinfizierend. Denken Sie daran, daß man das Wasser von Badeanstalten, in manchen Gegenden auch das Trinkwasser, durch Zusatz kleiner Mengen Chlor keimfrei macht.

Chlor ist ein sehr reaktionsfähiges Element. Es verbindet sich z. B. mit Wasserstoff.

Vorsicht! Füllen wir einen Glaszylinder zur Hälfte mit Chlor und zur Hälfte mit Wasserstoff und bringen eine Flamme an die Öffnung des Zylinders oder belichten den Zylinder stark (Sonne, Ultraviolettlampe, Blitzlicht), so **explodiert** das Gasgemisch mit lautem Knall.

Man nennt dieses Gasgemisch deshalb *Chlorknallgas*.

Woraus besteht Chlorknallgas?

- Aus Wasserstoff und Sauerstoff → [46]
- Aus Wasserstoff und Chlor → [15]
- Aus Chlor und Sauerstoff → [6]

---

[26] Das Wasser bleibt bei seinem Kreislauf *als Stoff* unverändert. Es geht lediglich vom flüssigen in den dampfförmigen und vom dampfförmigen wieder in den flüssigen Aggregatzustand über. Es kann sich also beim Kreislauf des Wassers nicht um chemische Vorgänge handeln, denn bei einem chemischen Vorgang wandeln sich die beteiligten Stoffe in andere um.

Lesen Sie noch einmal [1].

---

[27] Ihre Antwort ist richtig. Destilliertes Wasser ist *weiches* Wasser.

Es ist reiner als Regenwasser, das zwar auch keine Calciumverbindungen, aber dafür meist andere Verunreinigungen enthält.

Wasser ist lebenswichtig für Menschen, Tiere und Pflanzen. Auch die Bedeutung und Anwendung des Wassers im täglichen Leben ist sehr groß. Denken wir nur an Kochen und Waschen. Auch in der Technik und Industrie ist Wasser unentbehrlich, z. B. zum Spülen, Reinigen oder Lösen. Auch als Wasserdampf zum Heizen oder als Eis zum Kühlen ist Wasser wichtig.

Um zu klären, welche chemische Zusammensetzung das Wasser hat, können wir das Wasser einer Elektrolyse unterwerfen.

Was versteht man unter einer Elektrolyse?

- Einen physikalischen Vorgang, bei dem eklektrischer Gleichstrom verwendet wird. → [2]
- Einen chemischen Vorgang, bei welchem mit Hilfe des elektrischen Gleichstroms Stoffe zerlegt werden. → [19]

- Eine chemische Stoffumwandlung, die durch Zusatz geringer Mengen anderer Stoffe beschleunigt wird. → 35

- Ich weiß es nicht. → 10

---

28 Vergleichen Sie:

Destillationskolben

Thermometer

Kühler

Kühlwasser

Vorlage

destilliertes Wasser

Beschreiben Sie bitte die Destillation des Wassers (In der Beschreibung müssen die sechs soeben genannten Begriffe vorkommen!) → 36

Sollten Sie Schwierigkeiten haben, dann lesen Sie bitte noch einmal 20 .

---

29 Ja. Auf das Volumen bezogen entsteht doppelt so viel Wasserstoff wie Sauerstoff. Neben zwei Volumenanteilen Wasserstoff, z. B. 2 L (Liter) entsteht bei der Elektrolyse 1 Volumenanteil (z. B. 1 L) Sauerstoff.

Ergänzen Sie bitte:

Wasser $\xrightarrow{\text{Elektrolyse}}$.............. Volumenanteile ...... + ... Volumenanteile .... → 38

---

30 Ihre Antwort stimmt *nicht* mit Beobachtungen überein, die Sie im Winter sicherlich schon selbst gemacht haben! → 33

---

31 Woher wissen Sie, ob das Vergleichsthermometer wirklich stimmt?

Lesen Sie bitte noch einmal 22

---

32 Ihre Antwort ist falsch.
Eine Erklärung finden Sie unter 7

---

33 Bitte vergleichen Sie:

1. Kühlt man Wasser von +10°C auf +4°C ab, wird seine Dichte *größer* und sein Volumen *kleiner*.

2. Kühlt man Wasser von +4°C auf +1°C ab, wird seine Dichte *kleiner* und sein Volumen *größer*.

Wenn man Wasser weiter abkühlt, gefriert es bei 0°C zu Eis. Dabei tritt eine weitere Ausdehnung, eine Vergrößerung des Volumens ein.

Es ist aus diesem Grunde notwendig, ungeschützt liegende Wasserleitungen bei Frostgefahr zu entleeren. Das gefrierende Wasser würde sonst wegen der Ausdehnung die Leitungen auseinandersprengen.

Hat Eis eine kleinere Dichte als Wasser?

- Ja → 22
- Nein → 41
- Die Dichten sind gleich → 49
- Ich weiß es nicht → 14

34 Bitte vergleichen Sie:

Chlorwasserstoff: Gas, riecht stechend, sehr leicht löslich in Wasser, die Lösung reagiert sauer und heißt Salzsäure.

Kochsalz (Natriumchlorid): Verbindung aus Natrium und Chlor, fest, löst sich gut in Wasser, schmeckt salzig.

Wir wiederholen:

Wasser ist eine chemische Verbindung, die auf der Erde sehr häufig vorkommt. Es gefriert bei 0°C und siedet bei 100°C. Auf diesen beiden Fixpunkten beruht die Temperaturskala nach Celsius. Die Dichte von Eis ist kleiner als die von Wasser.

Wasser besteht aus Wasserstoff und Sauerstoff. Bei der Elektrolyse von Wasser erhält man zwei Volumenanteile Wasserstoff und einen Volumenanteil Sauerstoff.

Wie wird in der Technik Wasserstoff gewonnen?

- Durch Elektrolyse von Wasser → 11
- Durch Elektrolyse von Kochsalzlösung → 42

---

35 Sie haben zwei Begriffe durcheinandergebracht:

Einen chemischen Vorgang, der durch Zusatz geringerer Mengen anderer Stoffe beschleunigt wird, nennt man *Katalyse*.

Eine Elektrolyse ist ein chemischer Vorgang, bei welchem mit Hilfe des elektrischen Gleichstroms Stoffe zerlegt werden.

Notieren Sie die Definition der Elektrolyse, und lesen Sie dann bitte weiter unter 19

---

36 Ihre Beschreibung einer Destillation von Wasser muß sinngemäß lauten:

Wasser wird im *Destillationskolben* verdampft. Die Dampftemperatur wird durch ein Thermometer gemessen. Im *Kühler* kondensiert der Wasserdampf zu Wasser. Es wird mit *Kühlwasser* gekühlt. Das *destillierte Wasser* tropft als Destillat in die *Vorlage*.

Erinnern Sie sich an die Begriffe hartes und weiches Wasser?

Was ist destilliertes Wasser?

- Weiches Wasser → 27
- Hartes Wasser → 44
- Ich weiß es nicht → 48

---

37 Ihre Antwort ist richtig.

Bei der Elektrolyse von Wasser entstehen Wasserstoff und Sauerstoff im Volumenverhältnis 2 : 1.

Wasser ist eine Verbindung der Elemente Wasserstoff und Sauerstoff. Wenn sich Wasserstoff und Sauerstoff verbinden, wenn also Wasserstoff verbrannt wird, entsteht Wasser.

Vorsicht! Diese Reaktion von Wasserstoff mit Sauerstoff verläuft so heftig, daß Gasgemische von Wasserstoff und Sauerstoff beim Anzünden **explodieren.** Besonders heftig ist der Knall, wenn man ein Gemisch aus zwei Volumenteilen Wasserstoff und einem Volumenteil Sauerstoff anzündet. Man nennt dieses Gasgemisch deshalb *Knallgas.*

Was entsteht, wenn man die bei der Elektrolyse von Wasser entstehenden Gase mischt?

Es entsteht ....

Notieren Sie bitte den Namen. → 17

38

Wasser $\xrightarrow{\text{Elektrolyse}}$ 2 Volumenanteile *Wasserstoff* +
1 Volumenanteil *Sauerstoff*

Bei der Elektrolyse von Wasser entsteht an der Anode...............und an der Kathode............... Das Wasser besteht also aus...............und.............

Bitte notieren Sie die fehlenden Wörter. → 47

Wenn Sie nicht zurechtkommen, lesen Sie noch einmal 19

---

39 Die Gasmengen, die sich unter den Hähnen gesammelt haben, sind doch nicht gleich! Unter dem linken Hahn hat sich doppelt so viel Gas gesammelt wie unter dem rechten. Kehren Sie zurück nach 19

---

40 Ihre Antwort ist falsch. Eine Erklärung finden Sie unter 7

---

41 Ihre Antwort ist falsch. Eine Erklärung finden Sie bei 14

---

42 Ihre Antwort ist richtig. In der Technik wird Wasserstoff durch Elektrolyse von Kochsalzlösung gewonnen. Als Nebenprodukte entstehen *Natronlauge* und *Chlor.*

Chlor ist ein grünlich-gelbes, stechend riechendes, **giftiges** Gas, dessen Dichte größer als die von Luft ist. Das Gasgemisch aus Chlor und Wasserstoff nennt man .... Chlor verbindet sich mit Wasserstoff zu .... Die wäßrige Lösung von Chlorwasserstoff heißt .... Die wichtigste, in der Natur vorkommende Verbindung des Chlors ist das ....

Bitte notieren Sie die fehlenden Wörter. → 50

---

43 Wenn Sie Ihr Thermometer in siedendes Wasser halten, können Sie zwar feststellen, wo der 100 °C-Punkt der Skala liegen muß. Zur Festlegung der Skala brauchen Sie aber *zwei* Fixpunkte. Sie müssen also auch noch durch Eintauchen des Thermometers in schmelzendes Eis den 0 °C-Punkt der Skala festlegen. Durch Einteilung der Strecke zwischen dem 0 °C-Punkt und dem 100 °C-Punkt in ...... gleiche Teile erhalten Sie die Thermometerskala nach Celsius.

Notieren Sie bitte die fehlende Zahl. → 13

44 Nein. Destilliertes Wasser ist durch Destillieren gereinigtes Wasser. Verunreinigungen, z. B. Calcium-Verbindungen, bleiben im Destillationskolben zurück.

Destilliertes Wasser ist also .... (hartes/weiches) Wasser. → 27

45 Nein. Beachten Sie bitte, daß sich beim Einleiten von Chlor in einen mit Luft gefüllten Gaszylinder dieser *von unten nach oben* mit dem Chlor füllt.

Denken Sie daran, daß Körper, die eine größere Dichte als Wasser haben, im Wasser nach unten sinken.

Lesen Sie noch einmal 17

46 Nein, bitte notieren Sie:

Chlorknallgas: Gasgemisch aus Wasserstoff und ....

Knallgas: Gasgemisch aus .... und Sauerstoff.

Lesen Sie bitte weiter unter 15.

47 Bitte vergleichen Sie:

Bei der Elektrolyse von Wasser entsteht an der Anode *Sauerstoff* und an der Kathode *Wasserstoff*. Wasser besteht aus *Sauerstoff* und *Wasserstoff*.

Wie verhalten sich die Volumenanteile von Sauerstoff und Wasserstoff, die bei der Elektrolyse des Wassers entstehen?

- Wasserstoff : Sauerstoff = 2:1 → 37
- Wasserstoff : Sauerstoff = 1:1 → 39
- Wasserstoff : Sauerstoff = 1:2 → 9
- Ich weiß es nicht → 23

---

48 Destilliertes Wasser ist durch Destillieren gereinigtes Wasser. Verunreinigungen, z. B. Calcium-Verbindungen, bleiben im Destillationskolben zurück.

Destilliertes Wasser ist also .... (hartes/weiches) Wasser. → 27

---

49 Ihre Antwort ist falsch. Eine Erklärung finden Sie bei 14.

---

50 Bitte vergleichen Sie:

Das Gasgemisch aus Chlor und Wasserstoff nennt man *Chlorknallgas*. Chlor verbindet sich mit Wasserstoff zu *Chlorwasserstoff*. Die wäßrige Lösung von Chlorwasserstoff heißt *Salzsäure*. Die wichtigste in der Natur vorkommende Verbindung des Chlors ist das *Natriumchlorid (Kochsalz)*.

Ende des 4. Programms.

---

5. Programm

Wasserstoff

5

1 Wasserstoff ist ein chemisches Element, von dem Sie in den beiden letzten Programmen schon einiges erfahren haben.

Wasserstoff ist ein farbloses, geruchloses und geschmackloses Gas.

Brennt Wasserstoff?

- Ich weiß es nicht → 26
- Ja → 12
- Nein → 16

2 Sie müssen sinngemäß geantwortet haben:

Vor der Durchführung chemischer Reaktionen mit Wasserstoff muß man sich davon überzeugen, daß die verwendete Apparatur **frei von Sauerstoff** ist, um folgenschwere Explosionen zu vermeiden. Zur Kontrolle dient die **Knallgasprobe**.

Wir wollen jetzt drei Verfahren zur Gewinnung von Wasserstoff besprechen. *Ein* Verfahren kennen wir schon. Wie kann man Wasserstoff gewinnen!

- Durch Verdampfen von Wasser → 10
- Durch Elektrolyse von Wasser → 28
- Ich weiß es nicht → 35

3 *Knallgas, Wasser*

Gase haben, wie Flüssigkeiten und feste Stoffe, eine bestimmte Dichte. Es gibt Gase, die eine größere oder kleinere Dichte als Luft haben. Vereinfachend sagt man oft:
Es gibt schwere und leichte Gase.

Um festzustellen, ob Wasserstoff ein schweres oder ein leichtes Gas ist, machen wir folgenden Versuch:

Wir nehmen zwei mit Wasserstoff gefüllte Glaszylinder. Einen hängen wir mit der Öffnung nach unten auf, den anderen lassen wir mit der Öffnung nach oben stehen. Nach kurzer Zeit (ca. 1 min) halten wir an die Öffnungen beider Glaszylinder eine Flamme:

Bei dem oben offenen Glaszylinder erhalten wir keine Reaktion: Der Wasserstoff ist nach oben entwichen.

Bei dem unten offenen Glaszylinder erfolgt eine kleine Verpuffung: Dieser enthielt noch Wasserstoff.

Sie können aufgrund dieser Beobachtung folgende Frage beantworten:

Ist Wasserstoff leichter oder schwerer als Luft?

- Leichter → 11
- Schwerer → 27
- Ich weiß es nicht → 20

---

4 Ihre Antwort ist richtig.

Zunächst hat sich das Kupfer mit dem Sauerstoff der Luft zu Kupferoxid verbunden: *Oxidation* des Kupfers zu Kupferoxid.

Im zweiten Teil des Versuchs wurde Wasserstoff über das Kupferoxid geleitet. Dieser Wasserstoff hat sich mit dem Sauerstoff des Kupferoxids zu Wasser verbunden: *Reduktion* des Kupferoxids zum Kupfer.
Wasserstoff kann also zur Durchführung von Reduktionen verwendet werden.

Hier noch einmal der Versuch in Kurzfassung (bitte mit Ergänzungen notieren!)

1. *Oxidation:*

Kupfer + ... → ....

2. *Reduktion:*

Kupferoxid + Wasserstoff → ...... + ...

→ 15

---

5 Das Verfahren zur Herstellung von Wasserstoff durch Einwirkung von Wasserdampf auf glühenden Koks ist ein *technisches Verfahren,* das für das Laboratorium nicht geeignet ist.

Kehren Sie zurück nach 23

---

6 Ihre Antwort ist falsch.

Sie haben gerade erfahren, daß Wasserstoff das *leichteste* aller Gase ist, d. h. Wasserstoff hat von allen Gasen die *kleinste* Dichte. Mit Wasserstoff gefüllte Ballons haben *wegen der geringen Dichte* des Wasserstoffs einen großen Auftrieb, d. h. sie steigen gut.

Kehren Sie zurück nach [23].

7 *Wasserstoff*

Knallgas

Notieren Sie bitte drei Verfahren zur Gewinnung von Wasserstoff. → [19]

8 Sie müssen sinngemäß geantwortet haben:

Wird der Hahn H geöffnet, dann entweicht das im Raum B befindliche Gas. So kann die Salzsäure von A über C nach B fließen. In der Kugel B befindet sich auf einem Sieb das Zink. Sobald die Salzsäure mit dem Zink in Berührung kommt, entwickelt sich Wasserstoff.

Was geschieht, wenn man Hahn H wieder schließt?

Bitte antworten Sie wieder schriftlich. → [17]

9

1. Hofmannscher Wasserzersetzungsapparat
2. Gasentwickler von Kipp
3. Wassergas

Was ist a) eine Oxidation und
b) eine Reduktion?

a) Ein .... Vorgang, bei dem ...., ist eine Oxidation.

b) Ein .... Vorgang, bei dem ...., ist eine Reduktion.

Bitte notieren Sie die vollständigen Begriffsbestimmungen. → [29]

10 Nein. Durch Verdampfen von Wasser verändern wir das Wasser chemisch gar nicht. Auch Wasserdampf ist Wasser. Es handelt sich beim Verdampfen von Wasser um einen rein physikalischen Vorgang.

Wasserstoff ist aber ein anderer Stoff als Wasser. Wir können Wasserstoff also nur durch einen chemischen Vorgang aus Wasser gewinnen.

Denken Sie an die Besprechung des Wassers. Dort haben wir gesehen, daß man Wasser mit Hilfe des elektrischen Gleichstroms in Wasserstoff und Sauerstoff zerlegen kann. Wasserstoff scheidet sich an der Kathode (am Minuspol), Sauerstoff an der Anode (am Pluspol) ab.

Ein Verfahren zur Gewinnung des Wasserstoffs besteht also in der .... von Wasser.

Notieren Sie bitte das fehlende Wort. → 28

---

11 Ihre Antwort ist richtig.

Wasserstoff ist sogar wesentlich leichter als Luft. Wasserstoff ist das leichteste aller Gase. Ein Liter hat eine Masse von etwa 0,1 Gramm.

Beim Arbeiten mit Wasserstoff sind besondere **Vorsichtsmaßnahmen** notwendig. Man muß eine **Schutzbrille** tragen und sollte seine Apparatur hinter einer **Schutzscheibe** aufbauen. Die Apparatur muß **frei von Sauerstoff** sein. Wasserstoff und Sauerstoff bilden ja ein Gemisch, das bei Entzündung **sehr heftig explodiert** (Knallgas).

Vor Durchführung chemischer Reaktionen mit Wasserstoff muß man stets die sogenannte **Knallgasprobe** machen:

Man läßt **Wasserstoff** durch die Versuchsapparatur strömen, entnimmt nach einiger Zeit am Ende der Apparatur eine Gasprobe mit einem Reagenzglas (Öffnung nach unten) und hält dieses mit der Öffnung nach unten an eine Flamme. Erfolgt eine **Verpuffung**, dann enthält die Apparatur noch mehr oder weniger große Portionen von **Sauerstoff**. Es kann sich noch **Knallgas** bilden.

In diesem Fall muß solange mit Wasserstoff gespült werden, bis eine neue Gasprobe ruhig und ohne Verpuffung abbrennt. Jetzt ist die Apparatur frei von Sauerstoff.

Warum wird die Knallgasprobe durchgeführt? Schreiben Sie bitte ihre Antwort kurz auf, und vergleichen Sie unter 2.

12 Ihre Antwort ist richtig.

Wasserstoff brennt. Es verbindet sich sogar sehr heftig mit Sauerstoff.

Vorsicht! Ein Gasgemisch aus Sauerstoff und Wasserstoff **explodiert** mit einem lauten Knall beim Entzünden. Man nennt dieses Gasgemisch deshalb............. . Bei der Verbrennung des Wasserstoffs entsteht .... Schreiben Sie bitte die fehlenden Wörter auf, und lesen Sie dann weiter unter 3

13 Verwendungsmöglichkeit für Wasserstoff:

1. Füllgas für Luftschiffe und Ballons

2. zum Schweißen

Große Portionen Wasserstoff werden in der chemischen Großindustrie verbraucht, zum Beispiel zur Herstellung von *Ammoniak* und von *Methylalkohol.* Näheres darüber später.

Wir wollen zum Schluß noch eine letzte Anwendung des Wasserstoffs kennenlernen und brauchen dazu zunächst zwei Begriffsbestimmungen:

Ein chemischer Vorgang, bei dem sich ein Stoff mit Sauerstoff verbindet, ist eine Oxidation.

Ein chemischer Vorgang, bei dem einer Verbindung Sauerstoff entzogen wird, ist eine Reduktion.

Ein Beispiel für eine *Oxidation* ist jede *Verbrennung.*

Ein Beispiel für eine *Reduktion* wollen wir jetzt kennenlernen.

Wir machen einen Gedankenversuch, der zwei Teile hat.

1. Wir erhitzen einen Kupferdraht an der Luft. Das rote metallische Kupfer färbt sich schwarz, es entsteht Kupferoxid, weil sich das Kupfer mit dem Sauerstoff der Luft verbindet. Kupferoxid ist eine Verbindung aus Kupfer und Sauerstoff.

2. Wir legen den an der Luft erhitzten schwarzen Kupferdraht in ein Glasrohr und leiten Wasserstoff hindurch. Wir spülen solange, bis eine am Ende der Apparatur entnommene Gasprobe beim Entzünden ruhig abbrennt (dadurch sind wir sicher, daß kein Sauerstoff mehr in der Apparatur vorhanden ist; **Knallgasprobe**). Nun erhitzen wir das Glasrohr von außen an der Stelle, an der der Kupferdraht liegt. Nach kurzer Zeit tritt der metallische Glanz des

Kupfers am Draht wieder auf. Außerdem scheidet sich an den kälteren Stellen der Apparatur Wasser in Form von Tröpfchen ab.

Welche der folgenden Angaben ist richtig?

- Beim ersten Teil dieses Versuchs handelte es sich um eine Oxidation, beim zweiten Teil um eine Reduktion des Kupfers → 4
- Beim ersten Teil des Versuchs handelte es sich um eine Reduktion, beim zweiten Teil um eine Oxidation des Kupfers → 25
- Es handelte sich bei beiden Teilen des Versuchs um Reduktionen des Kupfers → 30
- Es handelte sich bei beiden Teilen des Versuchs um Oxidationen des Kupfers → 34
- Ich brauche eine Hilfe → 21

---

14 Ihre Antwort ist falsch.

Sie haben gerade erfahren, daß Wasserstoff das *leichteste* aller Gase ist, d. h. Wasserstoff hat von allen Gasen die *kleinste* Dichte. Mit Wasserstoff gefüllte Ballons haben *wegen der geringen Dichte* des Wasserstoffs einen großen Auftrieb, d. h. sie steigen gut.

Kehren Sie zurück nach 23.

---

15 Vergleichen Sie:

1. *Oxidation:*

Kupfer + *Sauerstoff* → *Kupferoxid*

2. *Reduktion*:

Kupferoxid + Wasserstoff → *Kupfer* + *Wasser*

Zum Schluß beantworten Sie bitte einige Wiederholungsfragen.

Welches ist das leichteste aller Gase?
Wie heißt das Gemisch aus Wasserstoff und Sauerstoff?

Notieren Sie bitte Ihre Antworten. → 7

---

16 Ihre Antwort ist falsch.

Wasserstoff brennt. Er verbindet sich sogar sehr heftig mit Sauerstoff.

Vorsicht! Ein Gasgemisch aus Sauerstoff und Wasserstoff **explodiert** mit einem lauten Knall beim Entzünden.

Man nennt dieses Gasgemisch deshalb .... Bei der Verbrennung des Wasserstoffs entsteht ....

Notieren Sie bitte die fehlenden Namen. → 3

---

17 Sie müssen sinngemäß geantwortet haben:

Beim Schließen des Hahnes H drückt der sich weiterentwickelnde Wasserstoff die Salzsäure wieder von B über C nach A. Es kommt keine Salzsäure mehr mit dem Zink in Berührung, die Wasserstoffentwicklung hört auf.

Bitte ergänzen Sie die fehlenden Wörter:

Man erhält Wasserstoff, wenn man Salzsäure auf .... einwirken läßt. Ein besonders zweckmäßiger Gasentwickler ist der von .... → 24

---

18 Beantworten Sie mit Hilfe Ihrer Skizze schriftlich folgende Frage:

Was geschieht, wenn der Hahn H geöffnet wird? → 8

19

1. Elektrolyse von Wasser oder Kochsalzlösung.

2. Einwirkung von Säuren auf Metalle.

3. Einwirkung von Wasserdampf auf glühenden Koks.

Verfahren 1 und 2 können in bestimmten Apparaten durchgeführt werden. Wie heißen diese beiden Apparate?

Bei Verfahren 3 bildet sich ein Gasgemisch aus Wasserstoff und Kohlenoxid. Wie heißt dieses Gasgemisch?

Bitte notieren Sie ihre Antworten. → 9

20 Stellen Sie sich folgenden Versuch vor:

Wir füllen zwei Flaschen mit Öl, verschließen beide und bringen sie in eine Wanne mit Wasser, so daß die Flaschen vollständig vom Wasser bedeckt sind. Dann öffnen wir beide Flaschen, eine mit der Öffnung nach oben, die andere mit der Öffnung nach unten. Aus der ersten Flasche strömt das Öl sofort nach oben aus, denn es ist ja leichter als das Wasser. Aus der zweiten Flasche, der mit der Öffnung nach unten, strömt das Öl nicht aus.

Lesen Sie noch einmal 3

21 1. Teil des Versuchs:

Wir erhitzen Kupfer an der Luft. Dabei *verbindet* sich das Kupfer *mit Sauerstoff*. Es entsteht Kupferoxid, eine Verbindung aus Kupfer und Sauerstoff.

2. Teil des Versuchs:

Wir leiten Wasserstoff über das Kupferoxid. Dem Kupferoxid wird der *Sauerstoff entzogen*, es entsteht wieder Kupfer.

Vergleichen Sie diese Angaben mit den Begriffsbestimmungen bei 13.

22 Ihre Antwort ist richtig.

Verbrennt Wasserstoff, so ergibt sich eine sehr heiße Flamme, besonders wenn man statt Luft reinen Sauerstoff zuführt. Solche heißen Flammen werden zum *Schweißen* gebraucht.

Bei der Herstellung einer Wasserstoff-Sauerstoff-Mischung zum Schweißen sind besondere **Vorsichtsmaßnahmen** erforderlich. Für ein Wasserstoff-Sauerstoff-Gebläse benutzt man deshalb einen besonders konstruierten Brenner (Abb. 10):

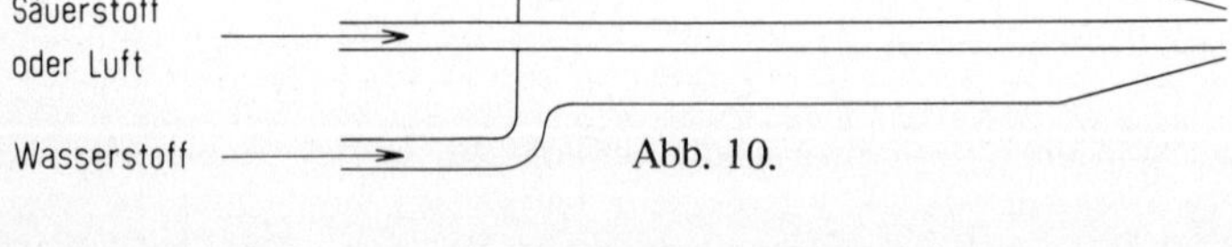

Abb. 10.

Bei diesem sog. *Daniellschen Hahn* strömt der Wasserstoff durch den äußeren Teil, während durch das in der Mitte angeordnete Rohr der Sauerstoff zugeführt wird. So werden die beiden Gase erst unmittelbar vor dem Anzünden zusammengeführt. Eine Ansammlung der gefährlichen Wasserstoff-Sauerstoff-Mischung (Knallgas) wird durch diesen Trick vermieden.

Bei Benutzung solcher Gebläse und Brenner öffnet man zuerst den Wasserstoffhahn, entzündet das Gas und öffnet dann den Sauerstoff- bzw. Lufthahn. Umgekehrt verfährt man beim Abstellen: Zuerst wird die Sauerstoff- bzw. Luftzufuhr abgestellt, dann der Wasserstoff.

Zeichnen Sie die Skizze ab, notieren Sie sich zwei Verwendungsmöglichkeiten für Wasserstoff, und lesen Sie dann weiter unter [13].

---

[23] Im Wasser ist der Wasserstoff an *Sauerstoff* gebunden, wie uns die Elektrolyse gezeigt hat.

Welches ist das wichtigste Verfahren zur Gewinnung von Wasserstoff im Laboratorium?

- Die Elektrolyse von Wasser → [31]
- Die Einwirkung von Säuren auf Metalle → [33]
- Die Einwirkung von Wasserdampf auf glühenden Koks → [5]

---

[24] *Zink*
Kipp

Wir haben bisher zwei Verfahren zur Gewinnung von Wasserstoff kennengelernt:

1. Elektrolyse von Wasser oder Kochsalzlösung.

2. Einwirkung von Säuren auf Metalle.

Als 3. Verfahren müssen wir noch einen wichtigen technischen Weg zur Gewinnung von Wasserstoff erwähnen. Wenn man Wasserdampf über glühenden Koks leitet, bildet sich ein Gasgemisch von Wasserstoff und Kohlenoxid. Dieses Gasgemisch wird wegen seiner Herkunft „Wassergas" genannt.

Wenn man aus diesem „Wassergas" das Kohlenoxid entfernt, erhält man *Wasserstoff.*

Wie das geschieht, hören wir später.

Bitte notieren Sie mit Ergänzungen:

„Wassergas“ ist ein Gemisch aus .... und .... Es entsteht beim Überleiten von .... über .... → 32.

---

25 Nein, lesen Sie bitte 21 , und durchdenken Sie den Versuch noch einmal.

---

26 Wasserstoff brennt. Er verbindet sich sogar sehr heftig mit Sauerstoff.

Vorsicht! Ein Gasgemisch aus Sauerstoff und Wasserstoff **explodiert** beim Entzünden mit einem lauten Knall.

Man nennt dieses Gasgemisch deshalb .... Bei der Verbrennung des Wasserstoffs entsteht ....

Notieren Sie bitte die fehlenden Namen. → 3

---

27 Stellen Sie sich folgenden Versuch vor:

Wir füllen zwei Flaschen mit Öl, verschließen beide und bringen sie in eine Wanne mit Wasser, so daß die Flaschen vollständig vom Wasser bedeckt sind. Dann öffnen wir beide Flaschen, eine mit der Öffnung nach oben, die andere mit der Öffnung nach unten. Aus die ersten Flasche strömt das Öl sofort nach oben aus, denn es ist ja leichter als das Wasser. Aus der zweiten Flasche, der mit der Öffnung nach unten, strömt das Öl nicht aus.

Lesen Sie noch einmal 3 .

---

28 Ihre Antwort ist richtig. Man kann Wasserstoff durch *Elektrolyse* von Wasser gewinnen.

In der Technik wird Wasserstoff auf ähnlichem Wege gewonnen. Man elektrolysiert allerdings nicht Wasser, sondern wäßrige Kochsalzlösung.

Wasserstoff entsteht ferner bei der Einwirkung von Säuren auf Metalle. Das gebräuchlichste Verfahren zur Entwicklung von Wasserstoff im *Laboratorium* besteht in der Einwirkung von Salzsäure auf Zink. Man benutzt dazu besondere Gasentwicklungsapparate, z. B. den *Gasentwickler von Kipp* (der Erfinder dieses Gerätes hieß Kipp) (Abb. 11).

Lesen Sie den folgenden Abschnitt so oft, bis Sie ihn gut verstanden haben, und vergleichen Sie immer wieder mit der Zeichnung.

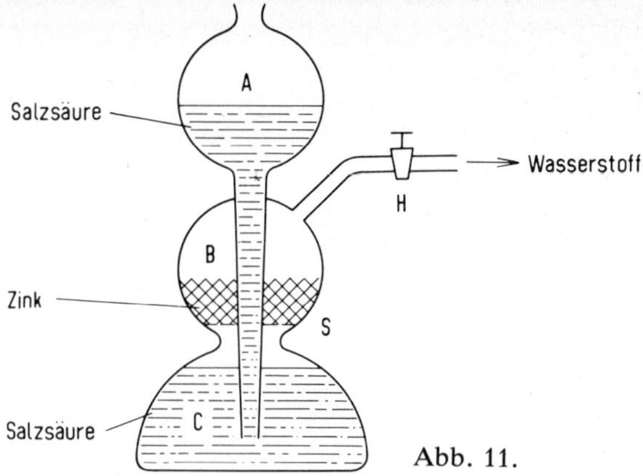

Abb. 11.

Wird der Hahn H geöffnet, dann entweicht das im Raum B befindliche Gas. So kann die Salzsäure von A über C in die Kugel B fließen. In der Kugel B befindet sich auf einem Sieb S das Zink. Sobald die Salzsäure mit dem Zink in Berührung kommt, entwickelt sich Wasserstoff, der durch den geöffneten Hahn H ausströmt. Beim Schließen des Hahns H drückt der sich weiterentwickelnde Wasserstoff die Salzsäure wieder von B über C nach A. Es kommt keine Salzsäure mehr mit dem Zink in Berührung, die Wasserstoffentwicklung hört auf.

Zeichnen Sie den Gasentwicklungsapparat von Kipp ab (mit allen Bezeichnungen!), und lesen Sie dann weiter unter 18.

29

a) Ein *chemischer* Vorgang, bei dem *sich ein Stoff mit Sauerstoff verbindet,* ist eine Oxidation.

b) Ein *chemischer* Vorgang, bei dem *einer Verbindung Sauerstoff entzogen wird,* ist einer Reduktion.

Ende des 5. Programms.

30

Nein, lesen Sie bitte 21, und durchdenken Sie den Versuch noch einmal.

31

Ihre Antwort ist nur bedingt richtig.

Man kann Wasserstoff im Laboratorium durch Elektrolyse von Wasser gewinnen. Das Verfahren ist jedoch umständlich und arbeitet zu langsam. Es wird deshalb zur Gewinnung des Wasserstoffs im Laboratorium nur wenig angewendet. Die Elektrolyse wird aber in der Technik angewendet. Dabei entstehen noch weitere, gut verwertbare Produkte. Bei der Elektrolyse einer Kochsalzlösung entstehen Natronlauge, Chlor und Wasserstoff.

Kehren Sie zurück nach [23].

---

[32] „Wassergas" ist ein Gasgemisch aus *Wasserstoff* und *Kohlenoxid.* Es enststeht beim Überleiten von *Wasserdampf* über *glühenden Koks.*

Wasserstoff ist in rot angestrichenen Stahlflaschen im Handel. Während die Sauerstoff-Stahlflaschen *Rechts*gewinde haben, sind Stahlflaschen für Wasserstoff mit *Links*gewinden ausgerüstet. So lassen sich Ventile von Sauerstoff-Flaschen nicht auf Wasserstoff-Flaschen aufschrauben und umgekehrt.

Im Gegensatz zum Sauerstoff, der in der Natur als Element vorkommt (z. B. in der Luft), finden wir freien Wasserstoff kaum in unserer Umgebung. Wasserstoff ist viel zu reaktionsfähig. Nur an wenigen Stellen. z. B. im Zusammenhang mit Erdgas- und Erdölquellen, kommt Wasserstoff aus der Erde. In der Hauptsache finden wir Wasserstoff aber nicht frei als Element, sondern gebunden in Verbindungen. Die wichtigste Verbindung ist das Wasser.
(In den höheren Schichten der Atmosphäre und besonders im Weltraum kommt freier Wasserstoff in sehr großen Portionen vor.)

An welches Element ist der Wasserstoff im Wasser gebunden?

Notieren Sie bitte den Namen. → [23]

---

[33] Ihre Antwort ist richtig.

Das wichtigste Verfahren zur Herstellung von Wasserstoff im Laboratorium besteht in der Einwirkung von Säuren auf Metalle (zum Beispiel Salzsäure auf Zink).

Wasserstoff ist das leichteste aller Gase und eignet sich deshalb als Füllgas für Luftschiffe und Ballons. *Nachteilig* für diesen Verwendungszweck ist seine

- geringe Dichte → [6]
- leichte Brennbarkeit → [22]
- große Dichte → [14]

---

[34] Nein, lesen Sie bitte [21], und durchdenken Sie den Versuch noch einmal.

---

35 Denken Sie an die Besprechung des Wassers. Dort haben wir gesehen, daß man Wasser mit Hilfe des elektrischen Gleichstromes in Wasserstoff und Sauerstoff zerlegen kann. Wasserstoff scheidet sich an der Kathode (am Minuspol), Sauerstoff an der Anode (am Pluspol) ab.

Ein Verfahren zur Gewinnung des Wasserstoffs besteht also in der .... von Wasser.

Notieren Sie bitte das fehlende Wort. → 28

6. Programm

Theoretische Grundlagen (I)

1 In den ersten fünf Programmen haben wir eine ganze Reihe von Stoffen kennengelernt:

Eisen, Schwefel, Eisensulfid, Schwefeldioxid, Stickstoff, Sauerstoff, Wasserstoff, Wasser, Chlorwasserstoff und Chlor.

Dabei haben wir

aus Schwefel und Eisen das Eisensulfid und
aus Chlor und Wasserstoff den Chlorwasserstoff

hergestellt.

In diesem Programm wollen wir uns das alles etwas genauer ansehen und ein wenig in die theoretischen Grundlagen eindringen.

Erinnern Sie sich noch an den Versuch zur Herstellung von Eisensulfid aus Schwefel und Eisen?

Wir stellten aus Schwefel und Eisenpulver durch Verreiben in einem Mörser ein Gemenge aus Schwefel und Eisen her und füllten dieses in ein Reagenzglas. Nach kurzem Erwärmen des Reagenzglases am unteren Ende mit einer kleinen Flamme begann das Gemenge an der Erwärmungsstelle zu glühen. Obwohl wir das Reagenzglas sofort aus der Flamme nahmen, wurde das Glühen noch stärker und erfaßte schließlich das ganze Gemenge. Nach dem Erkalten lag im Reagenzglas eine einheitliche graue Substanz vor, die Verbindung Eisensulfid. Aus ihr konnte weder mit dem Magneten das Eisen, noch mit Schwefelkohlenstoff der Schwefel herausgeholt werden.

Was für ein Vorgang ist diese Herstellung des Eisensulfids aus Schwefel und Eisen?

- Ein physikalischer Vorgang → 39
- Ein chemischer Vorgang → 15
- Ich weiß es nicht genau → 28

2 Fest: Schwefel
Phosphor

Flüssig:	Brom
Gasförmig:	Sauerstoff Stickstoff Wasserstoff Chlor

Bisher haben wir immer für die Elemente, die wir bei den Versuchen kennenlernten, den ganzen Namen ausgeschrieben.

Für das Beschreiben von chemischen Reaktionen ist es nun viel praktischer, wenn anstelle der langen Namen kurze Zeichen (Symbole) benutzt werden. So hat man für jedes Element eine Abkürzung, ein Symbol oder Zeichen, festgelegt.

Zum Beispiel:

Wasserstoff	H	Phosphor	P
Stickstoff	N	Schwefel	S
Sauerstoff	O	Chlor	CI
Natrium	Na	Eisen	Fe
Magnesium	Mg	Kupfer	Cu

Bitte merken Sie sich diese Symbole gut, da wir sie später immer anstelle der Namen benutzen.

Welche Symbole haben folgende Elemente?

Stickstoff
Magnesium
Chlor

Notieren Sie die Symbole, und vergleichen Sie bei 13.

---

3 Phosphoroxid ist *kein Element*, sondern eine Verbindung aus den Elementen Phosphor und Sauerstoff.

Chlorwasserstoff ist *kein Element,* sondern eine Verbindung aus den Elementen Chlor und Wasserstoff.

Kehren Sie zurück nach 12.

---

4 Es fehlte:

Elektronenschalen

Ergänzen Sie im folgenden Satz die fehlenden Wörter: negativ, positiv, neutral.

Die Atome erscheinen nach außen hin ungeladen, weil jedes Atom gleich viele .... geladene Protonen im Atomkern enthält wie .... geladene Elektronen in den Elektronenschalen.

Vergleichen Sie bei [14].

---

5 Ihre Antwort ist falsch.

Gehen Sie nach [2], schreiben Sie die dort angegebene Tabelle der Elemente mit Symbolen ab, und arbeiten Sie das Programm ab [2] noch einmal durch.

---

6 Elektronen sind, wie der Name schon sagt, in der Elektronenhülle, nicht im Atomkern.

Lesen Sie weiter bei [36].

---

7 *Chlor, Wasserstoff*

Das Produkt, welches hergestellt wird, das also am Ende der Reaktion vorliegt, ist das *End*produkt oder *Reaktions*produkt.

Aus den ....-stoffen Schwefel und Eisen entsteht bei der Reaktion das Endprodukt ....

Notieren Sie bitte, was fehlt. → [24]

---

8 Sie haben sicherlich nur geraten, denn Sie brauchen doch in der Skizze nur nachzuzählen, um die richtige Antwort zu finden.

Lesen Sie noch einmal [46].

---

9 Sie haben doch selbst das Wasserstoffatom abgezeichnet und dabei die Symbole der Bausteine eingetragen.

Kehren Sie zurück nach [48], vergleichen Sie Ihre Zeichnung dort mit der Abbildung, und achten Sie besonders darauf, daß Sie die Bausteine des Atoms und ihre Symbole nicht miteinander verwechseln.

---

10 Ihre Antwort ist falsch.

Wiederholen Sie ab [38].

---

11 Ihre Antwort ist richtig, wenn Sie die Namen folgender Metalle aufgeschrieben haben:

Eisen, Kupfer, Gold, Silber, Aluminium, Blei.

> *Alle* Metalle sind unter den Bedingungen des Normzustandes (Temperatur: 0°Celsius, Druck: 1,013 bar) fest.
> *Alle* Nichtmetalle sind unter den Bedingungen des Normzustandes (0 °C, 1,013 bar) fest oder gasförmig.

Es gibt aber zwei Ausnahmen:

> *Quecksilber* ist das einzige im Normzustand *flüssige* Metall.
> *Brom* ist das einzige im Normzustand *flüssige* Nichtmetall.

Von den 105 Elementen sind etwa 75% Metalle und etwa 25% Nichtmetalle.

(Allerdings gibt es Elemente, die sich aufgrund ihrer Eigenschaften sowohl den Metallen als auch den Nichtmetallen zuordnen lassen. Die folgenden Elemente lassen sich eindeutig zuordnen.)

Metalle: Eisen, Magnesium, Kupfer, Blei, Gold, Silber, Platin, Zink, Aluminium und Quecksilber.

Nichtmetalle: Schwefel, Sauerstoff, Stickstoff, Wasserstoff, Chlor, Phosphor und Brom.

Bitte notieren Sie, welche der genannten *Nichtmetalle* im Normzustand fest, flüssig oder gasförmig sind.

Fest: ....
Flüssig: ....
Gasförmig: .... → 2

---

12 Elemente sind Stoffe, die chemisch nicht weiter zerlegt werden können.

In welcher der folgenden Zeilen stehen *nur Elemente*?

- Kupferoxid, Stickstoff, Wasser → 31
- Sauerstoff, Wasserstoff, Chlor, Eisen → 21
- Phosphoroxid, Chlorwasserstoff, Schwefel → 3
- Wasserstoff, Knallgas, Wassergas → 41

13

Stickstoff	N
Magnesium	Mg
Chlor	Cl

Notieren Sie die Symbole für die folgenden Elemente:

Natrium
Schwefel
Kupfer

Vergleichen Sie bei 25.

14

Die richtige Reihenfolge der fehlenden Wörter ist:

neutral
positiv
negativ

Ergänzen Sie die fehlenden Wörter:

Die kleinste Einheit, in der ein Element auftreten kann, ist ein .... Jedes Element besteht aus ungeheuer vielen gleichen ....

Vergleichen Sie bei 30.

15

Ihre Antwort ist richtig. Die Herstellung des Eisensulfids aus Eisen und Schwefel ist ein *chemischer* Vorgang.

Wir wollen jetzt anhand dieses chemischen Vorgangs einige neue Bezeichnungen kennenlernen.

Da die Chemiker zu einem chemischen Vorgang *Reaktion* sagen, müssen wir hier von der *Reaktion* des Schwefels mit dem Eisen sprechen. Der Schwefel *reagiert* mit dem Eisen, und dabei entsteht Eisensulfid.

Schreiben Sie bitte die in den folgenden Sätzen fehlenden Wörter auf:

Chlorwasserstoff entsteht, wenn Chlor mit Wasserstoff .... Dabei handelt es sich um einen .... Vorgang oder um eine .... → 33

16

Ihre Antwort ist richtig.

Der Atomkern besteht aus Protonen und Neutronen, während die Elektronen die Elektronenhülle bilden.

Ergänzen Sie das fehlende Wort:

Die Elektronen befinden sich in der Elektronenhülle auf bestimmten Bahnen, den ....

Vergleichen Sie bei [4].

---

[17] Ihre Antwort ist falsch.

Der Atomkern besteht aus zwei Arten von Bausteinen.

Eine Erklärung finden Sie bei [36].

---

[18] Ihre Antwort ist falsch.

Wiederholen Sie ab [38].

---

[19] Ihre Antwort ist falsch.

Gehen Sie nach [2], schreiben Sie die dort angegebene Tabelle der Elemente mit Symbolen ab, und arbeiten Sie das Programm ab [2] noch einmal durch.

---

[20] Es fehlten die Wörter:

Umsetzung
Verbindung

Ergänzen Sie die fehlenden Wörter:

Bei einer chemischen Reaktion reagieren die ......-stoffe miteinander. Dabei bildet sich das ....

Vergleichen Sie bei [40].

---

[21] Ihre Antwort ist richtig.

Die chemischen Elemente werden in zwei große Klassen eingeteilt:

1. Metalle
2. Nichtmetalle

Bei der Unterscheidung zwischen Metallen und Nichtmetallen helfen uns leicht erkennbare Eigenschaften:

Metalle haben den charakteristischen Metall*glanz*, sie leiten die Wärme und den elektrischen Strom gut.
Nichtmetalle leiten die Wärme und den elektrischen Strom schlecht.

Welche der folgenden Elemente sind Metalle?

Sauerstoff, Eisen, Kupfer, Gold, Stickstoff, Wasserstoff, Silber, Aluminium, Blei.

Die hier genannten Metalle sind Ihnen sicher schon als Werkstoff bekannt. Es wird Ihnen daher nicht schwerfallen, die Metalle herauszusuchen und ihre Namen zu notieren. → 11

22 Ihre Antwort ist falsch.

Lesen Sie die Erklärung bei 74.

23 Ihre Antwort ist richtig.

Die Zerlegung des Wassers in Wasserstoff und Sauerstoff durch die Elektrolyse zeigt, daß Wasser eine Verbindung aus den Elementen Wasserstoff und Sauerstoff ist.

Wir wollen jetzt die *Elemente* eingehender besprechen.

Bitte notieren Sie als Wiederholung die Begriffsbestimmung für Elemente. → 12

24 *Ausgangs*stoffen
Eisensulfid

Oft sagt man auch statt: Schwefel *reagiert* mit Eisen: Schwefel wird mit Eisen *umgesetzt*. Entsprechend gilt dann für das Wort *„Reaktion"* das Wort *„Umsetzung"*.

Sie sehen, es gibt einige Begriffe mit gleicher Bedeutung.

Schreiben Sie zu den aufgezählten Wörtern je eins mit gleicher Bedeutung auf:

Reaktionsprodukt ≡ ....

Reaktion ≡ ....

reagieren ≡ .... → 37

25

Natrium Na
Schwefel S
Kupfer Cu

Für welche Elemente stehen die folgenden Symbole?

O
P
Cl

Notieren Sie bitte die Namen der Elemente, und vergleichen Sie bei 35.

26

Die Bausteine der Atome sind:

Protonen
Elektronen
Neutronen

Welche Bausteine davon bilden den Atomkern?

- Neutronen und Elektronen → 18
- Protonen und Elektronen → 67
- Protonen und Neutronen → 16
- Neutronen, Protonen und Elektronen → 10

27

Ihre Antwort ist richtig.

Das Wasserstoffatom ist aus zwei Bausteinen, einem Proton (p) als Atomkern und einem Elektron (e) in der Elektronenhülle aufgebaut. Das Wasserstoffatom, das am einfachsten aufgebaute Atom, hat *kein* Neutron im Kern.

Die anderen Elemente, die alle schwerer sind als Wasserstoff, haben Atome, welche aus einer größeren Zahl der Bausteine aufgebaut sind.

Das nächst schwerere Element ist das Edelgas Helium (He). Wir haben es bisher noch nicht kennengelernt.

Das Heliumatom hat folgenden Aufbau (Abb. 12):

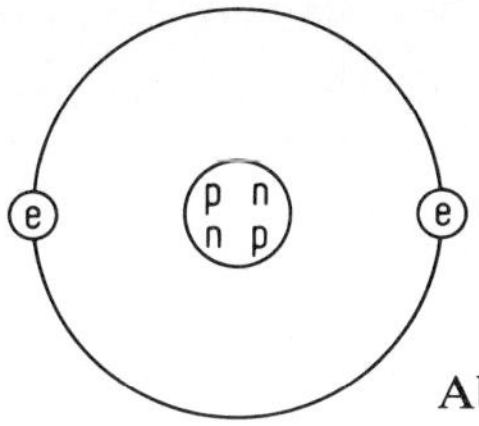

Abb. 12.

Zeichnen Sie bitte die Skizze des Heliumatoms ab, und ergänzen Sie dann die fehlenden Wörter in dem folgenden Satz:

Das Heliumatom (He) enthält im Atomkern .... Protonen und ebensoviele .... In der .... befinden sich .... Elektronen.

Vergleichen Sie bitte bei [46].

[28] Wir hatten gelernt:

Physikalische Vorgänge sind solche, bei denen der Stoff erhalten bleibt und nur eine *Änderung seines Zustandes und der damit verbundenen Eigenschaften* eintritt.

Chemische Vorgänge sind solche, bei denen sich die beteiligten Stoffe *in andere Stoffe umwandeln.*

Bei der Herstellung von Eisensulfid aus Schwefel und Eisen ist eine *Stoffumwandlung* eingetreten. Die Eigenschaften von Eisensulfid sind andere als die von Eisen oder Schwefel.

Eisen wird von Magneten angezogen.
Schwefel ist löslich in Schwefelkohlenstoff.
Eisensulfid wird nicht von Magneten angezogen und ist in Schwefelkohlenstoff unlöslich.

Die Herstellung des Eisensulfids aus Schwefel und Eisen ist also ein .... Vorgang. Lesen Sie weiter bei [15].

[29] Es fehlten die Wörter:

Atomkern
Elektronenhülle

Während die *Elektronen* die Elektronenhülle bilden, ist der Atomkern aus *Protonen* und *Neutronen* aufgebaut. (Eine Ausnahme ist das Wasserstoffatom, dessen Kern nur aus einem Proton besteht.)

Damit wissen wir, wie in einem Atom die Protonen, Neutronen und Elektronen angeordnet sind.

Welche Bausteine bilden den Atomkern?

- Elektronen, Protonen und Neutronen → [17]
- Elektronen und Protonen → [58]
- Protonen und Neutronen → [48]
- Neutronen und Elektronen → [6]

---

[30] Es fehlten die Wörter:

Atom
Atomen

Ergänzen Sie die fehlenden Wörter:

Wenn sich in einer chemischen Reaktion oder .... zwei Elemente vereinigen, so entsteht eine ....

Vergleichen Sie bei [20].

---

[31] Kupferoxid ist *kein Element*, sondern eine *Verbindung* aus den Elementen Kupfer und Sauerstoff.

Wasser ist *kein Element*, sondern eine *Verbindung* aus den Elementen Wasserstoff und Sauerstoff.

Kehren Sie zurück nach [12].

---

[32] Ja, die Herstellung von Eisensulfid aus Schwefel und Eisen ist eine *Synthese.*

Das Gegenteil der Synthese ist die *Analyse.*

Unter *Analyse* versteht man in der Chemie allerdings nicht nur *die Zerlegung eines Stoffes,* sondern darüber hinaus auch die *Untersuchung* eines Stoffes auf *Zusammensetzung* oder Reinheit.

Früher mußte jeder Stoff, dessen Zusammensetzung festgestellt werden sollte, *zerlegt* werden. Daher kommt der Name *Analyse* für die Untersuchung eines Stoffes. Heute gibt es aber Verfahren, die es gestatten, einen Stoff auch *ohne Zerlegung* auf seine Zusammensetzung zu untersuchen. Trotzdem zählt man auch diese zu den *analytischen* Verfahren.

Die im 2. Programm beschriebene Untersuchung der Luft, bei der wir festgestellt hatten, daß Luft ein Gasgemisch mit den Volumenanteilen von 20% Sauerstoff und 80% Stickstoff ist, war eine *Analyse.*

Welcher der aufgezählten Vorgänge ist eine Analyse?

- Verbrennung von Wasserstoff → 51
- Elektrolyse von Wasser → 23
- Oxidation von Phosphor → 43

---

33 Es fehlten die Wörter:

reagiert, chemischen, Reaktion.

Da wir bei der Herstellung des Eisensulfids von Schwefel und Eisen *ausgehen,* nennen wir diese Stoffe *Ausgangsstoffe.*

Welches sind die Ausgangsstoffe für folgende Reaktion?

Chlor + Wasserstoff → Chlorwasserstoff

Notieren Sie bitte die Namen der Ausgangsstoffe. → 7

---

34 Ihre Antwort ist falsch.

Sie haben die Regel nicht beachtet:

In jedem Atom ist die Zahl der Protonen und die Zahl der Elektronen immer gleich groß.

Lesen Sie weiter bei 53.

---

35 Die Namen der Elemente sind:

O Sauerstoff
P Phosphor
Cl Chlor

Notieren Sie bitte die Symbole für die folgenden Elemente:

Wasserstoff
Eisen
Magnesium

Vergleichen Sie bei 45.

---

36 Die Atome bestehen aus drei Bausteinen:

Protonen
Neutronen
Elektronen

Im Aufbau des Atoms unterscheiden wir den *Atomkern* und die *Elektronenhülle.* Dabei bilden die Protonen und Neutronen den Atomkern.

.... }	→	Atomkern	} Atom
.... }			
Elektronen	→	Elektronenhülle	}

Schreiben Sie bitte dieses Schema ab, ergänzen Sie die fehlenden Wörter, und lesen Sie weiter bei 48.

---

37 Vergleichen Sie:

Reaktionsprodukt	≡	*Endprodukt*
Reaktion	≡	*Umsetzung*
reagieren	≡	*umsetzen*

Weil man für Reaktion auch Umsetzung sagen kann, gibt es für Reaktionsprodukt noch ein weiteres Wort mit gleicher Bedeutung: *Umsetzungs*produkt.

Notieren Sie die im folgenden Satz fehlenden Wörter. (Es sind für jeden Begriff alle gleichbedeutenden Wörter aufzuschreiben.)

Bei der .... (..............) von Schwefel mit Eisen reagieren die ....-stoffe unter Glühen miteinander. Nach beendeter Umsetzung (Reaktion) kühlt das Reaktionsgemisch ab, und wir erhalten als ......-, (..............-, ...-)produkt das Eisensulfid.

Vergleichen Sie bei 55.

---

38 Es fehlten die Wörter:

Atom
Proton
Neutron
Elektron

Wie ist nun ein Atom aufgebaut?

In der Mitte des Atoms befindet sich der *Atomkern*. Um diesen Atomkern sind die Elektronen auf *Elektronenschalen* angeordnet. Weil der Atomkern von den Elektronenschalen umhüllt wird, sprechen wir von einer *Elektronenhülle*. (In Abb. 13 ist die Größe des Atomkerns im Verhältnis zum Durchmesser der Elektronenhülle stark übertrieben.)

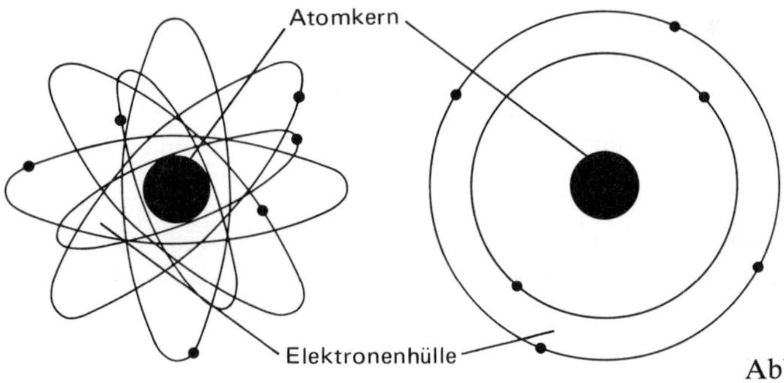

Abb. 13.

Atombau

Atombau
(vereinfacht gezeichnet)

Notieren Sie die fehlenden Wörter:

Die Atome haben in der Mitte einen .... Dieser wird von der .... umgeben.

Vergleichen Sie bei 29.

39 Nein, eine Erklärung finden Sie unter 28.

40 Es fehlten die Wörter:

Ausgangsstoffe
Endprodukt oder *Reaktionsprodukt*

Ergänzen Sie die fehlenden Wörter:

Die 105 bis heute bekannten Elemente bestehen zu etwa 25% aus ....
und zu etwa 75% aus ....

Vergleichen Sie bei [49].

---

41 Knallgas ist *kein Element,* sondern ein *Gasgemisch* aus den Elementen Wasserstoff und Sauerstoff.

Wassergas ist *kein Element,* sondern ein *Gasgemisch* aus Wasserstoff und Kohlenoxid.

Kehren Sie zurück nach [12].

---

42 Ja, Wasserstoff und Chlor sind die *Ausgangsstoffe* für die Herstellung des Chlorwasserstoffs.

Die Herstellung von Chlorwasserstoff aus Wasserstoff und Chlor nennt man auch *Synthese* des Chlorwasserstoffs.

Vereinigen sich also durch eine chemische Reaktion zwei oder mehrere Stoffe zu einem neuen Stoff, so ist das eine *Synthese.* Die Wörter „Herstellung", „Darstellung" und „Synthese" werden oft im gleichen Sinn gebraucht.

Welcher der aufgezählten Vorgänge ist eine Synthese?

- Aus Wasser bilden sich bei der Elektrolyse Wasserstoff und Sauerstoff. → [50]
- Beim Lösen von Zucker in Wasser entsteht eine Zuckerlösung. → [60]
- Schwefel und Eisen reagieren zu Eisensulfid. → [32]

---

43 Bei der Oxidation von Phosphor entsteht aus Phosphor und Sauerstoff ein Phosphoroxid. Das ist eine *Synthese,* aber *keine* Analyse!

Wiederholen Sie ab [42].

---

44 Ihre Antwort ist richtig.

In jedem Atom ist die Zahl der Protonen genau so groß wie die Zahl der Elektronen. Da das Phosphoratom 15 Protonen im Atomkern enthält, sind in der Elektronenhülle auch 15 Elektronen.

Protonen und Elektronen besitzen elektrische Ladungen.

Das Proton ist *positiv* geladen,
das Elektron ist *negativ* geladen.

Die Neutronen haben keine Ladung, sie sind ungeladen, *neutral.*

Welche Ladung hat nun ein Atom als Ganzes?
Ist es positiv oder negativ geladen, oder ist es ungeladen?

- Das Atom ist positiv geladen, da es positiv geladene Protonen im Kern enthält. → 76

- Das Atom ist negativ geladen, da es negativ geladene Elektronen in der Elektronenhülle enthält. → 66

- Das Atom ist ungeladen. Die Zahl der Protonen und die Zahl der Elektronen ist gleich groß, die positiven und negativen Ladungen heben sich also gegenseitig auf. → 57

45

Wasserstoff	H
Eisen	Fe
Magnesium	Mg

Für welche Elemente stehen die folgenden Symbole?

Na
Fe
Cu

Notieren Sie bitte die Namen der Elemente, und vergleichen Sie bei 54.

---

46 Das Heliumatom (He) enthält im Atomkern *zwei* Protonen und ebensoviele *Neutronen*. In der *Elektronenhülle* befinden sich *zwei* Elektronen.

Das nächst schwerere Element ist das Metall Lithium (Li). Wir haben es bisher noch nicht kennengelernt.

Das Lithiumatom hat folgenden Aufbau (Abb. 14):

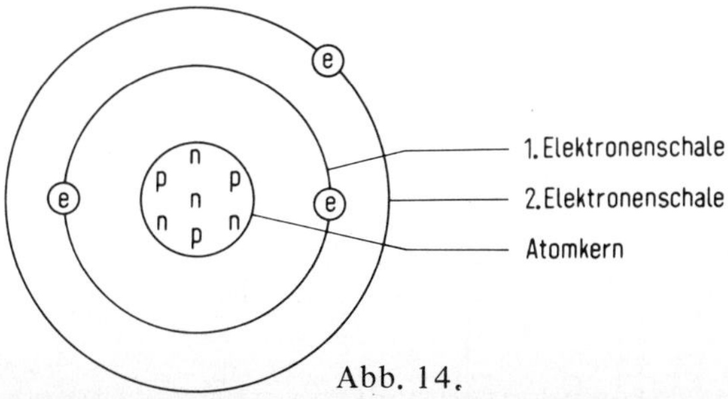

Abb. 14.

Wir bemerken hierbei etwas Besonderes: Die drei Elektronen der Elektronenhülle befinden sich auf zwei verschiedenen Bahnen. Diese Bahnen werden *Elektronenschalen* genannt.

Zeichnen Sie bitte die Skizze des Lithiumatoms ab.

Wieviele Elektronen befinden sich beim Lithium auf der 1. Schale und wieviele auf der 2. Schale?

	1. Schale	*2. Schale*	
•	1	2	→ 70
•	2	1	→ 56
•	3	0	→ 8

---

47 Es fehlten die Wörter:

einem Proton, positiv
einem Elektron, negativ
ungeladen, neutral

Wir wollen jetzt wiederholen:

Notieren Sie untereinander die drei Bausteine, aus denen alle Atome aufgebaut sind:

....
....
....

Vergleichen Sie bitte bei 26.

---

48 Ihre Antwort ist richtig, wenn Sie geantwortet haben:

Protonen und Neutronen bilden den Atomkern.

Wir wollen nun den inneren Aufbau der Atome ein wenig genauer ansehen. Nur durch den verschiedenartigen Aufbau der Atome aus den drei Bausteinen kommt es, daß es verschiedene Elemente gibt.

Für die Zeichnungen im folgenden benötigen wir noch einige Abkürzungen (Symbole).

Wir schreiben für ein Neutron: n
für ein Proton: p
für ein Elektron: e

Wasserstoff (H), das leichteste aller Elemente, hat auch die leichtesten Atome.

Ein Wasserstoffatom hat folgenden Aufbau (Abb. 15):

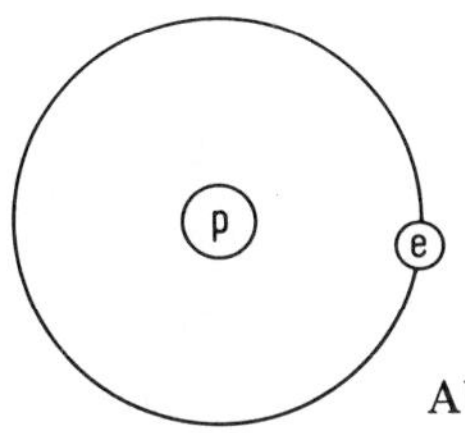

Abb. 15.

Zeichnen Sie die Skizze des Wasserstoffatoms ab, und beantworten Sie dann die Frage:

Aus welchen Bausteinen ist das Wasserstoffatom aufgebaut?

- 1 Neutron 1 Proton 1 Elektron → 75
- 1 Neutron 1 Proton → 9
- 1 Neutron 1 Elektron → 64
- 1 Proton 1 Elektron → 27

---

49 Es fehlten die Wörter:

Nichtmetallen
Metallen

Ergänzen Sie die fehlenden Wörter:

Zur besseren und kürzeren Schreibweise hat man für jedes Element eine Abkürzung oder ein...... festgelegt.

Vergleichen Sie bei 61.

50 Die Elektrolyse des Wassers ist *keine* Synthese.

Bei einer Synthese *vereinigen* sich Stoffe, bei der Elektrolyse dagegen wird das Wasser *zerlegt.*

Kehren Sie zurück nach 42.

51 Bei der Verbrennung von Wasserstoff bildet sich aus Wasserstoff und Sauerstoff Wasser. Es handelt sich hier also um eine Synthese, nämlich um eine *Synthese* des Wassers (und nicht um eine Analyse).

Wiederholen Sie ab 42.

52 Es fehlten die Wörter:

Atom
Stickstoffatom
Phosphoratom

Die kleinste Einheit, in der das Element Kupfer auftreten kann, ist ein *Kupferatom.*

Die kleinste Einheit, in der das Element Chlor auftreten kann, ist ein *Chloratom.*

Atome sind also für jedes Element von anderer Art.

Die Atome sind *sehr* klein. Sie sind mit keinem Mikroskop sichtbar zu machen. Das wird Ihnen sofort klar, wenn Sie erfahren, daß in einer Stoffportion von 1 Gramm Wasserstoff 602000000000000000000000 Wasserstoffatome enthalten sind. Diese ungeheure Zahl (602 mit 21 Nullen) brauchen Sie sich nicht zu merken, sie soll Ihnen nur zeigen, wie *klein* ein Wasserstoffatom ist. Die Masse eines Wasserstoffatoms ist also 1 Gramm geteilt durch diese ungeheuer große Zahl. Ganz ähnlich ist das bei den anderen Elementen. Trotz dieser Kleinheit sind die Atome ihrerseits noch aus einzelnen Bausteinen aufgebaut.

Die Atomphysik konnte feststellen, daß alle Atome der verschiedenen Elemente aus drei Bausteinen bestehen. Diese Bausteine sind:

das Proton
das Neutron und
das Elektron.

Notieren Sie bitte die fehlenden Wörter:

Die kleinste Einheit, in der ein Element auftreten kann, ist ein ....

Die Bausteine eines Atoms heißen: ...., ..., ...

Vergleichen Sie bei [38].

---

53 Der Atomkern des Phosphoratoms besteht aus 15 Protonen und 16 Neutronen. Es gilt die Regel: In jedem Atom ist die Zahl der Protonen und die Zahl der Elektronen immer gleich groß.

Das Phosphoratom hat 15 Protonen im Atomkern.

Das Phosphoratom hat also auch .... Elektronen in der Elektronenhülle.

Ergänzen Sie bitte die fehlende Zahl. → [44]

---

54 Die Namen der Elemente sind:

Na	Natrium
Fe	Eisen
Cu	Kupfer

Welchen Elementen entsprechen die Zeichen N, O und S?

- Natrium, Phosphor und Stickstoff → [19]
- Wasserstoff, Chlor und Sauerstoff → [5]
- Stickstoff, Sauerstoff und Schwefel → [63]

---

55 Es fehlten die Wörter:

Umsetzung (Reaktion)
Ausgangsstoffe
End- (Reaktions-, Umsetzungs-) produkt

Wenn Sie mehr als zwei Fehler haben, dann gehen Sie im eigenen Interesse noch einmal zurück nach [33], wenn Sie alles richtig haben, so ist das ein Zeichen dafür, daß Sie gut gearbeitet haben.

Wasserstoff reagiert mit Chlor zu Chlorwasserstoff.

Wie bezeichnet man Chlor und Wasserstoff in diesem Falle?

- Als Endprodukte → 68
- Als Reaktionsprodukte → 22
- Als Ausgangsstoffe → 42
- Ich weiß es nicht → 74

---

56 Ihre Antwort ist richtig.

Im Lithiumatom befinden sich zwei Elektronen auf der 1. Elektronenschale und ein Elektron auf der 2. Elektronenschale.

In dieser Weise geht der Aufbau der verschiedenen Atome weiter. Es kommen immer weitere Protonen und Neutronen in den Atomkern und weitere Elektronen auf die Elektronenschalen, aus denen die Elektronenhülle aufgebaut ist.

Dabei gibt es eine Regel:

In jedem Atom ist die Zahl der Protonen im Atomkern und die Zahl der Elektronen in der Elektronenhülle gleich groß.

Das Wasserstoffatom	hat 1 Proton	und 1 Elektron,
das Heliumatom	hat 2 Protonen	und 2 Elektronen,
das Lithiumatom	hat 3 Protonen	und 3 Elektronen.

Der Atomkern eines Phosphoratoms besteht aus 15 Protonen und 16 Neutronen.

Wieviele Elektronen sind in der Elektronenhülle des Phosphoratoms?

- 31 Elektronen → 34
- 16 Elektronen → 73
- 15 Elektronen → 44
- 10 Elektronen → 65
- Ich weiß es nicht → 53

---

57 Ihre Antwort ist richtig.

In jedem Atom ist die Zahl der Protonen und die Zahl der Elektronen gleich groß. Die Ladungen heben sich also gegenseitig auf, das Atom ist nach außen hin ungeladen, *neutral*.

Bitte ergänzen Sie:

Der Kern des Wasserstoffatoms besteht aus .... (Ladung: ......).
Die Elektronenhülle des Wasserstoffatoms besteht aus .... (Ladung: ......).

Das Wasserstoffatom ist .... → 47

---

58 Elektronen sind, wie der Name schon sagt, in der Elektronenhülle, nicht im Atomkern.

Lesen Sie weiter bei 36.

---

59 Es fehlten die Wörter:

schlecht
Brom

Ergänzen Sie die fehlenden Wörter:

Metalle leiten den elektrischen Strom .... Es gibt nur ein im Normzustand flüssiges Metall, das ....

Vergleichen Sie bei 69.

---

60 Das Lösen von Zucker in Wasser ist *keine* Synthese.

Eine Synthese ist ein *chemischer* Vorgang, das Lösen von Zucker in Wasser dagegen ist ein *physikalischer* Vorgang.

Kehren Sie zurück nach 42.

---

61 *Symbol*

Notieren Sie für die folgenden Elemente die Symbole:

Wasserstoff
Stickstoff
Schwefel
Sauerstoff
Eisen

Vergleichen Sie bei 71.

---

62 Vergleichen Sie:

Elemente sind Stoffe, die chemisch nicht weiter zerlegt werden können.

Jetzt wird jeder fragen:

Woraus bestehen denn nun die Elemente?

Die kleinste Einheit, in der ein Element auftreten kann, ist ein Atom.

Die kleinste Einheit, in der das Element Wasserstoff auftreten kann, ist ein Wasserstoffatom.

Die kleinste Einheit, in der das Element Sauerstoff auftreten kann, ist ein Sauerstoffatom.

Die kleinste Einheit, in der das Element Schwefel auftreten kann, ist ein Schwefelatom.

Die kleinste Einheit, in der das Element Eisen auftreten kann, ist ein Eisenatom.

Notieren Sie bitte die fehlenden Wörter:

Die kleinste Einheit, in der ein Element auftreten kann, ist ein...............

Die kleinste Einheit, in der das Element Stickstoff auftreten kann, ist ein..............

Die kleinste Einheit, in der das Element Phosphor auftreten kann, ist ein..............

Vergleichen Sie bei 52.

63 Ihre Antwort ist richtig.

N ist das Symbol für Stickstoff, O ist das Symbol für Sauerstoff, und S ist das Symbol für Schwefel.

Mit Hilfe der chemischen Symbole können wir nun sehr einfach und übersichtlich formulieren, welche Ausgangsstoffe einer Reaktion miteinander reagieren und welche Reaktionsprodukte dabei entstehen.

Als erste chemische Reaktion hatten wir die Umsetzung von Eisen mit Schwefel zu Eisensulfid kennengelernt.

Mit Namen beschrieben sieht das so aus:

Eisen + Schwefel ⟶ Eisensulfid

Wenn wir anstelle der Namen die Symbole einsetzen ergibt sich:

$$Fe + S \longrightarrow FeS$$

Wenn wir über Kupfer in der Hitze Sauerstoff leiten, entsteht schwarzes Kupferoxid.

In Worten:

Kupfer + Sauerstoff ⟶ Kupferoxid

Beschreiben Sie bitte diese Reaktion mit den Symbolen, und vergleichen Sie bei [72].

---

64 Sie haben doch selbst das Wasserstoffatom abgezeichnet und dabei die Symbole der Bausteine eingetragen.

Kehren Sie zurück nach [48], vergleichen Sie Ihre Zeichnung dort mit der Abbildung, und achten Sie besonders darauf, daß Sie die Bausteine des Atoms und ihre Symbole nicht verwechseln.

---

65 Ihre Antwort ist falsch.

Sie haben die Regel nicht beachtet:

In jedem Atom ist die Zahl der Protonen und die Zahl der Elektronen immer gleich groß.

Lesen Sie weiter bei [53].

---

66 Nein, beachten Sie bitte, daß sich eine positive und eine negative elektrische Ladung gegenseitig aufheben.

Da die Zahl der Protonen und die Zahl der Elektronen im Atom stets gleich groß ist, ist im Atom auch die Zahl der positiven Ladungen und die Zahl der negativen Ladungen gleich groß.

Das Atom ist deshalb .... → [57]

---

67 Ihre Antwort ist falsch.

Wiederholen Sie ab **38**.

68 Ihre Antwort ist falsch.

Lesen Sie die Erklärung bei **74**.

69 Es fehlten die Wörter:

gut
Quecksilber

Notieren Sie von den folgenden Elementen die Nichtmetalle mit Namen und Symbol:

Wasserstoff, Schwefel, Kupfer, Chlor, Eisen, Stickstoff, Phosphor, Sauerstoff.

Vergleichen Sie bei **77**.

70 Sie haben sicherlich nur geraten, denn Sie brauchen doch in der Skizze nur nachzuzählen, um die richtige Antwort zu finden.

Lesen Sie noch einmal **46**.

71

Wasserstoff	H
Stickstoff	N
Schwefel	S
Sauerstoff	O
Eisen	Fe

Wenn Sie nicht alle Symbole richtig hatten, dann sollten Sie das Programm recht bald noch einmal durcharbeiten.

Ergänzen Sie die fehlenden Wörter:

Nichtmetalle leiten den elektrischen Strom ....
Es gibt nur ein (im Normzustand) flüssiges Nichtmetall, das ..... .

Vergleichen Sie bei **59**.

72 $Cu + O \longrightarrow CuO$

Bevor wir die Reaktionen aller bisher durchgeführten Versuche mit Hilfe der Symbole formulieren, müssen wir uns aber die Elemente noch etwas genauer ansehen.

Wir haben gelernt:

Elemente sind Stoffe, die ....

Notieren Sie diesen Satz, ergänzen Sie die fehlenden Wörter, und vergleichen Sie bei 62.

73 Ihre Antwort ist falsch.

Sie haben die Regel nicht beachtet:
In jedem Atom ist die Zahl der Protonen und die Zahl der Elektronen immer gleich groß.

Lesen Sie weiter bei 53.

74 *Ausgangs*stoffe sind die Stoffe, von denen man bei einer chemischen Reaktion *ausgeht*.

*End*produkte oder Reaktionsprodukte sind die Stoffe, welche am *Ende* der Reaktion vorhanden sind. Es sind die Stoffe, welche bei der Reaktion entstanden sind.

Wenn Wasserstoff mit Chlor zu Chlorwasserstoff reagiert, so sind *Chlor und Wasserstoff* die ....

Lesen Sie weiter bei 42.

75 Sie haben doch selbst das Wasserstoffatom abgezeichnet. Es besteht nur aus *zwei* Bausteinen.

Kehren Sie zurück nach 48.

76 Nein, beachten Sie bitte, daß sich eine positive und eine negative elektrische Ladung gegenseitig aufheben.

Da die Zahl der Protonen und die Zahl der Elektronen im Atom stets gleich groß ist, ist im Atom auch die Zahl der positiven Ladungen und die Zahl der negativen Ladungen gleich groß.

Das Atom ist deshalb .... → 57

77

Von den aufgezählten Elementen sind Nichtmetalle:

Wasserstoff	H
Schwefel	S
Chlor	Cl
Stickstoff	N
Phosphor	P
Sauerstoff	O

Ende des 6. Programms.

---

7. Programm

Theoretische Grundlagen (II)

1 Sie werden in diesem Programm lernen, wie man die Zusammensetzung einer chemischen Verbindung durch eine *Formel,* und wie man den Ablauf einer chemischen Reaktion durch eine *Gleichung* beschreiben kann. Voraussetzung ist, daß Sie den Stoff des letzten Programms sicher beherrschen.

Was bedeuten die Symbole Fe, P, O, H, S, K?

Notieren Sie die Namen der entsprechenden Elemente,

Fe
P
usw.

und vergleichen Sie unter [10].

---

2 *Atomen, Atome.*

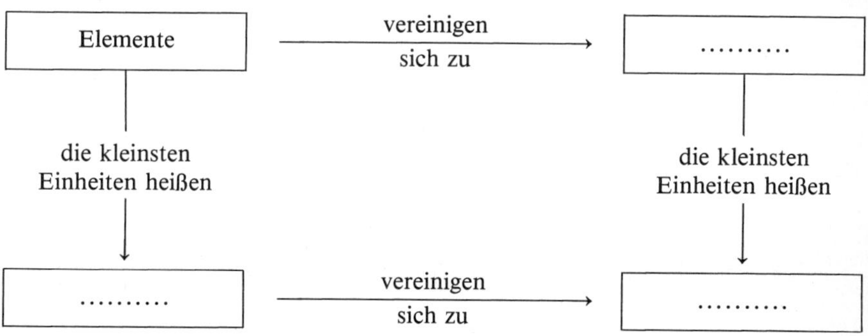

Ergänzen Sie dieses Schema, und vergleichen Sie unter [11].

---

3 Phosphor ist ein *Element,* Phosphoroxid ist eine *Verbindung.* Ihre Antwort kann also nicht stimmen.

Kehren Sie zurück nach [20] und achten Sie besonders darauf, wie die kleinsten Einheiten von *Elementen* und wie die kleinsten Einheiten von *Verbindungen* heißen.

4 Nein. Bitte überlegen Sie: Das ungeladene Chloratom nimmt ein Elektron, das *negativ* geladen ist, auf. Die Zahl der Protonen und der Elektronen ist jetzt nicht mehr gleich groß, sondern die Zahl der Elektronen ist um *eins* größer als die Zahl der Protonen. Aus dem Chloratom ist ein Chlor-*Ion,* ein elektrisch geladenes Teilchen, geworden.

Das Chlor-Ion ist .... geladen. → 32

---

5 Ihre Antwort ist falsch.

Wir haben früher schon gelernt, daß Wasser aus Wasserstoff und Sauerstoff zusammengesetzt ist. Also ist Wasser eine *Verbindung.*

Ergänzen Sie: Die kleinste Einheit, in der eine chemische Verbindung auftreten kann, ist ein .... → 12

---

6 Nein, Wasser besteht zwar aus 2 *Elementen,* nämlich Wasserstoff und Sauerstoff. Im Wassermolekül sind aber 3 *Atome* vereinigt, nämlich 2 Wasserstoffatome und 1 Sauerstoffatom. Daß es sich um 2 Wasserstoffatome handelt, wird in der Formel H_2O durch die kleine 2 rechts unten am H gekennzeichnet.

Aus wieviel Atomen besteht ein Molekül der Verbindung H_2S?

- Aus 2 Atomen → 15
- Aus 3 Atomen → 29

---

7 Ihre Antwort ist falsch.

Eine Erklärung finden Sie unter 13.

---

8 Nein, die 3 vor H_3PO_4 bedeutet, daß das *ganze Molekül* 3mal vorhanden ist.

Man muß also rechnen:	3 × 3 H-Atome =	9 H-Atome
	3 × 1 P-Atome =	3 P-Atome
	3 × 4 O-Atome =	12 O-Atome
	zusammen:	24 Atome

Wieviele Atome sind insgesamt in $4\,H_2SO_3$ vorhanden? → 30

---

9 Sie müssen sinngemäß geantwortet haben:

Ein Ion ist ein elektrisch geladenes Teilchen.

Natrium-Ionen (Na^+) und Chlor-Ionen (Cl^-) haben entgegengesetzte Ladungen. Entgegengesetzte Ladungen ziehen sich bekanntlich an.
Diese Anziehungskraft ist die Ursache für die Bildung der Verbindung Natriumchlorid (NaCl).
Natriumchlorid besteht aus Natrium-Ionen und Chlorid-Ionen, wobei die Chlorid-Ionen häufig auch einfach Chlor-Ionen genannt werden.

Wir haben am Beispiel des Natriumchlorids (NaCl) und des Wasserstoffmoleküls (H_2) zwei verschiedene chemische Bindungsarten kennengelernt.

Wir müssen unterscheiden (bei zweiatomigen Molekülen):

1. Verbindungen, bei denen das bindende Elektronenpaar zu einem der beiden Atome hin verschoben ist, so daß Ionen entstehen (Beispiel: NaCl).

2. Verbindungen, bei denen sich das bindende Elektronenpaar etwa in der Mitte zwischen den beiden verbundenen Atomen aufhält (Beispiel: H_2).

Bei mehratomigen Molekülen gelten entsprechende Unterscheidungen für jede einzelne Bindung.

Welche Verbindung besteht aus Ionen?

- H_2 → 25
- NaCl → 19
- H_2 und NaCl → 72

10

Fe	Eisen	P	Phosphor	O	Sauerstoff
H	Wasserstoff	S	Schwefel	K	Kalium

Notieren Sie als Antworten auf folgende Fragen die entsprechenden Begriffsbestimmungen:

1. Was ist ein chemisches Element?
2. Was ist eine chemische Verbindung?
3. Was ist ein Atom?

Vergleichen Sie unter 20.

11

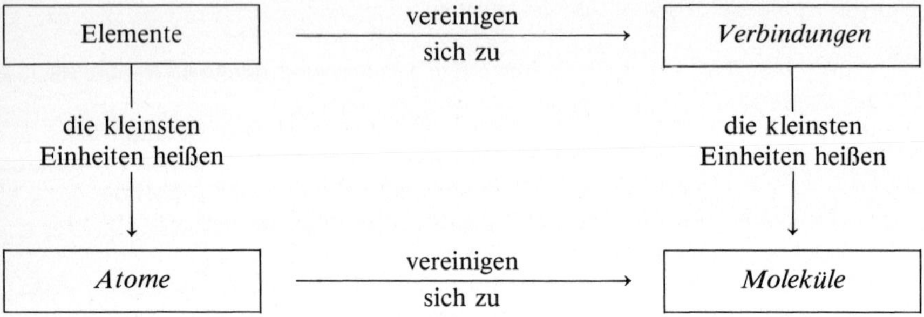

Welches sind die kleinsten Einheiten, in denen
Phosphor und
Phosphoroxid

auftreten können?

Phosphor	Phosphoroxid	
● Atome	Moleküle	→ 21
● Atome	Atome	→ 3
● Moleküle	Moleküle	→ 33
● Moleküle	Atome	→ 41

12 Ihre Antwort ist richtig.

Die kleinste Einheit, in der Wasser auftreten kann, ist ein *Molekül* (ein Wasser-Molekül).

Wir wollen gleich noch eine Frage beantworten:

Wir betrachten die jeweils kleinsten Einheiten, in denen Eisensulfid, Wasser, Magnesium, Chlorwasserstoff und Eisen auftreten können. Wie werden die kleinsten Einheiten dieser 5 Substanzen genannt?

Es handelt sich

- um 5 Moleküle → 7
- um 4 Moleküle und 1 Atom → 36

- um 3 Moleküle und 2 Atome → 28
- um 2 Moleküle und 3 Atome → 44
- um 1 Molekül und 4 Atome → 52
- um 5 Atome → 61

7

13 Damit Ihnen der Unterschied zwischen Atomen und Molekülen klar wird, denken Sie nochmals über die beiden folgenden Sätze nach:

Die kleinste Einheit, in der eine chemische *Verbindung* auftreten kann, ist ein *Molekül.*
Die kleinste Einheit, in der ein *Element* auftreten kann, ist ein *Atom.*

Oder wissen Sie nicht mehr, welche der aufgezählten Stoffe Elemente und welche Verbindungen sind?

Eisensulfid erhielten wir durch Umsetzung von Schwefelpulver mit feinen Eisenspänen. Wasser entsteht durch Verbrennen von Wasserstoff. Magnesium ist ein Element. Chlorwasserstoff besteht aus Chlor und Wasserstoff. Eisen ist ein Element.

Kehren Sie zurück nach 12.

14 Beim Aufschreiben von Reaktionsgleichungen muß man darauf achten, daß links und *rechts* vom Pfeil (oder vom Gleichheitszeichen) die gleiche Anzahl von *Atomen* steht.

Wir müssen beim Aufstellen von Reaktionsgleichungen aber nicht nur darauf achten, daß rechts und links die Gesamtzahl von Atomen gleich ist, sondern rechts und links muß stets von *jedem Element* die *gleiche* Anzahl von Atomen vorhanden sein.

Wenn also in der Reaktionsgleichung links *ein* Eisenatom steht, so muß auch rechts *ein* Eisenatom stehen. Dabei spielt es keine Rolle, ob das Eisen als Element oder in einer Verbindung vorkommt.

Wir wollen uns jetzt Moleküle ansehen, in denen das gleiche Element mehrfach vorkommt.

H_2O ist Wasser. Oder genauer gesagt: H_2O ist die *Formel* für Wasser. Aus wieviel Atomen besteht das Wassermolekül?

- Aus 2 Atomen → 6
- Aus 3 Atomen → 29

15 Sie passen nicht auf! Ihre Antwort ist falsch.

Die kleine tiefgestellte **2** in den Formeln H_2O und H_2S besagt, daß in diesen Molekülen **2** Wasserstoffatome vorkommen.

H_2S besteht aus	**2**	Wasserstoffatomen und
	1	Schwefelatom
zusammen:	**3**	Atome
H_2O besteht also aus	**2**	Wasserstoffatomen und
	1	Sauerstoffatom
zusammen:	..	Atome

Lesen Sie weiter bei 29.

16 Cl^-

Was ist ein Ion? Bitte antworten Sie schriftlich. → 9

17 Ihre Antwort ist richtig.

Ein Molekül H_3PO_4 besteht aus 8 Atomen, nämlich aus 3H-Atomen, einem P-Atom, und 4O-Atomen.

Die kleinen, tiefgestellten Zahlen in Formeln beziehen sich *nur* auf die Atome *hinter* denen sie stehen.

Schreiben wir dagegen eine Zahl *vor* die Formel, z. B. 2FeS, so sind entsprechend viele Moleküle vorhanden, in unserem Beispiel also zwei Moleküle Eisensulfid.

Wieviele Atome sind insgesamt in $3\,H_3PO_4$ vorhanden?

- 11 Atome → 40
- 14 Atome → 8
- 24 Atome → 30

18 Richtig ist: $2Na + Cl_2 \longrightarrow 2NaCl$

Wenn Sie daran gedacht haben, daß Chlor aus zweiatomigen Molekülen besteht, haben Sie sicher die richtige Lösung gefunden. Denken Sie beim Aufstellen von Reaktionsgleichungen daran, daß bestimmte Elemente immer als zweiatomige Moleküle auftreten. Notieren Sie diese Elemente mit Namen und Symbol:

Brom	Br_2
....	......
....	......
....	......
....	......

Vergleichen Sie bei 26 .

---

19 Ihre Antwort ist richtig.

Natriumchlorid (NaCl) besteht aus Ionen. Die Bindung wird durch die Anziehungskraft der beiden gegensätzlich geladenen Ionen (Na^+ und Cl^-) verursacht. Diese Art der Bindung nennt man:

Ionenbindung

Im Wasserstoffmolekül erfolgt die Bindung durch die Bildung des Elektronenpaares, das sich in der Mitte zwischen den beiden Wasserstoffatomen aufhält. Das Elektronenpaar gehört den Elektronenhüllen der *beiden* Wasserstoffatome gemeinsam an. Diese Art der Bindung nennt man:

Atombindung

Wir unterscheiden vorläufig also zwei chemische Bindungsarten:

1. Die Ionenbindung
2. Die Atombindung

Welche Art der chemischen Bindung liegt im Chlormolekül (Cl – Cl) vor?

- Ionenbindung → 66
- Atombindung → 31
- Ich weiß es nicht → 71

20 Ihre Antworten müssen sinngemäß so lauten:

1. *Elemente* sind Stoffe, die chemisch nicht weiter zerlegt werden können.

2. Vereinigen sich zwei oder mehrere Stoffe zu einem neuen Stoff mit anderen Eigenschaften, so ist der neue Stoff eine *chemische Verbindung.*

3. Die kleinste Einheit, in der ein Element auftreten kann, ist ein *Atom.*

Als neue Begriffsbestimmung lernen wir:

Die kleinste Einheit, in der eine chemische Verbindung auftreten kann, ist ein *Molekül.*

Woraus besteht ein Molekül? Überlegen Sie:

Verbindungen enstehen bei einer chemischen Reaktion durch die *Vereinigung von Elementen.* Moleküle (die kleinsten Einheiten einer Verbindung) entstehen also durch die *Vereinigung von* ...., den kleinsten Einheiten der Elemente.

Umgekehrt können *Verbindungen* durch eine chemische Reaktion in *Elemente zerlegt* werden. Dabei werden die Moleküle der Verbindung in .... gespalten.

Ergänzen Sie die fehlenden Wörter, und vergleichen Sie bei [2].

21 Ihre Antwort ist richtig.

Phosphor ist ein *Element;* deshalb ist die kleinste Einheit, in der Phosphor auftreten kann, ein Atom (ein Phosphor-Atom).

Phosphoroxid ist eine *Verbindung;* deshalb ist die kleinste Einheit, in der Phosphoroxid auftreten kann, ein *Molekül* (ein Phosphoroxid-Molekül).

Welches ist die kleinste Einheit, in der Wasser auftreten kann?

- Ein Atom → [5]
- Ein Molekül → [12]

22 Ihre Antwort ist richtig.

Das Natrium hat ein Elektron abgegeben. Dieses Elektron befindet sich zusammen mit einem Elektron des Chlors als Elektronenpaar beim Chlor:

Na |Cl

Dadurch *fehlt* jetzt in der Elektronenhülle des Natriumatoms ein *Elektron,* in der Elektronenhülle des Chloratoms ist dafür *ein Elektron zuviel.*

Aus den elektrisch ungeladenen Natrium- und Chlor-Atomen sind durch diese Elektronenübertragung elektrisch geladene Teilchen geworden.

Solche elektrisch geladenen Teilchen werden *Ionen* genannt.

Welche elektrische Ladung hat das Chlor-Ion?

- Es ist negativ geladen → 32
- Es ist positiv geladen → 4
- Es ist ungeladen → 74
- Ich weiß es nicht → 63

---

23 Nein, Protonen und Neutronen sind die Bausteine des *Atomkerns.*

In der Hülle befinden sich die .... → 69

---

24 Ihre Antwort ist richtig.

Das Natrium-Ion ist *positiv* geladen.

Wie werden Ionen mit den chemischen Symbolen beschrieben?

Eine positive Ladung wird durch ein Plus-Zeichen +, eine negative Ladung durch ein Minus-Zeichen – symbolisiert.

Ein Natrium-Ion schreibt man so: Na^+

Schreiben Sie bitte das Symbol für ein Chlor-Ion auf. → 16

---

25 Nein. Wir haben gelernt, daß sich Ionen bilden, wenn das bindende Elektronenpaar zu einem der beiden Atome, die sich verbinden, hin verschoben ist. Das ist im Wasserstoffmolekül nicht der Fall.

Wiederholen Sie ab 49 .

---

26 Zu ergänzen waren:
Chlor Cl_2, Sauerstoff O_2, Stickstoff N_2, Wasserstoff H_2, Iod J_2, Fluor F_2.

Welche stöchiometrischen Zahlen sind in der folgenden Reaktionsgleichung zu ergänzen?

$$H_2 + N_2 \longrightarrow NH_3$$

Vergleichen Sie bei [35].

27 Richtig ist: $2H_2 + O_2 \longrightarrow 2H_2O$

Stellen Sie auch die folgende Reaktionsgleichung richtig, indem Sie den fehlenden Ausgangsstoff und die fehlenden stöchiometrischen Zahlen ergänzen.

$$Na \quad + \quad \ldots \longrightarrow \quad NaCl$$

Vergleichen Sie bei [18].

28 Ihre Antwort ist richtig.

Wir wollen jetzt lernen, chemische Vorgänge durch *Reaktionsgleichungen* zu beschreiben.

Wenn wir die Reaktion von Eisen mit Schwefel zu Eisensulfid beschreiben wollen, benutzen wir die Elementsymbole. Wir schreiben also:

$$Fe + S \longrightarrow FeS$$

Wir haben hier eine *Gleichung* vor uns. Gleichung deshalb, weil vor und hinter dem Pfeil (oder links und rechts vom Pfeil) die *gleiche* Anzahl (und die gleiche Art) von Atomen steht.

Fe steht hier für 1 Atom Eisen.
S steht hier für 1 Atom Schwefel.
FeS steht hier für 1 Molekül Eisensulfid.

Da das FeS-Molekül aus 2 Atomen besteht, stehen in der Reaktionsgleichung links und rechts vom Pfeil also je 2 Atome, wobei die beiden Atome rechts vom Pfeil zusammen ein Molekül bilden.

Fe	+	S	⟶	FeS
1 Atom Eisen		1 Atom Schwefel		1 Molekül Eisensulfid (bestehend aus je einem Atom Eisen und Schwefel)

Statt eines Pfeiles (⟶) findet man in chemischen Reaktionsgleichungen auch oft das Gleichheitszeichen (=):

$$Fe + S = FeS$$

Ergänzen Sie den folgenden Satz:

Beim Aufschreiben von Reaktionsgleichungen muß man darauf achten, daß links und ...... vom Pfeil (oder vom Gleichheitszeichen) die gleiche Anzahl von ...... steht.

Vergleichen Sie bei [14].

29 Ihre Antwort ist richtig.

Ein H_2O-Molekül besteht aus 3 Atomen. Die kleine, tiefgestellte 2 in der Formel rechts unten am H bedeutet, daß es sich um 2 Wasserstoffatome handelt.

Aus wieviel Atomen besteht insgesamt ein H_3PO_4-Molekül?

- Aus 8 Atomen → [17]
- Aus 3 Atomen → [48]
- Ich weiß es nicht → [39]

30 Ihre Antwort ist richtig.

Es handelt sich um 24 Atome.

Wenn wir eine *Zahl vor* ein Elementsymbol setzen, so z. B. 2 Fe, so heißt das: Es handelt sich um so viele Atome wie die Zahl angibt, also z. B. um 2 Eisenatome.

8 S sind also 8 Schwefelatome, 5 P sind 5 Phosphoratome usw.

In den Formeln *der Verbindungen* werden aber mehrere Atome des gleichen Elementes durch eine kleine, tiefgestellte Zahl hinter dem Elementsymbol gekennzeichnet, wie wir es bereits am Beispiel der Formel der Phosphorsäure

$$H_3PO_4$$

kennengelernt haben.

Schreiben Sie bitte mit Zahlen und Symbolen auf:

Vier Natriumatome ....
Ein Eisenatom ....
Die Formel für Wasser ....
Die Formel für Eisensulfid ....
Die Formel für Schwefelsäure ....
(Das Schwefelsäuremolekül besteht aus zwei Wasserstoffatomen, einem Schwefelatom und vier Sauerstoffatomen.) → 38

---

31 Ja, es handelt sich um eine *Atom*bindung.

Eine Atombindung liegt immer dann vor, wenn sich das bindende Elektronenpaar mehr oder weniger in der Mitte zwischen den beiden gebundenen Atomen aufhält. (Es tritt dann *keine* Ionenbildung ein. Es sind keine Ionen, sondern zwei *Atome* verbunden. Daher auch der Name: *Atom*bindung.)

Wir müssen zwischen Ionen und Atomen unterscheiden. Welcher Unterschied besteht zwischen einem Ion und einem Atom?

Bitte antworten Sie schriftlich. → 42

---

32 Ihre Antwort ist richtig: Das Chlor-Ion ist *negativ* geladen.

Die Zahl der Elektronen ist im Chlor-Ion um *eins* größer als die Zahl seiner Protonen. Wir können auch sagen:

Die Zahl der negativen Ladungen ist im Chlor-Ion um *eins* größer als die Zahl der positiven Ladungen.

Wie ist das Natrium-Ion geladen?

- Es ist negativ geladen → 57
- Es ist positiv geladen → 24
- Es ist ungeladen → 73
- Ich weiß es nicht → 45

---

33 Phosphor ist ein *Element,* Phosphoroxid ist eine *Verbindung.* Ihre Antwort kann also nicht stimmen.

Kehren Sie zurück nach [20], und achten Sie besonders darauf, wie die kleinsten Einheiten von *Elementen* und wie die kleinsten Einheiten von *Verbindungen* heißen.

34

1. Im Wasserstoffmolekül befindet sich das Elektronenpaar *in der Mitte* zwischen den beiden Wasserstoffatomen.

2. Im Natriumchlorid ist das Elektronenpaar zum Chloratom hin *verschoben.*

Im Natriumchlorid befindet sich das Elektronenpaar also beim *Chloratom.*

Wie ist dieses Elektronenpaar entstanden?

- Aus 2 Elektronen des Natriums → [67]
- Aus 2 Elektronen des Chlors → [58]
- Aus 1 Elektron des Natriums und aus 1 Elektron des Chlors → [22]

7

35

Richtig ist: $3\ H_2 + N_2 \longrightarrow 2\ NH_3$

Die Schwierigkeit bestand darin, daß rechts vom Pfeil drei H-Atome, also eine *ungerade* Anzahl, standen. Links kann nun aber nur eine gerade Anzahl von Wasserstoffatomen stehen, nämlich **2** als H_2, durch Verdoppeln **4** ($2\ H_2$) oder durch Verdreifachen **6** ($3\ H_2$). Durch Verdoppeln der rechten Seite ($+NH_3$) kommt man auch hier zu einer *geraden* Anzahl von Wasserstoffatomen, nämlich 6.

Ergänzen Sie folgende Reaktionsgleichung:

$$C + \ldots\ldots\ldots\ldots \longrightarrow CO$$

Vergleichen Sie bei [43].

36

Ihre Antwort ist falsch.

Eine Erklärung finden Sie unter [13].

37

$$4\ P + 5\ O_2 \longrightarrow 2\ P_2O_5$$

In der folgenden Reaktionsgleichung fehlen auch zwei stöchiometrische Zahlen.

$$H_2 + O_2 \longrightarrow H_2O$$

Überlegen Sie gut. Da Sauerstoff aus zweiatomigen Molekülen besteht, sind wir *gezwungen*, links von 2 Sauerstoffatomen (geschrieben: O_2) auszugehen. Schreiben Sie die richtige Reaktionsgleichung auf, und vergleichen Sie bei 27.

---

38 Bitte vergleichen Sie.

Vier Natriumatome	4 Na	
Ein Eisenatom	Fe	(ohne 1 !)
Die Formel für Wasser	H_2O	
Die Formel für Eisensulfid	FeS	
Die Formel für Schwefelsäure	H_2SO_4	

Bei den im Normzustand *gasförmigen* Nichtmetallen und bei den Nichtmetallen Fluor (F), Brom (Br) und Iod (I) müssen wir nun etwas Besonderes beachten:

Diese Nichtmetalle (außer den Edelgasen) bestehen normalerweise aus *Molekülen,* in denen *zwei* Atome vereinigt sind.

Wir müssen daher schreiben:

H_2, N_2, O_2, F_2, Cl_2, Br_2 und J_2

Wir sagen: Diese Nichtmetalle bestehen aus *zweiatomigen* Molekülen. Es handelt sich hier um Moleküle, die nicht durch die *Vereinigung* von Atomen *von zwei oder mehreren Elementen*, sondern durch die Vereinigung von chemisch gleichartigen Atomen entstanden sind.

Notieren Sie unter Verwendung der Symbole, welche der folgenden Elemente aus zweiatomigen Molekülen bestehen:

Kalium, Sauerstoff, Wasserstoff, Eisen, Kupfer, Natrium, Brom, Magnesium, Chlor, Stickstoff, Phosphor, Schwefel.

Aus zweiatomigen Molekülen bestehen: O_2, ... → 47.

---

39 H_3PO_4 besteht aus Atomen von 3 verschiedenen *Elementen*, nämlich Wasserstoff (H), Phosphor (P) und Sauerstoff (O).

Die kleine, tiefgestellte 3 hinter dem H gibt an, daß in jedem Molekül 3 H-Atome vorhanden sind.
Außerdem besteht jedes Molekül H_3PO_4 aus 1 P-Atom und 4 O-Atomen.

Kehren Sie nach 29 zurück.

---

40 Nein, die 3 vor H_3PO_4 bedeutet, daß das *ganze Molekül* 3mal vorhanden ist.

Man muß also rechnen:

	3×3 H-Atome	=	9 H-Atome
	3×1 P-Atom	=	3 P-Atome
	3×4 O-Atome	=	12 O-Atome
zusammen:			24 Atome

Wieviele Atome sind insgesamt in 4 H_2SO_3 vorhanden? → 30

41 Phosphor ist ein *Element*, Phosphoroxid ist eine *Verbindung*. Ihre Antwort kann also nicht stimmen.

Kehren Sie zurück nach 20 und achten Sie besonders darauf, wie die kleinsten Einheiten von *Elementen* und wie die kleinsten Einheiten von *Verbindungen* heißen.

42 Ionen haben eine Ladung.
Atome sind nach außen hin ungeladen.

Welche Arten von Ladung treten bei Ionen auf, und wie werden sie symbolisiert?

Bitte antworten Sie schriftlich. → 54

43 Richtig ist: $2\,C + O_2 \longrightarrow 2\,CO$

Auch hier mußte die rechte Seite verdoppelt werden, um zu einer geraden Anzahl von Sauerstoffatomen zu gelangen.

Wie kommt es nun, daß die Atome eines Elements im Molekül der einen Verbindung nur *einmal*, im Molekül einer anderen Verbindung jedoch *mehrmals* vorkommen, zum Beispiel der *Wasserstoff* im Chlorwasserstoff (HCl) und im Wasser (H_2O)?

Jedes Element hat eine sogenannte *Wertigkeit*. Sie gibt die *Anzahl der Bindungen* an, die das betreffende Atom zu anderen Atomen hin ausbilden kann.

Wasserstoff ist *ein*wertig, er kann *eine* Bindung eingehen.
Sauerstoff ist *zwei*wertig, er kann *zwei* Bindungen eingehen.

Wenn man die Bindung zwischen zwei Atomen durch einen Strich symbolisiert, kann man sich das Wassermolekül so aufgebaut denken:

H–O–H

Suchen Sie aus folgenden Formeln durch Abzählen der Bindungsstriche alle einwertigen, zweiwertigen und dreiwertigen Elemente heraus:

$$H-S-H \quad H-Cl \quad Fe=S \quad H-\underset{\displaystyle H}{\underset{|}{N}}-H \quad Fe=O$$

Einwertig sind: ....
Zweiwertig sind: ....
Dreiwertig sind: ....

Vergleichen Sie bei 53.

44 Ihre Antwort ist falsch.

Eine Erklärung finden Sie unter 13.

45 Nein. Bitte überlegen Sie: Das ungeladene Natriumatom gibt ein Elektron (oder eine negative Ladung) ab und wird dadurch zum Natrium-Ion.

Nach der Abgabe eines Elektrons ist die Zahl der Protonen um *eins größer* als die Zahl der Elektronen.

Das Natrium-Ion ist daher..............geladen. → 24

46 $H_2 + Cl_2 \longrightarrow 2\,HCl$

Sicher haben Sie richtig erkannt, daß vor HCl eine 2 zu ergänzen ist. Diese Zahlen, die *vor* den Elementsymbolen in einer Reaktionsgleichung stehen, nennen wir stöchiometrische Zahlen. Vor HCl war also die stöchiometrische Zahl **2** zu ergänzen.

In der folgenden Gleichung fehlen zwei stöchiometrische Zahlen.

$$P + O_2 \longrightarrow 2\,P_2O_5$$

Schreiben Sie die vollständige Reaktionsgleichung auf, und vergleichen Sie bei 37.

47 Zweiatomig sind: O_2, H_2, Br_2, Cl_2, N_2

Wenn sich diese Nichtmetalle an chemischen Reaktionen beteiligen, treten sie in den entsprechenden Reaktionsgleichungen infolge ihrer zweiatomigen Moleküle immer nur mit einer *geraden* Zahl von Atomen auf, also nur 2, 4, 6 usw. Atome.

2 Sauerstoffatome werden geschrieben: O_2
4 Sauerstoffatome werden geschrieben: $2\,O_2$
6 Sauerstoffatome werden geschrieben: $3\,O_2$

In Verbindungen können diese Elemente jedoch in beliebigen Zahlen auftreten, z. B.

H_2O
SO_2
O_3
H_2SO_4
P_2O_5

(Beachten Sie in diesem Beispiel besonders den Sauerstoff.)

Notieren Sie bitte mit Hilfe der Elementsymbole:

2 Sauerstoffatome, 8 Stickstoffatome, 4 Chloratome, 12 Bromatome. → 56

---

48 Ihre Antwort ist falsch.

H_3PO_4 besteht zwar aus 3 verschiedenen *Elementen* (Wasserstoff, Phosphor und Sauerstoff). Wasserstoff und Sauerstoff sind im Molekül aber *mehrfach* enthalten. Die Anzahl der Wasserstoff- und Sauerstoffatome geben die kleinen tiefgestellten Zahlen 3 bzw. 4 an.

Kehren Sie nach 29 zurück.

---

49 *Elektronenpaar*

Wir wollen die bisherige Schreibweise der Strukturformeln, in der die Bindung zwischen zwei Atomen durch einen Strich symbolisiert wird, beibehalten. Der Strich stellt das *Elektronenpaar* dar, das die chemische Bindung verursacht.

In vielen Fällen befindet sich das Elektronenpaar (mehr oder weniger) *in der Mitte* zwischen den beiden Atomen, die sich verbunden haben. Zum Beispiel:

H – H   Cl – Cl

In anderen Fällen ist das Elektronenpaar aber (mehr oder weniger) zu einem der beiden Atome hin *verschoben*. Das ist zum Beispiel beim Natriumchlorid (NaCl) besonders deutlich der Fall:

Na   – Cl oder anders geschrieben: Na |Cl

Bitte beantworten Sie schriftlich folgende Fragen:

1. Wo befindet sich das Elektronenpaar im Wasserstoffmolekül?

2. Wo befindet sich das Elektronenpaar im Natriumchlorid? → 34

---

50 Nein, Protonen und Neutronen sind die Bausteine des *Atomkerns*.

In der Hülle befinden sich die .... → 69

---

51 Nein, Sie brauchen doch nur in der Strukturformel

```
H – N – H
    |
    H
```

die vom Stickstoff ausgehenden Bindungsstriche abzuzählen, um festzustellen, wieviel wertig Stickstoff hier ist.

Wiederholen Sie ab 43.

---

52 Ihre Antwort ist falsch.

Eine Erklärung finden Sie unter 13.

53

Einwertig sind:	Wasserstoff, Chlor
Zweiwertig sind:	Eisen, Sauerstoff, Schwefel
Dreiwertig ist:	Stickstoff

Chlor ist also einwertig, es kann eine Bindung eingehen:

H – Cl

Damit haben wir erklärt, warum der Wasserstoff im Wassermolekül zweimal, im Chlorwassermolekül aber nur einmal vorkommt. Der Grund ist die unterschiedliche Wertigkeit von Sauerstoff und Chlor.

H – O – H   H – Cl

Anhand dieser Formeln können wir uns eine Vorstellung von der Struktur der Moleküle machen. Sie heißen deshalb *Strukturformeln*.

Wir schreiben die Strukturformel des Wassermoleküls also so, daß in der Mitte ein ......-atom, rechts und links davon je ein ......-atom steht.

Welche Wörter sind zu ergänzen? Vergleichen Sie bei [62].

---

54 Ionen können positiv ($^+$) oder negativ ($^-$) geladen sein.

Welche Arten von chemischer Bindung kennen Sie?

....
.... → [64]

---

55 Ja, die Reaktionsgleichung

$$2\,H_2O \longrightarrow 2\,H_2 + O_2$$

ist richtig. Links und rechts stehen je 4 H-Atome und je 2 O-Atome. (Diese Reaktionsgleichung beschreibt übrigens die Herstellung von Wasserstoff und Sauerstoff durch die Elektrolyse des Wassers.)

In der folgenden Reaktionsgleichung (Chlorknallgas reagiert zu Chlorwasserstoff) fehlt vor HCl eine Zahl, die Gleichung ist also falsch.

$$H_2 + Cl_2 \longrightarrow HCl$$

Schreiben Sie die richtige Gleichung auf, und vergleichen Sie bei [46].

---

56 Bitte vergleichen Sie:

O_2, $4\,N_2$, $2\,Cl_2$, $6\,Br_2$

Alle anderen Elemente (mit Ausnahme der Edelgase) treten normalerweise in Form großer Atomverbände auf. Da man deren Größe meist nicht kennt, behandelt man alle derartigen Elemente in Reaktionsgleichungen so, als wären sie *einatomig*. Sie können in Reaktionsgleichungen also sowohl mit *geraden* als auch mit *ungeraden* Zahlen von Atomen auftreten, z. B. Fe, 2Fe, 3Fe, 4Fe usw.

Notieren Sie bitte mit Hilfe der Elementsymbole:

4 Eisenatome, 6 Chloratome, 5 Phosphoratome, 2 Bromatome, 1 Schwefelatom, 3 Natriumatome, 4 Stickstoffatome, 8 Wasserstoffatome.

Vergleichen Sie bitte bei [65].

---

57 Nein. Bitte überlegen Sie: Das ungeladene Natriumatom gibt ein Elektron (oder eine negative Ladung) ab und wird dadurch zum Natrium-Ion.

Nach der Abgabe eines Elektrons ist die Zahl der Protonen um *eins größer* als die Zahl der Elektronen.

Das Natrium-Ion ist daher .... geladen. → 24

58 Nein, das Elektronenpaar ist aus je einem Elektron des Natriumatoms und des Chloratoms entstanden.

Wiederholen Sie ab 77.

59 $H^{\bullet} + .H \longrightarrow H:H$

Durch die Bildung des Elektronenpaares haben sich die beiden Wasserstoffatome zum Wasserstoffmolekül *verbunden*. Durch die Bildung eines Elektronenpaares wird eine *chemische Bindung* verursacht.

Wir haben bisher die Bindung zwischen zwei Atomen in den Strukturformeln durch einen Strich symbolisiert:

$H-O-H \qquad H-Cl \qquad H-H$

Wir wissen jetzt, was dieser Strich darstellt. Dieser Strich stellt das .... dar, das die chemische Bindung verursacht.

Schreiben Sie bitte das fehlende Wort auf. → 49

60 Ihre Antwort ist richtig. Der Stickstoff (N) im NH_3 ist dreiwertig.

Die Wertigkeit gibt die Anzahl der Bindungen an, die das betreffende Atom zu anderen Atomen hin ausbilden kann.

Wodurch werden Bindungen von Atomen verursacht?
Um die folgenden Erklärungen zu verstehen, müssen Sie sich an den Aufbau der Atome erinnern.

Atome bestehen aus einem Kern und einer Hülle.

Wie heißen die Bausteine des Atoms, die sich in der Hülle aufhalten?

- Protonen → 50
- Elektronen → 69
- Neutronen → 23

---

61 Ihre Antwort ist falsch.

Eine Erklärung finden Sie unter 13.

---

62 Im Wassermolekül (H – O – H) steht ein *Sauerstoff*atom in der Mitte. Rechts und links davon steht je ein *Wasserstoff*atom.

Außer einer Strukturformel hat jede Verbindung noch eine *Summenformel.* Wasser hat die Summenformel H_2O.

Diese Formel besagt nichts über den Bau des Moleküls, sie gibt lediglich die Anzahl (die *Summe*) und Art der im Molekül vorhandenen Atome an. Die Bindungsstriche werden hierbei *nicht* mitgeschrieben.

Schreiben Sie die folgenden Formeln ab, und sortieren Sie diese in Struktur- und Summenformeln.

H – Cl, NH_3, H – N – H (mit – H unter dem N), HCl, H_3PO_4, Fe = O, Fe = S, FeS, H_2SO_4, Na_2O, NaCl

→ 70

---

63 Nein. Bitte überlegen Sie: Das ungeladene Chloratom nimmt ein Elektron, das *negativ* geladen ist, auf. Die Zahl der Protonen und der Elektronen ist jetzt nicht mehr gleich groß, sondern die Zahl der Elektronen ist um *eins* größer als die Zahl der Protonen. Aus dem Chloratom ist ein Chlor-*Ion*, ein elektrisch geladenes Teilchen, geworden.

Das Chlor-Ion ist .... geladen. → 32

---

64 *Ionenbindung*
Atombindung

Notieren Sie je ein Beispiel für eine Verbindung mit Ionenbindung bzw. Atombindung. → 76

---

65 $4Fe$, $3Cl_2$, $5P$, Br_2, S, $3Na$, $2N_2$, $4H_2$

Haben Sie alles richtig? Wenn ja, haben Sie gut gearbeitet. Wenn nein, dann wiederholen Sie im eigenen Interesse ab 30.

Doch jetzt zurück zu den Reaktionsgleichungen. Wir hatten gelernt:
In einer Reaktionsgleichung muß rechts und links vom Pfeil die *gleiche* Anzahl und Art von Atomen stehen.

Ist diese Regel in der folgenden Reaktionsgleichung gewahrt, ist die Reaktionsgleichung also richtig?

$$2H_2O \longrightarrow 2H_2 + O_2$$

- ja → 55
- nein → 75

---

66 Nein. Sie haben die Strukturformel des Chlormoleküls

Cl – Cl

nicht beachtet. Das bindende Elektronenpaar hält sich in der Mitte zwischen den beiden Chloratomen auf.

Es liegt also eine ....-Bindung vor. → 31

---

67 Nein, das Elektronenpaar ist aus je einem Elektron des Natriumatoms und des Chloratoms entstanden.

Wiederholen Sie ab 77.

---

68 Die beiden Punkte sollen ein *Elektronenpaar* darstellen.

Zur Bildung dieses Elektronenpaares hat jedes der beiden Wasserstoff*atome,* aus denen das Wasserstoff*molekül* entstanden ist, *ein Elektron* beigesteuert.

Schreiben Sie bitte die folgende Reaktionsgleichung ab, und ergänzen Sie durch Punkte die fehlenden Elektronen und das fehlende Elektronenpaar.

$H + H \longrightarrow H \quad H$ → 59

69 Ja, in der Hülle befinden sich die *Elektronen*.
Man spricht deshalb von der *Elektronenhülle* des Atoms.
In der Elektronenhülle des Wasserstoffatoms befindet sich ein Elektron. Wir wollen dieses Elektron durch einen Punkt neben dem Symbol des Wasserstoffs (H) formal darstellen:

$$H^{\bullet}$$

Was bedeutet der Punkt neben dem H? Bitte notieren Sie Ihre Antwort. → 77

---

70 Bitte vergleichen Sie:

Strukturformeln: H – Cl, H – N – H, Fe = O, Fe = S
(mit H unter dem N: H – N(–H) – H)

Summenformeln: NH_3, HCl, H_3PO_4, FeS, H_2SO_4, Na_2O, NaCl

NH_3 ist die Summenformel einer Ihnen noch unbekannten Verbindung. Mit Ihren bisherigen Kenntnissen sind Sie aber in der Lage, aus der dazugehörigen Strukturformel die Wertigkeit des Stickstoffs abzulesen.

Wieviel wertig ist der Stickstoff im NH_3?

- Einwertig → 78
- Zweiwertig → 51
- Dreiwertig → 60

---

71 Sie haben die Strukturformel des Chlormoleküls

Cl – Cl

nicht beachtet. Das bindende Elektronenpaar hält sich in der Mitte zwischen den beiden Chloratomen auf.

Es liegt also eine ....-Bindung vor. → 31

---

72 Ihre Antwort ist nur teilweise richtig.

Natriumchlorid (NaCl) besteht aus Ionen.

Im Wasserstoffmolekül (H_2) befindet sich das bindende Elektronenpaar aber in der Mitte zwischen den Wasserstoffatomen.

Wiederholen Sie ab 49.

---

73 Nein. Bitte überlegen Sie: das ungeladene Natriumatom gibt ein Elektron (oder eine negative Ladung) ab und wird dadurch zum Natrium-Ion.

Nach der Abgabe eines Elektrons ist die Zahl der Protonen um *eins größer* als die Zahl der Elektronen.

Das Natrium-Ion ist daher .... geladen. → 24

---

74 Nein. Bitte überlegen Sie: das ungeladene Chloratom nimmt ein Elektron, das *negativ* geladen ist, auf. Die Zahl der Protonen und der Elektronen ist jetzt nicht mehr gleich groß, sondern die Zahl der Elektronen ist um *eins* größer als die Zahl der Protonen. Aus dem Chloratom ist ein Chlor-*Ion*, ein elektrisch geladenes Teilchen, geworden.

Das Chlor-Ion ist .... geladen. → 32

---

75 Sie haben sicherlich nicht beachtet, daß sich die 2 vor H_2O auf das *ganze* Molekül H_2O bezieht, links also 2 O-Atome stehen.

$$2H_2O \rightarrow 2H_2 + O_2$$

das sind:

4 H-Atome	4 H-Atome
2 O-Atome	2 O-Atome

Die Gleichung ist also richtig.

Lesen Sie weiter bei 55.

---

76 Ionenbindung: Na^+Cl^- oder NaCl
Atombindung: H – H, Cl – Cl

Ende des 7. Programms.

---

77 Der Punkt soll das *Elektron* darstellen, das sich in der Elektronenhülle des Wasserstoffs befindet.

Verbinden sich zwei Wasserstoffatome zu einem Wasserstoffmolekül,

$$H + H \longrightarrow H_2$$

so bilden die beiden Elektronen ein *Elektronenpaar:*

$$H^{\bullet} + .H \longrightarrow H{:}H$$

Was bedeuten die beiden Punkte zwischen den beiden H auf der rechten Seite der Reaktionsgleichung?

Bitte notieren Sie Ihre Antwort. → 68

---

78 Nein, Sie brauchen doch nur in der Strukturformel

N – N – H
    |
    H

die vom Stickstoff ausgehenden Bindungsstriche abzuzählen, um festzustellen, wieviel wertig Stickstoff hier ist.

Wiederholen Sie ab 43.

8. Programm

Natrium und Kalium

8

1 In diesem Programm lernen Sie die Metalle Natrium (Na) und Kalium (K) und ihre wichtigsten Verbindungen kennen. Wenn Sie das Programm sorgfältig durchgearbeitet haben, werden Sie in der Lage sein, die Umsetzungen der beiden Metalle mit Sauerstoff und Wasser zu beschreiben. Sie können für die Herstellung von Natrium, Kalium, Natriumhydroxid und Kaliumhydroxid die Reaktionsgleichungen aufstellen. Auch über Vorkommen und analytischen Nachweis der beiden Metalle werden Sie Bescheid wissen.

Wir wissen bereits, daß die Elemente in Metalle und Nichtmetalle eingeteilt werden können. Die Metalle selbst werden nochmals unterteilt in

Schwermetalle
und *Leichtmetalle.*

Ergänzen Sie die folgenden Sätze:

Elemente werden eingeteilt in Metalle und ....
Metalle werden eingeteilt in .... und ....

Bitte unter [7] vergleichen.

2 Es ist gut, wenn Sie nicht raten. Machen Sie es sich aber auch nicht zu bequem.

Wir wissen bereits, daß es *Metalle* und *Nichtmetalle* gibt. Die entsprechenden Oxide heißen *Metall*oxide und *Nichtmetall*oxide.

Metalloxide bilden mit Wasser *Metallhydroxide.* Wässrige Lösungen der Metallhydroxide nennen wir *Laugen. Nichtmetalloxide* bilden mit Wasser *Säuren.*

Gehen Sie zurück nach [35].

3 Sie arbeiten nicht sorgfältig mit! Wir hatten folgende Natriumverbindungen kennengelernt:

Natriumchlorid (Kochsalz, Steinsalz)	NaCl
Natriumhydroxid	NaOH
Natriumcarbonat (Soda)	Na_2CO_3
Natriumnitrat (Natronsalpeter)	$NaNO_3$

Notieren Sie jetzt die entsprechenden Kaliumverbindungen mit Namen und Summenformel. → [39]

---

4 Es entsteht zwar Chlor, aber *kein* Sauerstoff.

Überlegen Sie noch einmal genau, und entscheiden Sie sich für die richtige Antwort bei [49].

---

5 Sie haben [35] nicht sorgfältig genug gelesen!

Laugen entstehen, wenn sich das Reaktionsprodukt eines *Metalloxids* mit Wasser in Wasser löst.

Phosphor und Schwefel sind aber *Nichtmetalle*, entsprechend sind Phosphoroxid und Schwefeldioxid *Nichtmetalloxide*. Bei der Umsetzung von Phosphoroxid oder Schwefeldioxid mit Wasser entsteht eine .... Blaues Lackmuspapier wird rot gefärbt. → [48]

---

6 Sie arbeiten nicht sorgfältig mit!

Wir hatten folgende Natriumverbindungen kennengelernt:

Natriumchlorid (Kochsalz, Steinsalz)	$NaCl$
Natriumhydroxid	$NaOH$
Natriumcarbonat (Soda)	Na_2CO_3
Natriumnitrat (Natronsalpeter)	$NaNO_3$

Notieren Sie jetzt die entsprechenden Kaliumverbindungen mit Namen und Summenformel. → [39]

---

7 Elemente werden eingeteilt in Metalle und *Nichtmetalle*. Metalle werden eingeteilt in *Schwermetalle* und *Leichtmetalle*.

Zur Unterscheidung von Leicht- und Schwermetallen benutzt man die Dichte. Die Dichte eines Stoffes ist die Masse (in g) eines Kubikzentimeters (cm^3) dieses Stoffes.

Leichtmetalle:	Dichte kleiner als 5 g/cm^3
Schwermetalle:	Dichte größer als 5 g/cm^3

Beispiele:	Dichte (g/cm^3)		Dichte (g/cm^3)
Aluminium	2,7	Kupfer	8,9
Blei	11,3	Natrium	0,97
Eisen	7,8	Platin	21,5
Gold	19,3	Silber	10,5
Kalium	0,86	Zink	7,2

Notieren Sie, welche dieser Metalle Schwermetalle und welche Leichtmetalle sind. → 15

---

8 Das ist richtig. Natrium und Kalium sind sehr *reaktionsfreudige* Elemente. Sie reagieren z. B. mit Sauerstoff sehr schnell.

Beide Metalle sind in ihren Verbindungen immer einwertig.

Wenn Sie noch wissen, daß Sauerstoff (O) zweiwertig ist, können Sie leicht die Summenformel für Natriumoxid und Kaliumoxid aufstellen.

Versuchen Sie, die beiden Summenformeln aufzuzustellen, und vergleichen Sie unter 28.

Wenn Sie Schwierigkeiten haben, lesen Sie zuvor 36.

---

9 Sie arbeiten nicht sorgfältig mit! Wir hatten folgende Natriumverbindungen kennengelernt:

Natriumchlorid (Kochsalz, Steinsalz)	$NaCl$
Natriumhydroxid	$NaOH$
Natriumcarbonat (Soda)	Na_2CO_3
Natriumnitrat (Natronsalpeter)	$NaNO_3$

Notieren Sie jetzt die entsprechenden Kaliumverbindungen mit Namen und Summenformel. → 39

---

10 Sie müssen sich die Aufstellung der wichtigsten Natrium- und Kaliumverbindungen unter 42 nochmals sorgfältig ansehen!

---

11 Ihre Reaktionsgleichung ist richtig, wenn Sie geschrieben haben:

$$4\,K + O_2 \longrightarrow 2\,K_2O$$

Natrium und Kalium werden stets unter *Petroleum* aufbewahrt.

Können Sie sich denken, warum? Formulieren Sie schriftlich eine Antwort. → 25

---

12 $NaCl$, Na_2CO_3, $NaNO_3$, K_2CO_3, KNO_3, $NaOH$, KOH.

Auf welche Weise kann man leicht feststellen, ob eine Verbindung Natrium oder Kalium enthält?

Bringt man Natrium oder eine Natriumverbindung in die nicht leuchtende Bunsenbrennerflamme, dann färbt sich die Flamme sofort *intensiv gelb*. Bei Kalium oder Kaliumverbindungen wird die nicht leuchtende Bunsenbrennerflamme *violett*.

Diese unterschiedliche Erscheinung kann man zum Nachweis von Natrium- bzw. Kaliumverbindungen benutzen. Besonders beim Natrium und seinen Verbindungen ist die Flammenfärbung äußerst intensiv. Selbst Spuren von Natriumverbindungen rufen eine gelbe Flammenfärbung hervor.

Ergänzen Sie:

Soda färbt die Bunsenbrennerflamme...............
Kalisalpeter färbt die Bunsenbrennerflamme...............
Kochsalz färbt die Bunsenbrennerflamme............... → 44

---

13 So ist die Reaktionsgleichung richtig:

$$K_2O + H_2O \longrightarrow 2\,KOH$$

Es entsteht Kaliumhydroxid.

Kaliumhydroxid und auch Natriumhydroxid lösen sich in Wasser. Wir nennen die wäßrige Lösung von Natriumhydroxid:

Natronlauge

und die von Kaliumhydroxid:

Kalilauge

Wir lernten bereits früher Lackmus als Indikator kennen. Die blaue Farbe des Lackmusfarbstoffs schlägt nach rot um, wenn man den Farbstoff zur wäßrigen Lösung einer Säure gibt.

Wie ändert sich die Farbe eines mit rotem Lackmusfarbstoff getränkten Papierstreifens beim Eintauchen in die wäßrige Lösung von Natrium-oder Kaliumhydroxid?

Die rote Farbe des Lackmuspapiers schlägt nach...............um. → 23

14 Natrium und Kalium werden unter *Petroleum* aufbewahrt.

Natriumhydroxid entsteht auch, wenn Natriumoxid und Wasser zusammenkommen.

Dinatriumoxid + Wasser $\longrightarrow$ Natriumhydroxid.

Stellen Sie die Reaktionsgleichung auf, und vergleichen Sie bei 26.

15 Schwermetalle: Blei, Eisen, Gold, Kupfer, Platin, Silber, Zink.
Leichtmetalle: Aluminium, Kalium, Natrium.

Die beiden Metalle *Kalium* und *Natrium*, die wir in diesem Programm besprechen wollen, sind also *Leichtmetalle*.

Begründen Sie schriftlich mit einem kurzen Satz, warum Kalium (K) und Natrium (Na) Leichtmetalle sind. → 22

16 Sie müssen sich die Aufstellung der wichtigsten Natrium- und Kaliumverbindungen unter 42 nochmals sorgfältig ansehen!

17 Bei der Elektrolyse von Kochsalzlösung entsteht zwar Wasserstoff, aber *kein* Natrium.

Sie passen nicht genau auf. Wie sollte das reaktionsfreudige Natrium im Wasser beständig sein?

Überlegen Sie noch einmal genau, und entscheiden Sie sich für die richtige Antwort bei 49.

18 Sie müssen sich die Aufstellung der wichtigsten Natrium- und Kaliumverbindungen unter 42 nochmals sorgfältig ansehen!

19 $4\,Na + O_2 \longrightarrow 2\,Na_2O$

Formulieren Sie nun die Reaktionsgleichung für die Bildung des Kaliumoxids (Kalium = K)! Vergleichen Sie bei 11.

20 Natrium und Kalium überziehen sich an den Schnittflächen in wenigen Sekunden mit einer dünnen Oxidschicht. Natrium und das Kalium reagieren also *sofort* mit dem Sauerstoff der Luft.

Wenn dagegen die frische Schnittfläche eines Metalles lange Zeit glänzt, dann bleibt sie unverändert; es tritt keine Reaktion mit Sauerstoff ein. Ein Beispiel ist Gold.

Ein Element, das leicht mit einem anderen reagiert, ist reaktions*freudig*.

Ein Element, das nicht (oder nur langsam) mit einem anderen reagiert, ist reaktions*träge*.

Natrium und Kalium sind zwei...............Elemente.

Ergänzen Sie das fehlende Wort, und lesen Sie weiter bei [8].

---

[21] Na_2CO_3 Natriumcarbonat
KNO_3 Kaliumnitrat

Geläufig sind uns folgende Namen:

Kochsalz, Soda und Kalisalpeter

Welches sind die chemischen Bezeichnungen für diese Substanzen?

- Natriumhydroxid, Natriumnitrat, Kaliumnitrat → [3]
- Natriumchlorid, Natriumcarbonat, Kaliumnitrat → [6]
- Natriumoxid, Kaliumoxid, Kaliumchlorid → [9]
- Natriumchlorid, Natriumcarbonat, Kaliumnitrat → [38]

---

[22] Kalium und Natrium sind Leichtmetalle, *weil ihre Dichte kleiner als 5 g/cm³ ist.*

Beide Metalle sind weich wie Wachs und lassen sich leicht mit einem Messer zerschneiden. Die dabei entstehende frische Schnittfläche glänzt metallisch silberweiß. Dieser Glanz bleibt aber an der Luft nur wenige Sekunden erhalten. Die Schnittfläche überzieht sich sehr schnell mit einer dünnen Oxidschicht. Der Glanz verschwindet. Der für die Bildung des Natriumoxids notwendige Sauerstoff stammt aus der Luft.

Das Natrium überzieht sich sofort mit einer Natriumoxid-Schicht, das Kalium entsprechend mit einer...............-Schicht. → [30]

---

23 Die rote Farbe des Lackmuspapiers schlägt nach *blau* um.

Die wäßrigen Lösungen von Natriumhydroxid und Kaliumhydroxid sind Laugen (Natronlauge bzw. Kalilauge). Der Indikationsfarbstoff Lackmus schlägt in *Laugen* von rot nach *blau* um.

Wir haben zwei verschiedene Wege zur Bildung von Natriumhydroxid kennengelernt (gleiches gilt für die Bildung von Kaliumhydroxid):

1. Durch Reaktion von Natrium mit Wasser.
2. Durch Reaktion von Dinatriumoxid mit Wasser.

Stellen Sie zu 1. und 2. die Reaktionsgleichungen auf. *Es ist wichtig, daß Sie das Aufstellen von Reaktionsgleichungen immer wieder üben!*

Unter [24] ist noch einmal ganz genau beschrieben, wie man schrittweise beim Aufstellen von Reaktionsgleichungen vorgeht. Lesen Sie also am besten [24], bevor Sie die beiden Gleichungen zu 1. und 2. aufstellen und unter [35] vergleichen.

24 **Aufstellen von Reaktionsgleichungen:**

1. Schreiben Sie den chemischen Vorgang mit Namen auf, z. B.

   Natrium + Chlor ⟶ Natriumchlorid

(Punkt 1. kann bei einiger Übung entfallen)

2. Ersetzen Sie die Namen der Elemente und Verbindungen durch die entsprechenden Symbole bzw. Summenformeln.

   $Na + Cl \longrightarrow NaCl$

3. Achten Sie auf Gase, die als zweiatomige Moleküle vorliegen.

   $Na + Cl_2 \longrightarrow NaCl$

4. Prüfen Sie, ob links und rechts die gleiche Anzahl von Atomen eines jeden Elements steht.

   In unserem Beispiel ist das beim Chlor *nicht* der Fall, da links 2, rechts nur 1 Cl stehen.

5. Wenn 4. verneint werden muß, ergänzen Sie die Gleichung durch stöchiometrische Zahlen.

In unserem Beispiel ergänzen wir:

$Na + Cl_2 \longrightarrow 2\,NaCl$

Jetzt stimmt links und rechts die Anzahl der Cl-Atome. Beim Na ist das aber nicht mehr der Fall. Also ergänzen wir durch eine weitere stöchiometrische Zahl.

$2\,Na + Cl_2 \longrightarrow 2\,NaCl$

Jetzt ist die Gleichung richtig. → 23

---

25 Weil beide Metalle so außerordentlich empfindlich gegen Sauerstoff sind, müssen sie unter *Petroleum* aufbewahrt werden. Auf diese Weise hat der Sauerstoff der Luft nicht die Möglichkeit, mit dem Natrium oder dem Kalium in Berührung zu kommen.

Stellen Sie zur Übung nochmals die Gleichungen für die Reaktion von Na oder K mit Sauerstoff auf, und vergleichen Sie unter 34.

---

26 So ist die Reaktionsgleichung richtig:

$Na_2O + H_2O \longrightarrow 2\,NaOH$

Schreiben Sie jetzt bitte die Reaktionsgleichung für die Umsetzung des Dikaliumoxids mit Wasser auf, und vergleichen Sie bei 13.

27

Steinsalz ist Natriumchlorid	$NaCl$
Natronsalpeter ist Natriumnitrat	$NaNO_3$
Kalisalpeter ist Kaliumnitrat	KNO_3

Welche chemischen Bezeichnungen haben Kochsalz, Soda und Kalisalpeter? → 38

28

Natriumoxid, oder genauer Dinatriumoxid	Na_2O
Kaliumoxid, oder genauer Dikaliumoxid	K_2O

(Falls Sie Schwierigkeiten hatten, sollten Sie zur Ergänzung 36 lesen).

Na_2O entsteht durch die Reaktion von Natrium mit Sauerstoff. Dieser Vorgang

Natrium + Sauerstoff ⟶ Dinatriumoxid

soll jetzt durch eine Reaktionsgleichung dargestellt werden. Die Ausgangsstoffe der Reaktion (Natrium und Sauerstoff) stehen links:

$Na + O_2 \longrightarrow$ (Sauerstoff besteht aus zweiatomigen Molekülen.)

Das Endprodukt (Na_2O) steht rechts:

$$Na + O_2 \longrightarrow Na_2O$$

So stimmt die Reaktionsgleichung aber noch nicht. Bei einer Reaktionsgleichung müssen ja links und rechts die *gleiche* Anzahl von Atomen eines jeden Elements stehen.

Hier steht links 1 Na, rechts dagegen 2 Na.
Hier stehen links 2 O, rechts dagegen 1 O.

Es fehlen also noch *stöchiometrische Zahlen.*

Versuchen Sie selbst, die richtigen stöchiometrischen Zahlen zu finden, und vergleichen Sie unter [19].

---

29 Das Verfahren, nach dem Na hergestellt wird, heißt *Schmelzelektrolyse.*

Kalium wird durch Elektrolyse von geschmolzenem KOH hergestellt.

Wir wollen kurz wiederholen:

Natrium und Kalium sind chemisch sehr aktive Elemente. Natrium reagiert mit Wasser zu Natriumhydroxid und Wasserstoff.

$$2\,Na + 2\,H_2O \longrightarrow 2\,NaOH + H_2$$

Kalium reagiert mit Wasser zu Kaliumhydroxid und Wasserstoff; dabei reagiert das Kalium viel stürmischer als das Natrium. Beide Metalle müssen wegen ihrer Empfindlichkeit gegenüber Sauerstoff und Feuchtigkeit unter Petroleum aufbewahrt werden. Frei kommen beide Elemente in der Natur nicht vor.

Natrium und Kalium sind Leichtmetalle.

Sie werden gewonnen durch Elektrolyse von geschmolzenem Natriumchlorid bzw. Kaliumhydroxid (Schmelzelektrolyse):

$$2\,NaCl \longrightarrow 2\,Na + Cl_2$$

Natrium- und Kaliumhydroxid werden aus Natriumchlorid bzw. Kaliumchlorid durch Elektrolyse der wäßrigen Lösungen erhalten:

8

$$2\,NaCl + 2\,H_2O \longrightarrow 2\,NaOH + Cl_2 + H_2$$

Natrium- und Kaliumhydroxid sind stark ätzende, feste Stoffe. Auch ihre wäßrigen Lösungen, die Natron- und Kalilauge, wirken ätzend.

Vorsicht beim Umgang mit diesen Verbindungen!

Vorsicht beim Arbeiten mit metallischem Natrium wegen seiner Empfindlichkeit gegen Wasser! Natrium nicht mit den Fingern anfassen!

Wichtige Natrium- bzw. Kaliumverbindungen sind:

Natriumchlorid (Kochsalz, Steinsalz), Natriumcarbonat (Soda), Natriumnitrat (Natronsalpeter), Kaliumcarbonat, Kaliumnitrat (Kalisalpeter), Natriumhydroxid und Kaliumhydroxid.

Notieren Sie die Summenformeln dieser Verbindungen. → 12

---

30 Die frische Schnittfläche des Na überzieht sich an der Luft *sofort* mit einer Natriumoxid-Schicht, die des K mit einer *Kaliumoxid*-Schicht.

Die Vorgänge an der frischen Schnittfläche geben uns einen Hinweis auf die Reaktionsfähigkeit von Natrium und Kalium.

Welcher der beiden Sätze ist richtig?

- Natrium und Kalium sind sehr reaktions*träge* → 20
- Natrium und Kalium sind sehr reaktions*freudig* → 8

---

31 Bei der Elektrolyse von Kochsalzlösung entsteht zwar Wasserstoff, aber *kein* Sauerstoff. (Sauerstoff und Wasserstoff entstehen bei der Elektrolyse von Wasser!)

Überlegen Sie noch einmal genau, und entscheiden Sie sich für die richtige Antwort bei 49.

---

32 Natriumhydroxid (NaOH) und Kaliumhydroxid (KOH) sind stark ätzend.

Wie heißen folgende Verbindungen:

Na_2CO_3, KNO_3

- Natriumchlorid, Kaliumcarbonat → [10]
- Natriumnitrat, Kaliumchlorid → [16]
- Natriumcarbonat, Kaliumnitrat → [21]
- Natriumcarbonat, Kaliumchlorid → [18]

---

[33] Bitte vergleichen Sie:

$$2\,K + 2\,H_2O \longrightarrow 2\,KOH + H_2$$

KOH ist *Kaliumhydroxid.*

Wegen der Reaktionsfreudigkeit des Natriums und des Kaliums gegenüber dem Wasser ist die Aufbewahrung beider Leichtmetalle in der schon genannten Flüssigkeit unbedingt erforderlich. Es könnte sonst außer der *Reaktion mit* dem *Sauerstoff* der Luft auch die *Reaktion mit* dem in der Luft enthaltenen Wasser (Luftfeuchtigkeit) erfolgen.

Notieren Sie den Namen der Flüssigkeit, in der Natrium und Kalium aufbewahrt werden, und vergleichen Sie bei [14].

---

[34]

$$4\,Na + O_2 \longrightarrow 2\,Na_2O$$

$$4\,K + O_2 \longrightarrow 2\,K_2O$$

Auch gegenüber *Wasser* zeigt sich die große Reaktionsfreudigkeit dieser Metalle.

Betrachten wir folgenden Versuch:

Wir werfen ein kleines Stück Natrium in Wasser. Sofort tritt unter Zischen eine heftige Reaktion ein. Durch die dabei freiwerdende Reaktions*wärme* erwärmt sich das Natriumstückchen, es schmilzt (Na schmilzt schon bei 98 °C). Das geschmolzene Natrium saust als Kugel lebhaft auf dem Wasser hin und her. Dabei wird Wasserstoff entwickelt, und das Natriumkügelchen wird immer kleiner, bis es schließlich ganz verschwindet.

Zwei Tatsachen sind an diesem Versuch bemerkenswert:

1. Das geschmolzene Na schwimmt auf dem Wasser.
   Erklärung: Die Dichte von Natrium beträgt 0,97 g/cm^3
   und ist somit kleiner als die des Wassers (1,00 g/cm^3)

2. Das Natriumkügelchen verschwindet. Warum?

- Das Natriumkügelchen verdampft → 45
- Das Natrium reagiert mit Wasser zu einer neuen, in Wasser löslichen Verbindung → 46
- Ich weiß es nicht → 47

35

$$1.\ 2\,Na + 2\,H_2O \longrightarrow 2\,NaOH + H_2$$
$$2.\ Na_2O + H_2O \longrightarrow 2\,NaOH$$

Haben Sie bei Gleichung 1. oder bei beiden Gleichungen noch Fehler, wiederholen Sie ab 46.

Haben Sie bei Gleichung 2. noch Fehler, wiederholen Sie ab 14.

Allgemein können wir sagen:

Bei der Reaktion von *Metalloxiden* mit Wasser entstehen *Metallhydroxide.* Ihre wäßrigen Lösungen sind meist *Laugen,* sie färben rotes Lackmuspapier blau.

Wir haben bereits früher die Reaktion anderer Oxide mit Wasser kennengelernt, z. B. die von Phosphoroxid mit Wasser. Was entsteht bei der Reaktion von Phosphoroxid oder Schwefeldioxid mit Wasser?

(Überlegen Sie sorgfältig, denn die Frage ist nicht ganz leicht!)

- Laugen → 5
- Säuren → 48
- Ich weiß es nicht → 2

---

36 Sie sollen die Summenformeln für Natriumoxid und Kaliumoxid aufstellen. Natriumoxid besteht aus Natrium (Na) und Sauerstoff (O).

Natrium ist einwertig.
Sauerstoff ist zweiwertig.
Ein Sauerstoffatom kann mit 2 Natriumatomen verbunden werden.
Die Summenformel ist also Na_2O.

Stellen Sie nun selbst die Summenformeln für Kaliumoxid auf, und lesen Sie unter 28 weiter.

---

37 Bildung von festem Natriumhydroxid beim Eindampfen der Lösung:

$$Na^{+} + OH^{-} \longrightarrow NaOH$$

Kaliumhydroxid wird nach dem gleichen Verfahren hergestellt. Man geht von Kaliumchlorid (KCl) aus. Formulieren Sie die Reaktionsgleichungen, und vergleichen Sie bei 60.

Wenn Sie nicht zurecht kommen, finden Sie unter 68 eine Hilfe.

---

38 Kochsalz ist Natriumchlorid.
Soda ist Natriumcarbonat.
Kalisalpeter ist Kaliumnitrat.

Wie wird Natrium hergestellt?

Natrium wird durch Schmelzelektrolyse von Natriumchlorid gewonnen. Wir hatten gelernt, daß Natriumchlorid fest ist. Durch starkes Erhitzen wird es flüssig, es schmilzt. Diese *Schmelze* leitet den elektrischen Strom und kann deshalb elektrolysiert werden. Daher der Name *Schmelzelektrolyse.*

Ausgehend von Natriumchlorid entstehen durch Schmelzelektrolyse Natrium und Chlor.

Versuchen Sie, die Reaktionsgleichung aufzustellen. Die Aufgabe ist nicht ganz einfach. Falls Sie Hilfe brauchen, lesen Sie unter 66 weiter.

Oder haben Sie es allein geschafft? Dann vergleichen Sie unter 57.

39

Kaliumchlorid (Kali)	KCl
Kaliumhydroxid	KOH
Kaliumcarbonat	K_2CO_3
Kaliumnitrat	KNO_3

Welche Summenformeln und welche chemischen Namen haben Steinsalz, Natronsalpeter und Kalisalpeter? → 27

---

40 Die Reaktionsgleichung lautet:

$$H_2O \longrightarrow H^{+} + OH^{-}$$

In einer wäßrigen Natriumchlorid-Lösung befinden sich also durch den Zerfall des Natriumchlorids und durch den Zerfall eines kleinen Teils der Wassermoleküle vier verschiedene Ionen.

Welche sind das? Notieren Sie die vier verschiedenen Ionen mit Namen und Symbol, und vergleichen Sie bei [53].

41

a) NaCl ohne Cobaltglas	gelb
b) NaCl mit Cobaltglas	keine Flammenfärbung zu erkennen
c) NaCl + KCl ohne Cobaltglas	gelb
d) NaCl + KCl mit Cobaltglas	violett
e) KNO_3 ohne Cobaltglas	violett
f) KNO_3 mit Cobaltglas	violett

Noch eine letzte Frage:

Welche Farbe hat das Cobaltglas? → [70]

42

Natronlauge und Kalilauge.

Bisher haben wir folgende Verbindungen des Natriums und Kaliums kennengelernt:

Natriumchlorid (auch Steinsalz oder Kochsalz genannt)	NaCl
Kaliumchlorid	KCl
Natriumhydroxid	NaOH
Kaliumhydroxid	KOH

Es gibt noch einige technisch wichtige Produkte, die wir hier kurz aufzählen wollen:

Natriumcarbonat (Soda)	Na_2CO_3
Kaliumcarbonat	K_2CO_3
Natriumnitrat (Natronsalpeter)	$NaNO_3$
Kaliumnitrat (Kalisalpeter)	KNO_3

Prägen Sie sich Namen und Summenformeln gut ein. Weitere Einzelheiten über diese Substanzen erfahren wir später.

Welche beiden Verbindungen sind stark ätzend? Notieren Sie bitte Namen und Summenformeln! → [32]

43

Ihre Reaktionsgleichung ist richtig, wenn Sie geschrieben haben:

$$2\,Na + 2\,H_2O \longrightarrow 2\,NaOH + H_2$$

Kalium reagiert mit dem Wasser in gleicher Weise. Hierbei ist die Reaktion noch viel *heftiger*. Kalium schmilzt nicht nur, sondern die größere Reaktionswärme führt zur *Entzündung* des entstehenden Wasserstoffs, so daß das Kalium mit Flammenerscheinung auf dem Wasser herumschwimmt.

Stellen Sie bitte die Reaktionsgleichung für die Umsetzung des Kaliums mit Wasser auf, schreiben Sie den Namen der entstehenden Kaliumverbindung auf, und vergleichen Sie bei 33.

---

44 Soda und Kochsalz färben die Flamme *gelb*, es sind Natriumverbindungen. Kalisalpeter färbt die Flamme *violett*, es ist eine Kaliumverbindung.
Bringen wir Natrium- und Kaliumverbindungen gleichzeitig in die Flamme, so sehen wir nur die *gelbe Flammenfärbung* des Natriums. Diese ist so intensiv, daß die violette Flamme des Kaliums nicht zu erkennen ist.

8

Um dennoch Kalium und Natrium gleichzeitig durch die Flammenfärbung nachweisen zu können, benutzen wir ein Cobaltglas. Dies ist ein dunkelblaues Glas, das *kein gelbes*, wohl aber *violettes* Licht hindurchläßt. Beim Betrachten der durch Natrium oder Natriumverbindungen gelb gefärbten Bunsenflamme durch ein Cobaltglas sieht man gar keine Flamme. Beim Betrachten der durch Kalium oder Kaliumverbindungen violett gefärbten Flamme durch das Cobaltglas sieht man eine violette Flamme. Wir können also mit dem dunkelblauen Cobaltglas das Kalium in der Flamme erkennen, auch wenn diese gleichzeitig durch Natriumverbindungen gelb gefärbt ist.

Wir bringen ein Gemisch aus Natriumnitrat und Kaliumnitrat in die Flamme:

1. Wie erscheint die Flamme durch das Cobaltglas?

2. Wie erscheint die Flamme ohne Cobaltglas?

Notieren Sie Ihre Antwort, und vergleichen Sie bei 56.

---

45 Der Vorgang, der sich abspielt, wenn wir ein kleines Stück Natrium ins Wasser werfen, ist offenbar ein *chemischer* Vorgang. Es entsteht *Reaktionswärme*. Das Natriumkügelchen verdampft *nicht*, sondern setzt sich chemisch mit Wasser um. Dabei wird es verbraucht. → 46

---

46 Richtig, Na reagiert mit Wasser und wird dabei verbraucht. Welche Produkte entstehen bei dieser Reaktion?

Da ist einmal der *Wasserstoff*, der gasförmig entweicht.
Das zweite Reaktionsprodukt ist im Wasser gelöst. Wir erhalten nämlich beim Eindampfen des Wassers einen weißen Rückstand. Dieser Rückstand ist *Natriumhydroxid* (Summenformel NaOH).

Beschreiben Sie diese Reaktion *in Worten*:

Natrium + ... ⟶ .... + ... → [55].

---

[47] Der Vorgang, der sich abspielt, wenn wir ein kleines Stück Natrium ins Wasser werfen, ist offenbar ein *chemischer* Vorgang. Es entsteht *Reaktionswärme*.

Das Natriumkügelchen verdampft *nicht*, sondern setzt sich chemisch mit Wasser um. Dabei wird es verbraucht. → [46]

---

[48] Ja. Phosphoroxid und Schwefeloxid bilden mit Wasser *Säuren*. (Wenn Sie diese Antwort gleich als erste gewählt haben, arbeiten Sie gut mit.) Schwefeldioxid ist wie Phosphoroxid ein Nichtmetalloxid.

Wir können allgemein formulieren:

Metalloxide bilden mit Wasser Metallhydroxide, deren wäßrige Lösungen Laugen heißen.
Nichtmetalloxide bilden mit Wasser Säuren.

Wegen der Reaktionsfreudigkeit von Natrium und Kalium kommen diese beiden Metalle in der Natur nicht frei (als reine Metalle), sondern nur in Verbindungen vor. Die wichtigsten Verbindungen sind das Natriumchlorid (Kochsalz oder Steinsalz, NaCl) und das Kaliumchlorid (KCl). Das Natriumchlorid können wir uns aus Natrium und Chlor entstanden denken:

Natrium + Chlor ⟶ Natriumchlorid

Stellen Sie bitte dazu die entsprechende Reaktionsgleichung auf, und vergleichen Sie bei [58].

---

[49] Gewinnung von Natriumchlorid:

1. Aus den Elementen: $2\,Na + Cl_2 \longrightarrow 2\,NaCl$

   (Nach dieser Methode wird in der Technik NaCl nicht hergestellt. Das wäre unwirtschaftlich. Die folgenden drei Methoden sind wesentlich billiger.)

2. Bergmännisch aus Steinsalzlagern.

3. Eindampfen von Salzlösungen aus Steinsalzlagern.

4. Eindampfen (Verdunsten) von Meerwasser.

Natriumchlorid ist das Ausgangsprodukt zur Herstellung von Natriumhydroxid, Natrium und Natriumverbindungen.

Zur Synthese von Natriumhydroxid wird in der Technik eine wäßrige Natriumchloridlösung benutzt. Die Lösung wird mit Gleichstrom elektrolysiert. (Die Elektrolyse von Wasser im *Hoffmann*schen Wasserzersetzungsapparat kennen wir schon. Sie liefert Wasserstoff und Sauerstoff.)

Bei der Elektrolyse einer wäßrigen Lösung von Natriumchlorid (NaCl) entsteht Natronlauge (in Wasser gelöstes NaOH).

Welche anderen Produkte treten bei dieser Elektrolyse auf?

- Sauerstoff und Wasserstoff → 31
- Natrium und Wasserstoff → 17
- Chlor und Sauerstoff → 4
- Chlor und Wasserstoff → 61

---

50 Ausgangsstoff: NaCl (steht in der Gleichung links)

Endprodukte: Na und Cl_2 (stehen in der Gleichung rechts)

$$NaCl \longrightarrow Na + Cl_2$$

Es fehlen noch die stöchiometrischen Zahlen:
Rechts stehen zwei Cl. Also müssen auch links zwei Chloratome stehen.

$$2\ NaCl \longrightarrow Na + Cl_2$$

Eine stöchiometrische Zahl fehlt noch, diese müssen Sie selbst finden! → 57

---

51 Die vollständige Reaktionsgleichung lautet:

$$NaCl \xrightarrow[\text{Wasser}]{\text{Lösen in}} Na^+ + Cl^-$$

Auch von den Wassermolekülen (H_2O) ist stets ein kleiner Teil in Ionen zerfallen, nämlich in positiv geladene Wasserstoff-Ionen (H^+) und negativ geladene *Hydroxid*-Ionen (OH^-).

Formulieren Sie die Reaktionsgleichung für den Zerfall eines Wassermoleküls in Ionen, und vergleichen Sie bei 40.

52 An der Anode (positiven Elektrode) werden die negativ geladenen Ionen, die Anionen, entladen, also die *Chlorid-Ionen.*

An der Kathode (negativen Elektrode) werden die positiv geladenen Ionen, die Kationen, entladen, also die *Natrium-Ionen.*

$$Cl^- \xrightarrow{\text{Anode}} \dots\dots\dots\dots\dots$$

$$Na^+ \xrightarrow{\text{Kathode}} \dots\dots\dots\dots\dots$$

Notieren Sie bitte die vollständigen Reaktionsgleichungen. → 62

53 Eine wäßrige Natriumchlorid-Lösung enthält positiv geladene Natrium- und Wasserstoff-Ionen (Na^+ und H^+) sowie negativ geladene Chlorid- und Hydroxid-Ionen (Cl^- und OH^-).

Bringt man eine solche Lösung in eine Elektrolysierapparatur, beispielsweise in den *Hofmann*schen Wasserzersetzungsapparat, und schließt die beiden Pole an eine Gleichstromquelle an, so wandern die *negativ* geladenen Ionen zum *positiven* Pol (zur Anode), die *positiv* geladenen Ionen zum *negativen* Pol (zur Kathode).

Wegen dieser ladungsbedingten Wanderung zu den elektrischen Polen werden die Ionen in *Anioden* und *Kationen* unterteilt.

Anionen, negativ geladen, wandern zur **Anode.**
Kationen, positiv geladen, wandern zur **Kathode.**

Notieren Sie, welche der vier in einer wäßrigen Kochsalzlösung vorhandenen Ionenarten sind Anionen und welche sind Kationen.

Anionen sind: ....
Kationen sind: ....

Vergleichen Sie unter 63 .

54 An der Anode werden die Chlorid-Ionen (Cl^-) entladen (Anionen). Es entwickelt sich Chlor (Cl_2).

$$2\,Cl^- \xrightarrow{\text{Anode}} Cl_2$$

An der Kathode werden die Wasserstoff-Ionen (H^+) entladen (Kationen). Es entwickelt sich Wasserstoff (H_2).

$$2\,H^+ \xrightarrow{\text{Kathode}} H_2$$

Welche der 4 Ionenarten, die in einer wäßrigen Natriumchloridlösung vorliegen, werden nicht entladen?

Notieren Sie bitte Ihre Antwort. → 67

55 Natrium + *Wasser* ⟶ *Natriumhydroxid* + *Wasserstoff.*

Natriumhydroxid hat die Summenformel NaOH.

Stellen Sie jetzt die Reaktionsgleichung auf. Gehen Sie dabei in folgenden Schritten vor:

1. Schreiben Sie Elementsymbol und Summenformel der Ausgangsstoffe links hin.
2. Schreiben Sie Elementsymbol und Summenformel der Endprodukte rechts hin. (Bitte beachten: Wasserstoff besteht aus zweiatomigen Molekülen!
3. Prüfen Sie, ob links und rechts die gleiche Anzahl von Atomen eines jeden Elements stehen.
4. Wenn nein, ergänzen Sie die Reaktionsgleichung durch die stöchiometrischen Zahlen.

Vergleichen Sie bitte unter 43.

56 Durch das Cobaltglas erscheint die Flamme violett, ohne Cobaltglas sieht die Flamme gelb aus.

Noch ein paar Beispiele: Welche Flammenfärbung ist zu beobachten, wenn wir folgende Verbindungen in die Flamme bringen?

a) NaCl	ohne Cobaltglas
b) NaCl	mit Cobaltglas
c) NaCl + KCl	ohne Cobaltglas
d) NaCl + KCl	mit Cobaltglas
e) KNO_3	ohne Cobaltglas
f) KNO_3	mit Cobaltglas

Bitte Antworten notieren. → 41

57 Die Reaktionsgleichung der Elektrolyse von geschmolzenem Natriumchlorid ist:

$$2\,NaCl \longrightarrow 2\,Na + Cl_2$$

(Sind Sie selbst darauf gekommen? Ja? Dann haben Sie schon eine Menge gelernt!)

Auch bei der Schmelzelektrolyse wandern die Ionen zu den Elektroden und werden dort entladen.

Welche Ionen entstehen aus NaCl?

Notieren Sie bitte Ihre Antwort, möglichst in Form einer Reaktionsgleichung. → 65

---

58 Die Reaktionsgleichung heißt richtig:

$$2\,Na + Cl_2 \longrightarrow 2\,NaCl$$

Steinsalz kommt in großen Lagerstätten in der Erde vor und kann dort bergmännisch abgebaut werden. Gelegentlich wird das Salz aus seinen Lagerstätten auch durch Lösen mit Wasser herausgeholt. Man erhält eine wäßrige Natriumchloridlösung, sogenannte Salzsole, aus der man durch Eindampfen festes Natriumchlorid (Kochsalz) gewinnen kann.

In südlichen Ländern wird Natriumchlorid durch Verdunsten von Meerwasser gewonnen. Meerwasser enthält ca. 2,7% Natriumchlorid.

Schreiben Sie stichwortartig 4 Methoden zur Gewinnung von Natriumchlorid auf. → 49

---

59 1. Zerfall der Ausgangsstoffe in Ionen:

$$NaCl \longrightarrow Na^+ + Cl^-$$
$$H_2O \longrightarrow H^+ + OH^-$$

2. Entladung der Wasserstoff-Ionen und der Chlorid-Ionen:

$$\ldots\ldots \xrightarrow{\text{Kathode}} \ldots\ldots$$

$$\ldots\ldots \xrightarrow{\text{Anode}} \ldots\ldots$$

Bitte notieren Sie die vollständigen Reaktionsgleichungen. → 69

60

1. Zerfall in Ionen:

$$KCl \longrightarrow K^+ + Cl^-$$
$$H_2O \longrightarrow H^+ + OH^-$$

2. Entladung der Wasserstoff- und der Chlorid-Ionen:

$$2\,H^+ \xrightarrow{\text{Kathode}} H_2$$

$$2\,Cl^- \xrightarrow{\text{Anode}} Cl_2$$

3. Bildung von festem Kaliumhydroxid beim Eindampfen der Lösung:

$$K^+ + OH^- \longrightarrow KOH$$

Natriumhydroxid und Kaliumhydroxid sind weiße, sehr stark Feuchtigkeit anziehende Stoffe.

Beide wirken außerordentlich stark ätzend. Man muß daher beim Arbeiten mit Natrium- oder Kaliumhydroxid sehr vorsichtig sein (Schutz der Augen!). Auch die wäßrigen Lösungen beider Verbindungen wirken stark ätzend.

Wie heißen die wäßrigen Lösungen von Natriumhydroxid und Kaliumhydroxid?

→ 42

61

Ihre Antwort ist richtig. Außer Natronlauge (wäßrige Natriumhydroxid-Lösung) entstehen bei der Elektrolyse der Natriumchloridlösung Wasserstoff und Chlor.
An der Anode entwickelt sich Chlor. An der Kathode kommt es zur Entwicklung von Wasserstoff.

Wie können wir uns diese Elektrolyse klarmachen?

Wir wissen, daß die Verbindung Natriumchlorid aus Ionen aufgebaut ist, und zwar aus positiv geladenen Natrium-Ionen (Na^+) und negativ geladenen Chlorid-Ionen (Cl^-). Löst man Natriumchlorid in Wasser, so zerfällt es in diese Ionen.

Ergänzen Sie folgende Reaktionsgleichung:

$$NaCl \xrightarrow[\text{Wasser}]{\text{Lösen in}} \ldots\ldots + \ldots\ldots$$

Vergleichen Sie bei 51.

62

$$2\,Cl^- \xrightarrow{\text{Anode}} Cl_2$$

$$Na^+ \xrightarrow{\text{Kathode}} Na$$

Hatten Sie beide Reaktionsgleichungen richtig? Wenn ja, arbeiten Sie gut mit! Besonders bei der ersten Reaktionsgleichung muß man aufpassen, da Chlor aus zweiatomigen Molekülen besteht.

Wie heißt das Verfahren, nach dem Natrium aus Natriumchlorid hergestellt wir?

Notieren Sie bitte den Namen. → 29

63

Anionen sind: Cl^- und OH^-
Kationen sind: Na^+ und H^+

An jedem Pol wird nun eine dieser Ionenarten entladen. Die beiden anderen bleiben im Wasser gelöst. Da Sie bereits wissen, daß bei der Bildung von Natronlauge durch Elektrolyse von Natriumchlorid-Lösung Wasserstoff und Chlor gasförmig entweichen, können Sie jetzt folgende Frage beantworten:

Welches Anion wird an der Anode entladen und welches Kation an der Kathode?

Notieren Sie bitte Ihre Antwort. → 54

64

Die positive Elektrode heißt *Anode.*
Dorthin wandern die *negativ* geladenen Ionen und werden entladen.

Die negative Elektrode heißt *Kathode.*
Dorthin wandern die *positiv* geladenen Ionen und werden entladen.

Kehren Sie zurück nach 65.

65

$$NaCl \longrightarrow Na^+ + Cl^-$$

Es entstehen Natrium-Ionen und Chlorid-Ionen.

Welche Ionen wandern zur Anode und werden dort entladen?
Welche Ionen wandern zur Kathode und werden dort entladen?

An der Anode werden entladen:...............
An der Kathode werden entladen:...............

Bitte notieren Sie Ihre Antwort. → 52
Eine Hilfe finden Sie unter 64.

66 Ausgangsstoff ist geschmolzenes Natriumchlorid.
Endprodukte sind Natrium und Chlor.
Achten Sie darauf, daß Chlor aus zweiatomigen Molekülen besteht.
Schaffen Sie es jetzt allein? Dann vergleichen Sie unter 57.
Eine ausführliche Erklärung finden Sie unter 50.

67 In der Lösung bleiben die Ionen Na^+ und OH^-.

Elektrolysiert man solange, bis alle Chlorid-Ionen entladen worden sind, und dampft die Lösung dann ein, so treten die Ionen Na^+ und OH^- zu festem Natriumhydroxid (NaOH) zusammen.

$$Na^+ + OH^- \longrightarrow NaOH$$

Wir können für die Gewinnung von Natriumhydroxid durch Elektrolyse von wäßriger Natriumchlorid-Lösung also folgende Reaktionsgleichungen aufstellen:

1. Zerfall der Ausgangsstoffe in Ionen:

$NaCl \longrightarrow$ ...... + ...
$H_2O \longrightarrow$ ...... + ...

Notieren Sie bitte die vollständigen Reaktionsgleichungen. → 59

68 Wir können für die Gewinnung von Kaliumhydroxid (KOH) aus einer wäßrigen Kaliumchlorid-Lösung durch Elektrolyse folgende Reaktionsgleichungen aufstellen:

1. Zerfall der Ausgangsstoffe in Ionen (2 Reaktionsgleichungen).
2. Entladung an Anode und Kathode (2 Reaktionsgleichungen).
3. Bildung von KOH beim Eindampfen der Lösung (1 Reaktionsgleichung).

Bitte formulieren Sie diese Reaktionsgleichungen, und vergleichen Sie bei 60.

69 2. Entladung der Wasserstoff- und Chlorid-Ionen:

$$2\,H^+ \xrightarrow{\text{Kathode}} H_2$$

$$2\,Cl^- \xrightarrow{\text{Anode}} Cl_2$$

3. Bildung von festem Natriumhydroxid aus Natrium-Ionen und Hydroxid-Ionen beim Eindampfen der Lösung.

Bitte notieren Sie die entsprechende Reaktionsgleichung. → 37

---

70 Das Cobaltglas ist dunkelblau.

Ende des 8. Programms.

---

9. Programm

Theoretische Grundlagen (III)

1

Wir haben bisher gelernt, wie

1. die Zusammensetzung einer chemischen Verbindung durch ihre *Summenformel* und

2. der Verlauf einer chemischen Reaktion durch die *Reaktionsgleichung*

beschrieben werden.

Summenformeln und Reaktionsgleichungen bilden auch die Grundlage für die quantitative (mengenmäßige) Erfassung chemischer Reaktionen:

Wie berechnet der Chemiker, welche Stoffportion er von dem einen oder anderen Stoff für einen Versuch im Labor braucht, oder wieviel kg oder t eines Stoffes er bei der Fabrikation einer bestimmen Verbindung einsetzen muß?

Das vorliegende Programm gibt Ihnen auf diese Frage Antwort, und wenn Sie es sorgfältig durchgearbeitet haben, können auch Sie solche Berechnungen anstellen.

Dieses Programm soll und kann kein Lehrbuch der Stöchiometrie (chemisches Rechnen) sein, es soll nur eine Einführung und Erklärung der wichtigsten Begriffe geben, die auch zum Verständnis der anschließenden Programme notwendig sind.
Insbesondere handelt es sich um folgende Begriffe:

Stoffmenge

Mol

molare Masse.

Sie erinnern sich sicher noch an die Herstellung von Eisensulfid aus Schwefel und Eisenpulver. Grundlage für die quantitative Erfassung einer Reaktion ist die Reaktionsgleichung. Schreiben Sie also die Reaktionsgleichung für die Herstellung von Eisensulfid auf.

Vergleichen Sie unter 10.

2 Nein, das Mol gibt nicht die Masse einer Stoffmenge an, sondern es handelt sich um eine bestimmte (allerdings sehr große) *Anzahl* von Teilchen.

Gehen Sie zurück nach [20].

3 1 Mol Eisen-Atome reagiert mit 1 Mol Schwefel-Atomen zu 1 Mol Eisensulfid-Molekülen:

$$\underset{1\,\text{Mol}}{\text{Fe}} + \underset{1\,\text{Mol}}{\text{S}} \longrightarrow \underset{1\,\text{Mol}}{\text{FeS}}$$

Nehmen wir mehr Eisen-Atome, so bleiben bei der Reaktion Eisen-Atome übrig; nehmen wir mehr Schwefel-Atome, so bleiben Schwefel-Atome übrig.

Beispiel 1: Nehmen wir 1,2 Mol Fe-Atome und 1 Mol S-Atome, so bleibt bei der Reaktion etwas übrig.

Beispiel 2: Nehmen wir 1 Mol Fe-Atome und 1,25 Mol S-Atome, so bleibt ebenfalls etwas übrig.

Welche Stoffmenge bleibt übrig?

Beispiel 1: ...... Mol ......-Atome

Beispiel 2: ...... Mol ......-Atome

Vergleichen Sie unter [14].

4 Sie haben übersehen, daß in der Formel der Schwefelsäure H 2mal und O 4mal vorkommen.

Sehen Sie sich die Summenformel noch einmal genau an. → [31]

5

a) 1 Mol NaOH
b) 0,1 Mol P
c) 4,5 Mol C
d) 0,2 Mol SO_2
e) 2 Mol FeO

Am Anfang dieses Programms war die Frage gestellt worden:
Wie berechnet der Chemiker, welche Stoffportionen er von dem einen oder anderen Stoff für einen Versuch braucht?

Wenn Sie gut mitgearbeitet und alles verstanden haben, sind Sie jetzt in der Lage, solche Berechnungen anzustellen! Wir wollen das noch an einigen Beispielen üben.

Wieviel Gramm Eisen und wieviel Gramm Schwefel müssen eingesetzt werden, um 176 g Eisensulfid herzustellen?

Um diese Aufgabe zu lösen, müssen Sie zuerst aus der Masse der gegebenen Stoffportion (176 g Eisensulfid) deren Stoffmenge berechnen.

Wie groß ist die Stoffmenge einer Stoffportion von 176 g Eisensulfid
[M(Fe) = 56 g/mol; M(S) = 32 g/mol]

→ 15

---

6 Sie haben übersehen, daß in der Formel der Phosphorsäure H 3mal und O 4mal vorkommt.

Sehen Sie sich die Summenformel noch einmal genau an. → 42

7

1. Zuerst muß die Reaktionsgleichung aufgestellt werden:

$$2\ H_2O \longrightarrow 2\ H_2 + O_2$$

2. Jetzt wird die Stoffmenge $n(H_2O)$ ermittelt:

$$n(H_2O) = \frac{m(H_2O)}{M(H_2O)} = \frac{72\ g}{18\ g \cdot mol^{-1}} = 4\ mol$$

3. Aus der Reaktionsgleichung kann man ablesen, daß aus 2 Mol Wasser-Molekülen 2 Mol Wasserstoff-Moleküle und 1 Mol Sauerstoff-Moleküle entstehen.
   Also entstehen aus 4 Mol Wasser-Molekülen:

   4 Mol Wasserstoff-Moleküle und
   2 Mol Sauerstoff-Moleküle

4. 4 Mol H_2-Moleküle haben die Masse

$$m(4\ H_2) = M(H_2) \cdot 4\ mol$$

$$= 2\ \frac{g}{mol} \cdot 4\ mol = \ldots\ldots g$$

5. 2 Mol O_2-Moleküle haben die Masse

$$m(2\ O_2) = M(O_2) \cdot 2\ \text{mol}$$

$$= 32\ \frac{g}{\text{mol}} \cdot 2\ \text{mol} = \ldots\ldots g$$

Antwort: Aus 72 g Wasser entstehen ......g Wasserstoff und ......g Sauerstoff.

→ 13

---

8 Die Einheit der Stoffmenge ist das *Mol.*

Die Masse einer Stoffportion bestimmt man durch *Abwiegen.*

Wie hängt nun die *Stoffmenge* einer Stoffportion mit deren *Masse* zusammen?

Wir haben gelernt, daß *gleiche* Stoffmengen beliebiger Stoffe immer die *gleiche* Anzahl von Teilchen enthalten.

1 Mol S enthält also genauso viele Teilchen wie
1 Mol Fe (nämlich N_A Teilchen).

Wie verhält es sich nun mit der *Masse* von *verschiedenen* Teilchen?
Erinnern Sie sich an den Aufbau der Atome (Programm 6) und beantworten Sie die Frage, ob ein Wasserstoff-Atom im Vergleich zu einem Sauerstoff-Atom

- die größere Masse → 18
- die geringere Masse → 28
- die gleiche Masse → 38

besitzt.

---

9 Sie haben nicht auf die Einheit geachtet!

Die Einheit der Masse (m) ist das Gramm (g).

Die Einheit der molaren Masse (M) ist Gramm pro Mol ($g/mol = g \cdot mol^{-1}$).

Gehen Sie zurück nach 28 und lesen Sie den ganzen Abschnitt nochmals gründlich, bevor Sie die Frage beantworten.

---

10 $Fe + S \longrightarrow FeS$

Für uns hat diese Reaktionsgleichung zwei Bedeutungen:

1. Eisen reagiert mit Schwefel zu Eisensulfid.
2. Ein Eisen-Atom reagiert mit einem Schwefel......
   zu einem Eisensulfid......

Schreiben Sie den letzten Satz mit Ergänzungen ab, und gehen Sie nach 20.

11 $n(Na) = 0{,}2$ mol

Nach der Reaktionsgleichung entstehen aus 2 Mol Na-Atomen mit Wasser 2 Mol NaOH-Moleküle und 1 Mol H_2-Moleküle.

Also entstehen aus 0,2 Mol Na-Atomen wieviel Mol NaOH-Moleküle und wieviel Mol H_2-Moleküle?

→ 40

12
$$n(S) = \frac{128\ g}{32\ g \cdot mol^{-1}} = 4\ mol$$

Die Stoffmenge der Schwefelportion beträgt also 4 Mol S-Atome.
(Haben Sie auch das Einheitenzeichen „mol" nicht vergessen?)

Die Gleichung, die uns den Zusammenhang zwischen

der *Masse* m einer Stoffportion,

der *Stoffmenge* n(X) der in dieser Stoffportion enthaltenen Teilchen X und

der *molaren Masse* M(X) dieser Teilchen

angibt, wollen wir wiederholen.
(X steht hier für eine beliebige Teilchenart)

$$m = n(X) \cdot M(X) \qquad \text{oder}$$

$$n(X) = \frac{m}{M(X)}$$

Diese beiden Formen der Gleichung werden Sie im Folgenden noch oft brauchen. Bitte gut einprägen und abschreiben!

Wir kommen auf die Gleichung $Fe + S \longrightarrow FeS$ zurück.

1 Mol Eisen-Atome reagiert mit 1 Mol Schwefel-Atomen zu ......

Bitte ergänzen. → [21]

---

[13] Es entstehen 8 g Wasserstoff und 64 g Sauerstoff. (Eine ausführliche Berechnung finden Sie unter [7].)

Beim Durcharbeiten des 8. Programms haben Sie gelernt, daß Natrium mit Wasser zu Natriumhydroxid und Wasserstoff reagiert.

Aufgabe: Wieviel g Natriumhydroxid und wieviel g Wasserstoff entstehen, wenn 4,6 g Natrium mit Wasser reagieren?

- Ich brauche keine Hilfe → [53]
- Ich kann die Gleichung nicht aufstellen → [25]
- Ich brauche Hilfe bei der Berechnung → [48]

---

[14] Übrig bleibt: Beispiel 1: 0,2 Mol Eisen-Atome
Beispiel 2: 0,25 Mol Schwefel-Atome

Wir wollen wiederholen:

1 Fe-Atom reagiert mit 1 S-Atom.

$6{,}022 \cdot 10^{23}$ Fe-Atome reagieren mit $6{,}022 \cdot 10^{23}$ S-Atomen.

Die Stoffmenge $N_A = 6{,}022 \cdot 10^{23}$ Teilchen wird 1 Mol des Stoffes genannt.

1 Mol ist die Einheit der Stoffmenge.

1 Mol Fe-Atome bedeutet also:

- 56 g Eisen → [2]
- $6{,}022 \cdot 10^{23}$ Fe-Atome → [26]
- eine beliebig große Anzahl Fe-Atome → [34]

---

15 Die Stoffmenge der Eisensulfid-Portion beträgt 2 Mol FeS-Moleküle.

Welche Stoffmengen Fe-Atome bzw. S-Atome müssen also eingesetzt werden, um 2 Mol FeS-Moleküle herzustellen?

Mit Hilfe der Reaktionsgleichung können Sie diese Frage sicher beantworten!

→ 24

16 Richtig! $M(H_3PO_4) = 98$ g/mol

Wir kommen wieder auf die Reaktionsgleichung

$Fe + S = FeS$ zurück.

Die Reaktionsgleichung bedeutet (wie Sie hoffentlich längst wissen) nicht nur, daß Eisen und Schwefel zu Eisensulfid reagieren, sondern sie sagt auch etwas über die Mengen (Teilchenzahlen) der beteiligten Stoffe und, daraus abgeleitet, über Massen der Stoffportionen aus.

Fe	+	S	=	FeS
Eisen	reagiert mit	Schwefel	zu	Eisensulfid
1 Eisen-Atom	reagiert mit	1 Schwefel-Atom	zu	1 Eisensulfid-Molekül
1 Mol Eisen-Atome	reagiert mit	1 Mol Schwefel-Atome	zu	1 Mol Eisensulfid-Moleküle

Um 1 Mol Eisensulfid-Moleküle herzustellen, benötigt man......

Ergänzen Sie bitte diesen Satz schriftlich, und vergleichen Sie unter 30.

17

a) $m(2\ H_2O) = 18$ g/mol · 2 mol = 36 g
b) $m(0{,}5\ C) = 12$ g/mol · 0,5 mol = 6 g
c) $m(4\ FeS) = 88$ g/mol · 4 mol = 352 g
d) $m(0{,}1\ H_3PO_4) = 98$ g/mol · 0,1 mol = 9,8 g
e) $m(0{,}2\ CO_2) = 44$ g/mol · 0,2 mol = 8,8 g
f) $m(10\ Na_2SO_4) = 142$ g/mol · 10 mol = 1420 g
g) $m(0{,}5\ NH_3) = 17$ g/mol · 0,5 mol = 8,5 g

Alles richtig? Das wäre ausgezeichnet!

Wir haben also die Masse (in g) von Stoffportionen berechnet, deren Stoffmenge (in mol) gegeben war.

Wir wollen jetzt die Stoffmenge (in mol) von Stoffportionen berechnen, deren Masse (in g) bekannt ist. Wir benötigen dazu (wie oben) die molaren Massen $\left(\text{in } \frac{g}{mol} = g \cdot mol^{-1}\right)$ der betreffenden Stoffportionen und die Gleichung $m = M \cdot n$, die wir umformen:

$$n = \frac{m}{M}$$

Beispiel: Gegeben ist eine Stoffportion von 46 g Natrium.
Gesucht ist die Stoffmenge n.

$$m(Na) = 46\,g \qquad M(Na) = 23\,g/mol$$

$$n = \frac{m(Na)}{M(Na)} = \frac{46\,g}{23\,g \cdot mol^{-1}} = 2\,mol$$

Berechnen Sie bitte die Stoffmengen n folgender Stoffportionen:

a) 40 g Natriumhydroxid $NaOH$
b) 3,1 g Phosphor P
c) 54 g Kohlenstoff C
d) 12,8 g Schwefeldioxid SO_2
e) 144 g Eisenoxid FeO

Die molaren Massen M, die Sie jetzt brauchen, finden Sie auf Ihrem Zettel.

→ 5

---

18 Im 6. Programm, das Sie nochmals gründlich durcharbeiten sollten, wird gezeigt, daß die Atome des Elements Wasserstoff (im Vergleich zu den Atomen der anderen Elemente) die kleinste Masse besitzen.

Sicher können Sie jetzt unter 8 die Frage richtig beantworten.

---

19 Ihre Antwort ist richtig!

Die molare Masse der Wasserstoff-Atome beträgt 1,008 g/mol.

Die Zahlenwerte der molaren Massen aller Elemente können sogenannten Atomgewichtstabellen entnommen werden.

Man findet zum Beispiel:

$M(H) = 1{,}008\ g/mol$
$M(S) = 32\ g/mol$
$M(Fe) = 56\ g/mol$
$M(C) = 12{,}000\ g/mol$

In Worten: Die molare Masse der Wasserstoff-Atome beträgt 1,008 Gramm pro Mol.

Drücken Sie die anderen 3 Beispiele ebenfalls in Worten aus, und vergleichen Sie unter 29.

---

20 Die Reaktionsgleichung Fe + S ⟶ FeS bedeutet:

Ein Eisen-Atom regiert mit einem Schwefel-*Atom* zu einem Eisensulfid-*Molekül*.

Also reagierem z. B. *10* Eisen-Atome mit *10* Schwefel-Atomen zu *10* Eisensulfid-Molekülen.

Allgemein reagieren N Eisen-Atome mit N Schwefel-Atomen zu N Eisensulfid-Molekülen. (N steht hier für eine beliebig große Zahl.)

Damit wir die entsprechenden Eisen,- Schwefel,- bzw. Eisensulfid-Portionen überhaupt sehen und abwiegen können, muß die Teilchenzahl N sehr groß sein.

Man hat festgelegt: Eine Stoffportion mit $N_A = 6{,}022 \cdot 10^{23}$ gleichen Teilchen (Atomen oder Molekülen) wird als *Stoffmenge von 1 Mol* dieses Stoffes bezeichnet. (Die Zahl $N_A = 6{,}022 \cdot 10^{23}$ heißt Avogadrosche Zahl, es ist eine sehr große Zahl, nämlich 6 022 00000000000000000!)

1 Mol Eisen-Atome reagiert mit...... Mol Schwefel-Atomen zu
1 Mol Eisensulfid-Molekülen.

Ergänzen Sie den Satz, und vergleichen Sie bei 3.

---

21 1 Mol Eisen-Atome reagiert mit 1 Mol Schwefel-Atomen zu 1 Mol *Eisensulfid-Molekülen.*

Die molaren Massen der Eisen- und Schwefel-Atome kennen wir schon:

$M(Fe) = 56\ g/mol \qquad M(S) = 32\ g/mol$

Wir wollen jetzt die molare Masse der Eisensulfid-Moleküle berechnen.

Ausgehend von der Gleichung

$$Fe + S = FeS$$

gilt $M(Fe) + M(S) = M(FeS)$

M(Fe) und M(S) sind oben angegeben.

Berechnen Sie bitte M(FeS). → 31

---

22 6 g Kohlenstoff und 16 g Sauerstoff ergeben 22 g Kohlendioxid.

Wenn Sie Schwierigkeiten hatten, die Masse der Stoffportionen von 0,5 Mol Sauerstoff-Molekülen zu berechnen, schlagen Sie 44 auf.

72 g Wasser werden im Hofmannschen Wasserzersetzungsapparat durch den elektrischen Strom in Wasserstoff und Sauerstoff zerlegt. Wieviel g Wasserstoff und wieviel g Sauerstoff entstehen?

- Wollen Sie die Aufgabe ohne Hilfe lösen? → 13
- Nein, ich brauche eine Hilfe. → 7

---

23 $m = 3\ \text{mol} \cdot 32\ \text{g} \cdot \text{mol}^{-1} = 96\ \text{g}$

Man kann aber auch, wenn die Masse einer Stoffportion bekannt ist, die Stoffmenge dieser Stoffportion berechnen.

Beispiel:

Wie groß ist die Stoffmenge einer Stoffportion Schwefel, deren Masse (durch Auswiegen ermittelt) 128 g beträgt?

Dazu formen wir die Gleichung $m = n \cdot M$ um:

Für unser Beispiel gilt: $n(S) = \dfrac{m}{M(S)}$

Zur Berechnung brauchen Sie die molare Masse $M(S) = 32$ g/mol.

Bitte errechnen Sie die Stoffmenge n(S). → 12

---

24 2 Mol Fe-Atome und 2 Mol S-Atome.

Welche Massen haben diese beiden Stoffportionen? → 33

---

25 $2\,Na + 2\,H_2O \longrightarrow 2\,NaOH + H_2$

Wieviel g Natriumhydroxid und wieviel g Wasserstoff entstehen, wenn 4,6 g Natrium mit Wasser reagieren?

- Ich brauche keine weitere Hilfe → 53
- Ich brauche Hilfe bei der Berechnung → 48

26 Richtig! Ein Mol Fe-Atome sind $N_A = 6{,}022 \cdot 10^{23}$ Fe-Atome

1 Mol Fe-Atome reagiert mit 1 Mol S-Atomen

Fe	+	S	⟶	FeS
1 Mol		1Mol		1 Mol

Aus der Reaktionsgleichung ergibt sich also, in welchem *Stoffmengen-Verhältnis* Stoffe miteinander reagieren: 1 Mol Fe-Atome reagiert mit 1 Mol S-Atomen.

In diesem Verhältnis müssen bei einer chemischen Reaktion die beiden Stoffe eingesetzt werden, wenn ein vollständiger Umsatz beider Stoffe erzielt werden soll, d. h. wenn beide Stoffe vollständig miteinander reagieren sollen.

Wie kann man nun die beiden Stoffmengen möglichst genau abmessen? Das Abzählen der Teilchen ist unmöglich! Das ist so selbstverständlich, daß es eigentlich gar keiner Erwähnung bedarf.

Leicht bestimmen läßt sich jedoch die *Masse* einer Stoffportion, und zwar durch Abwiegen auf einer Waage.

Bitte ergänzen Sie:

Die Einheit der Stoffmenge ist ......

Die Masse einer Stoffportion bestimmt man durch ......

→ 8

27 $m(0{,}1\,H_2SO_4) = 98\text{ g/mol} \cdot 0{,}1\text{ mol} = 9{,}8\text{ g}$

Schreiben Sie sich die folgenden molaren Massen bitte auf ein Blatt Papier, da diese Zahlen beim Durcharbeiten des Programms häufig benötigt werden (die genauen molaren Massen wurden auf ganze Zahlenwerte abgerundet):

Wasserstoff	M(H)	=	1 g/mol
Kohlenstoff	M(C)	=	12 g/mol
Sauerstoff	M(O)	=	16 g/mol
Stickstoff	M(N)	=	14 g/mol
Natrium	M(Na)	=	23 g/mol
Phosphor	M(P)	=	31 g/mol
Schwefel	M(S)	=	32 g/mol
Eisen	M(Fe)	=	56 g/mol

Berechnen Sie bitte die Massen m folgender Stoffportionen. (Die dazu benötigten molaren Massen M müssen Sie selbst berechnen.)

a)	2	Mol Wasser	H_2O
b)	0,5	Mol Kohlenstoff	C
c)	4	Mol Eisensulfid	FeS
d)	0,1	Mol Phosphorsäure	H_3PO_4
e)	0,2	Mol Kohlendioxid	CO_2
f)	10	Mol Natriumsulfat	Na_2SO_4
g)	0,5	Mol Ammoniak	NH_3

● Vergleichen Sie Ihr Ergebnis unter 17.

● Wenn Sie Schwierigkeiten haben, die molaren Massen M zu berechnen, kehren Sie zurück nach 31.

28

Ihre Antwort ist richtig, wenn Sie geantwortet haben:
Ein H-Atom besitzt eine *geringere* Masse als ein O-Atom.

Die Atome der *verschiedenen* Elemente sind also *verschieden* schwer!

Die Massen einzelner Atome kann man natürlich nicht durch Abwiegen bestimmen. Dazu sind sie viel zu klein! Die Wissenschaft ist aber durchaus in der Lage, auf anderen Wegen die Masse eines Atoms zu ermitteln.

Zum Beispiel hat ein H-Atom die Masse

$m(H) = 0{,}000000000000000000000001674$ g

1 Mol H-Atome (also $6{,}022 \cdot 10^{23}$ H-Atome) haben eine N_A- mal so große Masse: $N_A \cdot m(H) = 1{,}008$ g

Die Masse von N_A Atomen eines Elementes wird die *molare Masse* dieses Elementes genannt.

Die *molare Masse* (Symbol M) hat die Einheit $g/mol = g \cdot mol^{-1}$ (gelesen: Gramm durch Mol oder Gramm pro Mol)

Wie groß ist die molare Mase der Wasserstoff-Atome?
Die molare Masse der Wasserstoff-Atome beträgt

- 1,008 g → 9
- 1,008 g/mol → 19
- $6{,}022 \cdot 10^{23}$ H-Atome → 39

29

Die molare Masse der Schwefel-Atome	beträgt 32 Gramm pro Mol
Die molare Masse der Eisen-Atome	beträgt 56 Gramm pro Mol
Die molare Masse der Kohlenstoff-Atome	beträgt 12 Gramm pro Mol

Wie ist das Symbol für die molare Masse, und in welcher Einheit wird die molare Masse angegeben?

Bitte notieren! → 41

---

30 Um 1 Mol Eisensulfid-Moleküle herzustellen, benötigt man 1 Mol Eisen-Atome und 1 Mol Schwefel-Atome.

Was passiert nun, wenn man mehr Eisen-Atome, z. B. 2 Mol, mit 1 Mol Schwefel-Atomen reagieren läßt?

Wollen Sie ohne weitere Hilfe eine Antwort aufschreiben?

- Versuchen Sie es, und vergleichen Sie unter → 43
- Nein, ich brauche eine Hilfe → 49.

31

$$M(Fe) + M(S) = M(FeS)$$

$$56\ g/mol + 32\ g/mol = 88\ g/mol$$

$$M(FeS) = 88\ g/mol$$

Zur Berechnung der molaren Masse von Molekülen sind wir hier von einer Reaktionsgleichung ausgegangen. Wir können natürlich auch von den Formeln der Moleküle selbst ausgehen.

Beispiel:

Wie groß ist die molare Masse der Wasser-Moleküle?

9

Wasser hat die Formel H_2O.

$$M(H) = 1 \text{ g/mol} \qquad \text{also: } M(H_2) = 2 \text{ g/mol}$$
$$M(O) = 16 \text{ g/mol}$$

$$M(H_2O) = M(H_2) + M(O) = 18 \text{ g/mol}$$

Berechnen Sie in gleicher Weise bitte die molare Masse der Schwefelsäure-Moleküle.
Schwefelsäure hat die Formel H_2SO_4.

$M(H) = 1$ g/mol $\quad M(S) = 32$ g/mol $\quad M(O) = 16$ g/mol

- 49 g/mol → [4]
- 98 g/mol → [42]
- Ich brauche Hilfe → [52].

---

[32] Gerechnet haben Sie zwar richtig. Aber Sie haben nicht beachtet, daß die molare Masse M die Einheit g/mol hat!

Notieren Sie also bitte:

$M(H_3PO_4) = 98$ ......

→ [16]

---

[33] 112 g Eisen und 64 g Schwefel.

Aus 112 g Eisen und 64 g Schwefel entstehen also 176 g Eisensulfid.

Ein weiteres Beispiel:

Es sollen 22 g Kohlendioxid hergestellt werden. Wieviel Gramm Kohlenstoff und wieviel Gramm Sauerstoff werden benötigt?

Zuerst berechnen Sie bitte die Stoffmenge der Kohlendioxid-Portion und stellen die Reaktionsgleichung auf.

→ [47]

---

[34] Ihre Antwort ist nicht richtig.

Eine beliebig große Anzahl Teilchen bezeichnet man mit dem Symbol N.

Bei 1 Mol Fe-Atome handelt es sich aber um eine *bestimmte* große Anzahl Teilchen, nämlich um $6{,}022 \cdot 10^{23}$ Teilchen. Diese Zahl hat das Symbol N_A.

Wiederholen Sie ab [20].

---

[35]

Reaktionsgleichung:	C	+	O_2	=	CO_2
Stoffmengen:	0,5 mol		0,5 mol		0,5 mol
Massen:	?		?		22 g

Bitte ergänzen. → [22]

---

[36] $m = 2\ \text{mol} \cdot 56\ \text{g/mol} = 112\ \text{g}$

Die Masse m einer Stoffportion Eisen, deren Stoffmenge n(Fe) = 2 mol ist, beträgt also 112 g.

Ein weiteres Beispiel, damit Sie sicherer werden: Es soll die Masse m von 3 Mol Schwefel berechnet werden. M (S) = 32 g/mol → [23]

---

[37] Die Masse m(0,5 Fe), also die Masse von 0,5 Mol Eisen-Atomen, ist 28 g.

$$m(0{,}5\ \text{Fe}) = 56\ \text{g/mol} \cdot 0{,}5\ \text{mol} = 28\ \text{g}$$

Die Masse m(0,5 FeS) ist 44 g.

$$m(0{,}5\ \text{FeS}) = 88\ \text{g/mol} \cdot 0{,}5\ \text{mol} = 44\ \text{g}$$

Falls Sie noch Schwierigkeiten haben, die Werte richtig in die Gleichung $m = M \cdot n$ einzusetzen oder nicht genau wissen, was z. B. m (0,5 Fe) bedeutet, dann schlagen Sie [45] auf.

Welche Masse haben 0,1 Mol Schwefelsäure-Moleküle?

$M(H_2SO_4) = 98$ g/mol

→ [27]

38 Im 6. Programm, das Sie nochmals gründlich durcharbeiten sollten, wird gezeigt, daß die Atome des Elements Wasserstoff (im Vergleich zu den Atomen der anderen Elemente) die kleinste Masse besitzen.

Sicher können Sie jetzt unter 8 die Frage richtig beantworten.

39 Ihre Antwort ist nicht richtig!

$6{,}022 \cdot 10^{23}$ H-Atome sind 1 Mol H-Atome!

Es war aber nach der molaren Masse der H-Atome gefragt.

Gehen Sie zurück nach 28 und lesen Sie den ganzen Abschnitt nochmals gründlich, bevor Sie die Frage beantworten.

40 Es entstehen $n(NaOH) = 0{,}2$ mol und

$$n(H_2) = 0{,}1 \text{ mol}$$

Welche Massen haben diese Stoffportionen?
Benutzen Sie die Gleichung $m = M \cdot n$.

→ 53

41 M ist das Symbol für die molare Masse.
Die molare Masse (M) wird in der Einheit g pro mol angegeben.

$$\frac{g}{mol} = g \cdot mol^{-1} = g/mol$$

gelesen: „Gramm durch Mol“ oder „Gramm pro Mol“

Das Symbol für die Stoffmenge ist n. In welcher Einheit wird die Stoffmenge angegeben?

Bitte notieren! → 50

42 Richtig!

Die molare Masse der Schwefelsäure-Moleküle beträgt 98 g/mol.

Berechnen Sie die molare Masse der Phosphorsäure (H_3PO_4)

M(H) = 1 g/mol   M(P) = 31 g/mol   M(O) = 16 g/mol

- 48 g/mol → [6]
- 98 → [32]
- 98 g/mol → [16]

[43] Es entsteht 1 Mol Eisensulfid-Moleküle.
Es bleibt 1 Mol Eisen-Atome übrig.

Wieviel Mol Eisen-Atome benötigt man, um 0,5 Mol Schwefel-Atome vollständig umzusetzen?

Wieviel Mol Eisensulfid-Moleküle entstehen bei dieser Reaktion?

Antworten Sie schriftlich! → [51]

[44] Es soll die Masse m einer Stoffportion von n = 0,5 mol Sauerstoff-Molekülen berechnet werden.

Sie brauchen dazu die Gleichung $m = M \cdot n$

M(O) finden Sie auf Ihrem Zettel: $M(O) = 16 \text{ g} \cdot \text{mol}^{-1}$

$M(O_2)$ ist also $32 \text{ g} \cdot \text{mol}^{-1}$

Die Masse von 0,5 mol O_2-Molekülen berechnet sich aus:

$$m(0{,}5 \text{ mol } O_2) = 32 \text{ g} \cdot \text{mol}^{-1} \cdot 0{,}5 \text{ mol} = \ldots\ldots \text{ g}$$ → [22]

[45] m(0,5 Fe) wird gelesen: Die Masse von 0,5 Mol Eisen-Atomen. In der Klammer steht also, um welche Atome (oder in anderen Fällen: um welche Moleküle) und um welche Stoffmenge es sich handelt.

M(Fe) bedeutet die molare Masse der Eisen-Atome,

n(S) bedeutet die Stoffmenge der Schwefel-Atome,

$m(0{,}1\ H_2SO_4)$ bedeutet die Masse von 0,1 Mol Schwefelsäure-Molekülen.

$m(0{,}1\ H_2SO_4)$ sollen Sie jetzt berechnen.

Nach der Gleichung m = M · n ergibt sich m(0,1 H_2SO_4) durch Multiplikation der molaren Masse von Schwefelsäure M(H_2SO_4) = 98 g/mol mit n = 0,1 mol.

m(0,1 H_2SO_4) = 98 g/mol · 0,1 mol = ... → 27

---

46 Die molare Masse (M) ist die Masse (m) von 1 Mol der betreffenden Teilchen.

Am Beispiel von 1 Mol Schwefel-Atomen wollen wir deren Masse berechnen.

M(S) = 32 g/mol

Erinnern Sie sich an die wichtige Gleichung m = M · n?

In unserem Beispiel ist n = 1 mol, denn wir wollen ja die Masse von *einem* Mol Schwefelatomen berechnen.

m(1 S) = 32 g/mol · 1 mol = 32 g

Die Masse von einem halben Mol Schwefel-Atome ist

m(0,5 S) = 32 g/mol · 0,5 mol = 16 g

Die Masse von 2 Mol Schwefel-Atomen ist

m(2 S) = 32 g/mol · 2 mol = 64 g

Gehen Sie zurück nach → 51.

---

47 Die Stoffmenge einer Kohlendioxid-Portion von 22 g beträgt 0,5 Mol Kohlendioxid-Moleküle.

$C + O_2 = CO_2$

Welche Stoffmengen C-Atome bzw. O_2-*Moleküle* werden benötigt, um 0,5 mol Kohlendioxid-Moleküle herzustellen?

→ 35

48

1. Reaktionsgleichung: $2\ Na + 2\ H_2O \longrightarrow 2\ NaOH + H_2$
2. Wieviel Mol Natrium-Atome werden eingesetzt?

$$n(Na) = \frac{m(Na)}{M(Na)}$$

$m(Na) = 4{,}6$ g $\qquad\qquad M(Na) = 23$ g/mol

Berechnen Sie n(Na). → 11

---

49 Überlegen Sie:

1 Mol Eisen-Atome reagieren mit 1 Mol Schwefel-Atomen zu 1 Mol Eisensulfid-Molekülen.

Wenn man nun mehr Eisen-Atome als Schwefel-Atome nimmt, so findet der Überschuß keinen Reaktionspartner. Er kann also nicht reagieren und bleibt unverändert.

Was entsteht also, wenn 2 Mol Eisen-Atome mit 1 Mol Schwefel-Atomen reagieren?

Es entsteht ...... Mol Eisensulfid-Moleküle

Es bleibt ...... Mol ......-Atome übrig. → 43

---

50 Die Stoffmenge (Symbol n) wird in der Einheit Mol angegeben.

Es ist wichtig, daß Sie sich über die Bedeutung der Begriffe „Stoffmenge" und „molare Masse" völlig im Klaren sind, auch die Symbole und Einheiten müssen Ihnen geläufig sein. Andernfalls können Sie das Folgende nicht verstehen.

Wenn Sie sich noch unsicher fühlen, wiederholen Sie im eigenen Interesse dieses Programm ab 20 und legen sich eine Tabelle der Symbole und Einheiten an.

Die Masse m in einer Stoffportion Eisen ergibt sich aus der Multiplikation der Stoffmenge n(Fe) mit der molaren Masse M(Fe).

$$m = n(Fe) \cdot M(Fe)$$

Die Masse m hat die Einheit g (Gramm).

Ein Beispiel:

Es soll die Masse m von 2 Mol Eisen berechnet werden.

$n(Fe) = 2$ mol

Die molare Masse M der Eisen-Atome beträgt 56 g/mol. (Diesen Wert haben wir einer sog. „Atomgewichtstabelle“ entnommen.)

$$M(Fe) = 56 \text{ g/mol}$$

Setzen Sie die Werte in die Gleichung

$$m = n(Fe) \cdot M(Fe)$$

ein, und berechnen Sie die Masse m von 2 Mol Eisen. Vergessen Sie aber nicht die Einheit hinter die so ermittelte Zahl zu schreiben! → 36

---

51 Man benötigt 0,5 Mol Eisen-Atome.
Es entstehen 0,5 Mol Eisensulfid-Moleküle.

Wie groß sind die Massen dieser beiden Stoffportionen? Zur Berechnung der Massen brauchen Sie die molaren Massen M(Fe) = 56 g/mol und M(FeS) = 88 g/mol und die Gleichung $m = M \cdot n$.

- Bitte vergleichen Sie Ihr Ergebnis → 37
- Ich brauche eine Hilfe → 46

---

52 In der Formel der Schwefelsäure H_2SO_4 kommt H 2mal und O 4mal vor.

M(H) = 1 g/mol	$M(H_2)$	=	2 g/mol
	M(S)	=	32 g/mol
M(O) = 16 g/mol	$M(O_4)$	=	64 g/mol
	$M(H_2SO_4)$	=	g/mol

Zählen Sie zusammen: 2 + 32 + 64 =
und vergleichen Sie Ihr Ergebnis unter 42.

---

53 Es entstehen

$$m(NaOH) = M(NaOH) \cdot 0{,}2 \text{ mol} = 40 \text{ g} \cdot \text{mol}^{-1} \cdot 0{,}2 \text{ mol} = 8 \text{ g}$$
$$m(H_2) = M(H_2) \cdot 0{,}1 \text{ mol} = 2 \text{ g} \cdot \text{mol}^{-1} \cdot 0{,}1 \text{ mol} = 0{,}2 \text{ g}$$

Sie haben in diesem Programm zwei wichtige Begriffe (Stoffmenge und molare Masse) und ihre Beziehungen zu einander kennengelernt. Sie werden diesen Begriffen beim Durcharbeiten der weiteren Programme häufig begegnen, deshalb ist es zweckmäßig, daß Sie sich die folgende Übersicht abschreiben und gut einprägen. Wiederholen Sie auch dieses Programm evtl. sogar mehrfach!

Begriff	Symbol	Einheit	Symbol der Einheit
Masse	m	Gramm	g
Stoffmenge	n	Mol	mol
molare Masse	M	Gramm pro Mol	g/mol

Wichtige Beziehungen:

$$M = \frac{m}{n} \qquad n = \frac{m}{M} \qquad m = M \cdot n$$

Ende des 9. Programms

10. Programm

Theoretische Grundlagen (IV)

---

1 In diesem Programm lernen Sie die wichtigsten Gesetze über das Verhalten der Gase kennen. Voraussetzung hierzu ist, daß sie den Stoff der ersten drei theoretischen Programme (Programme Nr. 6, 7, 9) sicher beherrschen.

Welche Masse besitzt eine Stoffportion von 1 Mol

a) Chlor b) Wasserstoff c) Stickstoff?

10

molare Massen M(Cl) = 35,5 g/mol
M(H) = 1 g/mol
M(N) = 14 g/mol

- a) 35,5 g/mol b) 1 g/mol c) 14 g/mol → 14
- a) 71 g/mol b) 2 g/mol c) 28 g/mol → 25
- a) 106,5 g/mol b) 3 g/mol c) 42 g/mol → 33

---

2 Sie haben nicht beachtet, daß 1 Bar gleich 10(!) N/cm^3 ist.
Gehen Sie zurück nach 10.

---

3 Bei einem Druck von p = 4 bar wird das eingeschlossene Gas auf ein Volumen von 0,5 Liter zusammengedrückt (komprimiert).

Wir erkennen also: Wenn wir den Druck *verdoppeln,* dann wird das Volumen auf die *Hälfte* verringert.

In unserem Beispiel hat das Gas

bei einem Druck von 1 bar ein Volumen von 2 Liter
bei einem Druck von 2 bar ein Volumen von 1 Liter
bei einem Druck von 4 bar ein Volumen von 0,5 Liter
bei einem Druck von 8 bar ein Volumen von 0,25 Liter

Sie sehen, *zwischen Druck und Volumen* eines eingeschlossenen Gases *besteht* ein gesetzmäßiger *Zusammenhang.*

Multiplizieren Sie nun in unserem Beispiel in den einzelnen Fällen den Druck mit dem zugehörigen Volumen. Also

Druck × Volumen

1 bar × 2 Liter = 2 bar · Liter

2 bar × 1 Liter = bar · Liter

usw.

Vergleichen Sie dann die erhaltenen Produkte miteinander.

Was beobachten Sie?

- Die Produkte werden immer kleiner → 31
- Die Produkte werden immer größer → 19
- Die Produkte haben alle den gleichen Wert → 43

---

4 In unserem Beispiel gilt: Druck × Volumen = 100 bar · Liter

Wir können jezt in unserem Beispiel für jeden Druck das zugehörige Volumen ausrechnen; denn das Produkt Druck × Volumen ist in diesem Falle immer 100 bar · Liter.

Wie groß ist das Volumen des eingeschlossenen Gases, wenn der Druck 10 bar beträgt? → 21

---

5 1 Kubikmeter = 1000 Liter (L).

Rechnen Sie das Volumen V = 1 L in cm^3 um.

- 10 cm^3 → 60
- 100 cm^3 → 18
- 1000 cm^3 → 30

---

6 Sie haben sich verrechnet.

Im ersten Beispiel: 1 bar × 2 Liter = ... bar · Liter

Im zweiten Beispiel: 0,5 bar × 4 Liter = ... bar · Liter

Im dritten Beispiel: 0,25 bar × 8 Liter = ... bar · Liter

Im vierten Beispiel: 0,125 bar × 16 Liter = ... bar · Liter

Die Multiplikation des Druckes mit dem zugehörigen Volumen ergibt in unserem Beispiel immer das Produkt ....

Die Produkte sind also alle gleich groß.

Wiederholen Sie ab [43].

---

[7] Wir wollen die Aufgabe bei [77] Schritt für Schritt lösen.

---

[8] Sie passen nicht auf, denn sonst hätten Sie die auftretenden Änderungen an den Bildern erkannt.

Lesen Sie [21] noch einmal.

---

[9] Sie haben sich verrechnet.
Wir wollen die Aufgabe bei [59] Schritt für Schritt lösen.

---

[10] Das Volumen wird *kleiner*, der Druck *größer*.

Bei wissenschaftlichen Aussagen können wir uns mit Angaben wie „wird kleiner" oder „wird größer" keinesfalls begnügen. Wir müssen bei Gasen das Volumen und den Druck exakt als physikalische Größen (Zahlenwert × Einheit) bestimmen können.

Der *Druck* wird in Bar (Symbol: bar) angegeben.

1 Bar ist der Druck, den eine Kraft von 10^5 N auf eine Fläche von 1 m^2 ausübt. (Einheit der Kraft: Newton, Symbol: N. Näheres siehe Lehrbücher der Physik).

$$1 \text{ bar} = 10^5 \text{ N/m}^2$$

oder, bezogen auf eine Fläche von 1 cm^2:

$$1 \text{ bar} = 10 \text{ N/cm}^2$$

Wie groß ist der Druck in Bar, wenn eine Kraft von 180 N auf eine Fläche von 6 cm^2 einwirkt?

- Der Druck beträgt 30 bar → [2]
- Der Druck beträgt 9 bar → [20]
- Der Druck beträgt 6 bar → [28]
- Der Druck beträgt 3 bar → [39]
- Die Berechnungsmethode ist mir noch nicht klar → [47]

---

11 Der Luft- oder Atmosphärendruck nimmt doch mit zunehmender Höhe ab! In den Alpen, die ja höher liegen als der Meeresspiegel, ist also der Druck .... als an der See. → [62]

---

12 Sie haben sich verrechnet.
Wir wollen die Aufgabe bei [59] Schritt für Schritt lösen.

---

13 Ja, in allen Fällen ergab die Multiplikation von Druck und Volumen das gleiche Produkt, nämlich 2 bar · Liter.

Wir können also ausrechnen, wie sich das Volumen verändert, wenn wir den Druck verringern.

Berechnen Sie, welches Volumen ein Gas einnimmt, das bei einem Druck von 1 bar ein Volumen von 100 L besitzt, wenn sich der Druck auf 0,5 bar verringert. → [24]

---

14 Sie haben nicht beachtet, daß die Gase Chlor, Wasserstoff, Stickstoff sowie Sauerstoff *nur als zweiatomige Moleküle* vorkommen; nämlich Cl_2, H_2, N_2 sowie O_2.

Im eigenen Interesse sollten Sie die Programme Nr. 7 und 9 wiederholen. Am besten noch bevor Sie wieder bei [1] beginnen.

---

15 Wir wollen die Aufgabe bei [77] Schritt für Schritt lösen.

---

16 Richtig ist: 1 m^3 = 1 000 000 cm^3

Doch zurück zu unseren Versuchen mit der Luftpumpe. Stellen wir uns eine Luftpumpe vor, die unten *keinen Ausgang* hat, aus der die Luft also nicht entweichen kann. Drücken wir jetzt die Luft zusammen, wird das Volumen der eingeschlossenen Luft um so .... (kleiner/größer), je stärker wir drücken.

→ 68

17 1 m^3 = 1000 L

Eine Berechnungsanleitung finden Sie bei 56.

10

18 1 L = 1000 cm^3

Eine Berechnungsanleitung finden Sie bei 46.

19 Sie haben sich verrechnet.

Im ersten Beispiel: 1 bar × 2 L = ... bar · Liter

Im zweiten Beispiel: 2 bar × 1 L = ... bar · Liter

Im dritten Beispiel: 4 bar × 0,5 L = ... bar · Liter

Und im vierten Beispiel: 8 bar × 0,25 L = ... bar · Liter

Die Multiplikation des Druckes mit dem zugehörigen Volumen ergibt in unserem Beispiel *immer* das Produkt ......

Die Produkte haben also den gleichen Wert. → 43

20 Rechnen Sie noch einmal nach:

Wenn eine Kraft von 180 N auf eine Fläche von 6 cm^2 einwirkt, dann beträgt der Druck pro cm^2

$$\frac{180\ \text{N}}{6\ \text{cm}^2} = \ldots\ldots\ \text{N/cm}^2 = \ldots\ldots\ \text{bar}$$

Gehen Sie zurück nach 10.

21 Das Gas in unserem Beispiel hat bei einem Druck von 10 bar ein Volumen von 10 L, denn

10 bar × 10 L = 100 bar · Liter.

Was geschieht nun, wenn wir den Druck verringern (Abb. 16)?

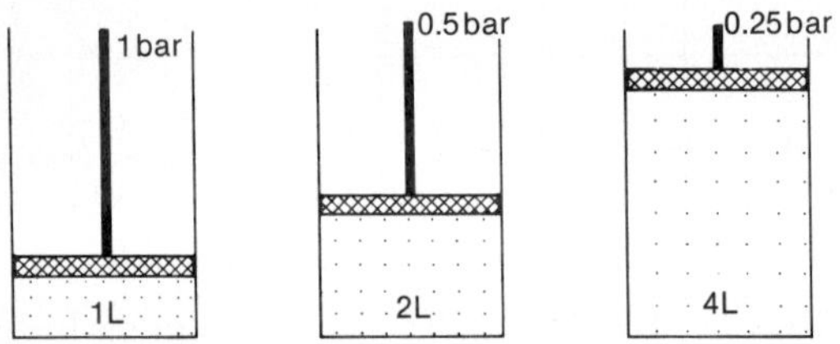

Abb. 16.

- Es passiert gar nichts → 44
- Das Volumen wird kleiner → 8
- Das Volumen wird größer → 35

22 Überlegen Sie noch einmal:

In dem Gefäß ist ein Gas bei Unterdruck (0,5 bar) eingeschlossen. Der Druck der umgebenden Luft ist 1 bar, also größer! Sobald wir in das Gefäß ein Loch bohren, wird die Luft von außen in das Gefäß einströmen, bis der Druckunterschied ausgeglichen ist. → 34

23 Ein Gas, das bei 12,5 bar ein Volumen von 80 L einnimmt, hat einen Druck von nur **0,25 bar**, wenn es ein Volumen von 4 m^3 oder 4000 L einnimmt.

Wir unterscheiden

Unterdruck
Überdruck und
Atmosphärendruck.

Die uns umgebende Luft (Atmosphäre) übt auf uns einen Druck (Atmosphärendruck) aus. Wir spüren diesen Druck nicht, weil unser Körper an diesen Druck gewöhnt ist. In großen Höhen wird dieser Athmosphärendruck aber viel kleiner, man sagt: „Die Luft wird dünner“. Deshalb werden die Flugzeuge mit Druckkabinen ausgerüstet, die im Flugzeug den Druck aufrechterhalten, den unser Körper benötigt.

Wie groß ist nun der Atmosphärendruck?

In Meereshöhe ist er etwa 1 Bar. Wie groß wird der Luftdruck in den Alpen im Vergleich zum Luftdruck an der See sein?

- Größer → 36
- Kleiner → 62
- Der Druck ist gleich → 11

24 Das Gas hat bei 0,5 bar ein Volumen von 200 Liter, denn wenn der Druck sich um die Hälfte verringert, dann verdoppelt sich das Volumen.

Bei 1 bar: 1 bar × 100 L = 100 bar · Liter
Bei 0,5 bar: 0,5 bar × 200 L = 100 bar · Liter

Wir sehen, auch in diesem Beispiel ist das Produkt aus Druck und Volumen immer gleich groß.

Allgemein gilt folgender gesetzmäßiger Zusammenhang zwischen dem Druck p und dem Volumen V:

$$\boxed{p \cdot V = \text{konst.}}$$ konst. = konstantes Produkt

Das konstante Produkt (konst.) kann in den verschiedenen Beispielen verschiedene Zahlenwerte annehmen (in unseren Beispielen einmal 2 bar · Liter, einmal 100 bar · Liter), behält aber bei einer Änderung von Druck und Volumen *für das gewählte Beispiel denselben Wert.*

Sie werden jetzt die folgende Aufgabe ausrechnen können.

Ein Gas hat bei einem Volumen von 150 L einen Druck von 3 bar. Welches Volumen nimmt dieses Gas ein, wenn durch Zusammendrücken mit einem beweglichen Stempel der Druck auf 9 bar erhöht wird?

- 25 Liter → 7
- 50 Liter → 45
- 100 Liter → 15

- 250 Liter → 37
- 450 Liter → 65
- 500 Liter → 57
- Ich kann das Volumen noch nicht ausrechnen → 77

---

25 Sie haben das Gelernte gut behalten.

Die Gase Chlor, Wasserstoff, Stickstoff sowie Sauerstoff kommen als zweiatomige Moleküle (Cl_2, H_2, N_2, O_2) vor. Die molaren Massen $M(Cl_2)$, $M(H_2)$, $M(N_2)$ und $M(O_2)$ sind doppelt so groß wie $M(Cl)$, $M(H)$, $M(N)$ und $M(O)$.

Wenn wir mit diesen Gasen chemische Versuche machen wollen, genügt es aber nicht, wenn wir nur die molaren Massen kennen. Wir müssen oft auch die Masse des Gases genau bestimmen, die wir für einen Versuch verwenden wollen.

Bei festen Stoffen und bei Flüssigkeiten können wir die Massen *wiegen*. Bei flüssigen Stoffen können wir auch ihr *Volumen* bestimmen, z. B. 1 Liter.

Bei Gasen ist das Wiegen oder Bestimmen des Volumens aus verschiedenen Gründen, die wir noch kennenlernen werden, oft recht schwierig.

Die Masse von festen Stoffen und Flüssigkeiten bestimmen wir durch...............
Bei Flüssigkeiten kann man auch das...... bestimmen. → 32

---

26 Sie haben sich verrechnet.

Im ersten Beispiel: 1 bar × 2 Liter = ... bar · Liter

Im zweiten Beispiel: 0,5 bar × 4 Liter = ... bar · Liter

Im dritten Beispiel: 0,25 bar × 8 Liter = ... bar · Liter

Im vierten Beispiel: 0,125 bar × 16 Liter = ... bar · Liter

Die Multiplikation des Druckes mit dem zugehörigen Volumen ergibt in unserem Beispiel immer das Produkt ......

Die Produkte sind also alle gleich groß.

Wiederholen Sie ab 43.

---

27 Überlegen Sie noch einmal:
In dem Gefäß ist ein Gas unter Unterdruck (0,5 bar) eingeschossen. Der Druck der umgebenden Luft ist 1 Bar, also größer! Sobald wir in das Gefäß ein Loch bohren, wird Luft von außen in das Gefäß einströmen, bis der Druckunterschied ausgeglichen ist. → 34

28 Rechnen Sie noch einmal nach:

Wenn eine Kraft von 180 N auf eine Fläche von 6 cm^2 einwirkt, dann beträgt der Druck pro cm^2

$$\frac{180\ \text{N}}{6\ \text{cm}^2} = \ldots\ldots\ \text{N/cm}^2 = \ldots\ldots\ \text{bar}$$

Gehen Sie zurück nach 10.

29 1 m^3 = 1000 L

Eine Berechnungsanleitung finden Sie bei 56.

30 1 L = 1000 cm^3.

Rechnen Sie nun das Volumen V = 1 m^3 in cm^3 um. → 16

31 Sie haben sich verrechnet.

Im ersten Beispiel: 1 bar × 2 Liter = ...bar · Liter

Im zweiten Beispiel: 2 bar × 1 Liter = ...bar · Liter

Im dritten Beispiel: 4 bar × 0,5 Liter = ...bar · Liter

Im vierten Beispiel: 8 bar × 0,25 Liter = ...bar · Liter

Die Multiplikation des Druckes mit dem zugehörigen Volumen ergibt in unserem Beispiel *immer* das Produkt...... → 43.

32 Die Masse von festen Stoffen und Flüssigkeiten bestimmen wir durch *Wiegen.* Bei Flüssigkeiten kann man auch das *Volumen* bestimmen.

Bei Gasen ist das Bestimmen der Masse sehr viel schwieriger, wie wir gleich sehen werden.

Haben Sie schon einmal einen Fahrradschlauch aufgepumpt?

Sicherlich! Wir wollen uns diesen Vorgang etwas genauer ansehen. Die Luft in der Pumpe wird zusammengedrückt, bis der Druck so groß wird, daß sie durch das Ventil in den Schlauch strömen kann.

Wir sehen, daß man Luft *zusammendrücken* (komprimieren) kann.

Beim Zusammendrücken der Luft wird das Volumen ......(kleiner/größer), der Druck der zusammengepreßten Luft wird dabei ......(kleiner/größer).

→ [10]

---

[33] Sie haben nicht beachtet, daß die Gase Chlor, Wasserstoff, Stickstoff sowie Sauerstoff *nur als zweiatomige Moleküle*, vorkommen; nämlich Cl_2, H_2, N_2, sowie O_2.

Im eigenen Interesse sollten Sie die Programme Nr. 7 und Nr. 9 wiederholen. Am besten noch bevor Sie wieder bei [1] beginnen.

---

[34] Richtig. Es strömt solange Luft in das Gefäß ein, bis der Druckunterschied ausgeglichen ist.

Wenn wir in einem Gefäß ein Gas eingeschlossen haben, und der Druck p des eingeschlossenen Gases ist *größer als 1 Bar* (in Abb. 17 p = 3 bar), so sprechen wir von einem *Überdruck*.

Abb. 17.

Was passiert, wenn wir in das Gefäß mit einem Bohrer ein Loch bohren?

- Die Luft strömt in das Gefäß ein → [64]
- Das eingeschlossene Gas strömt teilweise aus → [82]
- Es passiert gar nichts → [51]

---

35 Ihre Antwort ist richtig: Bei *kleiner* werdendem *Druck* dehnt sich das Gas aus, es nimmt ein *größeres Volumen ein.*

Ein Gas hat zum Beispiel:

bei 1	bar ein Volumen von	2 L
bei 0,5	bar ein Volumen von	4 L
bei 0,25	bar ein Volumen von	8 L
bei 0,125	bar ein Volumen von	16 L

Multiplizieren Sie nun in unserem Beispiel in den einzelnen Fällen den Druck mit dem zugehörigen Volumen.

Also: Druck × Volumen

1 bar × 2 Liter =

0,5 bar × 4 Liter =

usw.

Vergleichen Sie dann die erhaltenen Produkte miteinander.

Was beobachten Sie?

- Die Produkte werden immer kleiner → 26
- Die Produkte werden immer größer → 6
- Die Produkte haben alle den gleichen Wert → 13

10

36 Der Luft- oder Atmosphärendruck nimmt doch mit zunehmender Höhe ab! In den Alpen, die ja höher liegen als der Meeresspiegel, ist also der Druck ...... als an der See. → 62

37 Wir wollen die Aufgabe bei 77 Schritt für Schritt lösen.

38 1 L = 1000 cm^3

Eine Berechnungsanleitung finden Sie bei 46.

39 Ihre Antwort ist richtig, der Druck beträgt 3 Bar.

Das *Volumen* eines Gases wird im allgemeinen in *Litern* (Symbol: L) gemessen. Bei kleineren Volumina benutzt man Kubikzentimeter (cm^3), bei größeren Volumina Kubikmeter (m^3).

Können Sie das Volumen $V = 1\ m^3$ in Liter umrechnen?

- V = 10 Liter → 17
- V = 100 Liter → 29
- V = 1 000 Liter → 5
- V = 10 000 Liter → 50
- Ich brauche zusätzliche Informationen → 56

40 Ihre Antwort ist falsch.

Eine Erklärung finden Sie bei 125.

41 Die Antwort ist richtig.

Falls Sie diese Antwort gleich gefunden hatten, so zeigt das, daß Sie gut mitarbeiten.

Da sich bei der Reaktion

$$H_2 + Cl_2 \longrightarrow 2\ HCl$$

die Summe der Stoffmengen auf beiden Seiten der Gleichung nicht ändert, ändert sich auch das Volumen nicht, und damit bleibt der Druck im Gefäß konstant. Beim Eintauchen in Quecksilber und Öffnen des Hahnes a passiert also nichts.

Das ist ein für uns jetzt leicht verständliches Ergebnis, da wir wissen, daß in den Gasen Wasserstoff und Chlor zweiatomige Moleküle vorliegen.

Es ist aber ein *sehr wichtiges Ergebnis*, denn es ist der *Beweis* dafür, daß in den Gasen Wasserstoff und Chlor die zweiatomigen Moleküle H_2 bzw. Cl_2 (und nicht die Atome H bzw. Cl) vorliegen.

Das wollen wir uns genauer ansehen:

Falls Wasserstoff und Chlor als Atome vorliegen würden, müßte die Gleichung heißen:

$$H + Cl \longrightarrow HCl$$

Das hieße jedoch:

1 Atom Wasserstoff reagiert mit 1 Atom Chlor zu
1 Molekül Chlorwasserstoff

oder:

1 Mol Wasserstoff-Atome reagiert mit 1 Mol Chlor-Atome zu
1 Mol Chlorwasserstoff-Moleküle

oder (im Normzustand):

22,4 L Wasserstoff-Atome reagieren mit 22,4 L Chloratomen zu
22,4 L Chlorwasserstoff-Molekülen.

Das Volumen der Ausgangsstoffe beträgt demnach 44,8 L und das des Endproduktes 22,4 L. Das Volumen müßte also bei der Reaktion um die Hälfte abnehmen (bei gleichem Druck).

Das stimmt *nicht* mit dem Experiment überein!
Das Ergebnis des Experimentes ist *nur* durch das Auftreten von Wasserstoff und Chlor als zweiatomige Moleküle (H_2, Cl_2) zu erklären.

Das Auftreten der Gase als (meist) zweiatomige Moleküle erkannte zuerst 1811 der Italiener *Avogadro*. Er formulierte den Lehrsatz:

> Gleiche Volumina aller Gase enthalten bei gleichem Druck und gleicher Temperatur gleiche Stoffmengen.

Schreiben Sie diesen *Lehrsatz von Avogadro* ab, und lernen Sie ihn auswendig.

Wir kennen bereits als Merksatz:
1 Mol eines Gases nimmt im ....ein Volumen von ...... Liter ein.

Notieren Sie den Satz mit Ergänzungen, und vergleichen Sie bei 91.

---

42 Ihre Berechnung ist falsch.

Eine Erklärung finden Sie unter 117.

10

43 Ja, in allen Fällen ergab die Multiplikation von Druck und Volumen das gleiche Produkt, nämlich 2 bar · Liter.

Das ist ein wichtiges Ergebnis.

Wenn wir also ein bestimmtes Volumen eines Gases bei verschiedenen Drücken betrachten, so erkennen wir jetzt, daß das *Produkt aus Druck und Volumen immer gleich groß ist.*

In unserem Beispiel ist es immer gleich 2 bar · Liter.

Hier ein anderes Beispiel. Eine bestimmte Gasportion steht unter zunehmenden Drücken (Abb. 18):

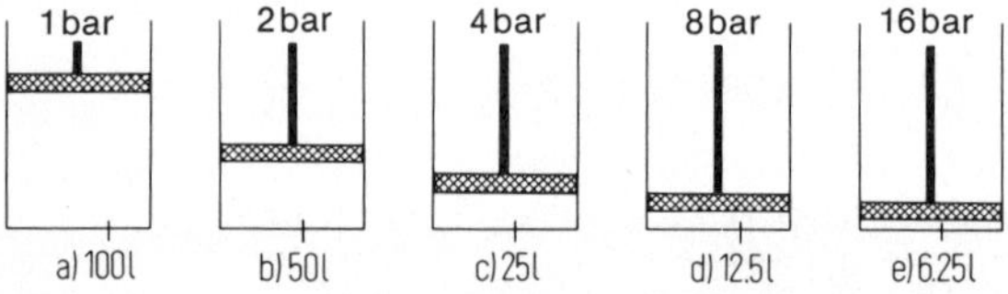

Abb. 18.

a) Bei einem Druck von 1 bar hat das Gas ein Volumen von 100 Liter

b) Bei einem Druck von 2 bar hat das Gas ein Volumen von 50 Liter

c) Bei einem Druck von 4 bar hat das Gas ein Volumen von 25 Liter

d) Bei einem Druck von 8 bar hat das Gas ein Volumen von 12,5 Liter

e) Bei einem Druck von 16 bar hat das Gas ein Volumen von 6,25 Liter

Multiplizieren Sie auch hier Druck und Volumen.

Wie groß sind die Produkte? → 4

44 Sie passen nicht auf, denn sonst hätten Sie die auftretenden Änderungen an den Bildern erkannt.

Lesen Sie 21 noch einmal.

45 Ihre Antwort ist richtig.

$p \cdot V = 450 \text{ bar} \cdot \text{L}$

$9 \text{ bar} \cdot 50 \text{ L} = 450 \text{ bar} \cdot \text{L}.$

Ein Gas, das bei 3 bar ein Volumen von 150 Liter einnimmt, hat bei 9 bar ein Volumen von 50 Liter.

Eine andere Aufgabe:

Ein Gas hat bei 12,5 bar ein Volumen von 80 Liter.

Wie groß ist der Druck, wenn die gleiche Gasportion ein Volumen von 4 m³ einnimmt? (Die Aufgabe ist nicht ganz leicht, Sie müssen zuerst das Volumen V = 4 m³ in Liter umrechnen.)

- 25,0 bar → 80
- 2,5 bar → 12
- 0,25 bar → 23
- 0,025 bar → 9
- Ich habe einen anderen Druck errechnet, oder: Ich kann die Aufgabe nicht lösen. → 59

10

---

46 Gefordert war die Umrechnung des Volumens V = 1 L in cm³.

Ein Liter ist das Volumen eines Würfels mit der Kantenlänge 10 cm.
V = 10 cm × 10 cm × 10 cm = ... cm³.

Rechnen Sie das aus, und vergleichen Sie bei 30.

---

47 Wir hatten gelernt: 1 Bar (bar) ist der Druck, den eine Kraft von 10 Newton (N) auf eine Fläche von 1 cm² ausübt.

1 bar = 10 N/cm²

Wichtig ist also, wie groß der Druck auf einer Fläche von 1 cm² ist.

Unsere Aufgabe:

Wie groß ist der Druck in Bar, wenn eine Kraft von 180 N auf eine Fläche von 6 cm² einwirkt?

Wenn eine Kraft von 180 N auf eine Fläche von 6 cm² einwirkt, dann wirkt auf jeden einzelnen cm²

$$\frac{180\ \text{N}}{6\ \text{cm}^2} = \ldots\ldots\ldots\ldots\ \text{N/cm}^2 = \ldots\ldots\ldots\ldots\ \text{bar}$$

Beachten Sie, daß 1 Bar gleich 10 (!) N/cm² ist, und gehen Sie zurück nach 10.

48

Gegeben: $V_{(H_2)} = 44{,}8\ L$
$V_{(O_2)} = 22{,}4\ L$

Gesucht: $m_{(H_2O)}$

Lösungsweg:

1. Reaktionsgleichung:

$$2\ H_2 + O_2 \longrightarrow 2\ H_2O$$

2 mol 1 mol 2 mol

2. Umrechnung der gegebenen Volumina in Stoffmengen:

$V = 22{,}4\ L$ entspricht $n = 1\ mol$

$V_{(H_2)} = 44{,}8\ L$ entspricht $n_{(H_2)} = x\ mol$

$V_{(O_2)} = 22{,}4\ L$ entspricht $n_{(O_2)} = y\ mol$

3. Aus $n_{(H_2)} = x\ mol$ und $n_{(O_2)} = y\ mol$ entstehen $n_{(H_2O)} = z\ mol$.
(Reaktionsgleichung!)

4. $m_{(H_2O)} = M_{(H_2O)} \cdot n_{(H_2O)}$

$m_{(H_2O)} = 18\ g/mol \cdot z\ mol$

$m_{(H_2O)} =$ .... g → 76

49

Ihre Antwort ist richtig.

Eine Stoffportion von 48 g Sauerstoff nimmt bei 0 °C und 2 bar ein Volumen von 16,8 L ein.

Eine Stoffportion von 73 g Chlorwasserstoff nimmt bei 0 °C und 2 bar ein Volumen von 22,4 L ein.

Welches Volumen nimmt eine Stoffportion von 56 g Stickstoff bei 4 bar und 0 °C ein?

Vergleichen Sie Ihre Berechnung bei 66

50 $1\ m^3 = 1000\ L$.

Eine Berechnungsanleitung finden Sie bei 56.

51 Sie arbeiten nicht mit.

Lesen Sie das Programm noch einmal gründlich ab 23.

52 Richtig ist: $V_{(H_2)} = 22{,}4\ L$, $V_{(O_2)} = 11{,}2\ L$.

Sie können jetzt auch folgende Frage beantworten:

Wie groß ist die Masse m einer Stoffportion Wasser, die entsteht, wenn sich eine Stoffportion Wasserstoff (mit dem Volumen $V_{(H_2)} = 44{,}8\ L$) mit einer Stoffportion Sauerstoff (mit einem Volumen $V_{(O_2)} = 22{,}4\ L$) verbindet? (Alle Angaben beziehen sich auf den Normzustand.)

- m = 18 g → 95
- m = 36 g → 76
- m = 54 g → 114
- Ich weiß es nicht → 48

53 Sie wählten die Antwort: „Ich weiß es nicht".

Es ist gut, daß Sie nicht geraten haben; nur bedenken Sie eines: Hätten Sie die richtige Antwort wirklich nicht gefunden, wenn Sie gründlich überlegt hätten?

Lesen Sie weiter bei 117.

54 Um beurteilen zu können, ob bei der Reaktion im Gefäß eine Druckänderung stattgefunden hat, müssen wir uns überlegen, wieviel Moleküle der gasförmigen Ausgangsstoffe *vor* der Reaktion und wieviel Moleküle der gasförmigen Endprodukte *nach* der Reaktion vorliegen.

Nach der Reaktionsgleichung

$$Cl_2 + H_2 \longrightarrow 2\ HCl$$

entstehen aus 1 Molekül Chlor und 1 Molekül Wasserstoff 2 Moleküle Chlorwasserstoff.

Die Anzahl der Moleküle ist in dieser Reaktionsgleichung auf beiden Seiten *gleich*, nämlich 2. An ihr ändert sich bei unserem Versuch *nichts*. Wo vorher Chlor- und Wasserstoffmoleküle waren, sind am Ende des Versuchs gleich viele Chlorwasserstoffmoleküle.

Welchen Schluß können wir aus diesen Überlegungen ziehen?

Wir machen den letzten Versuch noch einmal (Abb. 19): In A befindet sich (unter einem Druck von 1 bar) Chlor, in B befindet sich (unter einem Druck von 1 bar) Wasserstoff. Wir öffnen Hahn b und bestrahlen mit UV-Licht. Chlor und Wasserstoff reagieren zu Chlorwasserstoff. Hahn a wird jetzt in eine Schale mit Quecksilber getaucht.

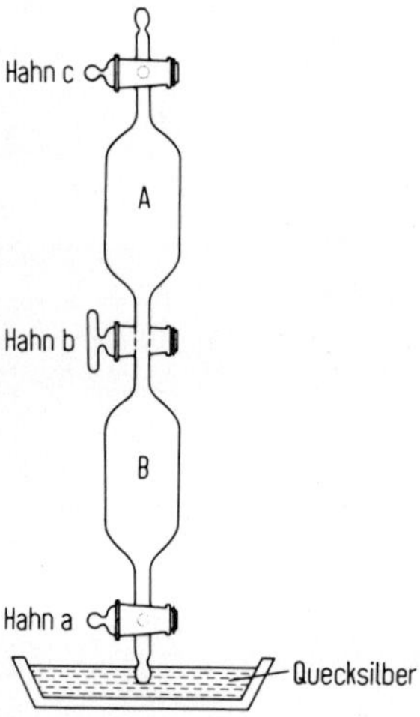

Abb. 19.

Was wird beim Öffnen des Hahnes a geschehen?

- Wegen Überdrucks wird ein Teil des Chlorwasserstoff herausgedrückt → 118
- Der Druck hat sich bei der Reaktion nicht geändert, es wird nichts passieren → 41
- Wegen Unterdrucks wird Quecksilber in das untere Gefäß steigen → 90

---

55 Das Volumen der Ausgangsstoffe (N_2 + 3 H_2 im Normzustand), V_{Anfang}, beträgt 89,6 Liter.

Das Volumen des Endproduktes (2 NH_3 im Normzustand), $V_{Ende,}$ beträgt 44,8 Liter.

Demnach ist

$$V_{Anfang} : V_{Ende} = 89{,}6 \text{ L} : 44{,}8 \text{ L}$$

Dieses Ergebnis läßt sich noch verbessern, indem man versucht, das Verhältnis auf möglichst kleine und ganze Zahlen zurückzuführen. Erst unter kleinen Zahlen kann man sich gut etwas vorstellen. Sie hatten nur unvollständig gekürzt.

89,6 und 44,8 lassen sich durch 44,8 teilen.

Führen Sie die Rechnung durch und notieren Sie sich, zu welchem Verhältnis

$$V_{Anfang} : V_{Ende} = \ldots\ldots : \ldots\ldots$$

Sie dann kommen. → 94

---

56 Gefordert war die Umrechnung des Volumens 1 m^3 in Liter.

1 Liter ist das Volumen V eines Würfels mit der Kantenlänge 10 cm.

$$V = 10 \text{ cm} \times 10 \text{ cm} \times 10 \text{ cm} = 1000 \text{ cm}^3 = 1 \text{ L}$$

oder: $1 \text{ dm} \times 1 \text{ dm} \times 1 \text{ dm} = 1 \text{ dm}^3 = 1 \text{ L}$

1 Kubikmeter ist das Volumen V eines Würfels mit der Kantenlänge 100 cm = 1 m

$$V = 100 \text{ cm} \times 100 \text{ cm} \times 100 \text{ cm} = 1\,000\,000 \text{ cm}^3$$
$$= \ldots\ldots \text{ Liter}$$ → 5

---

57 Wir wollen die Aufgabe bei 77 Schritt für Schritt lösen.

---

58 Der Normzustand ist festgelegt durch:

den Druck $p_n = 1$ bar und
die Temperatur $t_n = 0\,°C$

Ende des 10. Programms.

59 Wir wollen die Aufgabe Schritt für Schritt lösen.

Aufgabe:

Ein Gas hat bei 12,5 bar ein Volumen von 80 Litern. Wie groß ist der Druck, wenn das gleiche Gas ein Volumen von 4 m^3 einnimmt?

Zuerst errechnen wir das Produkt p · V, also die Konstante. Es ist p = 12,5 bar und V = 80 L, also ist unsere Konstante

12,5 bar · 80 L = **1000** bar · L

Ehe wir weiterrechnen, müssen wir 4 m^3 in Liter umrechnen (Da wir die Konstante durch Multiplizieren von 12,5 *bar* mit 80 *Liter* errechnet haben, müssen wir jetzt dabei bleiben und alle Größen in *Bar* bzw. *Liter* angeben.)

1 m^3 = 1000 L

4 m^3 = 4000 L

Das Gesetz heißt:

p · V = konst.

Wir kennen davon das Volumen	V = 4000 L
und die Konstante.	konst. = 1000 bar · Liter
Unbekannt ist uns der Druck	p = ? bar

p · 4000 L = 1000 bar · L

Notieren Sie womit 4000 Liter multipliziert werden muß, um 1000 bar · Liter zu ergeben! → 73

60 1 L = 1000 cm^3

Eine Berechnungsanleitung finden Sie bei 46.

61 Eine Stoffportion von 5,6 Liter Wasserstoff hat die Masse m = 0,5 g.

Noch ein Anwendungsbeispiel für das, was Sie bisher gelernt haben:

Welche Stoffmengen Wasserstoff und Sauerstoff entstehen, wenn eine Stoffportion Wasser mit der Masse m = 18 g im Hoffmannschen Wasserzersetzungsapparat durch Gleichstrom zerlegt wird? Welche Volumina nehmen diese Stoffmengen im Normzustand ein?

Eine Hilfe finden Sie unter 72.

Wenn Sie überzeugt sind, allein das richtige Ergebnis gefunden zu haben, schlagen Sie 52 auf.

---

62 Ja, der Druck ist *kleiner*.

Wenn wir in einem Gefäß ein Gas eingeschlossen haben, und der Druck p des eingeschlossenen Gases ist *kleiner* als ein Bar (im Bild p = 0,5 bar), so sprechen wir von einem *Unterdruck*.

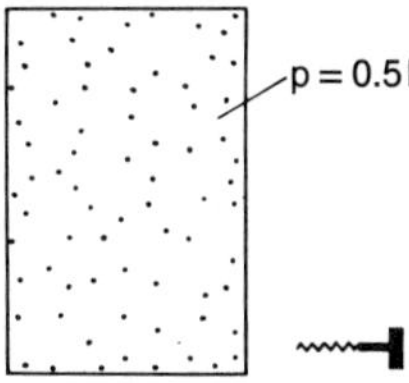

Abb. 20.

Was passiert, wenn wir in das Gefäß mit einem Bohrer ein Loch bohren (Abb. 20)?

- Luft strömt in das Gefäß ein → 34
- Das eingeschlossene Gas strömt aus → 22
- Es passiert gar nichts → 27

---

63 $p \cdot V = \text{konst.}$

Dieses Gesetz gilt natürlich nur, wenn wir die Temperatur nicht verändern. Wir lernten noch den Merksatz kennen:
Die Stoffmenge n = 1 mol eines Gases nimmt im .... ein Volumen von ...... ein.

Notieren Sie den Satz mit Ergänzung und vergleichen Sie bei 99.

---

64 Sie arbeiten nicht mit.

Lesen Sie das Programm noch einmal gründlich ab 23.

---

65 Wir wollen die Aufgabe bei 77 Schritt für Schritt lösen.

66 Richtig ist: 11,2 Liter.

$$n(N_2) = \frac{56\ g}{28\ g \cdot mol^{-1}} = 2\ mol$$

Volumen von 56 g Stickstoff im Normzustand 2 · 22,4 Liter = 44,8 Liter

nach $p \cdot V =$ konst.:

$$1\ bar \cdot 44{,}8\ L = 4\ bar \cdot x\ L$$

$$x\ L = \frac{1\ bar}{4\ bar} \cdot 44{,}8\ L$$

$$= 11{,}2\ L$$

Welches Volumen nimmt eine Stoffportion von 10 g Wasserstoff bei 0 °C und 20 Bar ein?

- 112,0 Liter → 79
- 56,0 Liter → 86
- 11,2 Liter → 107
- 5,6 Liter → 97
- Ich habe andere Zahlen → 115

67 Ihre Antwort ist nur bedingt richtig.

Eine Erklärung finden Sie bei 55.

68 Ja, je größer der Druck, desto *kleiner* das Volumen. Wir betrachten jetzt ein eingeschlossenes Gasvolumen von V = 2 L unter einem Druck von p = 1 bar (Abb. 21).

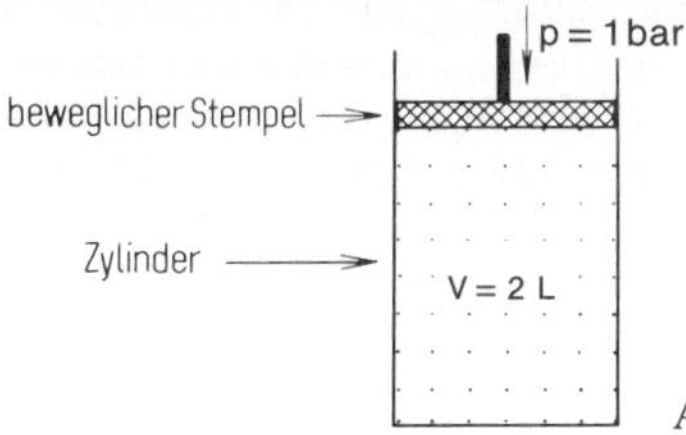

Abb. 21.

Wenn wir jetzt den Druck p auf p = 2 bar *verdoppeln*, dann bewegt sich der Stempel nach unten, das Volumen wird *halb* so groß (Abb. 22).

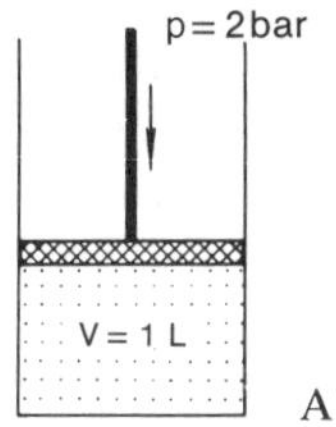

Abb. 22.

Wie groß wird das Volumen, wenn wir den Druck nochmals verdoppeln, also auf p = 4 bar?

Notieren Sie den Wert, und vergleichen Sie bei [3].

---

69 Der Lehrsatz von Avogadro:

Gleiche Volumina aller Gase enthalten bei gleichem Druck und gleicher Temperatur gleiche Stoffmengen.

Wir unterscheiden

Unterdruck,
Überdruck,
Atmosphärendruck.

Das Volumen eines Gases wird beim Erwärmen größer, beim Abkühlen kleiner.

Was versteht man unter dem Normzustand?

Schreiben Sie die festgelegten Bedingungen auf, und vergleichen Sie bei [58].

---

70 Die Frage ist schwer. Es ist erfreulich, daß Sie nicht einfach geraten haben. Genau erklärt wird Ihnen das Versuchsergebnis bei [54].

---

71 Zuerst berechnen Sie die Stoffmenge $n(H_2)$ der gegebenen Wasserstoff-Portion mit der Masse $m(H_2) = 10$ g. Dazu benötigen Sie die molare Masse $M(H_2) = 2$ g/mol. Setzen Sie die Zahlenwerte für $m(H_2)$ und $M(H_2)$ in die Formel ein:

$$n(H_2) = \frac{m(H_2)}{M(H_2)}$$

$$n(H_2) = \frac{\quad}{\quad} = 5 \text{ mol}$$

Sie wissen: 1 Mol eines Gases nimmt im Normzustand ein Volumen von 22,4 L ein. Welches Volumen nehmen die 5 Mol Wasserstoff-Moleküle ein?

Gehen Sie zurück nach 100, und berechnen Sie in gleicher Weise den 2. Teil der Aufgabe.

---

72 Eine Stoffportion von 18 g Wasser soll durch Gleichstrom zerlegt werden. Wie groß ist das Volumen der entstehenden Wasserstoff- bzw. Sauerstoffportion?

Wir beginnen mit der Reaktionsgleichung. (Die Reaktionsgleichung ist der *Ausgangspunkt* bei *jeder Berechnung*, die sich auf einen *chemischen* Vorgang bezieht.)

$$2\,H_2O \longrightarrow 2\,H_2 + O_2$$

In Worten: Eine Stoffmenge von $n(H_2O) = 2$ mol liefert bei der Zerlegung $n(H_2) = 2$ mol und $n(O_2) = 1$ mol

Wie groß ist die Stoffmenge der Wasser-Portion mit der Masse $m = 18$ g? Wenn Sie die Frage zuerst beantworten, sollte Ihnen die Lösung der oben genannten Aufgabe keine große Schwierigkeiten mehr machen. Vergleichen Sie Ihr Ergebnis unter 52.

Oder ist Ihnen der Lösungsweg noch nicht klar? Dann schlagen Sie 89 auf.

---

73 Das Ergebnis ist 0,25 bar, denn

$$0{,}25 \text{ bar} \cdot 4000 \text{ L} = 1000 \text{ bar} \cdot \text{L}$$

Das Gas hat also einen Druck von 0,25 bar, wenn es ein Volumen von $4000 \text{ L} = 4 \text{ m}^3$ einnimmt. → 23

74 Wir hatten an dem Verschwinden der Farbe des Chlors festgestellt, daß die beiden Gase miteinander *reagiert* haben. Läge nur eine Mischung vor, dann wäre durch das Verdünnen des Chlors mit dem Wasserstoff die grüne Farbe des Chlors nur etwas aufgehellt worden.

Beantworten Sie die Frage bei 97 noch einmal.

75 Um die Aufgabe leichter lösen zu können, schließen wir die Luft nicht in ein festverschlossenes Gefäß, sondern in ein Gefäß mit beweglichem Stempel ein.

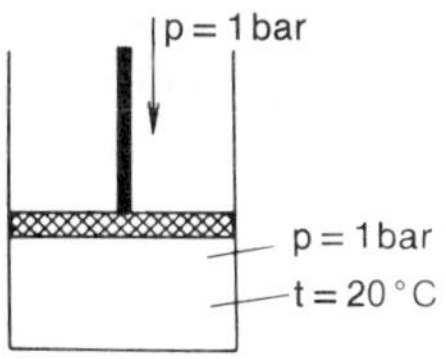

Abb. 23.1.

Das mit Luft gefüllte Gefäß, in dem die Luft unter Druck von 1 Bar eingeschlossen ist, wird durch Abb. 23.1 dargestellt.

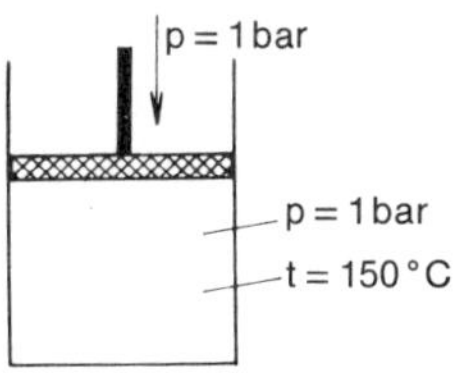

Abb. 23.2.

Wird nun die Luft von 20 °C auf 150 °C erwärmt, so dehnt sie sich aus. Der bewegliche Stempel wird nach oben gedrückt (Abb. 23.2). Das Volumen der eingeschlossenen Luft wird also größer.

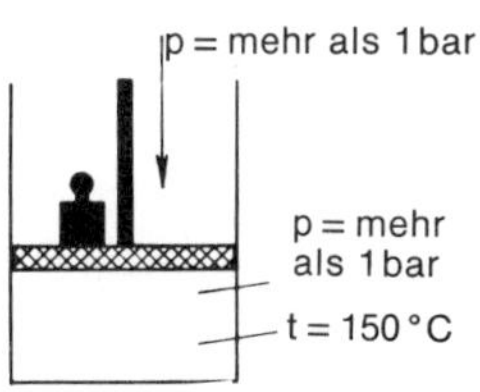

Abb. 23.3.

Wollen wir die Luft wieder auf das ursprüngliche bei 20 °C eingenommene Volumen bringen, dann müssen wir sie durch eine Kraft zusammendrücken (Abb. 23.3). Der Druck nimmt dabei zu.

Anhand dieser Überlegungen werden Sie jetzt sicher die Frage unter 96 richtig beantworten können.

76 Es entsteht eine Wasserportion mit der Masse m = 36 g.

Wir wollen jetzt wiederholen:

Druck und Volumen stehen bei Gasen in festem gesetzmäßigem Zusammenhang. Wird der Druck größer, so wird das Volumen..............

Notieren Sie das fehlende Wort. → 92

---

77 Wir wollen die Aufgabe Schritt für Schritt lösen.

Aus unseren früheren Beispielen haben wir gelernt, daß

$$\boxed{p \cdot V = \text{konst}}$$

ist.

Durch Multiplikation von Druck p und Volumen V erhalten wir ein Produkt (konst). Dieses Produkt (konst.) ist für das eingeschlossene Gas immer gleich groß, ganz gleich, unter welchem Druck das Gas steht. Bei Änderung des Drucks ändert sich ja auch das Volumen.

Unsere Aufgabe lautete:

Ein Gas hat bei einem Volumen von 150 Litern einen Druck von 3 bar. Welches Volumen nimmt dieses Gas ein, wenn durch Zusammendrücken mit einem beweglichen Stempel der Druck auf 9 bar erhöht wird?

Wir berechnen zuerst das Produkt (konst). Gegeben sind p = 3 bar und V = 150 Liter.

$$p \cdot V = 3 \text{ bar} \cdot 150 \text{ L} = 450 \text{ bar} \cdot \text{L}$$

Das Produkt (konst) ist demnach 450 bar · Liter.

Wie groß ist das Volumen des eingeschlossenen Gases, wenn der Druck 9 bar ist?

$$p \cdot V \quad = 450 \text{ bar} \cdot \text{L}$$

$$9 \text{ bar} \cdot ?\text{ L} = 450 \text{ bar} \cdot \text{L}$$

Welcher Faktor gibt mit 9 bar mutipliziert 450 bar · L? → 45

---

78 Der Lehrsatz von *Avogadro:*

> Gleiche Volumina aller Gase enthalten bei gleichem Druck und gleicher Temperatur gleiche Stoffmengen.

Für die weiteren Erläuterungen benötigen wir einige molare Massen. Notieren Sie sich bitte die molaren Massen von:

Wasserstoff	$M(H_2)$	=
Chlor	M (Cl)	=
Chlorwasserstoff (HCl)	M (HCl)	=
Ammoniak (NH_3)	$M(NH_3)$	=

(M(H) = 1 g/mol, M(Cl) = 35,5 g/mol, M(N) = 14 g/mol) → 108

---

79 Ihre Antwort ist falsch.
Eine Erklärung der Berechnung finden Sie bei 115.

---

80 Sie haben sich verrechnet.
Wir wollen die Aufgabe bei 59 Schritt für Schritt lösen.

---

81 Ihre Antwort ist nur bedingt richtig.

Eine Erklärung finden Sie bei 55.

---

82 Richtig.

Das Gas strömt solange aus, bis der Druckunterschied ausgeglichen ist. (Denken Sie an ein Loch im Fahrradschlauch.)

Notieren Sie die fehlenden Wörter:

Ist der Druck kleiner als 1 Bar, so sprechen wir von ....Ist der Druck größer als 1 Bar, so sprechen wir von.............. → 96

---

83 Wenn Sie 71 g Chlor durch 22,4 Liter teilen, ergibt sich die Masse pro Liter Chlor.

Wieviel wiegt also 1 Liter Chlor? → 120

---

84 Ihre Antwort ist falsch.

Eine Erklärung finden Sie bei 125.

---

85 Ihre Antwort ist richtig.

Der Druck in einem *geschlossenen*, mit Luft gefüllten Gefäß muß beim Erwärmen ansteigen, da die Luft sich nicht ausdehnen kann.

Wir merken uns:

1. Beim Erwärmen dehnen sich alle Gase aus.
2. Beim Abkühlen ziehen sich alle Gase zusammen.

Weil sich die Gase zusammendrücken lassen, und weil sie sich bei wechselnder Temperatur ausdehnen oder zusammenziehen, muß man bei der Messung von Gasvolumina immer genau die Bedingungen (Druck und Temperatur) angeben. Um vergleichbare Werte zu erhalten, wurde folgender

„*Normzustand*" festgelegt:

$p_n = 1$ bar $\quad t_n = 0\,°C$

Wenn also das Volumen eines Gases im Normzustand bestimmt werden soll, dann ist zu beachten, daß dabei das Gas eine Temperatur von $t = 0\,°C$ hat und unter einem Druck von $p = 1$ bar steht.

Wir wollen uns jetzt die Gase und Gasreaktionen genauer ansehen. Folgender Lehrsatz ist sehr wichtig:

Eine Stoffportion eines Gases mit der Stoffmenge $n = 1$ mol nimmt im Normzustand ein Volumen $V = 22{,}4$ Liter ein.

Prägen Sie sich diesen Satz gut ein!

Zum Beispiel:

$n(N_2) = 1$ mol $\quad V = 22{,}4$ Liter im Normzustand.
$n(Cl_2) = 1$ mol $\quad V = 22{,}4$ Liter im Normzustand.

Lösen Sie mit Hilfe des obigen Lehrsatzes die Aufgabe:

Wie groß ist das Volumen, das im Normzustand von einer Stoffportion von 2 Mol Sauerstoff-Molekülen eingenommen wird?

Notieren Sie Ihr Ergebnis, und vergleichen Sie bei [100].

---

[86] Ihre Antwort ist falsch.

Eine Erklärung der Berechnung finden Sie bei [115].

---

87 Das Ergebnis ist

$$\frac{32 \text{ g/mol}}{1{,}43 \text{ g/L}} = 22{,}4 \text{ L/mol.}$$

Die Kenntnis des Gesetzes über das molare Volumen der Gase können Sie vielfältig anwenden.

Hier ein Beispiel:

Es liegt eine Stoffportion von 5,6 L Wasserstoff im Normzustand vor. Berechnen Sie, wie groß die Masse dieser Wasserstoff-Portion ist.

- m = 1 g → 110
- m = 0,5 g → 61
- m = 0,25 g → 42
- Ich weiß es nicht. → 53

88 Es ist gut, daß Sie nicht einfach geraten haben, weil Ihre Zahlen nicht mit den angegebenen übereinstimmen.

Eine genaue Erklärung finden Sie bei 71.

89 Eine Stoffportion Wasser mit der Masse m = 18 g soll durch Gleichstrom zerlegt werden. Welche Stoffmengen entstehen und welche Volumina nehmen sie ein?

Lösungsweg:

1. Reaktionsgleichung $2\ H_2O \longrightarrow 2\ H_2 + O_2$
   Aus einer Stoffmenge von $n(H_2O) = 2$ mol entstehen die Stoffmengen $n(H_2) = 2$ mol und $n(O_2) = 1$ mol
2. Die Aufgabe lautet: Eine Stoffportion Wasser mit der Masse m = 18 g soll zerlegt werden.
   Um welche Stoffmenge handelt es sich also?

$$n(H_2O) = \frac{m(H_2O)}{M(H_2O)} \qquad M(H_2O) = 18 \text{ g/mol}$$

$$n(H_2O) = \frac{18 \text{ g}}{18 \text{ g/mol}} = 1 \text{ mol}$$

3. Wenn statt einer Stoffmenge von $n(H_2O) = 2$ mol (Reaktionsgleichung) nur eine Stoffmenge von $n(H_2O) = 1$ mol (Aufgabe) zur Verfügung steht (also nur die Hälfte!), so entstehen nur $n(H_2) = 1$ mol und $n(O_2) = 0{,}5$ mol.

4. Eine Stoffmenge von $n(H_2) = 1$ mol nimmt im Normzustand welches Volumen ein?

   Eine Stoffmenge von $n_{(O_2)} = 0{,}5$ mol nimmt im Normzustand welches Volumen ein?

   Bitte beantworten Sie die beiden Fragen unter 4. → 52

---

90 Es ist *kein* Unterdruck vorhanden.

Eine Erklärung finden Sie bei 104.

---

91 Vergleichen Sie:

1 Mol eines Gases nimmt im Normzustand ein Volumen von **22,4** Liter ein.

Wir betrachten jetzt die Reaktion zur Bildung von Ammoniak (NH_3). Die Reaktionsgleichung dazu heißt:

$$N_2 + 3\,H_2 \longrightarrow 2\,NH_3$$

Schreiben Sie diese Reaktionsgleichung ab, und schreiben Sie unter die Ausgangsstoffe und das Endprodukt die Volumina, die diese Gase aufgrund ihrer durch die Reaktionsgleichung festgelegten Molverhältnisse im Normzustand einnehmen. (NH_3 ist gasförmig.) → 122

---

92 Wird der Druck größer, so wird das Volumen *kleiner.*

Auch das Umgekehrte gilt:

Wird der Druck kleiner, so wird das Volumen größer.

Diese Gesetzmäßigkeit wird beschrieben durch die Formel

$$p \cdot V = \ldots\ldots\ldots\ldots\ldots$$

Notieren Sie die Formel mit Ergänzung, und vergleichen Sie bei 63.

---

93 Der Chlorwasserstoff steht *nicht* unter Unterdruck.

Eine Erklärung finden Sie bei 54.

94 Ihre Antwort ist richtig.

Bei der Reaktion

$$N_2 + 3\ H_2 \longrightarrow 2\ NH_3$$

verhält sich das Volumen der Ausgangsstoffe (V_{Anfang}) zum Volumen des Endproduktes (V_{Ende}) wie 2 : 1.

Das Volumen der Ausgangsstoffe (89,6 L) ist doppelt so groß wie das Volumen des Endproduktes (44,8 L).

In unserem Bild vom Zylinder mit beweglichem Stempel sieht das so aus (Abb. 24):

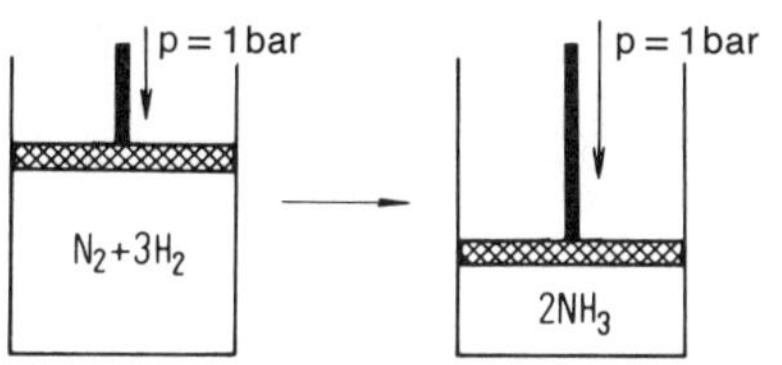

Abb. 24.

Die Zahl der Moleküle verringert sich bei der Reaktion; deshalb mußte das Volumen kleiner werden. Das stimmt überein mit dem Lehrsatz von A ....

Notieren Sie den Namen, und vergleichen Sie bei 78.

95 Ihre Berechnung ist falsch.

Eine Erklärung finden Sie bei 48.

96 Druck kleiner als 1 bar: *Unterdruck*
Druck größer als 1 bar: *Überdruck*

(Dieses Programm ist recht umfangreich. Sie befinden sich jetzt etwa in der Mitte und können hier eine Pause machen. Merken Sie sich aber den Lernschritt 96 oder legen Sie hier ein Blatt Papier in das Buch, damit Sie diese Stelle leichter wiederfinden.)

10

Ein weiteres Gesetz:

Alle Gase dehnen sich beim Erwärmen aus.

Was wird geschehen, wenn ein Gas in einem *festverschlossenen* Gefäß von 20 °C auf 150 °C erwärmt wird? (Weil das Gefäß fest verschlossen ist, kann das Gas kein größeres Volumen einnehmen, kann sich also *nicht* ausdehnen.)

- Der Druck im Gefäß wird sich erniedrigen → 112
- Der Druck im Gefäß wird sich erhöhen → 85
- Der Druck im Gefäß wird sich nicht ändern → 105
- Ich weiß es nicht → 75

---

97 Ihre Antwort ist richtig.

Eine Stoffportion von 10 g Wasserstoff nimmt bei 0 °C und 20 Bar ein Volumen von 5,6 Liter ein.

Wir wollen (in Gedanken) jetzt einige Versuche machen:

Wir nehmen ein Glasgefäß (siehe Abbildung). Es besteht aus 2 gleichgroßen Teilen A und B, die durch Hähne verschließbar sind und deren Volumen je 22,4 Liter beträgt. Der Raum A ist mit Chlor, der Raum B ist mit Wasserstoff gefüllt (Abb. 25).

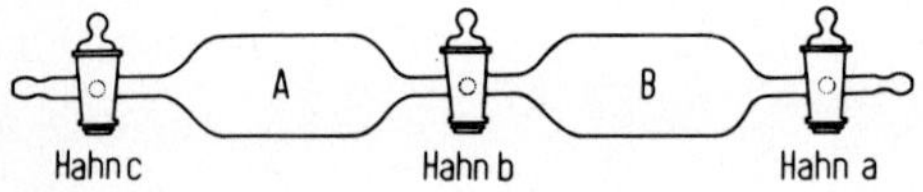

Abb. 25.

Der Druck ist in beiden Gefäßen gleich dem Atmosphärendruck. Alle Hähne sind geschlossen. Jetzt bringen wir die ganze Anordnung in das Licht einer UV-Lampe oder in grelles Sonnenlicht und öffnen den Hahn b zwischen Gefäß A und B. An dem Verschwinden der gelbgrünen Farbe des Chlors in Raum A erkennen wir, daß sich nach Öffnen des mittleren Hahnes die beiden Gase vermischen und miteinander reagieren.

Was entsteht bei dieser Reaktion aus Wasserstoff und Chlor?

- Salzsäure → 121

- Chlorwasserstoff → 113

- Eine Mischung von Chlor und Wasserstoff → 74

---

98 71 g Chlor haben ein Volumen von 22,4 Liter im Normzustand.

1 Liter Chlor hat also die Masse m = ... g . → 120

Haben Sie Schwierigkeiten bei der Berechnung? Dann schlagen Sie 83 auf.

---

99 Die Stoffmenge n = 1 mol eines Gases nimmt im *Normzustand* ein Volumen von **22,4** Liter ein.

Das von einer Stoffmenge n = 1 mol eines Gases eingenommene Volmen ist das molare Volumen. Das molare Volumen aller Gase beträgt im *Normzustand* 22,4 Liter.

Hiermit im Zusammenhang steht der *Lehrsatz von Avogadro*: Gleiche Volumina aller Gase enthalten bei ...... usw.

Schreiben Sie den vollständigen Satz auf, und vergleichen Sie bei 69.

---

100 Eine Stoffportion von 2 Mol Sauerstoff-Molekülen nimmt im Normzustand eim Volumen von 44,8 Liter ein.

Wir wollen jetzt berechnen, welches Volumen eine Portion Sauerstoff-Moleküle mit der Masse m = 64 g im Normzustand einnimmt.

Sie haben im 9. Programm gelernt, aus der gegebenen Masse m einer Stoffportion die Stoffmenge n zu errechnen. Dazu brauchen Sie die Formel

$$n = \frac{m}{M}$$

sowie die molare Masse M.

$$n(O_2) = \frac{m(O_2)}{M(O_2)} \qquad M(O_2) = 32\ \text{g/mol}$$

$$n(O_2) = \frac{64\ \text{g}}{32\ \text{g/mol}} = 2\ \text{mol}\ .$$

Die Stoffmenge einer Portion Sauerstoff-Moleküle mit der Masse m = 64 g beträgt also 2 Mol. 2 Mol eines jeden Gases nehmen im Normzustand im Volumen von 2 × 22,4 Liter = 44,8 Liter ein.

In gleicher Weise sollen Sie jetzt berechnen, welche Volumina 10 g Wasserstoff-Moleküle bzw. 56 g Stickstoff-Moleküle einnehmen ($M(H_2)$ = 2 g/mol, $M(N_2)$ = 28 g/mol).

10 g Wasserstoff-Moleküle	56 g Stickstoff-Moleküle	
• 22,4 Liter	22,4 Liter	→ 109
• 112,0 Liter	44,8 Liter	→ 119
• 224,0 Liter	89,6 Liter	→ 124
• Ich habe andere Zahlen.		→ 88
• Ich weiß es nicht.		→ 71

---

101 Der Chlorwasserstoff steht *nicht* unter Überdruck.

Eine Erklärung finden Sie bei 54.

---

102 Richtig ist: 11,2 Liter.

1 Mol O_2 -Moleküle im Normzustand (1 Bar, 0 °C) Volumen: 22,4 Liter
1 Mol O_2 -Moleküle bei 2 Bar, 0 °C Volumen: 11,2 Liter
1 Mol O_2 -Moleküle bei 4 Bar, 0 °C Volumen: 5,6 Liter
usw.

Und nun lösen Sie bitte die folgende Aufgabe:

Welches Volumen nehmen Stoffportionen von 48 g Sauerstoff und 73 g Chlorwasserstoff [M(HCl) = 36,5 g/mol] bei einem Druck von 2 Bar und einer Temperatur von 0 °C ein?

48 g Sauerstoff	73 g Chlorwasserstoff	
• 22,4 Liter	22,4 Liter	→ 40
• 11,2 Liter	11,2 Liter	→ 84
• 33,6 Liter	44,8 Liter	→ 116

- 16,8 Liter 22,4 Liter → 49
- Ich habe andere Zahlen. → 125

---

103 Ihre Antwort ist nur bedingt richtig.

Eine Erklärung finden Sie bei 55.

---

104 Wir hatten festgestellt, daß sich bei der Reaktion die Anzahl der Moleküle *nicht* ändert.

1 Molekül Chlor reagiert mit 1 Molekül Wasserstoff zu 2 Molekülen Chlorwasserstoff.

Wenn sich die Anzahl der Teilchen nicht ändert, dann ändert sich auch nicht das Volumen (gleiche Bedingungen, z. B. Normzustand vorausgesetzt). In einen vorgegebenen Volumen ändert sich daher auch der Druck nicht.

Beim Eintauchen des einen Endes unserer Apparatur in Quecksilber passiert nach Öffnen des Hahnes a nichts. → 41

---

105 Ihre Überlegungen sind nicht richtig.

Eine genaue Erklärung finden Sie bei 75.

---

106 Der Satz heißt:

> Das molare Volumen eines Gases beträgt unter Normbedingungen **22,4** Liter pro Mol.

Prägen Sie sich diesen wichtigen Satz gut ein!

Wir wollen die Richtigkeit dieses Satzes an einem Beispiel prüfen:

Eine Stoffportion von 1,43 g Sauerstoff nimmt im Normzustand ein Volumen von 1 Liter ein.

Berechnen Sie das von 1 Mol Sauerstoff ($M(O_2) = 32$ g/mol) im Normzustand eingenommene Volumen. → 87

---

107 Ihre Antwort ist falsch.

Eine Erklärung der Berechnung finden Sie bei 115.

108

Wasserstoff (H_2)	M (H_2)	=	2	g/mol
Chlor (Cl_2)	M (Cl_2)	=	71	g/mol
Chlorwasserstoff (HCl)	M (HCl)	=	36,5	g/mol
Ammoniak (NH_3)	M (NH_3)	=	17	g/mol

Sie sollen folgende Frage beantworten:

Welche Masse hat eine Stoffportion von 1 Liter Chlor im Normzustand? Sie wissen, daß 71 g Chlor im Normzustand ein Volumen von ...... Liter einnehmen.

→ 98

109 Sie müssen zuerst berechnen, um welche Stoffmenge es sich bei den beiden Stoffportionen handelt.

Beantworten Sie die Frage bei 100 noch einmal.

110 Ihre Berechnung ist falsch.

Eine Erklärung finden Sie unter 117.

111 Ihre Antwort ist bedingt richtig.

Das Volumen der Ausgangsstoffe (N_2 + 3 H_2) im Normzustand, V_{Anfang}, beträgt 89,6 Liter.

Das Volumen des Endproduktes (2 NH_3) im Normzustand, V_{Ende}, beträgt 44,8 Liter.

Demnach verhält sich

$$V_{Anfang} : V_{Ende} = 89{,}6 \text{ Liter} : 44{,}8 \text{ Liter}$$

Das ist Ihr Ergebnis.

Es läßt sich noch verbessern, indem man versucht, das Verhältnis auf möglichst kleine und ganze Zahlen zurückzuführen. Nur dann kann man sich unter den Zahlen gut etwas vorstellen.

89,6 und 44,8 lassen sich durch 44,8 teilen.

Führen Sie die Rechnung durch und notieren Sie sich, zu welchem Verhältnis

$V_{Anfang} : V_{Ende} = \ldots\ldots : \ldots\ldots$

Sie dann kommen. → 94

---

112 Ihre Überlegungen sind nicht richtig.

Eine genaue Erklärung finden Sie bei 75.

---

113 In beiden Gefäßen entstehen aus Wasserstoff und Chlor *Chlorwasserstoff* nach der Gleichung:

$$H_2 + Cl_2 \longrightarrow 2\,HCl$$

Chlorwasserstoff ist eine bei Zimmertemperatur *gasförmige* Verbindung. Deshalb gilt auch für Chlorwasserstoff:

1 Mol eines Gases nimmt im Normzustand ein Volumen von 22,4 Liter ein.

In unserem Versuchsgefäß ist nach der Reaktion Chlorwasserstoff enthalten. Wir tauchen das eine Ende des Gefäßes, an dem sich Hahn a befindet, in eine Schale mit Quecksilber (Abb. 26); Hahn b ist offen, Hahn a und c geschlossen.

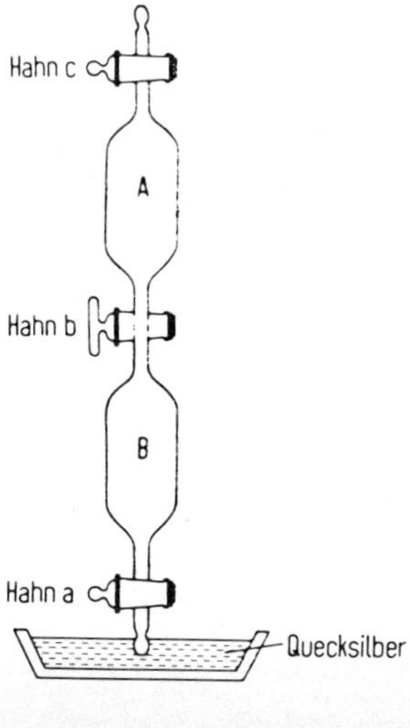

Abb. 26.

Sie wissen, daß 1 Mol eines Gases im Normzustand ein Volumen von 22,4 Liter einnimmt. Sie kennen außerdem die Reaktionsgleichung

$$H_2 + Cl_2 \longrightarrow 2\,HCl$$

Beantworten Sie bitte folgende, nicht ganz leichte Frage:

Was wird beim Öffnen des Hahnes a geschehen?

- Wegen Überdrucks wird ein Teil des Chlorwasserstoffs herausgedrückt → [101]
- Der Druck hat sich bei der Reaktion nicht geändert, es wird nichts passieren → [41]
- Wegen Unterdrucks wird Quecksilber in das untere Gefäß steigen → [93]
- Ich weiß es nicht → [70]

---

114 Ihre Berechnung ist falsch.

Eine Erklärung finden Sie bei [48].

---

115 Welches Volumen nimmt eine Stoffportion von 10 g Wasserstoff bei 20 bar und 0 °C ein?

Wir berechnen zuerst die Stoffmenge dieser Stoffportion.

$$n(H_2) = \frac{m(H_2)}{M(H_2)} = \frac{10\ \text{g}}{2\ \text{g} \cdot \text{mol}^{-1}} = 5\ \text{mol}$$

1 mol H_2 Volumen (0 °C, 1 bar): 22,4 Liter

5 mol H_2 Volumen (0 °C, 1 bar): ...... Liter

5 mol H_2 Volumen (0 °C, 20 bar): ...... Liter

Lesen Sie weiter bei [97].

---

116 Ihre Antwort ist falsch.

Eine Erklärung finden Sie bei 125.

117 Die Frage, die Sie noch nicht richtig beantworten konnten, hieß:

Es liegt eine Stoffportion von 5,6 Liter Wasserstoff im Normzustand vor. Wie groß ist die Masse dieser Wasserstoff-Portion?

$M(H_2) = 2\ g/mol$

molares Volumen $V = 22{,}4\ L/mol$

Masse von 1 Liter Wasserstoff

$$m = \frac{2\ g \cdot mol^{-1}}{22{,}4\ L \cdot mol^{-1}} = \frac{2\ g}{22{,}4\ L}$$

Masse von 5,6 Liter Wasserstoff

$$m = \frac{2\ g}{22{,}4\ L} \cdot 5{,}6\ L = \frac{2}{22{,}4} \cdot 5{,}6\ g$$

Bitte ausrechnen. → 61

118 Es ist *kein* Überdruck vorhanden.

Eine Erklärung finden Sie bei 104.

119 Ihre Antwort ist richtig.

10 g Wasserstoff entsprechen $n(H_2) = 5$ mol

56 g Stickstoff entsprechen $n(N_2) = 2$ mol

5 bzw. 2 mol eines Gases nehmen im Normzustand Volumina von 112,0 L (5 · 22,4 L) bzw. 44,8 L (2 · 22,4 L) ein.

Wir hatten gelernt, daß sich ein Gas auf die Hälfte seines Volumens zusammendrücken läßt, wenn man den Druck verdoppelt.

Welches Volumen nimmt 1 mol O_2 bei 0 °C und 2 bar ein?

Notieren Sie bitte Ihr Ergebnis, und vergleichen Sie bei 102.

120

$$\frac{71\ \text{g}}{22{,}4\ \text{L}} = 3{,}16\ \text{g/L}$$

Auf diese Weise können wir die Masse pro Liter aller Gase schnell ausrechnen.

Wie groß ist die Dichte des Wasserstoffs im Normzustand? → 123

---

121 Ihre Antwort ist nicht ganz richtig.

Salzsäure ist die wäßrige Lösung des Chlorwasserstoffs. Bei der Reaktion zwischen Wasserstoff und Chlor entsteht ....

Lesen Sie weiter bei 113.

---

122 Vergleichen Sie, und verbessern Sie, wenn nötig:

N_2	+	$3\,H_2$	$\longrightarrow$	$2\,NH_3$
n = 1 mol		n = 3 mol		n = 2 mol
V = **22,4** Liter		V = **67,2** Liter		V = **44,8** Liter

Bei *dieser* Reaktion nimmt das Volumen also während der Reaktion *ab*.
Es gibt also Reaktionen, bei denen das Volumen gleichbleibt ($H_2 + Cl_2 \longrightarrow 2\,HCl$), solche, bei denen das Volumen abnimmt ($N_2 + 3\,H_2 \longrightarrow 2\,NH_3$), aber auch Reaktionen, bei denen das Volumen zunimmt.

Das am Anfang von den Ausgangsstoffen im Normzustand eingenommene Volumen ist V_{Anfang}, das von den Endprodukten im Normzustand eingenommene Volumen ist V_{Ende} (Abb. 27).

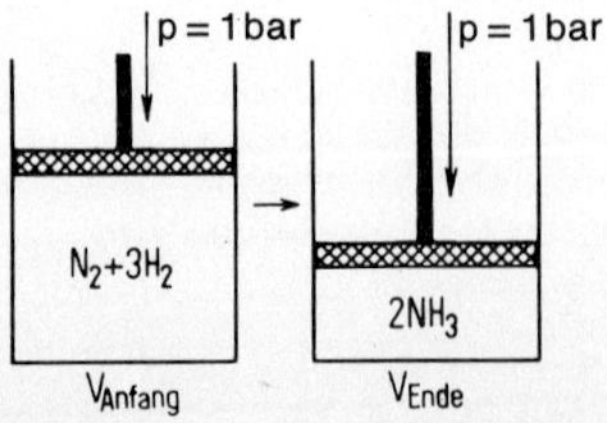

Abb. 27.

Wir wollen uns vorstellen, wir könnten die Reaktion

$$N_2 + 3\,H_2 \longrightarrow 2\,NH_3$$

in einem Zylinder mit beweglichem Stempel durchführen.
(In Wirklichkeit reagieren die beiden Gase erst bei hoher Temperatur und in Gegenwart eines Katalysators.)

Wie verhält sich V_{Anfang} zu V_{Ende} bei der hier genannten Reaktion?

$V_{Anfang} : V_{Ende}$

- 89,6 L : 44,8 L → 111
- 44,8 L : 22,4 L → 103
- 11,2 L : 5,6 L → 67
- 5,6 L : 2,8 L → 81
- 2 L : 1 L → 94

---

123 Die Dichte von Wasserstoff im Normzustand beträgt

$$\frac{2\text{ g}}{22{,}4\text{ L}} = 0{,}089\text{ g/L}$$

Wir hatten gelernt:

1 Mol eines Gases nimmt im Normzustand ein Volumen von 22,4 Liter ein.

Das von *1 Mol eines Gases* eingenommene Volumen ist das molare Volumen dieses Gases.

Das molare Volumen eines Gases beträgt im Normzustand ....

Notieren Sie den Satz mit Ergänzungen, und vergleichen Sie bei 106.

---

124 Sie haben nicht berücksichtigt, daß die Gase Stickstoff und Wasserstoff als zweiatomige Moleküle (N_2, H_2) vorkommen.

Beantworten Sie die Frage bei 100 noch einmal.

125 Wir müssen zuerst berechnen, welches Volumen die Stoffportionen von 48 g Sauerstoff bzw 73 g Chlorwasserstoff im Normzustand einnehmen.

$$n(O_2) = \frac{48\ g}{32\ g \cdot mol^{-1}} = 1{,}5\ mol$$

1,5 mol eines Gases entsprechen im Normzustand einem Volumen von
1,5 · 22,4 L = ... L.
Bei 2 bar beträgt das Volumen nur noch .... L.

$$n(HCl) = \frac{73\ g}{36{,}5\ g \cdot mol^{-1}} = x\ mol$$

x mol eines Gases entsprechen im Normzustand einem Volumen von
x · 22,4 L = ... L.
Bei 2 bar beträgt das Volumen nur noch .... L.

Lesen Sie weiter bei 49.

11. Programm

Theoretische Grundlagen (V)

1 Wir kennen die Begriffe:

Säuren
Laugen
Salze

Im folgenden Programm wollen wir lernen, welche Zusammenhänge zwischen diesen drei Verbindungsklassen bestehen.

Zuerst sehen wir uns die *Säuren* genauer an.

Wichtige Säuren sind zum Beispiel:

HCl	=	Hydrogenchlorid oder Chlorwasserstoff (wäßrige Lösung: Salzsäure)
HNO_3	=	Salpetersäure
H_2SO_4	=	Schwefelsäure
H_3PO_4	=	Phosphorsäure

Prägen Sie sich die Summenformeln und Namen gut ein.

Wir wissen bereits, wie man Säuren nachweisen kann: Man benutzt dazu Lackmuspapier.

Schreiben Sie folgenden Satz ab, und ergänzen Sie:

Säuren färben blaues Lackmuspapier ...... → 8

2 Salpetersäure dissoziiert in Wasser in *positiv* geladene Wasserstoff-Ionen (H^+) und *negativ* geladene Nitrat-Ionen (NO_3^-). Ihre Formulierung mußte lauten:

$$HNO_3 \xrightarrow{\text{Dissoziation}} H^+ + NO_3^-$$

Das Nitrat-Ion ist *als ganzes* Träger der negativen Ladung.

Die *Dissoziation* ist ein sehr wichtiger Vorgang. Man findet ihn nicht nur bei Säuren. Auch andere Verbindungen können beim Auflösen in Wasser in Ionen zerfallen. Um sicher zu sein, daß sie die Bedeutung des Wortes Dissoziation verstanden haben, beantworten Sie bitte folgende Frage: Was ist eine Dissoziation?

- Das Auflösen einer Verbindung in Wasser → [11]
- Die Trennung eines Stoffgemisches durch Erhitzen → [21]
- Der Zerfall einer Verbindung in Ionen beim Auflösen in Wasser → [31]

---

[3] Salpetersäure dissoziiert nach der Reaktionsgleichung

$$HNO_3 \xrightarrow{\text{Dissoziation}} H^+ + NO_3^-$$

in (positiv geladene) Wasserstoff-Ionen und (negativ geladene) Nitrat-Ionen. Kaliumhydroxid dissoziiert nach der Reaktionsgleichung

$$KOH \xrightarrow{\text{Dissoziation}} K^+ + OH^-$$

in (positiv geladene) Kalium-Ionen und (negativ geladene) Hydroxid-Ionen. Bei der *Neutralisation* vereinigen sich die (positiv geladenen) *Wasserstoff-Ionen* der Salpetersäure mit den (negativ geladenen) *Hydroxid-Ionen* des Kaliumhydroxids zu Wasser:

$$H^- + OH^- \longrightarrow H_2O$$

Zählt man jetzt jeweils für sich die linken und die rechten Seiten dieser drei Reaktionsgleichungen zusammen, so erhält man:

$$HNO_3 + KOH + H^+ + OH^- \longrightarrow K^+ + NO_3^- + H^+ + OH^- + H_2O$$

Jetzt kann man die auf beiden Seiten stehenden Wasserstoff- und Hydroxid-Ionen weglassen. Übrig bleibt die Reaktionsgleichung für die Neutralisation der Salpetersäure mit Kaliumhydroxid, die Sie jetzt sicher selbständig formulieren können.
Überprüfen Sie ihr Ergebnis bei [16].

---

[4] Es war doch ganz klar gesagt worden:

Salze bestehen auch in kristalliner Form (also im festen Zustand) aus *Ionen!*

Welche Bindung liegt also in den Salzen vor? → [28]

---

[5] Nein. Wir wollen zuerst die Dissoziationsgleichungen der Schwefelsäure und des Natriumhydroxids aufschreiben:

$$H_2SO_4 \longrightarrow H^+ + H^+ + SO_4^{2-}$$

$$NaOH \longrightarrow Na^+ \qquad + OH^-$$

Beim Neutralisieren verbinden sich die Hydroxid-Ionen der Base mit den Wasserstoff-Ionen der Säure.
Wenn Sie die beiden Dissoziationsgleichungen zusammenzählen, ergibt sich:

$$H_2SO_4 + NaOH \longrightarrow H^+ + H^+ + SO_4^{2-} + Na^+ + OH^-$$

In dieser Reaktionsgleichung stehen rechts zwei Wasserstoff-Ionen und nur ein Hydroxid-Ion! Es müssen aber *zwei* Hydroxid-Ionen vorhanden sein, um *zwei* Wasserstoff-Ionen zu binden.
Man braucht also zur Neutralisation einer Stoffmenge von 1 Mol H_2SO_4 eine Stoffmenge von .... Mol NaOH. → 22

11

---

6 Es entstehen die Stoffmengen:

$n(KNO_3) = 1$ mol und
$n(H_2O) = 1$ mol.

Um die Massen m von Stoffportionen, die miteinander reagieren, zu berechnen, benötigt man neben den Stoffmengen n noch die molaren Massen M.

Die molare Masse der Salpetersäure-Moleküle beträgt

$$M(HNO_3) = 63 \text{ g/mol};$$

die molare Masse der Kaliumhydroxid-Moleküle beträgt

$$M(KOH) = 56 \text{ g/mol}.$$

$$m = n \cdot M$$

In unserem Beispiel:

$$m(HNO_3) = 1 \text{ mol} \cdot \frac{63 \text{ g}}{\text{mol}} = 63 \text{ g}$$

$$m(KOH) = 1 \text{ mol} \cdot \frac{56 \text{ g}}{\text{mol}} = 56 \text{ g}$$

Eine Stoffportion von 63 g Salpetersäure wird also von einer Stoffportion von 56 g Kaliumhydroxid neutralisiert.

Berechnen Sie bitte die Masse der Stoffportionen von Kaliumnitrat und Wasser, die bei der Neutralisation von 63 g Salpetersäure mit 56 g Kaliumhydroxid entstehen.

M(K) = 39 g/mol; M(N) = 14 g/mol; M(O) = 16 g/mol. → 14

---

7 Ihre Antwort ist nicht ganz richtig. Eine Erklärung finden Sie unter 66.

---

8 Säuren färben blaues Lackmuspapier *rot*.

Diese Eigenschaft der Säuren haben wir bisher auch benutzt, um zu erklären, was eine Säure ist. Auf die Frage: Was ist eine Säure? haben wir geantwortet:

Eine Säure ist eine Verbindung, die blaues Lackmuspapier rot färbt.

Diese Antwort ist durchaus richtig, aber sie erklärt genau genommen *nicht*, was eine Säure wirklich ist. Es wird nur eine Eigenschaft der Säuren genannt, aber nicht ihr Wesen erklärt.

Um das Wesentliche einer Säure zu erkennen, schreiben Sie die Summenformeln des Hydrogenchlorids, der Schwefelsäure, der Salpetersäure und der Phosphorsäure auf.
Beantworten Sie schriftlich die Frage:

Welches Element kommt in allen vier Säuren vor? → 15

---

9 Im letzten Lernabschnitt war genau geklärt, was bei der Reaktion von H_2SO_4 mit NaOH entsteht, nämlich Wasser und Natriumsulfat.

Die Reaktionsgleichung lautet also:

$$H_2SO_4 + NaOH \longrightarrow Na_2SO_4 + H_2O$$

Es fehlen allerdings noch die stöchiometrischen Zahlen! Doch diese müssen Sie allein finden. → 37

---

10 Richtig! Ein Molekül Schwefelsäure dissoziiert in Wasser in zwei positiv geladene Wasserstoff-Ionen (H^+) und einen *zwei*fach negativ geladenen Sulfat-Rest (SO_4^{2-}).

$$H_2SO_4 \xrightarrow{\text{Dissoziation}} 2\,H^+ + SO_4^{2-}$$

Bitte formulieren Sie schriftlich, was man unter Dissoziation versteht. → 18

---

11 Das Auflösen einer Verbindung in Wasser ist zwar Voraussetzung für die Dissoziation, aber das Wort selbst beschreibt etwas anderes. Nicht alle Verbindungen dissoziieren beim Auflösen in Wasser!

Kehren Sie zurück nach [2].

---

12 Sie haben nur geraten. Gehen Sie nach [45] zurück.

---

13 $NaCl \longrightarrow Na^+ + Cl^-$

Natriumchlorid dissoziiert, gelöst in Wasser, in Natrium- und Chlorid-Ionen. Das Chlorid-Ion ist der Säurerest des Chlorwasserstoffs oder Hydrogenchlorids.

Formulieren Sie jetzt bitte die Reaktionsgleichung für die Dissoziation der Salpetersäure. → [2]

---

14 $m(KNO_3) = 101\ g$
$m(H_2O) = 18\ g$

Sie sollen jetzt die Reaktionsgleichung für die Neutralisation von Schwefelsäure mit Natronlauge aufstellen:

$$H_2SO_4 + NaOH \longrightarrow$$

Dabei müssen Sie sich genau überlegen, welche Stoffmenge an NaOH-Molekülen Sie benötigen, um eine Stoffmenge von 1 Mol H_2SO_4-Molekülen zu neutralisieren.

Bitte beachten Sie: In der Summenformel der Schwefelsäure stehen 2 H, die nach dem Lösen in Wasser als Wasserstoff-Ionen vorliegen.

Welche Stoffmenge an NaOH-Molekülen benötigen Sie, um eine Stoffmenge von 1 Mol H_2SO_4-Molekülen zu neutralisieren?

- 1 mol → [5]
- 2 mol → [22]
- Ich weiß es nicht → [35]

15

Bitte vergleichen Sie:

Hydrogenchlorid oder Chlorwasserstoff	HCl (wäßrige Lösung: Salzsäure)
Salpetersäure	HNO_3
Schwefelsäure	H_2SO_4
Phosphorsäure	H_3PO_4

In allen diesen Säuren kommt *Wasserstoff* vor.

Nimmt man (in Gedanken) den Wasserstoff fort, so bleibt der *Säurerest* übrig.

Hydrogenchlorid oder Chlorwasserstoff, HCl;	Säurerest: Cl
Salpetersäure, HNO_3;	Säurerest: NO_3
Schwefelsäure, H_2SO_4;	Säurerest: SO_4

Schreiben Sie bitte den Säurerest der Kohlensäure, H_2CO_3, und der Phosphorsäure, H_3PO_4, auf. → 23

16

$$HNO_3 + KOH \longrightarrow K^+ + NO_3^- + H_2O$$

Wenn Sie dieses Ergebnis ohne Hilfen hatten, haben Sie vorzüglich mitgearbeitet!

Wir haben zwei Neutralisationsgleichungen aufgeschrieben. In beiden Fällen standen auf der rechten Seite neben Wasser ein positiv geladenes Metall-Ion und ein negativ geladener Säurerest.

Machen wir nun das Experiment, das diesen Neutralisationsgleichungen entspricht, d. h. vereinigen wir die wäßrige Lösung einer Säure mit der wäßrigen Lösung einer Base und dampfen wir anschließend das Wasser ab. Es vereinigen sich die (positiv geladenen) Metall-Ionen und die (negativ geladenen) Säurereste zu einem *Salz*, das in kristalliner Form im Gefäß zurückbleibt.

Obwohl Salze auch in kristalliner Form *aus Ionen* bestehen, läßt man bei Neutralisationsgleichungen häufig die Ladungszeichen weg und schreibt:

$$HNO_3 + KOH \longrightarrow KNO_3 + H_2O$$

Welche Art der chemischen Bindung liegt in den Salzen im festen Zustand vor?

- Atombindung → 4
- Ionenbindung → 28
- Ich weiß es nicht. → 36

17 Bitte überlegen Sie:

Schwefelsäure enthält zwei Wasserstoffatome, die bei der Dissoziation als positiv geladene Wasserstoff-Ionen auftreten:

$$H_2SO_4 \xrightarrow{\text{Dissoziation}} 2\,H^+ + \ldots\ldots$$

Die 2 vor H^+ bedeutet: Es handelt sich um 2 positiv geladene Wasserstoff-Ionen, also treten auf der rechten Seite der Gleichung 2 *positive Ladungen* auf. Diesen 2 *positiven* Ladungen muß die entsprechende Anzahl *negativer* Ladungen gegenüberstehen, da die wäßrige Schwefelsäurelösung nach außen hin nicht geladen ist.

Bitte ergänzen Sie die Dissoziationsgleichung für Schwefelsäure. Wieviel negative Ladungen hat der Sulfat-Rest? → 10

18 Sie müssen sinngemäß geantwortet haben:

Den Zerfall einer Verbindung in Ionen beim Auflösen in Wasser bezeichnet man als Dissoziation.

Stellen Sie jetzt die Gleichung für die vollständige Dissoziation der Phosphorsäure (H_3PO_4) auf. → 25

19 Die vollständige Reaktionsgleichung lautet:

HNO_3	+	KOH	$\longrightarrow$	KNO_3	+	H_2O
Salpetersäure		Kaliumhydroxid		Kaliumnitrat		Wasser

Diese Neutralisationsgleichung sagt aber nicht nur etwas darüber aus, welche *Säure* mit welcher *Base* neutralisiert wird und welches *Salz* dabei entsteht. Wir wissen, daß eine Reaktionsgleichung auch über die *Stoffmengen n* Auskunft gibt, die miteinander reagieren.

Die Stoffmenge von 1 Mol Salpetersäure-Molekülen [$n(HNO_3) = 1$ mol] wird von einer Stoffmenge von 1 Mol Kaliumhydroxid-Molekülen [$n(KOH) = 1$ mol] neutralisiert. Dabei entstehen die Stoffmengen $n(KNO_3) = \ldots\ldots$ mol und $n(H_2O) = \ldots\ldots$ mol.

Was ist zu ergänzen? → 6

20 Richtig ist

Phenolphthalein
Lackmus
Methylorange

Schreiben Sie nun die folgende Tabelle ab und ergänzen Sie die fehlenden Farben:

Indikator	mit Säuren	mit Laugen
Phenolphthalein	....	....
Methylorange	....	....
Lackmus	....	....

Wenn Sie noch unsicher sind, gehen Sie nach [39] zurück. Wenn Sie die Aufgabe geschafft haben, vergleichen Sie bitte bei [34].

21 Nein! Sie haben „Destillation" mit „Dissoziation" verwechselt.

Lesen Sie noch einmal [2].

22 Man braucht zur Neutralisation einer Stoffmenge von 1 Mol H_2SO_4 eine Stoffmenge von **2 Mol** NaOH.

Schwefelsäure dissoziiert nach folgender Reaktionsgleichung:

$$H_2SO_4 \longrightarrow 2\,H^+ + SO_4^{2-}$$

Auf der rechten Seite der Reaktionsgleichung stehen also **2** Wasserstoff-Ionen. Daher braucht man zur Neutralisation einer Stoffmenge von 1 Mol H_2SO_4-Molekülen eine Stoffmenge von **2** Mol NaOH-Molekülen.

$$2\,NaOH \longrightarrow 2\,Na^+ + 2\,OH^-$$

Die Wasserstoff-Ionen und Hydroxid-Ionen bilden Wasser:

$$2\,H^+ + 2\,OH^- \longrightarrow 2\,H_2O$$

Beim Eindampfen der Lösung entsteht festes Natriumsulfat, Na_2SO_4.

Vervollständigen Sie jetzt bitte folgende Reaktionsgleichung:

$H_2SO_4 + NaOH \longrightarrow$

Ich schaffe es allein. → 37

Ich brauche eine Hilfe. → 9

---

23 Der Säurerest der Kohlensäure ist CO_3. Wir erhalten ihn, wenn wir in der Summenformel der Kohlensäure, H_2CO_3, die beiden Wasserstoffatome weglassen. Der Säurerest der Phosphorsäure ist PO_4. Wir erhalten ihn, indem wir in der Summenformel der Phosphorsäure, H_3PO_4, alle drei Wasserstoffatome weglassen.

Löst man eine Säure in Wasser, so zerfällt sie tatsächlich in Wasserstoff und Säurerest. Allerdings treten *beide* als *Ionen* auf. Wasserstoff tritt als *positiv* geladenes Wasserstoff-Ion auf, der Säurerest als *negativ* geladenes Ion. Diesen Zerfall in Ionen beim Auflösen in Wasser nennt man *Dissoziation.* Wegen der negativen Ladung des Säurerestes wird er auch *Säure-Anion* genannt.
Hydrogenchlorid dissoziiert in Wasser also in positiv geladene Wasserstoff-Ionen (H^+) und negativ geladene Chlorid-Ionen (Cl^-).

$$HCl \xrightarrow{\text{Dissoziation}} H^+ + Cl^-$$

Die negativ geladenen Chlorid-Ionen (Cl^-) kennen Sie bereits. Sie bilden sich auch beim Zerfall (bei der Dissoziation) von Natriumchlorid, wenn es im Wasser gelöst wird.

Stellen Sie bitte die Dissoziationsgleichung für Natriumchlorid auf.

$NaCl \longrightarrow \ldots\ldots + \ldots\ldots$ → 13

---

24 Die vollständigen Reaktionsgleichungen lauten:

Dissoziation von Salzsäure
$HCl \longrightarrow H^+ + Cl^-$

Dissoziation von Natriumhydroxid
$NaOH \longrightarrow Na^+ + OH^-$

Vereinigung von Wasserstoff-Ionen und Hydroxid-Ionen bei der Neutralisation
$H^+ + OH^- \longrightarrow H_2O$

Addiert man jetzt diese drei Reaktionsgleichungen, d. h. zählt man jeweils für sich zusammen, was auf den *linken* und was auf den *rechten* Seiten steht, und formuliert man daraus eine neue Gleichung, so erhält man:

$$HCl + NaOH + H^+ + OH^- \longrightarrow Na^+ + Cl^- + H^+ + OH^- + H_2O$$

Auf beiden Seiten dieser Reaktionsgleichung treten die Ionen H^+ und OH^- auf. Wir können sie also weglassen. Damit erhalten wir:

$$HCl + NaOH \longrightarrow Na^+ + Cl^- + H_2O$$

Das ist die *Reaktionsgleichung für die Neutralisation einer Säure mit einer Base.* Wir wollen dafür noch ein anderes Beispiel formulieren.

Wie lautet die Reaktionsgleichung für die Neutralisation von Salpetersäure mit Kaliumhydroxid? Schaffen Sie es allein, oder möchten Sie eine Hilfe haben?

- Ich schaffe es allein. → 16
- Ich möchte eine Hilfe haben. → 3

---

25 Bei der vollständigen Dissoziation eines Phosphorsäure-Moleküls in Wasser entstehen drei positiv geladene Wasserstoff-Ionen (H^+) und der dreifach negativ geladene Phosphat-Rest (PO_4^{3-}).

$$H_3PO_4 \xrightarrow{\text{Dissoziation}} 3\,H^+ + PO_4^{3-}$$

Aus diesen Beispielen können wir jetzt eine allgemeine *Begriffsbestimmung* für Säuren ableiten:

Säuren sind Verbindungen, bei deren Dissoziation in Wasser positiv geladene Wasserstoff-Ionen entstehen.

Die positiv geladenen Wasserstoff-Ionen sind für die saure Wirkung der Säuren verantwortlich.
Wir wissen bereits, daß man Säuren mit blauem Lackmuspapier nachweisen kann: Es wird gerötet. Wodurch wird nach Ihrer Meinung die Rötung verursacht?

- Durch eine Reaktion des Lackmus-Farbstoffes mit dem Säurerest → 48
- Durch eine Reaktion des Lackmus-Farbstoffes mit dem positiv geladenen Wasserstoff-Ion → 39
- Ich weiß es nicht. → 32

26 Richtig! Das Calcium-Ion trägt *zwei* positive Ladungen. Die Dissoziationsgleichung für Calciumhydroxid lautet:

$$Ca(OH)_2 \xrightarrow{\text{Dissoziation}} Ca^{2+} + 2\,OH^-$$

Sie sehen, daß Kaliumhydroxid und Calciumhydroxid in wäßriger Lösung unter Bildung von *Hydroxid-Ionen* dissoziieren.

Dasselbe gilt natürlich auch für Natriumhydroxid und andere basisch reagierende Metallhydroxide. Es ist also das *Hydroxid-Ion*, das ein Metallhydroxid zu einer Base macht.

Erinnern wir uns jetzt wieder unserer Begriffsbestimmungen für Säuren und Basen. Können Sie beide Begriffsbestimmungen noch formulieren? Wenn ja, bitte schriftlich!

- Ja → 41
- Nein → 50

27 Reaktionsgleichung I $H_2SO_4 + KOH \longrightarrow KHSO_4 + H_2O$

Reaktionsgleichung II $KHSO_4 + KOH \longrightarrow K_2SO_4 + H_2O$

Zählt man Reaktionsgleichung I und II zusammen (jeweils für sich die rechten und die linken Seiten), dann erhält man

$$H_2SO_4 + KOH + KHSO_4 + KOH \longrightarrow KHSO_4 + H_2O + K_2SO_4 + H_2O$$

In dieser Reaktionsgleichung kann man das $KHSO_4$ weglassen und KOH sowie H_2O zusammenzählen. Man erhält dann die Reaktionsgleichung für die vollständige Neutralisation der Schwefelsäure mit Kalilauge, die wir bereits kennen:

$$H_2SO_4 + 2\,KOH \longrightarrow K_2SO_4 + 2\,H_2O$$

K_2SO_4 heißt Kaliumsulfat.

$KHSO_4$ heißt Kaliumhydrogensulfat.

Allgemein nennt man solche Salze, die durch unvollständige Neutralisation entstanden sind, also im Wasser noch Wasserstoff-Ionen abspalten,

Hydrogensalze.

$KHSO_4$ und $NaHSO_4$ sind zwei Hydrogensalze.

Alle *zwei*basigen Säuren können *zwei* verschiedene Arten von Salzen bilden. Sie haben ja zwei Wasserstoffatome; von diesen kann man *entweder nur eines* oder *beide* durch Metall-Ionen ersetzen.

Alle *ein*basigen Säuren können natürlich nur *eine Art* von Salzen bilden; sie haben ja nur *ein Wasserstoffatom*, das durch ein Metall-Ion ersetzt werden kann.

Wir erinnern uns, daß Phosphorsäure eine *drei*basige Säure ist. Wieviel verschiedene Salze wird Phosphorsäure also bei der Reaktion mit Natriumhydroxid bilden können?

- Zwei verschiedene Salze → [7]
- Drei verschiedene Salze → [43]
- Nur ein Salz → [55]
- Ich weiß es nicht → [66]

---

[28] Richtig, Ionenbindung!

Wir können unsere Neutralisationsgleichung auch mit Worten formulieren:

Säure + Base ⟶ Salz + Wasser

Um ein praktisches Beispiel zu geben, greifen wir noch einmal die Neutralisation von Salzsäure mit Natriumhydroxid heraus:

HCl	+	$NaOH$	⟶	$NaCl$	+	H_2O
Salzsäure		Natrium-hydroxid		Natriumchlorid (Kochsalz)		Wasser

Vervollständigen Sie jetzt bitte die folgende Reaktionsgleichung:

......	+	KOH	⟶	......	+	......
Salpeter-säure		......		Kalium-nitrat		......

Prüfen Sie Ihr Ergebnis unter [19].

29 $2\,KOH + H_2SO_4 \longrightarrow$

Wir müssen uns zuerst überlegen, welche Endprodukte bei dieser Neutralisation entstehen. Nach dem Schema

Base + Säure ⟶ Salz + Wasser

müssen wir rechts *ein Salz und Wasser* ergänzen.

Eine Verbindung aus (negativ geladenem) Säurerest und (positiv geladenen) Metall-Ionen ist ein Salz. In diesem Fall ist der Säurerest SO_4^{2-}, das Metall-Ion ist K^+. Der Säurerest hat zwei Ladungen, bindet also zwei Kalium-Ionen. Das Salz hat die Summenformel: K_2SO_4.

Wir können also auf die rechte Seite der Reaktionsgleichung schreiben:

$$\longrightarrow K_2SO_4 + H_2O$$

Auf Ihrem Blatt steht dann:

$$2\,KOH + H_2SO_4 \longrightarrow K_2SO_4 + H_2O$$

Da sich aber 2 H^+ und 2 OH^- verbinden, müssen wir rechts auch 2 H_2O schreiben.

Die vollständige Reaktionsgleichung ist demnach:

$$2\,KOH + H_2SO_4 \longrightarrow K_2SO_4 + 2\,H_2O$$

Lesen Sie jetzt nochmals [37].

30 Mit Säuren rot: *Methylorange* und *Lackmus.*
Mit Laugen rot: *Phenolphthalein.*

Welcher Indikator ist mit Säure farblos? ....
mit Lauge blau? ....
mit Lauge orangegelb? ......

Schreiben Sie die Namen in der richtigen Reihenfolge auf, und vergleichen Sie unter [20].

31 Richtig! *Als Dissoziation bezeichnet man den Zerfall einer Verbindung in Ionen beim Auflösen in Wasser.*

Versuchen Sie jetzt, die Gleichung für die Dissoziation der Schwefelsäure, H_2SO_4, zu formulieren. Wieviele negative Ladungen trägt der Säurerest?

- Eine Ladung → [40]
- Zwei Ladungen → [10]
- Ich weiß es nicht → [17]

---

[32] Offenbar haben Sie sich die Begriffsbestimmung der Säuren nicht gründlich genug eingeprägt. Sie lautet: Säuren sind Verbindungen, bei deren Dissoziation in Wasser positiv geladene Wasserstoff-Ionen entstehen. Sie sehen aus dieser Begriffsbestimmung, daß positiv geladene Wasserstoff-Ionen das charakteristische Merkmal aller Säuren sind. Sie sind für die saure Wirkung der Säuren verantwortlich, also auch für das Röten des Lackmuspapiers.

Kehren Sie zurück nach [25].

---

[33] Der Bestandteil eines basisch reagierenden Metallhydroxids, der (positiv geladene) Wasserstoff-Ionen zu binden vermag, ist das (negativ geladene) *Hydroxid-Ion.* Beide Ionen vereinigen sich nach der Reaktionsgleichung

$$H^+ + OH^- \longrightarrow H{-}OH\ (= H_2O)$$

zu *Wasser.*
Diese Reaktionsgleichung zeigt Ihnen, warum eine Base in der Lage ist, die Wirkung einer Säure aufzuheben oder, wie man sagt, die Säure zu „neutralisieren“: Die (negativ geladenen) *Hydroxid-Ionen* der Base verbinden sich mit den (positiv geladenen) *Wasserstoff-Ionen* der Säure zu Wassermolekülen.

Wir haben uns in den vorangehenden Lernschritten drei Begriffe erarbeitet:

Dissoziation von Säuren
Dissoziation von Basen
Neutralisation von Säuren mit Basen

Diese drei Begriffe sind so wichtig, daß wir sie anhand einiger Reaktionsgleichungen noch einmal üben wollen, ehe wir im Programm fortschreiten. Ergänzen Sie bitte die folgenden Reaktionsgleichungen:

Dissoziation von Salzsäure
$HCl \longrightarrow \ldots\ldots + \ldots\ldots$

Dissoziation von Natriumhydroxid
$NaOH \longrightarrow \ldots\ldots + \ldots\ldots$

Vereinigung von Wasserstoff-Ionen und Hydroxid-Ionen bei der Neutralisation

...... + ... $\longrightarrow$ H_2O

Überprüfen Sie Ihr Resultat bei [24].

34

Indikator	mit Säuren	mit Laugen
Phenolphthalein	*farblos*	*rot*
Methylorange	*rot*	*orangegelb*
Lackmus	*rot*	*blau*

Wir haben also festgestellt, daß Säuren und Laugen *gegensätzliche* Wirkungen haben. Wir wollen uns überlegen, wie das zustande kommen kann.
Charakteristisches Kennzeichen der *Säuren* sind positiv geladene *Wasserstoff-Ionen.* Wenn Laugen von gegensätzlicher Wirkung sind wie Säuren, müssen sie in der Lage sein, die positiv geladenen Wasserstoff-Ionen der Säuren „unschädlich" zu machen. Sie müssen also einen Stoff enthalten, der positiv geladene Wasserstoff-Ionen „abfangen" kann.
Man bezeichnet einen solchen Stoff als *Base.* Wir kommen damit zu folgender Begriffsbestimmung:

> Basen sind Verbindungen, die positiv geladene Wasserstoff-Ionen zu binden vermögen.

Worin sehen Sie das charakteristische Merkmal einer Base?

- Sie löst sich in Wasser zu einer Lauge → [67]
- Sie färbt Lackmus-Papier blau → [58]
- Sie vermag positiv geladene Wasserstoff-Ionen zu binden → [47]

---

35 Nein. Wir wollen zuerst die Dissoziationsgleichung der Schwefelsäure und des Natriumhydroxids aufschreiben:

$$H_2SO_4 \longrightarrow H^+ + H^+ + SO_4^{2-}$$

$$NaOH \longrightarrow Na^+ + OH^-$$

Beim Neutralisieren verbinden sich die Hydroxid-Ionen der Base mit den Wasserstoff-Ionen der Säure.

Wenn Sie die beiden Dissoziationsgleichungen zusammenzählen, ergibt sich:

$$H_2SO_4 + NaOH \longrightarrow H^+ + H^+ + SO_4^{2-} + Na^+ + OH^-$$

In dieser Reaktionsgleichung stehen rechts zwei Wasserstoff-Ionen und nur ein Hydroxid-Ion! Es müssen aber *zwei* Hydroxid-Ionen vorhanden sein, um *zwei* Wasserstoff-Ionen zu binden.

Man braucht also zur Neutralisation einer Stoffmenge von 1 Mol H_2SO_4 eine Stoffmenge von ...... Mol NaOH. → 22

---

36 Es war doch ganz klar gesagt worden:

Salze bestehen auch in kristalliner Form (also im festen Zustand) aus *Ionen*!

Welche Bindung liegt also in den Salzen vor? → 28

---

37 $H_2SO_4 + 2\,NaOH \longrightarrow Na_2SO_4 + 2\,H_2O$

Der Säurerest der Schwefelsäure, SO_4^{2-}, hat 2 negative Ladungen. Er bindet bei der Salzbildung *zwei* Metall-Ionen mit *einer* positiven Ladung (Na_2SO_4, K_2SO_4) oder *ein* Metall-Ion mit *zwei* positiven Ladungen ($CaSO_4$).

Ergänzen Sie folgende Reaktionsgleichungen:

$$2\,KOH + H_2SO_4 \longrightarrow$$
$$Ca(OH)_2 + H_2SO_4 \longrightarrow$$

Vergleichen Sie unter 45.

---

38 $NaHSO_4 + NaOH \longrightarrow Na_2SO_4 + H_2O$

Die Reaktionsgleichung zur Herstellung von Natriumhydrogensulfat ist:

$$NaOH + H_2SO_4 \longrightarrow NaHSO_4 + H_2O \quad \text{(Reaktionsgleichung I)}$$

Durch Umsetzung von $NaHSO_4$ mit Natriumhydroxid entsteht Natriumsulfat:

$$NaOH + NaHSO_4 \longrightarrow Na_2SO_4 + H_2O \quad \text{(Reaktionsgleichung II)}$$

Wir haben damit die uns schon bekannte Reaktionsgleichung

$$H_2SO_4 + 2\,NaOH \longrightarrow Na_2SO_4 + 2\,H_2O$$

in **2** *Teilschritte* zerlegt (Reaktionsgleichung I und II), indem wir zur Stoffmenge von 1 Mol Schwefelsäure-Molekülen nicht die gesamte zur vollständigen Neutralisation notwendige Stoffmenge der Base (2 Mol) auf einmal gegeben haben, sondern erst eine Stoffmenge von 1 Mol (Reaktionsgleichung I) und dann noch die weitere Stoffmenge von 1 Mol (Reaktionsgleichung II).

Zerlegen Sie die Reaktionsgleichung

$$H_2SO_4 + 2\,KOH \longrightarrow K_2SO_4 + 2\,H_2O$$

ebenfalls in 2 Teilschritte, und notieren Sie die den Reaktionsgleichungen I und II entsprechenden Reaktionsgleichungen. Vergleichen Sie unter [27].

---

[39] Richtig! *Die positiv geladenen Wasserstoff-Ionen verursachen die Rötung des Lackmus-Papiers.*

Die Rötung kann man rückgängig machen. Man braucht auf das Lackmus-Papier nur einen Tropfen Lauge (z. B. Natronlauge) zu geben, und schon schlägt seine Farbe wieder in blau um.
Laugen und Säuren haben also offenbar *gegensätzliche* Wirkungen.
Wir wollen uns diese gegensätzliche Wirkung noch an anderen Farbstoffen ansehen, die bei der Einwirkung von Säuren oder Laugen einen deutlich erkennbaren Farbumschlag zeigen.

Phenolphthalein: mit Säuren farblos, mit Laugen rot.
Methylorange: mit Säuren rot, mit Laugen orangegelb.

(Phenolphthalein wird gesprochen wie Fenolftale-in.)
Farbstoffe, welche beim Zusammengeben mit Säuren oder Laugen ihre Farbe ändern, heißen *Indikatoren.*

> Farbstoffe, die bei der Einwirkung von Säuren oder Laugen einen deutlich erkennbaren Farbumschlag zeigen, heißen *Indikatoren.*

Welche Indikatoren färben sich mit Säuren rot und welche färben sich mit Laugen rot?
Schreiben Sie auf:
Mit Säuren rot: ...... und ......
Mit Laugen rot: ...... → [30]

---

40 Nein. Bitte überlegen Sie:

Schwefelsäure enthält zwei Wasserstoffatome, die bei der Dissoziation als positiv geladene Wasserstoff-Ionen auftreten:

$$H_2SO_4 \xrightarrow{\text{Dissoziation}} 2\,H^+ + \ldots\ldots$$

Die 2 vor H^+ bedeutet: Es handelt sich um **2** positiv geladene Wasserstoff-Ionen, also treten auf der rechten Seite der Gleichung **2** *positive Ladungen* auf. Diesen 2 *positiven* Ladungen muß die entsprechende Anzahl *negativer* Ladungen gegenüberstehen, da die wäßrige Schwefelsäurelösung nach außen hin nicht geladen ist.

Bitte ergänzen Sie die Dissoziationsgleichung für Schwefelsäure. Wieviel negative Ladungen hat der Sulfat-Rest? → 10

41 Säuren sind Verbindungen, bei deren Dissoziation in Wasser positiv geladene *Wasserstoff-Ionen* entstehen.

Basen sind Verbindungen, die positiv geladene *Wasserstoff-Ionen* zu binden vermögen.

Wenn Sie diese Begriffsbestimmungen mit unserer früheren Feststellung kombinieren, daß basisch reagierende Metallhydroxide in Wasser unter Bildung von *Hydroxid-Ionen* dissoziieren, können Sie die folgende Frage leicht beantworten:

Welcher Bestandteil eines basisch reagierenden Metallhydroxids vermag positiv geladene Wasserstoff-Ionen zu binden, und was entsteht dabei? Bitte antworten Sie schriftlich. → 33

Die Frage ist mir zu schwer. → 51

42 Bitte überlegen Sie: Calciumhydroxid, $Ca(OH)_2$, enthält zwei OH-Gruppen. Jede dieser Gruppen trägt *eine* negative Ladung. Zusammen sind das *zwei* negative Ladungen im Molekül.

Die Zahl der *positiven* Ladungen am Calcium muß der Gesamtzahl der *negativen* Ladungen im Molekül gleich sein, denn das Molekül ist ja nach außen hin ungeladen.

Wieviele positive Ladungen hat also das Calcium-Ion? → 26

43

Die Phosphorsäure bildet mit Natriumhydroxid *drei* verschiedene Salze.

Die Summenformeln und die chemischen Bezeichnungen für die drei Salze lauten:

NaH_2PO_4	Natrium**di**hydrogenphosphat	(di = 2!)
Na_2HPO_4	**Di**natriumhydrogenphosphat	
Na_3PO_4	**Tri**natriumphosphat	(tri = 3!)

Phosphorsäure bildet also *zwei* verschiedene Hydrogensalze: NaH_2PO_4 und Na_2HPO_4.

Im NaH_2PO_4 ist eines der drei Wasserstoffatome der Phosphorsäure durch Na ersetzt.

Im Na_2HPO_4 sind zwei Wasserstoffatome der Phosphorsäure durch Na ersetzt.

Im Na_3PO_4 sind alle drei Wasserstoffatome der Phosphorsäure durch Na ersetzt.

Ergänzen Sie folgende Reaktionsgleichungen auf der rechten Seite:

$$NaOH + H_3PO_4 \longrightarrow$$
$$2\ NaOH + H_3PO_4 \longrightarrow$$
$$3\ NaOH + H_3PO_4 \longrightarrow$$

Vergleichen Sie unter 53.

44

$$NaHSO_4 \longrightarrow Na^+ + H^+ + SO_4^{2-}$$

Natriumhydrogensulfat dissoziiert in Wasser in ein Natrium-Ion, ein Wasserstoff-Ion und ein Sulfat-Ion. Das Wasserstoff-Ion verleiht der Lösung einen *sauren* Charakter, beispielsweise wird blaues Lackmuspapier gerötet.

Setzt man die Stoffmenge von 1 Mol Natriumhydrogensulfat-Molekülen ($NaHSO_4$) mit einer Stoffmenge von 1 Mol Natriumhydroxid-Molekülen um, so erhält man die Stoffmenge von 1 Mol Natriumsulfat-Molekülen:

$$NaHSO_4 + NaOH \longrightarrow \ldots\ldots + \ldots\ldots$$

Ergänzen Sie bitte die Reaktionsgleichung. → 38

11

45

$$2\,KOH + H_2SO_4 \longrightarrow K_2SO_4 + 2\,H_2O$$

$$Ca(OH)_2 + H_2SO_4 \longrightarrow CaSO_4 + 2\,H_2O$$

Haben Sie beide Reaktionsgleichungen richtig? Dann haben Sie gut gearbeitet.

Haben Sie aber noch Fehler, dann gehen Sie im eigenen Interesse nach [29]. Dort wird die Aufstellung der ersten Reaktionsgleichung ausführlich besprochen.

Schreiben Sie die folgende Reaktionsgleichung mit den richtigen stöchiometrischen Zahlen auf:

$$NaOH + H_3PO_4 \longrightarrow Na_3PO_4 + H_2O$$

Welche stöchiometrischen Zahlen haben Sie eingesetzt?

	vor NaOH	vor H_3PO_4	vor Na_3PO_4	vor H_2O	
•	2	3	3	2	→ [12]
•	3	–	–	–	→ [65]
•	3	–	–	3	→ [56]
•	Ich habe Schwierigkeiten				→ [73]

46 Wir wollen uns die fünf genannten Verbindungen einzeln genau ansehen.

KCl ist ein *Salz*. Es enthält als *Metall*-Ion (Kation) K^+ und als *Säurerest* (Anion) das Chlorid-Ion.

HNO_3 ist eine *Säure*, die Salpetersäure. Bei ihrer Dissoziation in Wasser entstehen Wasserstoff-Ionen. $HNO_3 \longrightarrow H^+ + NO_3^-$

NaCl, Natriumchlorid, ist wie Kaliumchlorid ein Salz.

NaOH ist eine *Base*. Bei ihrer Dissoziation in Wasser entstehen Hydroxid-Ionen. $NaOH \longrightarrow Na^+ + OH^-$. Die Hydroxid-Ionen binden Wasserstoff-Ionen $OH^- + H^+ \longrightarrow H_2O$.

$CaCl_2$, Calciumchlorid, ist wie Kaliumchlorid und Natriumchlorid ein Salz.

Wiederholen Sie die Begriffsbestimmungen ab [56].

47 Richtig! *Basen sind Verbindungen, die positiv geladene Wasserstoff-Ionen zu binden vermögen.*

Basen sind z. B.:

NaOH	=	Natriumhydroxid
KOH	=	Kaliumhydroxid
$Ca(OH)_2$	=	Calciumhydroxid

Beantworten Sie jetzt die Frage: Welche Elemente kommen in allen drei Basen vor? → 59

48 Bitte erinnern Sie sich unserer Begriffsbestimmung für Säuren. Dort hieß es:

Säuren sind Verbindungen, bei deren Dissoziation in Wasser positiv geladene Wasserstoff-Ionen entstehen.

Gemeinsames Merkmal aller Säuren ist also *nicht* der Säurerest – dieser ist von Säure zu Säure verschieden! Gemeinsames Merkmal aller Säuren sind vielmehr die *positiv geladenen Wasserstoff-Ionen*, und diese sind für die saure Wirkung der Säuren verantwortlich.

Wenn Sie das bedenken, können Sie die Frage jetzt sicher richtig beantworten. → 25

49 Kaliumhydroxid besteht aus *positiv geladenen Kalium-Ionen* (K^+) und *negativ geladenen Hydroxid-Ionen* (OH^-).

Löst man solche Metallhydroxide in Wasser, so dissoziieren sie, d. h. sie zerfallen in die Ionen, aus denen sie bestehen. Für Kaliumhydroxid lautet die Dissoziationsgleichung also:

$$KOH \xrightarrow{\text{Dissoziation}} K^+ + OH^-$$

Schreiben Sie jetzt auch die Dissoziationsgleichung für Calciumhydroxid, $Ca(OH)_2$, auf, und beantworten Sie dann folgende Frage:

Wieviele positive Ladungen trägt das Calcium-Ion?

- Eine Ladung → 57
- Zwei Ladungen → 26
- Ich brauche eine Hilfe → 42

11

50 Bemühen Sie sich bitte, Begriffsbestimmungen besser zu lernen. Schreiben Sie die Begriffsbestimmungen für Säuren und Basen ab, und ergänzen Sie die fehlenden Wörter.

Säuren sind Verbindungen, bei deren Dissoziation in Wasser positiv geladene .... entstehen.

Basen sind Verbindungen, die positive geladene ...... zu binden vermögen. → 41

51 Die Frage war: Welcher Bestandteil eines basisch reagierenden Metallhydroxids vermag positiv geladene Wasserstoff-Ionen zu binden, und was entsteht dabei?

Wir wählen als Beispiel für ein basisch reagierendes Metallhydroxid das *Natriumhydroxid.* Aus welchen Bestandteilen oder (genauer gesagt:) aus welchen Ionen besteht Natriumhydroxid?

Bitte notieren Sie Ihre Antwort. → 60

52 $H_2SO_4 + NaOH \longrightarrow NaHSO_4 + H_2O$

Durch Umsetzung einer Stoffmenge von 1 Mol Schwefelsäure-Molekülen mit einer Stoffmenge von nur 1 Mol Natriumhydroxid-Molekülen entstehen also die Stoffmengen von 1 Mol Wasser- und 1 Mol Natrium*hydrogen*sulfat-Molekülen.

(Erinnern Sie sich? Der lateinische Name für Wasserstoff ist *Hydrogenium.* Daher Natrium*hydrogen*sulfat.)

Stellen Sie bitte die Dissoziationsgleichung für Natrium*hydrogen*sulfat auf.

$NaHSO_4 \longrightarrow$ → 44

53

$NaOH + H_3PO_4 \longrightarrow NaH_2PO_4 + H_2O$

$2\ NaOH + H_3PO_4 \longrightarrow Na_2HPO + 2\ H_2O$

$3\ NaOH + H_3PO_4 \longrightarrow Na_3PO_4 + 3\ H_2O$

In allen drei Fällen handelt es sich um *Neutralisations*reaktionen, auch wenn dabei die Phosphorsäure nur teilweise neutralisiert wird und Hydrogensalze entstehen, wie in den ersten beiden Reaktionsgleichungen.

Die drei Reaktionsgleichungen geben an, wie wir drei verschiedene Salze, welche die Phosphorsäure mit Natriumhydroxid bilden kann, herstellen können.

Wie heißen diese drei Salze?

Schreiben Sie die Summenformeln und die drei Namen auf, und vergleichen Sie unter [63].

---

[54] Ihre Antwort ist nicht ganz richtig. Eine Erklärung finden Sie unter [46].

---

[55] Ihre Antwort ist nicht richtig. Eine Erklärung finden Sie unter [66].

---

[56] Die richtige Reaktionsgleichung ist:

$$3\ NaOH + H_3PO_4 \longrightarrow Na_3PO_4 + 3\ H_2O$$

Wir merken uns:
Eine Verbindung aus (negativ geladenem) Säurerest und (positiv geladenem) Metall-Ion ist ein Salz.

Wir wollen die Merksätze für Basen, Säuren und Salze wiederholen.

Basen sind Verbindungen, die ....

Schreiben Sie diesen Satz mit Ergänzungen auf, und vergleichen Sie unter [64].

---

[57] Sie haben nicht gründlich genug nachgedacht. Bedenken Sie, daß das OH-Ion immer *eine* negative Ladung hat, daß das Calciumhydroxid *zwei* OH-Gruppen enthält und daß die Gesamtzahl der *negativen* Ladungen im Molekül gleich der Gesamtzahl der *positiven* Ladungen sein muß.

Wieviele positive Ladungen hat also das Calcium-Ion? → [26]

---

[58] Sie haben zwar recht: Wäßrige Lösungen von Basen, d. h. Laugen, färben Lackmuspapier blau. Aber das ist doch nur *eine* bestimmte Reaktion aber *nicht* das charakteristische Merkmal einer Base!

Lesen Sie in der unter [34] stehenden Begriffsbestimmung noch einmal, welches das charakteristische Merkmal aller Basen ist. Die Blaufärbung des Lackmuspapiers ist lediglich eine Auswirkung dieser Eigenschaft.

---

59 In allen drei Basen kommen vor:

Sauerstoff und *Wasserstoff*

Diese beiden Elemente treten als **OH**-*Gruppe* auf. Sie wissen bereits, daß die OH-Gruppe eine negative Ladung hat (OH^-) und Hydroxid-Ion heißt. Daher die Namen:

Natrium*hydroxid*	$NaOH$
Kalium*hydroxid*	KOH
Calcium*hydroxid*	$Ca(OH)_2$

Die hier betrachteten Basen sind also aus einem Metall-Ion und einem oder mehreren Hydroxid-Ionen zusammengesetzt. Zwischen Metall- und Hydroxid-Ion besteht eine Ionenbindung. Im Falle des Natriumhydroxids also:

$Na^+ \; OH^-$

(Bitte beachten Sie, daß in der OH-Gruppe nicht das H oder das O die negative Ladung tragen, sondern die OH-Gruppe *als Ganzes* Träger der Ladung ist!)

Aus welchen Ionen besteht die Base Kaliumhydroxid? → [49]

---

60 Natriumhydroxid besteht aus Natrium-Ionen, Na^+, und Hydroxid-Ionen, OH^-.

Bitte überlegen Sie jetzt, welches dieser beiden Ionen positiv geladene Wasserstoff-Ionen zu binden vermag und was dabei entsteht.

Bitte notieren Sie Ihre Antwort. → [33]

Ich kann die Frage nicht beantworten. → [68]

---

61 Ihre Antwort ist richtig.

Setzen wir gleiche Stoffmengen einer mehrbasigen Säure und NaOH miteinander um, dann *können nicht alle* Wasserstoff-Ionen durch Hydroxid-Ionen gebunden werden.

H_2SO_4 + NaOH ⟶ $NaHSO_4$ + ...

Ergänzen Sie die Gleichung. → 52

---

62 Lesen Sie noch einmal genau 71, und achten Sie bei den Summenformeln für Schwefelsäure und Phosphorsäure besonders auf die Anzahl der vorhandenen Wasserstoffatome!

Eine *ein*basige Säure gibt in Wasser *ein* Wasserstoff-Ion ab. → 71

---

63 Richtig ist:

Natriumdihydrogenphosphat	NaH_2PO_4
Dinatriumhydrogenphosphat	Na_2HPO_4
Trinatriumphosphat	Na_3PO_4

Um was für Salze handelt es sich bei NaH_2PO_4 und Na_2HPO_4?

Bitte notieren Sie den allgemeinen Namen für solche Salze. → 74

---

64 Basen sind Verbindungen, die positiv geladene Wasserstoff-Ionen zu binden vermögen.

Säuren sind Verbindungen, ...
Schreiben Sie den vollständigen Satz auf, und vergleichen Sie unter 72.

---

65 Ihre Antwort ist noch nicht vollständig.

Die Reaktionsgleichung müßte nach Ihren Angaben so aussehen:

$$3\ NaOH + H_3PO_4 \longrightarrow Na_3PO_4 + H_2O$$

Zählen Sie die Wasserstoffatome auf beiden Seiten der Reaktionsgleichung nach. Sie werden selbst merken, daß etwas noch nicht stimmt. Gehen Sie zurück nach 45.

---

66 Ein Molekül einer *ein*basigen Säure, z. B. HCl, HNO_3, spaltet im Wasser *ein* Wasserstoff-Ion ab. Die Säure kann also mit einer Base, zum Beispiel mit Natriumhydroxid, nur *ein* Salz bilden (NaCl, $NaNO_3$).

11

Anders ist das bei einer *zwei*basigen Säure, z. B. H_2SO_4. Ein Molekül einer solchen Säure spaltet in Wasser *zwei* Wasserstoff-Ionen ab. Man erhält also bei der Reaktion mit Natriumhydroxid zwei Salze:
Ein Hydrogensalz, das in Wasser noch ein Wasserstoff-Ion abspalten kann ($NaHSO_4$), und ein Salz, das in Wasser keine Wasserstoff-Ionen mehr abspalten kann (Na_2SO_4).

Die Phosphorsäure ist eine *drei*basige Säure und kann in Wasser also *drei* Wasserstoff-Ionen abspalten. Phosphorsäure bildet bei der Reaktion mit Natriumhydroxid also .... verschiedene Salze.

Notieren Sie bitte die fehlende Zahl, und lesen Sie weiter unter [43].

---

[67] Sie haben zwar recht: Die wäßrige Lösung einer Base ist eine Lauge, aber das ist doch nicht das *charakteristische Merkmal* einer Base!

Lesen Sie in der unter [34] stehenden Begriffsbestimmung noch einmal, welches die charakteristische chemische Eigenschaft aller Basen ist.

---

[68] Bitte denken Sie daran, daß sich Teilchen mit gleicher elektrischer Ladung abstoßen und daß sich Teilchen mit entgegengesetzter elektrischer Ladung anziehen.

Jetzt können Sie sicher die Frage unter [60] beantworten.

---

[69] Ja, es handelte sich um eine *exotherme* Reaktion, denn nachdem wir durch vorsichtiges Erwärmen die Reaktion in Gang gebracht hatten, erhitzte sich das Gemisch aus Schwefel und Eisen durch die Reaktion von selbst so stark, daß es zu glühen begann.

Wie heißt eine Reaktion, die unter Selbstabkühlung verläuft?

.... Reaktion → [76]

---

[70] In der Summenformel des Natriumsulfat stehen *zwei* Natrium-Ionen (Na_2SO_4). In der Summenformel des Natriumphosphat stehen *drei* Natrium-Ionen (Na_3PO_4).

Beide Säurereste müssen also verschiedene Ladungen haben. Lesen Sie bitte noch einmal [78].

---

71 Ihre Antwort ist richtig.

HNO_3 ist eine Säure.
NaOH ist eine Base.
KCl, NaCl und $CaCl_2$ sind Salze.

Wir nennen Säuren, die in Wasser *ein* Wasserstoff-Ion abgeben, auch *ein*basige Säuren.
Einbasige Säuren sind zum Beispiel HCl und HNO_3.

Überlegen Sie bitte, wie wir

a) die Schwefelsäure (H_2SO_4) b) die Phosphorsäure (H_3PO_4)

bezeichnen müssen:

- a) als dreibasige b) als zweibasige Säure → 62
- a) als zweibasige b) als dreibasige Säure → 87
- Beide Säuren als zweibasig → 96
- Beide Säuren als dreibasig → 79

72 Säuren sind Verbindungen, bei deren Dissoziation in Wasser positiv geladene Wasserstoff-Ionen entstehen.

Eine Verbindung aus ...... und ...... ist ein Salz.

Ergänzen Sie die fehlenden Wörter, und vergleichen Sie unter 80.

73 Wir wollen die richtigen stöchiometrischen Zahlen Schritt für Schritt suchen. Hier nochmals die Reaktionsgleichung ohne stöchiometrische Zahlen:

$$NaOH + H_3PO_4 \longrightarrow Na_3PO_4 + H_2O$$

Phosphorsäure soll neutralisiert werden. H_3PO_4 dissoziiert beim Lösen in Wasser in *drei* Wasserstoff-Ionen und den Säurerest der Phosphorsäure, das Phosphat-Ion, das *drei* negative Ladungen trägt.

$$H_3PO_4 \longrightarrow 3\ H^+ + PO_4^{3-}$$

Zur Neutralisation werden *drei* Hydroxid-Ionen pro H_3PO_4-Molekül benötigt.

Die Reaktionsgleichung sieht jetzt so aus:

$$3\ NaOH + H_3PO_4 \longrightarrow Na_3PO_4 + H_2O$$

Sehen wir uns nun die Zahl der Wasserstoffatome an.

Links stehen 6, rechts dagegen nur 2. Da in der Reaktionsgleichung links und rechts die *gleiche* Anzahl von Wasserstoffatomen stehen muß, schreiben wir vor H_2O eine 3, dann stehen auch rechts 6 Wasserstoffatome.

$$3\ NaOH + H_3PO_4 \longrightarrow Na_3PO_4 + 3\ H_2O$$

Zählen Sie jetzt links und rechts die einzelnen Atomarten nach. Sie werden sehen: Die Reaktionsgleichung stimmt.

Lesen Sie weiter unter [56].

---

[74] NaH_2PO_4 und Na_2HPO_4 sind *Hydrogensalze.*

Was sind Hydrogensalze?

Bitte antworten Sie schriftlich. → [82]

---

[75]

Säurerest der Schwefelsäure:	zwei negative Ladungen
Säurerest der Phosphorsäure:	drei negative Ladungen
Säurerest der Salpetersäure:	eine negative Ladung
Säurerest der Salzsäure:	eine negative Ladung

Das Schema für Neutralisationsreaktionen ist:

Base + ... ⟶ ...... + ...

Schreiben Sie bitte das Schema vollständig auf. → [90]

---

[76] Eine Reaktion, die unter Selbstabkühlung verläuft, ist eine *endotherme* Reaktion.

Eine Reaktion, die unter Erwärmen verläuft, ist eine *exotherme* Reaktion.

Schreiben Sie bitte die beiden Merksätze ab, und notieren Sie zwei Beispiele für eine exotherme Reaktion. → [83]

---

77 Die Reaktion von Schwefel und Eisen zu Eisensulfid ist eine stark *exotherme* Reaktion. Allerdings muß diese Reaktion erst durch Erwärmen ausgelöst werden. Wenn man ein Reagenzglas mit einer Mischung von Schwefel und Eisenpulver an einer Stelle vorsichtig erhitzt, dann setzt an dieser Stelle die Reaktion ein. Durch die starke, mit der Reaktion verbundene Wärmeentwicklung pflanzt sich die Reaktion schnell durch die ganze Mischung fort. Dabei wird soviel Wärme entwickelt, daß der Inhalt des Reagenzglases aufglüht.

Die Reaktion von Schwefel und Eisen zu Eisensulfid ist also eine .... (exotherme/endotherme) Reaktion.

Lesen Sie bitte weiter unter 69.

78

$$H_2SO_4 + 2\,NaOH \longrightarrow Na_2SO_4 + 2\,H_2O$$

$$H_3PO_4 + 3\,NaOH \longrightarrow Na_3PO_4 + 3\,H_2O$$

Die Salze der Schwefelsäure heißen Sulfate, die Salze der Phosphorsäure Phosphate.
Na_2SO_4 heißt Natriumsulfat.
Na_3PO_4 heißt Natriumphosphat.

Wieviele negative Ladungen hat der Säurerest

a) der Schwefelsäure b) der Phosphorsäure?

- Beide Säurereste haben zwei Ladungen → 94
- Beide Säurereste haben drei Ladungen → 70
- a) zwei b) drei → 61
- a) drei b) zwei → 86

79 Lesen Sie noch einmal genau 71, und achten Sie bei den Summenformeln für Schwefelsäure und Phosphorsäure besonders auf die Anzahl der vorhandenen Wasserstoffatome!

Eine *ein*basige Säure gibt in Wasser *ein* Wasserstoff-Ion ab. → 71

80 Eine Verbindung aus negativ geladenem Säurerest (Anion) und positiv geladenem Metall-Ion (Kation) ist ein Salz. Salze bestehen also aus Kationen und Anionen.

Sehen Sie sich nun die folgenden fünf Verbindungen genau an, und teilen Sie diese in Säuren, Basen und Salze ein!

KCl, HNO_3, $NaCl$, $NaOH$, $CaCl_2$

Um welche Art von Verbindungen handelt es sich?

- Um 1 Säure, 2 Basen und 2 Salze → 88
- Um 2 Säuren, 1 Base und 2 Salze → 95
- Um 1 Säure, 1 Base und 3 Salze → 71
- Um 2 Säuren, 2 Basen und 1 Salz → 54

81

$$NaH_2PO_4 + 2\ NaOH \longrightarrow Na_3PO_4 + 2\ H_2O$$

Anhand der letzten beiden Reaktionsgleichungen sehen Sie, wie die beiden Hydrogensalze der Phosphorsäure vollständig neutralisiert werden.

Bei jeder Neutralisation tritt Wärme auf. Man merkt das Auftreten dieser Wärme beim Zusammengeben von verdünnten Säuren und Laugen nur wenig. Konzentrierte Säuren und Laugen dagegen dürfen nicht zusammengegeben werden. Die Mischung würde zu heiß und deshalb heftig verspritzen.

Man nennt Reaktionen, die unter Selbsterwärmung verlaufen, *exotherme* Reaktionen. Im Gegensatz dazu nennt man Reaktionen, die unter Selbstabkühlung verlaufen, *endotherme* Reaktionen.

Sie erinnern sich sicher an unseren ersten Versuch, die Reaktion von Schwefel mit Eisen zu Eisensulfid.

Welche Art von Reaktion war das?

- Eine exotherme Reaktion → 69
- Eine endotherme Reaktion → 97
- Keins von beiden → 89

---

82 Sinngemäß müssen Sie geantwortet haben:
Hydrogensalze geben beim Lösen in Wasser Wasserstoff-Ionen ab.

$KHSO_4$ ist ein Hydrogensalz, es gibt beim Lösen in Wasser ein H^+ ab, das durch Basen, z. B. KOH, neutralisiert werden kann.

$$KHSO_4 \longrightarrow K^+ + H^+ + SO_4^{2-}$$

$$K^+ + H^+ + SO_4^{2-} \quad + \quad K^+ + OH^- \longrightarrow 2\,K^+ + SO_4^{2-} + H_2O$$

$$KHSO_4 \quad + \quad KOH \qquad\qquad K_2SO_4 \quad + H_2O$$

Ergänzen Sie bitte:

$$Na_2HPO_4 + NaOH \longrightarrow$$

Vergleichen Sie unter 91.

---

83 *Exo*therme Reaktionen sind z. B.

1. Neutralisationsreaktionen
2. Die Bildung von Eisensulfid aus Eisen und Schwefel
3. Alle Verbrennungen

Sie haben im vorliegenden Programm eine ganze Reihe sehr wichtiger Merksätze und Definitionen (Begriffsbestimmungen) gelernt, die Sie sich gut merken müssen. Wir wollen sie deshalb wiederholen:

Farbstoffe, die bei der Einwirkung von Säuren oder ...... einen deutlich erkennbaren Farbumschlag zeigen, nennt man ......

Notieren Sie die fehlenden Worte, und vergleichen Sie unter 92.

84

	mit Säuren	mit Laugen
Lackmus	*rot*	*blau*
*Phenol*phthalein	*farblos*	rot
Methyl*orange*	*rot*	orange*gelb*

Bitte notieren Sie, wieviele negative Ladungen die folgenden Säurereste haben.

Säurerest der Schwefelsäure: ......

Säurerest der Phosphorsäure: ......

Säurerest der Salpetersäure: ......

Säurerest der Salzsäure: ...... → 75

11

85

Phosphorsäure ist eine *dreibasige* Säure.
Salzsäure ist eine *einbasige* Säure.
Schwefelsäure ist eine *zweibasige* Säure.
Salpetersäure ist eine *einbasige* Säure.

Welche Ionen entstehen, wenn man ein Hydrogensalz in Wasser löst?

Eine Reaktion, die unter Selbstabkühlung verläuft, ist eine ...... Reaktion.

Gegensatz: Eine Reaktion, die unter ......verläuft, ist eine ...... Reaktion.

Bitte schriftlich beantworten bzw. ergänzen. → 93

86

Achten Sie darauf, wieviele Na-Ionen in der Summenformel des Natriumsulfats und in der Summenformel des Natriumphosphats vorkommen.

Das Natrium-Ion hat immer *eine* positive Ladung. Es ist dann doch leicht, die Frage unter 78 richtig zu beantworten.

Lesen Sie noch einmal 78.

87

Ja, Schwefelsäure ist eine *zwei*basige und Phosphorsäure eine *drei*basige Säure.

Ein Molekül Schwefelsäure gibt in Wasser *zwei* Wasserstoff-Ionen ab. Bei einem Phosphorsäure-Molekül sind es entsprechend *drei* Wasserstoff-Ionen.

Wie kommt es zu der Bezeichnung ein*basig*, zwei*basig* oder drei*basig*?

Wenn man die verschiedenen Säuren mit einer Base neutralisiert, die pro Molekül *ein* Hydroxid-Ion enthält, z. B. NaOH, KOH, so benötigt man folgende Stoffmengen:

Für **1** Molekül einer **ein***basigen* Säure (HCl, HNO_3)	**1** Molekül der *Base*.
Für **1** Molekül einer **zwei***basigen* Säure (H_2SO_4)	**2** Moleküle der *Base*.
Für **1** Molekül einer **drei***basigen* Säure (H_3PO_4)	**3** Moleküle der *Base*.

Stellen Sie jetzt nochmals die Neutralisationsgleichungen für Schwefelsäure und Phosphorsäure auf.

$$H_2SO_4 + NaOH \longrightarrow Na_2SO_4 + \ldots\ldots$$

$$H_3PO_4 + NaOH \longrightarrow Na_3PO_4 + \ldots\ldots$$ → 78

88 Ihre Antwort ist nicht ganz richtig.

Eine Erklärung finden sie unter 46.

89 Ihre Antwort ist falsch. Eine Erklärung finden Sie unter 77.

90 Base + Säure ⟶ Salz + Wasser

Was ist eine Säure?
Was ist eine Base?
Was ist eine Lauge?
Welche Art der chemischen Bindung liegt in den Salzen vor?
Bitte beantworten Sie die vier Fragen schriftlich. → 98

91 $Na_2HPO_4 + NaOH \longrightarrow Na_3PO_4 + H_2O$

Ergänzen Sie:

$NaH_2PO_4 + 2NaOH \longrightarrow$

Vergleichen Sie unter 81.

92 Farbstoffe, die bei der Einwirkung von *Säuren* oder *Laugen* einen deutlich erkennbaren Farbumschlag zeigen, nennt man *Indikatoren*.

Ergänzen Sie die folgende Tabelle:

	mit Säuren	mit Laugen
Lackmus	...	....
......phthalein	......	rot
Methyl......	...	orange ......

Vergleichen Sie unter 84.

93 Hydrogensalze dissoziieren beim Lösen in Wasser in Metall-Ionen, Wasserstoff-Ionen und den negativ geladenen Säurerest.

Eine Reaktion, die unter Selbstabkühlung verläuft, ist eine *endotherme* Reaktion.

11

Gegensatz: Eine Reaktion, die unter Selbsterwärmung verläuft, ist eine *exotherme* Reaktion.

Ende des 11. Programms.

---

94 In der Summenformel des Natriumsulfats stehen zwei Natrium-Ionen (Na_2SO_4). In der Summenformel des Natriumphosphats stehen *drei* Natrium-Ionen (Na_3PO_4).

Beide Säurereste müssen also verschiedene Ladungen haben.
Lesen Sie noch einmal [78].

---

95 Ihre Antwort ist nicht ganz richtig.

Eine Erklärung finden Sie unter [46].

---

96 Lesen Sie noch einmal genau [71] und achten Sie bei den Summenformeln für Schwefelsäure und Phosphorsäure besonders auf die Anzahl der vorhandenen Wasserstoffatome!

Eine *ein*basige Säure gibt in Wasser *ein* Wasserstoff-Ion ab. → [71]

---

97 Ihre Antwort ist falsch. Eine Erklärung finden Sie unter [77].

---

98 Eine *Säure* ist eine Verbindung, bei deren Dissoziation in Wasser positiv geladene Wasserstoff-Ionen entstehen.

Eine *Base* ist eine Verbindung, die positiv geladene Wasserstoff-Ionen zu binden vermag.

Eine *Lauge* ist die wäßrige Lösung einer Base.

In Salzen liegt die *Ionenbindung* vor.

Phosphorsäure ist eine ......basige Säure.
Salzsäure ist eine .... Säure.
Schwefelsäure ist eine .... Säure.
Salpetersäure ist eine .... Säure.

Bitte mit Ergänzungen abschreiben. → [85]

---

12. Programm

Der Schwefel und seine Verbindungen (I)

1 Schwefel ist ein Element. Er hat die molare Masse M (S) = 32 g/mol und das Symbol S.

Schwefel ist fest und spröde. Er kommt in Stangen oder Brocken in den Handel. Im Laboratorium verwendet man ihn meist als feines Pulver, als sogenannte „Schwefelblume“. Schwefel ist hellgelb, er glänzt nicht, leitet die Wärme schlecht und den elektrischen Strom nicht.

Ist Schwefel ein Metall oder ein Nichtmetall?

- Ein Nichtmetall → 10
- Ein Metall → 20
- Ich weiß es nicht → 26

2 Sie arbeiten nicht genau. Lesen Sie noch einmal sorgfältig 10.

3 Um den Schwefel aus einem Gemisch von Schwefel und Eisen durch Destillation zu entfernen, müßte man dieses Gemisch erhitzen. Dabei würde jedoch eine chemische Reaktion eintreten. Schwefel und Eisen verbinden sich ja beim Erhitzen unter heftigem Aufglühen zu Eisensulfid.

Sie müssen also eine andere physikalische Eigenschaft des Schwefels benutzen, um das Gemisch aus Schwefel und Eisen zu trennen.

Angaben über die physikalischen Eigenschaften des Schwefels finden Sie unter 22.

4 H_2S wird zur Herstellung von Natriumsulfid mit *Natronlauge* umgesetzt.

Formulieren Sie diese chemische Reaktion in einer Reaktionsgleichung!

Um welchen Reaktionstyp handelt es sich?

- Um eine Neutralisation → 50

- Um eine Reduktion → 33
- Um eine Oxidation → 43

---

5 In den beiden Oxiden des Schwefels, im SO_2 und im SO_3, muß die Wertigkeit des Schwefels *unterschiedlich* sein. Schließlich ist ein Atom Schwefel einmal mit zwei und einmal mit drei Sauerstoff-Atomen verbunden. Sauerstoff ist zweiwertig (vgl. H_2O, Na_2O!). Welche Wertigkeit hat der Schwefel in SO_2 bzw. SO_3?

Notieren Sie bitte die Wertigkeit des Schwefels gegenüber Sauerstoff. → 39

---

6 Sie haben die Strukturformel des Schwefelwasserstoffs, H_2S, offenbar nicht richtig aufgestellt. Die Strukturformel dieser Verbindung sieht so aus:

H – S – H

Wir benutzen die Strukturformeln als Hilfsmittel, um die Wertigkeit zu veranschaulichen.
Wenn Sie die Zahl der Bindungen abzählen, die vom Schwefel ausgehen, dann erkennen Sie, wieviel wertig der Schwefel im Schwefelwasserstoff ist. Bitte notieren Sie:

Der Schwefel im Schwefelwasserstoff ist ......wertig.

Lesen Sie bitte weiter unter 12.

---

7 Die verschiedenen Erscheinungsformen eines chemischen Elements bezeichnet man als *Modifikationen*.

Erhitzt man Schwefel in einem Reagenzglas, so schmilzt er. An den kälteren Stellen des Glases oberhalb der Schmelze schlägt sich ein Belag von feinverteiltem, festem Schwefel nieder. Der Schwefel ist also verdampft und aus dem dampfförmigen Aggregatzustand sofort in den festen Aggregatzustand übergegangen. Der flüssige Aggregatzustand wurde dabei übersprungen.

Diesen Vorgang, bei dem ein Stoff vom gasförmigen Aggregatzustand direkt in den festen Aggregatzustand übergeht, ohne daß der normalerweise dazwischen liegende flüssige Aggregatzustand angenommen wird, heißt *Sublimation*.

Auf diese Weise wird in der Technik Schwefel durch Sublimation gereinigt. Das gereinigte, feine Schwefelpulver bezeichnet man auch als *Schwefelblume*.

Ergänzen Sie bitte, welche Aggregatzustände der Schwefel bei der Reinigung durch Sublimation nacheinander annimmt.

Fest – ...... – ...... – ....

Lesen Sie bitte weiter unter [22].

---

8 Ihre Antwort ist nicht richtig.

Eine Erklärung finden Sie unter [40].

---

9 Ihre Reaktionsgleichung ist noch nicht richtig.

Hier noch einmal die unvollständige Reaktionsgleichung:

$$H_2S + O_2 \longrightarrow S + 2\,H_2O$$

Die Anzahl der Sauerstoffatome ist auf beiden Seiten gleich, ebenso die Anzahl der Schwefelatome. Dagegen finden Sie rechts $2 \times 2 = 4$ Wasserstoffatome, links dagegen nur 2. Wir müssen also 2 H_2S nehmen:

$$2\,H_2S + O_2 \longrightarrow S + 2\,H_2O$$

Ist die Reaktionsgleichung jetzt richtig?

- ja → [70]
- nein → [61]

---

10 Schwefel ist ein Nichtmetall.

Beim Erhitzen schmilzt Schwefel zu einer gelben, leicht beweglichen Flüssigkeit. Diese wird beim weiteren Erhitzen dunkler und zähflüssiger, schließlich bei etwa 400 °C wieder dünnflüssig. Schwefel zeigt also in geschmolzenem Zustand bei verschiedenen Temperaturen verschiedene Erscheinungsformen. Kühlt man die 400 °C warme Schwefelschmelze ab, dann werden diese Erscheinungsformen in umgekehrter Reihenfolge durchlaufen: Die braune dünnflüssige Schmelze wird zunächst zähflüssig, schließlich gelb und dünnflüssig. Die verschiedenen Erscheinungsformen eines Elementes nennt man auch *Modifikationen.*

Auch in festem Zustand kann Schwefel in verschiedenen Modifikationen auftreten. Gießt man eine hoch erhitzte Schwefelschmelze in dünnem Strahl in Wasser, so erhält man eine leicht verformbare, plastische Modifikation des Schwefels.

Läßt man *den plastischen Schwefel* einige Zeit bei Raumtemperatur liegen, dann verliert er seine Verformbarkeit und wird wieder spröde. Die beständige und stabile Modifikation des Schwefels ist bei Raumtemperatur die spröde, kristalline Form.

Beantworten Sie bitte folgende Frage:

Wir lassen eine Mischung von sprödem und plastischem Schwefel bei Zimmertemperatur liegen. Was wird dann nach einer gewissen Zeit geschehen sein?

- Der spröde Schwefel ist in den plastischen Zustand übergegangen. → 2
- Der plastische Schwefel ist in den spröden Zustand übergegangen. → 19
- Gar nichts, beide Modifikationen bleiben nebeneinander bestehen. → 28

---

11 Ihre Antwort ist nicht richtig.

Eine Erklärung finden Sie unter 31.

---

12 Der Schwefel im Schwefelwasserstoff ist *zwei*wertig:

H – S – H

Schwefelwasserstoff ist ein nach faulen Eiern riechendes Gas.

Schwefelwasserstoff ist sehr giftig, daher ist beim Arbeiten mit diesem Gas größte Vorsicht geboten!

Schwefelwasserstoff ist eine Säure. Er dissoziiert wie alle Säuren in wäßriger Lösung in Wasserstoff-Ionen und Säure-Anion.

Stellen Sie bitte die Dissoziationsgleichung für Schwefelwasserstoff auf. → 23

---

13 Bitte vergleichen Sie:

$$H_2S \longrightarrow 2\,H^+ + S^{2-}$$

Das Sulfid-Ion hat also *zwei* negative Ladungen. Bitte überlegen Sie, wieviel Natrium-Ionen das Sulfid-Ion bei der Salzbildung zu binden vermag.

Stellen Sie nun die Summenformel für Natriumsulfid auf, und berechnen Sie die molare Masse für Natriumsulfid, M (Na) = 23 g/mol, M (S) = 32 g/mol.

Welches Ergebnis haben Sie gefunden?

- 55 g/mol → 63
- 78 g/mol → 24
- 87 g/mol → 38

---

14 Bitte vergleichen Sie:

Schwefeldioxid	SO_2
Schwefeltrioxid	SO_3

Man kann sich die Wertigkeiten veranschaulichen, indem man die Strukturformeln als Hilfsmittel benutzt.

SO_2 hat die Strukturformel $O=S=O$

Und nun stellen Sie bitte die Strukturformel des Schwefeltrioxids auf. → 27

---

15 Aus einer Mischung von Eisen und Schwefel kann man das Eisen mit einem Magneten herausholen. Die Trennung der beiden Stoffe sollte aber aufgrund der physikalischen Eigenschaften *des Schwefels* bewirkt werden. Ihre Antwort ist deshalb nur bedingt richtig.

Angaben über physikalische Eigenschaften des Schwefels finden Sie unter 22.

---

16 Bitte vergleichen Sie:

$$\begin{array}{ccccccc} FeS & + & 2\,HCl & \longrightarrow & H_2S & + & FeCl_2 \\ \text{Eisensulfid} & + & \text{Salzsäure} & \longrightarrow & \text{Schwefelwasserstoff} & + & \text{Eisenchlorid} \end{array}$$

Notieren Sie bitte:

Die Salze des Schwefelwasserstoffs heißen.............. → 49

---

17 In den beiden Oxiden des Schwefels, im SO_2 und im SO_3, muß die Wertigkeit des Schwefels *unterschiedlich* sein. Schließlich ist ein Atom Schwefel

12

einmal mit zwei und einmal mit drei Sauerstoff-Atomen verbunden. Sauerstoff ist zweiwertig (vgl. H_2O, Na_2O!). Welche Wertigkeit hat der Schwefel in SO_2 bzw. SO_3?

Notieren Sie bitte die Wertigkeiten des Schwefels gegenüber Sauerstoff. → [39]

---

[18] Ihre Antwort ist nicht richtig.

Eine Erklärung finden Sie unter → [31].

---

[19] Ihre Antwort ist richtig.

Die bei Raumtemperatur beständige Modifikation des Schwefels ist die spröde. Deshalb geht der plastische Schwefel bei Raumtemperatur allmählich in den spröden über.

Kennen Sie noch den Fachausdruck, mit dem man verschiedene Erscheinungsformen eines Elements bezeichnet?

Wenn ja, dann notieren Sie den Fachausdruck und lesen weiter unter [7], wenn nein, lesen Sie weiter unter [10].

---

[20] Nein, Metalle *glänzen* und *leiten die Wärme* und *den elektrischen Strom* gut.

Lesen Sie noch einmal [1].

---

[21] Nein. Schwefelwasserstoff hat die Summenformel H_2S. Stellen Sie bitte zu dieser Summenformel die entsprechende Strukturformel auf, und beantworten Sie dann die Frage noch einmal:

Wievielwertig ist der Schwefel im Schwefelwasserstoff?

- zweiwertig → [12]
- vierwertig → [6]
- sechswertig → [29]

---

22 Bitte vergleichen Sie:

Fest – *flüssig – dampfförmig – fest.*

Schwefel kommt in der Natur frei vor.

Zur Gewinnung wird das Gestein, das Schwefel enthält, unter Luftabschluß erhitzt. Dabei schmilzt der Schwefel heraus. Man kann auch überhitzten Wasserdampf in unterirdische Lagestätten des Schwefels pressen. Dadurch schmilzt der Schwefel und wird durch den Druck des eingepreßten Wasserdampfes an die Oberfläche befördert.

Ein ausgezeichnetes Lösungsmittel für Schwefel ist Schwefelkohlenstoff.

Sie kennen damit die wichtigsten physikalischen Eigenschaften des Schwefels:

Schwefel ist fest und spröde. Er kann nur vorübergehend durch Abschrecken der Schmelze in eine plastische Modifikation übergeführt werden. Auch die Schmelze zeigt bei verschiedenen Temperaturen verschiedene Modifikationen. Schwefel löst sich in Schwefelkohlenstoff.

Aus einem früheren Versuch kennen Sie die Aufgabe, aus einem Gemisch von Schwefelblume und Eisenpulver auf möglichst einfache Weise den Schwefel herauszuholen. Wie können Sie aufgrund der physikalischen Eigenschaften *des Schwefels* diese Aufgabe lösen?

Die Beantwortung dieser Frage ist nicht leicht; Sie müßten aber nach sorgfältiger Überlegung die richtige Antwort finden können.

- Entfernung des Schwefels durch Destillation → 3
- Herausholen des Eisens mit einem Magneten → 15
- Auflösen des Schwefels in Schwefelkohlenstoff und Abtrennen des Eisens durch Filtration → 32
- Schmelzen des Schwefels und Abtrennen des Eisens durch Filtration. → 42

23 $H_2S \longrightarrow 2\,H^+ + S^{2-}$

Ersetzt man die beiden Wasserstoffatome im Schwefelwasserstoff durch ein zweifach positiv geladenes Eisen-Ion (Fe^{2+}), dann erhält man Eisensulfid, FeS, ein Salz des Schwefelwasserstoffs.

Wie heißt das Säure-Anion des Schwefelwasserstoffs, und welche Ladung hat es?

Bitte notieren Sie Ihre Antwort. → [34]

[24] Die molare Masse der Natriumsulfid-Moleküle ist M (Na_2S) = 78 g/mol. Wenn Sie diese Antwort sofort gaben, arbeiten Sie gut mit.

Natriumsulfid wird in der chemischen Industrie benötigt. Da es nicht in der Natur vorkommt, muß es synthetisch hergestellt werden.

Dazu wird H_2S umgesetzt mit..............

Wenn Sie bedenken, daß H_2S eine Säure ist, dürfte Ihnen die Antwort nicht schwer fallen. → [4]

[25] In den beiden Oxiden des Schwefels, im SO_2 und im SO_3, muß die Wertigkeit des Schwefel *unterschiedlich* sein. Schließlich ist ein Atom Schwefel einmal mit zwei und einmal mit drei Sauerstoff-Atomen verbunden. Sauerstoff ist zweiwertig (vgl. H_2O, Na_2O!). Welche Wertigkeit hat der Schwefel in SO_2 bzw. SO_3?

Notieren Sie bitte die Wertigkeit des Schwefels gegenüber Sauerstoff. → [39]

[26] Merken Sie sich gut den Unterschied zwischen Metallen und Nichtmetallen:

Metalle glänzen und leiten die Wärme und den elektrischen Strom gut.

Nichtmetalle leiten die Wärme schlecht und den elektrischen Strom nicht.

Lesen Sie noch einmal [1].

[27] Bitte vergleichen Sie:

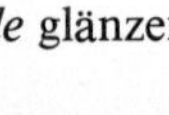

Schwefeltrioxid

S ist hier sechswertig.

Schwefel verbindet sich mit Wasserstoff zum *Schwefelwasserstoff.* Schwefelwasserstoff hat die Summenformel H_2S.

Wievielwertig ist der Schwefel im Schwefelwasserstoff?

- zweiwertig → [12]
- vierwertig → [21]
- sechswertig → [35]

---

[28] Sie arbeiten nicht genau. Lesen Sie noch einmal sorgfältig [10].

---

[29] Sie haben die Strukturformel des Schwefelwasserstoffs, H_2S, offenbar nicht richtig aufgestellt. Die Strukturformel dieser Verbindung sieht so aus:

$$H-S-H$$

Wir benutzen die Strukturformel als Hilfsmittel, um die Wertigkeiten zu veranschaulichen.

Wenn Sie die Zahl der Bindungen abzählen, die vom Schwefel ausgehen, dann erkennen Sie, wieviel wertig der Schwefel im Schwefelwasserstoff ist. Bitte notieren Sie:

Der Schwefel im Schwefelwasserstoff ist ...... wertig.

Lesen Sie bitte weiter unter [12].

---

[30]

Eisensulfid	FeS
Natriumsulfid	Na_2S

In der Natur kommt ein Eisensulfid in großen Mengen vor, das nach der Summenformel *zwei* Atome Schwefel enthält: FeS_2. Diese Verbindung ist der Pyrit oder auch Schwefelkies.

Im Pyrit liegt eine Ionenbindung zwischen zweifach positiv geladenen Eisen-Kationen und zweifach negativ geladenen Disulfid-Anionen vor, die aus einem Paar von zwei Schwefelatomen bestehen:

$$Fe^{2+} \left[\begin{array}{c} S \\ | \\ S \end{array}\right]^{2-}$$

Die natürlich vorkommenden Sulfide werden wegen ihres Aussehens oft als Kiese (z. B. Pyrit : Schwefelkies : FeS_2) oder als Blenden (z. B. Zinkblende : ZnS) oder als Glanze (z. B. Bleiglanz : PbS) bezeichnet.

Notieren Sie die Summenformeln der beiden letzten Sulfide, und schreiben Sie die *chemische* Bezeichnung daneben.

Vergleichen Sie dann unter 37.

---

31 Wir wollen die Reaktionsgleichung Schritt für Schritt entwickeln.

Hier zunächst noch einmal die beteiligten Stoffe ohne stöchiometrische Zahlen:

$$H_2S + O_2 \longrightarrow SO_2 + H_2O$$

Auf der rechten Seite der Reaktionsgleichung stehen drei Atome Sauerstoff, auf der linken dagegen nur zwei. Um zunächst die Zahl der Sauerstoffatome auf beiden Seiten gleichzumachen, nehmen wir links 3 O_2 und rechts 2 SO_2 und 2 H_2O. Damit ist die Zahl der Sauerstoffatome auf beiden Seiten der Gleichung gleich:

$$H_2S + 3\,O_2 \longrightarrow 2\,SO_2 + 2\,H_2O$$

Wenn Sie sich diese Gleichung ansehen, können Sie leicht feststellen, welche stöchiometrische Zahl vor H_2S noch fehlt.

- Die stöchiometrische Zahl 2 → 57
- Die stöchiometrische Zahl 3 → 45

---

32 Ihre Antwort ist richtig: Man löst den Schwefel in Schwefelkohlenstoff und filtriert vom ungelösten Eisen ab. (Achtung: Dieser Versuch darf nur in einem Abzug durchgeführt werden, denn Schwefelkohlenstoff ist sehr giftig, übelriechend und außerordentlich leicht entzündlich.)

Beim Verbrennen verbindet sich Schwefel mit Sauerstoff:

$$S + O_2 \longrightarrow SO_2$$

SO_2 heißt Schwefeldioxid. **Di**oxid, weil der Sauerstoff in diesem Molekül *zwei*mal vorkommt („di" bedeutet 2).

Man kennt noch ein weiteres Oxid des Schwefels ein Oxid, in dem ein Atom Schwefel mit *drei* Sauerstoffatomen verbunden ist. Es hat die Summenformel SO_3 und heißt Schwefel**tri**oxid („tri" bedeutet 3).

Bei der Verbrennung des Schwefels entsteht immer Schwefeldioxid. Die weitere Oxidation des Schwefeldioxids zum Schwefeltrioxid gelingt nur in Gegenwart besonderer Katalysatoren.

Welche Wertigkeit hat der Schwefel in

SO_2?	SO_3?	
● zweiwertig	zweiwertig	→ 5
● vierwertig	vierwertig	→ 17
● sechswertig	sechswertig	→ 25
● vierwertig	sechswertig	→ 39

12

---

33 Die Umsetzung von Natronlauge mit Schwefelwasserstoff ist eine *Neutralisation!*
Bitte notieren Sie das Folgende:

Base + Säure ⟶ Salz + Wasser
$NaOH + H_2S \longrightarrow$

und vervollständigen Sie die Reaktionsgleichung. → 50

---

34 Das Säure-Anion des Schwefelwasserstoffs ist das *Sulfid*-Ion mit *zwei* negativen Ladungen.
Die Salze des Schwefelwasserstoffs heißen *Sulfide,* z. B. Eisensulfid, FeS.

Schwefelwasserstoff ist eine schwache, leichtflüchtige Säure.

Säuren die stärker sind, wie z. B. die Salzsäure oder Schwefelsäure, verdrängen Schwefelwasserstoff aus seinen Salzen. Wegen der Leichtflüchtigkeit entweicht er dann gasförmig aus dem Reaktionsgemisch. Man nutzt diese Eigenschaft aus, um auf diese Weise im Laboratorium Schwefelwasserstoff herzustellen.

Die noch unvollständige Reaktionsgleichung dafür lautet:

$$FeS + 2\,HCl \longrightarrow H_2S +$$

Notieren Sie bitte die vollständige Reaktionsgleichung, und schreiben Sie die Namen der beteiligten Stoffe darunter.

Lesen Sie dann bitte weiter unter 16.

---

35 Nein. Schwefelwasserstoff hat die Summenformel H_2S. Stellen Sie bitte zu dieser Summenformel die entsprechende Strukturformel auf, und beantworten Sie dann die Frage noch einmal:

Wievielwertig ist der Schwefel im Schwefelwasserstoff?

- zweiwertig → 12
- vierwertig → 6
- sechswertig → 29

36 Ihre Antwort ist richtig. Eine Erklärung finden Sie unter 40.

37 ZnS Zinksulfid
PbS Bleisulfid

Bitte notieren Sie mit Ergänzungen:

FeS_2 nennt man ...... oder ......
ZnS nennt man Zinksulfid oder ......
PbS nennt man Bleisulfid oder ...... → 47

38 Ihre Antwort ist falsch.

Die Summenformel von Natriumsulfid ist Na_2S.

Die molare Masse der Natriumsulfid-Moleküle erhalten wir durch Zusammenzählen der einzelnen molaren Massen der in der Verbindung enthaltenen Elemente.

M (Na) = 23 g/mol

M (Na) = 23 g/mol

M (S) = 32 g/mol

M (Na_2S) = ...g/mol

Wie groß ist die molare Masse des Natriumsulfids?

Lesen Sie weiter unter 24.

39 Schwefel tritt gegenüber Sauerstoff *vier-* und *sechs*wertig auf.

Sauerstoff ist zweiwertig.

Notieren Sie nun bitte die Namen und die Summenformeln der beiden Oxide des Schwefels, die Sie soeben kennengelernt haben, und lesen Sie dann weiter unter 14.

40 Sie haben entweder einen Rechenfehler gemacht oder die Summenformel des Natriumsulfids nicht richtig aufgestellt.

Natriumsulfid ist ein Salz des Schwefelwasserstoffs.

Um die Summenformel des Salzes aufschreiben zu können, wollen wir zunächst die Dissoziationsgleichung des Schwefelwasserstoffs aufschreiben. (Summenformel ist H_2S.)

Notieren Sie bitte die Dissoziationsgleichung, und vergleichen Sie unter 13.

41 Wir wollen die Reaktionsgleichung schrittweise entwickeln:

Hier zunächst noch einmal die beteiligten Stoffe ohne stöchiometrische Zahlen:

$$H_2S + O_2 \longrightarrow S + H_2O$$

Wir machen zunächst die Zahl der Sauerstoffatome rechts und links gleich, indem wir rechts *zwei* Moleküle Wasser hinschreiben.

$$H_2S + O_2 \longrightarrow S + 2\,H_2O$$

Sie erkennen jetzt sicher, welche stöchiometrischen Zahlen vor H_2S und S noch fehlen. Welches sind diese stöchiometrischen Zahlen?

	vor H_2S	vor S		
●	2	3	→	48
●	2	2	→	75
●	3	2	→	9

12

---

42 Wenn Sie in einem Gemisch von Schwefel und Eisen den Schwefel zum Schmelzen bringen wollen, dann müssen Sie das Gemisch ja erhitzen. Dabei würde aber eine chemische Reaktion eintreten. Schwefel und Eisen verbinden sich beim Erhitzen unter Aufglühen zu Eisensulfid.

Sie müssen also eine andere physikalische Eigenschaft des Schwefels benutzen, um eine Trennung des Schwefels vom Eisen zu bewirken.

Angaben über physikalische Eigenschaften des Schwefels finden Sie unter 22.

---

43 Die Umsetzung von Natronlauge mit Schwefelwasserstoff ist eine *Neutralisation!* Bitte notieren Sie das Folgende,

$$\text{Base} + \text{Säure} \longrightarrow \text{Salz} + \text{Wasser}$$

$$NaOH + H_2S \longrightarrow$$

und vervollständigen Sie die Reaktionsgleichung. → 50

---

44 Silber ist *ein*wertig, Blei ist *zwei*wertig.

Bitte notieren Sie die fehlenden Wörter der folgenden Sätze in der angegebenen Reihenfolge.

Die Salze des Schwefelwasserstoffs heißen ...... Man weist sie in Lösung durch Zugabe einer Lösung von ......- oder ...... salzen nach. Es entstehen Niederschläge von ...... oder ...... Farbe.

Lesen Sie bitte weiter unter 52.

---

45 Lesen Sie noch einmal genau 31, und beachten Sie vor allem, wieviele Schwefelatome auf der linken bzw. rechten Seite stehen.

---

46 Der Schwefel kann doch in den Anhydriden der Schwefligen Säure und der Schwefelsäure nicht die gleiche Wertigkeit haben.

Der Schwefel ist in diesen Anhydriden einmal mit *zwei*, das andere Mal mit *drei* Sauerstoffatomen verbunden!

Stellen Sie bitte die Strukturformel der beiden Anhydride auf, und vergleichen Sie unter 77.

---

47 FeS_2 nennt man *Pyrit* oder Schwefel*kies*, ZnS Zinksulfid oder *Zinkblende* und PbS Bleisulfid oder *Bleiglanz*.

Schwefelwasserstoff läßt sich entzünden. Er verbrennt mit blauer Flamme, wobei Schwefeldioxid und Wasser entstehen. Bei der folgenden Reaktionsgleichung fehlen noch die stöchiometrischen Zahlen:

$$H_2S + O_2 \longrightarrow SO_2 + H_2O$$

Die Aufgabe ist nicht ganz einfach, aber bei einigem Überlegen werden Sie dahinter kommen, welche stöchiometrischen Zahlen vor den vier Stoffen dieser Reaktionsgleichung stehen müssen.

vor H_2S	vor O_2	vor SO_2	vor H_2O	
● 2	2	2	2	→ 11
● 2	2	3	3	→ 18
● 2	3	2	2	→ 57
● 3	2	2	2	→ 67
● Ich komme nicht zurecht				→ 31

48 Ihre Reaktionsgleichung ist noch nicht richtig.

Hier noch einmal die unvollständige Reaktionsgleichung:

$$H_2S + O_2 \longrightarrow S + 2\,H_2O$$

Die Anzahl der Sauerstoffatome ist auf beiden Seiten gleich, ebenso die Anzahl der Schwefelatome.

Dagegen finden Sie rechts $2 \times 2 = 4$ Wasserstoffatome, links dagegen nur 2. Wir müssen also 2 H_2S nehmen:

$$2\,H_2S + O_2 \longrightarrow S + 2\,H_2O$$

Ist die Reaktionsgleichung jetzt richtig?

- ja → 70
- nein → 61

49 Die Salze des Schwefelwasserstoffs heißen *Sulfide*.

Ein wichtiges Sulfid ist das Natriumsulfid.

Stellen Sie für Natriumsulfid die Summenformel auf, und berechnen Sie die molare Masse der Natriumsulfid-Moleküle.

M(Na) = 23 g/mol,
M(S) = 32 g/mol.

Welches Ergebnis haben Sie gefunden?

- 55 g/mol → 8
- 78 g/mol → 24
- 87 g/mol → 36
- Ich habe eine andere Zahl → 40

50 Die Herstellung von Natriumsulfid durch Umsetzung von Schwefelwasserstoff mit Natronlauge beruht auf einer Neutralisation.

Bitte vergleichen Sie die von Ihnen formulierte Reaktionsgleichung:

$$2\ NaOH + H_2S \longrightarrow Na_2S + 2\ H_2O$$

Notieren Sie nun die Namen und Summenformeln der beiden Sulfide, die Sie bisher kennengelernt haben, und lesen Sie dann weiter unter 30.

51 Wenn man die Aktivkohle wegläßt, dann findet die Oxidation des Schwefelwasserstoffs zu Schwefel und Wasser *nicht* statt. Durch Entzünden könnten wir zwar den Schwefelwasserstoff mit Sauerstoff zur Reaktion bringen, doch würden dann Schwefeldioxid und Wasser entstehen.

Nur mit Aktivkohle als *Katalysator* gelingt es, die Oxidation des Schwefelwasserstoffs ohne Feuererscheinung durchzuführen, so daß als Reaktionsprodukte Schwefel und Wasser entstehen:

$$2\ H_2S + O_2 \longrightarrow 2\ S + 2\ H_2O$$

Liegt die Aktivkohle am Ende der Reaktion in der gleichen Form vor wie am Anfang?

- Ja → 59
- Nein → 72
- Ich weiß es nicht → 79

---

52 Bitte vergleichen Sie:

Die Salze des Schwefelwasserstoffs heißen *Sulfide.* Man weist sie in Lösung durch Zugabe einer Lösung von *Blei-* oder *Silber*salzen nach. Es entstehen Niederschläge von *brauner* oder *schwarzer* Farbe.

Und nun zu den Oxiden des Schwefels.

Notieren Sie die Namen und die Summenformeln der beiden bereits genannten Schwefeloxide, und lesen Sie weiter unter 62.

---

53 Ihre Antwort ist nicht richtig. Eine Erklärung finden Sie unter 41.

---

54 Ihre Antwort ist falsch. Wiederholen Sie ab 69.

---

55 Bitte vergleichen Sie:

Natriumsulfit	Na_2SO_3
Natriumsulfat	Na_2SO_4
Kaliumsulfit	K_2SO_3
Kaliumsulfat	K_2SO_4
Kaliumsulfid	K_2S

Bitte notieren Sie mit Ergänzungen:

Die Salze des Schwefelwasserstoffs heißen....... Säure-Anion: S^{2-}

Die Salze der Schwefligen Säure heißen....... Säure-Anion:......

Die Salze der Schwefelsäure heißen....... Säure-Anion:......

Lesen Sie bitte weiter unter 74.

---

56 Der Schwefel kann doch in den Anhydriden der Schwefligen Säure und der Schwefelsäure nicht die gleiche Wertigkeit haben.

Der Schwefel ist in diesen Anhydriden einmal mit *zwei*, das andere Mal mit *drei* Sauerstoffatomen verbunden!

Stellen Sie bitte die Strukturformel der beiden Anhydride auf, und vergleichen Sie unter 77.

57 Richtig! Formulieren Sie nun noch einmal die vollständige Reaktionsgleichung für die Verbrennung des Schwefelwasserstoffs zu Schwefeldioxid und Wasser, und lesen Sie dann weiter unter 66.

58 Ihre Antwort ist richtig.

Formulieren Sie nun die beiden Reaktionsgleichungen für die Oxidation des H_2S

a) zum SO_2,
b) zum S (mit Aktivkohle als Katalysator).

Lesen Sie bitte weiter unter 86.

59 Die Aktivkohle spielt bei der Oxidation des Schwefelwasserstoffs zum Schwefel die Rolle eines *Katalysators*. Ohne diesen Katalysator wird Schwefelwasserstoff durch den Sauerstoff der Luft erst bei höherer Temperatur angegriffen. Die Oxidation, welche dann unter Flammenerscheinung abläuft, führt zum Schwefeldioxid.

Hier noch einmal die beiden Reaktionsgleichungen:

Mit Aktivkohle bei tiefer Temperatur:

$$2\,H_2S + O_2 \longrightarrow 2\,S + 2\,H_2O$$

Ohne Aktivkohle bei hoher Temperatur:

$$2\,H_2S + 3\,O_2 \longrightarrow 2\,SO_2 + 2\,H_2O$$

Wir haben gelernt: Schwefelwasserstoff riecht nach faulen Eiern. Wie können wir ihn aber chemisch nachweisen?

Schwefelwasserstoff und seine Salze, die Sulfide, lassen sich in wäßriger Lösung durch Zugabe einer Lösung eines Silber- oder Bleisalzes nachweisen. Es entstehen braune bis schwarze Niederschläge von Silbersulfid oder Bleisulfid. Selbst die Metalle Silber und Blei bräunen bzw. schwärzen sich bei Einwirkung von Schwefelwasserstoff.

Wir haben hier die Erklärung dafür, daß Silbergegenstände nach längerem Liegen braun anlaufen: Die Ursache ist Schwefelwasserstoff, der stets in Spuren in der Luft vorhanden ist.

Silbersulfid hat die Formel Ag_2S, Bleisulfid die Formel PbS.

Sie können aus diesen Formeln auf die Wertigkeit von Silber und Blei schließen:

- Silber ist einwertig, Blei ist zweiwertig → 44
- Beide Metalle sind einwertig → 71
- Beide Metalle sind zweiwertig → 89
- Ich will nicht raten, ich weiß es nicht → 78

---

60 Ihre Antwort ist falsch. Wiederholen Sie ab 69.

---

61 Sie haben recht!

Die Zahl der Schwefelatome auf der linken und der rechten Seite der Reaktionsgleichung war verschieden.

Hier noch einmal die unvollständige Reaktionsgleichung:

$$2\,H_2S + O_2 \longrightarrow S + 2\,H_2O$$

Notieren Sie bitte die vollständige Reaktionsgleichung, und vergleichen Sie bei 75.

---

62 Schwefeldioxid, SO_2, ist ein farbloses, stechend riechendes Gas. Schwefeltrioxid, SO_3, ist bei Raumtemperatur fest und siedet bei 45 °C.

Schwefeldioxid und Schwefeltrioxid reagieren mit Wasser unter Bildung von Säuren. Beim Lösen von Schwefeldioxid in Wasser erhält man die Schweflige Säure:

$$SO_2 + H_2O \longrightarrow H_2SO_3$$

Beim Lösen von Schwefeltrioxid in Wasser erhält man die Schwefelsäure:

$$SO_3 + H_2O \longrightarrow H_2SO_4$$

Beide Säuren dissoziieren in Wasser:

$$H_2SO_3 \longrightarrow 2\,H^+ + SO_3^{2-}$$

$$H_2SO_4 \longrightarrow 2\,H^+ + SO_4^{2-}$$

Oxide, die durch Vereinigung mit Wasser Säuren bilden, bezeichnen wir als *Säureanhydride,* oder kürzer als *Anhydride.*

Bitte notieren Sie mit Ergänzungen:

Schwefeldioxid = Anhydrid der ....

Schwefeltrioxid = ... der ....

Lesen Sie bitte weiter unter [84].

---

63 Ihre Antwort ist falsch.

Die Summenformel von Natriumsulfid ist Na_2S.

Die molare Masse von Natriumsulfid erhalten wir durch Zusammenzählen der einzelnen molaren Massen:

M (Na) = 23 g/mol

M (Na) = 23 g/mol

M (S) = 32 g/mol

M (Na_2S) = ...

Wie groß ist die molare Masse des Natriumsulfids? Lesen Sie weiter unter [24].

---

64 a) Verbrennung von H_2S bei hoher Temperatur:

Es entstehen SO_2 und Wasser.

b) Oxidation von H_2S bei niedriger Temperatur mit Aktivkohle als Katalysator:

Es entstehen S und Wasser.

Formulieren Sie die beiden Reaktionsgleichungen, und lesen Sie dann weiter unter 86.

---

65 Sie haben etwas verwechselt. Beim Nachweis von Schwefelwasserstoff oder Sulfiden, also von Sulfid-Ionen, erhält man mit Blei- bzw. Silbersalzen einen schwarzen Niederschlag von Blei- bzw. Silbersulfid.

Schwefeldioxid dagegen erkennt man am Geruch. Wie riecht Schwefeldioxid?

- Wie faule Eier → 76
- Stechend → 90

---

66 Bitte vergleichen:

$$2\ H_2S + 3\ O_2 \longrightarrow 2\ SO_2 + 2\ H_2O$$

Nach Entzündung des Schwefelwasserstoffs führt die Verbrennung (Oxidation) also zu Schwefeldioxid und Wasser.

Entzündet man die Mischung aus Schwefelwasserstoff und Luft nicht, sondern leitet man das Gasgemisch über Aktivkohle, so wirkt die Aktivkohle als Katalysator. Ohne Flammen- oder Feuererscheinung findet an der Aktivkohle eine *unvollständige* Oxidation statt. Es entsteht nicht Schwefeldioxid, sondern *Schwefel*!

$$H_2S + O_2 \longrightarrow S + H_2O$$

In dieser Reaktionsgleichung fehlen wieder die stöchiometrischen Zahlen. Sie sollen die richtigen stöchiometrischen Zahlen finden.

vor H_2S	vor O_2	vor S	vor H_2O	
● 2	1	2	2	→ 75
● 2	2	2	2	→ 92
● 2	3	3	2	→ 53
● 3	2	2	3	→ 82
● Ich komme nicht zurecht				→ 41

67 Ihre Antwort ist nicht richtig. Eine Erklärung finden Sie unter [31].

68 Nein, sie wird nicht verbrannt.

Wir haben gesagt, daß die Aktivkohle bei dem Prozeß der unvollständigen Verbrennung des Schwefelwasserstoffs als *Katalysator* wirkt.

Ein Katalysator ist ein Stoff, der einen chemischen Vorgang beschleunigt, am Ende der Reaktion aber in der gleichen Form vorliegt wie am Anfang.

Bitte notieren Sie sich diesen kursiv gedruckten Satz, und lesen Sie dann weiter unter [59].

69 Ihre Antwort ist richtig, der Schwefel ist im Anhydrid der Schwefligen Säure *vier*wertig, im Anhydrid der Schwefelsäure *sechs*wertig.

Vergleichen Sie noch einmal die Strukturformeln:

O=S=O SO_2, Anhydrid der Schwefligen Säure

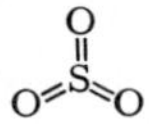

SO_3, Anhydrid der Schwefelsäure

Die Salze der Schwefligen Säure heißen *Sulfite.* Die Salze der Schwefelsäure *Sulfate.*

Wie heißen die Säure-Anionen der Schwefligen Säure und der Schwefelsäure, und welche Ladung haben sie? Bitte notieren Sie Ihre Antwort. → [88]

70 Die Reaktionsgleichung ist noch nicht in Ordnung!

Achten Sie auf die Zahl der Schwefelatome auf der rechten und linken Seite!

Lesen Sie noch einmal [48].

71 Ihre Antwort ist falsch. Eine Erklärung finden Sie unter [78].

72 Sie haben nicht recht.

Wir haben gesagt, daß Aktivkohle für den genannten Prozeß ein *Katalysator* ist.

Ein Katalysator ist ein Stoff, der einen chemischen Vorgang beschleunigt, am Ende aber in der gleichen Form vorliegt wie am Anfang.

Notieren Sie diesen kursiv gedruckten Satz, und lesen Sie dann weiter unter 59.

---

73 Bitte vergleichen Sie:

$$H_2SO_3 \longrightarrow SO_2 + H_2O$$

$$H_2SO_3 \longrightarrow 2\,H^+ + SO_3^{2-}$$

Bei der Einwirkung von starken Säuren auf die Sulfite wird die Schweflige Säure aus ihren Salzen verdrängt. Beispielsweise entstehen bei der Einwirkung von Salzsäure auf Natriumsulfit Natriumchlorid und Schweflige Säure. Stellen Sie die Reaktionsgleichung auf, und vergleichen Sie bei 93.

---

74 Die Salze des Schwefelwasserstoffs heißen *Sulfide*. Säure-Anion: S^{2-}

(Zur Aussprache: Sulfide mit langem „i“, Sulfite mit kurzem „i“)

Die Salze der Schwefligen Säure heißen *Sulfite*. Säure-Anion: SO_3^{2-}

Die Salze der Schwefelsäure heißen *Sulfate*. Säure-Anion: SO_4^{2-}

Was bedeuten die Formeln Na_2SO_3, K_2SO_4 und Na_2S?

- Natriumsulfit, Kaliumsulfit, Natriumsulfid → 60
- Natriumsulfat, Kaliumsulfat, Natriumsulfit → 54
- Natriumsulfit, Kaliumsulfat, Natriumsulfit → 80
- Natriumsulfit, Kaliumsulfat, Natriumsulfid → 85

---

75 Hier die vollständige Reaktionsgleichung:

$$2\,H_2S + 1\,O_2 \longrightarrow 2\,S + 2\,H_2O$$

Die stöchiometrische Zahl 1 wird aber nicht mitgeschrieben:

$$2\,H_2S + O_2 \longrightarrow 2\,S + 2\,H_2O$$

Diese Reaktionsgleichung gilt, wenn Schwefelwasserstoff zusammen mit Luft über Aktivkohle geleitet wird. Welche Rolle spielt die Aktivkohle bei diesem Prozeß?

- Die Aktivkohle wird dabei verbrannt → 68
- Die Aktivkohle wirkt als Katalysator → 59
- Die Aktivkohle könnte auch weggelassen werden → 51

---

76 Sie haben den Geruch des Schwefelwasserstoffs und den Geruch des Schwefeldioxids verwechselt. Bitte notieren Sie sich:

Schwefelwasserstoff riecht nach faulen Eiern, Schwefeldioxid riecht ....

Lesen Sie weiter unter 90.

---

77 O=S=O SO_2, Anhydrid der Schwefligen Säure

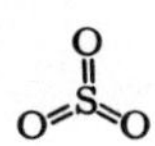 SO_3, Anhydrid der Schwefelsäure

Vergleichen Sie die beiden Strukturformeln, und achten Sie besonders auf die Anzahl der Sauerstoffatome.

Durch Abzählen der Bindungen am Schwefel können Sie jetzt die Wertigkeiten des Schwefels in den Anhydriden der Schwefligen Säure und der Schwefelsäure feststellen.

Notieren Sie den Satz mit Ergänzungen:

Der Schwefel ist im Anhydrid der Schwefligen Säure ...... wertig, im Anhydrid der Schwefelsäure ...... wertig. → 69

---

78 Silbersulfid und Bleisulfid sind Salze der Säure Schwefelwasserstoff. Schwefelwasserstoff hat die Formel H_2S. Schwefelwasserstoff dissoziiert in Wasser nach folgender Gleichung.

$$H_2S \longrightarrow 2\,H^+ + S^{2-}$$

Im Silbersulfid, Ag_2S, sind an das Sulfid-Ion nun zwei Metall-Ionen gebunden. Im Bleisulfid, PbS, ist an das Sulfid-Ion aber nur ein Metall-Ion gebunden. Die beiden Metalle müssen also verschiedene Wertigkeiten haben, und zwar muß das Silber ...... wertig und das Blei ...... wertig sein.

Notieren Sie bitte die Wertigkeiten von Silber und Blei. → 44

---

79 Wir haben gesagt, daß die Aktivkohle für den genannten Prozeß ein *Katalysator* ist.

Ein Katalysator ist ein Stoff, der einen chemischen Vorgang beschleunigt, am Ende der Reaktion aber wieder in der gleichen Form vorliegt wie am Anfang.

Notieren Sie diesen kursiv gedruckten Satz, und lesen Sie dann weiter unter 59.

---

80 Ihre Antwort ist falsch. Wiederholen Sie ab 69.

---

81 Ja, Schwefelwasserstoff riecht nach faulen Eiern; **Schwefelwasserstoff ist ein sehr giftiges Gas.**

Wir wollen jetzt wiederholen.

Wichtige Schwefelverbindungen sind:

Schwefeldioxid
Schwefeltrioxid
Schweflige Säure
Schwefelsäure
Natriumsulfid
Natriumsulfit
Natriumsulfat

Schreiben Sie die Namen ab, und ergänzen Sie jeweils die Summenformel.

Vergleichen Sie dann bei 95.

---

82 Ihre Antwort ist nicht richtig. Eine Erklärung finden Sie unter 41.

---

83 Bitte vergleichen Sie:

$$Na_2SO_3 + H_2SO_4 \longrightarrow Na_2SO_4 + H_2SO_3$$

$$H_2SO_3 \longrightarrow H_2O + SO_2$$

$$Na_2SO_3 + H_2SO_4 \longrightarrow Na_2SO_4 + H_2O + SO_2$$

12

Man benutzt diese Reaktion der Sulfite zu ihrem Nachweis: Beim Ansäuern der Sulfite mit HCl oder H_2SO_4 tritt gasförmiges Schwefeldioxid auf.

Woran erkennt man das Schwefeldioxid?

- Mit Bleisalzen erhält man einen schwarzen Niederschlag → 65
- Es riecht stark nach faulen Eiern → 76
- Schwefeldioxid riecht stechend → 90

---

84 Bitte vergleichen Sie:

Schwefeldioxid : Anhydrid der *Schwefligen Säure*

Schwefeltrioxid : Anhydrid der *Schwefelsäure*

Man kann die Summenformel eines Säureanhydrids auch finden, indem man von der Summenformel der Säure Wasser abzieht.

H_2SO_3 : Schweflige Säure

$-H_2O$: Wasser

SO_2 : Anhydrid der Schwefligen Säure, Schwefeldioxid

Führen Sie die gleiche Rechnung für die Schwefelsäure durch, und vergleichen Sie bei 91.

---

85 Ihre Antwort ist richtig.

Die Schweflige Säure, H_2SO_3, ist eine sehr schwache Säure. Sie ist nicht beständig und zerfällt weitgehend in ihr Anhydrid und Wasser. In wäßriger Lösung dissoziiert die Schweflige Säure in Ionen.

Stellen Sie für den Zerfall und die Dissoziation der Schwefligen Säure bitte die Reaktionsgleichungen auf, und lesen Sie weiter unter 73.

---

86 Bitte vergleichen Sie:

a) $2\,H_2S + 3\,O_2 \longrightarrow 2\,SO_2 + 2\,H_2O$

b) $2\,H_2S + O_2 \longrightarrow 2\,S + 2\,H_2O$

Auch bei der Verbrennung des Schwefels entsteht Schwefeldioxid. Eine weitere Oxidation des Schwefeldioxids zum Schwefeltrioxid gelingt nur mit Hilfe besonderer Katalysatoren. Dieses Verfahren ist sehr wichtig zur Herstellung von Schwefelsäure.

Näheres darüber finden Sie im nächsten Programm über den Schwefel (13. Programm).

Ende des 12. Programms.

---

87 Hier sind die vollständigen Sätze.

Schwefeldioxid und Schwefeltrioxid sind Anhydride der *Schwefligen Säure* bzw. der *Schwefelsäure.* Schweflige Säure ist eine sehr *unbeständige* Säure, sie zerfällt sofort in *Schwefeldioxid* und Wasser. Im Schwefeldioxid ist der Schwefel *vier*wertig, im Schwefeltrioxid *sechs*wertig.

Es gibt zwei Möglichkeiten zur Oxidation des Schwefelwasserstoffs:

a) Ohne Katalysator bei hohen Temperaturen.
b) Mit Aktivkohle als Katalysator bei niedrigen Temperaturen.

Was entsteht bei den Reaktionen a) und b) neben Wasser?

	Bei a)	Bei b)	
•	SO_2	S	→ 58
•	S	SO_2	→ 94
•	Ich weiß es nicht mehr.		→ 64

---

88 Das Säure-Anion der Schwefligen Säure ist das *Sulfit*-Ion, das *zwei* negative Ladungen hat:

$$SO_3^{2-}$$

Das Säure-Anion der Schwefelsäure ist das *Sulfat*-Ion, das ebenfalls *zwei* negative Ladungen hat:

$$SO_4^{2-}$$

Die Salze der Schwefligen Säure heißen Sulfite, die der Schwefelsäure Sulfate.

Die Salze des Schwefelwasserstoffs heißen Sulfide.

Hier ist besonders auf die Schreibweise zu achten, damit keine Verwechslungen vorkommen.

Sulf**id** Sulf**it** Sulf**at**

Notieren Sie die Namen der folgenden Verbindungen, und stellen Sie die Summenformeln auf:

Natriumsulfit, Natriumsulfat, Kaliumsulfit, Kaliumsulfat, Kaliumsulfid.

Lesen Sie bitte weiter unter [55].

---

89 Ihre Antwort ist falsch. Eine Erklärung finden Sie unter [78].

---

90 Man erkennt die Salze der Schwefligen Säure, die Sulfite, daran, daß beim Ansäuern mit HCl oder H_2SO_4 der *stechende Geruch* des Schwefeldioxids auftritt.

Ähnlich kann man die Sulfide, die Salze des Schwefelwasserstoffs, erkennen. Gibt man zu einem Sulfid HCl oder H_2SO_4, so entweicht Schwefelwasserstoff.

Wie riecht Schwefelwasserstoff?

- Stechend → [76]
- Wie faule Eier → [81]

91

H_2SO_4 : Schwefelsäure

$-H_2O$: Wasser

SO_3 : Anhydrid der Schwefelsäure, Schwefeltrioxid.

Im Laboratorium kann man diesen Vorgang erzwingen, wenn man konzentrierte Schwefelsäure erhitzt.

Stellen Sie bitte die Strukturformel für die Anhydride der Schwefligen Säure und der Schwefelsäure auf. Sie können dann die Wertigkeit des Schwefels in den Anhydriden der Schwefligen Säure und der Schwefelsäure feststellen.

Wie ist die Wertigkeit des Schwefels in den Anhydriden der Schwefligen Säure und der Schwefelsäure?

- In beiden Fällen vierwertig → 56
- In beiden Fällen sechswertig → 46
- Im Anhydrid der Schwefligen Säure vierwertig, im Anhydrid der Schwefelsäure sechswertig → 69
- Ich kann die Strukturformel nicht aufstellen → 77

---

92 Ihre Antwort ist nicht richtig. Eine Erklärung finden Sie unter 41.

---

93 $Na_2SO_3 + 2\,HCl \longrightarrow 2\,NaCl + H_2SO_3$

Die Schweflige Säure zerfällt sofort weiter in Wasser und Schwefeldioxid:

$$H_2SO_3 \longrightarrow H_2O + SO_2$$

Faßt man die beiden Reaktionsgleichungen zusammen, dann erhält man:

$$Na_2SO_3 + 2\,HCl \longrightarrow 2\,NaCl + H_2O + SO_2$$

Bei der Einwirkung von Salzsäure auf Natriumsulfit entsteht also Natriumchlorid, und es entweicht Schwefeldioxid als Gas. Man kann es an seinem stechenden Geruch erkennen. Auch mit anderen starken Säuren kann man aus den Salzen der Schwefligen Säure SO_2 austreiben.

Stellen Sie bitte die Reaktionsgleichung für die Reaktion von Natriumsulfit mit Schwefelsäure auf (in zwei Reaktionsgleichungen, die Sie dann zu einer dritten zusammenfassen).

Lesen Sie bitte weiter unter 83.

---

94 Ihre Antwort ist falsch.

a) Verbrennung von H_2S bei hoher Temperatur:

Es entstehen SO_2 und Wasser.

b) Oxidation von H_2S bei niedriger Temperatur mit Aktivkohle als Katalysator:

Es entstehen S und Wasser.

12

Formulieren Sie die beiden Reaktionsgleichungen, und lesen Sie dann weiter unter 86.

---

95 Bitte vergleichen Sie:

Schwefeldioxid	SO_2	Natriumsulfid	Na_2S
Schwefeltrioxid	SO_3	Natriumsulfit	Na_2SO_3
Schweflige Säure	H_2SO_3	Natriumsulfat	Na_2SO_4
Schwefelsäure	H_2SO_4		

Notieren Sie bitte die fehlenden Wörter der folgenden Sätze:

Schwefeldioxid und Schwefeltrioxid sind Anhydride der .... bzw. der............ . Schweflige Säure ist eine sehr ...... Säure, sie zerfällt weitgehend in ...... und Wasser. Im Schwefeldioxid ist der Schwefel ......wertig, im Schwefeltrioxid ......wertig.

Lesen Sie bitte weiter unter 87.

---

13. Programm

Der Schwefel und seine Verbindungen (II)

1 Aus dem vorigen Programm wissen Sie über den Schwefel und seine Verbindungen schon eine ganze Menge. Es wird Ihnen deshalb nicht schwerfallen, in dem folgenden Text die fehlenden Stellen zu ergänzen. Notieren Sie bitte die richtigen Wörter.

Schwefel ist ein ......metall. Seine Farbe ist .... Schwefel ist spröde. Durch Eingießen einer Schwefelschmelze in Wasser kann man auch .... Schwefel herstellen, der aber nicht beständig ist, sondern langsam in spröden Schwefel übergeht. Schwefel kann durch .... gereinigt werden.

In seinen Verbindungen ist Schwefel......, ... und ......-wertig. Die wichtigste Verbindung des Schwefels mit Wasserstoff ist der .... mit der Summenformel .... Schwefel bildet zwei Oxide, nämlich das .... und das .... mit den Summenformeln ...... bzw. ....

Lesen Sie bitte weiter unter 9.

2 Beim Abrösten von Pyrit entsteht *nicht* Schwefeltrioxid, sondern Schwefeldioxid. In dem Abschnitt, den Sie vorher gelesen haben, wurde das besprochen. Sie müssen aufmerksamer arbeiten.

Lesen Sie noch einmal 48.

3 Ihre Antwort ist falsch. Beim Nachweis von Schwefelsäure und Sulfat-Ionen mit Hilfe von Bariumchlorid beobachtet man das Auftreten eines Niederschlags!

Lesen Sie noch einmal 59.

4 $SO_3 + H_2O \longrightarrow H_2SO_4$

Die Reaktion wird in *Blei*kammern ausgeführt, weil Blei gegen 80%ige Schwefelsäure (Massenanteil w (H_2SO_4) = 0,8) beständig ist. Eisen beispielsweise würde in kurzer Zeit zerfressen und aufgelöst.

Anders beim *Kontaktverfahren:* Man leitet das Schwefeltrioxid in 98%ige Schwefelsäure (Massenanteil w (H_2SO_4) = 0,98) ein und sorgt gleichzeitig durch Zugabe von Wasser dafür, daß die Schwefelsäure 98%ig (der Massenanteil w (H_2SO_4) = 0,98) bleibt.

98%ige Schwefelsäure greift Eisen nicht an. Man kann also eiserne Apparate verwenden und braucht nicht in teuren Bleikammern zu arbeiten.

Mit welcher Konzentration bzw. mit welchem Massenanteil fällt die Schwefelsäure an?

a) Im Bleikammerverfahren..............

b) Im Kontaktverfahren................ → 17

---

5 Ihre Antwort ist nicht ganz richtig.

Lesen Sie bitte weiter unter 29.

---

6 Bitte vergleichen Sie:

$$S + O_2 \longrightarrow SO_2$$

SO_3 wird aus SO_2 mit Hilfe von Katalysatoren hergestellt. Das wird später noch ausführlicher besprochen.

Jetzt wollen wir uns zunächst weiter mit der Herstellung von SO_2 beschäftigen.

Statt Schwefel verwendet man als Ausgangsmaterial für die Herstellung von Schwefeldioxid auch ein schwefelreiches Erz, den Pyrit oder Schwefelkies. Mengenmäßig steht jedoch die Verbrennung von reinem Schwefel zu Schwefeldioxid im Vordergrund.

Welches ist die richtige Summenformel für Schwefelkies (= Pyrit)?

- FeS → 14
- FeS_2 → 41
- $FeSO_3$ → 24
- $FeSO_4$ → 34
- Ich weiß es nicht → 22

---

7 Nach dem Bleikammerverfahren wird nur 80%ige Schwefelsäure (Massenanteil w (H_2SO_4) = 0,8) hergestellt.

Bitte wiederholen Sie ab 13.

8 Beim Abrösten von Pyrit entsteht *nicht* Schwefeltrioxid, sondern Schwefel**di**oxid. In dem Abschnitt, den Sie vorher gelesen haben, wurde das besprochen. Sie müssen aufmerksamer arbeiten.

Lesen Sie noch einmal 48.

9 Bitte vergleichen:

Schwefel .... *Nichtmetall*
Farbe des Schwefels .... *gelb*
Unbeständige Modifikation
des Schwefels .... *plastischer Schwefel*
Reinigung des Schwefels durch *Sublimation*
Wertigkeit des Schwefels ..... *2-, 4- und 6wertig*
Schwefelwasserstoff, H_2S
Schwefeldioxid, SO_2
Schwefeltrioxid, SO_3

Notieren Sie bitte wieder die fehlenden Wörter:

SO_2 und SO_3 sind die ...... der Schwefligen Säure bzw. der Schwefelsäure. Die Salze der Schwefligen Säure heißen .... Um diese nachzuweisen, versetzt man ihre wäßrige Lösung mit Schwefelsäure oder Salzsäure. Dabei entsteht ...., das man an seinem ...... Geruch erkennt. → 18.

10 Sulfide
Silbersalze
braun bis schwarz

Beim Nachweis des Sulfids entstehen mit dem Blei- bzw. Silbersalz

Bleisulfid	PbS
Silbersulfid	Ag_2S

Wir wollen nun die Besprechung des Schwefels und seiner Verbindungen fortsetzen. Die wichtigste Schwefelverbindung ist die Schwefelsäure. Sie wird in sehr großen Mengen in der Technik hergestellt.

13

Welche Summenformel hat das Anhydrid der Schwefelsäure? → 26

---

11 Ihre Antwort ist nicht ganz richtig.

Lesen Sie bitte weiter unter 29.

---

12 Ihre Antwort ist falsch.

Der auftretende Niederschlag von Bariumsulfat ist *feinkörnig und schwer*, so daß er sich schnell absetzt.

Lesen Sie bitte weiter unter 43.

---

13 Bitte vergleichen Sie:

$$SO_2 + NO_2 \longrightarrow SO_3 + NO$$

$$2\,NO + O_2 \longrightarrow 2\,NO_2$$

Das so erhaltene Schwefeltrioxid muß nun in Schwefelsäure umgewandelt werden.

Das geschieht beim *Bleikammerverfahren* durch Einblasen von Wasserdampf. Es fällt eine ca. 80%ige Schwefelsäure an. Die Stickstoffoxide entweichen als Gase und können wieder, mit SO_2 und Luft vermischt, in die Bleikammern eingeleitet werden.

Schreiben Sie bitte die Reaktionsgleichung für die Bildung der Schwefelsäure aus Schwefeltrioxid und Wasser auf. → 4

---

14 Ihre Antwort ist falsch.

Eine Erklärung finden Sie unter 22.

---

15 Ihre Antwort ist teilweise richtig.

Sie sollten jedoch durch die *Summenformel* angeben, *wieviel* Moleküle Kristallwasser das Kupfersulfat pro Formeleinheit enthält.

Wie lautet die richtige Summenformel?

- $CuSO_4$ mit 5 H_2O → 60

- $CuSO_4 \cdot 5\ H_2O$ → 54

---

16 Bitte vergleichen Sie:

Die beim Kontaktverfahren anfallende Lösung von Schwefeltrioxid in Schwefelsäure nennt man *rauchende Schwefelsäure* oder *Oleum.*

Konzentrierte Schwefelsäure ist eine farblose, etwas viskose (zähflüssige), stark wasseranziehende Flüssigkeit. **Sie wirkt stark ätzend. Beim Arbeiten mit Schwefelsäure muß immer eine Schutzbrille getragen werden.**

Ihre Eigenschaft, Wasser anzuziehen und zu binden, wird zum Trocknen benutzt. So kann man bestimmte Gase trocknen, indem man sie durch konzentrierte Schwefelsäure leitet.

13

Ein Beispiel:
Das in Luft enthaltene Wasser (Luftfeuchtigkeit) läßt sich auf diese Weise entfernen.

Konzentrierte Schwefelsäure und Wasser mischen sich unter großer Wärmeentwicklung. Deshalb ist besondere Vorsicht notwendig.

Nie darf das Wasser in die konzentrierte Schwefelsäure gegeben werden. Die Hitzeentwicklung wäre so groß, daß ein Teil des Wassers rasch verdampfen und dadurch die Säure umherspritzen würde.

Notieren Sie in Stichworten die wichtigsten Eigenschaften der konzentrierten Schwefelsäure. → 23

---

17 a) Im Bleikammerverfahren ca. 80%ig, $w(H_2SO_4) = 0{,}8$.

b) Im Kontaktverfahren ca. 98%ig, $w(H_2SO_4) = 0{,}98$.

Leitet man beim Kontaktverfahren SO_3 in 98%ige Schwefelsäure ein, *ohne* gleichzeitig *Wasser zuzugeben*, so entsteht 100%ige Schwefelsäure. Beim weiteren Einleiten von SO_3 löst sich dieses in der 100%igen Schwefelsäure. Schwefelsäure, die gelöstes SO_3 enthält, bildet an der Luft weiße Nebel. Sie wird deshalb auch *rauchende Schwefelsäure* genannt. Rauchende Schwefelsäure ist für viele Synthesen der organischen Chemie notwendig.

Nach welchem Verfahren kann man rauchende Schwefelsäure herstellen?

- Nach dem Kontaktverfahren → 33
- Nach dem Bleikammerverfahren → 7

---

18 SO_2 und SO_3 sind *Anhydride* der Schwefligen Säure bzw. der Schwefelsäure. Die Salze der Schwefligen Säure heißen *Sulfite.* Um diese nachzuweisen, versetzt man ihre wäßrige Lösung mit Schwefelsäure oder Salzsäure. Dabei entsteht *Schwefeldioxid*, das man an seinem *stechenden* Geruch erkennt.

Notieren Sie bitte noch die Reaktionsgleichung für die Umsetzung von Natriumsulfit mit Schwefelsäure. → 35

---

19 Auf der linken Seite der Reaktionsgleichung

$$4\,FeS_2 + 11\,O_2 \longrightarrow 2\,Fe_2O_3 +$$

stehen $4 \times 2 = 8$ Schwefelatome. In einer Reaktionsgleichung muß links und rechts stets die gleiche Anzahl von Atomen eines jeden Elementes vorhanden sein.

Überlegen Sie noch einmal. → 48

---

20 Ihre Antwort ist richtig.

Merken Sie sich den Satz:

Erst das Wasser, dann die Säure,
sonst geschieht das Ungeheure.

Ende des 13. Programms.

---

21 Sulfide sind die Salze des Schwefelwasserstoffs!

Bitte notieren Sie:

Schwefelwasserstoff, H_2S;	die Salze heißen Sulfide.
Schweflige Säure, H_2SO_3;	die Salze heißen Sulfite.
Schwefelsäure, H_2SO_4;	die Salze heißen ......

Notieren Sie das fehlende Wort, und lesen Sie bitte weiter unter 40.

22

Pyrit (Schwefelkies) ist ein Eisensulfid, das pro Formeleinheit zwei Atome Schwefel enthält:

FeS_2

$FeSO_3$ ist ein Salz der Schwefligen Säure (H_2SO_3).
$FeSO_4$ ist ein Salz der Schwefelsäure (H_2SO_4).
FeS ist Eisensulfid.

Wie heißen die richtigen Bezeichnungen für die vier Verbindungen FeS, FeS_2, $FeSO_3$ und $FeSO_4$ in der angegebenen Reihenfolge?

- Eisensulfid, Pyrit, Eisensulfat, Eisensulfit → 11
- Eisensulfit, Pyrit, Eisensulfat, Eisensulfit → 50
- Eisensulfid, Pyrit, Eisensulfit, Eisensulfat → 41
- Eisensulfit, Pyrit, Eisensulfat, Eisensulfid → 5

23

Sinngemäß müssen Sie notiert haben:

Konzentrierte Schwefelsäure ist eine farblose, viskose, stark wasseranziehende Flüssigkeit. **Sie wirkt stark ätzend. Die beim Mischen mit Wasser auftretende große Wärmeentwicklung erfordert besondere Vorsicht.**

Zur Herstellung von verdünnter Schwefelsäure aus konzentrierter Schwefelsäure im Labor läßt man die erforderliche Menge konzentrierter Schwefelsäure unter Rühren in dünnem Strahl in Wasser einfließen.
Niemals umgekehrt! Dabei muß eine Schutzbrille getragen werden!

Für die Reihenfolge bei der Herstellung verdünnter Schwefelsäure gibt es einen Merksatz:

Erst das Wasser, dann die Säure,
sonst geschieht das Ungeheure!

Notieren Sie bitte das Folgende mit Ergänzungen:

Schwefelsäure zieht ...... an. Man benutzt sie daher zum .... Beim Verdünnen von konzentrierter Schwefelsäure nimmt man immer zuerst ......, in das man die ...... langsam einfließen läßt.

Lesen Sie bitte weiter unter 32.

24 Ihre Antwort ist falsch.

Eine Erklärung finden Sie unter 22.

25 Ihre Antwort ist nicht richtig.

Der Zerfall von SO_3 wird nicht vom Kontakt, sondern durch die niedrige Reaktionstemperatur verhindert.

Wiederholen Sie bitte ab 44.

26 Das Anhydrid der Schwefelsäure hat die Summenformel SO_3. Man kann es nicht ohne weiteres durch Verbrennen von Schwefel gewinnen. Die Oxidation des Schwefels bei seiner Verbrennung führt nur zum Schwefeldioxid.

Stellen Sie die Reaktionsgleichung für die Verbrennung des Schwefels zum Schwefeldioxid auf. → 6

27 Vergleichen Sie:

Bleikammerverfahren:

Ausgangsstoff ist *Schwefeldioxid.*
Sauerstoffüberträger ist *Stickstoffdioxid.*
Woher kommt der Name des Verfahrens? Die Reaktion wird in *Bleikammern* durchgeführt.
Endprodukt ist *Schwefeltrioxid.*

Notieren Sie bitte die beiden Reaktionsgleichungen, die die chemischen Vorgänge in den Bleikammern vereinfachend wiedergeben.

$$SO_2 + NO_2 \longrightarrow \ldots\ldots + \ldots\ldots$$

$$NO + \ldots\ldots \longrightarrow \ldots\ldots$$

Vergleichen Sie unter 13.

28 Bitte vergleichen Sie:

$$CuSO_4 + 5\ H_2O \longrightarrow CuSO_4 \cdot 5\ H_2O$$

farblos blau

Als wichtiges Sulfat findet sich in der Natur der *Gips*. Gips ist chemisch Calciumsulfat, das pro Formeleinheit Calciumsulfat 2 Moleküle Kristallwasser enthält.

Stellen Sie die Summenformel von Gips auf, und lesen Sie dann weiter unter 38.

---

29 Notieren Sie sich bitte:

Schwefelwasserstoff, H_2S;	die Salze heißen Sulfide.
Schweflige Säure, H_2SO_3;	die Salze heißen Sulfite.
Schwefelsäure, H_2SO_4;	die Salze heißen Sulfate.

Lesen Sie nun noch einmal 22.

---

30 Ja, die vollständige Reaktionsgleichung für das Abrösten des Pyrits heißt:

$$4\ FeS_2 + 11\ O_2 \longrightarrow 2\ Fe_2O_3 + 8\ SO_2$$

Neben Schwefeldioxid entsteht ein Eisenoxid.

Zur Herstellung von Schwefelsäure ist es erforderlich, SO_2 zum SO_3 zu oxidieren.

Dazu gibt es zwei technische Verfahren:

1. *Das Kontaktverfahren*
2. *Das Bleikammerverfahren*

Notieren Sie die Namen der beiden Verfahren, und schreiben Sie die Reaktionsgleichung der Oxidation von SO_2 mit Sauerstoff zum SO_3 auf. → 44

13

---

31 Die Formel für kristallwasser*freies* Kupfersulfat ist $CuSO_4$. Sie sollten aber die Summenformel von Kupfersulfat, das pro Formeleinheit $CuSO_4$ 5 Moleküle Kristallwasser enthält, aufstellen.

Wie lautet die Summenformel für dieses Kupfersulfat?

- $CuSO_4$ mit 5 H_2O → 60
- $CuSO_4 \cdot 5\ H_2O$ → 54
- $CuSO_4$ mit Kristallwasser → 15

---

32 Bitte vergleichen Sie:

Schwefelsäure zieht *Wasser* an. Man benutzt sie daher zum *Trocknen*. Beim Verdünnen von konzentrierter Schwefelsäure nimmt man immer zuerst *Wasser*, in das man die *Säure* langsam einlaufen läßt.

Die technische und wirtschaftliche Bedeutung der Schwefelsäure ist sehr groß. Im Jahre 1970 wurden in der ganzen Welt etwa 100 Millionen Tonnen Schwefelsäure hergestellt.

Wie heißen die Salze der Schwefelsäure?

- Sulfide → 21
- Sulfite → 56
- Sulfate → 40
- Ich weiß es nicht → 49

33 Ja, rauchende Schwefelsäure wird mit Hilfe des Kontaktverfahrens hergestellt. Sie hat noch einen anderen Namen: *Oleum*.

Werden in 85 g 100%iger Schwefelsäure 15 g SO_3 gelöst, so spricht man von 15%igem Oleum. (Massenanteil w (SO_3) = 0,15).

Nach dem *Bleikammerverfahren* erhält man nur 80%ige Schwefelsäure, die man nachträglich durch Verdampfen von Wasser konzentrieren kann.

Heute wird Schwefelsäure fast nur noch nach dem Kontaktverfahren hergestellt. Das Bleikammerverfahren ist veraltet und arbeitet nicht mehr wirtschaftlich. Es wurde hier nur kurz dargestellt, weil die Oxidation von SO_2 zu SO_3 in Gegenwart von NO_2 und Luft als Reaktion interessant ist und weil der technische Fortschritt vom Bleikammerverfahren zum Kontaktverfahren besonders eindrucksvoll ist.

Notieren Sie bitte folgenden Satz:

Die beim Kontaktverfahren anfallende Lösung von Schwefeltrioxid in Schwefelsäure nennt man .... Schwefelsäure oder ....

Bitte lesen Sie weiter unter 16.

34 Ihre Antwort ist falsch.

Eine Erklärung finden Sie unter 22.

35 $Na_2SO_3 + H_2SO_4 \longrightarrow Na_2SO_4 + H_2O + SO_2$

Notieren Sie bitte die fehlenden Wörter:

Die Salze des Schwefelwasserstoffs heißen .... Zu ihrem Nachweis werden Blei- oder .... salze verwendet. Die Farbe des Niederschlags ist .... bis ....

Lesen Sie bitte weiter unter 10.

36 Es fehlte:

80%ig
98%ig
rauchende Schwefelsäure = Oleum

Bitte notieren Sie wieder die fehlenden Wörter:

Schwefeldioxid wird durch Verbrennen von .... oder durch Abrösten von .... erhalten. → 59

37 Beim Abrösten von Pyrit entsteht *nicht* Schwefeltrioxid, sondern Schwefeldioxid. In dem Abschnitt, den Sie vorher gelesen haben, wurde das besprochen. Sie müssen aufmerksamer arbeiten.

Lesen Sie noch einmal 48.

38 Bitte vergleichen Sie:

Gips $CaSO_4 \cdot 2\,H_2O$ (Calciumsulfat – 2 – Hydrat)

Durch Erhitzen dieses Gipses wird ein Teil des Kristallwassers abgespalten. Man spricht vom Brennen des Gipses. Gebrannter Gips kann wieder mit Wasser vermischt werden. Er nimmt dann recht schnell das Wasser als Kristallwasser auf und wird hart.

Notieren Sie bitte mit Ergänzungen:

Gips hat die Summenformel .... Beim Brennen verliert der Gips einen Teil seines ....

Lesen Sie bitte weiter unter 63 .

---

39 Ihre Antwort ist nicht richtig.

Eine Oxidation von SO_2 zu SO_3 ist durchaus ohne Kontakte möglich, allerdings muß man dazu so hohe Temperaturen anwenden, daß das gebildete SO_3 teilweise wieder zerfällt. Die Oxidation von SO_2 zu SO_3 ohne Kontakte ist daher unwirtschaftlich.

Wiederholen Sie bitte ab 44 .

---

40 Die Salze der Schwefelsäure heißen Sulfate.

Ein wichtiges Sulfat ist das Natriumsulfat, Na_2SO_4. Wenn Natriumsulfat aus wäßriger Lösung kristallisiert, dann kristallisiert eine Stoffmenge von 1 Mol Na_2SO_4-Molekülen mit einer Stoffmenge von 10 Mol Wasser-Molekülen. In Kristallen enthaltenes Wasser wird *Kristallwasser* genannt. Das wasserhaltige Natriumsulfat wird durch die Formel

$$Na_2SO_4 \cdot 10\ H_2O$$

beschrieben.

Man liest diese Formel: Natriumsulfat – 10 – Hydrat.

Ein anderes wichtiges Sulfat ist Kupfersulfat. Es kristallisiert in Form von schönen, blauen Kristallen. Diese sind kristallwasserhaltiges Kupfersulfat (Kupfersulfat-Hydrat). Eine Formeleinheit enthält 5 Moleküle Kristallwasser.

Welches ist die richtige Summenformel dieses kristallwasserhaltigen Kupfersulfats?

- $CuSO_4$ → 31
- $CuSO_4$ – 5 – Hydrat → 60
- $CuSO_4 \cdot 5\ H_2O$ → 54
- $CuSO_4$ mit Kristallwasser → 15

---

41 Ihre Antwort ist richtig.

Pyrit ist ein Eisensulfid, das pro Formeleinheit zwei Atome Schwefel enthält:

FeS_2

Pyrit entzündet sich beim Erhitzen in Gegenwart von Luft und wird dabei in exothermer Reaktion oxidiert. Es entstehen Eisenoxid und ....

Überlegen Sie, was entstehen muß. → 48

42 $H_2SO_4 + BaCl_2 \longrightarrow BaSO_4 + 2\ HCl$

Bariumsulfat, $BaSO_4$, fällt als feinkörniger, weißer Niederschlag aus.

Auch bei der Umsetzung von Kaliumsulfat mit Bariumchlorid entsteht Bariumsulfat:

$$K_2SO_4 + BaCl_2 \longrightarrow BaSO_4 + 2\ KCl$$

Sie sehen, daß die Zusammensetzung des Niederschlags in beiden Fällen die gleiche ist, da sowohl in einer wäßrigen Lösung von Schwefelsäure wie von Kaliumsulfat Sulfat-Ionen vorhanden sind, mit denen das Barium-Ion, Ba^{2+}, schwer lösliches Bariumsulfat bildet:

$$Ba^{2+} + SO_4^{2-} \longrightarrow BaSO_4$$

Am Auftreten des feinkörnigen, schweren, weißen Niederschlags von Bariumsulfat bei der Zugabe von Bariumchloridlösung erkennt man die Anwesenheit von Sulfat-Ionen.

Wir wollen jetzt wiederholen.

Bitte notieren Sie die fehlenden Wörter:

Die Oxidation (Verbrennung) des Schwefels führt zum .... Die beiden technischen Verfahren zur Herstellung von Schwefelsäure sind das .... und das .... → 52

43 Ihre Antwort ist richtig.

Beim Nachweis von Schwefelsäure und Sulfat-Ionen mit Hilfe von Bariumchlorid beobachtet man das Auftreten eines feinkörnigen Niederschlags von Bariumsulfat, der sich schnell absetzt, weil er schwer ist.

H_2SO_4 + ... ⟶ 2 HCl + $BaSO_4$

Na_2SO_4 + $BaCl_2$ ⟶ 2 NaCl + ...

Schreiben Sie diese Reaktionsgleichungen mit Ergänzungen ab. → 51

---

44 2 SO_2 + O_2 ⟶ 2 SO_3

Diese Reaktion benötigt sehr hohe Temperaturen (über 600 °C), damit sie mit der für technische Verfahren notwendigen Geschwindigkeit abläuft.

Allerdings zerfällt das gerade gebildete Schwefeltrioxid bei diesen hohen Temperaturen wieder teilweise in Schwefeldioxid und Sauerstoff.

Stellen Sie bitte die Reaktionsgleichung für den Zerfall des Schwefeltrioxids auf. → 55

---

45 Das Sulfat-Ion hat zwei negative Ladungen: SO_4^{2-}

Stellen Sie nun bitte die Summenformeln für Natrium- und Calciumsulfat auf, und lesen Sie dann weiter unter 53.

---

46 Ihre Antwort ist richtig.

Jetzt zum *Bleikammerverfahren*:

SO_2 wird zusammen mit Luft und Stickstoffoxiden in großen, mit Bleiplatten ausgekleideten Kammern zur Reaktion gebracht. Es bildet sich Schwefeltrioxid.

SO_2 + NO_2 ⟶ SO_3 + NO

SO_2 wird also zum SO_3 *oxidiert*. NO_2 gibt dabei ein Sauerstoffatom ab und wird zum NO *reduziert*.

NO nimmt aus der Luft wieder Sauerstoff auf,

2 NO + O_2 ⟶ 2 NO_2

und NO_2 steht erneut zur Oxidation von SO_2 zur Verfügung. Stickstoffdioxid, NO_2, wirkt also als *Sauerstoffüberträger*.

(Im einzelnen sind die chemischen Vorgänge in den Bleikammern recht kompliziert. Die beiden Reaktionsgleichungen geben diese Vorgänge vereinfacht wieder.)

Schreiben Sie das folgende Schema unter Ergänzung der Lücken ab:

Bleikammerverfahren:

Ausgangstoff ist ....
Sauerstoffüberträger ist ....
Woher kommt der Name des Verfahrens? ....
Endprodukt ist .... → 27

---

47 *Zerfall von Schwefeltrioxid in Schwefeldioxid und Sauerstoff.*

Da also Schwefeltrioxid bei den hohen Temperaturen, die zu seiner Herstellung notwendig sind, bereits wieder teilweise zerfällt, ist eine wirtschaftliche Herstellung ohne Katalysatoren *nicht* möglich.

Mit Katalysatoren läßt sich SO_3 schon bei niedrigeren Temperaturen (400 – 500 °C) mit ausreichender Geschwindigkeit herstellen. Bei diesen Temperaturen zerfällt nur wenig SO_3.

Wir wollen uns das *Kontaktverfahren* genauer ansehen:

Schwefeldioxid wird zusammen mit Luft bei 400 – 500 °C über *feste* Katalysatoren, welche auch *Kontakte* genannt werden, geleitet. Dabei erfolgt die Oxidation zum SO_3. Geeignete Kontakte sind fein verteiltes Platin oder Vanadium-Oxide.

Schreiben Sie das folgende Schema unter Ergänzung der Lücken ab:

Kontaktverfahren

Ausgangsstoff ist ....
Katalysatoren sind .... oder ....
Woher kommt der Name des Verfahrens? ....
Endprodukt ist .... → 58

---

48 Es entstehen Eisenoxid und *Schwefeldioxid.* Das Schwefeldioxid entweicht als Gas und kann zur Synthese von Schwefeltrioxid eingesetzt werden. Zurück bleibt Eisenoxid.

Da diese Oxidation des Pyrits in großen *Röst*öfen durchgeführt wird, spricht man auch vom *Rösten* oder *Abrösten* des Pyrits.

Die unvollständige Reaktionsgleichung für das Abrösten des Pyrits ist:

$$4\,FeS_2 + 11\,O_2 \longrightarrow 2\,Fe_2O_3 + \ldots\ldots\ldots\ldots$$

Was ist zu ergänzen? Bitte gut überlegen!

13

- 4 SO_2 → 57
- 8 SO_2 → 30
- 16 SO_2 → 19
- 4 SO_3 → 2
- 8 SO_3 → 8
- 16 SO_3 → 37

---

49 Bitte notieren Sie:

Schwefelwasserstoff, H_2S; die Salze heißen Sulfide.
Schweflige Säure, H_2SO_3; die Salze heißen Sulfite.
Schwefelsäure, H_2SO_4; die Salze heißen..............

Notieren Sie das fehlende Wort, und lesen Sie bitte weiter unter 40.

---

50 Ihre Antwort ist nicht ganz richtig.

Lesen Sie bitte weiter unter 29.

51

$$H_2SO_4 + \mathbf{BaCl_2} \longrightarrow 2\,HCl + BaSO_4$$

$$Na_2SO_4 + BaCl_2 \longrightarrow 2\,NaCl + \mathbf{BaSO_4}$$

Und nun notieren Sie sich bitte die drei besonderen **Gefahren** beim Umgang mit Schwefelverbindungen:

1. **Schwefelwasserstoff ist giftig!**

2. **Schwefelsäure ätzt!**

3. **Beim Verdünnen von konzentrierter Schwefelsäure verspritzt leicht Säure, wenn man es falsch macht.**

Was legt man vor, wenn man konzentrierte Schwefelsäure mit Wasser verdünnen will?

- Das Wasser → 20
- Die Schwefelsäure → 61

52

Es fehlten die Wörter:

Schwefeldioxid
Bleikammerverfahren
Kontaktverfahren

Bitte notieren Sie wieder die fehlenden Wörter:

Beim Bleikammerverfahren wird ......%ige Schwefelsäure erhalten, beim Kontaktverfahren ......%ige Schwefelsäure. Beim Kontaktverfahren kann man auch eine Lösung von SO_3 in Schwefelsäure herstellen. Diese Lösung wird als ...... Schwefelsäure oder ...... bezeichnet. → 36

53

Bitte vergleichen Sie:

Na_2SO_4	$CaSO_4$
Natriumsulfat	Calciumsulfat

Zum Nachweis der Schwefelsäure bzw. der Sulfat-Ionen löst man die zu untersuchende Probe in Wasser, säuert mit Salzsäure an und gibt Bariumchlorid-Lösung hinzu. Es bildet sich bei Anwesenheit von Schwefelsäure bzw. Sulfat-Ionen ein unlöslicher, feinkörniger, weißer Niederschlag von Bariumsulfat.

Stellen Sie die Reaktionsgleichung für die Umsetzung von Schwefelsäure mit Bariumchlorid ($BaCl_2$) auf!

Vergleichen Sie dann bei 42.

54

Ja, die Summenformel für kristallwasserhaltiges Kupfersulfat ist

$$CuSO_4 \cdot 5\ H_2O$$

Beim Erhitzen verliert das Kupfersulfat-Hydrat sein Kristallwasser und geht in wasserfreies Kupfersulfat über. Dieses ist farblos.

Das wasserfreie, farblose Kupfersulfat kann man zum Nachweis von Wasser benutzen. Sobald es mit Wasser in Berührung kommt, färbt es sich wieder blau. Bitte notieren Sie dafür die Reaktionsgleichung, und schreiben Sie unter die beiden Kupfersulfate deren Farbe:

$$CuSO_4 + 5\ H_2O \longrightarrow \ldots\ldots\ldots\ldots\ldots$$

Lesen Sie bitte weiter unter 28.

55

$$2\ SO_3 \longrightarrow 2\ SO_2 + O_2$$

Diese Reaktionsgleichung ist also die *Umkehrung* der Reaktionsgleichung

$$2\ SO_2 + O_2 \longrightarrow 2\ SO_3$$

Solche Reaktionen, die sowohl in der einen, als auch in der anderen Richtung verlaufen können, schreiben wir mit einem Doppelpfeil ($\rightleftharpoons$).

$$2\ SO_2 + O_2 \rightleftharpoons 2\ SO_3$$

Was beschreibt die Reaktionsgleichung, wenn sie von links nach rechts verläuft? Bitte notieren Sie mit Ergänzungen:

Die Herstellung von ....aus ....und .... → 62

56

Sulfite sind die Salze der Schwefligen Säure!

Bitte notieren Sie:

Schwefelwasserstoff, H_2S;	die Salze heißen Sulfide.
Schweflige Säure, H_2SO_3;	die Salze heißen Sulfite.
Schwefelsäure, H_2SO_4;	die Salze heißen ....

Notieren Sie das fehlende Wort, und lesen Sie bitte weiter unter 40.

57

Auf der linken Seite der Reaktionsgleichung

$$4\ FeS_2 + 11\ O_2 \longrightarrow 2\ Fe_2O_3 +$$

stehen 4 × 2 = 8 Schwefelatome.

In einer Reaktionsgleichung muß links und rechts stets die gleiche Anzahl von Atomen eines jeden Elementes vorhanden sein.

Überlegen Sie noch einmal. → 48

58

Vergleichen Sie:

Kontaktverfahren:

Ausgangsstoff ist *Schwefeldioxid.*
Katalysatoren sind *Platin* oder *Vanadium-Oxide.*

Woher kommt der Name des Verfahrens? Von den festen Katalysatoren, die auch *Kontakte* genannt werden.
Endprodukt ist *Schwefeltrioxid*.

Was bewirken die Katalysatoren (Kontakte) beim Kontaktverfahren?

- Sie verhindern den Zerfall von SO_3. → 25
- Ohne sie ist eine Oxidation von SO_2 zu SO_3 unmöglich. → 39
- Sie ermöglichen eine Oxidation von SO_2 zu SO_3 bei so niedriger Temperatur, daß einerseits SO_3 schnell genug gebildet wird, andererseits eine Rückspaltung des gebildeten SO_3 nicht stattfindet. → 46

---

59 Es fehlten die Wörter:

Schwefel, Pyrit

Der Nachweis von Schwefelsäure und Sulfat-Ionen erfolgt mit Hilfe von Bariumchlorid. Was beobachtet man?

- Das Auftreten eines flockigen, weißen Niederschlags → 12
- Das Auftreten eines feinkörnigen, weißen Niederschlags, der sich schnell absetzt → 43
- Eine Farbänderung → 3

---

60 Ihre Antwort ist teilweise richtig.
Man schreibt aber nicht „5 – Hydrat" in der Summenformel.

Stellen Sie bitte die richtige Summenformel des kristallwasserhaltigen Kupfersulfats auf. → 54

---

61 Ihre Antwort ist falsch.

Wenn man konzentrierte Schwefelsäure mit Wasser verdünnen will, muß man stets Wasser vorlegen und die Schwefelsäure in dünnem Strahl einlaufen lassen. Nur so wird die entstehende große Wärmemenge gefahrlos abgeführt.

Schreiben Sie mit Ergänzungen ab:

Erst das ......, dann.............,
sonst geschieht das Ungeheure.

Lesen Sie bitte weiter unter [20].

---

[62] Die Herstellung von *Schwefeltrioxid* aus *Schwefeldioxid* und *Sauerstoff*.

Was beschreibt die Reaktionsgleichung,

$$2\ SO_2 + O_2 \rightleftarrows SO_3$$

wenn sie von rechts nach links verläuft?

Bitte antworten Sie schriftlich. → [47]

---

[63] Gips hat die Summenformel $\mathbf{CaSO_4 \cdot 2\ H_2O}$. Beim Brennen verliert der Gips einen Teil seines *Kristallwassers*.

Wissen Sie noch, wieviel Ladungen das Sulfat-Ion hat? Schreiben Sie bitte die Formel des Sulfat-Ions auf. → [45]

---

14. Programm

Theoretische Grundlagen (VI)

---

1 In diesem Programm lernen Sie die Titration – eine Analysenmethode zur genauen Konzentrations-Bestimmung beispielsweise von Säuren oder Laugen – und alle damit im Zusammenhang stehenden Begriffe kennen. Für eine erfolgreiche Durcharbeitung wird die sichere Beherrschung des Stoffes der übrigen Theorieprogramme, vor allem aber des 9. und 11. Lehrprogrammes, vorausgesetzt. Vielleicht wiederholen Sie diese Programme noch einmal?

Notieren Sie je ein Beispiel für eine ein-, zwei- und dreibasige Säure mit Namen und Summenformel. → 10

---

2 Ihre Antwort ist unvollständig.

Gehen Sie zurück nach 33.

---

3 Sie haben sich um eine Dezimalstelle verrechnet. Eine ausführliche Berechnung finden Sie bei 36.

---

4 Eine Äquivalent-Konzentration an NaOH von c(NaOH) = 2 mol/L bedeutet:

1 Liter dieser Natronlauge enthält eine Masse an NaOH von

$$m(NaOH) = n(NaOH) \cdot M(NaOH)$$
$$m(NaOH) = 2\,mol \cdot 40\,g/mol = \ldots\ldots\ g$$

Kehren Sie zurück nach 62.

---

5 Ihre Berechnung ist nicht richtig.

Eine genaue Erklärung finden Sie bei 61.

---

6 *Maßlösung* mit der Konzentration c = 1 mol/L. (Häufig auch noch „Normallösung" oder „1 normale Lösung" genannt.)

Die Methode zur quantitativen Bestimmung von Säuren und Laugen mit Hilfe einer Maßlösung heißt .... → 82

7

HNO_3	1 Wasserstoff-Ion
H_2CO_3	2 Wasserstoff-Ionen
KOH	1 Hydroxid-Ion
$Ca(OH)_2$	2 Hydroxid-Ionen.

Lesen Sie jetzt noch einmal genau 18.

---

8 *äquivalent*

Das Gerät, aus dem man beim Titrieren die Maßlösung zutropfen läßt, heißt ....

Zu der zu untersuchenden Probe muß man vor der Titration einen ...... geben, um das Ende der Reaktion zu erkennen.

Notieren Sie bitte die fehlenden Wörter, und vergleichen Sie bei 83.

---

9 Sie haben sich in der Kommastelle geirrt.

100 g der unbekannten Salzsäure enthalten 0,73 g HCl. Der Massenanteil beträgt ......%. → 59

---

10 Vergleichen Sie Ihre Beispiele:

Einbasige Säuren:

Salpetersäure	HNO_3
Chlorwasserstoff	HCl

Zweibasige Säuren:

Schwefelsäure	H_2SO_4
Kohlensäure	H_2CO_3

Dreibasige Säure:

Phosphorsäure	H_3PO_4

Schreiben Sie bitte die folgenden drei Reaktionsgleichungen ab, und ergänzen Sie das Fehlende:

(1) $HCl + NaOH \longrightarrow NaCl +$

(2) $H_2SO_4 + NaOH \longrightarrow Na_2SO_4 +$

(3) $H_3PO_4 + NaOH \longrightarrow Na_3PO_4 +$

Vergessen Sie nicht die stöchiometrischen Zahlen, und vergleichen Sie bitte unter 20.

---

11 Wir wollen die gestellte Aufgabe wiederholen:

Die Lösung eines Stoffes X hat die Massen-Konzentration

$$c(X) = 200\,g/L$$

Die Dichte der Lösung beträgt $d = 2\,g/cm^3$.

Rechnen Sie diese Massen-Konzentration in den Massenanteil w um.

Wir überlegen folgendermaßen:

Der Massenanteil w eines Stoffes X in einer Lösung ist der Quotient aus seiner Masse m(X) und der Masse m der Lösung.

$$w(X) = \frac{m(X)}{m}$$

$m(X) = 200\,g$
$m = 2000\,g$ (1 L Lösung mit der Dichte $d = 2\,g/cm^3$!)

$$w(X) = \frac{200\,g}{2000\,g} = 0{,}10$$

Der Massenanteil an X ist 0,10 oder 10%. → 66

---

12 Ihre Antwort ist unvollständig.

Gehen Sie zurück nach 33.

---

13 Sie haben sich um eine Dezimalstelle verrechnet.

Eine ausführliche Berechnung finden Sie bei 36.

---

14 Die Stoffmenge n gibt die *Anzahl* der Teilchen einer bestimmten Stoffportion an. Einheit: Mol, Symbol: mol.

Die molare Masse M gibt die Masse von einem Mol der betreffenden Teilchen an. Einheit: Gramm/Mol, Symbol: g/mol.

Die Masse m einer Stoffportion errechnet sich durch Multiplikation der molaren Masse M mit der Stoffmenge n.

Bitte ergänzen Sie: m = ... · ...... → 32

---

15 Ihre Antwort ist falsch.

Wir haben doch festgestellt, daß gleiche Volumina von Maßlösungen mit gleicher Äquivalent-Konzentration einander gleichwertig sind.

Der Begriff der Maßlösung ist so wichtig, daß Sie genauer und sorgfältiger arbeiten sollten.

Lesen Sie bitte noch einmal 68 .

---

16 Sie müssen sich zuerst überlegen, wieviele Wasserstoff-Ionen die Säuren und wieviele Hydroxid-Ionen die Laugen pro Molekül abgeben können.

HNO_3 gibt ...... Wasserstoff-Ionen ab.

H_2CO_3 gibt ...... Wasserstoff-Ionen ab.

KOH gibt ...... Hydroxid-Ionen ab.

$Ca(OH)_2$ gibt ...... Hydroxid-Ionen ab. → 7

---

17 Richtig! $M(H_2SO_4) = 98\,g/mol$

Jetzt wird es Ihnen nicht schwer fallen, die molare Masse für die Äquivalente $\frac{1}{2}\,H_2SO_4$ anzugeben.

$M(\frac{1}{2}\,H_2SO_4) =$ ...... g/mol

→ 53

---

18 Ihre Antwort ist richtig.

Alle 3 Aussagen hängen ja ursächlich zusammen.

Wir merken uns:

Bei Neutralisationsreaktionen (die wir hier ausschließlich betrachten wollen) ergibt sich die Äquivalentzahl z*

bei Säuren: aus der Anzahl der pro Molekül abgegebenen Wasserstoff-Ionen,

bei Laugen: aus der Anzahl der pro Molekül abgegebenen Hydroxid-Ionen.

Notieren Sie bitte die Äquivalentzahlen für folgende Verbindungen:

HNO_3, H_2CO_3, KOH, $Ca(OH)_2$ → 27

19

$$H_3PO_4 + 3\,NaOH \longrightarrow Na_3PO_4 + 3\,H_2O \,|: 3$$

$$\tfrac{1}{3}\,H_3PO_4 + NaOH \longrightarrow \tfrac{1}{3}\,Na_3PO_4 + H_2O$$

Gleichungen, bei denen die stöchiometrischen Zahlen *Brüche* sind, sind ungewöhnlich. Üblicherweise bemüht man sich, die stöchiometrischen Zahlen so zu wählen, daß nur ganze Zahlen vorkommen. Halbe Schwefelsäure-Moleküle oder der dritte Teil eines Phosphorsäure-Moleküls sind ja auch nicht denkbar. Trotzdem wollen wir sie hier als *Rechengrößen* einführen und benutzen!

Wie sich aus den umgeformten Reaktionsgleichungen ablesen läßt, reagieren

sowohl HCl wie $\tfrac{1}{2}\,H_2SO_4$ und $\tfrac{1}{3}\,H_3PO_4$

mit *einem* Molekül NaOH. Sie sind also in ihrer Wirkung *gleich*. Wir sagen:

Sie sind einander *äquivalent*.

HCl, $\tfrac{1}{2}\,H_2SO_4$, $\tfrac{1}{3}\,H_3PO_4$ nennen wir daher *Äquivalente*.

Für die symbolische Darstellung des Äquivalents wird also ein Bruch vor das Symbol des Teilchens gesetzt.

Vor HCl steht aber kein Bruch! Warum nicht?

- Denken Sie darüber nach und antworten Sie bitte schriftlich. → 33
- Ich finde keine Erklärung. → 43

---

20 Bitte vergleichen Sie und verbessern Sie evtl. Fehler!

(1) $HCl + NaOH \longrightarrow NaCl + H_2O$

(2) $H_2SO_4 + 2\,NaOH \longrightarrow Na_2SO_4 + 2\,H_2O$

(3) $H_3PO_4 + 3\,NaOH \longrightarrow Na_3PO_4 + 3\,H_2O$

Aus den Gleichungen kann man ablesen:

1 Molekül HCl reagiert mit 1 Molekül NaOH

...... Molekül H_2SO_4 reagiert mit ...... Molekülen NaOH

...... Molekül H_3PO_4 reagiert mit ...... Molekülen NaOH

Bitte ergänzen Sie die fehlenden Zahlen. → [30]

---

[21] Sie haben sich in der Kommastelle geirrt.

100 g der unbekannten Salzsäure enthalten 0,73 g HCl. Der Massenanteil beträgt ......%. → [59]

---

[23] Die Äquivalent-Stoffmenge der Calciumhydroxid-Portion beträgt 0,7 mol.

Wir wollen jetzt die molaren Massen von Äquivalenten berechnen.

Wenn Sie eine kurze Wiederholung benötigen, welche Formel den Zusammenhang zwischen der molaren Masse M, der Masse m und der Stoffmenge n eines Stoffes angibt, so schlagen Sie [14] auf.

Oder können Sie die Formel selbst aufstellen? → [32]

---

[22] Ihre Berechnung ist nicht richtig.

Eine genaue Erklärung finden Sie bei [61].

---

[24] $\frac{1}{2}\,H_2SO_4$, KOH, $\frac{1}{2}\,Ca(OH)_2$, HCl, $\frac{1}{2}\,H_2CO_3$

Alles richtig? Dann haben Sie gut mitgearbeitet!

Oder hatten Sie Zweifel, z. B. bei Salzsäure und Kaliumhydroxid? Da hätte eigentlich stehen müssen:

$\frac{1}{1}\,HCl$, $\frac{1}{1}\,KOH$

Aber den Bruch $\frac{1}{1}$ lassen wir ja weg!

(Bei anderen Reaktionen als bei der hier besprochenen Neutralisationsreaktion ergibt sich die Äquivalentzahl aufgrund anderer Tatsachen, z. B. aus Änderungen der Ionenladungen. Siehe Band II.)

Wir aber merken uns vorläufig:

Für Neutralisationsreaktionen ergibt sich die Äquivalentzahl aus der Anzahl der bei der Dissoziation abgegebenen Wasserstoff- bzw. Hydroxid-Ionen.

Es läßt sich leider nicht vermeiden, aber wir müssen noch einen neuen Begriff einführen, nämlich die

Äquivalent-Stoffmenge.

Was der Begriff „Äquivalent" bedeutet, wissen Sie jetzt. Aber erinnern Sie sich noch an den Begriff „Stoffmenge"?

Was bedeutet er, und was ist die Einheit der Stoffmenge?

Bitte schriftlich formulieren! → [34]

---

[25] Sie haben eine Größengleichung gewählt, die nicht die Stoffmenge der Phosphorsäure-*Äquivalente,* sondern der Phosphorsäure-*Moleküle* angibt.

Gehen Sie zurück nach [34].

---

[26] *Äquivalent-Stoffmenge*

Was gibt die Äquivalent-Konzentration an?

Notieren Sie bitte Ihre Antwort. → [72]

---

[27]

	Äquivalentzahl
HNO_3	$z^* = 1$
H_2CO_3	$z^* = 2$
KOH	$z^* = 1$
$Ca(OH)_2$	$z^* = 2$

Wenn Sie Schwierigkeiten hatten, schlagen Sie bitte [16] auf.

Wenn Sie keine Schwierigkeiten hatten, können Sie jetzt sicher schriftlich formulieren, wie die Äquivalentzahl z* einer Säure ermittelt wird. → [37]

28 Falsch!

Sie haben gerechnet

$$\begin{array}{rcrl} M\,(H) & = & 1 & g/mol \\ +\ M\,(S) & = & 32 & g/mol \\ +\ M\,(O) & = & \underline{16} & g/mol \\ & & 49 & g/mol \end{array}$$

Im H_2SO_4-Molekül sind aber 2 Wasserstoff-Atome und 4 Sauerstoff-Atome vorhanden. Sie müssen also rechnen

$$\begin{array}{rcl} M\,(2H) & = & \quad g/mol \\ +\ M\,(S) & = & \quad g/mol \\ +\ M\,(4O) & = & \quad g/mol \\ \hline M\,(H_2SO_4) & = & \quad g/mol \end{array}$$

Bitte ergänzen. → 17

29 Eine Äquivalent-Konzentration an NaOH von c(NaOH) = 2 mol/L bedeutet:

1 Liter dieser Natronlauge enthält eine Masse an NaOH von

$$m(NaOH) = n(NaOH) \cdot M(NaOH)$$

$$m(NaOH) = 2\ mol \cdot 40\ g/mol = \dots\dots\ g$$

Kehren Sie zurück nach 62.

30 1 Molekül HCl reagiert mit 1 Molekül NaOH
1 Molekül H_2SO_4 reagiert mit 2 Molekülen NaOH
1 Molekül H_3PO_4 reagiert mit 3 Molekülen NaOH

Die 3 Neutralisationsgleichungen auf Ihrem Zettel wollen wir jetzt so umformen, daß links jeweils nur *ein* Molekül NaOH steht.

Bei der 1. Gleichung ist das schon der Fall.

$$HCl + NaOH \longrightarrow NaCl + H_2O$$

Die 2. Gleichung müssen wir durch 2 dividieren

$$H_2SO_4 + 2\ NaOH \longrightarrow Na_2SO_4 + 2\ H_2O \ / : 2$$

$$\tfrac{1}{2}\ HSO_4 + NaOH \longrightarrow \tfrac{1}{2}\ NaSO_4 + H_2O$$

Dividieren Sie jetzt die 3. Gleichung durch 3 und vergleichen Sie Ihr Ergebnis unter [19].

---

[31] Ihre Antwort ist falsch.

Wir haben doch festgestellt, daß gleiche Volumina von Maßlösungen mit gleicher Äquivalent-Konzentration einander gleichwertig sind.

Der Begriff der Maßlösung ist so wichtig, daß Sie genauer und sorgfältiger arbeiten sollten.

Lesen Sie bitte noch einmal [68].

---

[32] $M = \frac{m}{n}$ oder $m = M \cdot n$ oder $n = \frac{m}{M}$

Wir wollen nun die Frage beantworten:
Wie groß ist die molare Masse der Äquivalente $\frac{1}{2}\ H_2SO_4$?

$$M\ (\tfrac{1}{2}\ H_2SO_4) = \ldots\ldots g/mol$$

Sie haben im 9. Progamm gelernt, wie die molaren Massen von Molekülen berechnet werden. Berechnen Sie bitte zuerst die molare Masse der Schwefelsäure-Moleküle und dann die molare Masse der Äquivalente $\frac{1}{2}\ H_2SO_4$.

Sie brauchen dazu folgende molaren Massen:

$M(H) = 1\ g/mol$
$M(S) = 32\ g/mol$
$M(O) = 16\ g/mol$

→ [53]

Ich brauche eine Hilfe → [42]

---

[33] Das Äquivalent HCl müßte eigentlich

$\frac{1}{1}$ HCl

geschrieben werden. $\frac{1}{1}$ wird aber (wie die stöchiometrische Zahl 1 in Reaktionsgleichungen) überlicherweise nicht geschrieben.

Wir müssen noch einen neuen Begriff einführen:
Der *Nenner* des Bruches, der bei der symbolischen Darstellung des Äquivalents vor dem Symbol des Teilchens steht, heißt

Äquivalentzahl (Symbol: z*)

Zum Beispiel:

Äquivalent	Äquivalentzahl
$\frac{1}{2}\ H_2SO_4$	z* = 2
$\frac{1}{3}\ H_3PO_4$	z* = 3

Wie wird die Äquivalentzahl z* einer Säure ermittelt?
Die Frage ist nicht einfach, lassen Sie sich Zeit beim Überlegen!

- z* ist gleich der Anzahl der Ladungen des Säure-Anions → 2
- z* ist gleich der Anzahl der Wasserstoff-Ionen, die bei der Dissoziation des Säure-Moleküls abgegeben werden → 12
- z* ist gleich der Anzahl der NaOH-Moleküle, mit denen das Säure-Molekül reagieren kann → 64
- alle 3 Aussagen sind richtig → 18
- nur die beiden ersten Aussagen sind richtig → 40
- nur die beiden letzten Aussagen sind richtig → 47

---

34 Die Stoffmenge gibt die Anzahl der Teilchen einer Stoffportion an. Die Einheit ist das Mol.

Solche Teilchen können z. B. sein: Atome, Moleküle oder auch Äquivalente! Wenn wir also die Anzahl der Äquivalente einer Stoffportion meinen, dann reden wir von der

Äquivalent-Stoffmenge

Beispiel:
Wir wollen annehmen, die Äquivalent-Stoffmenge von $\frac{1}{2}\ H_2SO_4$ sei ein Mol.

So schreiben wir als Größengleichung:

$$n(\tfrac{1}{2}H_2SO_4) = 1\ \text{mol}$$

und sagen:

Die Äquivalent-Stoffmenge der Schwefelsäure-Portion beträgt 1 Mol.

Welche Größengleichung ist die richtige für folgende Aussagen?

Die Äquivalent-Stoffmenge einer Phosphorsäure-Portion beträgt beispielsweise 1,5 mol.

- $n(H_3PO_4) = 1{,}5$ mol → 25
- $n(\frac{1}{3}\ H_3PO_4) = 0{,}5$ mol → 44
- $n(\frac{1}{3}\ H_3PO_4) = 1{,}5$ mol → 57

---

35 Der Nenner des Bruches ist die *Äquivalent*zahl mit dem Symbol z*.

Für ein Teilchen X ist die symbolische Darstellung des Äquivalents

$$\frac{1}{z^*}\ X$$

Für $X = H_3PO_4$ ist $z^* = 3$, damit ergibt sich die symbolische Darstellung des Äquivalents:

$$\frac{1}{3}\ H_3PO_4$$

Notieren Sie bitte die Äquivalente von Schwefelsäure, Kaliumhydroxid, Calciumhydroxid, Salzsäure und Kohlensäure. → 24

---

36 Welche Masse an NaOH ist in 100 mL 1 normaler Natronlauge enthalten?

1 Liter 1 normaler Natronlauge enthält 1 Mol NaOH-Moleküle.
c(NaOH) = 1 mol/L.

Die molare Masse der NaOH-Äquivalente beträgt 40 g/mol.

$$M(NaOH) = 40\ g/mol$$

1 Liter 1 normaler Natronlauge enthält also 40 g NaOH.

$$c(NaOH) = 40\ g/L$$

100 mL 1 normaler Natronlauge enthalten ...... g NaOH → 45.

14

37 Die Äquivalentzahl einer Säure ist gleich der Anzahl der Wasserstoff-Ionen, die bei der Dissoziation pro Molekül abgegeben werden.

Notieren Sie jetzt bitte, wie die Äquivalentzahl einer Lauge (bzw. einer Base) ermittelt wird. → 46

38 Ihre Antwort ist falsch.

Wiederholen Sie ab 18.

39 Ihre Antwort ist falsch.

Wiederholen Sie ab 67.

40 Ihre Antwort ist unvollständig.

Gehen Sie zurück nach 33.

41 Ihre Antwort ist richtig.

Selbstverständlich kann man 1 normale Salzsäure bei der Titration durch 1 normale Schwefelsäure oder 1 normale Phosphorsäure austauschen. Man erhält dann den gleichen Säureverbrauch, denn diese Maßlösungen sind ja einander äquivalent.

Man nennt das eben erläuterte Verfahren der Konzentrationsbestimmung einer Lauge: *Alkalimetrie.*

Umgekehrt können wir auch eine Säure, z. B. Salzsäure unbekannter Konzentration, mit einer Lauge titrieren. Jetzt wird die 1 normale Natronlauge in die Bürette gefüllt und eine Stoffportion von 100 mL einer Salzsäure (unbekannter Konzentration) in den Erlenmeyer-Kolben gegeben. Indikator Methylorange nicht vergessen! Es wird so lange Natronlauge aus der Bürette zugetropft, bis die Farbe des Indikators von rot-orange nach gelb umschlägt.

Bis zur Neutralisation der Probe haben wir zum Beispiel 20 mL 1 normale Natronlauge verbraucht.

Wir überlegen:

Die Äquivalentkonzentration einer 1 normalen Salzsäure ist 1 mol/L.

$c(\frac{1}{1}\,HCl) = 1$ mol/L

Die molare Masse der Äquivalente $\frac{1}{1}$ HCl beträgt 36,5 g/mol.
1 L 1 normale Salzsäure enthält also 36,5 g HCl.
1 mL 1 normale Salzsäure enthält 0,0365 g HCl.

1 mL 1 normale Natronlauge neutralisiert 1 mL 1 normale Salzsäure.

1 mL 1 normale Natronlauge wird also bei der Neutralisation verbraucht, wenn 0,0365 g HCl vorliegen.

a mL 1 normale Natronlauge werden verbraucht, wenn 0,0365 g · a HCl vorliegen.

$$0{,}0365 \quad g \cdot a = x\,g$$

20 mL 1 normale Natronlauge werden verbraucht, wenn 0,0365 g · 20 = 0,73 g HCl vorliegen.

Da wir 100 mL Salzsäure vorgelegt haben, wissen wir jetzt, daß darin 0,73 g HCl gelöst waren. Die Salzsäure hat also eine Konzentration c(HCl) = 7,3 g/L.

14

Wir wissen, daß sich *Konzentrations*angaben stets auf das *Volumen* beziehen.

Auf die *Masse* der Lösung bezogen, kann man den *Gehalt* als Massenanteil w oder in Prozenten (%) ausdrücken.

Eine verdünnte Säure, die beispielsweise 10 g Säure in 100 g Lösung enthielt, hat einen Massenanteil w = 0,1 oder einen Massenanteil von 10%.

Wir müssen, um den Massenanteil zu bestimmen, bei unserem Beispiel nicht 100 mL der Säure abmessen, sondern 100 g abwiegen und diese titrieren. Wir nehmen an, daß wir hierbei auch 20 mL 1 normale Natronlauge verbrauchen. Der Ansatz zur Berechnung bleibt dann der gleiche.

Rechnen Sie auf einem Blatt Papier den Ansatz zu Ende. Wie groß ist der Massenanteil der von uns titrierten Salzsäure?

- 0,73% → 59
- 7,3% → 21
- 0,073% → 9

---

42 Sie sollen zuerst die molare Masse der Schwefelsäure-Moleküle berechnen.

Dazu zählen Sie die molaren Massen der einzelnen Atome, die das H_2SO_4-Molekül bilden, zusammen.
M(H) = 1 g/mol; M(S) = 32 g/mol; M(O) = 16 g/mol.

Welche molare Masse errechnen Sie?

- M = 49 g/mol → [28]
- M = 98 g/mol → [17]

---

[43] Bei der Neutralisationsgleichung

$$HCl + NaOH \longrightarrow NaCl + H_2O$$

fehlt die stöchiometrische Zahl 1, da sie üblicherweise nicht geschrieben wird.

$$1\,HCl + 1\,NaOH \longrightarrow 1\,NaCl + 1\,H_2O$$

Bei der Division durch 1 ergibt sich:

$$\tfrac{1}{1}\,HCl + \tfrac{1}{1}\,NaOH \longrightarrow \tfrac{1}{1}\,NaCl + \tfrac{1}{1}\,H_2O$$

Aber auch der Bruch $\frac{1}{1}$ wird nicht mitgeschrieben.

Wie müßte das Äquivalent HCl also eigentlich *vollständig* geschrieben werden? → [33]

---

[44] Sie haben sich verleiten lassen, die Stoffmenge durch die Äquivalentzahl $z^* = 3$ zu teilen. Das ist hier falsch. Sie sollen nur zu der Aussage: „Die Äquivalent-Stoffmenge einer Phosphorsäure-Portion beträgt 1,5 mol" die passende Größengleichung auswählen.

Kehren Sie zurück nach [34].

---

[45]

36,5 g	HCl	neutralisieren 40 g NaOH
49 g	H_2SO_4	neutralisieren 40 g NaOH
32,7 g	H_3PO_4	neutralisieren 40 g NaOH

Sie haben sicher gemerkt, daß die 3 Säureportionen genau denen entsprachen, die in den drei 1 normalen Lösungen (Äquivalent-Konzentration c = 1 mol/L) enthalten sind.

Mit anderen Worten:
Wenn man 40 g NaOH mit der 1 normalen Lösung einer Säure neutralisiert, so braucht man stets 1 Liter dieser Maßlösung, unabhängig von der Natur der Säure. Man kann also mit solchen Maßlösungen etwas *messen* (daher der Name!).

Man benutzt Maßlösungen in der analytischen Chemie zum Titrieren. Die Titration ist ein analytisches Verfahren, mit dem man beispielsweise Konzentrationen von Säuren und Basen feststellt. Will man zum Beispiel eine Natronlauge untersuchen, deren Konzentration an NaOH man nicht kennt, dann geht man folgendermaßen vor:

Man mißt 100 mL der verdünnten Natronlauge genau ab, gibt etwas Methylorange als Indikator hinzu und läßt aus einer Bürette so lange 1 normale Salzsäure unter ständigem Umschütteln zutropfen, bis die Farbe des Indikators von gelb nach orange-rot umschlägt. Wir haben dann die Lösung mit 1 normaler Salzsäure *neutralisiert.* An der Bürette kann man genau ablesen, wieviel mL 1 normaler Salzsäure dazu notwendig gewesen sind. (mL ist das Zeichen für Milliliter;
1000 mL = 1 L)

Diese verbrauchten mL 1 normaler Salzsäure sind äquivalent der unbekannten Menge Natronlauge.

Hat man beispielsweise 100 mL 1 normale Salzsäure verbraucht, dann sind die 100 mL der untersuchten Natronlauge auch 1 normal.
Daraus läßt sich leicht berechnen, welche Masse an NaOH in diesen 100 mL enthalten ist.

Berechnen Sie: Welche Masse an NaOH ist in 100 mL 1 normaler Natronlauge enthalten?

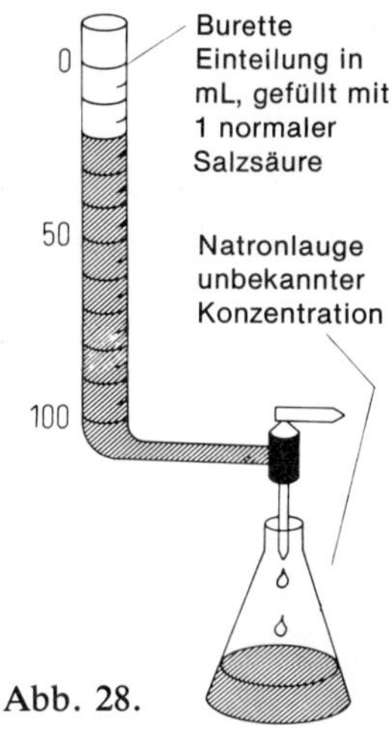

Abb. 28.

M(Na) = 23 g/mol M(O) = 16 g/mol M(H) = 1 g/mol

- m(NaOH) = 40 g → 3
- m(NaOH) = 4 g → 56
- m(NaOH) = 0,4 g → 13
- Ich kann das nicht berechnen. → 36

14

46 Die Äquivalentzahl einer Lauge bzw. einer Base ist gleich der Anzahl der Hydroxid-Ionen, die bei der Dissoziation pro Molekül abgegeben werden.

Fassen wir kurz zusammen:

Das Äquivalent ist der Bruchteil eines Teilchens, der zwar nicht existiert, aber als Rechengröße Verwendung findet.

Der Nenner des Bruches vor dem Äquivalent ist die ....zahl mit dem Symbol ....

Bitte ergänzen. → 35

47 Ihre Antwort ist unvollständig.

Gehen Sie zurück nach 33.

48

$M(NaOH) = 40$ g/mol $z^* = 1$
$M(HNO_3) = 63$ g/mol $z^* = 1$
$M(\frac{1}{2}\,H_2CO_3) = 31$ g/mol $z^* = 2$

Alles richtig? Dann haben Sie gut mitgearbeitet!

Wir wollen uns jetzt einem neuen Abschnitt zuwenden und über den Begriff „Konzentration" sprechen.

Der Begriff „Konzentration" wird oft in gleicher Weise wie der Begriff „Gehalt" gebraucht.

Wir sagen z. B.: Die Lösung eines Stoffes in Wasser hat eine hohe (oder niedrige) Konzentration

oder: Die Lösung hat einen hohen (oder niedrigen) Gehalt.

Wenn wir uns aber wissenschaftlich ausdrücken wollen (und das müssen wir hier!), müssen wir diese Aussagen exakter formulieren.
Bei allen Angaben, die sich auf ein Volumen einer Lösung beziehen (z. B. Gramm pro Liter oder Milligramm pro Milliliter), sprechen wir *nur* von Konzentrationen (*nie* von Gehalt!).

Im Folgenden sind 3 Möglichkeiten zur genauen Konzentrationsangabe beschrieben:

1. Die *Massen*-Konzentration gibt an, wieviel *Gramm* des gelösten Stoffes in einem Liter Lösung gelöst sind.

Einheit: Gramm durch Liter (g/L)

2. Die *Stoffmengen*-Konzentration gibt an, wieviel *Mol* des gelösten Stoffes in einem Liter Lösung gelöst sind.

   Einheit: Mol durch Liter (mol/L)

3. Die *Äquivalent*-Konzentration gibt an, wieviel *Äquivalente* des gelösten Stoffes in einem Liter Lösung gelöst sind.

   Einheit: Mol durch Liter (mol/L)

Bitte schreiben Sie die 3 Konzentrationsangaben mit den dazugehörigen Einheiten ab. (Das Symbol für Liter ist L. Das früher verwendete Zeichen l war leicht mit der Ziffer 1 zu verwechseln und wird daher zunehmend – so auch in diesem Lehrprogramm – durch L ersetzt.)

Im folgenden Satz fehlt ein Wort:

Die ....-Konzentration an H_2SO_4 beträgt 100 g/L.

Was ist zu ergänzen? → 58

49

Bestimmung einer Lauge: *Alkalimetrie.*
Bestimmung einer Säure: *Acidimetrie.*

Die Alkalimetrie und die Acidimetrie bilden einen Teil der *Maßanalyse.* Mit diesem Begriff bezeichnet man Analysenverfahren, die auf dem Abmessen von Maßlösungen beruhen.

Es gibt zwei Arten von Analysen:

Die qualitative und die quantitative Analyse.

Bei der *qualitativen Analyse* ermittelt man die *Elemente,* aus denen eine chemische Verbindung besteht, oder die Elemente und Verbindungen, aus denen ein Gemisch zusammengesetzt ist.

Erst bei der *quantitativen Analyse* ermittelt man den Anteil, den einzelne Elemente in einer Verbindung oder einzelne Verbindungen in einem Gemisch haben.

Die *Alkalimetrie* und die *Acidimetrie* gehören wie alle Maßanalysen (Titrationen) zur *quantitativen Analyse.*

Hier ein Beispiel: Die Untersuchung von Meerwasser. Die Untersuchung, bei der wir feststellen, daß das Meerwasser Natriumchlorid enthält, ist eine *qualitative*

Analyse. Die Untersuchung, bei der wir feststellen, daß das Meerwasser einen Massenanteil von 3% Natriumchlorid enthält, ist eine *quantitative* Analyse.

Prägen Sie sich diese Unterschiede gut ein, und beantworten Sie dann die Frage:

Kalium wird durch das Auftreten einer violetten Flammenfärbung nachgewiesen. Worum handelt es sich bei diesem Nachweis?

- Um eine qualitative Analyse → 69
- Um eine quantitative Analyse → 79

---

50 Mit den von Ihnen angegebenen Massen ergeben sich Lösungen mit der *Stoffmengen*-Konzentration c = 1 mol/Liter.

Sie sollten aber die Massen ermitteln, die Lösungen mit der *Äquivalent*-Konzentration c = 1 mol/Liter ergeben.

Gehen Sie zurück nach 73 und berechnen Sie zuerst die molaren Massen der *Äquivalente* (z. B. $\frac{1}{2}$ H_2SO_4).

---

51 Ihre Antwort ist richtig.

Noch eine letzte Aufgabe:

Die Lösung eines Stoffes hat die Massen-Konzentration c = 200 g/L. Die Dichte dieser Lösung beträgt d = 2 g/cm^3.

Rechnen Sie diese Massen-Konzentration in den Massenanteil (in %) um. Welches Ergebnis erhalten Sie?

- 5% → 80
- 10% → 66
- 20% → 78
- 40% → 85
- Ich brauche eine Hilfe → 11

---

52 Ihre Antwort ist richtig.

c = 0,1 mol/L und c = 1 mol/L sind die aus praktischen Gründen bevorzugten Konzentrationen von Maßlösungen.

Bitte beantworten Sie schriftlich die Frage: Was ist eine Maßlösung? → 73

---

53 Die molare Masse der H_2SO_4-Moleküle beträgt 98 g/mol.

$M(H_2SO_4) = 98$ g/mol

Die molare Masse der Äquivalente $\frac{1}{2}$ H_2SO_4 beträgt 49 g/mol.

$M(\frac{1}{2}\ H_2SO_4) = 49$ g/mol

Gegeben sind folgende molaren Massen:

$M(HCl) = 36{,}5$ g/mol

$M(KOH) = 56$ g/mol

$M(Ca(OH)_2) = 74$ g/mol

$M(H_3PO_4) = 98$ g/mol

Berechnen Sie bitte die molaren Massen der Äquivalente. → 63

---

54 Die Zahl, die im Nenner des Bruches steht, heißt Äquivalentzahl und hat das Symbol z*.

Wodurch wird z* für Säuren bei Neutralisationsreaktionen bestimmt?

- Durch die Anzahl der Atome, die das Säuremolekül bilden. → 38
- Durch die Anzahl von Hydroxid-Ionen, die das Säuremolekül abgeben kann. → 70
- Durch die Anzahl von Wasserstoff-Ionen, die das Säuremolekül abgeben kann. → 65

---

55 Es wird eine Stoffportion von 49 g H_2SO_4 benötigt, um 1 Liter H_2SO_4-Lösung mit der Äquivalent-Konzentration $c(\frac{1}{2}\ H_2SO_4) = 1$ mol/L herzustellen.

Wieviel g H_2SO_4 werden benötigt, um 1 Liter H_2SO_4-Lösung mit der Äquivalent-Konzentration $c(\frac{1}{2}\ H_2SO_4) = 0{,}1$ mol/L herzustellen? → 68

---

56 Richtig, 100 mL 1 normaler Natronlauge enthalten 4 g NaOH.

1 mL 1 normaler Natronlauge enthält also 0,04 g NaOH.

Diese Stoffportion wird von 1 mL 1 normaler Salzsäure neutralisiert.

a mL 1 normaler Salzsäure neutralisieren dementsprechend a · 0,04 g NaOH.

Wie groß ist m(NaOH), wenn bei der Titration einer Portion Natronlauge 60 mL 1 normaler Salzsäure verbraucht werden? → 89

57 Richtig!

$n(\frac{1}{3}\,H_3PO_4) = 1{,}5$ mol

Formulieren Sie jetzt folgende Größengleichung in Worten:

$n(\frac{1}{2}\,Ca(OH)_2) = 0{,}7$ mol → 23

58 Die *Massen*-Konzentration an H_2SO_4 beträgt 100 g/L.

Um eine Lösung mit einer bestimmten Massen-Konzentration, Einheit: *Gramm pro Liter,* herzustellen, wird eine bestimmte, abgewogene Stoffportion in so viel Lösungsmittel (z. B. H_2O) aufgelöst, daß das Volumen der fertigen Lösung genau 1 Liter beträgt.

Praktisch führt man das folgendermaßen durch:

Die aufzulösende Stoffportion wird in einen 1-Liter-Meßkolben gegeben, dann wird unter häufigem Umschütteln bis zur Strichmarke mit Wasser aufgefüllt.

Berechnen Sie jetzt folgende Aufgabe:

1000 g Natriumchlorid werden in einen 5-Liter-Meßkolben gegeben. Dann wird Wasser zum Lösen zugegeben, und schließlich wird mit Wasser bis zur Strichmarke aufgefüllt.

Wie groß ist die Massen-Konzentration dieser 5 Liter Natriumchlorid-Lösung in Gramm pro Liter?

- Die Massen-Konzentration ist 100 g/L. → 5
- Die Massen-Konzentration ist 200 g/L. → 71

- Die Massen-Konzentration ist 500 g/L. → 22
- Die Massen-Konzentration ist 1000 g/L. → 76
- Ich habe eine andere Zahl. → 61

---

59 Ihre Antwort ist richtig. Der Massenanteil beträgt 0,73%.

Man nennt das Verfahren zur Bestimmung einer Säure *Acidimetrie.*

Das Verfahren zur Bestimmung einer Lauge nennt man ....

Bitte notieren Sie das fehlende Wort. → 49

---

60 Ihre Antwort ist richtig.

$m(\frac{1}{1}\ HCl)$	$= 36{,}5$ g	$c(\frac{1}{1}\ HCl)$	$= 1$ mol/L
$m(\frac{1}{2}\ H_2SO_4)$	$= 49$ g	$c(\frac{1}{2}\ H_2SO_4)$	$= 1$ mol/L
$m(\frac{1}{3}\ H_3PO_4)$	$= 32{,}7$ g	$c(\frac{1}{3}\ H_3PO_4)$	$= 1$ mol/L

Diese 3 Maßlösungen sind einander äquivalent (gleichwertig), denn sie haben die gleiche Äquivalent-Konzentration, nämlich je 1 Mol pro Liter, oder (wie man auch sagen kann) sie sind 1 normal.

Erinnern Sie sich noch an die drei Gleichungen, die wir am Anfang dieses Programms oft benutzten?

$$NaOH + HCl \longrightarrow NaCl + H_2O$$

$$NaOH + \tfrac{1}{2}\,H_2SO_4 \longrightarrow \tfrac{1}{2}\,Na_2SO_4 + H_2O$$

$$NaOH + \tfrac{1}{3}\,H_3PO_4 \longrightarrow \tfrac{1}{3}\,Na_3PO_4 + H_2O$$

Berechnen Sie bitte, wieviel g NaOH (M = 40 g/mol) jeweils von 36,5 g HCl (M = 36,5 g/mol), 49 g H_2SO_4 (M = 98 g/mol) und 32,7 g H_3PO_4 (M = 98 g/mol) neutralisiert werden. → 45

---

61 Nachdem die 1000 g NaCl in Wasser gelöst sind, wird mit Wasser bis zur Strichmarke des 5-L-Meßkolbens aufgefüllt und vermischt. Es liegen dann 5 L Natriumchlorid-Lösung vor, die 1000 g NaCl enthalten.

14

Sie können doch sicher ausrechnen, wieviel g NaCl 1 Liter dieser Lösung enthält?

Die Lösung enthält ...... g/L NaCl.

Ergänzen Sie die fehlende Zahl. → 71

62

1. Massen-Konzentration; Einheit g/L
2. Stoffmengen-Konzentration; Einheit mol/L
2. Äquivalent-Konzentration; Einheit mol/L
4. Massenanteil; Angabe in Prozenten (%)

Zur Wiederholung noch eine Aufgabe:

Eine verdünnte Natronlauge enthält 2 Mol NaOH in 1 Liter Lösung. Rechnen Sie diese Äquivalent-Konzentration in die *Massen-Konzentration,* ausgedrückt in *Gramm pro Liter,* um (molare Masse M(NaOH) = 40 g/mol). Welches Ergebnis erhalten Sie?

- Massenkonzentration 20 g/L → 4
- Massenkonzentration 40 g/L → 29
- Massenkonzentration 80 g/L → 51

63

Bei HCl (Chlorwasserstoff) und KOH (Kaliumhydroxid) sind die molaren Massen der Moleküle und der Äquivalente gleich ($z^* = 1$!).

Die molare Masse der Äquivalente $\frac{1}{2}$ $Ca(OH)_2$ beträgt 37 g/mol.

Die molare Masse der Äquivalente $\frac{1}{3}$ H_3PO_4 beträgt 32,7 g/mol.

Die molaren Massen der Äquivalente sind also entweder gleich den molaren Massen der entsprechenden Moleküle oder sie sind Bruchteile (z. B. $\frac{1}{2}$, $\frac{1}{3}$) davon. Die Zahl, die im Nenner des Bruches steht, heißt .... und hat das Symbol .... → 54

64

Ihre Antwort ist unvollständig.

Gehen Sie zurück nach 33.

---

65 Ihre Antwort ist richtig.

Gegeben sind folgende molaren Massen:

$M(NaOH) = 40$ g/mol

$M(HNO_3) = 63$ g/mol

$M(H_2CO_3) = 62$ g/mol

Notieren Sie bitte für die genannten Verbindungen die Äquivalentzahl z* und die molaren Massen der Äquivalente. → 48

66 Richtig, der Massenanteil der Lösung beträgt 10%.

Wir wollen jetzt einige Begriffe wiederholen. Die in der Maßanalyse benutzten Lösungen werden Maßlösungen genannt.

Die Stoffmenge einer Verbindung, geteilt durch die Äquivalentzahl z*, heißt ....

Notieren Sie bitte das fehlende Wort. → 26

67 Es werden 196 g H_2SO_4 benötigt.

Lösungen mit einer bestimmten Äquivalent-Konzentration werden meist in folgenden Konzentrationen hergestellt:

$c = 1$ mol/L $\quad$ $c = 0{,}1$ mol/L

(c ist das Symbol für Stoffmengen- bzw. Äquivalent-Konzentrationen)

Wir wollen jetzt eine Schwefelsäure-Lösung mit der Äquivalent-Konzentration von 1 Mol pro Liter herstellen.

$c(\frac{1}{2}\ H_2SO_4) = 1$ mol/L

(d. h. die Konzentration der Äquivalente $\frac{1}{2}$ H_2SO_4 beträgt 1 Mol im Liter).

Wie groß ist die Masse der Stoffportion Schwefelsäure, die man benötigt?
$M(H_2SO_4) = 98$ g/mol

- Ich kann direkt antworten → 55

- Ich brauche eine Hilfe → [86]

---

[68] Es wird $\frac{1}{10}$ von 49 g H_2SO_4 benötigt, also 4,9 g.

Lösungen, die eine bestimmte Äquivalent-Konzentration haben, nennen wir Maßlösungen.

Welches sind die bevorzugten Konzentrationen bei Maßlösungen?

- c = 0,1 mol/L → [77]
- c = 1 mol/L und c = 2 mol/L → [39]
- c = 0,1 mol/L und c = 1 mol/L → [52]
- c = 1 mol/L → [87]

---

[69] Richtig. Der Kaliumnachweis durch die Flammenfärbung ist eine *qualitative* Analyse.

Notieren Sie die Antworten zu folgenden Fragen:

1. Wie nennen wir eine Lösung, welche eine Äquivalent-Stoffmenge von 1 Mol in einem Liter enthält?
2. Wie nennen wir alle Analysenmethoden, welche auf dem Abmessen von Maßlösungen beruhen?
3. Wie nennen wir die Analysen, bei denen wir die Anteile der Elemente in einer Verbindung oder der Verbindungen in einem Gemisch feststellen?

Vergleichen Sie bitte bei [88].

---

[70] Sie haben etwas verwechselt.

Säuren geben *Wasserstoff*-Ionen ab.

Laugen geben *Hydroxid*-Ionen ab.

Gehen Sie zurück nach [54].

---

71 Die Massen-Konzentration der Lösung beträgt 200 g/L.

In welcher Einheit wird die Stoffmengen-Konzentration und in welcher Einheit wird die Äquivalent-Konzentration angegeben?

Antworten Sie schriftlich. → 81

72 Die Äquivalent-Konzentration gibt an, wieviele Äquivalente eines Stoffes in 1 Liter Lösung enthalten sind.

Wie nennt man eine Lösung, die genau 1 Äquivalent eines Stoffes in 1 Liter enthält? → 6

73 Eine Maßlösung ist eine Lösung, die eine bestimmte Äquivalent-Konzentration hat.

Man kann auch sagen: Eine Maßlösung ist eine Lösung, die eine bestimmte Äquivalent-Stoffmenge eines Stoffes im Liter gelöst enthält.

Früher hießen Maßlösungen: „Normallösungen".

Abgeleitet davon kann man eine Lösung mit der Äquivalent-Konzentration c = 1 mol/L auch 1 normale Lösung und mit der Äquivalent-Konzentration c = 0,1 mol/L auch 0,1 normale oder $\frac{1}{10}$ normale Lösung nennen.

Da diese Ausdrücke noch überwiegend gebraucht werden, sollen sie hier mitverwendet werden.

Wie groß sind die Massen der Säureportionen, die man benötigt, um je 1 Liter einer 1 normalen Lösung von Salzsäure, Schwefelsäure und Phosphorsäure herzustellen (Äquivalent-Konzentration je 1 mol/L)?

$M(HCl) = 36,5$ g/mol, $M(H_2SO_4) = 98$ g/mol, $M(H_3PO_4) = 98$ g/mol

	HCl	H_2SO_4	H_3PO_4	
•	36,5 g	98 g	98 g	→ 50
•	36,5 g	49 g	32,7 g	→ 60
•	36,5 g	49 g	49 g	→ 84

74 Es fehlen die Wörter:

Alkalimetrie
Acidimetrie

Wir haben 4 Möglichkeiten kennengelernt, die Konzentration bzw. den Gehalt einer Lösung anzugeben.

1. ......-Konzentration; Einheit:

2. ......-Konzentration; Einheit:

3. ......-Konzentration; Einheit:

4. ......; Angabe kann in Prozenten (%) erfolgen.

Notieren Sie bitte die fehlenden Wörter. → 62

---

75 $M(\frac{1}{2}\ H_2SO_4) = 49$ g/mol

Die Masse von 1 Mol Äquivalente $\frac{1}{2}\ H_2SO_4$ beträgt also 49 g.

Um eine Lösung mit $c(\frac{1}{2}\ H_2SO_4) = 1$ mol/L herzustellen, benötigt man ...... g H_2SO_4.

Bitte ergänzen. → 55

---

76 Ihre Berechnung ist nicht richtig.

Eine genaue Erklärung finden Sie bei 61.

---

77 Ihre Antwort ist unvollständig.

Kehren Sie zurück nach 68.

---

78 Ihre Antwort ist falsch.

Eine Erklärung finden Sie unter 11.

---

79 Das Auftreten der violetten Farbe beim Erhitzen einer Probe in der Flamme gibt uns eine Aussage über das *Vorhandensein* von Kalium in dieser

Probe, also über die *Qualität* der Probe. Wir erhalten dabei keine Aussage über *die Masse*, die Quantität des vorhandenen Kaliums. Für eine quantitative Analyse des Kaliums sind besondere Verfahren notwendig.

Der Kaliumnachweis durch die Flammenfärbung ist also eine .... Analyse. → 69

---

80 Ihre Antwort ist falsch.

Eine Erklärung finden Sie unter 11

---

81 Die Stoffmengen-Konzentration und die Äquivalent-Konzentration werden beide in mol/L angegeben.

Es soll 1 Liter einer Natriumchlorid-Lösung hergestellt werden, deren Stoffmengen-Konzentration 1 mol/L beträgt. Wieviel g NaCl werden benötigt?

Die molare Masse der NaCl-Moleküle beträgt 58,5 g/mol.

$$M(NaCl) = 58{,}5 \text{ g/mol}$$

Die Masse von 1 Mol NaCl-Molekülen beträgt 58,5 g.
Es werden also 58,5 g NaCl benötigt.

In der Praxis wird in einen 1-Liter-Meßkolben eine Stoffportion von 58,5 g NaCl gegeben und mit Wasser bis zur Eichmarke aufgefüllt.

Berechnen Sie bitte die Masse der Stoffportion Schwefelsäure, die man benötigt, um 1 Liter einer Schwefelsäurelösung herzustellen, deren Stoffmengenkonzentration 2 mol/L beträgt.

$$M(H_2SO_4) = 38 \text{ g/mol}$$

→ 67

---

82 *Titration*

Gleiche Volumina von Maßlösungen mit gleicher Äquivalent-Konzentration sind untereinander stets gleichwertig oder ...... → 8

14

83 Es fehlten die Wörter:

Bürette
Indikator

Ende des 14. Programms.

84 Bei der Berechnung der erforderlichen Masse der H_3PO_4-Portion haben Sie einen Fehler gemacht. Wahrscheinlich haben Sie mit der Äquivalentzahl $z^* = 2$ gerechnet. Das ist falsch! Überlegen Sie sich die richtige Äquivalentzahl und gehen Sie zurück nach 73.

85 Ihre Antwort ist falsch.

Eine Erklärung finden Sie unter 11.

86 Die molare Masse der H_2SO_4-Moleküle beträgt 98 g/mol

$$M(H_2SO_4) = 98 \text{ g/mol}$$

Die molare Masse der Äquivalente $\frac{1}{2}$ H_2SO_4 beträgt ...... g/mol

$$M(\tfrac{1}{2}\, H_2SO_4) = \text{......} \text{ g/mol}$$

Bitte ergänzen → 75

87 Ihre Antwort ist unvollständig.

Kehren Sie zurück nach 68.

88 Die Antworten sind:

1. *Maßlösung* mit der Konzentration c = 1 mol/L
   (Häufig auch noch „Normallösung" oder „1 normale Lösung" genannt.)

2. *Maßanalyse*

3. *Quantitative Analysen*

Notieren Sie die fehlenden Wörter:

Wir haben bis jetzt zwei Verfahren der Maßanalyse kennengelernt:

Die Bestimmung von Laugen oder ......
und die Bestimmung von Säuren oder ...... → 74

89

Die Portion der untersuchten Natronlauge enthielt
m(NaOH) = 0,04 g · 60 = 2,4 g NaOH.

Wir hätten in diesem Beispiel zur Titration statt 1 normaler Salzsäure natürlich auch 1 normale H_2SO_4 verwenden können. Wieviel ml 1 normale Schwefelsäure hätten wir dann zur Neutralisation gebraucht?

- 60 ml → 41
- 120 ml → 31
- 30 ml → 15

---

15. Programm

Kohlenstoff (I)

1 In den nächsten fünf Programmen wird ein besonders wichtiges Element, der *Kohlenstoff*, besprochen. Als reines Element kommt er in drei Modifikationen vor:

Ruß, Graphit, Diamant.

Wie würden Sie die drei Modifikationen des Kohlenstoffs bezeichnen?

- Als drei verschiedene Kohlenstoffverbindungen → 14
- Als drei verschiedene Aggregatzustände des Kohlenstoffs → 18
- Als drei verschiedene Erscheinungsformen → 8

2 Ruß, Graphit und Diamant sind die drei Modifikationen des *Kohlenstoffs*; sie haben (chemisch gesehen) die gleiche Zusammensetzung, denn sie bestehen aus reinem *Kohlenstoff*.

Deshalb liefern sie bei der Verbrennung auch die gleichen Verbrennungsgase.

Schreiben Sie folgenden Satz mit Ergänzung ab.

Bei der Verbrennung der drei Modifikationen des Kohlenstoffs entstehen die .... Verbrennungsgase.

Vergleichen Sie unter 31.

3 Nein, Diamant leitet den elektrischen Strom *nicht*.

Lesen Sie bitte nochmals 36.

4 Ihre Antwort ist richtig.

Die Verbrennung des Kohlenstoffs verläuft in 2 Stufen:

Kohlenstoff + Sauerstoff ⟶ Kohlenmonoxid
Kohlenmonoxid + Sauerstoff ⟶ Kohlendioxid

Stellen Sie bitte für beide Stufen die Reaktionsgleichungen auf, und vergleichen Sie unter [27].

---

[5] Selbstverständlich ist *Kohlenmonoxid brennbar*. Sie haben doch gerade die Gleichung für die Verbrennung des Kohlenmonoxids aufgestellt. Kohlenmonoxid entsteht bei der *unvollständigen* Verbrennung des Kohlenstoffs. Mit weiterem Sauerstoff verbrennt es zu Kohlendioxid.

Stellen Sie bitte nochmals beide Reaktionsgleichungen auf, und vergleichen Sie bei [27].

---

[6] Nein, Ruß leitet den elektrischen Strom *nicht*.

Lesen Sie bitte nochmals [36].

---

[7] Durch Überleiten von Luft über glühenden Koks wird Kohlendioxid *in der Technik* hergestellt. Das Verfahren ist für die Herstellung von Kohlendioxid im Laboratorium völlig ungeeignet.

Lesen Sie noch einmal [34].

---

[8] Ihre Antwort ist richtig.

Die drei Erscheinungsformen des Kohlenstoffs – Ruß, Graphit und Diamant – bezeichnet man auch als *Modifikationen des Kohlenstoffs*. In allen drei Modifikationen liegt Kohlenstoff als reines Element vor. Wir erinnern uns, daß auch der Schwefel in verschiedenen Modifikationen auftreten kann (spröder und plastischer Schwefel).

Eine der drei Modifikationen des Kohlenstoffs ist Ihnen sicher schon begegnet. Es ist fein verteilter Kohlenstoff, wie er bei der unvollständigen Verbrennung auftritt. Denken Sie an eine schlecht brennende Kerze.

Welche Modifikation tritt bei der unvollständigen Verbrennung auf?

- Ruß → [15]
- Graphit → [28]
- Diamant → [25]

---

9 Ihre Antwort ist richtig. Kohlendioxid ist das *Anhydrid der Kohlensäure.*

Das Kohlendioxid reagiert jedoch nur zu einem geringen Teil mit dem Wasser. Die Konzentration der Kohlensäure im Wasser ist sehr gering. Hauptsächlich liegt das CO_2 im Wasser gelöst vor.

Die Reaktionsgleichung wird deshalb mit einem Doppelpfeil geschrieben:

$$H_2O + CO_2 \rightleftharpoons H_2CO_3$$

Wird wäßrige Kohlensäurelösung erhitzt, so entweicht CO_2.

Die Kohlensäure verhält sich also in dieser Hinsicht ähnlich wie die Schweflige Säure.

In welcher Richtung verläuft die Reaktion beim Erhitzen:

- von links nach rechts → 29
- von rechts nach links → 17

10 Ihre Antwort ist falsch.

Schreiben Sie folgenden Satz mit Ergänzungen ab.

Ruß, Graphit und Diamant sind die drei Modifikationen des..............; sie haben chemisch die gleiche Zusammensetzung, denn sie bestehen aus reinem..............

Vergleichen Sie bitte unter 2.

11 $CaCO_3 + H_2SO_4 \longrightarrow CaSO_4 + CO_2 + H_2O$

In der Technik werden zur Herstellung von CO_2 andere Verfahren angewendet.

1. Überleiten von Luft über glühenden Koks.

$$C + O_2 \longrightarrow CO_2$$

2. „Brennen" von Kalk.

Dazu wird Kalk in großen Öfen stark erhitzt.

$$CaCO_3 \xrightarrow{\text{Hitze}} CaO + CO_2$$

Calciumcarbonat zerfällt beim Brennen in .... und ....

Schreiben Sie den letzten Satz mit Ergänzungen ab, und vergleichen Sie unter 30.

---

12 Ihre Antwort ist falsch.

Eine Erklärung finden Sie unter 20.

---

13 Ihre Antwort ist richtig.

Im Laboratorium wird CO_2 durch Einwirkung von Salzsäure auf Calciumcarbonat (Kalk oder Marmor) hergestellt.

In der Technik wird CO_2 nach zwei anderen Verfahren gewonnen.

Notieren Sie mit Ergänzungen:

1. Durch Überleiten von ...... über glühenden ......
2. Durch Brennen von ...... → 35

---

14 Ruß, Graphit und Diamant bestehen aus *reinem, elementarem Kohlenstoff.*

Ihre Antwort ist falsch.

Lesen Sie noch einmal 1.

---

15 Richtig, *Ruß* entsteht bei der unvollständigen Verbrennung. Er ist fein verteilter Kohlenstoff, der wegen seiner tiefschwarzen Eigenfarbe als Farbpigment Verwendung findet.

Graphit kommt als Mineral in der Natur vor und kann auch künstlich hergestellt werden. Er ist grau-schwarz, weich und glänzt fettig. Graphit leitet den elektrischen Strom gut. Er hat ausgezeichnete Schmierwirkung und wird deshalb als Schmiermittel verwendet. Zur Herstellung von Bleistiftminen wird Graphit mit Ton vermischt und gebrannt. Weil er den elektrischen Strom leitet, werden aus Graphit Elektroden hergestellt.

Notieren Sie für Ruß und Graphit in Stichworten die Eigenschaften und Anwendungen und vergleichen Sie bei 36.

---

16 Kohlendioxid ist das Dioxid des Kohlenstoffs. Das sagt aber noch nichts aus über sein chemisches Verhalten gegen Wasser.

Sehen Sie sich bitte noch einmal die Reaktionsgleichung an → 32.

17 Ja, beim Erhitzen verläuft die Reaktion von rechts nach links. CO_2 entweicht aus dem Wasser, und H_2CO_3 zerfällt wieder in H_2O und CO_2. Schließlich enthält das Wasser keine Kohlensäure mehr.

Schreiben Sie bitte die Reaktionsgleichungen zur Bildung von Kohlensäure aus Wasser und Kohlendioxid auf, und vergleichen Sie bei 64.

18 Unter dem *Aggregatzustand* eines Stoffes versteht man etwas anderes. Es gibt die drei Aggregatzustände: *Fest, flüssig und gasförmig.*

Wasser z. B. tritt normalerweise im flüssigen Aggregatzustand auf. Als Eis befindet es sich im festen Aggregatzustand, als Wasserdampf im gasförmigen Aggregatzustand.

Kohlenstoff ist als Ruß, als Graphit und auch als Diamant fest.

Lesen Sie noch einmal 1.

19 *Adsorption*

Chemisch ist der Kohlenstoff ein recht träges Element. Er verbindet sich nur schwer und nur bei höherer Temperatur mit anderen Elementen.

Eine wichtige chemische Reaktion des Kohlenstoffs ist seine Verbrennung. Hierbei verhalten sich die drei Modifikationen des Kohlenstoffs unterschiedlich.

Ruß verbrennt bei längerem Glühen.

Graphit muß man mit einem Gebläse erhitzen, um ihn zu verbrennen.

Diamant verbrennt nur bei *sehr* hohen Temperaturen.

Überlegen Sie jetzt, was beim Verbrennen der drei Kohlenstoffmodifikationen entsteht.

Welche Antwort ist richtig?

- Beim Verbrennen entstehen in allen drei Fällen die gleichen Verbrennungsgase. → 31

- Beim Verbrennen von Ruß entsteht etwas anderes als beim Verbrennen von Graphit oder Diamant. → 10

---

20 In dem Namen Kohlenmonoxid steckt der Bestandteil *mono*, in dem Namen Kohlendioxid steckt der Bestandteil *di*. *Mono* bedeutet *einmal*, und *di* bedeutet *zweimal*.

Gemeint ist, daß im Kohlenmonoxid der Sauerstoff einmal und im Kohlendioxid der Sauerstoff zweimal auftritt. Die Zahlwörter *mono* und *di* stehen also stets *vor* dem Wort, auf das sie sich beziehen.
Die gleiche Bezeichnungsweise finden Sie bei den Oxiden des Schwefels: Schwefeldioxid ist SO_2, Schwefeltrioxid ist SO_3. Das *di* (= zwei) steht vor dem Wort -oxid, bezieht sich also auf das O. Das gleiche gilt für die Silbe *tri* (= drei).

Entsprechend ist Kohlenmonoxid CO, Kohlendioxid CO_2.

Gehen Sie zurück nach 31.

---

21 Ja, *Kohlenmonoxid verbrennt* mit dem Sauerstoff der Luft zu *Kohlendioxid:*

$$2\,CO + O_2 \longrightarrow 2\,CO_2$$

Kohlendioxid ist ein farbloses Gas. Es unterhält die Verbrennung und die Atmung nicht und wirkt deshalb erstickend. Da Kohlendioxid wesentlich schwerer ist als Luft, sammelt es sich immer auf dem Boden an.

Kohlendioxid ist in manchen Feuerlöschgeräten enthalten. Beim Löschen breitet es sich über dem Brandherd aus und schließt diesen vom Luftsauerstoff ab.

Kohlendioxid läßt sich leicht verflüssigen; in dieser flüssigen Form kommt es auch in Stahlflaschen in den Handel.

Beim Abkühlen geht Kohlendioxid bei −78 °C in den festen Aggregatzustand über. In dieser Form dient es als Kühlmittel. Man nennt festes Kohlendioxid auch „*Trockeneis*“, denn beim Erwärmen wird es im Gegensatz zum Eis nicht flüssig, sondern geht aus dem festen direkt in den gasförmigen Zustand über. CO_2 sublimiert.

Den unmittelbaren Übergang vom festen in den gasförmigen Aggregatzustand nennt man *Sublimation*. Der flüssige Aggregatzustand wird bei der *Sublimation* übersprungen.

Notieren Sie in Stichworten die Eigenschaften von CO und CO_2, und vergleichen Sie unter 32.

22 *Ruß, Graphit* und *Diamant*

Auch Diamant ist ein Mineral. Er ist durchsichtig und stark lichtbrechend und wird deshalb zur Herstellung von Schmuck verwendet. Der Diamant ist extrem hart, er ist einer der härtesten Stoffe und wird zum Schneiden von Glas, als Schleifmittel und als Spitze von Spezialbohrern verwendet. Der Hauptfundort für Diamanten ist Südafrika.

Zwei der drei Modifikationen des Kohlenstoffs leiten den elektrischen Strom schlecht, nur eine leitet gut. Welche leitet den elektrischen Strom?

- Diamant → 3
- Ruß → 6
- Graphit → 48

23 Kohlenmonoxid und Kohlendioxid sind zwei verschiedene Verbindungen. Sie müssen also auch verschiedene molare Massen haben!

Lesen Sie noch einmal 31.

24 $Na_2CO_3 + 2\ HCl \longrightarrow 2\ NaCl + CO_2 + H_2O$

Haben Sie evtl. auf die rechte Seite 2 NaCl + H_2CO_3 geschrieben? Das wäre kein großer Fehler, aber Sie müssen daran denken, daß freie Kohlensäure unbeständig ist und in CO_2 und H_2O zerfällt.

Ein weiteres wichtiges Salz der Kohlensäure ist das Calciumcarbonat, $CaCO_3$.

Notieren Sie die Reaktionsgleichung für die Umsetzung von Calciumcarbonat mit Salzsäure.

Vergleichen Sie unter 34.

25 Nein, Diamant entsteht nicht durch unvollständige Verbrennung. Diamant ist ein Mineral, über das Sie noch weitere Einzelheiten erfahren.

Kehren Sie zurück nach 8.

26 Ja, die Eigenschaft der Aktivkohle, große Mengen von Gasen, Flüssigkeiten oder gelösten Stoffen festzuhalten, beruht auf einem *physikalischen* Vorgang. Die Kohle wird dabei *nicht* verändert. Man kann die von der Aktivkohle festgehaltenen Stoffe wieder freisetzen, z. B. durch Erhitzen oder Auswaschen.

Aktivkohle kann also fremde Moleküle festhalten. Diesen Vorgang bezeichnet man als .... → 19

---

27 Die Verbrennung des Kohlenstoffs verläuft in zwei Stufen:

1. $2\,C + O_2 \longrightarrow 2\,CO$

2. $2\,CO + O_2 \longrightarrow 2\,CO_2$

Man kann die vollständige Verbrennung des Kohlenstoffs auch in *einer* Reaktionsgleichung darstellen:

Kohlenstoff + Sauerstoff ⟶ Kohlendioxid.

Stellen Sie bitte die Reaktionsgleichung auf, und vergleichen Sie unter 39.

---

28 Nein, Graphit entsteht nicht durch unvollständige Verbrennung. Graphit ist ein Mineral, über das Sie noch weitere Einzelheiten erfahren.

Kehren Sie zurück nach 8.

---

29 Ihre Antwort ist falsch.

Lesen Sie noch einmal sorgfältig 9.

---

30 Calciumcarbonat zerfällt beim Brennen in *Calciumoxid* und *Kohlendioxid*.

Wie wird im Laboratorium Kohlendioxid hergestellt?

- Durch Brennen von Kalk → 37
- Durch Einwirkung von Salzsäure auf Calciumcarbonat → 13
- Durch Überleiten von Luft über glühenden Koks → 7

31

Bei der Verbrennung der drei Modifikationen des Kohlenstoffs entstehen die *gleichen Verbrennungsgase.* Dies ist auch der Beweis dafür, daß alle drei Modifikationen aus reinem Kohlenstoff bestehen.

Beim Verbrennen von Kohlenstoff entsteht zunächst Kohlenmonoxid, das in Gegenwart von genügend Sauerstoff weiter zum Kohlendioxid verbrennt.

Schreiben Sie sich die Summenformeln für Kohlenmonoxid und für Kohlendioxid auf ein Blatt Papier.
Kohlenstoff hat die molare Masse M (C) = 12 g/mol, Sauerstoff M (O) = 16 g/mol.
Welche der angegebenen molaren Massen für Kohlenmonoxid und Kohlendioxid sind richtig?

	Kohlenmonoxid	Kohlendioxid	
•	28 g/mol	28 g/mol	→ 23
•	28 g/mol	44 g/mol	→ 4
•	44 g/mol	28 g/mol	→ 12
•	28 g/mol	40 g/mol	→ 41
•	Ich brauche eine Hilfe		→ 20

15

32

Vergleichen Sie:

CO ist ein *sehr giftiges,* farbloses, brennbares Gas.

CO_2 ist ein erstickendes, farbloses, schweres Gas, das verflüssigt werden kann und in fester Form als Trockeneis zum Kühlen Verwendung findet. CO_2 sublimiert.

Kohlendioxid entsteht bei der *vollständigen* Verbrennung aller kohlenstoffhaltigen Verbindungen. An einigen Stellen der Erde finden wir Kohlendioxid im Quellwasser (Mineralwasser).

Ein mit Kohlendioxid gesättigtes Wasser ist sauer, weil sich ein Teil des Kohlendioxids mit Wasser zur Kohlensäure verbindet. Kohlensäure hat die Summenformel H_2CO_3 und bildet sich nach folgender Reaktionsgleichung:

$$H_2O + CO_2 \longrightarrow H_2CO_3$$

Wie verhält sich Kohlendioxid in dieser Reaktionsgleichung?

- Wie ein Oxidationsmittel → [45]
- Wie das Dioxid des Kohlenstoffs → [16]
- Wie ein Säureanhydrid → [9]

---

[33] Nein, bei einem chemischen Vorgang tritt eine Veränderung der beteiligten Stoffe ein.

Die Aktivkohle hält aber Gase, Flüssigkeiten oder gelöste Stoffe in ähnlicher Weise fest, wie ein Schwamm das Wasser festhält. Man kann die von der Aktivkohle festgehaltenen adsorbierten Stoffe z. B. durch Erhitzen oder Auswaschen wieder von der Aktivkohle abtrennen. Der als *Adsorption* bezeichnete Vorgang ist ein ...... (physikalischer/chemischer) *Vorgang.*

Lesen Sie weiter unter [26].

---

[34] $CaCO_3 + 2\,HCl \longrightarrow CaCl_2 + CO_2 + H_2O$

Calciumcarbonat kommt in der Natur in riesigen Mengen als Kalk oder Mamor vor. Aus Kalk bestehen ganze Gebirge.

Aus Calciumcarbonat können wir leicht CO_2 gewinnen. Im Laboratorium übergießt man dazu Kalk- oder Marmorstücke mit Säuren. Unter Aufbrausen entwickelt sich CO_2. Die Reaktionsgleichung oben beschreibt diese Reaktion mit Salzsäure. Stellen Sie jetzt die Gleichung für die Reaktion von Calciumcarbonat mit Schwefelsäure auf.

Vergleichen Sie unter [11].

---

[35] Technische Herstellung von CO_2:

1. Durch Überleiten von *Luft* über glühenden *Koks.*
2. Durch Brennen von *Kalk.*

Notieren Sie die Reaktionsgleichungen für die technische Herstellung von CO_2, und vergleichen Sie unter [43].

---

[36] Vergleichen Sie:

Ruß tiefschwarz, Farbpigment.

Graphit grau-schwarz, weich, glänzend, stromleitend, Schmiermittel, Bleistiftminen, Elektroden.

Wie heißen die drei Modifikationen des Kohlenstoffs?

Bitte notieren. → 22

---

37 Durch Brennen von Kalk wird Kohlendioxid *in der Technik* hergestellt. Die Reaktionsgleichung lautet:

$$CaCO_3 \longrightarrow CaO + CO_2$$

Das Verfahren wird in großen Öfen ausgeübt. Zur Durchführung der Reaktion sind ziemlich hohe Temperaturen erforderlich. Das Verfahren ist demnach für eine Herstellung des Kohlendioxids im Laboratorium völlig ungeeignet.

Lesen Sie noch einmal 34.

---

38 $H_2CO_3 \rightleftharpoons CO_2 + H_2O$

Ende des 15. Programms.

---

39 $C + O_2 \longrightarrow CO_2$

CO_2 ist Kohlendioxid
CO ist Kohlenmonoxid

Kohlenmonoxid ist ein äußerst heimtückisches Gift, weil es farblos und geruchlos ist.

Da es sich bei der unvollständigen Verbrennung von Kohlenstoff bildet, sind Öfen, die wegen irgendwelcher Mängel schlecht ziehen (also zu wenig Sauerstoff bekommen), eine Gefahrenquelle.

Welche der beiden Aussagen ist richtig?

- Kohlenmonoxid ist nicht brennbar → 5
- Kohlenmonoxid verbrennt zu Kohlendioxid → 21

---

40 Ja, die Konzentration der H^+-Ionen ist niedrig.

Die Salze der Kohlensäure heißen Carbonate. Na_2CO_3 ist die Summenformel für Natriumcarbonat.

Notieren Sie bitte die Summenformel für Kaliumcarbonat. → 50

---

41 Ihre Antwort ist falsch.

Eine Erklärung finden Sie unter 20.

---

42 Verwendung:

Ruß: Schwarzes Farbpigment.

Graphit: Schmiermittel, Herstellung von Elektroden, Bleistiftminen.

Diamant: Schmuckstein, zum Schneiden und Schleifen harter Stoffe (Glas).

Wenn man Holz unter Ausschluß von Luft erhitzt, dann verkohlt es. Bei diesem Vorgang werden Gase frei, die aus dem verkohlenden Holz in feinen Kanälen entweichen. Es bleibt Holzkohle zurück, die wegen der vielen feinen Kanäle eine sehr große Oberfläche besitzt. Sie wird *Aktivkohle* genannt.

Man kann sich die Aktivkohle vorstellen wie einen Schwamm, nur sieht man die feinen Poren und Kanäle bei der Aktivkohle nicht. Aktivkohle hat die Fähigkeit, große Mengen von Gasen und Flüssigkeiten festzuhalten oder gelöste Stoffe einer Lösung zu entziehen. Man sagt, die Aktivkohle *adsorbiert* fremde Moleküle, und bezeichnet diesen Vorgang als *Adsorption.*

Von diesen Eigenschaften der Aktivkohle macht man im Laboratorium und in der chemischen Technik Gebrauch, um z. B. Chemikalien von Verunreinigungen zu befreien. Auch in Gasschutzmasken werden Filter, die Aktivkohle enthalten, verwendet. In der Kohleschicht werden die giftigen Bestandteile zurückgehalten.

Worauf beruht das beschriebene Verhalten der Aktivkohle?

- Auf einer chemischen Reaktion → 33
- Auf einem physikalischen Vorgang → 26

---

43 Vergleichen Sie:

1. $C + O_2 \longrightarrow CO_2$

2. $CaCO_3 \xrightarrow{\text{Hitze}} CaO + CO_2$

Wir wollen jetzt wiederholen:

In wie vielen Modifikationen kommt reiner Kohlenstoff vor?

- In zwei Modifikationen → [58]
- In drei Modifikationen → [53]
- In vier Modifikationen → [61]

---

[44] Ihre Antwort ist richtig.

Es handelt sich um Graphit.

Die drei Kohlenstoff-Modifikationen sind brennbar, wenn auch zum Teil sehr schwer.

Welche Reihenfolge der drei Modifikationen ist richtig?

	brennbar	schwer brennbar	sehr schwer brennbar	
●	Ruß	Diamant	Graphit	→ [66]
●	Diamant	Ruß	Graphit	→ [54]
●	Graphit	Ruß	Diamant	→ [59]
●	Ruß	Graphit	Diamant	→ [62]

---

[45] Eine Oxidation ist ein chemischer Vorgang, bei dem sich ein Stoff *mit Sauerstoff verbindet.* Freier Sauerstoff tritt aber bei der Umsetzung von Kohlendioxid mit Wasser überhaupt nicht auf. Sehen Sie sich deshalb noch einmal die entsprechende Reaktionsgleichung an. Sie finden sie unter [32].

---

[46] Kohlenmonoxid, CO
Kohlendioxid, CO_2

Welches der Oxide ist sehr giftig?

- Kohlenmonoxid → [56]
- Kohlendioxid → [57]

15

47 CO_2 ist das *Anhydrid* der Kohlensäure.

Kohlensäure (H_2CO_3) ist eine sehr schwache Säure, die nur in starker Verdünnung und in der Kälte beständig ist.

Beim Erwärmen zerfällt Kohlensäure.

Stellen Sie bitte die Reaktionsgleichung auf. → 38

---

48 Ihre Antwort ist richtig.

Von den drei Modifikationen des Kohlenstoffs leitet nur *Graphit* den elektrischen Strom gut.

Notieren Sie in Stichworten, welche Eigenschaften die drei Modifikationen des Kohlenstoffs haben, und vergleichen Sie unter 63.

---

49 Nein! Ruß hat ganz andere Eigenschaften.

Ruß ist tiefschwarz und findet Verwendung zum Färben.

Gehen Sie zurück nach 60.

---

50 Bitte vergleichen Sie:

K_2CO_3 Kaliumcarbonat

Und nun zum Nachweis der Carbonate: Kohlensäure wird durch stärkere Säuren aus ihren Salzen verdrängt.

Ergänzen Sie folgende Reaktionsgleichung:

$$Na_2CO_3 + 2\,HCl \longrightarrow$$

Vergleichen Sie unter 24.

---

51 $H_2CO_3 \rightleftharpoons 2\,H^+ + CO_3^{2-}$

Auch diese Reaktionsgleichung muß mit einem Doppelpfeil geschrieben werden, denn Kohlensäure ist eine schwache Säure. Als schwache Säure dissoziiert sie nur sehr wenig. In wäßriger Lösung liegen also neben H^+- und CO_3^{2-}-Ionen auch HCO_3^--Ionen und undissoziierte H_2CO_3-Moleküle vor.

Als zweibasige Säure dissoziiert sie in zwei Stufen:

1. Stufe: $H_2CO_3 \rightleftharpoons H^+ + HCO_3^-$

2. Stufe: $HCO_3^- \rightleftharpoons H^+ + CO_3^{2-}$

$$H_2CO_3 \rightleftharpoons 2\,H^+ + CO_3^{2-}$$

Wie groß wird die Konzentration der H^+-Ionen in einer wäßrigen Kohlensäure sein?

- Die Konzentration der H^+-Ionen ist hoch → 67
- Die Konzentration der H^+-Ionen ist niedrig → 40

---

52 Nein! Diamant hat ganz andere Eigenschaften.

Diamant ist glasklar. Er ist einer der härtesten Stoffe.

Kehren Sie zurück nach 60.

---

53 Ihre Antwort ist richtig.

Kohlenstoff kommt in *drei* Modifikationen vor. Schreiben Sie die Namen dieser Modifikationen auf. → 60

---

54 Ihre Antwort ist falsch.

Kehren Sie zurück nach 44.

---

55 Im Laboratorium: Einwirkung von Säuren auf Carbonate,

z. B. $Na_2CO_3 + 2\,HCl \longrightarrow 2\,NaCl + CO_2 + H_2O$

oder $CaCO_3 + H_2SO_4 \longrightarrow CaSO_4 + CO_2 + H_2O$

In der Technik: Brennen von Kalk

$$CaCO_3 \xrightarrow{\text{Hitze}} CaO + CO_2$$

Ergänzen Sie folgenden Satz:

CO_2 ist das .... der Kohlensäure. → 47

---

56 Kohlenmonoxid ist sehr giftig.

Notieren Sie die Reaktionsgleichungen, nach denen CO und CO_2 durch Verbrennung von Kohlenstoff entstehen. → 65

---

57 CO_2 wirkt erstickend. Es ist aber nicht giftig, sonst könnte man es nicht als Trockeneis oder zur Mineralwasser-Herstellung verwenden.

Lesen Sie weiter unter 56.

---

58 Nein, Kohlenstoff kommt in drei Modifikationen vor.

Schreiben Sie die Namen dieser Modifikationen auf. → 60

---

59 Ihre Antwort ist falsch.

Kehren Sie zurück nach 44.

---

60 *Ruß, Graphit und Diamant.*

Eine Modifikation des Kohlenstoffs ist weich, glänzt fettig und ist grau-schwarz. Sie leitet den elektrischen Strom gut und dient zur Herstellung von Bleistiftminen.

Um welche Modifikation handelt es sich?

- Ruß → 49
- Graphit → 44
- Diamant → 52

---

61 Nein, Kohlenstoff kommt in drei Modifikationen vor.

Schreiben Sie die Namen dieser Modifikationen auf. → 60

---

62 Ihre Antwort ist richtig.

Ruß ist leichter zu verbrennen als Graphit. Diamant verbrennt am schwersten.

Kohlenstoff bildet zwei Oxide.

Notieren Sie bitte Namen und Summenformeln, und vergleichen Sie unter 46.

63 *Ruß* ist tiefschwarz.

Graphit ist grau-schwarz, weich und glänzt fettig. Er leitet den elektrischen Strom gut.

Diamant ist einer der härtesten Stoffe, wasserhell und durchsichtig.

Notieren Sie jetzt in Stichworten, welche Verwendung die drei Modifikationen des Kohlenstoffs finden.

(Eine Hilfe dabei sind die oben aufgezählten Eigenschaften!)

Vergleichen Sie unter 42.

64 $H_2O + CO_2 \rightleftharpoons H_2CO_3$

Haben Sie auch den Doppelpfeil nicht vergessen? Der Doppelpfeil besagt, daß die Reaktion in beiden Richtungen ablaufen kann.

Kohlensäure ist eine schwache und unbeständige Säure. Wie alle Säuren dissoziiert sie. Sie zerfällt in positiv geladene Wasserstoff-Ionen und den zweifach negativ geladenen Säurerest, das Carbonat-Ion.

Formulieren Sie bitte hierzu die Reaktionsgleichung. → 51

65 Vergleichen Sie:

1. $2\,C + O_2 \longrightarrow 2\,CO$
2. $C + O_2 \longrightarrow CO_2$

Die 2. Gleichung beschreibt die Gewinnung von CO_2 durch Überleiten von Luft über glühenden Koks.

Welche anderen Verfahren zur Herstellung von CO_2 kennen Sie?

Notieren Sie Stichworte und Reaktionsgleichungen. → 55

---

66 Ihre Antwort ist falsch.

Kehren Sie zurück nach 44.

---

67 Kohlensäure ist eine schwache Säure. Sie dissoziiert nur sehr wenig in positiv geladene Wasserstoff-Ionen und den negativ geladenen Säurerest.

Ihre Antwort ist also falsch. Die Konzentration der H^+-Ionen kann nur *niedrig* sein.

Sehen Sie sich bitte die Erläuterungen bei 51 noch einmal an.

---

16. Programm

Kohlenstoff (II)

1 In diesem Programm wollen wir die wichtigsten Salze der Kohlensäure und ihre Herstellung kennenlernen.

Voraussetzung dazu ist, daß Ihnen die Eigenschaften der Kohlensäure, die im Programm 15 eingehend besprochen wurden, noch gut bekannt sind.

Fangen wir deshalb mit einigen Wiederholungsfragen über die Kohlensäure an.

Notieren Sie die Summenformel der Kohlensäure, und vergleichen Sie unter 9.

2 Na_2CO_3: Natriumcarbonat, Soda.

Natriumcarbonat kann nach drei Verfahren hergestellt werden. Wie heißen die beiden nach ihren Erfindern benannten Verfahren?

.... – Verfahren und
.... – Verfahren → 62

3 $NaHSO_4$ ist zwar ein Hydrogensalz, aber das berechtigt nicht zu dem Schluß, daß die wäßrige Lösung von $NaHSO_4$ sauer reagiert.
Auch $NaHCO_3$ ist ein Hydrogensalz, seine wäßrige Lösung reagiert jedoch alkalisch. Entscheidend für die Reaktion eines Hydrogensalzes in Wasser ist in erster Linie die Stärke der Säure.

Ist Schwefelsäure eine starke Säure?

- Ja → 43
- Nein → 70

4 Ihre Antwort ist richtig.

Die Reaktionsgleichung für die zweite Stufe des Leblanc-Verfahrens heißt vollständig:

$$Na_2SO_4 + 2\,C \longrightarrow Na_2S + 2\,CO_2$$

Die *dritte* und letzte *Stufe* des Leblanc-Verfahrens wird schließlich durch folgende Reaktionsgleichung wiedergegeben:

$$Na_2S + CaCO_3 \longrightarrow Na_2CO_3 + CaS$$

Wie sind die *chemischen* Namen für die in dieser Reaktionsgleichung auftretenden Verbindungen in der Reihenfolge von links nach rechts?

- Natriumsulfid, Calciumcarbonat, Soda, Calciumsulfid → 19
- Natriumsulfit, Calciumcarbonat, Natriumcarbonat, Calciumsulfit → 12
- Natriumsulfid, Calciumcarbonat, Natriumcarbonat, Calciumsulfid → 26

---

5 Ihre Antwort ist fast richtig.

Sie haben aber nicht daran gedacht, daß Kohlensäure unbeständig ist und zerfällt.

Kehren Sie zurück nach 33.

---

6 Ihre Antwort ist falsch.

Eine Erklärung finden Sie unter 10.

7

$$2\,NaCl + H_2SO_4 \longrightarrow Na_2SO_4 + 2\,HCl$$

$$Na_2SO_4 + 2\,C \longrightarrow Na_2S + 2\,CO_2$$

$$Na_2S + CaCO_3 \longrightarrow Na_2CO_3 + CaS$$

Das dritte Verfahren zur Soda-Herstellung geht von Natronlauge und Kohlendioxid aus. Notieren Sie dafür die Reaktionsgleichung. → 66

---

8 Die Reaktion von Natriumhydrogencarbonat und wäßriger Salzsäure haben wir soeben ausführlich besprochen. Dabei entsteht ein Salz und Wasser.

Lesen Sie weiter unter 20.

---

9 H_2CO_3

Welche Aussage trifft für die Kohlensäure zu?

- Eine schwache, unbeständige Säure → 30
- Eine starke, beständige Säure → 23
- Eine schwache, aber beständige Säure → 16

---

10 Unter einer Neutralisation versteht man die Reaktion einer Base mit einer Säure oder einem Säureanhydrid. Dabei entsteht ein Salz und Wasser.

$$HCl + NaOH \longrightarrow NaCl + H_2O$$

$$2\,NaOH + CO_2 \longrightarrow Na_2CO_3 + H_2O$$

An der Reaktion

$$NaHCO_3 + HCl \longrightarrow NaCl + H_2O + CO_2$$

ist jedoch gar keine Base beteiligt. Es ist vielmehr so, daß die Salzsäure die schwächere und flüchtigere Kohlensäure aus ihrem Salz verdrängt hat. Man kann diese Reaktionsgleichung auch in zwei Stufen schreiben:

16

$$NaHCO_3 + HCl \longrightarrow NaCl + H_2CO_3$$

H_2CO_3 ist sehr unbeständig und zerfällt sofort weiter:

$$H_2CO_3 \longrightarrow CO_2 + H_2O$$

Zusammengefaßt ergeben beide Reaktionsgleichungen:

$$NaHCO_3 + HCl \longrightarrow NaCl + H_2O + CO_2$$

Andere Beispiele für die Verdrängung einer schwachen flüchtigen Säure aus ihren Salzen durch eine stärkere Säure kennen wir bereits.

So reagiert Eisensulfid mit Salzsäure unter Bildung von Schwefelwasserstoff

$$FeS + 2\,HCl \longrightarrow FeCl_2 + H_2S$$

oder Natriumsulfit mit Salzsäure unter Bildung der Schwefligen Säure, die leicht weiter zerfällt:

$$Na_2SO_3 + 2\,HCl \longrightarrow 2\,NaCl + H_2SO_3$$

$$H_2SO_3 \longrightarrow SO_2 + H_2O$$

Ergänzen Sie folgenden Satz:

Beim Zusammengeben von Natriumhydrogencarbonat und wäßriger Salzsäure wird die schwächere und flüchtigere..............aus ihrem Salz verdrängt.

Lesen Sie bitte weiter unter [59].

---

[11] Natriumsulfat sollte mit Kohlenstoff zu Natriumsulfid reduziert werden. Dabei entsteht ein Nebenprodukt.

Wenn wir das als Reaktionsgleichung schreiben, dann erhalten wir:

$$Na_2SO_4 + C \longrightarrow Na_2S + ?$$

Wir sehen, daß auf der linken Seite 4 O-Atome stehen. Wir haben auf der linken Seite aber auch den Kohlenstoff, der auf der rechten Seite bisher noch gar nicht auftaucht. Der Kohlenstoff ist aber gerade der Stoff, der das Natriumsulfat reduziert (ihm also den *Sauerstoff entzieht*), indem er sich selbst mit dem Sauerstoff verbindet. Es entsteht als Nebenprodukt CO_2. Schreiben wir das zunächst einmal hin:

$$Na_2SO_4 + C \longrightarrow Na_2S + CO_2$$

Diese Reaktionsgleichung stimmt jedoch noch nicht. Wir haben links zwei Sauerstoffatome zuviel. Wir müssen also doppelt soviel Kohlenstoff nehmen.

Notieren Sie jetzt die richtige Reaktionsgleichung. Achten Sie darauf, daß links und rechts von jedem Element die *gleiche Anzahl* von Atomen steht. → [4]

---

[12] Sie haben die Salze der Schwefligen Säure mit den Salzen des Schwefelwasserstoffs verwechselt.

Die Salze der Schwefligen Säure heißen Sulfite.

Die Salze des Schwefelwasserstoffs heißen Sufide.

Sehen Sie sich deshalb noch einmal [4] an.

---

13 Sehen Sie sich die letzte Reaktionsgleichung unter 33 noch einmal an. Diese Reaktionsgleichung brauchen Sie nur umgekehrt zu schreiben. Beachten Sie aber, daß Kohlensäure nicht beständig ist.

---

14 $NaOH + CO_2 \longrightarrow NaHCO_3$

oder $NaOH + H_2CO_3 \longrightarrow NaHCO_3 + H_2O$

$NaHCO_3$ heißt Natriumhydrogencarbonat.

Wenn wir $NaHCO_3$ erhitzen, zerfällt es. Notieren Sie dafür die Reaktionsgleichung. → 63

---

15 In der ersten Stufe gehen wir von Natriumchlorid und Schwefelsäure aus.

Das entstehende Natriumsulfat wird in der 2. Stufe mit Kohlenstoff umgesetzt. Dabei bilden sich ein Nebenprodukt und Natriumsulfid.

In der 3. Stufe läßt man Natriumsulfid und Calciumcarbonat zusammen reagieren. In dieser Stufe gewinnen wir Natriumcarbonat und ein weiteres Nebenprodukt.

Stellen Sie jetzt die drei Reaktionsgleichungen auf, und vergleichen Sie unter 34.

---

16 Ihre Antwort ist nur teilweise richtig.

Kohlensäure ist eine schwache Säure. Sie zerfällt wieder leicht nach folgender Reaktionsgleichung:

$$H_2CO_3 \longrightarrow CO_2 + H_2O$$

Bitte schreiben Sie folgenden Satz mit der richtigen Ergänzung ab:

Kohlensäure ist eine schwache, ... (beständige/unbeständige) Säure. → 30

---

17 Bitte vergleichen Sie: $NaHCO_3$.

Natriumhydrogencarbonat ist ein Hydrogensalz. In wäßriger Lösung dissoziiert es zunächst in ein positiv geladenes Natrium-Ion und in ein negativ geladenes Hydrogencarbonat-Ion.

Notieren Sie bitte die Reaktionsgleichung für diese Dissoziation. → 27

---

18 Ihre Antwort ist falsch.

Eine Erklärung finden Sie unter 11.

---

19 Ihre Antwort ist bedingt richtig.

Es war aber nach den *chemischen* Namen für die in der Reaktionsgleichung auftretenden Produkte gefragt. Der chemische Name für Na_2CO_3 ist *Natriumcarbonat* und nicht Soda. Gewöhnen Sie sich daran, *chemische Namen* und *Trivialnamen* gut auseinanderzuhalten.

Lesen Sie bitte weiter unter 26.

---

20 Ihre Antwort ist richtig.

Natriumhydrogencarbonat zerfällt beim Erhitzen in Natriumcarbonat, Wasser und Kohlendioxid:

$$2\,NaHCO_3 \longrightarrow Na_2CO_3 + H_2O + CO_2$$

Natriumhydrogencarbonat wird unter der Bezeichnung „Natron“ als Mittel gegen Sodbrennen angewendet.

Im Magen jedes gesunden Menschen befindet sich eine kleine Menge verdünnter Salzsäure. Diese „Magensäure“ ist notwendig für eine geregelte Verdauung. Wenn zuviel Magensäure vorhanden ist, äußert sich das in dem sehr unangenehmen Sodbrennen.

Die Wirkung des Natriumhydrogencarbonats gegen das Sodbrennen beruht auf der Reaktion mit der überschüssigen Salzsäure des Magens, der Magensäure. Die Reaktionsgleichung heißt:

$$NaHCO_3 + HCl \longrightarrow NaCl + H_2O + CO_2$$

Was ist das für eine Reaktion?

- Eine Neutralisation → 6
- Die Verdrängung einer schwächeren und flüchtigeren Säure aus ihrem Salz durch eine stärkere und schwerer flüchtige Säure → 59

- Ich bin nicht sicher und wünsche eine zusätzliche Erklärung → 10

---

21 Es war ausdrücklich gesagt:
Kohlensäure ist eine *mehr*basige Säure.

Ihre Summenformel ist H_2CO_3. Überlegen Sie nochmals, welche Bezeichnung richtig ist.

- Eine zweibasige Säure → 44
- Eine dreibasige Säure → 37

---

22 Überlegen Sie sich, welche der vier Stoffe man durch chemische Prozesse erzeugen muß, also nicht in der Natur findet.

Wollen Sie jetzt noch einmal versuchen, die Frage unter 39 richtig zu beantworten?

Wenn ja, kehren Sie nach 39 zurück.

Wenn nein, finden Sie eine ausführliche Erklärung unter 67.

---

23 Wir hatten gelernt:

1. Kohlensäure wird durch stärkere Säuren aus ihren Salzen verdrängt:

   z. B. $Na_2CO_3 + 2\,HCl \longrightarrow 2\,NaCl + CO_2 + H_2O$

2. Kohlensäure zerfällt:

$$H_2CO_3 \longrightarrow CO_2 + H_2O$$

Notieren Sie diese Reaktionsgleichungen, und schreiben Sie folgenden Satz mit den richtigen Ergänzungen ab:

Kohlensäure ist eine ...... (starke/schwache), ... (beständige/unbeständige) Säure. → 30

---

24 $2\,KOH + CO_2 \longrightarrow K_2CO_3 + H_2O$

K_2CO_3 heißt Kaliumcarbonat.

Das Calciumsalz der Kohlensäure kommt in großen Mengen in der Natur vor. Drei wichtige Mineralien bestehen aus Calciumcarbonat.

Notieren Sie die Namen und vergleichen Sie bei 56.

---

25 Ihre Antwort ist teilweise richtig.

Bei der Reduktion von Natriumsulfat mit Kohlenstoff entsteht Kohlendioxid.

In einer Reaktionsgleichung müssen aber beide Seiten die *gleiche Anzahl* jeder Atomart aufweisen. Um die vier Sauerstoffatome des Natriumsulfats zu binden, müssen zwei Atome Kohlenstoff eingesetzt werden.

Notieren Sie die richtige Reaktionsgleichung, und vergleichen Sie unter 4.

---

26 Ihre Antwort ist richtig.

In der dritten Stufe des Leblanc-Verfahrens wird Natriumsulfid mit Calciumcarbonat zu Natriumcarbonat und Calciumsulfid umgesetzt. Wir sind damit in drei Schritten zu dem gewünschten Endprodukt Natriumcarbonat gekommen.

Notieren Sie zur Wiederholung die drei Reaktionsgleichungen des Leblanc-Verfahrens, und vergleichen Sie unter 34.

Wenn Sie nicht mehr genau wissen, was in den ersten beiden Stufen geschieht, schlagen Sie 15 auf.

---

27 $NaHCO_3 \longrightarrow Na^+ + HCO_3^-$

Die Ionen stehen in Wechselwirkung mit dem sie umgebenden Wasser, das selbst auch etwas dissoziiert ist. Mit den Wasserstoff-Ionen des Wasser bildet HCO_3^- teilweise undissoziierte Kohlensäure.
Wasser und Kohlensäure sind nur sehr wenig dissoziiert, Natriumhydroxid dagegen vollständig.

$$H_2O \rightleftharpoons H^+ + OH^-$$

$$Na^+ + HCO_3^- + H_2O \rightleftharpoons Na^+ + OH^- + H_2CO_3$$

In der wäßrigen Lösung von Natriumhydrogencarbonat befinden sich deshalb mehr OH^--Ionen als H^+-Ionen; die Lösung reagiert schwach alkalisch.
Diese Tatsache können wir allgemein bei Salzen aus starken Basen mit schwachen Säuren beobachten. Sie wird im „Lehrprogramm Chemie II“ ausführlich besprochen.

Andere Hydrogensalze reagieren in Wasser gelöst sauer, z. B.: $NaHSO_4$, Natriumhydrogensulfat.

Warum reagiert die wäßrige Lösung von $NaHSO_4$ sauer?

- Weil $NaHSO_4$ das Hydrogensalz einer starken Säure ist → 43
- Weil $NaHSO_4$ ein Hydrogensalz ist → 3

---

28 Na_2SO_4 und Na_2S sind *keine Nebenprodukte.*

Es sind *Zwischenprodukte,* die im Verlauf des Verfahrens weiterverarbeitet werden.

Kehren Sie zurück nach 41.

---

29 $2\,NaOH + CO_2 \longrightarrow Na_2CO_3 + H_2O$

Für eine Stoffmenge von 2 mol Natriumhydroxid brauchen wir also **1** mol CO_2.

Nehmen wir *mehr* CO_2, nämlich **2** mol Natriumhydroxid und **2** mol CO_2 bzw., was dasselbe bedeutet, **1** mol Natriumhydroxid und **1** mol CO_2, so erhalten wir *nicht* Natriumcarbonat. Wir bekommen dann ein anderes Salz der Kohlensäure, das Natriumhydrogencarbonat.

Schreiben Sie bitte für Natriumhydrogencarbonat die Summenformel auf. → 17

---

30 Ihre Antwort ist richtig.

Kohlensäure ist eine *schwache, unbeständige* Säure. Sie ist eine mehrbasige Säure.

Welche der folgenden Bezeichnungen trifft für die Kohlensäure zu?

- Einbasige Säure → 21
- Zweibasige Säure → 44
- Dreibasige Säure → 37

---

31 Überlegen Sie sich, welche der 4 Stoffe man durch chemische Prozesse erzeugen muß, also nicht in der Natur findet.

16

Wollen Sie jetzt noch einmal versuchen, die Frage unter [39] richtig zu beantworten?

Wenn ja, kehren Sie nach [39] zurück.

Wenn nein, finden Sie eine ausführliche Erklärung unter [67].

---

[32] Ihre Antwort ist richtig.

In der ersten Stufe des Leblanc-Verfahrens wird Natriumchlorid mit Schwefelsäure zu *Natriumsulfat* und Salzsäure umgesetzt. Die starke, schwerflüchtige Schwefelsäure verdrängt die weniger starke, leichtflüchtige Salzsäure aus ihrem Salz.

In der *zweiten Stufe* des Leblanc-Verfahrens wird das so gewonnene Natriumsulfat mit Kohlenstoff reduziert.

Durch diese Reduktion (Sauerstoffentzug) entsteht Natriumsulfid.

Formulieren Sie auf einem Blatt Papier die entsprechende Reaktionsgleichung. Sie werden dann sehen, daß außer dem Natriumsulfid noch ein Nebenprodukt entsteht.

Was entsteht als Nebenprodukt?

- CO_2 → [25]
- 2 CO → [18]
- 2 CO_2 → [4]
- Ich weiß es nicht → [11]

---

[33] Ihre Antwort ist richtig.

Da beim Einleiten bis zur Sättigung reichlich CO_2 zur Verfügung steht, bildet sich $NaHCO_3$.

Wir wollen uns jetzt überlegen, was wir erhalten, wenn wir in eine Natriumcarbonat-Lösung CO_2 einleiten. CO_2 in eine wäßrige Lösung einleiten, heißt nichts anderes, als Kohlensäure zugeben, denn aus CO_2 und Wasser entsteht ja Kohlensäure.

$$CO_2 + H_2O \rightleftarrows H_2CO_3$$

$$Na_2CO_3 + H_2CO_3 \longrightarrow 2\ NaHCO_3$$

Wir erhalten also Natriumhydrogencarbonat. Wir sehen ganz deutlich, daß zur Herstellung von *Natriumhydrogencarbonat mehr Kohlensäure* benötigt wird als zur Herstellung von Natriumcarbonat. Natriumhydrogencarbonat entsteht aus Natriumcarbonat und Kohlensäure.

Beim Erhitzen von Natriumhydrogencarbonat verläuft dieser Vorgang, der durch die zweite der beiden oben stehenden Reaktionsgleichungen beschrieben wird, von rechts nach links.

Stellen Sie die Reaktionsgleichung für das Erhitzen von Natriumhydrogencarbonat auf. Welche Reaktionsprodukte erhalten Sie?

- Natriumcarbonat, Wasser und Kohlensäure → [13]
- Natriumcarbonat, Wasser und Kohlendioxid → [20]
- Natriumcarbonat und Kohlensäure → [5]

---

[34] Vergleichen Sie:

1. Stufe: $2\ NaCl + H_2SO_4 \longrightarrow Na_2SO_4 + 2\ HCl$

2. Stufe: $Na_2SO_4 + 2\ C \longrightarrow Na_2S + 2\ CO_2$

3. Stufe: $Na_2S + CaCO_3 \longrightarrow Na_2CO_3 + CaS$

Notieren Sie den Namen dieses 3-Stufen-Verfahrens zur Herstellung von Natriumcarbonat.

Es ist das ...... -Verfahren. → [41]

---

[35] Unter einer Neutralisation versteht man die Reaktion einer Base mit einer Säure unter Bildung von Salz und Wasser. Ein Beispiel für eine Neutralisation ist die Umsetzung von Salzsäure mit Natronlauge:

$$HCl + NaOH \longrightarrow NaCl + H_2O$$

Sehen Sie sich jetzt die Reaktionsgleichung unter [44] noch einmal an.

16

36 $CaCO_3$

Drei verschiedene Mineralien bestehen aus Calciumcarbonat.

Notieren Sie die drei Namen, und vergleichen Sie unter 61.

37 Bei der Phosphorsäure, H_3PO_4, sprechen wir von einer *drei*basigen Säure, da bei ihrer Dissoziation drei (positiv geladene) Wasserstoff-Ionen abgespalten werden können.

Sehen Sie sich die Formel der Kohlensäure, H_2CO_3, genau an, und kehren Sie zurück nach 30.

38 Dolomit.

Ende des 16. Programms.

39 Ihre Antwort ist richtig.

Die Ausgangsstoffe sind:

NaCl, H_2SO_4, $CaCO_3$ und C.

Wieviele der Ausgangsstoffe finden wir in der Natur?

- Alle → 22
- Drei → 53
- Zwei → 31
- Einen → 47
- Keinen → 54

40 Sie haben sich etwas zu starr an die Definition der Neutralisation gehalten.

Als Neutralisation bezeichnen wir zwar üblicherweise die Reaktion zwischen einer *Base* und einer *Säure*. Wenn wir aber anstelle der Säure das *Säureanhydrid* in die Reaktion einsetzen, kann man ebenfalls von einer Neutralisation sprechen.

Notieren Sie die Reaktionsgleichung, nach der Natriumcarbonat durch vollständige Neutralisation von Natriumhydroxid mit dem Anhydrid der Kohlensäure entsteht, und vergleichen Sie unter [29].

[41] *Leblanc*-Verfahren

Das Leblanc-Verfahren ist teuer, da unbrauchbare *Nebenprodukte* entstehen. Nebenprodukte eines chemischen Verfahrens sind Stoffe, die im Verlauf des Verfahrens entstehen und nicht mehr zur Herstellung des Hauptproduktes verwendet werden können.

Welche Nebenprodukte entstehen beim Leblanc-Verfahren?

Sehen Sie sich die drei Reaktionsgleichungen des Leblanc-Verfahrens an!

- CaS → [48]
- HCI, CO_2 und CaS → [50]
- Na_2SO_4, Na_2S → [28]
- Na_2SO_4, Na_2S, HCl, CO_2 und CaS → [55]

16

[42] „Bis zur Sättigung" heißt: So viel CO_2 wie möglich einleiten.

Es muß also das Salz entstehen, das zu seiner Herstellung auf 1 Mol NaOH-Moleküle *mehr* CO_2-Moleküle braucht.

Wo werden *mehr* CO_2-Moleküle auf 1 Mol NaOH-Moleküle verbraucht?

- Zur Herstellung von Na_2CO_3 → [68]
- Zur Herstellung von $NaHCO_3$ → [33]

[43] Ja, weil $NaHSO_4$ das Hydrogensalz einer starken Säure ist, reagiert seine wäßrige Lösung sauer.

Das HSO_4^--Ion dissoziiert in Wasser vollständig:

$$HSO_4^- \longrightarrow H^+ + SO_4^{2-}$$

Die H^+-Ionen bewirken die saure Reaktion.

Bitte merken Sie sich:
Nicht alle Hydrogensalze zeigen in Wasser gelöst eine saure Reaktion. Die Stärke der Säure entscheidet, ob das Hydrogensalz sauer, neutral oder schwach alkalisch reagiert.

Wir kehren jetzt zur Herstellung von Natriumcarbonat und Natriumhydrogencarbonat zurück. Beide können durch Einleiten von Kohlendioxid in Natriumhydroxid-Lösung gewonnen werden.

Notieren Sie die beiden Reaktionsgleichungen, und vergleichen Sie unter [51].

---

[44] Richtig, die Kohlensäure ist eine *zwei*basige Säure.

Das wichtigste Salz der Kohlensäure ist das *Natriumcarbonat*, Na_2CO_3, bekannt unter dem Namen *Soda*. Da Soda in der Natur kaum vorkommt, müssen die großen Mengen, die in der chemischen Industrie gebraucht werden, synthetisch hergestellt werden. Es gibt drei Verfahren zur Sodaherstellung:

1. Das Leblanc-Verfahren,
2. das Solvay-Verfahren und
3. die Umsetzung von Natronlauge mit Kohlendioxid.

Verfahren 1 und 2 sind nach ihren Erfindern benannt.

Das *Leblanc-Verfahren* ist heute veraltet. Wir besprechen es trotzdem ausführlich, weil man dabei einige interessante chemische Reaktionen kennenlernen kann. Das *Leblanc-Verfahren* umfaßt drei Stufen. *Erste Stufe* dieses Verfahrens ist die Umsetzung von Natriumchlorid mit Schwefelsäure:

$$2\,NaCl + H_2SO_4 \longrightarrow Na_2SO_4 + 2\,HCl$$

Was stellt diese Reaktionsgleichung dar?

- Eine Neutralisation → [35]
- Die Verdrängung einer Säure aus ihrem Salz durch eine stärkere und schwerer flüchtige Säure → [32]

---

[45] Ihre Antwort ist richtig.

Wir bezeichnen als Neutralisation zwar üblicherweise die Reaktion zwischen einer *Base* und einer *Säure*. Wenn wir anstelle der Säure das *Säureanhydrid* in die

Reaktion einsetzen, kann man jedoch ebenfalls von einer Neutralisation sprechen.

Notieren Sie die Reaktionsgleichung, nach der Natriumcarbonat durch vollständige Neutralisation von Natriumhydroxid mit dem Anhydrid der Kohlensäure entsteht, und vergleichen Sie unter [29].

---

[46] Beim Einleiten von CO_2 in eine Natriumhydrogencarbonat-Lösung passiert gar nichts. Sie haben etwas verwechselt, was wir schon früher besprochen haben. → [33]

---

[47] Überlegen Sie sich, welche der vier Stoffe man durch chemische Prozesse erzeugen muß, also nicht in der Natur findet.

Wollen Sie jetzt noch einmal versuchen, die Frage unter [39] richtig zu beantworten?

Wenn ja, kehren Sie nach [39] zurück.

Wenn nein, finden Sie eine ausführliche Erklärung unter [67].

---

[48] Ihre Antwort ist unvollständig.

Nicht nur bei der 3. Stufe entsteht ein Nebenprodukt, sondern auch bei der 1. und 2. Stufe des Verfahrens.

Gehen Sie zurück nach [41].

---

[49] Ja, durch Umsetzung mit Natronlauge erhalten wir aus Natriumhydrogencarbonat Natriumcarbonat:

$$NaHCO_3 + NaOH \longrightarrow Na_2CO_3 + H_2O$$

Ein weiteres wichtiges Carbonat ist *Kalium*carbonat, K_2CO_3. Man gewinnt Kaliumcarbonat durch Einleiten von Kohlendioxid in Kalilauge.

Stellen Sie die Reaktionsgleichung auf, und vergleichen Sie unter [58].

---

[50] Ihre Antwort ist richtig.

HCl, CO_2 und CaS sind die Nebenprodukte des Leblanc-Soda-Verfahrens.

Na_2SO_4 und Na_2S sind *Zwischenprodukte*, die im Verlauf des Verfahrens weiterverarbeitet werden.

Welche *Ausgangsstoffe* werden für das Leblanc-Soda-Verfahren benötigt?

- NaCl und H_2SO_4 → 57
- NaCl, H_2SO_4, Na_2SO_4, Na_2S, $CaCO_3$ und C → 64
- NaCl, H_2SO_4, $CaCO_3$ und C → 39

51

1. $2\,NaOH + CO_2 \longrightarrow Na_2CO_3 + H_2O$
2. $NaOH + CO_2 \longrightarrow NaHCO_3$

Nach welcher Gleichung werden auf 1 Mol NaOH-Moleküle *mehr* CO_2-Moleküle verbraucht?

- Nach Reaktionsgleichung 1 → 68
- Nach Reaktionsgleichung 2 → 60

52

$MgCO_3$.

Auch Magnesiumcarbonat kommt in der Natur in großen Mengen vor. Zusammen mit Calciumcarbonat bildet es das Mineral *Dolomit*.

Wir wollen jetzt wiederholen:

Ergänzen Sie folgenden Satz:

Die Kohlensäure ist eine .... (starke/schwache), ...
(beständige/unbeständige) Säure. → 65

53

Richtig:

In der Natur findet man

NaCl, Natriumchlorid, Kochsalz
$CaCO_3$, Calciumcarbonat, Kalk
C, Kohlenstoff, Kohle.

Durch einen chemischen Prozeß muß H_2SO_4, Schwefelsäure, erzeugt werden.

Obwohl drei Ausgangsstoffe des Leblanc-Soda-Prozesses in der Natur vorkommen und billig gewonnen werden können, ist das Verfahren wegen der unbrauchbaren Nebenprodukte unwirtschaftlich.

Heute wird Soda fast nur noch nach dem wirtschaftlicheren *Solvay-Verfahren* hergestellt. Dieses wird im Programm 21 besprochen.

Nach einem *dritten* Verfahren wird Natriumcarbonat technisch durch Einleiten von Kohlendioxid in Natronlauge gewonnen:

$$2\,NaOH + CO_2 \longrightarrow Na_2CO_3 + H_2O$$

Stellt diese Reaktionsgleichung eine Neutralisation dar?

- Ja → 45
- Nein → 40
- Ich möchte nicht raten und bitte um eine zusätzliche Erklärung → 69

---

54 Überlegen Sie sich, welche der 4 Stoffe man durch chemische Prozesse erzeugen muß, also nicht in der Natur findet.

Wollen Sie jetzt noch einmal versuchen, die Frage unter 39 richtig zu beantworten?

Wenn ja, kehren Sie nach 39 zurück.

Wenn nein, finden Sie eine ausführliche Erklärung unter 67.

---

55 Ein Teil der von Ihnen als Nebenprodukte bezeichneten Verbindungen wird doch im Verlauf des Verfahrens weiterverarbeitet! Produkte, die im Verfahren selbst weiterverarbeitet werden, sind *keine* Nebenprodukte.

Kehren Sie zurück nach 41.

---

56 Kalkstein (oder Kalk), Marmor und Kreide.

Auch das Magnesiumcarbonat kommt in großen Mengen in der Natur vor, meist zusammen mit Calciumcarbonat.

Wie heißt dieses Mineral? → 38

---

57 Ihre Antwort ist unvollständig.

Nicht nur die Ausgangsstoffe der 1. Stufe sind Ausgangsstoffe des Verfahrens. Auch in der 2. und 3. Stufe müssen dem Verfahren noch Stoffe zugeführt werden.

Kehren Sie zurück nach 50.

---

58 $2\,KOH + CO_2 \longrightarrow K_2CO_3 + H_2O$

Ein weiteres wichtiges Carbonat ist *Calcium*carbonat, $CaCO_3$. Calciumcarbonat kommt als Mineral vor allem im *Kalk*stein vor. Dieser bildet ganze Gebirge und wird meist im Tagebau gewonnen. Eine besonders reine Form des Kalksteins ist der kristalline, harte *Marmor*. In anderer Form kommt Calciumcarbonat als *Kreide* vor.

Notieren Sie die Summenformel des Marmors, und vergleichen Sie unter 36.

---

59 Ihre Antwort ist richtig.

Beim Zusammengeben von Natriumhydrogencarbonat und wäßriger Salzsäure wird die schwächere und flüchtigere *Kohlensäure* aus ihrem Salz verdrängt. Da Kohlensäure sehr unbeständig ist, zerfällt sie sofort in Wasser und Kohlendioxid.

Wir wissen, daß man Natriumcarbonat durch Erhitzen von Natriumhydrogencarbonat gewinnen kann.

Es gibt noch eine weitere Möglichkeit, um aus Natriumhydrogencarbonat Natriumcarbonat herzustellen.

Worin besteht diese?

Wenn Sie die Reaktionsgleichungen für a), b) und c) aufstellen, finden Sie die richtige Antwort leichter.

a) Einwirkung von wäßriger Salzsäure auf Natriumhydrogencarbonat → 8

b) Einwirkung von Natronlauge auf Natriumhydrogencarbonat → 49

c) Einleiten von CO_2 in eine Natriumhydrogencarbonat-Lösung → 46

---

60 Ihre Antwort ist richtig.

Zur Herstellung von $NaHCO_3$ brauchen wir auf 1 Mol NaOH-Moleküle *mehr* CO_2-Moleküle als bei der Herstellung von Na_2CO_3.

Welches Salz erhalten wir, wenn wir in eine Natriumhydroxid-Lösung CO_2 bis zur Sättigung einleiten?

- Na_2CO_3 → 42
- $NaHCO_3$ → 33

---

61 Calciumcarbonat kommt vor als *Kalkstein, Marmor* und *Kreide.*

Ein weiteres wichtiges Carbonat ist Magnesiumcarbonat.

Notieren Sie die Summenformel (Magnesium, Mg, ist zweiwertig). → 52

---

62 *Leblanc*-Verfahren und *Solvay*-Verfahren.

Das Leblanc-Verfahren hat drei Stufen.

Notieren Sie die drei Reaktionsgleichungen, die das Leblanc-Verfahren beschreiben. → 7

16

63

$$2\ NaHCO_3 \xrightarrow{\text{Hitze}} Na_2CO_3 + CO_2 + H_2O$$

Durch Einleiten von CO_2 in Kalilauge entsteht ein Kaliumsalz der Kohlensäure.

Notieren Sie dafür die Reaktionsgleichung sowie den Namen des entstehenden Salzes. → 24

---

64 Na_2SO_4 und Na_2S werden im Verfahren selbst *erzeugt* und dann weiterverarbeitet. Sie sind daher *keine* Ausgangsstoffe.

Kehren Sie zurück nach 50.

---

65 Die Kohlensäure ist eine *schwache, unbeständige* Säure. Ein wichtiges Salz der Kohlensäure ist Na_2CO_3.

Notieren Sie den chemischen Namen und den Trivialnamen dieses Salzes. → [2]

---

[66] $2\,NaOH + CO_2 \longrightarrow Na_2CO_3 + H_2O$

Wenn wir in Natronlauge CO_2 bis zur Sättigung einleiten, entsteht nicht Soda, sondern ein anderes Salz. Notieren Sie dafür die Reaktiongleichung und den Namen des Salzes, und vergleichen Sie unter [14].

---

[67] Es war gefragt worden, welche Ausgangsstoffe des Leblanc-Verfahrens (NaCl, H_2SO_4, $CaCO_3$ und C) in der Natur vorkommen.

Drei dieser Stoffe kommen in großen Lagern auf oder unter der Erdoberfläche vor.

Nur einen der vier Stoffe müssen wir durch einen chemischen Prozeß erzeugen. Denken Sie an das Bleikammerverfahren oder an das Kontaktverfahren.

Notieren Sie mit Ergänzungen:

In der Natur findet man 1. ....
2. ....
3. ....

Durch einen chemischen Prozeß muß .... erzeugt werden.

Vergleichen Sie unter [53].

---

[68] Sehen Sie sich die letzten beiden Reaktionsgleichungen an, die Sie notiert haben.

Bei der Herstellung von Na_2CO_3 brauchen wir auf

2 Mol NaOH-Moleküle 1 Mol CO_2-Moleküle

oder auf 1 Mol NaOH-Moleküle 1/2 Mol CO_2-Moleküle.

Bei der Herstellung von $NaHCO_3$ brauchen wir auf

1 Mol NaOH-Moleküle 1 Mol CO_2-Moleküle,

also *doppelt* so viel wie oben!

Ergänzen Sie:

Zur Herstellung von $NaHCO_3$ brauchen wir pro Mol NaOH-Moleküle ...... (mehr/weniger) CO_2 -Moleküle als bei der Herstellung von Na_2CO_3. → 60

---

69 Als Neutralisation bezeichnen wir üblicherweise die Reaktion zwischen einer Base und einer Säure. Wenn wir aber anstelle der Säure das Säureanhydrid in die Reaktion einsetzen, kann ebenfalls von einer Neutralisation gesprochen werden.

Notieren Sie die Reaktionsgleichung, nach der Natriumcarbonat durch vollständige Neutralisation von Natriumhydroxid mit dem Anhydrid der Kohlensäure entsteht, und vergleichen Sie unter 29.

---

70 Ihre Antwort ist falsch.

Schwefelsäure ist eine starke Säure.

Arbeiten Sie weiter bei 27.

---

17. Programm

Kohlenstoff (III)

1 Im letzten Programm lernten wir die wichtigsten Salze der Kohlensäure kennen, u.a. das Calciumcarbonat, das in großen Mengen in der Natur als Kalkstein vorkommt.

Der Kalkstein (oder kürzer: Kalk) ist ein wichtiger Rohstoff für die chemische Industrie.

In diesem Programm wollen wir uns hauptsächlich mit der Verwendung des Kalks und seiner Folgeprodukte in der Bauindustrie beschäftigen. Wir werden z. B. verstehen lernen, warum der Mörtel beim „Abbinden" fest wird.

Der Kalk (oder Kalkstein) ist das Ausgangsmaterial für die Herstellung von *gebranntem Kalk*. Wie der Name schon sagt, wird der *gebrannte Kalk* durch *Brennen* (starkes Erhitzen) von Kalk hergestellt.

Die Reaktionsgleichung für diesen Vorgang kennen wir schon. Wir haben sie bei der Darstellung von CO_2 behandelt.

Notieren Sie jetzt die Reaktionsgleichung für das Brennen von Kalk:

$$CaCO_3 \xrightarrow{\text{Hitze}}$$

Vergleichen Sie unter 44.

17

2 Sie haben entweder falsche Summenformeln aufgestellt, oder Sie haben sich verrechnet.

Eine Erklärung finden Sie unter 49.

3 1. Gebrannter Kalk ist Calciumoxid. Er entsteht durch starkes Erhitzen von Calciumcarbonat (Kalkstein): $CaCO_3 \longrightarrow CaO + CO_2$

2. Gelöschter Kalk ist Calciumhydroxid $Ca(OH)_2$.

3. Gelöschter Kalk ist eine starke Base und wirkt ätzend.

4. a) $Ca(OH)_2 + 2\,HCl \longrightarrow CaCl_2 + 2\,H_2O$

   b) $Ca(OH)_2 + H_2SO_4 \longrightarrow CaSO_4 + 2\,H_2O$

5. H_2CO_3 $CaCO_3$

   $Ca(HCO_3)_2$ $NaHCO_3$

6. Es steht zunächst ein Niederschlag von Calciumcarbonat. Dieser löst sich beim weiteren Einleiten von CO_2 unter Bildung von Calciumhydrogencarbonat, $Ca(HCO_3)_2$, wieder auf.

7. Beim Erhitzen der Lösung geht das lösliche Calciumhydrogencarbonat in unlösliches Calciumcarbonat (Kesselstein) über:

   $$Ca(HCO_3)_2 \longrightarrow CaCO_3 + CO_2 + H_2O.$$

8. Hartes Wasser enthält gelöste Salze, vor allem Calciumhydrogencarbonat. Seifenlösung schäumt in hartem Wasser schlecht. Weiches Wasser (Regenwasser, destilliertes Wasser) enthält kaum Salze. Es schmeckt schal.

9. Mörtel ist ein Gemenge aus Sand und gelöschtem Kalk $Ca(OH)_2$.

10. Das in der Luft vorhandene CO_2 reagiert mit dem Calciumhydroxid unter Bildung von Calciumcarbonat und Wasser:

    $$Ca(OH)_2 + CO_2 \longrightarrow CaCO_3 + H_2O.$$

11. Bei der Verbrennung von Koks entsteht CO_2.

12. Man übergießt eine Probe mit verdünnter Salzsäure. Es entsteht unter Aufschäumen ein Gas. Dieses wird durch Einleiten in Bariumhydroxidlösung als Kohlendioxid identifiziert (es entsteht ein weißer Niederschlag von Bariumcarbonat).

Ende des 17. Programms.

---

4 Die Reaktion zwischen Calciumhydroxid und Kohlendioxid ist eine Neutralisation.

Wir hatten eine solche Reaktion bereits bei der Umsetzung von Natronlauge mit CO_2 kennengelernt. Je nach den Mengen des in die Natronlauge eingeleiteten CO_2 entstand Na_2CO_3 oder $NaHCO_3$.

Mit dieser Hilfe werden Sie die Frage bei 37 lösen können.

---

5 Sie haben offenbar den Unterschied zwischen Carbonaten und Hydrogencarbonaten noch nicht erfaßt.

Eine Erklärung finden Sie unter 49.

6 Der Nachweis von Carbonaten beruht auf der Reaktion mit Säuren. Kohlensäure ist eine sehr schwache und unbeständige Säure. Von schwerer flüchtigen oder beständigen Säuren wird sie aus ihren Salzen verdrängt:

$$Na_2CO_3 + 2\,HCl \longrightarrow 2\,NaCl + H_2CO_3$$

Kohlensäure zerfällt sofort weiter:

$$H_2CO_3 \longrightarrow CO_2 + H_2O$$

Bei der Reaktion von Carbonaten mit Säuren beobachten wir also eine Gasentwicklung. Es tritt..............auf.

Notieren Sie bitte das fehlende Wort, und vergleichen Sie bei 41.

7 Nein, Säuren sind Verbindungen, bei deren Dissoziation in Wasser positiv geladene Wasserstoff-Ionen entstehen.

$Ca(OH)_2$ ist eine Metallhydroxid. Bei der Dissoziation von Metallhydroxiden entstehen aber keine Wasserstoff-Ionen.

Denken Sie an Natriumhydroxid oder Kaliumhydroxid.

Beantworten Sie bitte die Frage nochmals bei 20.

8 Sie haben nur einen Teil der Frage beantwortet.

Man erhält Calciumhydrogencarbonat, wenn man in eine wäßrige Aufschlämmung von Calciumcarbonat Kohlendioxid einleitet. Die Reaktionsgleichung dafür ist:

$$CaCO_3 + H_2O + CO_2 \longrightarrow Ca(HCO_3)_2$$

Es war jedoch danach gefragt, wie man aus Calciumcarbonat Calciumhydrogencarbonat *und daraus wieder Calciumcarbonat* herstellen kann.

Lesen Sie bitte noch einmal genau 31.

17

9 Ihre Antwort ist richtig.

Kesselstein ist Calciumcarbonat, das durch Erhitzen aus Calciumhydrogencarbonat entstanden ist:

$$Ca(HCO_3)_2 \longrightarrow CaCO_3 + H_2O + CO_2$$

Bei der Verwendung von hartem Wasser in der Industrie, beispielsweise in Turbinen oder Dampfmaschinen, würde die Ausscheidung von Kesselstein zu Betriebsstörungen führen. Man muß deshalb das Wasser vorher *enthärten.*

Wir wollen nun die Verwendung von gelöschtem Kalk (Calciumhydroxid) in der Bauindustrie besprechen. Beim Bauen werden die Fugen zwischen den Ziegelsteinen mit *Mörtel* ausgefüllt. Nach einiger Zeit wird der Mörtel fest. Man sagt: *Der Mörtel bindet ab.*

Was ist Mörtel, und warum wird er nach einiger Zeit fest? Sie haben inzwischen schon so viele chemische Kenntnisse erworben, daß wir diese interessante Frage besprechen können.

Mörtel ist ein *Gemenge von gelöschtem Kalk* (Calciumhydroxid) *und Sand.* Der Sand dient hierbei als Füllmittel und nimmt nicht an den chemischen Reaktionen teil.

Stellen Sie bitte die Reaktionsgleichungen für die chemischen Vorgänge auf, die sich abspielen:

a) Bei der Herstellung von gebranntem Kalk

b) Bei der Herstellung von gelöschtem Kalk

Kontrollieren Sie Ihre Arbeit, indem Sie unter 36 weiterlesen.

---

10 In der unvollständigen Reaktionsgleichung standen links und rechts zwei Wasserstoffatome. Damit steht kein Wasserstoff mehr für die Bildung von Bariumhydrogencarbonat zur Verfügung. Ihre Antwort war also falsch.

Sehen Sie sich die Reaktionsgleichung unter 40 noch einmal an.

---

11 Sie haben den Unterschied zwischen Carbonaten und Hydrogencarbonaten noch nicht erfaßt.

Lesen Sie bitte deshalb mit besonderer Aufmerksamkeit die Erklärung unter 26.

12 Sie haben offenbar den Unterschied zwischen Carbonaten und Hydrogencarbonaten noch nicht erfaßt.

Eine Erklärung finden Sie unter 49.

13 Ihre Antwort ist falsch.

Eine Erklärung finden Sie unter 6.

14 Ihre Antwort ist falsch.

Wir haben gelernt:

Hartes Wasser enthält Salze als Verunreinigungen. Hartes Wasser ist z. B. Quellwasser oder Leitungswasser. Hartes Wasser bildet mit Seifenlösung unlösliche Niederschläge. Man kann deshalb mit hartem Wasser nicht gut waschen.

Weiches Wasser ist weitgehend frei von gelösten Verunreinigungen. Weiches Wasser ist z. B. Regenwasser und insbesondere destilliertes Wasser. In weichem Wasser ist Seife klar löslich, man kann mit weichem Wasser gut waschen.

Lesen Sie bitte weiter unter 33.

17

15 Auf der linken Seite der Reaktionsgleichung steht ein Bariumatom zur Verfügung. Sie können also auf der rechten Seite nicht zwei Bariumatome einsetzen.

Sehen Sie sich die Reaktionsgleichung unter 40 noch einmal an.

16 Man erhält Calciumhydrogencarbonat, wenn man in eine wäßrige Aufschlämmung von Calciumcarbonat Kohlendioxid einleitet. Die Reaktionsgleichung dafür ist:

$$CaCO_3 + H_2O + CO_2 \longrightarrow Ca(HCO_3)_2$$

Es ist jedoch *falsch*, dabei zu erhitzen. Dabei bildet sich $Ca(HCO_3)_2$ *nicht,* da es in der Hitze nicht stabil ist.

Lesen Sie noch einmal genau ab 19.

17 Durch starkes Erhitzen von Calciumcarbonat entsteht *Calciumoxid,* das durch Reaktion mit Wasser *Calciumhydroxid* bildet.

Calciumoxid	CaO
Calciumhydroxid	$Ca(OH)_2$

Das Calcium-Ion ist *zwei*fach positiv geladen. Es bindet daher *zwei* Hydroxid-Ionen.

Stellen Sie die Summenformel für Calciumchlorid auf. Berechnen Sie die molare Masse des Calciumchlorid-Moleküls (M(Ca) = 40 g/mol, M(Cl) = 35,5 g/mol).

Welche Zahl haben Sie erhalten?

- 75,5 g/mol → 29
- 110 g/mol → 46
- 145,5 g/mol → 35

18 Die Unterschiede zwischen Calciumcarbonat und Calciumhydrogencarbonat sind Ihnen noch nicht klar.

Erläuterungen darüber finden Sie unter 4.

19 Ihre Antwort ist richtig.

Leitet man Kohlendioxid in eine wäßrige Aufschlämmung von Calciumcarbonat ein, dann bildet sich mit Wasser zunächst Kohlensäure. Durch die Einwirkung der Kohlensäure wird Calciumcarbonat in Calciumhydrogencarbonat übergeführt.

Da $CaCO_3$ in Wasser schwer löslich, $Ca(HCO_3)_2$ in Wasser leichter löslich ist, geht bei diesem Vorgang das $CaCO_3$ allmählich als $Ca(HCO_3)_2$ in Lösung.

Stellen Sie bitte die Reaktionsgleichung auf, und vergleichen Sie unter 43.

20 $CaO + H_2O \longrightarrow Ca(OH)_2$
gelöschter Kalk, oder chemisch: Calciumhydroxid.

Was ist Calciumhydroxid?

- Ein Salz → 28

- Eine Säure → 7
- Eine Base → 30

21 Selbstverständlich reagiert Calciumhydroxid mit Kohlendioxid! Calciumhydroxid ist nämlich eine Base und Kohlendioxid ein Säureanhydrid.

In welcher Weise diese beiden Stoffe miteinander reagieren, erfahren Sie unter 4.

22 Sie haben offenbar den Unterschied zwischen Carbonaten und Hydrogencarbonaten noch nicht erfaßt.

Eine Erklärung finden Sie unter 49.

23 Ihre Antwort ist bedingt richtig.

Sie haben für zwei der vier Verbindungen *nicht* den *chemischen* Namen, sondern den *Trivialnamen* angegeben.

Lesen Sie noch einmal 38.

24 Richtig, dieser Vorgang heißt *Abbinden.*

Das beim Abbinden des Mörtels nach und nach auftretende Reaktionswasser verursacht das länger andauernde Feuchtbleiben von Neubauwohnungen.

Eine Beschleunigung des Abbindevorgangs kann durch Aufstellen von offenen Koksöfen erfolgen.

Wodurch wird dabei der Abbindevorgang beschleunigt?

- Der langsam verbrennende Koks gibt Kohlendioxid ab. → 39
- Die Räume werden durch den verbrennenden Koks erwärmt und trocknen schneller. → 51

25 Mörtel ist eine Mischung von *Sand* und *gelöschtem Kalk* (Calciumhydroxid).

Beim Härten des Mörtels, beim Abbinden, reagiert das Calciumhydroxid mit Kohlendioxid, das in der Luft stets in geringen Mengen enthalten ist.

Stellen Sie die Reaktionsgleichung dafür auf.

Was ist entstanden?

- Calciumcarbonat und Wasser → [34]
- Calciumcarbonat → [45]

---

26 Es gibt zwei Reihen von Carbonaten: Carbonate und Hydrogencarbonate.
Die Summenformeln für die beiden Calciumcarbonate sehen so aus:

$$\underset{\text{I}}{CaCO_3} \qquad \underset{\text{II}}{Ca(HCO_3)_2}$$

In Formel I sind beide Wasserstoffatome der Kohlensäure durch Calcium ersetzt. Es ist die Summenformel für Calciumcarbonat.

Formel II stellt Calciumhydrogencarbonat dar. Hydrogensalze der Kohlensäure sind dadurch gekennzeichnet, daß nur eines der beiden Wasserstoffatome der Kohlensäure durch Metallatome ersetzt ist.

Sie wissen, daß Kohlensäure in zwei Stufen dissoziiert. In der ersten Stufe entsteht das einfach negativ geladene Hydrogencarbonat-Ion.

$$H_2CO_3 \rightleftharpoons H^+ + HCO_3^-$$

Da Calcium-Ionen zwei positive Ladungen haben, verbinden sich im Calciumhydrogencarbonat zwei Hydrogencarbonat-Ionen mit einem Calcium-Ion:

$$Ca^{2+} \begin{matrix} HCO_3^- \\ HCO_3^- \end{matrix}$$

→ [38]

---

27 Ihre Antwort ist richtig.

Calciumhydroxid und Kohlendioxid reagieren je nach den Stoffmengen-Verhältnissen zu verschiedenen Reaktionsprodukten:

1. Beim Molverhältnis 1 : 1

$$Ca(OH)_2 + CO_2 \longrightarrow CaCO_3 + H_2O$$

2. Beim Molverhältnis 1 : 2

$$Ca(OH)_2 + 2\ CO_2 \longrightarrow Ca(HCO_3)_2$$

Welche Calciumverbindungen sind nach den beiden Reaktionsgleichungen entstanden?

Notieren Sie bitte die beiden Namen. → 38

28 Nein, Salze entstehen durch Vereinigung von positiv geladenen Metall-Ionen mit negativ geladenen Säureresten.

Beispiele für Salze sind:

Natriumchlorid,	$NaCl$
Natriumnitrat,	$NaNO_3$
Kaliumsulfat,	K_2SO_4
Calciumcarbonat,	$CaCO_3$

$Ca(OH)_2$ dissoziiert in Wasser in Ca^{2+} und 2 OH^-.

Eine ähnliche Dissoziation lernten wir schon bei den Metallhydroxiden NaOH und KOH kennen.

Auch $Ca(OH)_2$ ist ein Metallhydroxid.

Beantworten Sie nochmals die Frage bei 20.

29 Ihre Antwort ist falsch.

Die Summenformel für Calciumchlorid ist $CaCl_2$.

Kehren Sie zurück nach 17.

30 Calciumhydroxid ist eine Base.

Wie alle Basen wirkt Calciumhydroxid alkalisch und ätzend.
Vorsicht beim Umgang mit Calciumhydroxid!

Calciumhydroxid kann man durch zwei aufeinander folgende Verfahrensschritte aus Calciumcarbonat gewinnen.

Schreiben Sie bitte mit Ergänzungen ab:

Durch starkes Erhitzen von Calciumcarbonat entsteht ...., das durch Reaktion mit Wasser .... bildet.

17

Vergleichen Sie bitte unter [17].

---

[31] $Ca(HCO_3)_2 \longrightarrow CaCO_3 + H_2O + CO_2$

Die Antwort war leicht, denn Sie brauchten die Reaktionsgleichung für die Bildung von $Ca(HCO_3)_2$ aus $CaCO_3$ und CO_2 nur umzudrehen.

Eine ähnliche Zersetzung eines Hydrogencarbonats in der Hitze kennen wir bereits vom Natriumhydrogencarbonat.

$$2\,NaHCO_3 \longrightarrow Na_2CO_3 + H_2O + CO_2$$

Wie kann man aus Calciumcarbonat Calciumhydrogencarbonat und daraus wieder Calciumcarbonat herstellen?

- Man leitet in eine Calciumcarbonat-Aufschlämmung Kohlendioxid ein. → [8]
- Man erhitzt eine Calciumcarbonat-Aufschlämmung und leitet Kohlendioxid ein. → [16]
- Man leitet in eine Calciumcarbonat-Aufschlämmung Kohlendioxid ein und erhitzt danach. → [42]

---

[32] Ihre Antwort ist falsch.

Eine Erklärung finden Sie unter [6].

---

[33] Ihre Antwort ist richtig.

Wasser, das Salze enthält, nennen wir *hartes Wasser*. Reines Wasser, z. B. Regenwasser oder destilliertes Wasser, nennen wir *weiches Wasser*.

Wir können nun genauer angeben, was die Härte des Wassers verursacht:

Es sind geringe Mengen von Calciumhydrogencarbonat, die im harten Wasser gelöst sind.

Erhitzt man dieses Wasser, dann tritt die oben besprochene Zersetzung des Calciumhydrogencarbonats ein. Es bildet sich ein unlöslicher Niederschlag, den wir im Haushalt als Kesselstein kennen.

Was ist Kesselstein chemisch?

- Calciumhydrogencarbonat → 18
- Calciumcarbonat → 9

34 Ihre Antwort ist richtig.

Calciumhydroxid reagiert mit dem Kohlendioxid der Luft zu Calciumcarbonat und Wasser.

Der Mörtel ist damit verfestigt und reagiert nicht mehr weiter. Neben dem Calciumcarbonat entsteht beim Abbinden des Mörtels *Wasser*:

$$Ca(OH)_2 + CO_2 \longrightarrow CaCO_3 + H_2O$$

In Neubauwohnungen bleiben die Wände daher längere Zeit.............. → 47

35 Ihre Antwort ist falsch.

Die Summenformel für Calciumchlorid ist $CaCl_2$.

Kehren Sie zurück nach 17.

36 Durch Brennen von Kalkstein (Calciumcarbonat) entsteht der gebrannte Kalk (Calciumoxid):

$$CaCO_3 \longrightarrow CO_2 + CaO.$$

Durch Zugabe von Wasser entsteht aus dem gebrannten Kalk der gelöschte Kalk (Calciumhydroxid):

$$CaO + H_2O \longrightarrow Ca(OH)_2.$$

Das Ablöschen des Kalkes ist mit starker Wärmeentwicklung verbunden.

Notieren Sie den folgenden Satz mit Ergänzungen:

Mörtel ist eine Mischung aus ...... und ......

Bitte weiter bei 25.

37

$$Ca(OH)_2 + 2\,HCl \longrightarrow CaCl_2 + 2\,H_2O$$

Die Einwirkung von Kohlendioxid auf Calciumhydroxid ist von besonderer Bedeutung. Nach unserem bisherigen Wissen über Calciumhydroxid und Kohlendioxid können wir uns überlegen, welche der drei folgenden Angaben richtig ist. Die Beantwortung dieser Frage wird Ihnen leichter fallen, wenn Sie für die Reaktion von Calciumhydroxid mit Kohlendioxid die entsprechenden Reaktionsgleichungen aufstellen.

- Calciumhydroxid reagiert mit Kohlendioxid in eindeutiger Weise. → 18
- Calciumhydroxid kann mit Kohlendioxid je nach dessen Menge zu zwei verschiedenen Endprodukten reagieren. → 27
- Calciumhydroxid reagiert mit Kohlendioxid nicht. → 21
- Ich weiß es nicht. → 4

38

Calciumcarbonat, Calciumhydrogencarbonat.

Wir wollen uns einige Summenformeln ansehen und die dazugehörigen chemischen Namen angeben.

H_2CO_3 $CaCO_3$ Na_2CO_3 $Ca(HCO_3)_2$

Was bedeuten die Summenformeln in der angegebenen Reihenfolge?

- Kohlensäure, Kalkstein, Soda, Calciumhydrogencarbonat → 23
- Kohlensäure, Calciumcarbonat, Natriumcarbonat, Calciumcarbonat → 48
- Kohlensäure, Calciumcarbonat, Natriumhydrogencarbonat, Calciumhydrogencarbonat → 11
- Kohlensäure, Calciumcarbonat, Natriumcarbonat, Calciumhydrogencarbonat → 19

39

Ihre Antwort ist richtig.

Die Besprechung der chemischen Vorgänge beim Gebrauch des Kalkmörtels ist damit beendet.

Wir lernten schon *Magnesiumcarbonat* kennen.

Stellen Sie die Summenformeln für Magnesiumhydrogencarbonat und für Magnesiumcarbonat auf, und berechnen Sie die beiden molaren Massen.

M(Mg) = 24 g/mol,
M(O) = 16g/mol,
M(C) = 12g/mol,
M(H) = 1g/mol.

Welche molaren Massen haben Sie erhalten?

- (Magnesiumhydrogencarbonat) = 85 g/mol
  (Magnnesiumcarbonat) = 84 g/mol → 22
- (Magnesiumhydrogencarbonat) = 146 g/mol
  (Magnesiumcarbonat) = 84 g/mol → 53
- (Magnesiumhydrogencarbonat) = 85 g/mol
  (Magnesiumcarbonat) = 108 g/mol → 5
- (Magnesiumhydrogencarbonat) = 146 g/mol
  (Magnesiumcarbonat) = 108 g/mol → 12
- Ich habe andere Zahlen → 2

---

40 $Zn + 2\,HCl \longrightarrow ZnCl_2 + H_2$

Es entwickelt sich Wasserstoff.

Sie sehen also, daß das Aufschäumen bei Zugabe von Säuren *kein* endgültiger Beweis für das Vorliegen eines Carbonats ist. Wir müssen beweisen, daß es sich wirklich um CO_2 handelt.

Man leitet zu diesem Zweck das entstehende Gas in eine wäßrige Lösung von Bariumhydroxid ein. Dabei spielt sich bei Anwesenheit von CO_2 folgende Reaktion ab:

$$Ba(OH)_2 + CO_2 \longrightarrow \ldots\ldots + H_2O$$

Was ist in dieser Reaktionsgleichung auf der rechten Seite zu ergänzen?

- $Ba(HCO_3)_2$ → 10
- $BaCO_3$ → 50
- $2\,BaCO_3$ → 15

41 Richtig, es entsteht *Kohlendioxid*.

Alle Carbonate zersetzen sich bei der Einwirkung von Säuren unter Abspaltung von *Kohlendioxid*, denn die Kohlensäure ist eine schwache und unbeständige Säure, die leicht von stärkeren Säuren aus ihren Salzen verdrängt wird.

Notieren Sie die Reaktionsgleichungen für die Einwirkung von

1. Salzsäure auf Calciumcarbonat
2. Schwefelsäure auf Natriumcarbonat.

Vergleichen Sie unter 52.

42 Ihre Antwort ist richtig.

Beim Einleiten von Kohlendioxid in eine wäßrige Aufschlämmung von Calciumcarbonat wird dieses in Calciumhydrogencarbonat umgewandelt:

$$CaCO_3 + H_2O + CO_2 \longrightarrow Ca(HCO_3)_2$$

Beim Erhitzen verläuft die Reaktion in der umgekehrten Richtung:

$$Ca(HCO_3)_2 \xrightarrow{\text{Erhitzen}} CaCO_3 + H_2O + CO_2$$

Die Umwandlung von Calciumhydrogencarbonat in Calciumcarbonat spielt eine große Rolle bei der Anwendung des Wassers in Haushalt und Industrie. Bei der Besprechung des Wassers hatten wir zwischen hartem und weichem Wasser unterschieden.

Wie hatten wir Wasser, das Salze enthält (z. B. Quellwasser oder Leitungswasser), bezeichnet?

- Als hartes Wasser → 33
- Als weiches Wasser → 14

43 Bitte vergleichen Sie.

$$CaCO_3 + H_2O + CO_2 \longrightarrow Ca(HCO_3)_2$$

Wenn wir die Lösung von Calciumhydrogencarbonat erhitzen, dann bildet sich unter Entwicklung von Kohlendioxid das in Wasser unlösliche Calciumcarbonat zurück.

Stellen Sie bitte auch für diesen Vorgang die Reaktionsgleichung auf, und vergleichen Sie unter 31.

44

$$CaCO_3 \xrightarrow{\text{Hitze}} CaO + CO_2$$

Gebrannter Kalk (CaO) ist also Calciumoxid. Gebrannter Kalk ist eine weiße, bröckelige Masse, die unter starker Wärmeentwicklung mit Wasser reagiert. Dabei entsteht *gelöschter Kalk*. Können Sie die Reaktionsgleichung aufstellen?

$$CaO + H_2O \longrightarrow$$

(Denken Sie dabei an die Reaktion von Natriumoxid, Na_2O, mit Wasser.)

Notieren Sie die vollständige Reaktionsgleichung für das „Löschen" des gebrannten Kalks, und vergleichen Sie unter 20.

45 Ihre Antwort ist nur zum Teil richtig.

Die Reaktion von Calciumhydroxid mit Kohlendioxid stellt chemisch gesehen eine Neutralisation dar. Neben dem Calciumcarbonat entsteht noch *Wasser.*

Verbessern Sie Ihre Reaktionsgleichung, und gehen Sie weiter nach 34.

46 Richtig.

Calciumhydroxid reagiert mit Salzsäure bei der vollständigen Neutralisation unter Bildung von Calciumchlorid und Wasser.

$$Ca(OH)_2 + HCl \longrightarrow CaCl_2 + H_2O$$

Die Gleichung ist noch nicht richtig. Es fehlen zwei stöchiometrische Zahlen. Notieren Sie bitte die richtige Reaktionsgleichung, und vergleichen Sie bei 37.

47 In Neubauwohnungen bleiben die Wände daher längere Zeit *feucht* (oder naß).

Daran ist also *nicht* das überschüssige, zum Anrühren des Mörtels verwendete Wasser schuld, denn dieses trocknet verhältnismäßig schnell aus den Wänden heraus, meist schon während des Bauens.

Wie nennt man den Vorgang der Verfestigung des Mörtels? → 24

48 Sie haben den Unterschied zwischen Carbonaten und Hydrogencarbonaten noch nicht erfaßt.

Lesen Sie deshalb mit besonderer Aufmerksamkeit die Erklärung unter 26.

49 Es gibt Carbonate und Hydrogencarbonate.

Die Kohlensäure dissoziiert als zweibasige Säure in zwei Stufen:

$$1.\ H_2CO_3 \rightleftharpoons H^+ + HCO_3^-$$

$$2.\ HCO_3^- \rightleftharpoons H^+ + CO_3^{2-}$$

$$H_2CO_3 \rightleftharpoons 2\,H^+ + CO_3^{2-}$$

In der ersten Stufe entstehen die einfach negativ geladenen Hydrogencarbonat-Ionen, in der zweiten Stufe die zweifach negativ geladenen Carbonat-Ionen.

Magnesium bildet wie Calcium zweifach positiv geladene Ionen. Diese Magnesium-Ionen bilden mit Carbonat-Ionen das Magnesiumcarbonat (Formel I) und mit Hydrogencarbonat-Ionen das Magnesiumhydrogencarbonat (Formel II).

$MgCO_3$ $Mg(HCO_3)_2$

I II

Arbeiten Sie weiter bei 39.

50 Ihre Antwort ist richtig. Beim Einleiten von CO_2 in eine Lösung von Bariumhydroxid entsteht Bariumsulfat als weißer Niederschlag.

Beantworten Sie jetzt zur Wiederholung die folgenden Fragen. Ihre Arbeit können Sie dann bei 3 kontrollieren.

1. Was ist und wie entsteht gebrannter Kalk (mit Reaktionsgleichung)?
2. Was ist gelöschter Kalk?
3. Warum muß man bei der Verwendung von gelöschtem Kalk besonders vorsichtig sein?
4. Vervollständigen Sie folgende Reaktionsgleichungen:

a) $Ca(OH)_2 + HCl \longrightarrow$

b) $Ca(OH)_2 + H_2SO_4 \longrightarrow$

5. Notieren Sie die Summenformeln von Kohlensäure, Calciumcarbonat, Calciumhydrogencarbonat und Natriumhydrogencarbonat.
6. Was ist zu beobachten, wenn man in eine Aufschlämmung von Calciumhydroxid und Wasser CO_2 einleitet?
7. Warum setzt sich im Wasserkessel Kesselstein ab (mit Reaktionsgleichung)?
8. Was ist hartes und weiches Wasser?
9. Was ist Mörtel?
10. Welcher Vorgang spielt sich beim Abbinden des Mörtels ab (mit Reaktionsgleichung)?
11. Warum trocknen die Wände in Neubauten schneller, wenn offene Koksöfen aufgestellt werden?
12. Wie werden Carbonate nachgewiesen? (Kurze, stichwortartige Beschreibung.)

Kontrolle bei [3].

---

51 Zum Abbinden des Mörtels ist Kohlendioxid notwendig, wie sich aus der Reaktionsgleichung ergibt:

$$Ca(OH)_2 + CO_2 \longrightarrow CaCO_3 + H_2O$$

Wenn wenig Kohlendioxid da ist, kann die Reaktion nicht schnell ablaufen, auch nicht, wenn man erwärmt. Der in einem Koksofen langsam abbrennende Koks gibt aber Kohlendioxid ab und beschleunigt dadurch den Abbindevorgang.

Lesen Sie bitte weiter unter [39].

17

52

1. $CaCO_3 + 2\,HCl \longrightarrow CaCl_2 + H_2O + CO_2$

2. $Na_2CO_3 + H_2SO_4 \longrightarrow Na_2SO_4 + H_2O + CO_2$

Die Tatsache des Aufschäumens genügt jedoch nicht für einen einwandfreien Nachweis von Carbonaten. Das entstehende Gas muß als Kohlendioxid identifiziert werden, damit kein Irrtum entsteht.

Es gibt nämlich eine ganze Reihe von Stoffen, die *keine Carbonate* sind, die aber trotzdem bei der Einwirkung von Säuren aufschäumen. Das Aufschäumen wird, wenn es sich *nicht um Carbonate* handelt, auch nicht durch CO_2, sondern durch *andere Gase* verursacht.

Ein Beispiel: Wir gießen auf Zink (Symbol Zn; 2-wertig) etwas Salzsäure und beobachten ein Aufschäumen. Welches Gas entsteht? Stellen Sie die Reaktionsgleichung auf, und vergleichen Sie unter [40].

---

53 Sie haben die richtigen Summenformeln aufgestellt und richtig gerechnet!

$MgCO_3$ $Mg(HCO_3)_2$

Wir müssen noch über den Nachweis der Carbonate sprechen.

Der Nachweis der Carbonate beruht auf der Reaktion mit Säuren. Was beobachten wir bei dieser Reaktion?

- Das Auftreten einer Farbänderung → 32
- Das Entstehen und Entweichen von Kohlendioxid → 41
- Die Ausfällung eines weißen Niederschlages → 13
- Ich weiß es nicht mehr → 6

18. Programm

Organische Chemie I

1 Im Anschluß an die Behandlung des Kohlenstoffs, seiner Oxide und der Kohlensäure lernen Sie in diesem Programm Verbindungen des Kohlenstoffs kennen, in denen mehrere Kohlenstoffatome miteinander verbunden sind. Diese Verbindungen enthalten neben Kohlenstoff hauptsächlich Wasserstoff oder Sauerstoff. Die Zahl dieser Verbindungen ist sehr groß, so daß man sie in der organischen Chemie zusammenfassend behandelt.

Dieses Programm und das folgende werden Ihnen eine knappe Einführung in das interessante Gebiet der organischen Chemie geben. Ausführlich werden die organischen Verbindungen im „Lehrprogramm Chemie II" beschrieben.
Allgemein kann man sagen:

Die organische Chemie ist die Chemie der Kohlenstoffverbindungen. Ausgenommen sind lediglich einige einfache Kohlenstoffverbindungen, nämlich die Oxide des Kohlenstoffs, die Kohlensäure und ihre Salze.

Zur anorganischen Chemie rechnet man die Verbindungen aller übrigen Elemente.

Soeben wurden einige einfache Kohlenstoffverbindungen genannt, die *nicht* zur organischen Chemie gehören. Stellen Sie bitte die Summenformeln dieser Verbindungen auf. Als Salze der Kohlensäure nehmen Sie das Natrium- und das Calciumsalz. Schreiben Sie die Namen der Verbindungen neben die von Ihnen aufgestellten Summenformeln, und lesen Sie dann weiter unter 9.

2 Sie haben sich vielleicht durch die abgekürzte Schreibweise des Phenylrestes verwirren lassen. Wir stellen deshalb die abgekürzte Schreibweise und die ausführliche Schreibweise für den Phenylrest und für Benzol noch einmal gegenüber:

Benzol 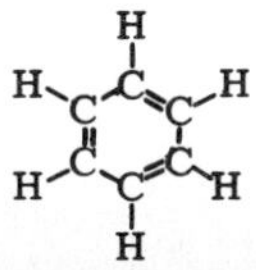 oder 

Jede Ecke ist gleich 

Phenylrest: 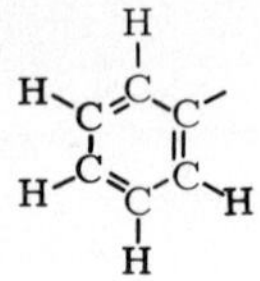 oder 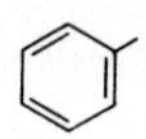

Fünf Ecken sind gleich  ; an einer Ecke fehlt ein Wasserstoffatom.

Wie groß ist die molare Masse des Phenylrestes M (Phenyl)?

- So groß wie M (Benzol) → [17]
- Gleich M (Benzol) minus 1 g/mol → [26]
- Gleich M (Benzol) plus 1 g/mol → [23]

---

[3] Von den in dieser Antwort aufgezählten Verbindungen gehören Kohlenmonoxid und Pyrit zu den *anorganischen.*

Lesen Sie nochmals [9], und beantworten Sie dann die Frage erneut.

---

[4]

1. Die organische Chemie ist die Chemie der Kohlenstoffverbindungen. Ausgenommen sind lediglich einige einfache Kohlenstoffverbindungen, nämlich die Oxide des Kohlenstoffs, die Kohlensäure und ihre Salze.
2. In aliphatische Verbindungen (kettenförmige Verbindungen) und aromatische Verbindungen (Benzol und ähnliche Verbindungen).
3. Kohlenwasserstoffe. Sie bestehen aus Kohlenstoff und Wasserstoff.
4. Methyl-, Ethyl-, Phenyl-Rest.
5. 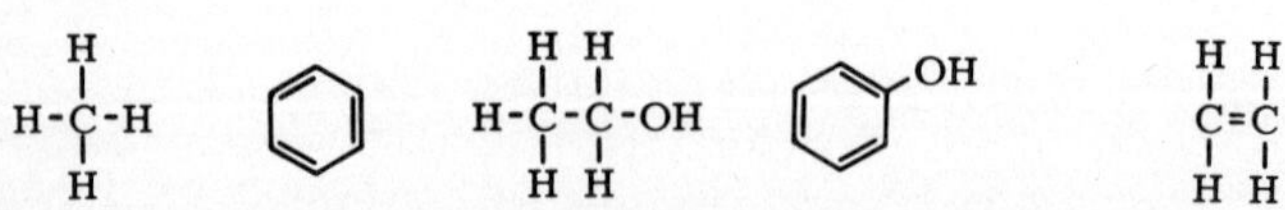
6. Ethan, Acetylen, Methanol, Diethylether.
7. Aus Zucker durch die alkoholische Gärung.

8. Ether und Benzol sind sehr leicht brennbar. Beim Arbeiten mit diesen und anderen organischen Lösungsmitteln dürfen keine offenen Flammen in der Nähe sein. Methanol und Benzol sind sehr giftig.

Ende des 18. Programms.

---

5 Wir wollen die Aufstellung der verlangten Strukturformel in kleinen Schritten vollziehen.
Zunächst schreiben wir vier Kohlenstoffatome nebeneinander:

C C C C

Jetzt verbinden wir die vier Kohlenstoffatome zu einer Kette:

C – C – C – C

Nun zeichnen wir die übrigen Bindungsstriche dieser vier Kohlenstoffatome ein:

```
  | | | |
 -C-C-C-C-
  | | | |
```

Wir sehen, daß die beiden endständigen C-Atome noch je drei Wasserstoffatome binden können, die beiden Kohlenstoffatome in der Mitte je zwei. Zusammen können also noch zehn Wasserstoffatome gebunden werden.

Schreiben Sie die vollständige Strukturformel (mit Wasserstoffatomen) auf, schreiben Sie auch noch die Summenformel dazu, und vergleichen Sie unter [43].

18

---

6 Ihre Antwort ist, vermutlich wegen eines Rechenfehlers, falsch.

Sehen Sie sich die Frage unter [37] noch einmal an.

---

7 Methan hat die Strukturformel

```
   H
   |
 H-C-H
   |
   H
```

Wenn die vier Wasserstoffatome des Methans durch Chloratome ersetzt werden, erhält man die Strukturformel des Tetrachlorkohlenstoffs:

```
    Cl
    |
 Cl-C-Cl
    |
    Cl
```

M(C) = 12 g/mol

M(Cl) = 35,5 g/mol

also M(CCl_4) = g/mol

Vergleichen Sie bitte bei [15].

8

Ihre Antwort ist richtig.

Und jetzt zu den Eigenschaften dieser organischen Verbindungen.

Methanol oder Methylalkohol ist ein starkes Gift. Er ist brennbar.

Ethanol oder Ethylalkohol dient zwar als Genußmittel und ist in kleinen Mengen unschädlich, in größeren Mengen wirkt die Verbindung jedoch ebenfalls giftig. Auch Ethanol ist brennbar.

Ethylalkohol ist eine der am längsten bekannten organischen Verbindungen. Er wird durch die sogenannte „alkoholische Gärung" aus Zucker oder Stärke hergestellt.

Eine weitere Klasse organischer Verbindungen sind die *Ether*. Diese kann man sich dadurch entstanden denken, daß beide Wasserstoffatome des Wassers durch organische Reste ersetzt werden. Häufig gebraucht wird der Diethylether. In dieser Verbindung sind die beiden Wasserstoffatome des Wassers durch Ethylreste ersetzt:

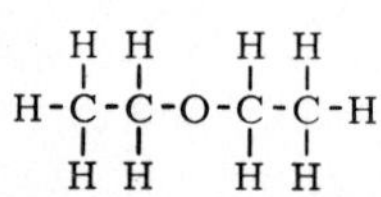

oder einfacher C_2H_5-O-C_2H_5

Diethylether wird oft einfach „Ether" genannt. **Er siedet schon bei 35 °C und ist außerordentlich leicht brennbar. Beim Arbeiten mit Ether dürfen deshalb keine Flammen in der Nähe sein!**

Notieren Sie bitte die wichtigsten Dinge, die Sie über Methanol, Ethanol und Ether gelernt haben, in Stichworten.

Lesen Sie dann bitte weiter unter [38].

9

Prüfen Sie bitte die Richtigkeit der von Ihnen aufgestellten Formeln:

Kohlenmonoxid	CO
Kohlendioxid	CO_2

Kohlensäure	H_2CO_3
Natriumcarbonat	Na_2CO_3
Calciumcarbonat	$CaCO_3$

Woher kommen die Namen organische und anorganische Chemie?

Früher glaubte man, daß die in der lebenden Natur vorkommenden chemischen Substanzen (z. B. Blattgrün, Zucker, Vitamine, Olivenöl, Stärke, Harnstoff, Blütenfarbstoffe, Eiweiß) nur in den *Organen* von Pflanzen und Tieren aufgebaut werden könnten. Man rechnete diese und andere Substanzen deshalb zur *organischen Chemie.*

Im Gegensatz dazu zählte man die in der „toten" Natur vorkommenden Elemente und Verbindungen (z. B. Gesteine, Mineralien, Erze, Wasser, Luft, Metalle) zur *nicht-organischen,* zur *anorganischen* Chemie.

Heute wissen wir, daß zahlreiche organische Verbindungen nicht nur in Pflanzen und Tieren aufgebaut, sondern auch durch Synthese im Laboratorium oder in der Technik gewonnen werden können. Die Chemiker haben sogar viele organische Produkte synthetisch hergestellt, die in der Natur gar nicht vorkommen. Wir dürfen allerdings nicht vergessen, daß die organisch-chemische Industrie als Rohstoffe häufig Produkte benutzt, die aus Pflanzen und Tieren entstanden sind (Erdöl und Kohle).

Andererseits kommen *anorganische* Substanzen auch im *lebenden Organismus* vor. Für Menschen, Tiere und Pflanzen sind einige anorganische Verbindungen sogar lebenswichtig, z. B. Wasser, Natriumchlorid, Kaliumsalze und Salzsäure als Magensäure.

Welche der folgenden Substanzen

Olivenöl, Kohlenmonoxid, Stärke, Magensäure, Pyrit

gehören zur *organischen* Chemie?

- Olivenöl, Kohlenmonoxid, Stärke und Pyrit → 3
- Olivenöl, Stärke, Magensäure → 22
- Olivenöl, Stärke, Magensäure und Kohlenmonoxid → 29
- Olivenöl und Stärke → 40
- Stärke, Magensäure und Kohlenmonoxid → 18

10 Ihre Antwort ist falsch.

Eine Erklärung finden Sie unter 5.

11 Ihre Antwort ist falsch, weil Sie nicht sorgfältig arbeiten.

Lesen noch einmal 1.

12 Sehen Sie sich die letzte Strukturformel unter 35 noch einmal genau an. Zählen Sie bei dieser Strukturformel die Striche ab, die zu jedem der sechs Kohlenstoffatome gehören. Sie werden finden, daß es nicht vier Striche sind. Da der Kohlenstoff immer vierwertig ist, können durch die 6 Kohlenstoffatome des Ringes noch Wasserstoffatome gebunden werden.

Sie finden die Strukturformel des Benzols unter 35.

13 Ihre Antwort ist falsch.

Eine Erklärung finden Sie unter 2.

14 Ihre Antwort ist falsch.

Eine Erklärung finden Sie unter 45.

15 Richtig. Damit ist dieses Programm beendet. Zur Wiederholung beantworten Sie bitte schriftlich die folgenden acht Fragen.

1. Was versteht man unter der organischen Chemie?

2. Wie werden die organischen Verbindungen eingeteilt?

3. Wie werden die einfachsten organischen Verbindungen genannt, und aus welchen Elementen bestehen sie?

4. Wie heißen die einwertigen Reste, die sich vom Methan, vom Ethan und vom Benzol ableiten?

5. Wie sehen die Strukturformeln folgender Verbindungen aus? Methan, Benzol, Ethanol, Phenol, Ethylen.

6. Wie nennt man die folgenden organischen Verbindungen:

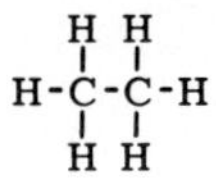

$H{-}C{\equiv}C{-}H$ CH_3OH $C_2H_5{-}O{-}C_2H_5$

7. Woraus wird Ethanol gewonnen, und wie nennt man das Verfahren?

8. Was ist beim Umgang mit Ether, Benzol und Methanol zu beachten?

Kontrollieren Sie Ihre Antworten bei [4].

---

16 Ihre Antwort ist falsch.

Eine Erklärung finden Sie unter [5].

---

17 Benzol ist doch etwas anderes als der Phenylrest!

Sehen Sie sich die Formeln unter [2] noch einmal genau an.

---

18 Von den in dieser Antwort aufgezählten Verbindungen gehört Kohlenmonoxid (CO) zu den *anorganischen*.

Lesen Sie nochmals [9], und beantworten Sie dann die Frage erneut.

---

19 Ihre Antwort ist richtig.

Schreiben Sie nun bitte die vollständige Strukturformel des Benzols auf, und vergleichen Sie unter [30].

Sollten Sie unsicher sein, dann kehren Sie lieber noch einmal zurück nach [35].

---

20 Ihre Antwort ist falsch.

Eine Erklärung finden Sie unter [2].

---

21 Sie müssen sich verrechnet haben. Die Summenformel für Benzol ist C_6H_6.

Lösen Sie die Aufgabe noch einmal bei [30].

---

22 Von den in dieser Antwort aufgezählten Verbindungen tritt die Magensäure zwar im Organismus auf, sie gehört jedoch zu den *anorganischen* Substanzen.

Lesen Sie nochmals [9], und beantworten Sie dann die Frage erneut.

23 Ihre Antwort ist falsch. Aus der Formel für Benzol wird durch *Weglassen* eines H-Atoms der Phenylrest!

Lesen Sie noch einmal [42].

24 Überlegen Sie doch einmal, wie viele Bindungsstriche des Kohlenstoffs (vierwertig!) noch übrigbleiben, wenn zwei Kohlenstoffatome durch eine Doppelbindung miteinander verbunden sind.

$C=C$

Es sind offensichtlich an jedem Kohlenstoffatom zwei Bindungsstriche frei:

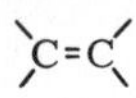

Notieren Sie jetzt bitte die vollständige Strukturformel dieses Kohlenwasserstoffs (mit vier Wasserstoffatomen), und lesen Sie weiter unter [35].

25 Vergleichen Sie bitte die von Ihnen aufgestellten Strukturformeln:

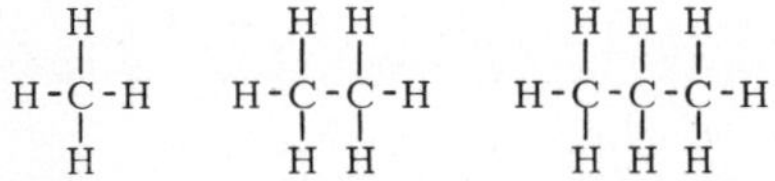

Methan Ethan Propan

Gemeinsame Bezeichnung dieser drei Verbindungen: *Kohlenwasserstoffe.*

Wenn wir die Strukturformeln in der organischen Chemie immer möglichst symmetrisch schreiben, dann tun wir das, um die Formeln übersichtlich zu gestalten.Man könnte die Strukturformel des Methans auch anders schreiben, z. B.

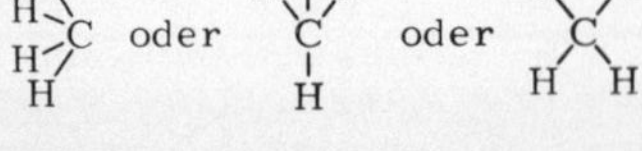

Für die Strukturformel des Propans gilt das gleiche: Die Schreibweise

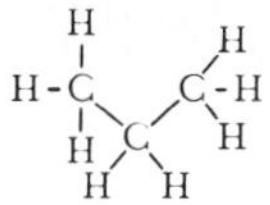

ist zwar richtig (alle C-Atome sind vierwertig), aber unübersichtlich. Wir bleiben deshalb dabei, alle Strukturformeln möglichst symmetrisch und damit sauber und übersichtlich zu schreiben! Wir müssen uns ohnehin darüber klar sein, daß alle unsere Formeln nur *Bilder* sind, denn in Wirklichkeit haben die Atome und Moleküle ja eine räumliche Ausdehnung.

Schreiben Sie sich nun bitte eine Kette von vier miteinander verbundenen Kohlenstoffatomen auf.

Wieviel Wasserstoffatome müssen Sie ergänzen, damit die Strukturformel richtig wird?

- 8 Wasserstoffatome → 10
- 10 Wasserstoffatome → 43
- 9 Wasserstoffatome → 16
- 12 Wasserstoffatome → 33

---

26 Ihre Antwort ist richtig.

Wir haben schon davon gesprochen, daß organische Verbindungen stets Kohlenstoff und Wasserstoff enthalten. Sie können aber auch noch andere Elemente, zum Beispiel Sauerstoff, Chlor, Schwefel oder Stickstoff, enthalten.

Beispiele für organische Verbindungen, die Sauerstoff enthalten, sind die *Alkohole* und die *Phenole*.

Alkohole kann man sich im Formelbild so entstanden *denken* (die Herstellung erfolgt anders!), daß ein H-Atom des Wassers durch einen *aliphatischen* Rest, zum Beispiel den Methylrest, ersetzt wird:

$H-O-H$	CH_3-O-H
Wasser	Methanol oder Methylalkohol

Phenole kann man sich dadurch entstanden denken, daß ein Wasserstoffatom des Wassers durch einen *aromatischen* Rest, zum Beispiel den Phenylrest, ersetzt wird:

H-O-H

Wasser

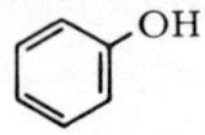

Phenol

Schreiben Sie sich die Strukturformeln und Namen der beiden neuen Verbindungen ab. Stellen Sie danach die Strukturformel des Ethanols (Ethylalkohols) auf. Sie können dann leicht die molare Masse M (Ethanol) ausrechnen (M(C) = 12 g/mol, M(O) = 16 g/mol, M(H) = 1 g/mol).

Wie groß ist M (Ethanol)?

- 32 g/mol → 14
- 46 g/mol → 8
- 47 g/mol → 34

---

27 Sehen Sie sich die letzte Strukturformel unter 35 noch einmal genau an. Zählen Sie bei dieser Strukturformel die Striche ab, die zu jedem der sechs Kohlenstoffatome gehören. Sie werden finden, daß es nicht vier Striche sind. Da der Kohlenstoff immer vierwertig ist, können durch die 6 Kohlenstoffatome des Ringes noch Wasserstoffatome gebunden werden.

Sie finden die Strukturformel des Benzols unter 35.

---

28 Sie haben sich entweder verrechnet oder nicht bedacht, daß der *vierwertige* Kohlenstoff *vier* einwertige Wasserstoffatome binden kann.

Beantworten Sie noch einmal die Frage unter 40.

---

29 Wir wollen die genannten Substanzen auf ihre Zugehörigkeit zur organischen bzw. anorganischen Chemie prüfen:

Olivenöl haben wir ausdrücklich als organische Substanz genannt. Es besteht aus kompliziert aufgebauten Kohlenstoffverbindungen. Das gleiche gilt für die Stärke.

Die anderen Substanzen (Kohlenmonoxid, Magensäure) gehören zur anorganischen Chemie.

Magensäure haben wir bereits früher kennengelernt. Magensäure besteht hauptsächlich aus Salzsäure, HCl. Diese gehört selbstverständlich zur anorganischen Chemie. Sie sehen, daß anorganische Verbindungen durchaus im lebenden Organismus vorkommen können. Für Menschen, Tiere und Pflanzen sind einige anorganische Stoffe sogar lebensnotwendig, zum Beispiel Wasser, Natriumchlorid oder Kaliumsalze.

In welchen Teil der Chemie gehören Kohlensäure und Kaliumcarbonat?

- In die anorganische Chemie → 40
- In die organische Chemie → 11

---

30 Die vollständige Strukturformel des Benzols:

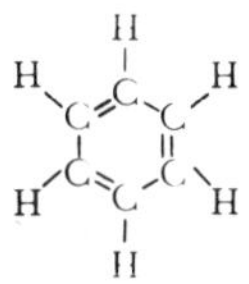

Häufig kürzt man die Strukturformel des Benzols in der Weise ab, daß man einfach einen sechsgliedrigen Ring mit drei Doppelbindungen schreibt:

Wir müssen uns darüber klar sein, daß jede Ecke dieses Ringes ein C-Atom mit einem H-Atom bedeutet.

Notieren Sie auch die vereinfachte Strukturformel des Benzols!

Welche molare Masse hat Benzol (M(C) = 12 g/mol, M(H) = 1 g/mol)?

- 72 g/mol → 49
- 78 g/mol → 42
- 82 g/mol → 21
- 74 g/mol → 54

18

31 Es ist doch nicht schwer, aus den angegebenen Strukturformeln die richtigen Summenformeln aufzustellen. Sie brauchen die Atome nur zusammenzuzählen!

Lesen Sie noch einmal 50 .

32 Sie haben sich entweder verrechnet oder nicht beachtet, daß der *vierwertige* Kohlenstoff *vier* einwertige Wasserstoffatome binden kann.

Beantworten Sie noch einmal die Frage unter 40 .

33 Ihre Antwort ist falsch.

Eine Erklärung finden Sie unter 5 .

34 Ihre Antwort ist falsch.

Eine Erklärung finden Sie unter 45 .

35 Ihre Antwort ist richtig.

Die vollständige Strukturformel des einfachsten Kohlenwasserstoffs mit einer Doppelbindung zwischen zwei C-Atomen sieht so aus:

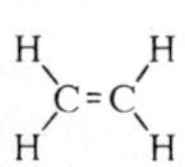

Man nennt diese Verbindung *Ethylen* oder *Ethen.*

Es ist schließlich auch möglich, daß Kohlenstoffatome *untereinander mit drei* Bindungen verbunden sind. Als einfachsten Fall nennen wir das *Acetylen* mit der Strukturformel

$$H-C\equiv C-H$$

Die wissenschaftliche Bezeichnung für *Acetylen* ist *Ethin.*

Wieder ist der Kohlenstoff vierwertig.

Schreiben Sie bitte Strukturformeln, Summenformeln und Namen der beiden in diesem Lernschritt genannten Kohlenwasserstoffe auf.

Man nennt Kohlenwasserstoffe mit Doppel- oder Dreifachbindungen auch *ungesättigte Kohlenwasserstoffe.*

Innerhalb der organischen Chemie gibt es zwei große Gruppen von Verbindungen:

1. *Aliphatische Verbindungen: Kettenförmige Kohlenwasserstoffverbindungen.*

2. *Aromatische Verbindungen: Benzol und ähnliche Verbindungen.*

Notieren Sie bitte das kursiv Gedruckte.

Benzol ist ein Kohlenwasserstoff, dessen Kohlenstoffatome ringförmig angeordnet sind. Sechs Kohlenstoffatome sind abwechselnd durch drei einfache Bindungen und durch drei Doppelbindungen miteinander verbunden:

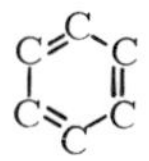

Diese Darstellung der Bindungsverhältnisse im Benzolring ist nicht ganz exakt. Im „Lehrprogramm Chemie II" wird begründet, warum man trotzdem mit ihr ganz gut arbeiten kann.

Wie immer ist auch im Benzol der Kohlenstoff vierwertig. Wieviel Wasserstoffatome sind also in der Strukturformel des Benzols zu ergänzen?

- 12 → 12
- 6 → 19
- 3 → 27

---

36 Sie haben Ethan und Propan verwechselt.

Lesen Sie noch einmal 50.

---

37 Alle organischen Verbindungen, die wir bisher kennengelernt haben, waren stets mehr oder weniger leicht brennbar. Es gibt nur wenige organische Verbindungen, die nicht brennbar sind. Dazu gehören vor allem solche, die viel Chlor enthalten, z. B. Tetrachlormethan. Man benutzt chlorhaltige organische Verbindungen als Lösungsmittel im Laboratorium und in der Technik.

Im Tetrachlormethan sind alle Wasserstoffatome des Methans durch Chloratome ersetzt. Stellen Sie die Strukturformel auf.

Wie groß ist M (Tetrachlormethan)? (M (C) = 12 g/mol, M(Cl) = 35,5 g/mol)

- 117,5 g/mol → 44
- 154 g/mol → 15
- 155 g/mol → 48
- Ich habe eine andere Zahl → 6

38

Methanol: Sehr giftig, brennbar.

Ethanol: In kleinen Mengen unschädlich, brennbar, Herstellung durch alkoholische Gärung.

Ether: Niedriger Siedepunkt (35 °C), *sehr leicht brennbar*, beim Arbeiten mit Ether dürfen keine Flammen in der Nähe sein!

Hatten Sie sinngemäß diese Stichworte aufgeschrieben? Wenn nein, dann ergänzen Sie Ihre Antwort schriftlich, und prägen Sie sich die Eigenschaften der genannten Verbindungen noch einmal ein!

Wenn Sie die Strukturformel des Diethylethers richtig behalten haben, dann können Sie leicht die Strukturformel des Dimethylethers aufstellen. Tun Sie das bitte, und kontrollieren Sie Ihr Ergebnis unter 46.

39

Aliphatische und *aromatische* Verbindungen.

Wir gehen weiter:

Wenn wir in der Formel des Methans eines der vier Wasserstoffatome weglassen, dann erhalten wir eine *einwertige Atomgruppe*, einen *einwertigen Rest*, den sogenannten *Methylrest*:

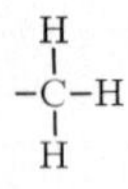

Summenformel: $-CH_3$

In entsprechender Weise leiten sich vom Ethan durch Weglassen eines Wasserstoffatoms der *Ethylrest* und vom Benzol der *Phenylrest* ab:

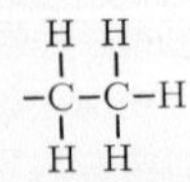

Summenformel: $-C_2H_5$

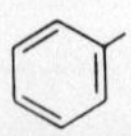

Summenformel: $-C_6H_5$

Schreiben Sie bitte die 3 Summenformeln mit den zugehörigen Namen ab.

Welche molaren Massen haben die drei Reste (M(C) = 12 g/mol, M(H) = 1 g/mol)?

	Methyl	Ethyl	Phenyl	
●	16 g/mol	30 g/mol	78 g/mol	→ 53
●	15 g/mol	77 g/mol	29 g/mol	→ 47
●	15 g/mol	29 g/mol	77 g/mol	→ 26
●	15 g/mol	29 g/mol	78 g/mol	→ 20
●	15 g/mol	29 g/mol	65 g/mol	→ 13

---

40 Ihre Antwort ist richtig.

Das Gebiet der organischen Chemie ist außerordentlich groß. Die Zahl der organischen Verbindungen beträgt gegenwärtig mehrere Millionen. Dagegen kennt man in der anorganischen Chemie „nur" etwa 100000 Verbindungen.

Kohlenstoff ist in organischen Verbindungen stets vierwertig.

In den einfachsten organischen Verbindungen sind nur Kohlenstoff und Wasserstoff enthalten. Man nennt solche Verbindungen deshalb *Kohlenwasserstoffe.*

Der einfachste Kohlenwasserstoff ist das gasförmige, leicht brennbare *Methan.* In diesem ist *ein* Kohlenstoffatom mit *vier* Wasserstoffatomen verbunden.

Stellen Sie die Summenformel des Methans auf, und berechnen Sie dann die molare Masse dieser Verbindung (M(C) = 12 g/mol, M(H) = 1 g/mol).

Welche Zahl haben Sie errechnet?

- 14 g/mol → 55
- 15 g/mol → 28
- 16 g/mol → 50
- 17 g/mol → 32

18

41 Ihre Antwort ist richtig.

Sie kennen jetzt bereits drei einfache organische Verbindungen, nämlich das Methan, das Ethan und das Propan.

Schreiben Sie die Strukturformeln dieser drei Verbindungen auf ein Blatt Papier, darunter die Namen. Welche gemeinsame Bezeichnung haben die drei Verbindungen?

Kontrollieren Sie Ihre Arbeit bitte unter 25.

---

42 Benzol hat die molare Masse $M(C_6H_6) = 78$ g/mol

Wir wollen kurz wiederholen.
Notieren Sie bitte die fehlenden Wörter oder Formeln:

1. Die einfachsten organischen Verbindungen bestehen aus den Elementen...... und..............

2. Die einfachsten organischen Verbindungen heißen..............

3. CH_4 heißt......

   C_2H_6 heißt......

    heißt......

4. Ethylen oder Ethen hat die Strukturformel..............

   Acetylen hat die Strukturformel..............

Prüfen Sie jetzt Ihre Antworten auf Richtigkeit, indem Sie unter 52 weiterlesen.

---

43 Ihre Antwort ist richtig. Die vollständige Strukturformel des Kohlenwasserstoffs mit vier Kohlenstoffatomen sieht so aus:

```
  H H H H
  | | | |
H-C-C-C-C-H
  | | | |
  H H H H
```

Summenformel C_4H_{10}

Kohlenstoffatome können sich aber nicht nur mit *einfachen* Bindungen zu mehr oder weniger langen Ketten verbinden. Vielmehr können zwei Kohlenstoffatome auch durch eine *Doppelbindung* miteinander verbunden sein. Zwei durch eine Doppelbindung verbundene Kohlenstoffatome schreibt man so:

$$C = C$$

Wieviel Wasserstoffatome sind hier noch zu ergänzen? (Bitte achten Sie darauf, daß von jedem C-Atom vier Bindungsstriche ausgehen.)

- 2 Wasserstoffatome → [24]
- 4 Wasserstoffatome → [35]
- 6 Wasserstoffatome → [51]

---

44 Ihre Antwort ist falsch.

Eine Erklärung finden Sie unter [7].

---

45 So wie im *Methanol* oder *Methylalkohol* ein H-Atom des Wassers durch den *Methylrest* ersetzt ist,

```
   H
   |
H-C-O-H  oder  CH3-O-H
   |
   H
```

so ist im *Ethanol* und *Ethylalkohol* ein H-Atom des Wassers durch den *Ethylrest* ersetzt.

Der Ethylrest leitet sich vom Ethan ab. Ethan hat die Strukturformel

```
   H H
   | |
H-C-C-H
   | |
   H H
```

Den Ethylrest erhalten wir aus der Strukturformel für Ethan durch Weglassen eines Wasserstoffatoms:

```
   H H
   | |
H-C-C-
   | |
   H H
```

Der Ethylalkohol hat also die Strukturformel:

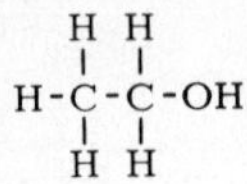

Damit Sie das Gelernte wirklich behalten, lesen Sie bitte noch einmal sorgfältig [26].

---

[46]

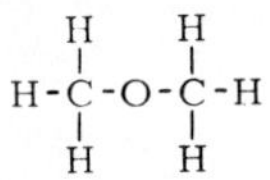 oder einfach CH_3-O-CH_3

Ist Ihre Formel richtig? Dann lesen Sie bitte weiter unter [37].

Ist Ihre Formel falsch? Dann verbessern Sie sie, und lesen Sie unter [8] weiter.

---

[47] Der Ethylrest kann doch nicht eine größere molare Masse haben als der Phenylrest!

Beantworten Sie noch einmal die Frage unter [39].

---

[48] Ihre Antwort ist falsch.

Eine Erklärung finden Sie unter [7].

---

[49] Sie haben offenbar nur die sechs C-Atome berücksichtigt. Benzol hat aber die Summenformel C_6H_6.

Lösen Sie die Aufgabe noch einmal bei [30].

---

[50] Ihre Antwort ist richtig.

Methan hat die Summenformel CH_4. Die Strukturformel des Methans sieht so aus:

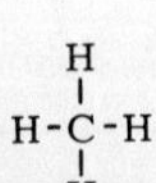

Kohlenstoff hat eine besondere Fähigkeit:
Mehrere Kohlenstoffatome können sich zu kettenförmigen Verbindungen vereinigen.

Die Verbindung, in der zwei Kohlenstoffatome miteinander verbunden sind und die außer Kohlenstoff nur noch Wasserstoff enthält, hat diese Strukturformel:

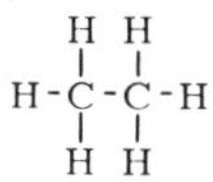

Diese Verbindungen nennt man *Ethan.* Auch hier ist *jedes C-Atom vierwertig.*

Wenn sich drei Kohlenstoffatome zu einer Kette vereinigen, dann erhält man das *Propan.* Dieses hat folgende Strukturformel:

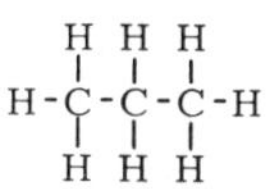

Welche Summenformeln haben Ethan und Propan?

Ethan	Propan	
• C_3H_8	C_2H_6	→ 36
• C_2H_6	C_3H_8	→ 41
• C_2H_4	C_3H_6	→ 31

---

51 Überlegen Sie doch einmal, wie viele Bindungsstriche des Kohlenstoffs (vierwertig!) noch übrigbleiben, wenn zwei Kohlenstoffatome durch eine Doppelbindung miteinander verbunden sind.

C=C

Es sind offensichtlich an jedem Kohlenstoffatom zwei Bindungsstriche frei:

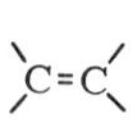

Notieren Sie jetzt bitte die vollständige Strukturformel dieses Kohlenwasserstoffs (mit vier Wasserstoffatomen), und lesen Sie weiter unter 35.

52 1. Die einfachsten organischen Verbindungen bestehen aus den Elementen *Kohlenstoff* und *Wasserstoff.*

2. Die einfachsten organischen Verbindungen heißen *Kohlenwasserstoffe.*

3. CH_4 heißt *Methan*

C_2H_6 heißt *Ethan*

 heißt *Benzol*

4. Ethylen oder Ethen hat die Strukturformel 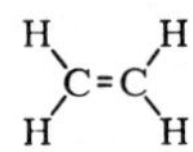

Acetylen hat die Strukturformel H-C≡C-H

Wir teilen die organischen Verbindungen ein in

.... Verbindungen (kettenförmige Verbindungen)

und .... Verbindungen (Benzol und ähnliche Verbindungen).

Notieren Sie die beiden fehlenden Wörter. → 39

53 Sie haben die molaren Massen von Methan, Ethan und Benzol ausgerechnet. Verlangt waren aber die des Methyl-, Ethyl- und Phenyl*restes.* Von den Formeln für Methan, Ethan und Benzol leiten sich der Methylrest, der Ethylrest und der Phenylrest durch *Weglassen eines Wasserstoffatoms* ab!

Beantworten Sie noch einmal die Frage unter 39.

54 Sie müssen sich verrechnet haben. Die Summenformel für Benzol ist C_6H_6.

Lösen Sie die Aufgabe noch einmal bei 30.

55 Sie haben sich entweder verrechnet oder nicht bedacht, daß der *vierwertige* Kohlenstoff *vier* einwertige Wasserstoffatome binden kann.

Beantworten Sie noch einmal die Frage unter 40.

19. Programm

Organische Chemie (II)

1 Wir wollen zunächst kurz wiederholen:

Die organische Chemie ist die Chemie der Kohlenstoffverbindungen. Ausgenommen sind lediglich einige einfache Kohlenstoffverbindungen, nämlich die Oxide des Kohlenstoffs, die Kohlensäure und ihre Salze. Zur anorganischen Chemie rechnet man alle übrigen Elemente und Verbindungen.

Die organische Chemie wird eingeteilt in die Chemie der aliphatischen Verbindungen (kettenförmige Verbindungen) und die Chemie der aromatischen Verbindungen (Benzol und ähnliche Verbindungen). Die einfachsten organischen Verbindungen, die Kohlenwasserstoffe, bestehen aus den Elementen Kohlenstoff und Wasserstoff. Wir lernten *Methan, Ethan, Propan* (CH_4, C_2H_6, C_3H_8), *Ethylen* (C_2H_4), *Acetylen* (C_2H_2) und *Benzol* (C_6H_6) kennen.

Von den Kohlenwasserstoffen leiten sich durch Weglassen eines H-Atoms einwertige Reste ab, z. B. der Methylrest vom Methan, der Ethylrest vom Ethan und der Phenylrest vom Benzol.

Wird ein Wasserstoffatom in der Formel des Wassers durch einen aliphatischen Rest ersetzt, so erhalten wir die Formel für einen Alkohol. Phenole leiten sich auch von der Formel des Wassers ab, doch ist hier ein Wasserstoffatom durch einen aromatischen Rest ersetzt. Beispiele sind *Methanol* (CH_3OH), *Ethanol* (C_2H_5OH) und *Phenol* (C_6H_5OH).

Ersetzt man beide Wasserstoffatome des Wassers durch organische Reste, so erhält man Ether. Wichtig ist der *Diethylether* ($C_2H_5-O-C_2H_5$).
Die meisten organischen Verbindungen sind sehr leicht brennbar.

Besonders gefährlich ist der Diethylether. **Vorsicht!**

Phenol und ähnliche Verbindungen wirken *ätzend*.

In organischen Verbindungen tritt der Kohlenstoff stets vierwertig auf.

Stellen Sie bitte für alle in diesem Abschnitt kursiv gedruckten Verbindungen die Strukturformeln auf.

Das wird Ihnen nicht schwerfallen, weil die Summenformeln stets angegeben sind.

Lesen Sie dann bitte weiter unter 20.

2

Ja, die Lösungsmittel Benzol, Methanol, Ethanol und Ether sind brennbar. Besonders gefährlich sind Benzol und Ether.

Auch hier zum Abschluß des Programms einige Fragen, die Sie am besten schriftlich beantworten:

1. Geben Sie für ein aliphatisches und für ein aromatisches Amin Namen, Summenformel und Strukturformel an.
2. Wie reagieren Amine?
3. Welche Strukturformel hat Essigsäure, und wie heißen ihre Salze?
4. Wie entsteht ein Ester?
5. Nennen Sie ein Verfahren zur technischen Herstellung von Ethanol (mit Reaktionsgleichung).
6. Welche beiden Rohstoffe sind für die organische Chemie besonders wichtig?
7. Welche vier Produkte entstehen beim Verkoken von Kohle?
8. Welche drei Hauptarten von Nahrungsstoffen brauchen wir für unsere Ernährung?

Sie können Ihre Antworten bei 36 kontrollieren.

3

Ihre Antwort ist richtig.

Menschen und Tiere verbrauchen bei ihrer Atmung Sauerstoff und erzeugen Kohlendioxid. So müßte die Atmosphäre allmählich an Sauerstoff ärmer und an Kohlendioxid reicher werden. Dem wirkt aber die „Photosynthese" der Pflanzen entgegen.

Pflanzen verbrauchen nämlich im Licht Kohlendioxid, entnehmen diesem den Kohlenstoff zum Aufbau von Kohlenhydraten und geben den Sauerstoff ab. Man bezeichnet diesen Vorgang als *Assimilation* oder *Photosynthese*.

Notieren Sie mit Ergänzungen:

Bei der Atmung wird .... verbraucht und .... erzeugt, bei der Assimilation wird .... verbraucht und .... erzeugt.

Lesen Sie bitte weiter unter 10.

4 Ihre Antwort ist richtig.

Die Strukturformel der Essigsäure ist

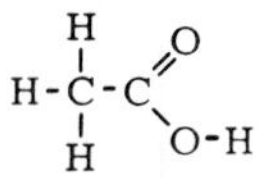

Essigsäure hat vier Wasserstoffatome. Von diesen vier Wasserstoffatomen dissoziiert aber in wäßriger Lösung nur eines als positiv geladenes Wasserstoff-Ion ab, und zwar dasjenige, das am Sauerstoff steht.

Essigsäure ist eine einbasige organische Säure.

Die drei am Kohlenstoff stehenden Wasserstoffatome dissoziieren nicht. Sonst wären ja Methan, Ethan, Benzol und andere Kohlenwasserstoffe auch Säuren.

Wir haben soeben die Amine kennengelernt. Sie reagieren basisch.

Stellen Sie nun bitte für zwei Amine und für Essigsäure die Strukturformeln und Summenformeln auf, und schreiben Sie die Namen der Verbindungen dazu.

Vergleichen Sie Ihre Lösung bitte unter 34.

5 Zu den aliphatischen Verbindungen rechnet man die organischen Verbindungen, die kettenförmig aufgebaut sind, also zum Beispiel Methan, Ethan, Propan, Methanol usw. Zu den aromatischen Verbindungen rechnet man solche organischen Verbindungen, die einen Benzolring enthalten.

In welche Stoffgruppe gehören demnach Ethanol und Phenol?

- Beide sind aromatische Verbindungen → 17
- Beide sind aliphatische Verbindungen → 12
- Ethanol ist eine aliphatische, Phenol ist eine aromatische Verbindung → 44

6 CH_3COOCH_3, Essigsäuremethylester.

Wir wenden uns nun einem neuen Kapitel der organischen Chemie zu, nämlich den *Rohstoffen,* die für die Gewinnung organischer Verbindungen wichtig sind.

Die wichtigsten Rohstoffe für die Gewinnung organischer Verbindungen sind *Erdöl und Kohle.*

Erdöl besteht in der Hauptsache aus Kohlenwasserstoffen mit mehr als vier Kohlenstoffatomen.

Erdöl kann durch Destillation in verschiedene Anteile zerlegt werden. Auf diese Weise werden z. B. Benzin (Siedepunkt etwa 100 °C) und Dieselöl (Siedepunkt etwa 200 °C) gewonnen.

Erdöl kann aber auch in einem sogenannten Crackprozeß gespalten werden. Dazu wird es über Katalysatoren geleitet, die auf höhere Temperaturen erhitzt sind. Als leicht siedende Crackprodukte erhält man z. B. Methan, Ethan und Ethylen.

Notieren Sie nun die neuen Informationen dieses Abschnittes in Stichworten, und lesen Sie dann weiter unter 19.

---

7 Ihre Antwort ist richtig.

Methylamin ist eine aliphatische, Anilin eine aromatische Verbindung.

Amine reagieren basisch, zum Teil stark basisch.

Aus diesem Grunde muß man beim Arbeiten mit Aminen genauso vorsichtig sein wie beim Arbeiten mit Natriumhydroxid oder Kaliumhydroxid. Stets Schutzbrille aufsetzen! Das Nichtbeachten dieser Unfallverhütungsvorschrift kann schlimme Folgen haben.

Es gibt in der organischen Chemie auch Säuren, die sogenannten *Carbonsäuren*. Eine einfache und viel gebrauchte organische Säure ist die *Essigsäure*. Sie hat die folgende Strukturformel:

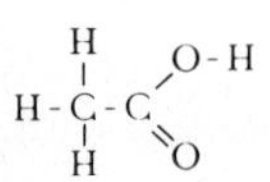

Essigsäure wird viel im Haushalt verwendet, allerdings nur in verdünnter Form. Konzentrierte Essigsäure ist ätzend.

Was für eine Art von Säure ist die Essigsäure?

- Eine einbasige Säure → 4
- Eine dreibasige Säure → 14
- Eine vierbasige Säure → 18
- Ich weiß es nicht → 22

8

$$CH_3COOH + HOC_2H_5 \longrightarrow CH_3COOC_2H_5 + H_2O$$

Aus Essigsäure und Ethanol entstehen *Essigsäureethylester* und Wasser.

Welchen Namen hat der aus Essigsäure und *Methanol* hergestellte Ester?

Bitte notieren. → 24

9 Sehen Sie sich die folgenden Formeln noch einmal genau an und schreiben Sie sie ab.

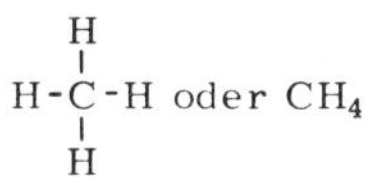

Methan

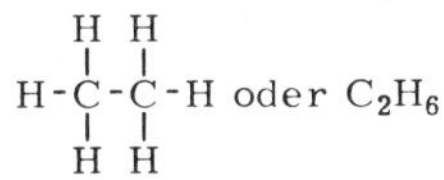

Ethan

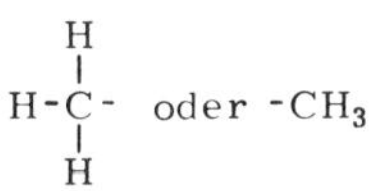

Methylrest

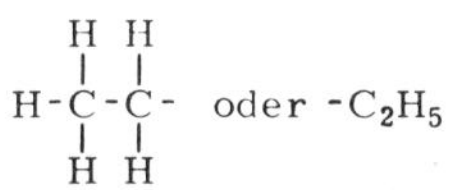

Ethylrest

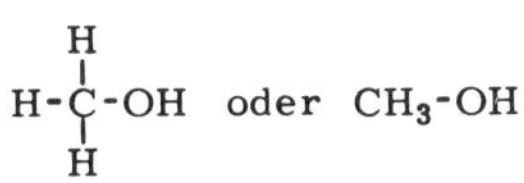

Methanol oder Methylalkohol

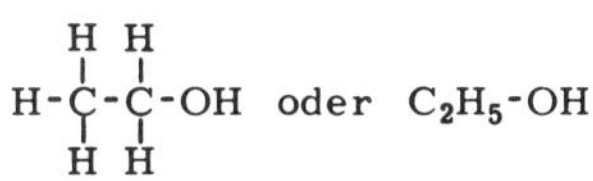

Ethanol oder Ethylalkohol

Durch Anlagerung von Wasser an Ethylen entsteht Ethanol.

Bitte lesen Sie weiter unter 15.

10 Bei der Atmung wird *Sauerstoff* verbraucht und *Kohlendioxid* erzeugt, bei der Assimilation wird *Kohlendioxid* verbraucht und *Sauerstoff* erzeugt.

Wir wiederholen (bitte notieren Sie die fehlenden Wörter):

Die organische Chemie ist die Chemie der .... verbindungen mit Ausnahme der Oxide des Kohlenstoffs, der Kohlensäure und ihrer Salze.

Die anorganische Chemie ist die Chemie aller übrigen Elemente und Verbindungen.

Kohlenstoff ist stets ...... wertig. Kohlenstoffatome können sich zu Ketten und Ringen zusammenschließen. Dabei können die Kohlenstoffatome durch Einfach-, Doppel- oder Dreifachbindungen verknüpft sein.

Die einfachsten organischen Verbindungen sind die .... .Von diesen leiten sich Alkohole, Phenole, Ether, Amine und Carbonsäuren ab.

Lesen Sie bitte weiter unter [31].

---

[11] Ihre Antwort ist falsch.

Eine Erklärung finden Sie unter [5].

---

[12] Ihre Antwort ist wieder falsch.

Aliphatische Verbindungen sind:

Ethan CH_3-CH_3 und Propan $CH_3-CH_2-CH_3$.

Aromatische Verbindungen enthalten den Benzolring:

Benzol 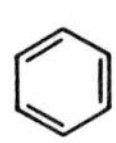

Die Formel für Ethanol ist CH_3-CH_2-OH.

Die Formel für Phenol ist – OH.

Lesen Sie bitte noch einmal [5].

---

[13] Die Salze der Essigsäure heißen Acetate. Natriumacetat ist das Natriumsalz der Essigsäure. Es hat die Summenformel CH_3COONa. In Wasser dissoziiert es in das negativ geladene Acetat-Ion und das positiv geladene Natrium-Ion:

$$CH_3COO^- + Na^+$$

Sie sehen, daß das Acetat-Ion ein einfach negativ geladener Säurerest ist. Schreiben Sie jetzt bitte die Summenformeln für Kaliumacetat und für Calciumacetat auf. → [21]

---

14 Ihre Antwort ist falsch. Vielleicht war die Frage auch etwas zu schwer.

Eine Erklärung finden Sie unter [27].

15 Ihre Antwort ist richtig.

Die Anlagerung von Wasser an Ethylen ist eine großtechnische Synthese zur Gewinnung von Ethanol.

Ein weiteres wichtiges Herstellungsverfahren für Ethanol ist die alkoholische Gärung.

Sie erinnern sich sicherlich noch, welches Ausgangsmaterial zur Gewinnung von Ethanol durch alkoholische Gärung eingesetzt wurde. Welche Substanz war das?

- Eiweiß → [32]
- Zucker → [26]
- Fette → [28]

16 Sie haben nicht genau gearbeitet.

Lesen Sie bitte noch einmal [26].

17 Ihre Antwort ist wieder falsch.

Aliphatische Verbindungen sind:

Ethan CH_3-CH_3 und Propan $CH_3-CH_2-CH_3$.

Aromatische Verbindungen enthalten alle den Benzolring:

Benzol 

Die Formel für Ethanol ist CH_3-CH_2-OH.

Die Formel für Phenol ist 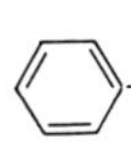 – OH.

Lesen Sie bitte noch einmal [5].

18 Ihre Antwort ist falsch. Vielleicht war die Frage auch etwas zu schwer.

Eine Erklärung finden Sie unter 27.

19 Bitte vergleichen Sie:

Rohstoffe für organische Verbindungen: Erdöl und Kohle. Erdöl besteht aus Kohlenwasserstoffen. Durch Destillation kann man Benzin und Dieselöl gewinnen. Erdöl kann man spalten (Crackprozeß: Katalysatoren, höhere Temperatur). Crackprodukte sind z. B. Methan, Ethan und Ethylen.

Wenn Ihre Notizen unvollständig waren, dann schreiben Sie bitte das kursiv Gedruckte ab.

Die Crackprodukte kann man durch weitere chemische Reaktionen in andere wertvolle chemische Produkte umwandeln.

Dafür ein Beispiel:

Setzt man Ethylen mit Wasser um (man braucht dazu Katalysatoren und höhere Temperaturen), dann tritt folgende Reaktionen ein:

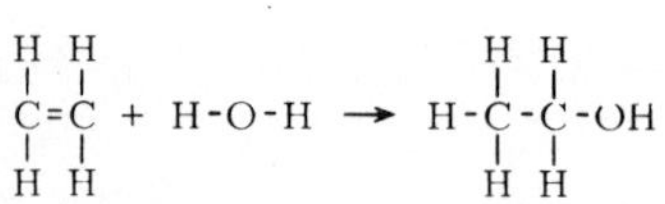

Schreiben Sie bitte diese Reaktionsgleichung ab.

Was ist als Reaktionsprodukt entstanden?

- Methanol → 9
- Ethanol → 15
- Phenol → 25
- Essigsäure → 30

20 Bitte vergleichen Sie, und verbessern Sie etwa vorhandene Fehler:

Methan 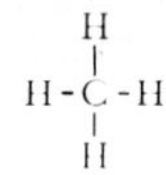 Ethan 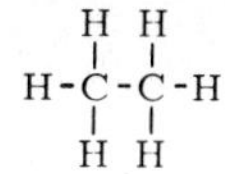

Propan: 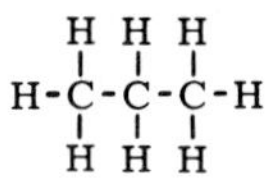 oder $CH_3-CH_2-CH_3$

Ethylen: 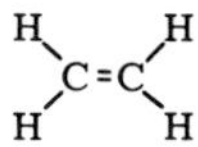 Acetylen: $H-C\equiv C-H$

Benzol: 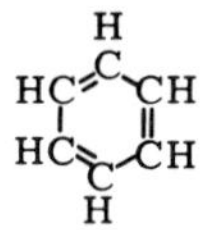 oder 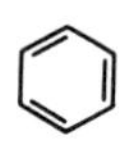

Methanol: 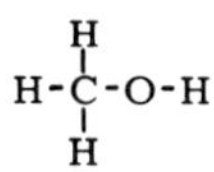

Ethanol: 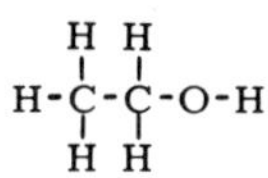 oder CH_3-CH_2OH

Phenol: 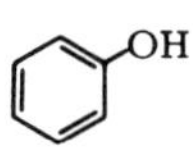

Diethylether: 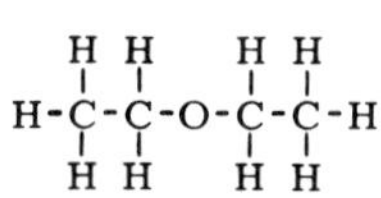 oder $CH_3-CH_2-O-CH_2-CH_3$

19

Eine weitere wichtige Stoffklasse der organischen Chemie bilden die *Amine.* Wir können sie uns dadurch entstanden denken, daß in der einfachsten Stickstoff-Wasserstoffverbindung, dem Ammoniak, mit der Summenformel NH_3, *ein oder mehrere Wasserstoffatome durch organische Reste ersetzt worden sind.*

Einfache Amine sind:

1. *Methylamin*:

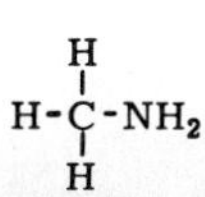 oder CH_3-NH_2

2. *Phenylamin,* das man *Anilin* nennt.

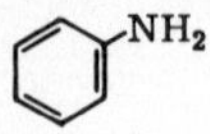

oder $C_6H_5-NH_2$

In welche Stoffgruppe gehören die beiden genannten Amine?

- Das erste ist eine aliphatische, das zweite ist eine aromatische Verbindung → [7]
- Beide sind aromatische Verbindungen → [11]
- Beide sind aliphatische Verbindungen → [29]

---

[21] Bitte vergleichen Sie:

Kaliumacetat	CH_3COOK
Calciumacetat	$(CH_3COO)_2Ca$

Die Carbonsäuren reagieren mit Alkoholen unter Bildung von Estern. Dabei wird von einem Säuremolekül und einem Alkoholmolekül ein Molekül Wasser abgespalten. Die Reaktion ist hier am Beispiel Essigsäure und Ethanol aufgezeigt:

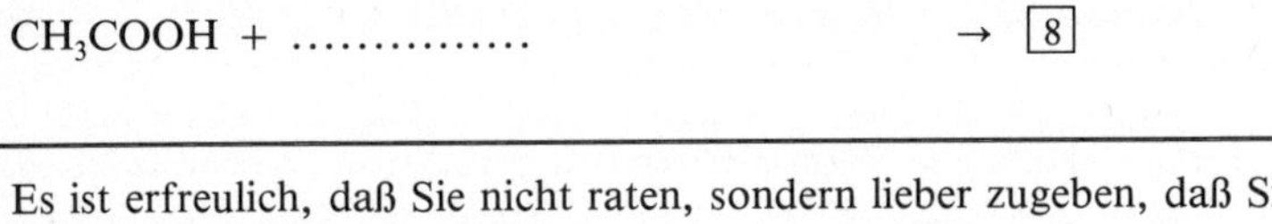

Notieren Sie diese Reaktionsgleichung in der abgekürzten Schreibweise:

CH_3COOH + ... → [8]

---

[22] Es ist erfreulich, daß Sie nicht raten, sondern lieber zugeben, daß Sie die richtige Antwort nicht wissen. Die Frage war etwas schwer.

Eine Erklärung finden Sie unter [27].

---

[23] Wenn Sie sich die Zeichnung unter Punkt [33] noch einmal genau ansehen, müssen Sie die richtige Antwort finden.

Lesen Sie noch einmal [33].

---

24 Der aus Essigsäure und Methanol hergestellte Ester ist der

Essigsäuremethylester.

Bitte notieren Sie die Summenformel für Essigsäuremethylester. → 6

25 Ihre Antwort ist falsch.

Phenol leitet sich vom Benzol dadurch ab, daß man ein Wasserstoffatom durch die OH-Gruppe ersetzt:

Benzol

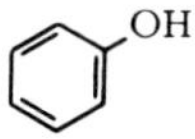

Phenol

Sehen Sie sich jetzt die Reaktionsgleichung von Ethylen mit Wasser noch einmal an:

$$\begin{array}{c} H\ \ H \\ |\ \ \ | \\ C=C \\ |\ \ \ | \\ H\ \ H \end{array} + H_2O \rightarrow \begin{array}{c} \ \ \ \ H\ \ H \\ \ \ \ \ |\ \ \ | \\ H-C-C-OH \\ \ \ \ \ |\ \ \ | \\ \ \ \ \ H\ \ H \end{array}$$

Was ist als Reaktionsprodukt entstanden?

- Methanol → 9
- Ethanol → 15
- Essigsäure → 30

26 Ja, aus Zucker wird durch alkoholische Gärung Ethanol hergestellt.

Neben dem Erdöl spielt die Kohle als Rohstoffquelle für organische Verbindungen eine große Rolle. Die Bedeutung der „Kohlechemie“ ist allerdings zu Gunsten der „Erdölchemie“ zurückgegangen.
Man unterscheidet in der Hauptsache vier Kohlearten:

Torf, Braunkohle, Steinkohle und Anthrazit.

Diese Kohlearten sind aus Pflanzen entstanden. So finden wir die riesigen Wälder, die vor langer Zeit die Erdoberfläche bedeckten, als Kohlelager wieder.

Bei der Vermoderung von Pflanzen entsteht zunächst *Torf.* Torf enthält noch sehr viel Wasser und eignet sich als Brennstoff nur, wenn er getrocknet ist.

Wesentlich kohlenstoffreicher ist die *Braunkohle*. Als Brennstoff ist sie bereits nach teilweiser Entwässerung geeignet. Briketts werden z. B. aus getrockneter Braunkohle hergestellt.

Steinkohle enthält fast 90% Kohlenstoff und nur wenig Wasser. Sie ist ein besonders wertvoller Brennstoff.

Notieren Sie sich bitte die drei genannten Kohlearten und schreiben Sie dahinter in Stichworten deren Eigenschaften (Kohlenstoffgehalt, Wassergehalt, Eignung als Brennstoff).

Wie ändert sich bei den drei Kohlearten *Steinkohle, Braunkohle und Torf* in der angegebenen Reihenfolge der Kohlenstoffgehalt?

- Der Kohlenstoffgehalt nimmt zu → [43]
- Der Kohlenstoffgehalt bleibt gleich → [16]
- Der Kohlenstoffgehalt nimmt ab → [33]

---

[27] Die Strukturformel der Essigsäure:

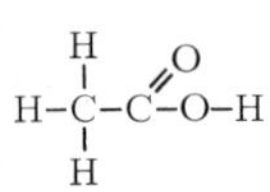

Essigsäure hat vier Wasserstoffatome. Von diesen vier Wasserstoffatomen dissoziiert aber in wäßriger Lösung nur eines als positiv geladenes Wasserstoff-Ion ab, und zwar dasjenige, das am Sauerstoff steht.

Essigsäure ist eine *ein*basige organische Säure.

Die drei am Kohlenstoff stehenden Wasserstoffatome dissoziieren nicht. Sonst wären ja Methan, Ethan, Benzol und andere Kohlenwasserstoffe auch Säuren.

Wir haben soeben die Amine kennengelernt. Sie reagieren basisch.

Stellen Sie nun bitte für zwei Amine und für Essigsäure die Strukturformeln und die Summenformeln auf, und schreiben Sie die Namen der Verbindungen dazu.

Vergleichen Sie Ihre Lösung bitte unter [34].

28 Nein, *Ethanol erhält man durch alkoholische Gärung aus Zucker.*

Notieren Sie bitte das kursiv Gedruckte, und lesen Sie dann weiter bei 26.

29 Ihre Antwort ist falsch.

Eine Erklärung finden Sie unter 5.

30 Ihre Antwort ist falsch.

Lesen Sie bitte weiter unter 27.

31 *Kohlenstoff*

vierwertig

Kohlenwasserstoffe

Wichtige Lösungsmittel sind Benzol, Methanol, Ethanol und Ether.

Sind die genannten Lösungsmittel brennbar?

- Nein → 38
- Ja → 2

32 Nein, *Ethanol oder Ethylalkohol erhält man durch alkoholische Gärung von Zucker.*

Schreiben Sie bitte das kursiv Gedruckte auf, und lesen Sie dann weiter unter 26.

33 Ihre Antwort ist richtig.

Bei der *Entgasung von Kohle* werden industriell wertvolle Produkte gewonnen.

Im Labor kann man das Verfahren so veranschaulichen (Abb. 29):
Durch Erhitzen von Kohle unter Luftabschluß entsteht Koks. Das entweichende Gas wird durch Eiswasser abgekühlt. Es kondensieren Teer und „Gaswasser“. Das nicht kondensierte Gas wird aufgefangen.

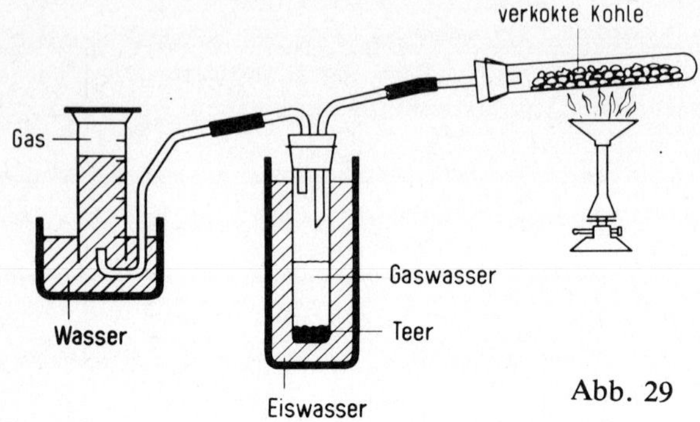

Abb. 29

Wieviele verschiedene Produkte entstehen bei der Entgasung von Kohle?

- Zwei → 23
- Drei → 37
- Vier → 41

---

34 Formel

Wenn Ihre Lösung falsch ist, dann gehen Sie in Ihrem eigenen Interesse noch einmal zurück nach 20, wenn Ihre Lösung richtig ist, dann können Sie weiterlesen bei 13.

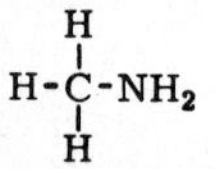 oder CH_3-NH_2

Methylamin

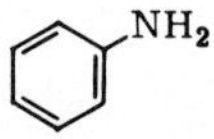 oder C_6H_5-NH_2

Anilin

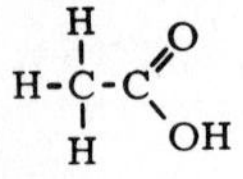 oder CH_3-COOH

Essigsäure

---

35 Kokereigas und Teer enthalten die folgenden Substanzen:

CH_4	H_2	CO	NH_3	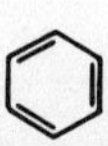
Methan	Wasserstoff	Kohlenmonoxid	Ammoniak	Benzol

Herstellung von Wassergas: $C + H_2O \longrightarrow CO + H_2$

Aus den aus Erdöl und Kohle gewonnenen Rohstoffen baut die chemische Industrie durch viele Reaktionen eine große Zahl von Produkten auf, die unser Leben im Laufe der lezten 100 Jahre tiefgreifend verändert haben.

Kunststoffe und synthetische Fasern, Farbstoffe und Arzneimittel, Waschmittel und Lacke sind Produkte der organisch-chemischen Industrie. Sie sind aus unserem Leben nicht mehr wegzudenken.

Organische Stoffe spielen aber auch bei allen Lebensvorgängen eine wichtige Rolle.

Für unsere Ernährung brauchen wir unbedingt folgende *drei Hauptarten von Nahrungsstoffen:*

Fette (Ester aus „Fettsäuren" und Glycerin)
Eiweiß (stickstoffhaltige Verbindungen)
Kohlenhydrate (Zucker und Stärke)

Bitte notieren Sie das kursiv Gedruckte!

Fette und Eiweiß liefern uns Tiere und Pflanzen. Man kennt Pflanzenfette und tierische Fette, pflanzliche Eiweißarten und tierische Eiweißarten.

Kohlenhydrate entnehmen wir hauptsächlich aus Pflanzen. So gewinnen wir Zucker aus Zuckerrohr und Zuckerrüben, Stärke aus Kartoffeln und Getreide.

Die Nahrungsstoffe, die wir zu uns nehmen, werden in unserem Körper zum Teil „verbrannt". Dadurch gewinnen wir die nötige Energie. Zur Verbrennung der Nahrungsstoffe müssen wir Sauerstoff einatmen. Der Sauerstoff oxidiert die Nahrungsstoffe. Bei dieser Oxidation entsteht Kohlendioxid. Alle Lebewesen atmen Sauerstoff ein und Kohlendioxid aus.

Welche drei Hauptarten von Nahrungsstoffen sind für die menschliche Ernährung unentbehrlich?

- Zucker, Stärke und Fette → 42
- pflanzliche Fette, tierische Fette und Kohlenhydrate → 39
- Eiweiß, Kohlenhydrate und Fette → 3
- pflanzliche Eiweiße, tierische Eiweiße und Kohlenhydrate → 40

36

1. Methylamin CH_3-NH_2 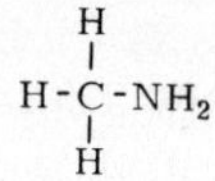

   Anilin $C_6H_5-NH_2$ 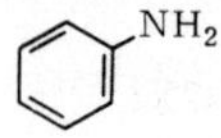

2. Amine reagieren basisch. Sie bilden mit Säuren Salze. Vorsicht beim Arbeiten mit Aminen!

3. Essigsäure 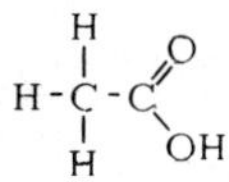

   Die Salze der Essigsäure heißen Acetate.

4. Ein Ester entsteht durch Reaktion eines Alkohols mit einer Carbonsäure unter Wasserabspaltung.

5. Reaktion von Ethylen mit Wasser bei Gegenwart von Katalysatoren:

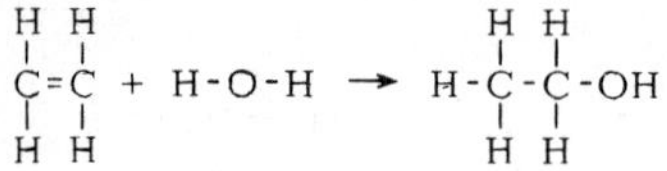

6. Erdöl und Kohle sind Rohstoffe für die organische Chemie.

7. Gaswasser, Teer, Leuchtgas und Koks entstehen bei der Entgasung von Kohle.

8. Eiweiß, Fette und Kohlenhydrate sind Hauptnahrungsstoffe.

Ende des 19. Programms.

37 Wenn Sie sich die Zeichnung unter Punkt 33 noch einmal ansehen, müssen Sie die richtige Antwort finden.

Lesen Sie noch einmal 33.

38 Ihre Antwort ist nicht richtig.

Die *Lösungsmittel Benzol, Methanol, Ethanol und Ether sind brennbar. Besonders gefährlich sind Benzol und Ether.*

Notieren Sie das kursiv Gedruckte, und lesen Sie weiter unter [2].

---

[39] Ihre Antwort ist falsch, denn es fehlt ein für die menschliche Ernährung notwendiger Nahrungsstoff.

Lesen Sie bitte noch einmal [35].

---

[40] Ihre Antwort ist falsch, denn es fehlt ein für die menschliche Ernährung notwendiger Nahrungsstoff.

Lesen Sie bitte noch einmal [35].

---

[41] Ihre Antwort ist richtig. Wir wollen uns die vier Produkte nun im einzelnen ansehen.

1. Das *Gas, Kokereigas,* enthält Kohlenwasserstoffe (zum Beispiel Methan), Wasserstoff und Kohlenmonoxid (Deshalb ist Kokereigas giftig!).

2. Das *Gaswasser* ist im wesentlichen eine Lösung von Ammoniak (NH_3) in Wasser. Über Ammoniak erfahren Sie mehr im 20. Programm.

3. Der *Teer* enthält viele wertvolle organische Verbindungen (z. B. Benzol).

4. Der *Rückstand* schließlich besteht aus Koks. Chemisch gesehen ist Koks im wesentlichen Kohlenstoff. Koks spielt eine sehr große Rolle in unserer Wirtschaft. Er wird als Brennstoff gebraucht, aber auch für zahlreiche chemische Umsetzungen. Eine dieser Umsetzungen kennen wir bereits. Es ist die Herstellung von Wassergas. Hierbei wird Wasserdampf über glühenden Koks geleitet, es entstehen Wasserstoff und Kohlenmonoxid.

In diesem Abschnitt sind einige Substanzen genannt, die im Kokereigas und im Teer vorkommen. Schreiben Sie bitte Formeln und Namen dieser Verbindungen auf. Weiterhin schreiben Sie bitte die Reaktionsgleichung zur Herstellung von Wassergas auf.

Kontrollieren Sie Ihr Ergebnis unter [35].

---

[42] Ihre Antwort ist falsch, denn es fehlt ein für die menschliche Ernährung notwendiger Nahrungsstoff.

Lesen Sie bitte noch einmal [35].

---

43 Sie haben nicht genau gearbeitet.

Lesen Sie bitte noch einmal 26.

44 Ihre Antwort ist richtig.

Ethanol ist eine aliphatische, Phenol ist eine aromatische Verbindung. Sehen Sie sich jetzt bitte noch einmal die Formeln am Ende des Abschnittes 20 an, und lösen Sie die Aufgabe bei 20.

20. Programm

Stickstoff (I)

1 Stickstoff gehört zu den Elementen, die wir bereits kennengelernt haben.

Chemisches Symbol N, molare Masse M(N) = 14 g/mol
Hauptsächlich drei- und fünfwertig.

Schreiben Sie je eine Verbindung mit Namen und Summenformel auf, in der Stickstoff drei- bzw. fünfwertig ist. → 54

2 NH_4Cl Ammoniumchlorid

$(NH_4)_2S$ Ammoniumsulfid

Ammoniumchlorid ist ein wichtiges Salz der Ammoniaks. Es entsteht nicht nur bei der Neutralisation von Ammoniumhydroxid mit Salzsäure, sondern auch bei der Einwirkung von gasförmigem Chlorwasserstoff auf gasförmiges Ammoniak. Sie kennen die Reaktion schon. Es bilden sich dabei weiße Nebel von Ammoniumchlorid.

Stellen Sie bitte die Reaktionsgleichung für diese Reaktion auf, und vergleichen Sie bei 15.

3 Sie haben die Summenformel für Ammoniumsulfat nicht richtig aufgestellt. Eine Erklärung finden Sie unter 56.

4 *Bitte vergleichen Sie:*

1. dreiwertig, fünfwertig.

2. zuerst der *Stickstoff* und dann erst der *Sauerstoff.*

3. 1000 Liter NH_3 lösen sich im Normzustand in einem Liter Wasser.

4. Natriumhydroxid $NaOH$
   Kaliumhydroxid KOH
   Calciumhydroxid $Ca(OH)_2$
   Ammoniak NH_3

5. $2\ NH_4OH + H_2SO_4 \longrightarrow (NH_4)_2SO_4 + 2\ H_2O$

6. $(NH_4)_2CO_3 \longrightarrow 2\ NH_3 + H_2O + CO_2$

7. $(NH_4)_2CO_3 + 2\ NaOH \longrightarrow Na_2CO_3 + 2\ NH_3 + 2\ H_2O$

Wenn Sie Fehler gemacht haben, dann sollten Sie das Programm recht bald noch einmal durcharbeiten.

Ende des 20. Programms.

---

5 Sie arbeiten sehr flüchtig, es war nach einer Stickstoff*verbindung* gefragt worden.

Lesen Sie noch einmal [25].

---

6 $(NH_4)_2SO_4 + 2\ NaOH \longrightarrow Na_2SO_4 + 2\ NH_3 + 2\ H_2O$

Es entstehen Natriumsulfat, Wasser und Ammoniak.

Die starke und schwerflüchtige Base NaOH verdrängt die .... Base NH_3 aus ihren .... → [27]

---

7 Außer CaO können alle genannten Verbindungen thermisch zerlegt werden. Vervollständigen Sie die Reaktionsgleichungen für die thermische Dissoziation von

$CuSO_4 \cdot 5\ H_2O \longrightarrow$
$NaHCO_3 \longrightarrow$
$CaCO_3 \longrightarrow$

und vergleichen Sie bei [37].

---

8 Es entsteht Ammoniumhydroxid.

Die starke und schwerflüchtige Natronlauge verdrängt die schwache, leichtflüchtige Base aus ihrem Salz.

Wir wissen bereits, daß NH_4OH als solches nicht existiert, sondern nur in geringer Konzentration als NH_4^+- und OH^--Ionen neben NH_3- und H_2O-Molekülen vorliegt. Beim Erwärmen entweicht das Ammoniak.

Stellen Sie die Reaktionsgleichung auf! → [29]

---

9 Sie haben nicht berücksichtigt, daß auch im Ammoniumcarbonat das Ammonium-Ion zweimal vorhanden ist. → 20

10 Ihre Antwort ist bedingt richtig.

Beim Erwärmen der Ammoniumsalze mit Natronlauge entweicht Ammoniak. Dieses kann man riechen. Man verläßt sich aber nicht ausschließlich auf den Geruchssinn, sondern weist das Ammoniak noch mit Lackmuspapier nach.

Welche Verfärbung bewirkt Ammoniak bei Lackmuspapier?

- Feuchtes, rotes Lackmuspapier wird blau. → 51
- Feuchtes, blaues Lackmuspapier wird rot. → 35

11 Erinnern Sie sich an unsere Versuche über die Zusammensetzung der Luft?

Wenn man den Sauerstoff durch eine chemische Reaktion aus der Luft herausnimmt, dann bleiben ca. 4/5 des Luftvolumens als Rest zurück. Dieser Rest unterhält die Verbrennung nicht, es ist Stickstoff.

Bitte notieren Sie den folgenden Satz unter Ergänzung der fehlenden Zahl.

Luft besteht also zu 4/5 aus Stickstoff, das sind ...... %. → 24

12 Nein, Ammoniumhydroxid ist nur in Lösung und dann auch nur in dissoziierter Form beständig. Sobald die wäßrige Lösung von Ammoniak erhitzt wird, entweicht wieder Ammoniak.

Ammoniak entweicht beim Erhitzen aus seiner wäßrigen Lösung als .... Notieren Sie bitte die Summenformel. → 22

13 Ammoniumcarbonat, molare Masse $((NH_4)_2CO_3)$ = 96 g/mol

Ammoniumsulfat, molare Masse M $((NH_4)_2SO_4)$ = 132 g/mol.

Notieren Sie die Summenformeln für Ammoniumchlorid und Ammoniumsulfid. → 2

14 Ihre Antwort ist bedingt richtig.

Man nennt jedoch in der exakten Bezeichnungsweise CO_2 Kohlendioxid und nicht Kohlensäure. Bei der thermischen Zersetzung des Ammoniumcarbonats entstehen also .... und ....

Lesen Sie bitte weiter unter 48.

15 $NH_3 + HCl \longrightarrow NH_4Cl$

Alle Ammoniumsalze haben die Eigenschaft, in der Hitze mehr oder weniger leicht in ihre Bestandteile zu zerfallen, z. B.

$$NH_4Cl \xrightarrow{\text{Hitze}} NH_3 + HCl$$

Ammoniumchlorid zerfällt in Ammoniak und Chlorwasserstoff.

Man bezeichnet eine solche Zerlegung einer chemischen Verbindung durch Erhitzen als *thermische Dissoziation.*

Beschreiben Sie mit einer Reaktionsgleichung die thermische Dissoziation von Ammoniumsulfat. → 38

16 Bei der Umsetzung von Ammoniumchlorid mit Natronlauge tritt *keine Verfärbung* ein. Es entweicht vielmehr beim Erwärmen Ammoniak.

Ergänzen Sie die unvollständige Reaktionsgleichung,

$$NH_4Cl + NaOH \longrightarrow$$

und vergleichen Sie bei 8.

17 Salpetersäure ist zwar eine Stickstoffverbindung, sie kommt aber bei der trockenen Destillation der Kohle nicht vor. Sehen Sie sich die trockene Destillation der Kohle im 19. Programm bald noch einmal an.

Jetzt kehren Sie bitte zurück nach 25.

18

$$2\,NH_4Cl + CuO + 2\,HCl \longrightarrow 2\,NH_3 + CuCl_2 + 2\,HCl + H_2O$$

Diejenigen Bestandteile, die nach dem Addieren auf beiden Seiten der Reaktionsgleichung vorhanden sind (in unserem Fall 2 HCl), können wir kürzen. Wir erhalten dann:

$$2\,NH_4Cl + CuO \longrightarrow 2\,NH_3 + CuCl_2 + H_2O$$

Aus dieser Reaktionsgleichung erkennen wir:

Der durch die Hitze entstandene Überzug von Kupferoxid (CuO) auf dem Lötkolben wird durch Berührung mit Ammoniumchlorid (NH_4Cl) entfernt. Es entsteht bei der Berührung Ammoniak, Wasser und Kupferchlorid. Ammoniak und Wasser verdampfen sofort, und Kupferchlorid ($CuCl_2$) sublimiert rasch weg. Der Lötkolben wird so von seinem Überzug befreit; er ist wieder blank.

Wir kommen zum letzten Punkt dieses Programms:

Wie weisen wir Ammoniak oder das Ammonium-Ion nach?

Ammoniak ist eine leichtflüchtige, schwache Base. Wie leichtflüchtige, schwache Säuren durch schwerflüchtige, starke Säuren aus ihren Salzen verdrängt werden, so wird auch Ammoniak durch schwerflüchtige, starke Basen aus seinen Salzen verdrängt. Bei der Einwirkung von Natronlauge auf Ammoniumchlorid entsteht u. a. Natriumchlorid:

$$NH_4Cl + NaOH \longrightarrow NaCl + \ldots\ldots\ldots\ldots$$

Vervollständigen Sie die Reaktionsgleichung. Sie können dann die Frage beantworten: Was entsteht außer NaCl?

Notieren Sie den Namen der außer Natriumchlorid entstehenden Verbindung.

→ 8

19

Wir hatten festgestellt, daß der Chlorwasserstoff mit dem Kupferoxid reagiert, dabei entsteht Kupferchlorid, das wegsublimiert. Ihre Antwort war also falsch.

Beantworten Sie die Frage bei 59 erneut.

20

$(NH_4)_2CO_3$	Ammoniumcarbonat
$(NH_4)_2SO_4$	Ammoniumsulfat

Berechnen Sie nun die molaren Massen für diese Verbindungen.

Molare Masse: M(H) = 1 g/mol
M(N) = 14 g/mol
M(O) = 16 g/mol
M(C) = 12 g/mol

Welche Werte errechnen Sie?

- 78 bzw. 114 g/mol → 34
- 96 bzw. 114 g/mol → 26
- 96 bzw. 132 g/mol → 13
- 78 bzw. 132 g/mol → 9
- Ich brauche eine Hilfe → 55

---

21 Sie haben die Summenformeln für Ammoniumcarbonat und Ammoniumsulfat nicht richtig aufgestellt. Eine Erklärung finden Sie unter 56.

---

22 Ja, Ammoniak entweicht aus seiner wäßrigen Lösung beim Erhitzen als NH_3.

Doch noch einmal zurück zur wäßrigen Lösung des Ammoniaks. Sie enthält hauptsächlich NH_3- und H_2O-Moleküle, daneben NH_4^+- und OH^--Ionen.

Wie reagiert die wäßrige Ammoniaklösung gegenüber Lackmuspapier?

- Rotes Lackmuspapier wird blau gefärbt. → 41
- Blaues Lackmuspapier wird rot gefärbt. → 61

---

23 Ammoniumcarbonat wird nach folgender Reaktionsgleichung erhalten:

$$2\,NH_3 + CO_2 + H_2O \longrightarrow (NH_4)_2CO_3$$

Diese Reaktionsgleichung von links nach rechts gelesen, gibt die Herstellung von Ammoniumcarbonat wieder.

Diese Reaktionsgleichung von rechts nach links gelesen, gibt die thermische Dissoziation von Ammoniumcarbonat wieder.

Man benutzt Ammoniumcarbonat als Backpulver. Die bei höherer Temperatur entstehenden Zersetzungsprodukte des Ammoniumcarbonats sind gasförmig. Der Kuchenteig wird gewissermaßen „aufgeblasen" und dadurch locker. Die entstehenden Produkte sind unschädlich.

Was entsteht bei der Zersetzung des Ammoniumcarbonats?

- Ammoniak und Kohlensäure → 32
- Ammoniak, Kohlensäure und Wasser → 14
- Ammoniak, Kohlendioxid und Wasser → 48

---

24 Luft enthält einen Volumenanteil von 80% Stickstoff. Stickstoff ist unbrennbar, er unterhält die Verbrennung und Atmung nicht. Stickstoff ist chemisch ein sehr träges Element. Nur unter besonderen Bedingungen (z. B. bei hohen Temperaturen oder Drücken) verbindet er sich mit anderen Elementen.

Man kann Stickstoff aus der Luft gewinnen, indem man verflüssigte Luft wieder erwärmt. Was geschieht dann?

- Der Stickstoff destilliert als erster ab und kann so vom Sauerstoff getrennt werden. → 36
- Zunächst destilliert der Sauerstoff ab, und flüssiger Stickstoff bleibt zurück. → 45

---

25 Flüssiger Sauerstoff siedet bei $-183\,°C$.

Stickstoff kommt in zahlreichen Verbindungen in der Natur vor:

1. *Im Salpeter*
   Salpeter ist ein Salz, das vor allem in Chile vorkommt und dort bergmännisch abgebaut wird. Salpeter ist Natriumnitrat.

2. *Im Eiweiß* der Tiere und Pflanzen.

3. In den *Produkten der trockenen Destillation* der Kohle.
   Da die Kohle aus Pflanzen entstanden ist, finden wir unter den Produkten der trockenen Destillation auch Stickstoffverbindungen.

Welche Stickstoffverbindung tritt bei der trockenen Destillation der Kohle auf?

- Salpetersäure → 17

- Stickstoff → 5
- Ammoniak → 49
- Salpeter → 40

---

26 Sie haben nicht berücksichtigt, daß auch im Ammoniumsulfat das Ammonium-Ion zweimal vorhanden ist. → 20

---

27 Die schwerflüchtige, starke Base NaOH verdrängt die *schwache* und *leichtflüchtige* Base NH_3 aus ihren *Verbindungen (Salzen).*

An Stelle der Natronlauge läßt sich auch gelöschter Kalk verwenden.

Vervollständigen Sie die Reaktionsgleichung:

$$(NH_4)_2SO_4 + Ca(OH)_2 \longrightarrow$$ → 60

---

28 1 Liter Wasser löst 1000 Liter Ammoniak. Bedenken Sie: 1 Liter (L) = 1000 mL.

Sehen Sie sich noch einmal 44 an.

---

29 $$NH_4^+ + OH^- \rightleftarrows NH_3 + H_2O$$

Da die Löslichkeit von NH_3 in Wasser mit steigender Temperatur stark abnimmt, entweicht NH_3 beim Erwärmen.

Das entweichende Ammoniak erkennen wir am Geruch, besser aber an der von ihm verursachten Blaufärbung von feuchtem, rotem Lackmuspapier.

Wenn eine unbekannte Substanz auf Ammoniumverbindungen untersucht werden soll, wird die zu untersuchende Substanz mit Natronlauge versetzt und erwärmt. Entweicht NH_3, so enthält die unbekannte Substanz Ammoniumverbindungen.

Wie erkennen wir, ob NH_3 entweicht?

- An der Verfärbung des Reaktionsgemisches. → 16

- An der Blaufärbung von feuchtem, rotem Lackmuspapier durch die entweichenden Dämpfe. → 51

- Am Geruch nach Ammoniak. → 10

---

30 Außer CaO können alle genannten Verbindungen thermisch zerlegt werden. Vervollständigen Sie die Reaktionsgleichungen für die thermische Dissoziation von

$$CuSO_4 \cdot 5\,H_2O \longrightarrow$$
$$NaHCO_3 \longrightarrow$$
$$CaCO_3 \longrightarrow$$

und vergleichen Sie bei 37.

---

31 1 mL Wasser löst 1 L Ammoniak.
Es entsteht die wäßrige Lösung von Ammoniak.

Trivialnamen der wäßrigen Lösung sind *Ammoniakwasser* und *Salmiakgeist.*

Auch gegenüber Wasser reagiert Ammoniak als Base. Ein Teil der im Wasser gelösten Ammoniakmoleküle reagiert mit Wasser und bildet das vollständig dissoziierte Ammoniumhydroxid.

Formulieren Sie bitte selbst die Reaktionsgleichung der Bildung von Ammoniumhydroxid aus Ammoniak und Wasser. → 52

---

32 Wenn Sie die Gleichung unter 23 von rechts nach links lesen, dann müssen Sie die richtige Antwort finden.

Lesen Sie noch einmal 23.

---

33 Eine Base ist ein Stoff, der Wasserstoff-Ionen zu binden vermag.

Ammoniak bindet also Wasserstoff-Ionen. Dabei entsteht aus dem ungeladenen Ammoniak-Molekül das positiv geladene Ammonium-Ion NH_4^+:

$$NH_3 + H^+ \longrightarrow NH_4^+$$

Leitet man z. B. Ammoniak in Salzsäure ein, so bindet Ammoniak Wasserstoff-Ionen unter Bildung von Ammonium-Ionen. Daneben sind in der Lösung Chlorid-Ionen vorhanden.

Bitte notieren Sie für diese Reaktion die Reaktionsgleichung. Gehen Sie dabei von Ammoniak, Wasserstoff-Ionen und Chlorid-Ionen aus. → 43

34 Sie haben nicht berücksichtigt, daß das Ammonium-Ion zweimal vorhanden ist. → 20

35 Nein, Ammoniak färbt rotes Lackmuspapier .... → 51

36 Wenn man verflüssigte Luft erwärmt, dann destilliert zuerst der bei −196°C siedende *Stickstoff* ab. Sauerstoff bleibt zurück.

Wann siedet flüssiger Sauerstoff?

Notieren Sie den Siedepunkt! → 25

37 Richtig.

CaO (Calciumoxid) ist thermisch stabil.
$CuSO_4 \cdot 5\,H_2O$ (Kupfersulfat – 5 – Hydrat) verliert beim Erhitzen sein Kristallwasser.

$$CuSO_4 \cdot 5\,H_2O \longrightarrow CuSO_4 + 5\,H_2O$$

$NaHCO_3$ (Natriumhydrogencarbonat) zerfällt bei etwa 100°C in Natriumcarbonat, Wasser und CO_2 (Soda-Herstellung nach Solvay).

$$2\,NaHCO_3 \longrightarrow Na_2CO_3 + H_2O + CO_2$$

$CaCO_3$ (Calciumcarbonat) dissoziiert thermisch in CO_2 und CaO (Verfahren zur Herstellung von gebranntem Kalk).

$$CaCO_3 \longrightarrow CaO + CO_2$$

Auch Ammoniumcarbonat zerfällt beim Erhitzen.

Es wird hergestellt durch Einleiten von Ammoniak und Kohlendioxid in Wasser.

Stellen Sie die Reaktionsgleichung richtig:

$$NH_3 + CO_2 + \quad \longrightarrow (NH_4)_2CO_3$$ → 23

38

$$(NH_4)_2SO_4 \xrightarrow{\text{Hitze}} 2\,NH_3 + H_2SO_4$$

Ammoniumsulfat zerfällt in Ammoniak und Schwefelsäure.

Frage: Wie heißt der chemische Vorgang, bei dem eine Verbindung durch Erwärmen zerfällt?

Notieren Sie den Namen, und vergleichen Sie bei 62.

39

1. Die Lötkolbenspitze aus Kupfer überzieht sich in der Hitze mit einer *Kupferoxid*schicht.
2. Man berührt mit dem heißen Lötkolben ein Stück *Ammoniumchlorid.*
3. Nach kurzer Zeit verschwindet das Kupferoxid. Die Lötkolbenspitze ist blank, die Oberfläche besteht dann wieder aus *Kupfer.*

Wir wollen uns diese Vorgänge einmal von der chemischen Seite her ansehen.

1. Bildung der Kupferoxidschicht:

$$2\,Cu + O_2 \longrightarrow 2\,CuO$$

2. Berührung des Ammoniumchlorids mit dem heißen Lötkolben. Hierbei tritt thermische Dissoziation des Ammoniumchlorids ein.

Notieren Sie die Reaktionsgleichung für 2., und vergleichen Sie bei 64.

40

Salpeter ist zwar eine Stickstoffverbindung, er kommt aber bei der trockenen Destillation der Kohle nicht vor. Sehen Sie sich die trockene Destillation der Kohle im 19. Programm bald noch einmal an.

Jetzt kehren Sie bitte zurück nach 25.

41

Ja, rotes Lackmuspapier wird blau gefärbt.

Die wäßrige Lösung von Ammoniak reagiert basisch, weil mehr OH^--Ionen als H^+-Ionen vorhanden sind.

Die Neutralisation mit Schwefelsäure läßt sich durch folgende Reaktionsgleichung beschreiben:

$$2\ NH_4OH + H_2SO_4 \longrightarrow (NH_4)_2SO_4 + 2\ H_2O$$

Notieren Sie bitte den Namen des hierbei entstehenden Salzes. → 65

---

42 Wir hatten festgestellt, daß der Chlorwasserstoff mit dem Kupferoxid reagiert, dabei entsteht Kupferchlorid, das wegsublimiert. Ihre Antwort war also falsch.

Beantworten Sie die Frage bei 59 erneut.

---

43 Bitte vergleichen Sie, und verbessern Sie eventuelle Fehler:

$$NH_3 + H^+ + Cl^- \longrightarrow NH_4^+ + Cl^-$$

Kennen Sie noch den Namen des NH_4^+-Ions?

Bitte notieren. → 53

---

44 Bitte vergleichen Sie:

a) Ammoniumchlorid	NH_4Cl
b) Ammoniumcarbonat	$(NH_4)_2CO_3$
c) Ammoniumsulfid	$(NH_4)_2S$
d) Ammoniumnitrat	NH_4NO_3

Haben Sie bei b) und c) auch nicht die Klammern vergessen?

Ammoniak ist in Wasser außerordentlich gut löslich. Bei Raumtemperatur löst ein Liter Wasser etwa 1000 Liter Ammoniak.

Beantworten Sie die folgende Frage:

Wieviel Ammoniak wird von einem mL Wasser gelöst?

- 100 mL → 58
- 1 mL → 31
- 10 L → 28

---

45 Sauerstoff siedet bei −183°C. Der Siedepunkt des Stickstoffs liegt bei −196°C. Wenn man verflüssigte Luft von −200°C langsam erwärmt, beginnt sie bei $-196°C$ zu sieden. Stickstoff destilliert ab. Dabei steigt die Temperatur der verflüssigten Luft langsam an, bis schließlich bei $-183°C$ Sauerstoff abdestilliert.

Bitte notieren Sie folgenden Satz mit Ergänzung:

Wenn man flüssige Luft erwärmt, dann destilliert erst der .... ab. → 36

---

46 Außer CaO können alle genannten Verbindungen thermisch zerlegt werden. Vervollständigen Sie die Reaktionsgleichungen für die thermische Dissoziation von

$$CuSO_4 \cdot 5\,H_2O \longrightarrow$$
$$NaHCO_3 \longrightarrow$$
$$CaCO_3 \longrightarrow$$

und vergleichen Sie bei 37.

---

47 Sie haben die Summenformel für Ammoniumcarbonat nicht richtig aufgestellt.
Eine Erklärung finden Sie unter 56.

---

48 Bei der thermischen Dissoziation des Ammoniumcarbonats entstehen Ammoniak, Kohlendioxid und Wasser.

Eine sehr interessante Anwendung findet die thermische Zersetzung des *Ammoniumchlorids* beim Löten mit dem Lötkolben.

Die Spitze des Lötkolbens besteht aus Kupfer und überzieht sich beim Erhitzen mit einer dünnen Schicht von Kupferoxid. Dieses Kupferoxid stört, denn der Lötkolben muß beim Löten blank sein. Man bringt ihn deshalb hin und wieder mit einem Stück Ammoniumchlorid in Berührung, wodurch der Kupferoxidüberzug in kurzer Zeit verschwindet.

Wir wollen kurz zusammenstellen, was beim Umgang mit dem Lötkolben geschieht.
Ergänzen Sie die Lücken:

1. Die Lötkolbenspitze aus Kupfer überzieht sich in der Hitze mit einer .... schicht.

2. Man berührt mit dem heißen Lötkolben ein Stück ....

3. Nach kurzer Zeit verschwindet das Kupferoxid. Die Lötkolbenspitze ist blank, die Oberfläche besteht dann wieder aus ....

Vergleichen Sie bei [39].

---

[49] Ja, Ammoniak entsteht bei der trockenen Destillation der Kohle.

Ammoniak ist ein farbloses Gas von stechendem, erstickendem Geruch. Ammoniak läßt sich leicht verflüssigen. Es siedet bei $-33\,°C$.

Ammoniak ist eine Base.

Bitte notieren Sie die Definition für eine Base. → [33]

---

[50] Ja, die Masse des Lötkolbens wird kleiner.

Wir wollen jetzt die Teilprozesse zu einer Reaktionsgleichung zusammenfassen.

$$NH_4Cl \longrightarrow NH_3 + HCl$$

$$CuO + 2\,HCl \longrightarrow CuCl_2 + H_2O$$

Da wir für die zweite Reaktionsgleichung zwei Moleküle HCl benötigen, die erste Reaktionsgleichung aber nur ein Molekül HCl enthält, müssen wir die erste Reaktionsgleichung verdoppeln.

$$2\,NH_4Cl \longrightarrow 2\,NH_3 + 2\,HCl$$

$$CuO + 2\,HCl \longrightarrow CuCl_2 + H_2O$$

$$2\,NH_4Cl + CuO + 2\,HCl \longrightarrow$$

Vervollständigen Sie die Addition der beiden Reaktionsgleichungen (es werden jeweils die beiden linken bzw. die beiden rechten Teile der Reaktionsgleichungen zusammengezählt), und vergleichen Sie bei [18].

---

[51] Ja, an der Blaufärbung von feuchtem, rotem Lackmuspapier wird das entweichende Ammoniak erkannt.

Ergänzen Sie die folgende Reaktionsgleichung:

$$(NH_4)_2SO_4 + NaOH \longrightarrow Na_2SO_4 +$$ → [6]

52 $NH_3 + H_2O \longrightarrow NH_4^+ + OH^-$

Wie gesagt, diese Reaktion tritt nur teilweise ein. Sie ist sogar wieder rückläufig, wenn durch Kochen das Ammoniak ausgetrieben wird. Ammoniumhydoxid zerfällt dann wieder in Ammoniak und Wasser. Auf diese Weise kann durch Kochen das Ammoniak vollständig aus der Lösung entfernt werden.

Man schreibt die Reaktionsgleichung einer Reaktion, die auch rückläufig ist, mit einem Doppelpfeil:

$$NH_3 + H_2O \rightleftarrows NH_4^+ + OH^-$$

Fügen Sie den Doppelpfeil in die Reaktionsgleichung auf Ihrem Blatt ein, und beantworten Sie dann die Frage:

Als was entweicht Ammoniak beim Erhitzen aus seiner wäßrigen Lösung?

- Als NH_3 → 22
- Als NH_4OH → 12

---

53 NH_4^+ ist das Ammonium-Ion.

Durch Eindampfen der Ammoniumchloridlösung läßt sich das Ammoniumchlorid als kristallines Salz gewinnen.

Läßt man gasförmigen Chlorwasserstoff und gasförmiges Ammoniak miteinander reagieren, so entstehen momentan weiße Nebel von Ammoniumchlorid.

Stellen Sie bitte auch hierfür die Reaktionsgleichung auf. → 63

---

54 Stickstoff ist dreiwertig im Ammoniak: NH_3

Stickstoff ist fünfwertig in der Salpetersäure: HNO_3

Stickstoff ist ein farbloses, geruchloses Gas. Man kann den Stickstoff verflüssigen. Flüssiger Stickstoff siedet bei $-196\,°C$.

Wir wissen, daß Stickstoff in der Luft vorkommt. Wie groß ist der Volumenanteil des Stickstoffs in der Luft?

- etwa 20% → 11
- etwa 80% → 24

20

55 Sie müssen falsch gerechnet haben.

Hier die Berechnung der molaren Masse von Ammoniumcarbonat, $M((NH_4)_2CO_3)$.

$M(NH_4) = 18$ g/mol

$M(NH_4) = 18$ g/mol

$M(CO_3) = 60$ g/mol

Zählen Sie diese Zahlen zusammen, so erhalten Sie die molare Masse von Ammoniumcarbonat. Führen Sie in gleicher Weise die Berechnung der molaren Masse von Ammoniumsulfat, $M((NH_4)_2SO_4)$, durch. $M(S) = 32$ g/mol. → 13

56 Die Summenformel der Kohlensäure ist H_2CO_3, die Summenformel der Schwefelsäure H_2SO_4.

Beide Säuren bilden zweifach negativ geladene Säurereste, die Kohlensäure das Carbonat-Ion, CO_3^{2-}, und die Schwefelsäure das Sulfat-Ion, SO_4^{2-}. Das Ammonium-Ion ist einfach positiv geladen, NH_4^+.

Ammoniumsulfat besteht deshalb aus zwei Ammonium-Ionen und einem Sulfat-Ion.

Ammoniumcarbonat besteht aus zwei Ammonium-Ionen und einem Carbonat-Ion.

Schreiben Sie jetzt die Summenformeln für Ammoniumcarbonat und Ammoniumsulfat auf, und vergleichen Sie bei 20.

57 Außer CaO können alle genannten Verbindungen thermisch zerlegt werden. Vervollständigen Sie die Reaktionsgleichungen für die thermische Dissoziation von

$CuSO_4 \cdot 5\,H_2O \longrightarrow$
$NaHCO_3 \longrightarrow$
$CaCO_3 \longrightarrow$

und vergleichen Sie bei 37.

58 1 Liter Wasser löst **1000** Liter Ammoniak.

Sehen Sie sich noch einmal 44 an.

59 $CuO + 2\,HCl \longrightarrow CuCl_2 + H_2O$

Es entstehen Kupferchlorid und Wasser.

Das Wasser verdampft, und das Kupferchlorid sublimiert weg. Der Lötkolben ist wieder blank.

Wie wird sich durch diese Behandlung im Laufe der Zeit die Masse des Lötkolbens ändern?

- Die Masse des Lötkolbens wird größer → 19
- Die Masse des Lötkolbens bleibt gleich → 42
- Die Masse des Lötkolbens wird kleiner → 50

60 $(NH_4)_2SO_4 + Ca(OH)_2 \longrightarrow CaSO_4 + 2\,NH_3 + 2\,H_2O$

Die Ammoniaksynthese wird im nächsten Programm behandelt.

Kontrollieren Sie nun Ihre Kenntnisse durch schriftliche Beantwortung folgender Fragen:

1. Mit welchen Wertigkeiten kann Stickstoff in Verbindungen vorkommen?
2. Beim Destillieren der flüssigen Luft siedet zuerst der .... und dann der ....
3. Wieviel Liter Ammoniak lösen sich im Normzustand in einem Liter Wasser?
4. Welche anorganischen Basen kennen Sie bis jetzt?
5. Stellen Sie die Reaktionsgleichung für die Neutralisation der wäßrigen Ammoniaklösung mit Schwefelsäure auf.
6. Stellen Sie für die thermische Dissoziation von $(NH_4)_2CO_3$ die Reaktionsgleichung auf.

7. Stellen Sie für den Nachweis des Ammoniaks im $(NH_4)_2CO_3$ die Reaktionsgleichung auf.

Vergleichen Sie Ihre Antworten unter [4].

61 Blaues Lackmuspapier wird von Säuren rot gefärbt. Die wäßrige Ammoniaklösung reagiert aber basisch, da mehr OH^--Ionen als H^+-Ionen vorhanden sind. Gegenüber Lackmuspapier tritt der gleiche Farbumschlag ein wie mit den wäßrigen Lösungen von NaOH, KOH oder $Ca(OH)_2$.

Welche Farbänderung am Lackmuspapier tritt mit wäßriger Ammoniaklösung ein?
Bitte notieren Sie den Farbumschlag. → [41]

62 Als *thermische Dissoziation* bezeichnet man das Zerfallen einer chemischen Verbindung beim Erwärmen.

Wir wollen uns den Begriff der thermischen Dissoziation noch verdeutlichen: Schreiben Sie sich auf ein Blatt Papier die Summenformeln der folgenden vier Verbindungen:

Calciumoxid
Kupfersulfat – 5 – Hydrat
Natriumhydrogencarbonat
Calciumcarbonat

Wieviele der genannten Verbindungen können durch thermische Dissoziation zerlegt werden?

- alle vier → [46]
- nur drei → [37]
- nur zwei → [57]
- nur eine → [7]
- keine → [30]

63 Bitte vergleichen Sie:

$$NH_3 + HCl \longrightarrow NH_4Cl$$

Auch die mehrbasigen Säuren bilden mit der Base Ammoniak Ammoniumsalze. Da das Ammonium-Ion NH_4^+ einfach positiv geladen ist, tritt es in den Summenformeln der Salze mehrbasiger Säuren mehrmals auf. Damit die Schreibweise übersichtlich bleibt, wird hierbei NH_4 in Klammern gesetzt: (NH_4). Die Summenformel für Ammoniumsulfat ist $(NH_4)_2SO_4$.

Notieren Sie bitte die Namen und die Summenformeln der Salze, die durch Reaktion von Ammoniak mit den folgenden Säuren entstehen:

a) Salzsäure
b) Kohlensäure
c) Schwefelwasserstoff
d) Salpetersäure → 44

---

64 $NH_4Cl \longrightarrow NH_3 + HCl$

Der Chlorwasserstoff reagiert sofort mit dem Kupferoxid (CuO), es entstehen Kupferchlorid und Wasser.

Stellen Sie die Reaktionsgleichung auf, und vergleichen Sie bei 59.

---

65 *Ammoniumsulfat.*

Die wäßrige Ammoniaklösung läßt sich also mit Säuren neutralisieren. Es entstehen Salze, die aus Ammonium-Ionen und den Ionen der Säurereste, den Säure-Anionen, bestehen.

Schreiben Sie sich die Summenformeln für Ammoniumcarbonat und für Ammoniumsulfat auf. Sie können dann die molaren Massen der beiden Verbindungen berechnen.

Molare Masse: M(H) = 1 g/mol
m(N) = 14 g/mol
M(O) = 16 g/mol
M(C) = 12 g/mol

Wie groß sind die molaren Massen der Ammoniumcarbonat- bzw. Ammoniumsulfat-Moleküle?

- 78 bzw. 114 g/mol → 21
- 96 bzw. 114 g/mol → 3
- 96 bzw. 132 g/mol → 13
- 78 bzw. 132 g/mol → 47
- Ich habe andere Zahlen → 56

20

21. Programm

Stickstoff(II)

1 In diesem Programm lernen Sie die technische Synthese und die Bedeutung des Ammoniaks kennen.

Welchen Aggregatzustand hat NH_3 im Normzustand?

- fest → 16
- flüssig → 24
- gasförmig → 35

2 Ammoniak ist eine Verbindung mit der Summenformel NH_3. Der Wasserstoff des Mischgases ist für die Synthese des Ammoniaks unbedingt erforderlich.

Stellen Sie die Reaktionsgleichung für die Synthese des Ammoniaks nach dem Haber-Bosch-Verfahren auf.

.... + ... ⟶ NH_3

Vergleichen Sie bei 44.

3 Kohlendioxid tritt bei der Herstellung von Generatorgas und Wassergas überhaupt nicht auf. Es kann also auch nicht im Mischgas enthalten sein.

Lesen Sie noch einmal 42.

4 Zu jeder technischen Synthese, also auch zur Ammoniaksynthese, braucht man *Rohstoffe*. Es sind dies die Stoffe, die die Natur zu Verfügung stellt. Bei der Ammoniaksynthese geht man von Luft, Wasser und Kohle aus. Diese Rohstoffe werden über eine Reihe von *Zwischenstufen* umgewandelt. Solche Zwischenstufen der Ammoniaksynthese sind Wassergas und Generatorgas. Diese *Zwischenprodukte* müssen nun so umgewandelt werden, daß dabei Stickstoff und Wasserstoff, die ....stoffe der Ammoniaksynthese, erhalten werden. → 18

5 Ihre Antwort ist nicht ganz richtig.

Natriumhydrogencarbonat reagiert zwar mit Natronlauge unter Bildung von Natriumcarbonat, ein solches Verfahren ist aber nicht sehr wirtschaftlich, weil dazu noch Natriumhydroxid nötig ist.

Die Reaktionsgleichung dazu heißt:

$$NaHCO_3 + NaOH \longrightarrow Na_2CO_3 + H_2O$$

Es gibt vielmehr eine andere, recht billige Möglichkeit zur Umwandlung von Natriumhydrogencarbonat in Natriumcarbonat.

Beantworten Sie bitte die Frage bei [30] noch einmal.

6 Im Generatorgasverfahren wird Kohlenstoff (Koks) mit Luft zu einem Gemisch aus CO und N_2 umgesetzt.

Kehren Sie zurück nach [50].

7 Ihre Antwort ist richtig.

Nach dem Solvay- und nach dem Leblanc-Verfahren kann Soda hergestellt werden. Das Leblanc-Verfahren ist aber veraltet und wird heute kaum noch ausgeführt.

Das heute hauptsächlich verwendete *Solvay*-Verfahren ist ein über mehrere Zwischenstufen ablaufender Prozeß.

Zunächst wird in wäßrige Ammoniaklösung bis zur Sättigung Kohlendioxid eingeleitet. Es entsteht Ammoniumhydrogencarbonat.

Notieren Sie dazu die Reaktionsgleichung. → [20]

8 $(NH_4)_2SO_4$ Ammoniumsulfat

$(NH_4)_2CO_3$ Ammoniumcarbonat

Stickstoffverbindungen braucht die Pflanze zum Aufbau von Eiweiß.

Eiweiß ist zur Ernährung von Menschen und Tieren nötig. Es besteht aus komplizierten organischen Verbindungen, die Stickstoff enthalten.

Menschen, Tiere und die meisten Pflanzen sind nicht in der Lage, den zum Aufbau von Eiweiß nötigen Stickstoff aus der Luft zu entnehmen.

Menschen und Tiere erhalten durch Ernährung mit pflanzlichem und tierischem Eiweiß den für sie erforderlichen Stickstoff in ausreichenden Mengen. Die Pflanzen dagegen können (von Ausnahmen abgesehen) den Stickstoff nur aus dem Boden entnehmen. Der Vorrat des Bodens an Stickstoffverbindungen ist aber nicht unbegrenzt.

Man muß dem Boden daher immer wieder Stickstoff zuführen, was früher ausschließlich durch die Düngung mit Stallmist und Jauche geschah. Stallmist und Jauche sind stickstoffhaltig. Den Forschungen des Chemikers Justus von Liebig (1803 – 1873) verdanken wir den Hinweis auf die künstliche Düngung. Aber erst nach der Entwicklung von Verfahren zur Umwandlung des Luftstickstoffs in Ammoniak gelang die Herstellung von großen Mengen an Stickstoff-Düngemitteln.

Ohne die Chemie müßte heute ein noch weit größerer Teil der Menschheit in Unterernährung und Hunger leben, als das ohnehin schon der Fall ist.

Und nun beantworten Sie bitte schriftlich folgende Fragen. Die Antworten sind in diesem Abschnitt enthalten.

1. Woraus besteht Eiweiß?

2. Woher nehmen Menschen und Tiere den für ihre Ernährung unentbehrlichen Stickstoff?

3. Woher nehmen Pflanzen den zum Aufbau von Eiweißstoffen nötigen Stickstoff?

4. Wie hieß der Chemiker, der den Gedanken der künstlichen Düngung hatte?

→ [57]

[9] Ihre Antwort zeigt, daß Sie sehr oberflächlich arbeiten. Stickstoff ist z. B. im NH_3 dreiwertig, aber außer dieser Wertigkeit gibt es noch drei weitere. Arbeiten Sie weiter bei [64].

[10] Ihre Antwort ist richtig.

1000 Liter Ammoniakgas lösen sich in einem Liter Wasser. Die so erhaltene Lösung von Ammoniak wird als Ausgangsmaterial für die Herstellung von Soda verwendet. Wir werden das Verfahren gleich kennenlernen.

Soda kann nach zwei Verfahren hergestellt werden. Wie heißen diese Verfahren?

- Das Solvay- und das Leblanc-Verfahren → [7]
- Das Bleikammer- und das Kontaktverfahren → [31]

---

[11] Das Gesetz von Avogadro heißt:

Gleiche Volumenteile von Gasen enthalten bei gleichem Druck und gleicher Temperatur die gleiche Anzahl von Molekülen.

Die Reaktionsgleichung

$$3\,H_2 + N_2 \longrightarrow 2\,NH_3$$

besagt nun nicht nur, daß sich Wasserstoff und Stickstoff zu Ammoniak vereinigen. Die Reaktionsgleichung sagt auch noch etwas anderes aus.

Es reagieren 3 Mol Wasserstoff-Moleküle mit 1 Mol Stickstoff-Molekülen zu 2 Mol Ammoniak-Molekülen.

Wir wissen: Ein Mol eines Gases nimmt im Normzustand ein Volumen von 22,4 Liter ein.

Wir können deshalb sagen: Es reagieren 3 · 22,4 Liter Wasserstoff mit 22,4 Liter Stickstoff zu 2 · 22,4 Liter NH_3.

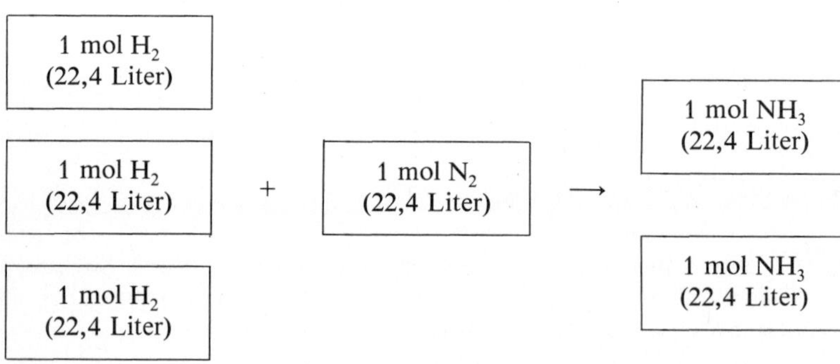

Sicherlich werden Sie jetzt die Frage richtig beantworten. Welche der drei folgenden Angaben ist richtig?

- 6 Volumenteile Wasserstoff und 2 Volumenteile Stickstoff geben 6 Volumenteile Ammoniak. → [47]
- 1 Volumenteil Wasserstoff und 1 Volumenteil Stickstoff geben 1 Volumenteil Ammoniak. → [59]

- 3 Volumenteile Wasserstoff und 1 Volumenteil Stickstoff geben 2 Volumenteile Ammoniak. → [56]

---

[12] Strukturformel für NO_2

O=N=O

Der Stickstoff im NO_2 ist vierwertig.

In der dritten Stufe wird NO_2 mit Sauerstoff und Wasser umgesetzt.

$$4\ NO_2 + 2\ H_2O + O_2 \longrightarrow 4\ HNO_3$$

Notieren Sie diese Reaktionsgleichung, und schreiben Sie jeweils die Namen der beteiligten Stoffe unter die Formeln. → [54]

---

[13] Ihre Antwort ist richtig.

Das *Mischgas* aus *Generatorgas* und *Wassergas* enthält Kohlenmonoxid, Wasserstoff und Stickstoff,

CO, H_2 und N_2.

Welches dieser drei Gase ist als Ausgangsstoff für die Ammoniaksynthese unwichtig?

- Wasserstoff → [2]
- Kohlenmonoxid → [27]
- Stickstoff → [39]

---

[14] Wir müssen einige Begriffe klären; lesen Sie bitte [4].

---

[15] Ihre Antwort ist richtig.

Beim Erhitzen zerfällt Natriumhydrogencarbonat in Natriumcarbonat und Kohlendioxid (thermische Dissoziation):

$$2\ NaHCO_3 \longrightarrow Na_2CO_3 + H_2O + CO_2$$

Das Kohlendioxid entweicht und kann wieder in die erste Stufe des Solvay-Verfahrens eingesetzt werden.

Was entsteht in dieser ersten Stufe des Solvay-Verfahrens?

- Ammoniumcarbonat → [32]
- Natriumhydrogencarbonat → [48]
- Ammoniumhydrogencarbonat → [58]

---

[16] Bei Temperaturen unter $-33\,°C$ ist Ammoniak eine Flüssigkeit, im Normzustand ist es ein stechend riechendes ...... → [35]

---

[17] Das *Kontaktverfahren* dient zur Herstellung von *Schwefelsäure.* In Gegenwart von Katalysatoren (Kontakten) wird das Schwefeldioxid mit Sauerstoff zum Schwefeltrioxid oxidiert.

Kehren Sie zurück nach [50].

---

[18] Die *Ausgangs*stoffe sind Stickstoff und Wasserstoff.

Was sind die Rohstoffe für die Ammoniaksynthese?

Notieren Sie die Namen der Rohstoffe, und vergleichen Sie bei [25].

---

[19] Ihre Antwort zeigt, daß Sie sehr oberflächlich arbeiten.

Stickstoff ist in der Salpetersäure fünfwertig, aber außer dieser Wertigkeit gibt es noch drei weitere.

Arbeiten Sie weiter bei [64].

---

[20] $NH_3 + H_2O + CO_2 \longrightarrow NH_4HCO_3$

Der erhaltenen Lösung von Ammoniumhydrogencarbonat wird dann Natriumchlorid zugesetzt, so daß die Lösung NH_4^+-, HCO_3^--, Na^+- und Cl^--Ionen enthält. Na^+-und HCO_3^--Ionen fallen als schwerlösliches $NaHCO_3$ aus.

Vervollständigen Sie bitte die Reaktionsgleichung:

$NH_4HCO_3 + NaCl \longrightarrow$ → 30

---

21 Ihre Antwort ist richtig, wenn Sie geschrieben haben:

$$4\,NH_3 + 5\,O_2 \longrightarrow 4\,NO + 6\,H_2O$$

Schreiben Sie die Strukturformel für NO auf.
Wievielwertig ist der Stickstoff im NO? → 49

---

22 *Das Gemisch von Kohlenmonoxid und Wasserstoff heißt Wassergas.* Mischgas ist etwas anderes.

Lesen Sie noch einmal 42.

---

23 Stickstoff kommt zwar drei- und fünfwertig vor, es fehlen aber noch zwei weitere Wertigkeiten. → 49

---

24 NH_3 ist im Normzustand nicht flüssig, Sie haben wahrscheinlich an die wäßrige Lösung von NH_3 gedacht.

Ammoniak ist bei Zimmertemperatur ein stechend riechendes ...... → 35

---

25 Richtig, die Rohstoffe der Ammoniaksynthese sind *Luft, Wasser und Kohle.* Aus diesen Rohstoffen gewinnt man die zur Ammoniaksynthese erforderlichen Gase Wasserstoff und Stickstoff.

Hier noch einmal eine Übersicht (bitte *genau* ansehen!):

Kohle und Luft liefern *Generatorgas*, $CO + N_2$.

Kohle und Wasser liefern *Wassergas*, $CO + H_2$.

Beide Gase werden zusammengegeben. Man erhält das *Mischgas*, $N_2 + CO + H_2$.

Zur Oxidation des CO wird das Mischgas mit Wasserdampf über Katalysatoren geleitet. Es entsteht das *Kontaktgas*, $N_2 + CO_2 + H_2$.

Aus dem Kontaktgas wird das CO_2 mit Wasser herausgewaschen. Wir erhalten das für das *Haber-Bosch-Verfahren* notwendige Gasgemisch $N_2 + H_2$.

Das beim Haber-Bosch-Verfahren gewonnene gasförmige Ammoniak kann durch Abkühlen unter $-33°C$ verflüssigt und in Druckbehältern (Stahlflaschen) aufbewahrt oder in Wasser eingeleitet werden, wobei die wäßrige Lösung von Ammoniak entsteht.

Wieviel Kubibmeter NH_3-Gas lösen sich in einem Kubikmeter Wasser?

- 100 m^3 → 38
- 1000 m^3 → 10
- 10000 m^3 → 46

---

26 Ihre Antwort ist richtig.

Wissen Sie aber auch, worum es sich bei den anderen vier soeben genannten Verfahren handelt?

Schreiben Sie bitte in Stichworten auf, welche Produkte nach diesen vier Verfahren hergestellt werden:

Kontaktverfahren
Bleikammerverfahren
Wassergasverfahren
Generatorgasverfahren

Kontrollieren Sie dann Ihr Ergebnis unter 62 .

---

27 Ja, für die Ammoniaksynthese ist das Kohlenmonoxid des Mischgases unwichtig. Es muß deshalb vorher entfernt werden.

Am einfachsten wäre das Auswaschen mit Wasser. CO ist aber in Wasser nicht löslich, CO_2 dagegen recht gut; deshalb oxidiert man zuerst das CO zu CO_2.

Das kann man nun nicht einfach mit Luft machen, denn dann würde der Wasserstoff, der im Mischgas vorhanden ist, auch verbrennen.

Mit Hilfe von Katalysatoren wird das Kohlenmonoxid vielmehr *mit Wasserdampf* bei hohen Temperaturen umgesetzt.

Vervollständigen Sie die Reaktionsgleichung:

$$CO + H_2O \longrightarrow \quad + H_2$$ → [40]

---

[28] Es gibt keinen sechswertigen Stickstoff.

Beantworten Sie die Frage erneut bei [54].

---

[29] Ihre Antwort ist richtig, aber unvollständig.

Sehen wir uns die genannte Reaktionsgleichung noch einmal an.
Sie lautet:

$$CO + H_2O \longrightarrow CO_2 + H_2$$

Tatsächlich hat eine Reduktion des Wassers zum Wasserstoff stattgefunden, es hat aber auch eine Oxidation des Kohlenoxids zum Kohlendioxid stattgefunden. Kohlenoxid nimmt den .... auf, der dem Wasser entzogen wird. → [63]

---

[30] $(NH_4)HCO_3 + NaCl \longrightarrow NH_4Cl + NaHCO_3$

Das $NaHCO_3$ ist in Wasser schwer löslich, es kristallisiert aus und kann deshalb leicht isoliert werden.

Wie kann man das Natriumhydrogencarbonat in technisch besonders vorteilhafter Weise in Soda überführen?

- durch Erhitzen → [15]
- durch Umsetzung mit Kohlendioxid → [41]
- durch Umsetzung mit Natriumhydroxid → [5]

---

[31] Sie haben die Verfahren zur Herstellung von Soda und zur Herstellung von Schwefelsäure verwechselt. Zur Herstellung von Schwefelsäure benutzt man das Bleikammerverfahren und das Kontakt-Verfahren.

Zur Herstellung von Soda benutzt man das Leblanc-Verfahren (veraltet) und das ....-Verfahren. → [7]

21

32

Nein, in der ersten Stufe des Solvay-Verfahrens zur Herstellung von Natriumcarbonat wird Kohlendioxid bis zur Sättigung in die wäßrige Lösung von Ammoniak eingeleitet. Dabei entsteht Ammoniumhydrogencarbonat.

Stellen Sie die Reaktionsgleichung dazu auf. → 20

33

Das Generatorgas besteht aus Kohlenmonoxid und *Stickstoff*.

2. Prozeß zur Herstellung von *Wassergas*.

Wasserdampf wird über glühenden Koks geleitet. Dabei reagiert das Wasser mit dem Kohlenstoff.

$$H_2O + C \longrightarrow CO + H_2$$

Generatorgas und *Wassergas* werden zusammengegeben.
Dieses Gas wird *Mischgas* genannt.

Welche Bestandteile enthält dieses Mischgas?

- Kohlenmonoxid und Wasserstoff → 22
- Kohlenmonoxid, Kohlendioxid, Wasserstoff und Stickstoff → 43
- Kohlenmonoxid, Wasserstoff und Stickstoff → 13
- Kohlendioxid, Wasserstoff und Stickstoff → 3

34

Wenn vor allen Substanzen die stöchiometrische Zahl 4 stehen würde, könnte man die Reaktionsgleichung durch 4 teilen.

Eine ausführliche Besprechung finden Sie bei 45.

35

Ammoniak ist im Normzustand ein stechend riechendes *Gas*. Bei Temperaturen unter −33°C ist es flüssig.

Die technische Synthese erfolgt nach dem *Haber-Bosch*-Verfahren. (Merken Sie sich bitte den Namen.)

Nach diesem Verfahren werden Stickstoff und Wasserstoff miteinander zu Ammoniak umgesetzt.

$$3\,H_2 + N_2 \longrightarrow 2\,NH_3$$

Nach der Regel von Avogadro können wir aus der obigen Reaktionsgleichung auf die Volumenanteile der beteiligten Gase schließen.

Welche der drei Angaben ist richtig?

- 6 Volumenteile Wasserstoff und 2 Volumenteile Stickstoff geben 6 Volumenteile Ammoniak. → 47
- 1 Volumenteil Wasserstoff und 1 Volumenteil Stickstoff geben 1 Volumenteil Ammoniak. → 59
- 3 Volumenteile Wasserstoff und 1 Volumenteil Stickstoff geben 2 Volumenteile Ammoniak. → 56

---

36 Sie haben eine Wertigkeit vergessen. Bedenken Sie: Wievielwertig ist der Stickstoff im NO_2?

Wählen Sie jetzt die richtige Antwort bei 54.

---

37 Wir müssen einige Begriffe klären; lesen Sie bitte weiter unter 4.

---

38 Wir hatten bereits im 20. Programm gelernt, daß sich 1000 Liter Ammoniak in 1 Liter Wasser lösen.

In einem Kubikmeter Wasser lösen sich also 1000 m^3 Ammoniakgas. → 10

---

39 Ammoniak ist eine Verbindung mit der Summenformel NH_3. Der Stickstoff als Bestandteil des Mischgases ist für die Ammoniak-Synthese unbedingt erforderlich.

Stellen Sie die Reaktionsgleichung für die Synthese des Ammoniaks nach dem Haber-Bosch-Verfahren auf.

.... + ... $\longrightarrow$ NH_3

Vergleichen Sie bei 44.

21

40 Die richtige Reaktionsgleichung:

$$CO + H_2O \longrightarrow CO_2 + H_2$$

Was stellt diese Reaktionsgleichung chemisch gesehen dar?

- Eine Oxidation des Kohlenmonoxids → 52
- Eine Reduktion des Wassers → 29
- Eine Oxidation des Kohlenoxids und gleichzeitig eine Reduktion des Wassers → 63

41 Natriumhydrogencarbonat setzt sich mit Kohlendioxid überhaupt nicht um.

Wenn man in eine wäßrige Lösung von Natriumcarbonat CO_2 einleitet, bekommt man Natriumhydrogencarbonat.

$$Na_2CO_3 + H_2O + CO_2 \longrightarrow 2\ NaHCO_3$$

Beim weiteren Einleiten von CO_2 ändert sich nichts mehr.

Wie kann man Natriumhydrogencarbonat in technisch besonders vorteilhafter Weise in Natriumcarbonat überführen?

- durch Erhitzen → 15
- durch Umsetzung mit Natronlauge → 5

42

Haber-Bosch	Verfahren zur Herstellung von Ammoniak
Wasserstoff, *Stickstoff*	*Ausgangsprodukte*
500 °C, *Druck*	Verfahrensbedingungen

Die Umsetzung ist selbst unter diesen Bedingungen noch *unvollständig*. Nicht umgesetzte Ausgangsstoffe werden *zurückgewonnen* und erneut in das Verfahren eingesetzt.

Zur Herstellung der Ausgangsstoffe für das Haber-Bosch-Verfahren benutzt man zwei wichtige technische Prozesse:

1. Prozeß zur Herstellung von *Generatorgas:*

Luft wird über glühenden Koks geleitet. Dabei reagiert der Luftsauerstoff mit dem Kohlenstoff zu Kohlenmonoxid.

$$2\,C + O_2 \longrightarrow 2\,CO$$

Wenn Sie bedenken, daß hier Luft eingesetzt wird, dann muß das Generatorgas neben Kohlenmonoxid noch .... enthalten. → 33

---

43 Kohlendioxid tritt bei der Herstellung von Generatorgas und bei der Herstellung von Wassergas überhaupt nicht auf. Es kann also auch nicht im Mischgas enthalten sein.

Lesen Sie noch einmal 42.

---

44 $N_2 + 3\,H_2 \longrightarrow 2\,NH_3$

Beantworten Sie jetzt bitte die Frage bei 13.

---

45 Es ist folgende Reaktionsgleichung richtigzustellen:

$$NH_3 + O_2 \longrightarrow NO + H_2O$$

Links im NH_3 haben wir 3 H-Atome, rechts im H_2O nur 2. Wir sollten also von 2 NH_3 ausgehen.

$$2\,NH_3 + O_2 \longrightarrow 2\,NO + 3\,H_2O$$

Jetzt stimmt die Anzahl der N- und H-Atome auf beiden Seiten der Reaktionsgleichung, aber mit dem Sauerstoff stimmt es noch nicht. Auf der rechten Seite haben wir 5 Sauerstoffatome. Da wir links O_2 stehen haben, erhalten wir mit der stöchiometrischen Zahl 2 (also 2 O_2) ein Sauerstoffatom zu wenig und mit der stöchiometrischen Zahl 3 (also 3 O_2) ein Sauerstoffatom zuviel.

Wir müssen also die stöchiometrischen Zahlen unserer jetzigen Reaktionsgleichung verdoppeln.

$$4\,NH_3 + O_2 \longrightarrow 4\,NO + 6\,H_2O$$

Welche stöchiometrische Zahl ist vor O_2 zu ergänzen?

Notieren Sie bitte die richtige Reaktionsgleichung. → 21

---

46 Wir hatten bereits im 20. Programm gelernt, daß sich 1000 Liter Ammoniak in einem Liter Wasser lösen.

In einem Kubikmeter Wasser lösen sich also 1000 m^3 Ammoniakgas. → 10

47 Ihre Antwort zeigt, daß Sie das Gesetz von Avogadro nicht ganz verstanden haben.

Eine ausführliche Erklärung finden Sie unter 11.

48 Nein, in der ersten Stufe des Solvay-Verfahrens zur Herstellung von Natriumcarbonat wird Kohlendioxid bis zur Sättigung in die wäßrige Lösung von Ammoniak eingeleitet. Dabei entsteht Ammoniumhydrogencarbonat.

Stellen Sie die Reaktionsgleichung dazu auf. → 20

49 Strukturformel für NO:

$N=O$

Der Stickstoff im NO ist *zweiwertig.*

Das durch katalytische Verbrennung von NH_3 erhaltene NO wird in der zweiten Stufe mit weiterem Sauerstoff umgesetzt. Das erfolgt bei normaler Temperatur, es entsteht Stickstoffdioxid, NO_2.

$$NO + O_2 \longrightarrow NO_2$$

Stellen Sie schriftlich diese Reaktionsgleichung richtig. → 61

50

2wertig: NO
3wertig: NH_3
4wertig: NO_2
5wertig: HNO_3

Zur Wiederholung eine Frage:

Welches der folgenden Verfahren dient zur Gewinnung von Ammoniak?

- Kontaktverfahren → 17
- Bleikammerverfahren → 67

- Wassergasverfahren → 60
- Haber-Bosch-Verfahren → 26
- Generatorgasverfahren → 6

---

51 Das Kontaktgas besteht aus:

N_2 (Stickstoff)

H_2 (Wasserstoff)

und CO_2 (Kohlendioxid)

Wir wollen uns genauer ansehen, woher diese Bestandteile stammen:

Stickstoff aus dem *Generatorgas*

Wasserstoff aus dem *Wassergas*, außerdem aus der Umsetzung des Kohlenoxids mit Wasserdampf im Kontaktgasprozeß

Kohlendioxid aus dem Kontaktgasprozeß

Wegen seiner guten Löslichkeit in Wasser kann man das Kohlendioxid leicht unter Druck aus dem Kontaktgas herauswaschen.

Stickstoff und Wasserstoff sind dann die Ausgangsstoffe zur Ammoniaksynthese.

Welches sind die Rohstoffe der Ammoniaksynthese?

- Luft, Wasser und Kohle → 25
- Wassergas und Generatorgas → 37
- Wasserstoff und Stickstoff → 14

21

---

52 Ihre Antwort ist richtig, aber unvollständig.

Sehen wir uns die genannte Reaktionsgleichung noch einmal an.
Sie lautet:

$$CO + H_2O \longrightarrow CO_2 + H_2$$

Tatsächlich hat eine Oxidation des Kohlenoxids zum Kohlendioxid stattgefunden. CO_2 enthält doppelt soviel Sauerstoff wie CO. Aber auch eine Reduktion des

Wassers hat stattgefunden, denn dem Wasser ist der .... entzogen worden. → 63

---

53 Ihre Antwort ist falsch.

Eine ausführliche Besprechung finden Sie bei 45.

54

$4\,NO_2$	$+\ 2\,H_2O$	$+\ O_2$	$\longrightarrow\ 4\,HNO_3$
Stickstoffdioxid	Wasser	Sauerstoff	Salpetersäure

Hier noch einmal alle drei Stufen der Salpetersäureherstellung.

$$\text{I.}\quad 4\,NH_3 + 5\,O_2 \longrightarrow 4\,NO + 6\,H_2O$$

$$\text{II.}\quad 2\,NO + O_2 \longrightarrow 2\,NO_2$$

$$\text{III.}\quad 4\,NO_2 + H_2O + O_2 \longrightarrow 4\,HNO_3$$

Wir haben bei der Herstellung von Salpetersäure aus NH_3 die wichtigsten Wertigkeiten, die Stickstoff in Verbindungen besitzen kann, kennengelernt.

Wievielwertig tritt Stickstoff in seinen Verbindungen auf?

- 2-, 3- und 5wertig → 36
- nur 3wertig → 9
- nur 5wertig → 19
- 2-, 3-, 4-, 5- und 6wertig → 28
- 3- und 5wertig → 23
- 2-, 3-, 4- und 5wertig → 66

---

55 *Haber-Bosch-Verfahren.*

Auf der rechten Seite der Gesamtreaktionsgleichung für das Solvay-Verfahren finden wir die *Endprodukte.*

Na_2CO_3	Natriumcarbonat
NH_4Cl	Ammoniumchlorid

Während Natriumcarbonat in vielen chemischen Prozessen weiter umgesetzt wird, dient NH_4Cl als Düngemittel.

Wir haben schon andere Ammoniumsalze kennengelernt, die ebenfalls als Düngemittel verwendet werden. Es sind dies die Salze des Ammoniaks mit Schwefelsäure und mit Kohlensäure.

Schreiben Sie die Namen und Summenformeln für beide Verbindungen auf.

→ 8

---

56 Ihre Antwort ist richtig.

Drei Volumenteile Wasserstoff reagieren mit einem Volumenteil Stickstoff zu zwei Volumenteilen Ammoniak.

$$3\ H_2 + N_2 \longrightarrow 2\ NH_3$$

So einfach, wie die Reaktionsgleichung aussieht, ist die Reaktion allerdings nicht zu verwirklichen. Man braucht hohe Temperaturen von etwa 500°C und hohe Drücke von mehreren 100 bar. Außerdem muß man besondere Katalysatoren anwenden. Aber auch dann werden der Stickstoff und der Wasserstoff nur unvollständig umgesetzt. Die nicht umgesetzten Anteile muß man zurückgewinnen und erneut in das Verfahren einsetzen, nachdem das Ammoniak mit Wasser aus dem Reaktionsgemisch herausgeholt worden ist.

Notieren Sie die fehlenden Wörter:

Ammoniak wird nach dem .... Verfahren aus den Elementen .... und .... gewonnen. Die beiden Gase werden bei hoher Temperatur (......°C) und hohem ...... an einem besonderen Katalysator umgesetzt. → 42

21

57

1. *Eiweiß besteht aus komplizierten, stickstoffhaltigen organischen Verbindungen.*

2. *Menschen und Tiere erhalten durch Ernährung mit pflanzlichem und tierischem Eiweiß den für sie erforderlichen Stickstoff in ausreichenden Mengen.*

3. *Die Pflanzen nehmen den Stickstoff, der zum Aufbau ihrer Eiweißstoffe notwendig ist, aus im Boden enthaltenen Stickstoffverbindungen auf.*

4. *Justus von Liebig entdeckte die Möglichkeit zur künstlichen Düngung.*

Mit dem Einsatz des Ammoniaks im Solvay-Verfahren und zur Herstellung von Düngemitteln sind aber die Verwendungsmöglichkeiten des Ammoniaks noch nicht erschöpft.

Ammoniak dient auch als Ausgangsmaterial zur Herstellung von Salpetersäure.

Schreiben Sie die Summenformel der Salpetersäure auf. → 64

---

58 Ihre Antwort ist richtig.

Hier noch einmal die drei Stufen des Solvay-Verfahrens:

I. $NH_3 + H_2O + CO_2 \longrightarrow NH_4HCO_3$

II. $NH_4HCO_3 + NaCl \longrightarrow NaHCO_3 + NH_4Cl$

III. $2\ NaHCO_3 \longrightarrow NaNO_3 + H_2O + CO_2$

Das in der dritten Stufe erhaltene Kohlendioxid kann in die erste Stufe wieder eingesetzt werden.

Notieren Sie auch die Reaktionsgleichung III, damit Sie den vollständigen Solvay-Prozeß aufgeschrieben haben.

Verdoppeln Sie Reaktionsgleichungen I und II, indem Sie vor jede Verbindung eine 2 schreiben, und zählen Sie nun jeweils die linken und rechten Seiten aller drei Reaktionsgleichung zusammen, streichen Sie die auf beiden Seiten vorkommenden Verbindungen, und vergleichen Sie dann die den gesamten Solvay-Prozeß beschreibende Reaktionsgleichung bei 65.

---

59 Ihre Antwort zeigt, daß Sie die Regel von Avogadro noch nicht verstanden haben.

Eine ausführliche Erklärung finden Sie unter 11.

---

60 Im Wassergasverfahren wird Wasserdampf über glühenden Koks geleitet. Es entstehen H_2 und CO.

Kehren Sie zurück nach 50.

---

61 $2\ NO + O_2 \longrightarrow 2\ NO_2$

Schreiben Sie für NO_2 die Strukturformel auf.
Wievielwertig ist der Stickstoff im NO_2? → 12

62

1. *Kontaktverfahren:*

   Herstellung von *Schwefelsäure* durch Oxidation von Schwefeldioxid mit Sauerstoff in Gegenwart von Katalysatoren.

2. *Bleikammerverfahren:*

   Herstellung von *Schwefelsäure* durch Oxidation von Schwefeldioxid mit Stickoxiden als Katalysatoren.

3. *Wassergasverfahren:*

   Umsetzung von Koks mit Wasserdampf zu *Wasserstoff* und *Kohlenmonoxid.*

4. *Generatorgasverfahren:*

   Umsetzung von Koks mit Luft zu einem Gemisch von *Kohlenmonoxid* und *Stickstoff.*

Ende des 21. Programms.

63 Ihre Antwort ist richtig. Neben der Oxidation des Kohlenoxids hat auch eine Reduktion des Wassers stattgefunden. Dem Wasser ist der *Sauerstoff* entzogen worden.

Technisch führt man den Prozeß in der Weise durch, daß man das Mischgas zusammen mit dem Wasserdampf bei höherer Temperatur über die Katalysatoren (Kontakte) leitet. Das jetzt entstehende Gas wird *Kontaktgas* genannt.

Notieren Sie die Bestandteile, aus denen das Kontaktgas besteht. → 51

64 Salpetersäure, HNO_3.

Der Stickstoff in der Salpetersäure ist fünfwertig.

Das Verfahren zur Herstellung von Salpetersäure aus Ammoniak verläuft wieder über mehrere Stufen.

In der ersten Stufe wird Ammoniak mit Luft bei höheren Temperaturen über einen Katalysator geleitet. Dabei wird das Ammoniak „verbrannt“.

$$NH_3 + O_2 \longrightarrow NO + H_2O$$

Stellen Sie schriftlich die Reaktionsgleichung richtig. Welche stöchiometrischen Zahlen sind zu ergänzen?

Es sind zu ergänzen

vor	NH_3	O_2	NO	H_2O	
●	2	4	2	3	→ 33
●	4	4	4	4	→ 34
●	4	5	4	6	→ 21

● Ich habe andere stöchiometrische Zahlen → 45

65

$$2\ NH_3 + 2\ H_2O + 2\ CO_2 + 2\ NH_4HCO_3 + 2\ NaCl + 2\ NaHCO_3 \longrightarrow$$

$$2\ NH_4HCO_3 + 2\ NaHCO_3 + 2\ NH_4Cl + Na_2CO_3 + H_2O + CO_2$$

Nach Weglassen der rechts und links vorkommenden Verbindungen ergibt sich die Gesamtreaktionsgleichung:

$$2\ NH_3 + H_2O + CO_2 + 2\ NaCl \longrightarrow Na_2CO_3 + 2\ NH_4Cl$$

Diese Gesamtreaktionsgleichung des Solvay-Prozesses gibt uns auf der linken Seite die *Ausgangsstoffe* an:

NaCl (Steinsalz) wird bergmännisch gewonnen.

CO_2 wird durch vollständige Verbrennung von Kohlenstoff gewonnen.

$NH_3 + H_2O$ sind die wäßrige Lösung von Ammoniak.

Notieren Sie den Namen des Verfahrens zur Herstellung von NH_3. → 55

66

Ihre Antwort ist richtig.

Stickstoff kann in seinen Verbindungen 2-, 3-, 4- und 5wertig auftreten. Die Wertigkeiten 3 und 5 sind die wichtigsten.

Notieren Sie jetzt für jede Wertigkeitsstufe des Stickstoffs die Summenformel einer Stickstoff-Verbindung. → 50

67

Das *Bleikammerverfahren* dient zur Herstellung von *Schwefelsäure*. Das Schwefeldioxid wird mit Stickoxiden als Katalysatoren zu Schwefeltrioxid oxidiert.

Kehren Sie zurück nach 50.

---

22. Programm

Stickstoff (III)

1 Mit diesem Programm wollen wir die Besprechung des Stickstoffs abschließen.

Stickstoff verbindet sich mit Sauerstoff zu Stickstoffoxiden. Diese werden meist einfach *Stickoxide* genannt. Die beiden wichtigsten Oxide des Stickstoffs sind das Stickstoffmonoxid und das Stickstoffdioxid.

Schreiben Sie die Strukturformeln für die beiden Stickstoffoxide auf. → 13

2 Herstellung von Salpetersäure:

1. $4\ NO_2 + 2\ H_2O + O_2 \longrightarrow 4\ HNO_3$

2. $NaNO_3 + H_2SO_4 \longrightarrow HNO_3 + NaHSO_4$

Bei der Umsetzung von Natriumnitrat mit Schwefelsäure entsteht Natriumhydrogensulfat.

Man kann die Umsetzung von Natriumnitrat mit Schwefelsäure auch so gestalten, daß Natriumsulfat, Na_2SO_4, gebildet wird.

Notieren Sie bitte dazu die Reaktionsgleichung. → 42

3 In einer Reaktionsgleichung muß auf der rechten und linken Seite von jeder Atomart die gleiche Anzahl vorhanden sein. Wenn Sie das sorgfältig prüfen, muß es Ihnen gelingen, die richtige Reaktionsgleichung aufzustellen. → 14

4 Ihre Antwort ist falsch.

Eine Erklärung finden Sie unter 23.

5 Richtig. Bei der Verbrennung des Schwarzpulvers wird der Schwefel zum Schwefeldioxid und der Kohlenstoff zum Kohlendioxid oxidiert.

Weitere wichtige Nitrate sind das *Ammoniumnitrat* und das *Silbernitrat*.

Ammoniumnitrat, NH_4NO_3, wird großtechnisch durch Neutralisation von Ammoniak mit Salpetersäure gewonnen. Es ist ein besonders hochwertiges Düngemittel, da es einen sehr hohen Stickstoffgehalt hat.

Silbernitrat, $AgNO_3$ (Symbol für Silber: Ag), ist ein Nachweisreagenz für Chlorid-Ionen. In Lösungen, die Chlorid-Ionen enthalten, entsteht bei Zugabe von Silbernitratlösung ein weißer, flockiger Niederschlag von Silberchlorid.

Als Beispiel ist hier die Reaktionsgleichung für Natriumchlorid angegeben.

$$NaCl + AgNO_3 \longrightarrow AgCl + NaNO_3$$

Formulieren Sie bitte die Reaktionsgleichung für die Reaktion von $AgNO_3$ mit HCl. → 21

---

6 *KNO_2 ist Kaliumnitrit.*

Der aus dem Kaliumnitrat beim Erhitzen nach der Reaktionsgleichung

$$2\ KNO_3 \longrightarrow 2\ KNO_2 + O_2$$

freiwerdende Sauerstoff kann mit anderen Stoffen reagieren.

Was sind demnach Nitrate?

- Reduktionsmittel → 39
- Oxidationsmittel → 17
- Katalysatoren → 28

---

7 Es entsteht zwar Kohlendioxid, aber *kein* Schwefeltrioxid.

Eine Erklärung finden Sie bei 20.

---

8 NO_2 ist ein braunes Gas, das sehr giftig ist.
An seiner braunen Farbe kann man es leicht erkennen.

Das Stickstoffmonoxid (NO) dagegen ist farblos. Trotzdem erkennen wir es sofort, wenn es aus einer Apparatur ausströmt.

Woran erkennen Sie das Ausströmen von NO?

Notieren Sie bitte Ihre Antwort. → 45

---

9 Die vollständigen Reaktionsgleichungen sind:

I. $4\ NH_3 + 5\ O_2 \longrightarrow 4\ NO + 6\ H_2O$

II. $4\ NO + 2\ O_2 \longrightarrow 4\ NO_2$

III. $4\ NO_2 + O_2 + 2\ H_2O \longrightarrow 4\ HNO_3$

Durch Zusammenzählen jeweils der linken und rechten Seiten dieser Reaktionsgleichungen erhalten wir eine neue Reaktionsgleichung. Wenn wir dann die Substanzen weglassen, die auf beiden Seiten vorkommen, haben wir die Gesamtreaktionsgleichung dieser wichtigen Synthese.

Stellen Sie diese Gesamtreaktionsgleichung in der eben beschriebenen Weise auf. → 18

---

10 *Natriumhydrogensulfat* ist richtig.

Beschreiben Sie nun in Stichworten die beiden besprochenen Verfahren zur Herstellung von Salpetersäure, indem Sie die Namen der beteiligten Stoffe angeben.

Vergleichen Sie dann Ihr Ergebnis unter 16.

---

11 Nitrite entstehen beim Erhitzen von Nitraten.

Von der Salpetrigen Säure lassen sich nur verdünnte wäßrige Lösungen herstellen. Sie ist sehr unbeständig und zerfällt leicht in Stickstoffoxide und Wasser. Ihre Formel ist HNO_2.

Beim Arbeiten mit Nitriten muß man sehr vorsichtig sein.
Kommen Nitrite mit Säuren zusammen, so entsteht das außerordentlich giftige Stickstoffdioxid. Vorsicht!
Das Auftreten der NO_2-Gase beim Zusammengeben von Nitrit und einer Säure ist die Nachweisreaktion für Nitrite.

Welche Farbe hat das Stickstoffdioxid?

- Braun → 44
- Gelb → 24
- Farblos → 35

12 $HNO_3 \longrightarrow H^+ + NO_3^-$

Mit zunehmender Verdünnung verliert die Salpetersäure ihre oxidierende Wirkung. Als verdünnte Säure verhält sie sich schließlich wie jede andere starke Säure.

Welches Salz entsteht, wenn verdünnte Salpetersäure mit Zink reagiert? (Zink, Zn, bildet zweifach positiv geladene Ionen.)

Stellen Sie bitte die Reaktionsgleichung auf, und geben Sie den Namen des Salzes an. → 43

---

13 N=O O=N=O

Die Herstellung von Stickstoffmonoxid durch katalytische Verbrennung von Ammoniak kennen Sie bereits.

Schreiben Sie dazu bitte die Reaktionsgleichung auf. → 32

---

14 $2\,NO + O_2 \longrightarrow 2\,NO_2$

Bei der Umsetzung von Stickstoffdioxid mit Wasser in Gegenwart von Sauerstoff bildet sich Salpetersäure. Die noch nicht vollständige Reaktionsgleichung dafür ist:

$$NO_2 + H_2O + O_2 \longrightarrow 4\,HNO_3$$

Wir haben auf der *linken* Seite dieser Reaktionsgleichung die stöchiometrischen Zahlen weggelassen. Die Reaktionsgleichung ist also *noch nicht richtig.*

Welche stöchiometrischen Zahlen müssen Sie vor NO_2, vor H_2O und vor O_2 setzen?

	vor NO_2	vor H_2O	vor O_2	
•	2	2	keine	→ 25
•	4	2	keine	→ 46
•	4	4	2	→ 36
•	2	4	2	→ 3

15 Ihre Antwort ist falsch.

Eine Erklärung finden Sie unter 23.

16 Verfahren zur Herstellung von Salpetersäure:

1. Aus Stickstoffdioxid mit Wasser und Sauerstoff.

2. Aus Natronsalpeter (Chilesalpeter) mit Schwefelsäure.
   Nebenprodukt: Natriumhydrogensulfat.

Das zweite Verfahren zur Herstellung von Salpetersäure hat in Deutschland keine Bedeutung mehr.

Schreiben Sie nun bitte zu beiden Verfahren noch einmal die Reaktionsgleichungen auf, und lesen Sie dann weiter unter 2.

17 Nitrate sind Oxidationsmittel. Man nutzt die Oxidationswirkung der Nitrate zur Herstellung von Schwarzpulver. Schwarzpulver wird heute für die Herstellung von Feuerwerkskörpern eingesetzt. Für die Herstellung von Munition ist es bedeutungslos geworden.
Schwarzpulver ist eine Mischung von *Kaliumnitrat, Schwefel* und *Kohlepulver.* Bei der Verbrennung reagiert der vom Kaliumnitrat abgegebene Sauerstoff mit dem Schwefel und der Kohle. Als Reaktionsprodukte entstehen Verbrennungsgase, die sich durch die gleichzeitig entwickelte Hitze stark ausdehnen. Deshalb explodiert Schwarzpulver, wenn es eingeschlossen ist und gezündet wird. Zündet man dagegen eine kleine Menge Schwarzpulver in einer Schale an, so erfolgt nur eine Verpuffung, weil die Verbrennungsgase frei entweichen können.

Woraus bestehen die Verbrennungsgase des Schwarzpulvers?

- aus Kohlendioxid und Schwefeltrioxid → 7
- aus Kohlendioxid und Schwefeldioxid → 5
- aus Kohlenmonoxid und Schwefeltrioxid → 41
- aus Kohlenmonoxid und Schwefeldioxid → 29

18

$$4\,NH_3 + 8\,O_2 + 4\,NO + 4\,NO_2 + 2\,H_2O \longrightarrow 4\,NO + 6\,H_2O + 4\,NO_2 + 4\,HNO_3$$

Die Gesamtreaktionsgleichung ist:

$$4\,NH_3 + 8\,O_2 \longrightarrow 4\,HNO_3 + 4\,H_2O$$

22

oder, nachdem durch 4 geteilt wurde:

$$NH_3 + 2\,O_2 \longrightarrow HNO_3 + H_2O$$

Konzentrierte Salpetersäure ist eine etwa 60%ige Lösung von HNO_3 in Wasser (w (HNO_3) ca. 0,6). Sie ist ein starkes Oxidationsmittel. Noch stärker oxidierend als konzentrierte Salpetersäure wirkt ihre Mischung mit konzentrierter Salzsäure. Man nennt diese Mischung *Königswasser*, weil sie imstande ist, den „König der Metalle“, das Gold, aufzulösen.

Beim Umgang mit konzentrierter Salpetersäure oder mit Königswasser ist größte Vorsicht geboten, beide wirken stark ätzend.

Notieren Sie bitte die oben genannten wichtigsten Eigenschaften der konzentrierten Salpetersäure und des Königswassers in Stichworten, und lesen Sie dann weiter unter 30.

---

19 Stickstoffmonoxid (NO): farblos, gasförmig, reagiert mit Sauerstoff sehr leicht.

$$2\,NO + O_2 \longrightarrow 2\,NO_2$$

Stickstoffdioxid ist ein braunes, äußerst giftiges Gas. Es ist besonders gefährlich, weil man größere Mengen einatmen kann, ohne sofort irgendwelche Folgen zu spüren. Die Vergiftungserscheinungen zeigen sich u. U. erst nach Stunden. Oft kommt deshalb jede Hilfe zu spät.

Also größte Vorsicht beim Arbeiten mit Stickstoffdioxid!

Notieren Sie bitte kurz die Eigenschaften des NO_2. → 8

---

20 Wir wollen genau überlegen: Schwarzpulver ist eine Mischung von Kaliumnitrat mit Schwefel und Kohlepulver.

Bei der Entzündung des Schwarzpulvers gibt das Kaliumnitrat einen Teil seines Sauerstoffs ab. Schwefel und Kohle reagieren mit dem Sauerstoff. Beide Stoffe werden oxidiert.

Schwefel kann grundsätzlich zu Schwefeldioxid oder Schwefeltrioxid oxidiert werden. Die Oxidation zum Schwefeltrioxid ist aber schwierig und gelingt nur in Gegenwart von Katalysatoren. Bei der Verbrennung von Schwarzpulver ist kein geeigneter Katalysator anwesend, also wird der Schwefel nur bis zum Schwefeldioxid oxidiert.

Kohlenstoff kann zu Kohlenmonoxid und Kohlendioxid oxidiert werden. Kohlenmonoxid entsteht aber nur bei der unvollständigen Verbrennung des Kohlenstoffs. Da durch Kaliumnitrat im Schwarzpulver genügend Sauerstoff zur Verfügung steht, wird der Kohlenstoff zum Kohlendioxid oxidiert.

Bei der Verbrennung des Schwarzpulvers wird der Schwefel zum .... und der Kohlenstoff zum .... oxidiert. → 5

---

21 Bitte vergleichen Sie:

$$HCl + AgNO_3 \longrightarrow AgCl + HNO_3$$

Wichtig ist, daß man die auf Chlorid-Ionen zu untersuchende Lösung vor der Zugabe des Silbernitrats mit verdünnter Salpetersäure ansäuert. Das ist erforderlich, weil es verschiedene Ionen gibt, die in neutraler oder schwach alkalischer Lösung mit Silber-Ionen auch einen weißen Niederschlag bilden und somit die Anwesenheit von Chlorid-Ionen vortäuschen können.

Schreiben Sie bitte noch die Reaktionsgleichung für die Umsetzung von $CaCl_2$ mit $AgNO_3$ auf. → 33

---

22 Probe mit Eisen(II)-sulfat-Lösung vermischen, mit konzentrierter Schwefelsäure unterschichten. Ein brauner Ring zwischen den Schichten zeigt Nitrat oder Salpetersäure an.

Jetzt noch einmal zur Salpetrigen Säure. Die Salze der Salpetrigen Säure heißen Nitrite. Sie entstehen beim .... vom Nitraten unter gleichzeitigem Auftreten von Sauerstoff. → 11

---

23 Wenn Sie sich die Summenformeln für Natriumnitrat und Salpetersäure nebeneinander ansehen,

$$NaNO_3 \qquad HNO_3$$

dann erkennen Sie, daß beide Verbindungen das Nitrat-Ion und damit die gleiche Anzahl von Sauerstoffatomen enthalten.

Bei einer *Oxidation* verbindet sich aber ein Element oder eine Verbindung mit Sauerstoff, während bei der *Reduktion* einer Verbindung Sauerstoff entzogen wird. Aus Natriumnitrat kann man also weder durch Oxidation noch durch Reduktion Salpetersäure herstellen.

Bedenken Sie, daß Natriumnitrat ein Salz der Salpetersäure ist. Aus dem Salz wollen wir die Säure gewinnen.

Überlegen Sie noch einmal die Frage unter 46.

---

24 Die Farbe des Stickstoffdioxid ist dunkler. Stickstoffdioxid ist *braun*, während Stickstoffmonoxid .... ist. → 44

25 In der Reaktionsgleichung muß auf der rechten und linken Seite von jeder Atomart die gleiche Anzahl vorhanden sein.

Das trifft in der von Ihnen aufgestellten Reaktionsgleichung aber nur für Wasserstoff zu. Prüfen Sie deshalb noch einmal sorgfältig die stöchiometrischen Zahlen vor NO_2 und O_2. → 14

26 Ihre Antwort ist richtig.

Die starke und schwerer flüchtige Schwefelsäure verdrängt die Salpetersäure aus ihrem Salz.

Die Reaktionsgleichung heißt:

$$NaNO_3 + H_2SO_4 \longrightarrow HNO_3 + NaHSO_4$$

Wie heißt das neben der Salpetersäure entstandene Salz?

- Natriumhydrogensulfat → 10
- Natriumsulfat → 37

27 Bitte vergleichen Sie:

1. NO, NO_2
2. a) aus Chilesalpeter + H_2SO_4:

   $$NaNO_3 + H_2SO_4 \longrightarrow HNO_3 + NaHSO_4$$

   b) aus $NO_2 + O_2 + H_2O$:

   $$4\,NO_2 + O_2 + 2\,H_2O \longrightarrow 4\,HNO_3$$

3. $4\,NH_3 + 5\,O_2 \longrightarrow 4\,NO + 6\,H_2O$
4. $N_2 + O_2 \longrightarrow 2\,NO$
5. Stickoxide sind außerordentlich giftig.

6. Konzentrierte Salpetersäure wirkt stark ätzend.

7. Beim Zusammenbringen von Nitriten mit Säuren entstehen die sehr giftigen Stickoxide.

8. Salpetrige Säure: Nitrite

   Salpetersäure: Nitrate

Weitere Fragen:

9. Wie werden Nitrate nachgewiesen?

10. Welche wichtigen Stickstoffdüngemittel gibt es?

11. Wie werden Nitrite nachgewiesen?

12. Durch welche Reaktionsgleichung wird beschrieben:

    a) der Generatorgasprozeß,
    b) der Wassergasprozeß?

13. Aus welchen Gasen besteht:

    a) Generatorgas,
    b) Wassergas,
    c) Mischgas?

14. Nach welchem Verfahren wird großtechnisch Ammoniak hergestellt (Name des Verfahrens, Reaktionsgleichung und Reaktionsbedingungen)?

15. Wie wird das Ammoniak in den Ammoniumverbindungen nachgewiesen (Reaktionsgleichung, Beispiel Ammoniumsulfat)?

16. Wievielwertig ist der Stickstoff in:

    a) Salpetersäure
    b) Ammoniak
    c) Natriumnitrit
    d) Stickstoffmonoxid?

17. Ergänzen Sie folgende Reaktionsgleichungen:

    a) $HNO_3 + NH_4OH \longrightarrow$

    b) $KNO_3 \xrightarrow{\text{Hitze}}$

c) NH_4Cl + $\longrightarrow$ $NH_3 + H_2O + NaCl$

Vergleichen Sie Ihre Ergebnisse bei [40].

28

Katalysatoren sind Stoffe, die einen chemischen Vorgang beschleunigen, am Ende der Reaktion aber wieder in der gleichen Form vorliegen wie am Anfang.

Notieren Sie sich bitte diese Begriffsbestimmung.

Der erste Katalysator, den wir kennenlernten, war Braunstein. Er beschleunigt die Abspaltung von Sauerstoff beim Erhitzen von Kaliumchlorat, ohne sich selbst dabei zu verändern.

KNO_3 verändert sich aber beim Erhitzen!

Lesen Sie bitte noch einmal [6].

29

Es entsteht zwar Schwefeldioxid, aber *kein* Kohlenmonoxid.

Eine Erklärung finden Sie bei [20].

30

Konzentrierte Salpetersäure: Starkes Oxidationsmittel
Vorsicht: Ätzend!

Königswasser: Mischung aus konz. Salpetersäure und konz. Salzsäure.
Löst Gold auf.
Vorsicht: Ätzend!

In Wasser dissoziiert die Salpetersäure in einfach positiv geladene Wasserstoff-Ionen und einfach negativ geladene Nitrat-Ionen.

Stellen Sie bitte dazu die Reaktionsgleichung auf. → [12]

31

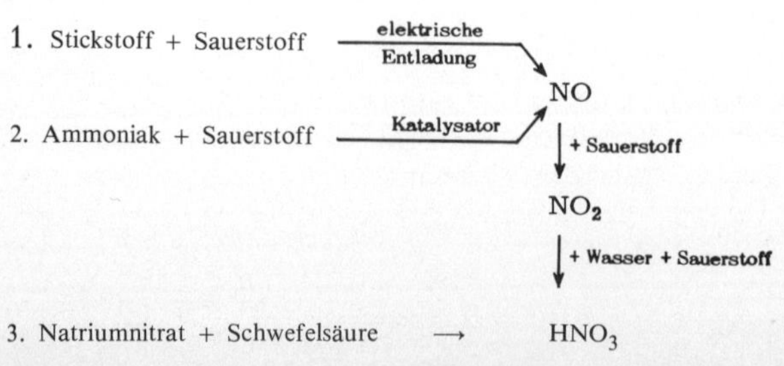

Das wichtigste Verfahren zur Herstellung von Salpetersäure ist das 2. Verfahren, ausgehend vom Ammoniak. Die unvollständigen Reaktionsgleichungen dazu sind.

I. $NH_3 + 5\,O_2 \longrightarrow 4\,NO +$

II. $4\,NO + O_2 \longrightarrow NO_2$

III. $NO_2 + 2\,H_2O + \qquad \longrightarrow 4\,HNO_3$

Notieren und vervollständigen Sie diese Reaktionsgleichungen. → 9

---

32 $4\,NH_3 + 5\,O_2 \longrightarrow 4\,NO + 6\,H_2O$

Wenn Ihr Ergebnis falsch war, dann sehen Sie sich die richtige Reaktionsgleichung noch einmal genau an, und schreiben Sie sie ab. Diese Reaktion erfolgt bei höherer Temperatur an einem Katalysator.

Die Herstellung von NO aus den Elementen Stickstoff und Sauerstoff ist wegen der Reaktionsträgheit des Stickstoffs nur unter besonderen Bedingungen möglich. Solche Bedingungen sind durch die heißen Funken bei der elektrischen Entladung gegeben.

Stickstoff und Sauerstoff vereinigen sich zum Stickstoffmonoxid nach der Reaktionsgleichung:

$$N_2 + O_2 \longrightarrow 2\,NO$$

Stickstoffmonoxid ist ein *farbloses* Gas. Es reagiert mit Sauerstoff besonders leicht.

Notieren Sie bitte zunächst in Stichwortern die Eigenschaften von Stickstoffmonoxid, und stellen Sie dann die Reaktionsgleichung für die Reaktion von Stickstoffmonoxid mit Sauerstoff auf. → 19

---

33 $CaCl_2 + 2\,AgNO_3 \longrightarrow 2\,AgCl + Ca(NO_3)_2$

Nach dem Nachweis der Chloride mit Silbernitrat beschreiben wir nun den Nachweis der Salpetersäure und ihrer Salze, der Nitrate.

Die auf Nitrat zu untersuchende Lösung wird mit einer Lösung von Eisen(II)-sulfat, $FeSO_4$, vermischt und dann mit einigen mL reiner, konzentrierter Schwefelsäure unterschichtet. Man läßt dazu die konzentrierte Schwefelsäure langsam in das schräg gehaltene Reagenzglas laufen. Die konz. Schwefelsäure hat eine größere Dichte als die zu untersuchende Lösung und vermischt sich bei vorsichtigem Eingießen nicht. Es bilden sich zwei Schichten: unten die konz. H_2SO_4, darüber die zu untersuchende Lösung. Wenn Salpetersäure oder ein Nitrat vorhanden ist, dann bildet sich zwischen den beiden Schichten ein brauner Ring.

Schreiben Sie bitte in Stichworten auf, wie man Salpetersäure oder Nitrate nachweist. → 22

---

34 Von der Salpetrigen Säure lassen sich nur *verdünnte* Lösungen herstellen.

Sie ist sehr *unbeständig* und zerfällt *leicht.*

Ihre Formel ist HNO_2.

Ihre Salze heißen *Nitrite.*

Zur Prüfung Ihrer Kenntnisse aus allen drei Stickstoffprogrammen beantworten Sie bitte schriftlich die folgenden Fragen. Ob Ihre Antworten richtig sind, können Sie dann bei 27 kontrollieren. Sehen Sie aber erst dann die Lösung nach, wenn Sie versucht haben, alle Fragen zu beantworten.

1. Welche Oxide des Stickstoffs haben Sie kennengelernt?
2. Welche Möglichkeiten zur Herstellung von Salpetersäure gibt es? Bitte auch die Reaktionsgleichungen aufstellen!
3. Reaktionsgleichung für die Verbrennung des Ammoniaks am Katalysator.
4. Reaktionsgleichung für die Umsetzung von N_2 mit O_2 in einer elektrischen Entladung.
5. Warum muß man vorsichtig sein beim Arbeiten mit Stickoxiden?
6. Warum muß man vorsichtig sein beim Arbeiten mit konz. Salpetersäure?
7. Warum muß man vorsichtig sein, wenn Nitrite mit Säuren in Berührung kommen?
8. Wie heißen die Salze der Salpetrigen Säure und der Salpetersäure?

Vergleichen Sie Ihr Ergebnis bei 27.

---

35 Stickstoffdioxid ist *braun.* Stickstoffmonoxid dagegen ist ...... → 44

---

36 In einer Reaktionsgleichung muß auf der rechten und linken Seite von jeder Atomart die gleiche Anzahl vorhanden sein.

Das trifft in der von Ihnen aufgestellten Reaktionsgleichung aber nur für Stickstoff zu. Prüfen Sie deshalb noch einmal sorgfältig die stöchiometrischen Zahlen vor H_2O und O_2. → 14

37 Ihre Antwort ist falsch.

Die Verbindung

$NaHSO_4$

enthält ja noch Wasserstoff.
Es handelt sich also um .... → 10

38 Sie haben bisher einige elektrolytische Verfahren kennengelernt. Bei diesen Verfahren wurden die elektrolysierten Stoffe aber stets in ihre Bestandteile zerlegt. So entstehen bei der Elektrolyse von Salzsäure Wasserstoff und Chlor, bei der Elektrolyse von Wasser Wasserstoff und Sauerstoff.

Bedenken Sie, daß Natriumnitrat ein Salz der Salpetersäure ist. Aus diesem Salz wollen wir die Säure in Freiheit setzen. Wie könnten wir das tun?

- Durch Umsetzung mit Schwefelsäure → 26
- Durch Oxidation → 4
- Durch Reduktion → 15

39 Eine Oxidation ist ein chemischer Vorgang, bei dem sich ein Stoff *mit Sauerstoff verbindet.* Stoffe, die für diesen chemischen Vorgang den nötigen Sauerstoff zur Verfügung stellen, nennt man Oxidationsmittel.

Lesen Sie bitte noch einmal 6.

40 Bitte vergleichen Sie:

9. Probe + Eisen(II)-sulfatlösung mit konz. Schwefelsäure unterschichten. Brauner Ring an der Berührungsschicht.

10. $NaNO_3$, KNO_3, NH_4NO_3, $(NH_4)_2SO_4$.

22

11. Beim Ansäuern der Probe entweichen Stickstoffoxide.

12. a) $2\ C + O_2 \longrightarrow 2\ CO$

    b) $C + H_2O \longrightarrow CO + H_2$

13. a) CO, N_2
    b) CO, H_2
    c) CO, N_2, H_2

14. Haber-Bosch-Verfahren:

    $N_2 + 3\ H_2 \longrightarrow 2\ NH_3$

    500°C und über 200 bar

15. $(NH_4)_2SO_4 + 2\ NaOH \longrightarrow Na_2SO_4 + 2\ NH_3 + 2\ H_2O$

    NH_3 entweicht, Geruch, Lackmuspapier blau.

16. a) HNO_3 5wertig

    b) NH_3 3wertig

    c) $NaNO_2$ 3wertig

    d) NO 2wertig

17. a) $HNO_3 + NH_3 + H_2O \longrightarrow NH_4NO_3 + H_2O$

    b) $2\ KNO_3 \xrightarrow{\text{Hitze}} 2\ KNO_2 + O_2$

    c) $NH_4Cl + NaOH \longrightarrow NH_3 + H_2O + NaCl$

Wenn Sie von diesen Fragen mehr als zwei Fragen nicht beantworten konnten oder in mehr als drei Fragen einen Fehler gemacht haben, dann sollten Sie bald alle Stickstoffprogramme nochmals durcharbeiten.

Ende des 22. Programms.

---

41 Es entsteht weder Kohlenmonoxid noch Schwefeltrioxid.

Eine Erklärung finden Sie bei 20.

42

$$2\,NaNO_3 + H_2SO_4 \longrightarrow 2\,HNO_3 + Na_2SO_4$$

Die größeren Mengen von Salpetersäure werden jedoch nicht aus Natriumnitrat, sondern aus Stickstoffdioxid hergestellt. Das für die Herstellung des NO_2 notwendige NO wird in Ländern mit billiger elektrischer Energie durch Vereinigung von Stickstoff mit Sauerstoff mit Hilfe der elektrischen Entladung gewonnen.

In Deutschland ist jedoch das Verfahren der Verbrennung von Ammoniak an einem Katalysator wirtschaftlicher.

$$4\,NH_3 + 5\,O_2 \longrightarrow 4\,NO + 6\,H_2O$$

Zeichnen Sie das folgende Schema mit den verschiedenen Methoden zur Salpetersäureherstellung ab, und ergänzen Sie darin die fehlenden Substanzen (Abb. 30).

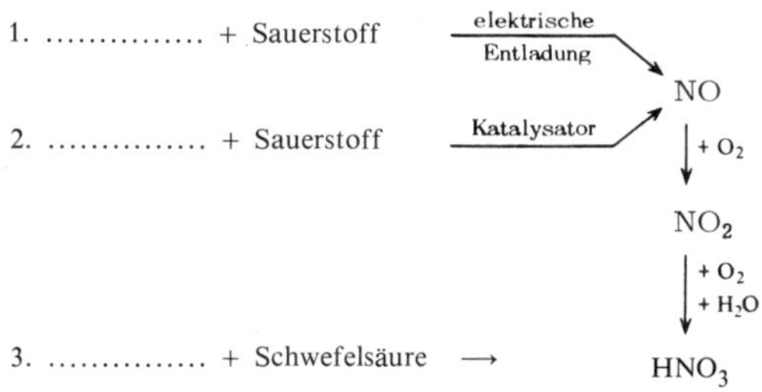

Abb. 30.

Kontrollieren Sie das vollständige Schema unter 31.

43

$$Zn + 2\,HNO_3 \longrightarrow Zn(NO_3)_2 + H_2$$

Zinknitrat

Beim Schwefel haben wir kennengelernt:

Schwefelsäure	H_2SO_4	(beständige Säure)
Schweflige Säure	H_2SO_3	(unbeständige Säure)
Schwefelwasserstoff	H_2S	(schwache, beständige Säure)

Bei dem Stickstoff ist das ähnlich:

Salpetersäure	HNO_3	(beständige Säure)
Salpetrige Säure	HNO_2	(unbeständige Säure)

Ammoniak H_3N
oder besser
NH_3 (Base)

Beim Schwefel haben wir gelernt:

Die Salze der Schwefelsäure heißen: Sulfate.
Die Salze der Schwefligen Säure heißen: Sulfite.

Beim Stickstoff lernen wir:

Die Salze der Salpetersäure heißen: Nitrate.
Die Salze der Salpetrigen Säure heißen: Nitrite.

In der Natur kommt das schon erwähnte Natriumnitrat (Natronsalpeter oder Chilesalpeter) vor. Es findet, ebenso wie das Kaliumnitrat (Kalisalpeter), als Düngemittel Verwendung.

Beim Erhitzen geben Kalium- und Natriumnitrat einen Teil ihres Sauerstoffs ab. Die Gleichung für diesen Vorgang lautet beim Kaliumnitrat:

$$2\,KNO_3 \longrightarrow 2\,KNO_2 + O_2$$

Notieren Sie den Namen für KNO_2. → 6

---

44 Richtig, Stickstoffdioxid (NO_2) ist ein *braunes* Gas, während Stickstoffmonoxid *farblos* ist.

Notieren Sie die folgenden Sätze mit den richtigen Ergänzungen:

Von der Salpetrigen Säure lassen sich nur .... (konzentrierte/verdünnte) Lösungen herstellen.

Sie ist sehr .... (beständig/unbeständig) und zerfällt .... (leicht/nicht).

Ihre Formel ist .... (HNO_2/HNO_3).

Ihre Salze heißen .... (Nitrate/Nitrite). → 34

---

45 Ihre Antwort ist richtig, wenn Sie sich überlegt haben, daß das ausströmende NO mit dem Sauerstoff der Luft sofort NO_2 bildet. Es entsteht also ein braunes Gas.

Notieren Sie bitte die Reaktionsgleichung, und vergleichen Sie bei 14.

---

46 Ihre Antwort ist richtig.

Die vollständige Reaktionsgleichung lautet:

$$4\,NO_2 + 2\,H_2O + O_2 \longrightarrow 4\,HNO_3$$

Es gibt noch ein zweites Verfahren:

Man geht von dem in Chile vorkommenden Natronsalpeter aus. Natronsalpeter (Chilesalpeter) ist Natriumnitrat.

Überlegen Sie bitte, wie man aus Natriumnitrat Salpetersäure gewinnen kann:

- Durch Elektrolyse → 38
- Durch Umsetzung mit Schwefelsäure → 26
- Durch Oxidation → 4
- Durch Reduktion → 15

23. Programm

Chlor und seine Verbindungen

1 Chlor ist ein Element, mit dem Sie sich schon befaßt haben. Wir wollen deshalb kurz wiederholen, was Sie schon wissen. Überlegen Sie, welche physikalischen Eigenschaften das Chlor hat. Sie können dann leicht die folgende Frage beantworten:

Was ist Chlor?

- Ein Metall → 5
- Ein Nichtmetall → 8
- Keines von beiden → 11

---

2 Ihre Antwort ist fast richtig.

Die Verbindung, die aus Chlor und Wasserstoff entsteht, HCl, nennt man Chlorwasserstoff oder Hydrogenchlorid. Die wäßrige Lösung von Chlorwasserstoff nennt man Salzsäure.

Lesen Sie bitte weiter unter 23.

---

3 Richtig, Chlor gewinnt man durch Elektrolyse von Natriumchlorid-Lösung.
Steht Chlorwasserstoff technisch in großen Mengen zur Verfügung, so elektrolysiert man auch Salzsäure.

Die Elektrolyse einer Natriumchlorid-Lösung ist Ihnen bereits bekannt. Welche Produkte entstehen dabei neben Chlor?

- Natronlauge → 7
- Natronlauge und Wasserstoff → 10
- Natrium und Wasserstoff → 18

4 Ihre Antwort ist falsch.

Lesen Sie bitte weiter unter 19.

5 Ihre Antwort ist falsch.

Lesen Sie bitte weiter unter 14.

6 Nein. Der Niederschlag ist zwar weiß, aber flockig.

Schreiben Sie bitte auf:

Zum Nachweis von Salzsäure und Chloriden säuert man die wäßrigen Lösungen mit Salpetersäure an und gibt Silbernitratlösung hinzu. Es entsteht ein weißer, flockiger Niederschlag von Silberchlorid.

Ende des 23. Programms.

7 Ihre Antwort ist unvollständig.

Bei der Elektrolyse einer wäßrigen Natriumchlorid-Lösung entsteht außer Chlor und Natronlauge noch Wasserstoff. Notieren Sie bitte das Folgende:

Die Elektrolyse einer wäßrigen Natriumchlorid-Lösung ergibt ...., ... und ....

Notieren Sie die fehlenden Wörter, und vergleichen Sie bei 10.

8 Richtig:
Chlor ist ein *Nichtmetall*. Es ist ein grünliches, stechend riechendes Gas.

Chlor ist sehr giftig.

Chlor ist schwerer als Luft.

Chlor ist ein sehr reaktionsfreudiges Element, das sich leicht mit anderen Elementen verbindet, z. B.

mit Wasserstoff,
mit Natrium,
mit Kalium.

Stellen Sie bitte die Reaktionsgleichungen für die Reaktionen von Chlor mit Wasserstoff, Natrium und Kalium auf.

Welche Stoffe entstehen?

- Salzsäure, Natriumchlorid, Kaliumchlorid → 2
- Chlorwasserstoff, Natriumoxid, Kaliumoxid → 13
- Chlorwasserstoff, Natriumchlorid, Kaliumchlorid → 23

---

9 Ihre Antwort ist nicht ganz richtig.

Man kann durch Elektrolyse von Salzsäure Chlor gewinnen. Das Verfahren hat aber nur dort Bedeutung, wo technisch große Mengen von Chlorwasserstoff anfallen. Im allgemeinen wird die wäßrige Lösung von Natriumchlorid elektrolysiert. Natriumchlorid findet sich ja in der Natur in großen Mengen.

Lesen Sie bitte weiter unter 3.

---

10 Die Elektrolyse einer wäßrigen Kochsalzlösung ergibt *Chlor, Natronlauge* und *Wasserstoff.*

Wir haben bisher eine Säure des Chlors kennengelernt.
Schreiben Sie Namen und Formel dieser Säure auf. Um was für eine Säure handelt es sich?

- Um eine einbasige Säure → 17
- Um eine zweibasige Säure → 20
- Um eine dreibasige Säure → 24

---

11 Jedes chemische Element ist entweder ein *Metall* oder ein *Nichtmetall.*

Lesen Sie bitte weiter unter 14

---

12 Nur die Wertigkeit des Chlors in der Hypochlorigen Säure ist nicht richtig. Stellen Sie die Strukturformel der Hypochlorigen Säure (HOCl) auf.

Sie brauchen jetzt nur noch die Wertigkeiten des Chlors an den Bindungsstrichen abzuzählen.

Lesen Sie dann bitte noch einmal [53].

---

13 Es wurde nach der Umsetzung von Chlor mit Wasserstoff, Natrium und Kalium gefragt. Da Sauerstoff an diesen Reaktionen gar nicht beteiligt ist, können also auch keine Oxide entstehen.

Lesen Sie noch einmal [8].

---

14 *Metalle* sind Elemente, die den elektrischen Strom und die Wärme gut leiten. Metalle glänzen und sind im Normzustand fest (Ausnahme: Quecksilber, flüssig).

Nichtmetalle leiten die Wärme und den elektrischen Strom schlecht. Nichtmetalle können im Normzustand gasförmig, flüssig (nur Brom) oder fest sein. Sie sind oft farbig.

Chlor ist ein grünliches, stechend riechendes und *giftiges* Gas.

Notieren Sie:
Chlor ist ein .... (Metall/Nichtmetall). → [8]

---

15 Beim Erhitzen von Natriumchlorid-Lösung erhält man aus kalter Natriumchlorid-Lösung heiße Natriumchlorid-Lösung, und schließlich beginnt das Wasser zu verdampfen. Zurück bleibt festes Natriumchlorid. Ein *chemischer* Vorgang findet überhaupt nicht statt, der Vorgang ist vielmehr *physikalisch.*

Überlegen Sie bitte die Frage unter [23] noch einmal.

---

16 Nur die Wertigkeit von Chlor in HCl ist richtig. Die Strukturformeln von Chlorsäure und Perchlorsäure haben Sie soeben notiert. Stellen Sie auch noch die Strukturformel von Hypochloriger Säure (HOCl) auf.

Sie brauchen jetzt nur noch die Wertigkeiten des Chlors an den Bindungsstrichen abzuzählen.

Lesen Sie dann noch einmal [53].

---

17 Chlorwasserstoff oder Hydrogenchlorid, HCl, ist eine *einbasige Säure.*

Chlorwasserstoff kann aus den Elementen Chlor und Wasserstoff gewonnen werden. Man muß dabei allerdings sehr vorsichtig verfahren, da Wasserstoff und Chlor sehr heftig miteinander reagieren.

Ein weiteres Verfahren zur Herstellung von Chlorwasserstoff besteht in der Einwirkung von Schwefelsäure auf Natriumchlorid. Je nach dem Stoffmengenverhältnis von Natriumchlorid und Schwefelsäure verläuft die Reaktion nach zwei verschiedenen Reaktionsgleichungen:

1. $NaCl + H_2SO_4 \longrightarrow NaHSO_4 + HCl$

2. $2\,NaCl + H_2SO_4 \longrightarrow Na_2SO_4 + 2\,HCl$

Wieviel Mol Schwefelsäure-Moleküle kommen in den beiden Reaktionsgleichungen auf ein Mol Natriumchlorid-Moleküle?

	In Reaktionsgleichung 1	In Reaktionsgleichung 2	
●	1 Mol	2 Mol	→ 25
●	1 Mol	1 Mol	→ 28
●	1 Mol	1/2 Mol	→ 30

18 Ihre Antwort ist nur teilweise richtig. Die Wasserstoff-Ionen werden an der Kathode entladen. Es entsteht Wasserstoff. Die Natrium-Ionen jedoch werden nicht entladen.

Die Elektrolyse einer wäßrigen Natriumchlorid-Lösung ergibt ...., ... und ....

Notieren Sie die fehlenden Wörter, und vergleichen Sie bei 10.

19 In Wasser spalten sich (= dissoziieren) Säuren unter Bildung von Wasserstoff-Ionen und Säurerest-Ionen.

Chlorwasserstoff dissoziiert in Wasser nach folgender Reaktionsgleichung:

$$HCl \longrightarrow H^+ + Cl^-$$

Bei der Neutralisation reagiert 1 Mol Chlorwasserstoff-Moleküle mit 1 Mol Natronlauge-Moleküle.

$$HCl + NaOH \longrightarrow NaCl + H_2O$$

Chlorwasserstoff ist eine *einbasige* Säure.

Schwefelsäure dissoziiert in Wasser nach folgender Reaktionsgleichung:

$$H_2SO_4 \longrightarrow 2\,H^+ + SO_4^{2-}$$

Schwefelsäure ist eine *zweibasige* Säure.

Chlorwasserstoff, HCl, ist eine ....-basige Säure.

Notieren Sie bitte das fehlende Wort. → 17

---

20 Ihre Antwort ist falsch.

Die Säure des Chlors, die wir bereits kennen, ist der Chlorwasserstoff, dessen wäßrige Lösung man als Salzsäure bezeichnet.

Chlorwasserstoff hat die Formel HCl. Wievielbasig ist diese Säure?

- Einbasig → 17
- Zweibasig → 32
- Dreibasig → 4

---

21 $Zn + 2\,HCl \longrightarrow ZnCl_2 + H_2$

Bei der Einwirkung von Salzsäure auf Zink entstehen Zinkchlorid und Wasserstoff.

Die Salze der Salzsäure heißen Chloride.

Besonders wichtige Chloride sind Natriumchlorid, Kaliumchlorid, Ammoniumchlorid und Calciumchlorid.

Schreiben Sie bitte die Namen und Summenformeln dieser Salze auf. → 50

---

22 Sehen Sie sich unter 33 noch einmal genau die Strukturformeln an, und zählen Sie die Bindungsstriche an den Chloratomen. Sie werden dann die richtige Antwort finden.

---

23 Ihre Antwort ist richtig.

Vergleichen Sie die von Ihnen aufgestellten Reaktionsgleichungen. Die richtigen Reaktionsgleichungen sind:

$$Cl_2 + H_2 \longrightarrow 2\,HCl$$

$$Cl_2 + 2\,Na \longrightarrow 2\,NaCl$$

$$Cl_2 + 2\,K \longrightarrow 2\,KCl$$

Sie kennen schon eine Methode zur Gewinnung des Chlors.

Wie gewinnt man Chlor in der Technik?

- Durch Elektrolyse von Natriumchlorid-Lösung → 3
- Durch Elektrolyse von Salzsäure → 9
- Durch Erhitzen von Natriumchlorid-Lösung → 15

24 Ihre Antwort ist falsch.

Die Säure des Chlors, die wir bereits kennen, ist der Chlorwasserstoff, dessen wäßrige Lösung man als Salzsäure bezeichnet.

Chlorwasserstoff hat die Formel HCl. Wievielbasig ist diese Säure?

- Einbasig → 17
- Zweibasig → 32
- Dreibasig → 4

25 Ihre Antwort ist falsch. Hier noch eine Hilfe:

NaCl bedeutet in Reaktionsgleichungen: Eine Stoffmenge von 1 Mol Natriumchlorid-Molekülen.
H_2SO_4 bedeutet in Reaktionsgleichungen: Eine Stoffmenge von 1 Mol Schwefelsäure-Molekülen.

Sehen Sie sich die Reaktionsgleichungen bei 17 noch einmal genau an, und beantworten Sie die Frage erneut.

26

$HOCl \longrightarrow H^+ + OCl^-$

$HClO_3 \longrightarrow H^+ + ClO_3^-$

Die Salze der Hypochlorigen Säure heißen *Hypochlorite.*

Die Salze der Chlorsäure heißen *Chlorate.*

Wichtige Salze dieser Säuren sind:

Natriumhypochlorit, Kaliumhypochlorit,
Natriumchlorat und Kaliumchlorat.

Welche Wertigkeiten hat Chlor in diesen Salzen?

	Natrium-hypochlorit	Kalium-hypochlorit	Natrium-chlorat	Kalium-chlorat	
●	2	2	5	5	→ 47
●	1	2	5	6	→ 42
●	1	1	5	5	→ 38
●	5	5	1	1	→ 51

27

Ihre Antwort ist falsch.

Eine Erklärung finden Sie unter 46.

28

Ihre Antwort ist falsch. Hier noch eine Hilfe:

NaCl bedeutet in Reaktionsgleichungen: Eine Stoffmenge von 1 Mol Natriumchlorid-Molekülen.
H_2SO_4 bedeutet in Reaktionsgleichungen: Eine Stoffmenge von 1 Mol Schwefelsäure-Molekülen.

Sehen Sie sich die Reaktionsgleichungen bei 17 noch einmal genau an, und beantworten Sie die Frage erneut.

29

Vergleichen Sie Ihr Ergebnis:

$$2\ KClO_3 \longrightarrow 2\ KCl + 3\ O_2$$

War Ihre Gleichung richtig? Wenn ja, dann arbeiten Sie gut mit.

Die Tatsache, daß Kaliumchlorat beim Erhitzen leicht seinen Sauerstoff abgibt, zeigt, daß es ein starkes Oxidationsmittel ist.

Man muß deshalb beim Umgang mit Kaliumchlorat sehr vorsichtig sein. Brennbare Stoffe reagieren mit Kaliumchlorat unter Umständen explosionsartig!

Sie erinnern sich sicherlich noch, daß wir für einen glatteren Ablauf der Reaktion beim Erhitzen von Kaliumchlorat einen Katalysator zugegeben haben. Dieser Katalysator war Braunstein.

Beantworten Sie bitte schriftlich folgende Frage:

Was ist ein Katalysator? → 53

30

Ihre Antwort ist richtig.

In Reaktionsgleichung 1 kommt auf 1 Mol NaCl-Moleküle 1 Mol H_2SO_4-Moleküle, in Reaktionsgleichung 2 kommt auf 1 Mol NaCl-Moleküle 1/2 Mol H_2SO_4-Moleküle:

1. $NaCl + H_2SO_4 \longrightarrow NaHSO_4 + HCl$

2. $2\ NaCl + H_2SO_4 \longrightarrow Na_2SO_4 + 2\ HCl$

Chlorwasserstoff oder Hydrogenchlorid ist ein farbloses Gas, das an feuchter Luft sofort Nebel von Salzsäure bildet, Chlorwasserstoff „raucht“ an der Luft. Chlorwasserstoff ist außerordentlich leicht in Wasser löslich. Die wäßrige Lösung nennt man Salzsäure. Salzsäure ist eine sehr starke Säure.

Salzsäure wirkt ätzend und ist besonders gefährlich für die Augen; beim Arbeiten mit Salzsäure ist daher unbedingt eine Schutzbrille zu tragen!

Viele Metalle werden von Salzsäure leicht aufgelöst. Ein Beispiel, das Sie bereits kennen, ist das Auflösen von Zink durch Salzsäure. Schreiben Sie dafür die Reaktionsgleichung auf (Zink, Zn, ist zweiwertig). → 21

31 Ihre Antwort ist falsch.

Eine Erklärung finden Sie unter 46

32 Ihre Antwort ist falsch.

Lesen Sie bitte weiter unter 19.

33

$$HCl + AgNO_3 \longrightarrow HNO_3 + AgCl$$

$$KCl + AgNO_3 \longrightarrow KNO_3 + AgCl$$

$$CaCl_2 + 2\ AgNO_3 \longrightarrow Ca(NO_3)_2 + 2\ AgCl$$

Es gibt auch sauerstoffhaltige Säuren des Chlors. Die beiden wichtigsten müssen Sie sich merken:

Die *Hypochlorige Säure*, HOCl,

und die *Chlorsäure*, $HClO_3$.

Um die verschiedenen Wertigkeiten des Chlors zu veranschaulichen, sind hier die Strukturformeln der beiden Säuren angegeben. Bedenken Sie jedoch, daß die Strukturformeln nicht die tatsächlichen Bindungsverhältnisse in einem Molekül wiedergeben. Die Strukturformeln sind ein Hilfsmittel, das uns auf einfach Weise gestattet, die Wertigkeiten der Atome in einem Molekül zu erkennen.

Hypochlorige Säure

H-O-Cl

Chlorsäure

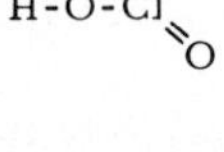

Notieren Sie die beiden Namen und die Formeln.

Welche Wertigkeiten hat Chlor in der Hypochlorigen Säure bzw. in der Chlorsäure?

- 1 bzw. 3 → 22
- 1 bzw. 5 → 44
- 1 bzw. 7 → 48

34 Ihre Antwort ist richtig.

Sie haben damit Ihr Wissen über das Chlor und seine Verbindungen wiederholt und ergänzt.

Ende des 23. Programms.

35 Nur die Wertigkeit des Chlors in der Perchlorsäure ist nicht richtig.

Die Strukturformeln von Chlorsäure und Perchlorsäure haben Sie soeben notiert.

Sie brauchen jetzt nur noch die Wertigkeiten des Chlors an den Bindungsstrichen abzuzählen.

Lesen Sie dann bitte noch einmal [53].

36 Hier sind die Reaktionsgleichungen:

$$H_2 + Cl_2 \longrightarrow 2\,HCl$$

$$NaCl + H_2SO_4 \longrightarrow NaHSO_4 + HCl \quad \text{oder}$$

$$2\,NaCl + H_2SO_4 \longrightarrow Na_2SO_4 + 2\,HCl$$

Die wichtigsten sauerstoffhaltigen Säuren des Chlors sind die Hypochlorige Säure, HOCl, die Chlorsäure, $HClO_3$ und die perchlorsäure, $HClO_4$.

Wie heißen die Salze dieser Säuren? → [49]

37 Ihre Antwort ist richtig.

Sie können jetzt sogar die Reaktionsgleichung für die Zersetzung des Kaliumchlorats beim Erhitzen formulieren. Kaliumchlorat zerfällt dabei in Kaliumchlorid und Sauerstoff.

Schreiben Sie die Reaktionsgleichung auf, und lesen Sie dann weiter unter [29].

38 Richtig.
Leitet man Chlor in Wasser, so löst sich das Chlor zum Teil. Man erhält *Chlorwasser.* Ein Teil des Chlors geht jedoch mit dem Wasser eine chemische Reaktion ein:

$$Cl_2 + H_2O \longrightarrow HCl + HOCl$$

Notieren Sie bitte diese Reaktionsgleichung.

Wie heißen die Natriumsalze der beiden Säuren, die auf der rechten Seite dieser Reaktionsgleichung stehen?

- Natriumchlorid und Natriumchlorat → 31
- Natriumhypochlorit und Natriumchlorat → 27
- Natriumchlorid und Natriumhypochlorit → 52
- Ich weiß es nicht → 46

39 Ihre Antwort ist falsch.

Kaliumchlorat wird in keinem Nachweis benötigt.

Überlegen Sie bitte noch einmal die richtige Antwort unter 52.

40 Ihre Antwort ist richtig.

Zur Wiederholung schreiben Sie bitte das Folgende mit Ergänzungen ab:

Chlor wird in der Technik durch .... von wäßriger Natriumchlorid-Lösung gewonnen. Nebenprodukte sind .... und ....

Lesen Sie bitte weiter unter 54.

41 Ihre Antwort ist falsch.

Schreiben Sie bitte auf:

Zum Nachweis von Salzsäure und Chloriden säuert man mit Salpetersäure an und gibt Silbernitratlösung hinzu. Es entsteht ein *weißer*, flockiger Niederschlag von Silberchlorid.

Ende des 23. Programms.

42 Wenn Sie sich die unter 33 stehenden und von Ihnen notierten Strukturformeln der Hypochlorigen Säure und der Chlorsäure noch einmal genau ansehen, dann können Sie die richtigen Wertigkeiten angeben. Die Wertigkeit des Chlors ist im Salz genau die gleiche wie in der entsprechenden Säure.

Lesen Sie bitte weiter unter 33.

---

43 Die Strukturformeln von Chlorsäure und Perchlorsäure haben Sie soeben notiert und die Wertigkeit des Chlors in diesen beiden Säuren auch richtig angegeben. Die anderen Wertigkeiten sind falsch. Stellen Sie die Strukturformeln von Chlorwasserstoff (HCl) und Hypochloriger Säure (HOCl) auf.

Sie brauchen jetzt nur noch die Wertigkeiten des Chlors an den Bindungsstrichen abzuzählen.

Lesen Sie dann bitte noch einmal 53.

---

44 Ja, die Wertigkeit von Chlor in der Hypochlorigen Säure ist 1, in der Chlorsäure 5.

Beide Säuren dissoziieren in Wasser unter Bildung von einfach positiv geladenen Wasserstoff-Ionen und einfach negativ geladenen Säurerest-Ionen.

Stellen Sie die Reaktionsgleichungen für die Dissoziation der Säuren auf.

$HOCl \longrightarrow$

$HClO_3 \longrightarrow$ → 26

---

45 Ihre Antwort ist falsch.

Ein Katalysator ist ein Stoff, der eine chemische Reaktion beschleunigt, am Ende der Reaktion aber wieder in der gleichen Form vorliegt wie am Anfang.

Überlegen Sie noch einmal die Antwort unter 52.

---

46 Schreiben Sie bitte das Folgende ab, und prägen Sie es sich gut ein:

Chlorwasserstoff	HCl	H-Cl	Salze:	Chloride
Hypochlorige Säure	$HOCl$	H-O-Cl	Salze:	Hypochlorite
Chlorsäure	$HClO_3$	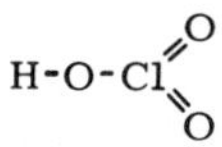	Salze:	Chlorate

Lesen Sie dann weiter unter 52.

---

47 Wenn Sie sich die unter 33 genannten und von Ihnen notierten Strukturformeln der Hypochlorigen Säure und der Chlorsäure noch einmal genau ansehen, dann können Sie die richtigen Wertigkeiten angeben. Die Wertigkeit des Chlors ist im Salz genau die gleiche wie in der entsprechenden Säure.

Lesen Sie bitte weiter unter 33 .

48 Sehen Sie sich unter 33 noch einmal genau die Strukturformeln an, und zählen Sie die Bindungssstriche an den Chloratomen. Sie werden dann die richtige Antwort finden.

49 Die Salze der Hypochlorigen Säure heißen Hypochlorite, die Salze der Chlorsäure Chlorate, die Salze der Perchlorsäure Perchlorate.

Die Sauerstoffsäuren des Chlors und ihre Salze sind starke Oxidationsmittel, weil sie Sauerstoff abgeben können.

Zum Nachweis von Chloriden säuert man die wäßrigen Lösungen mit Salpetersäure an und gibt Silbernitratlösung hinzu. Was entsteht?

- Ein weißer, pulvriger Niederschlag → 6
- Ein weißer, flockiger Niederschlag → 34
- Ein schwarzer Niederschlag → 41

50 Vergleichen Sie:

Natriumchlorid	$NaCl$
Kaliumchlorid	KCl
Ammoniumchlorid	NH_4Cl
Calciumchlorid	$CaCl_2$

Die Chloride und auch HCl dissoziieren in Wasser vollständig in Ionen. Da Chlorid-Ionen mit Silber-Ionen einen unlöslichen Niederschlag von Silberchlorid bilden, werden Chloride und auch Salzsäure mit Silbernitratlösung nachgewiesen. Zunächst säuert man die Lösung mit Salpetersäure an. Nach Zugabe von Silbernitratlösung entsteht sofort ein weißer, flockiger Niederschlag von Silberchlorid, AgCl.

Umsetzung von Silbernitrat mit Natriumchlorid als Ionengleichung geschrieben:

$$Na^+ + Cl^- + Ag^+ + NO_3^- \longrightarrow AgCl + Na^+ + NO_3^-$$

oder einfach:

$$NaCl + AgNO_3 \longrightarrow AgCl + NaNO_3$$

Schreiben Sie die Reaktionsgleichungen für die Umsetzungen von Silbernitrat mit HCl, KCl und $CaCl_2$ auf (nicht in Ionenschreibweise). → [33]

---

51 Wenn Sie sich die unter [33] stehenden und von Ihnen notierten Strukturformeln der Hypochlorigen Säure und der Chlorsäure noch einmal genau ansehen, dann können Sie die richtigen Wertigkeiten angeben. Die Wertigkeit des Chlors ist im Salz genau die gleiche wie in der entsprechenden Säure.

Lesen Sie bitte weiter unter [33].

---

52 Richtig, wenn man Chlor in Wasser einleitet, entstehen Salzsäure und Hypochlorige Säure:

$$Cl_2 + H_2O \longrightarrow HCl + HOCl$$

Die Natrium-Salze dieser beiden Säuren heißen Natriumchlorid und Natriumhypochlorit.

Chlorwasser ist ein starkes Oxidationsmittel: Die Hypochlorige Säure zerfällt unter Bildung von Salzsäure und Sauerstoff.

$$2\,HOCl \longrightarrow 2\,HCl + O_2$$

Und nun zur Chlorsäure. Ein Salz dieser Säure, das Kaliumchlorat, kennen wir bereits.

Wofür wird Kaliumchlorat benutzt?

- Als Nachweismittel → [39]
- Als Katalysator → [45]
- Zur Herstellung von Sauerstoff im Laboratorium → [37]

---

53 Ein Katalysator ist ein Stoff, der eine chemische Reaktion beschleunigt, am Ende der Reaktion aber wieder in der gleichen Form vorliegt wie am Anfang.

23

Es gibt eine sauerstoffhaltige Säure des Chlors, die noch mehr Sauerstoff als die Chlorsäure enthält. Man nennt sie deshalb auch *Überchlorsäure* oder *Perchlorsäure*. Ihre Salze heißen *Perchlorate*.

Wir stellen hier als Hilfsmittel zur Erkennung der Wertigkeiten die beiden Strukturformeln für Chlorsäure und Perchlorsäure einander gegenüber:

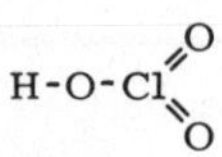

Chlorsäure

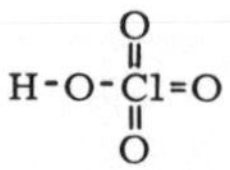

Perchlorsäure

Notieren Sie bitte die beiden Strukturformeln, und beantworten Sie dann folgende Frage:

Welche Wertigkeiten hat das Chlor in HCl, HOCl, $HClO_3$ und $HClO_4$?

	HCl	HOCl	$HClO_3$	$HClO_4$	
•	1	3	5	7	→ 12
•	1	1	5	7	→ 40
•	2	2	5	7	→ 43
•	1	2	3	5	→ 16
•	1	1	5	5	→ 35

54 Bitte vergleichen Sie:

Chlor wird in der Technik durch *Elektrolyse* von wäßriger Natriumchlorid-Lösung gewonnen. Nebenprodukte sind *Natronlauge* und *Wasserstoff*.

Chlorwasserstoff erhält man entweder aus den Elementen Chlor und Wasserstoff oder durch Umsetzung von Natriumchlorid mit Schwefelsäure.

Stellen Sie bitte die entsprechende Reaktionsgleichungen auf, und lesen Sie dann weiter unter 36.

24. Programm

Phosphor und Silicium

1 Phosphor hat das Symbol P. Phosphor kann in mehreren Erscheinungsformen (Modifikationen) auftreten. Die beiden wichtigsten sind der *gelbe* Phosphor und der *rote* Phosphor.

Gelber Phosphor ist sehr giftig und so leicht brennbar, daß er sich beim Liegenlassen an der Luft von selbst entzündet. Er muß deshalb stets unter Wasser aufbewahrt und mit der größten Vorsicht gehandhabt werden!

Gelber Phosphor leuchtet im Dunkeln.

Roter Phosphor ist ungiftig und entzündet sich erst bei wesentlich höherer Temperatur. Roter Phosphor wird zur Herstellung von Streichhölzern verwendet.

Notieren Sie die Eigenschaften der beiden Modifaktionen in Stichworten!

Wir haben schon mehrere Elemente kennengelernt, die in zwei oder drei verschiedenen Modifikationen vorkommen. Überlegen Sie, in welcher Zeile sich ausschließlich Elemente befinden, die in mehreren Modifikationen vorkommen!

- Chlor, Stickstoff, Schwefel → 9
- Schwefel, Kohlenstoff, Wasserstoff → 20
- Stickstoff, Kohlenstoff, Phosphor → 14
- Schwefel, Kohlenstoff, Phosphor → 17
- Chlor, Schwefel, Kohlenstoff → 22

2 Erinnern Sie sich an unsere Definition:

Eine Verbindung, die durch Reaktion mit Wasser eine Säure bildet, nennen wir ein Säureanhydrid.

Solche Säureanhydride kennen wir bereits. Kohlendioxid ist das Anhydrid der Kohlensäure, Schwefeldioxid das Anhydrid der schwefligen Säure, Schwefeltrioxid das Anhydrid der Schwefelsäure. Die Reaktionsgleichungen für die Umsetzungen dieser Anhydride mit Wasser zu den entsprechenden Säuren sind:

$$CO_2 + H_2O \longrightarrow H_2CO_3$$

$$SO_2 + H_2O \longrightarrow H_2SO_3$$

$$SO_3 + H_2O \longrightarrow H_2SO_4$$

Diese Reaktionsgleichungen entsprechen durchaus der Umsetzung von Phosphor(V)-oxid (Phosphorpentoxid) mit Wasser.

$$P_2O_5 + 3\,H_2O \longrightarrow 2\,H_3PO_4$$

Phosphor(V)-oxid ist das .... der Phosphorsäure.

Notieren Sie den letzten Satz und ergänzen Sie die Lücke. Vergleichen Sie dann bei [21].

---

3 Die Summenformel des Phosphor(V)-oxids (Phosphorpentoxids, exakter: Diphosphorentoxid) ist P_2O_5.

Versuchen Sie nun, auch noch die Strukturformel dieser Verbindung aufzustellen.

Vergleichen Sie dann Ihr Ergebnis unter [13].

---

4 Notieren Sie sich:

Quarz besteht aus Siliciumdioxid, SiO_2.

Lesen Sie bitte weiter unter [66].

---

5 Die Strukturformel der Phosphorsäure ist

```
H-O
   \
H-O-P=O
   /
H-O
```

die Summenformel ist H_3PO_4.

In Wasser kann die Phosphorsäure in drei positiv geladene Wasserstoff-Ionen und den dreifach negativ geladenen Phosphatrest dissoziieren.

$$H_3PO_4 \longrightarrow 3\,H^+ + PO_4^{3-}$$

Phosphorsäure ist eine ...... basige Säure.

Notieren Sie den letzten Satz, und vergleichen Sie bei [26]

---

[6] 3. Stufe: $HPO_4^{2-} \rightleftarrows H^+ + PO_4^{3-}$

Als Gesamtgleichung:

$$H_3PO_4 \rightleftarrows 3\,H^+ + PO_4^{3-}$$

Als *drei*basige Säure bildet Phosphorsäure *drei* Reihen von Salzen. Wir wählen als einfachstes Beispiel die Natriumsalze. Die Summenformeln der drei Natriumsalze der Phosphorsäure sind:

NaH_2PO_4 $NaHPO_4$ Na_3PO_4

Ordnen Sie die drei Namen: Trinatriumphosphat, Natriumdihydrogenphosphat und Dinatriumhydrogenphosphat den drei Salzen zu.

Bitte Schreiben Sie auf:

NaH_2PO_4 ist ....
Na_3PO_4 ist ....
Na_2HPO_4 ist.............. → [15]

Wenn Sie mit dieser Aufgabe nicht zurecht kommen, finden Sie eine Hilfe unter [23]

---

[7] Das im Labor verwendete Spezialglas heißt *Jenaer Glas.*

Die Verwendung dieses Spezialglases ist nötig, weil aus einfachen Glassorten schon durch heißes Wasser Bestandteile herausgelöst werden, die die Laborarbeit sehr stören können. Wie reagieren diese Bestandteile?

- Ich weiß es nicht → [52]
- Neutral → [68]
- Sauer → [62]
- Alkalisch → [57]

---

8 $P_2O_5 + 3\,H_2O \longrightarrow 2\,H_3PO_4$

Verbessern Sie die von Ihnen aufgestellte Reaktionsgleichung, wenn das nötig ist. Sie können jetzt die Frage entscheiden, was für eine Säure die Phosphorsäure ist?

- Eine einbasige Säure → 16
- Eine zweibasige Säure → 24
- Eine dreibasige Säure → 26
- Eine vierbasige Säure → 35

9 In der von Ihnen gewählten Zeile ist nur ein Element genannt, das mehrere Modifikationen bildet, nämlich Schwefel. Schwefel bildet die spröde und die plastische Modifikation. Die beiden anderen Elemente, Chlor und Stickstoff, sind im Normzustand Gase. Sie können also nicht in verschiedenen Modifikationen vorkommen.

Beantworten Sie die Frage bei 1 erneut.

10 Es entsteht zwar bei der Reaktion von Tricalciumphosphat mit Schwefelsäure als Nebenprodukt Calciumsulfat. Wenn aber auf der linken Seite die Reaktionsgleichung drei Calcium- und zwei SO_4-Ionen stehen, dann muß das auch auf der rechten Seite der Reaktionsgleichung der Fall sein.

Sehen Sie sich die Reaktionsgleichung unter 28 noch einmal genau an.

11 Hier noch einmal die Reaktionsgleichung zur Herstellung von Superphosphat:

$$Ca_3(PO_4)_2 + 2\,H_2SO_4 \longrightarrow Ca(H_2PO_4)_2 + 2\,CaSO_4$$

Tricalciumphosphat + Schwefelsäure ⟶ Calciumdihydrogenphosphat + Calciumsulfat

Wir besprechen jetzt das *Silicium.*

Silicium hat das Symbol Si.

Es ist in seinen Eigenschaften dem Kohlenstoff ähnlich.

Antworten Sie bitte schriftlich:

Si ist ein Metall/Nichtmetall, es ist ...... wertig.

Lesen Sie bitte weiter unter [64].

---

[12] Das wichtigste natürlich vorkommende Phosphat ist *Calciumphosphat* mit der Formel $Ca_3(PO_4)_2$ (Tricalciumphosphat).

Calciumphosphate bilden einen wesentlichen Bestandteil der Knochen.

Weitere wichtige Phosphorverbindungen sind das *Phosphor(III)-chlorid (Phosphortrichlorid)* und das *Phosphor(V)-chlorid (Phosphorpentachlorid).*

Notieren Sie sich die Namen dieser beiden Verbindungen, und stellen Sie die Summenformeln auf.

Lesen Sie dann bitte weiter unter [38].

---

[13] Hier ist die Strukturformel des Phosphor(V)-oxids:

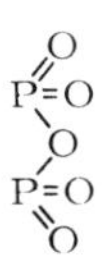

Phosphor(V)-oxid reagiert mit Wasser unter Bildung von Phosphorsäure. Die Reaktionsgleichung dazu heißt:

$$P_2O_5 + 3\ H_2O \longrightarrow 2\ H_3PO_4$$

Wie kann man das Phosphor(V)-oxid deshalb bezeichnen?

- Als Säureanhydrid → [21]
- Als Phosphor-Sauerstoff-Verbindung → [25]
- Ich weiß es nicht → [2]

---

[14] Die von Ihnen gewählte Zeile enthält ein im Normzustand gasförmiges Element, den Stickstoff. Gase können aber keine verschiedenen Modifikationen bilden. Kohlenstoff und Phosphor treten in mehreren Modifikationen auf.

Kohlenstoff: Ruß, Graphit, Diamant
Phosphor: gelber und roter Phosphor

Beantworten Sie die Frage bei [1] erneut.

---

15 Bitte vergleichen Sie:

NaH_2PO_4 ist Natriumdihydrogenphosphat.
Na_3PO_4 ist Trinatriumphosphat.
Na_2HPO_4 ist Dinatriumhydrogenphosphat.

Trinatriumphosphat wird häufig auch kurz als Natriumphosphat bezeichnet. Bedeutender als die Natriumphosphate sind die Calciumphosphate.
Stellen Sie die Summenformel für Calciumphosphat auf.

Calciumion Ca^{2+}

Phosphatrest PO_4^{3-} → [28]

---

16 Ihre Antwort ist falsch.

Eine Erklärung finden Sie unter [5].

---

17 Ihre Antwort ist richtig.

Die gasförmigen Elemente Chlor, Stickstoff und Wasserstoff können nicht in verschiedenen Modifikationen vorkommen. Dagegen kennen wir vom Schwefel zwei Modifikationen (spröder und plastischer Schwefel), vom Kohlenstoff drei Modifikationen (Diamant, Ruß, Graphit) und vom Phosphor zwei Modifikationen (gelber und roter Phosphor).

Der Beweis dafür, daß roter und gelber Phosphor tatsächlich nur verschiedene Modifikationen des gleichen Elementes sind, kann folgendermaßen erbracht werden:

Beide Modifikationen geben das gleiche Verbrennungsprodukt.

Das Verbrennungsprodukt des Phosphors ist das Phosphor(V)-oxid oder Phosphorpentoxid. Phosphor ist darin fünfwertig. Es wird Ihnen sicher gelingen, die Summenformel der Verbindung aufzustellen.

Tun Sie das bitte, und lesen Sie dann weiter unter [3].

---

18 Es entsteht zwar bei der Reaktion von Tricalciumphosphat mit Schwefelsäure als Nebenprodukt Calciumsulfat. Wenn aber auf der linken Seite die Reaktionsgleichung drei Calcium- und zwei SO_4-Ionen stehen, dann muß das auch auf der rechten Seite der Reaktionsgleichung der Fall sein.

Sehen Sie sich die Reaktionsgleichung unter [28] noch einmal genau an.

19 Nach Ihrer Antwort hätten wir auf der linken Seite der Reaktionsgleichung drei Calciumatome, auf der rechten Seite dagegen vier. Das kann aber nicht stimmen.

Sehen Sie sich die Reaktionsgleichung unter [27] noch einmal genau an.

20 Die von Ihnen gewählte Zeile enthält ein gasförmiges Element, den Wasserstoff. Gase können aber keine verschiedenen Modifikationen bilden. Schwefel und Kohlenstoff treten in mehreren Modifikationen auf.
Schwefel: spröder und plastischer Schwefel
Kohlenstoff: Ruß, Graphit, Diamant

Beantworten Sie die Frage bei [1] erneut.

21 Phosphor(V)-oxid (Phosphorpentoxid) ist das *Anhydrid* der Phosphorsäure.

Versuchen Sie nun, die Reaktionsgleichung für die Bildung der Phosphorsäure (H_3PO_4) aus Phosphor(V)-oxid (P_2O_5) und Wasser aufzustellen.

Vergleichen Sie Ihr Ergebnis unter [8].

22 Die von Ihnen gewählte Zeile enthält ein gasförmiges Element, das Chlor. Gase können aber keine verschiedenen Modifikationen bilden.

Kohlenstoff und Schwefel treten in mehreren Modifikationen auf.
Kohlenstoff: Ruß, Graphit, Diamant
Schwefel: spröder und plastischer Schwefel

Beantworten Sie die Frage bei [1] erneut.

23

Lesen Sie besonders sorgfältig die folgende zusätzliche Hilfe:

In Namen von chemischen Verbindungen kommen Zahlworte (di = zwei, tri = drei, tetra = vier, penta = fünf) vor. Diese stehen immer *vor* dem Atom, auf das sie sich beziehen. In einer Summenformel stehen dagegen die Zahlen *hinter* dem Atom, auf das sie sich beziehen, z. B.:

Schwefel**tri**oxid, SO_3, weil drei (= tri) *Sauerstoff*atome vorhanden sind.

Schwefel**di**oxid, SO_2, weil zwei (= di) *Sauerstoff*atome vorhanden sind.

Phosphor**pent**oxid, P_2O_5, weil fünf (= penta) *Sauerstoff*atome vorhanden sind.

Lesen Sie noch einmal [6].

24

Ihre Antwort ist falsch.

Eine Erklärung finden Sie unter [5].

25

Phosphor(V)-oxid ist zwar eine Verbindung aus Phosphor und Sauerstoff, wird aber richtiger als Säureanhydrid bezeichnet.

Der Begriff des Säureanhydrids wird noch einmal eingehend unter [2] erläutert. Lesen Sie bitte dort weiter.

26

Phosphorsäure ist eine *drei*basige Säure. Wie bei den anderen mehrbasigen Säuren erfolgt die Dissoziation stufenweise.

Die erste Stufe der Dissoziation ist:

$$H_3PO_4 \rightleftharpoons H^+ + H_2PO_4^-$$

Es entsteht ein positiv geladenes Wasserstoff-Ion und der einfach negativ geladene Säurerest. $H_2PO_4^-$ ist das Dihydrogenphosphat-Ion.

In der zweiten Stufe dissoziiert das Dihydrogenphosphat-Ion:

$$H_2PO_4^- \rightleftharpoons H^+ + HPO_4^{2-}$$

Schreiben Sie bitte die dritte Dissoziationsstufe der Phosphorsäure auf, und vergleichen Sie bei [6].

27 Bitte vergleichen Sie:

Linke Seite der Reaktionsgleichung: Tricalciumphosphat (die Bezeichnung „Calciumphosphat" wäre auch richtig).

Rechte Seite der Reaktionsgleichung: Calciumdihydrogenphosphat.

Die Mischung von Calciumdihydrogenphosphat und Calciumsulfat, $Ca(H_2PO_4)_2$ und 2 $CaSO_4$, bezeichnet man als „Superphosphat". Superphosphat ist ein wichtiges Düngemittel.

Setzt man Tricalciumphosphat und Schwefelsäure *in der Hitze* um, dann verläuft der Vorgang etwas anders. Die Reaktionsgleichung heißt dann:

$$Ca_3(PO_4)_2 + 3\,H_2SO_4 \longrightarrow \ldots\ldots\ldots\ldots\ldots + 3\,CaSO_4$$

Was ist hier zu ergänzen?

- $CaHPO_4$ → 19
- 2 H_3PO_4 → 42
- H_3PO_4 → 49

28 $Ca_3(PO_4)_2$ ist richtig.
Der Phosphat-Rest ist dreifach negativ geladen, das Calcium-Ion ist zweifach positiv geladen. Im Calciumphosphat müssen die gleiche Anzahl positiver und negativer Ladungen vorhanden sein. Das erreichen wir dadurch, daß wir den Phosphat-Rest zweimal und das Calcium-Ion dreimal nehmen:

$$3 \times Ca^{2+} = 6^+$$

$$2 \times (PO_4)^{3-} = 6^-$$

$Ca_3(PO_4)_2$ kommt in großen Mengen als Mineral in der Natur vor und wird Tricalciumphosphat genannt.

Calciumphosphate sind wichtige Düngemittel. Das Tricalciumphosphat ist in Wasser unlöslich. Zur Umwandlung in *lösliche* und *damit als Düngemittel brauchbare* Salze wird es mit Schwefelsäure in der Kälte umgesetzt.

$$Ca_3(PO_4)_2 + 2\,H_2SO_4 \longrightarrow Ca(H_2PO_4)_2 + \ldots\ldots\ldots\ldots\ldots$$

Was ist auf der rechten Seite der Reaktionsgleichung zu ergänzen?

- 2 $CaSO_4$ → 40
- $CaSO_4$ → 18
- 3 $CaSO_4$ → 10

---

29 Glas besteht chemisch aus *Natrium-, Kalium-* und *Calcium-Silicat.*

Die verschiedenen Glassorten enthalten mehrere Silicate nebeneinander. Von der Zusammensetzung des Glases hängen seine Eigenschaften ab: Bei billigen Glassorten, z. B. Fensterglas, löst bereits warmes Wasser geringe Mengen von alkalisch reagierenden Stoffen heraus. Es ist klar, daß ein solches Glas für die Herstellung von Laborgeräten ungeeignet ist. *Jenaer Glas* ist ein zur Herstellung von Laborgeräten entwickeltes beständiges Spezialglas, das auch thermisch stärker beansprucht werden kann als Normalglas (springt nicht so leicht bei raschem Temperaturwechsel). Beim Arbeiten mit besonders aggressiven Chemikalien und bei höheren Temperaturen benutzt man Quarzgeräte.

Sicher haben Sie schon einmal einen Gegenstand aus schwerem *Kristallglas* (eine Vase oder einen Aschenbecher) gesehen. Dieses besonders hochwertige Glas enthält u. a. *Bleisilicate.*

Woraus besteht Quarz?

- Aus verschiedenen Silicaten → 60
- Aus Siliciumdioxid → 66
- Ich weiß es nicht → 4

---

30 Bitte, vergleichen Sie:

Tricalciumphosphat

$Ca_3(PO_4)_2$

Reduktion

Düngemittel

Als besonders wichtiges Düngemittel lernten wir Superphosphat kennen.

Wie wird Superphosphat gewonnen?

- Durch Umsatz von Tricalciumphosphat mit Schwefelsäure → 11

- Man findet Superphosphat in der Natur → 39
- Durch Umsatz von Tricalciumphosphat mit Salzsäure → 43
- Ich weiß es nicht → 54

---

31 Technische Gewinnung von Phosphor:

$$2\,H_3PO_4 \longrightarrow P_2O_5 + 3\,H_2O$$

$$P_2O_5 + 5\,C \longrightarrow 2\,P + 5\,CO$$

Phosphorsäure wird auch zur Herstellung von Düngemitteln, z. B. von Ammoniumphosphaten, verwendet.

Wichtig sind insbesondere

1. Triammoniumphosphat und
2. Diammoniumhydrogenphosphat.

Stellen Sie die Summenformeln dieser beiden Salze auf. Welche Lösung haben Sie gefunden?

- 1. $(NH_4)H_2PO_4$
  2. $(NH_4)_2HPO_4$ → 37
- 1. $(NH_4)_3PO_4$
  2. $(NH_4)H_2PO_4$ → 45
- 1. $(NH_4)_3PO_4$
  2. $(NH_4)_2HPO_4$ → 50
- Ich brauche eine Hilfe → 56

---

32 Bitte vergleichen Sie:

SiO_2

Siliciumdioxid kommt in der Natur in sehr großen Mengen vor. Sand, Kies und Sandstein bestehen hauptsächlich aus Siliciumdioxid. Nach dem Sauerstoff ist Silicium das auf der Erde am zweithäufigsten vorkommende Element, allerdings nur in Form seiner Verbindungen.

24

Sand, Kies und Sandstein sind sehr wichtige Rohstoffe für die Bauindustrie:

Mörtel ist eine Mischung von gelöschtem Kalk, Wasser und *Sand.*

Beton ist eine Mischung von Zement, Wasser und *Kies.*

Sandstein kann direkt als Baumaterial eingesetzt werden.

Beantworten Sie schriftlich folgende Frage:

In welcher Form finden wir Siliciumdioxid in der Natur, und wozu wird es verwendet?

Lesen Sie dann weiter unter [53].

---

[33] Ihre Antwort ist richtig.

Das Säureanhydrid (SiO_2) setzt sich mit Natriumhydroxid zum Salz Natriumsilicat (Na_2SiO_3) und Wasser um:

$$SiO_2 + 2\,NaOH \longrightarrow Na_2SiO_3 + H_2O$$

Diese Reaktionsgleichung ist chemisch gesehen eine *Neutralisation.* Zum Vergleich die ganz ähnliche Reaktionsgleichung für die Neutralisation von Kohlendioxid:

$$CO_2 + 2\,NaOH \longrightarrow Na_2CO_3 + H_2O$$

So wie Kohlendioxid das Anhydrid der Kohlensäure ist, ist Siliciumdioxid das Anhydrid der *Kieselsäure.*

Stellen Sie die Summenformel für Kieselsäure auf, und lesen Sie dann weiter unter [61].

---

[34] Notieren Sie bitte in Stichworten die drei wichtigen Vorteile, die Quarzgeräte vor Glasgeräten haben. Wenn Sie das ohne Schwierigkeiten können, dann haben Sie gut gearbeitet.

Lesen Sie dann bitte weiter unter [63].

Wenn Sie Schwierigkeiten haben, gehen Sie in Ihrem eigenen Interesse noch einmal zurück nach [53].

---

35 Ihre Antwort ist falsch.

Eine Erklärung finden Sie unter 5.

36 Bitte vergleichen und evtl. verbessern:

Na_3PO_4	Na_2HPO_4	NaH_2PO_4
Trinatriumphosphat	Dinatriumhydrogenphosphat	Natriumdihydrogenphosphat

Über das Vorkommen von Phosphaten haben wir schon gesprochen. Das wichtigste natürlich vorkommende Phosphat ist .... mit der Formel ....

Notieren Sie bitte Namen und Summenformel, und lesen Sie dann weiter unter 12.

37 Ihre Antwort ist falsch.

Eine Erklärung finden Sie unter 56.

38 Bitte vergleichen Sie:

Phosphor(III)-chlorid: PCl_3
Phosphor(V)-chlorid: PCl_5

Beide Verbindungen werden besonders in der organischen Chemie für Synthesen benutzt.

PCl_3 und PCl_5 sind außerordentlich empfindlich gegen Wasser. Sie geben mit Wasser heftige Reaktionen. Mit beiden Verbindungen darf nur im Abzug gearbeitet werden!

Zur Wiederholung ergänzen Sie bitte die im folgenden Abschnitt fehlenden Wörter:

Phosphor ist fest. Wir kennen zwei Modifikationen: .... und .... Phosphor. Beide Modifikationen des Phosphors liefern bei der Verbrennung ...., mit der Formel .... Dieses bildet mit Wasser .... mit der Formel .... Die Salze dieser Säure heißen ....

Lesen Sie bitte weiter unter 46.

39 Nein, Superphosphat muß durch einen chemischen Prozeß gewonnen werden.

Lesen Sie noch einmal 30.

40 Richtig! Hier noch einmal die vollständige Reaktionsgleichung:

$$Ca_3(PO_4)_2 + 2\ H_2SO_4 \longrightarrow Ca(H_2PO_4)_2 + 2\ CaSO_4$$

Notieren Sie die Namen der beiden in dieser Reaktionsgleichung auftretenden Phosphate.

Lesen Sie bitte weiter unter 27.

41 Bitte, vergleichen Sie:

Mörtel: Mischung aus *Sand* und gelöschtem *Kalk*.

Beton: Mischung aus *Kies* und Zement.

Silicium verhält sich chemisch ähnlich wie der Kohlenstoff.

Wir wollen einigen Kohlenstoffverbindungen die entsprechenden Siliciumverbindungen gegenüberstellen. Schreiben Sie bitte die folgende Tabelle mit Ergänzungen ab:

Kohlenstoff-Verbindungen		Silicium-Verbindungen	
Kohlendioxid	......	Silicium......	....
....	H_2CO_3	......säure	....
Natriumcarbonat	......	Natrium......	....

Lesen Sie bitte weiter unter 65

42 Ihre Antwort ist richtig. Die vollständige Reaktionsgleichung ist:

$$Ca_3(PO_4)_2 + 3\ H_2SO_4 \longrightarrow 2\ H_3PO_4 + 3\ CaSO_4$$

Nach dieser Reaktionsgleichung wird *Phosphorsäure* technisch hergestellt. Aus Phosphorsäure kann man Phosphorsäureanhydrid (= Phosphorpentoxid) und aus diesem durch Reduktion mit Koks Phosphor gewinnen:

$$2\ H_3PO_4 \longrightarrow \ldots\ldots + 3\ H_2O$$

$$P_2O_5 + 5\ C \longrightarrow \ldots\ldots + 5\ CO$$

Notieren und vervollständigen Sie bitte die Reaktionsgleichungen, und lesen Sie weiter unter [31].

---

[43] Nein, Salzsäure wird nicht verwendet.

Lesen Sie bitte noch einmal [30].

---

[44] Ein Katalysator ist ein Stoff, der einen chemischen Vorgang beschleunigt, am Ende der Reaktion aber wieder in der gleichen Form vorliegt wie am Anfang. Alle in der Reaktionsgleichung auftretenden Stoffe verändern sich aber.

Lesen Sie bitte deshalb noch einmal [63].

---

[45] Ihre Antwort ist falsch.

Eine Erklärung finden Sie unter [56].

---

[46] Bitte vergleichen Sie:

gelben Phosphor
roten Phosphor
Phosphor(V)-oxid (Phosphorpentoxid), P_2O_5
Phosphorsäure, H_3PO_4
Phosphate

Bitte notieren Sie die fehlenden Wörter:

Gelber Phosphor ist äußerst giftig und selbstentzündlich. Er muß stets unter …… aufbewahrt werden. Beim Arbeiten mit gelbem Phosphor besondere Vorsicht!

Zwei wichtige Verbindungen aus Phosphor und Chlor sind .... mit der Formel ...... und .... mit der Formel ....
Auch diese Stoffe sind sehr giftig und reagieren sehr heftig mit Wasser.

Lesen Sie bitte weiter unter [55].

---

47 Bei dem genannten chemischen Vorgang handelt es sich um die Umsetzung eines Säureanhydrids (SiO_2) mit einer Base (NaOH). Sehen Sie sich nach dieser Hilfe noch einmal die Frage unter [63] an.

---

48 Natriumsilicat: Na_2SiO_3

Natriumsilicat löst sich in *heißem* Wasser.

Wir haben das unlösliche Siliciumdioxid durch Schmelzen mit Natriumhydroxid in ein lösliches Salz übergeführt. Chemische Verfahren, bei denen eine unlösliche Verbindung durch Schmelzen mit geeigneten Substanzen in eine lösliche Verbindung übergeführt wird, nennt man einen *Aufschluß.*

Formulieren Sie den Aufschluß des Siliciumdioxids noch einmal in einer Reaktionsgleichung.

Lesen Sie dann bitte weiter unter [69].

---

49 Nach Ihrer Antwort hätten wir auf der linken Seite der Reaktionsgleichung zwei Phosphat-Reste, auf der rechten dagegen nur einen. Das kann aber nicht stimmen.

Sehen Sie sich deshalb die Reaktionsgleichung unter [27] noch einmal genau an.

---

50 Ihre Antwort ist richtig.

Stellen Sie nun bitte die Summenformeln für Trinatriumphosphat, Dinatriumhydrogenphosphat und Natriumdihydrogenphosphat auf, und lesen Sie dann weiter unter [36].

---

51 Gewiß handelt es sich bei diesem Vorgang um einen Schmelzprozeß. Dies sagt aber nichts über den *chemischen* Vorgang, der sich abspielt.

Lesen Sie bitte noch einmal [63].

---

52 Es ist gut, daß Sie nicht raten. Lesen Sie noch einmal 29.

53 Sand, Kies und Sandstein bestehen aus Siliciumdioxid und finden als Rohstoffe in der Bauindustrie Verwendung.

In besonders reiner Form kommt Siliciumdioxid in der Natur als *Quarz* vor. Wenn dieser schön kristallisiert ist, bezeichnet man ihn auch als *Bergkristall.*

Quarz dient zur Herstellung von Laboratoriumsgeräten wie Schalen, Tiegeln, Reagenzgläsern, Rundkolben usw. Diese sehen wie Glasgeräte aus, haben jedoch folgende Vorteile:

1. Man kann mit ihnen bei wesentlich höheren Temperaturen arbeiten (Quarz hat einen sehr hohen Schmelzpunkt).

2. Sie sind beständiger gegen Chemikalien.

3. Quarz dehnt sich in der Hitze nur wenig aus. Quarzgeräte sind deshalb gegen Temperaturschwankungen viel widerstandsfähiger als Glasgeräte. Man kann ein glühendes Quarzgefäß in kaltes Wasser tauchen, ohne das es zerspringt.

Prägen Sie sich die drei Vorteile der Quarzgeräte ein, und lesen Sie dann weiter bei 34.

54 Es ist gut, daß Sie nicht raten.

Zur Herstellung von *Superphosphat* geht man vom Tricalciumphosphat aus, das man in der Natur findet. Dieses wird mit Schwefelsäure in der Kälte behandelt:

$$Ca_3(PO_4)_2 + H_2SO_4 \longrightarrow Ca(H_2PO_4)_2 + 2\ CaSO_4$$

Notieren Sie bitte diese Reaktionsgleichung und schreiben Sie die Namen der beteiligten Stoffe darunter.

Lesen Sie bitte weiter unter 11.

55 Bitte, vergleichen Sie:

unter Wasser

Phosphor(III)-chlorid (Phosphortrichlorid), PCl_3

Phosphor(V)-chlorid (Phosphorpentachlorid), PCl_5

24

Bitte notieren Sie die fehlenden Worte:

Phosphor kommt in der Natur nicht frei vor. Gebunden finden wir ihn in Phosphaten. Z. B. in den Knochen als .... mit der Formel .... Die Gewinnung des Phosphors erfolgt durch .... von Phosphor(V)-oxid (Phosphorpentoxid) mit Koks. Phosphorverbindungen werden insbesondere als .... in der Landwirtschaft verwendet. → 30

---

56 Phosphorsäure, H_3PO_4, ist eine dreibasige Säure. Sie kann also bei ihrer Dissoziation drei verschiedene Säurereste bilden.

$H_2PO_4^-$	Dihydrogenphosphat-Ion
HPO_4^{2-}	Hydrogenphosphat-Ion
PO_4^{3-}	Phosphat-Ion

Das Ammonium-Ion, NH_4^+, ist wie das Natrium- und Kalium-Ion einfach positiv geladen. → 31

---

57 Richtig. Heißes Wasser löst aus billigen Glassorten alkalisch reagierende Stoffe heraus.

Zur Wiederholung beantworten Sie bitte schriftlich folgende Fragen:

1. Welches ist die am häufigsten vorkommende Siliciumverbindung?

2. In welcher Form kommt sie vor?

3. Wozu wird sie verwendet?

Lesen Sie bitte weiter unter 67.

---

58 Gewiß muß man bei der Umsetzung von Siliciumdioxid mit Natriumhydroxid erhitzen. Damit ist aber nichts über den chemischen Vorgang ausgesagt.

Lesen Sie bitte noch einmal 63.

---

59 Bitte vergleichen Sie:

Chemische Vorgänge bei der Glasherstellung:

$$Na_2CO_3 + SiO_2 \longrightarrow Na_2SiO_3 + CO_2$$

$$K_2CO_2 + SiO_2 \longrightarrow K_2SiO_3 + CO_2$$

$$CaCO_3 + SiO_2 \longrightarrow CaSiO_3 + CO_2$$

Man schmilzt also Siliciumdioxid (in Form von Sand) mit Natrium-, Kalium- und Calciumcarbonat zusammen. Das entstehende CO_2 entweicht, und die Schmelze wird zu Glasgeräten, zu Glasscheiben, Glasrohren u. ä. verarbeitet.

Wenn Sie sich die Reaktionsgleichungen ansehen, können Sie leicht den folgenden Satz mit Ergänzungen notieren:

Glas besteht chemisch aus ....-, ...- und ....

Lesen Sie bitte weiter unter [29].

60 Sie arbeiten nicht gründlich. Notieren Sie deshalb bitte das kursiv Gedruckte:

Quarz besteht aus Siliciumdioxid.

Glas besteht aus verschiedenen Silicaten.

Schreiben Sie die Namen von drei Silicaten auf, aus denen Glas besteht. Lesen Sie dann weiter unter [29].

61 Kieselsäure: H_2SiO_3.

Die Salze der Kieselsäure heißen *Silicate*.

Schreiben Sie nun die Summenformel für Natriumsilicat auf, und lesen Sie dann weiter unter [48].

62 Sie finden eine Hilfe, wenn Sie bei [29] weiterlesen.

Es gibt nur wenige Stoffe, von denen SiO_2 angegriffen wird, z. B. von Natriumhydroxid.

Erhitzt man Siliciumdioxid mit Natriumhydroxid zum Schmelzen, dann spielt sich folgender Vorgang ab:

$$SiO_2 + 2\,NaOH \longrightarrow Na_2SiO_3 + H_2O$$

Worum handelt es sich bei diesem chemischen Vorgang?

- Um eine Katalyse → 44
- Um einen Schmelzprozeß → 51
- Um einen Erhitzungsprozeß → 58
- Um eine Neutralisation → 33
- Ich weiß es nicht → 47

---

64 Si ist ein *Nicht*metall, es ist *vier*wertig.

Als Element kommt Silicium in der Natur nicht frei vor. Die wichtigste Siliciumverbindung ist das Siliciumdioxid.

Stellen Sie die Summenformel für Siliciumdioxid auf, und lesen Sie weiter unter 32.

---

65 Bitte, vergleichen Sie:

Kohlenstoffverbindungen		Siliciumverbindungen	
Kohlendioxid	CO_2	Siliciumdioxid	SiO_2
Kohlensäure	H_2CO_3	Kieselsäure	H_2SiO_3
Natriumcarbonat	Na_2CO_3	Natriumsilicat	Na_2SiO_3

Ende des 24. Programms.

66 Richtig, Quarz besteht aus Siliciumdioxid.

Wissen Sie noch, wie das im Labor besonders häufig verwendete Spezialglas heißt?

Notieren Sie den Namen, und lesen Sie weiter unter [7].

67 Bitte vergleichen Sie:

1. Siliciumdioxid, SiO_2
2. Als Sand, Kies, Sandstein, Quarz, Bergkristall.
3. Zur Herstellung von Mörtel und Beton, als Baumaterial und zur Herstellung von Glas.

Bitte notieren Sie mit Ergänzungen:

Mörtel: Mischung aus ...... und gelöschtem ......

Beton: Mischung aus ...... und Zement.

Lesen Sie bitte weiter unter [41].

68 Sie finden eine Hilfe, wenn Sie bei [29] weiterlesen.

69 Aufschluß von Siliciumdioxid durch Schmelzen mit Natriumhydroxid:

$$SiO_2 + 2\,NaOH \longrightarrow Na_2SiO_3 + H_2O$$

Die wäßrige Lösung von Natriumsilicat nennt man „*Wasserglas*" (beim Verdunsten des Wassers bleibt eine glasartige Masse von Na_2SiO_3 zurück). Wasserglas dient z. B. zum Kitten.

Große Bedeutung hat Siliciumdioxid nicht nur in der Bauwirtschaft (Stichworte: Sand, Kies, Sandstein, Mörtel, Zement), sondern auch in der *Glasindustrie*.

Die Glasherstellung ist eine recht komplizierte Sache. Uns interessieren in erster Linie die chemischen Vorgänge, die sich dabei abspielen. Diese können vereinfacht mit folgenden Reaktionsgleichungen ausgedrückt werden:

$$Na_2CO_3 + SiO_2 \longrightarrow Na_2SiO_3 + CO_2$$

$K_2CO_3 + SiO_2 \longrightarrow$

$CaCO_3 + SiO_2 \longrightarrow$

Notieren Sie bitte die drei vollständigen Reaktionsgleichungen, und lesen Sie dann weiter unter 59.

---

25. Programm

Eisen (I)

1 Eisen und Stahl gehören zu unseren wichtigsten Werkstoffen. Ohne Eisen und Stahl gäbe es keine Autos, keine Eisenbahn, keinen Flugverkehr, keinen Eisenbetonbau. Aber auch die chemische Industrie, der Bergbau, die Maschinenbauindustrie und die Landwirtschaft sind auf Eisen und Stahl als Werkstoffe angewiesen. Ohne Eisen und Stahl wäre unsere ganze Zivilisation nicht möglich. Sie werden in diesem Programm vieles über die technische Gewinnung des Eisens und über die verschiedenen Verfahren zur Stahlerzeugung lernen.

Eisen hat das chemische Symbol Fe, es tritt zwei- und dreiwertig auf.

Schreiben Sie bitte die Summenformeln der beiden möglichen Eisenchloride auf, und lesen Sie dann weiter unter 23.

---

2 Beim Rösten von Pyrit entsteht Schwefeldioxid. Dieses wird zur Gewinnung von Schwefelsäure benutzt. Dazu muß man das Schwefeldioxid zum Schwefeltrioxid oxidieren. Die Oxidation wird nach dem Kontaktverfahren katalytisch durchgeführt. Machen Sie sich eine Notiz:

Möglichst bald die Verfahren zur Herstellung von Schwefelsäure wiederholen!

Lesen Sie bitte weiter 22.

---

3 Vergleichen Sie Ihr Ergebnis:

Roteisenstein:	Fe_2O_3
Brauneisenstein:	$Fe_2O_3 \cdot 2\,H_2O$

Ein weiteres wichtiges Eisenerz ist der Magneteisenstein. Magneteisenstein hat die Summenformel Fe_3O_4. Magneteisenstein ist ein gemischtes Eisenoxid. Wir können anstelle von Fe_3O_4 auch $FeO \cdot Fe_2O_3$ schreiben.

Magneteisenstein ist ein besonders hochwertiges Eisenerz. Es enthält etwa 70% Eisen.

Wieviel wertig sind die Eisenatome im Magneteisenstein?

- 3wertig → 35

- 2wertig → [29]

- 2- und 3wertig → [12]

---

[4] Die Eisenerze sollen im Hochofen reduziert werden. Sie sind also keine Reduktionsmittel. Reduktionsmittel ist der Stoff, der die Reduktion bewirkt.

Lesen Sie noch einmal [43].

---

[5] Als *Koks*.

Wir wiederholen kurz die chemischen Vorgänge im Hochofen. (Notieren Sie die folgenden Reaktionsgleichungen und ergänzen Sie die rechte Seite):

1. Koks und Sauerstoff der Luft verbinden sich zu Kohlenmonoxid.

$$2\ C + O_2 \longrightarrow$$

2. Kohlenmonoxid reduziert die oxidischen Eisenerze.

$$Fe_2O_3 + CO \longrightarrow$$

$$Fe_3O_4 + CO \longrightarrow$$

3. Das entstandene Eisen(II)-oxid wird durch Kohlenstoff zum metallischen Eisen reduziert.

$$FeO + C \longrightarrow$$

Lesen Sie bitte weiter unter [27].

---

[6] Vergleichen Sie Ihr Ergebnis:

$$Fe_3O_4 + CO \longrightarrow 3\ FeO + CO_2$$

$$Fe_2O_3 + CO \longrightarrow 2\ FeO + CO_2$$

Die obere Zone des Hochofens dient zum Vorwärmen der eingebrachten kalten Erze. Wasserhaltige Erze werden dabei entwässert, z. B. nach der Reaktionsgleichung:

$$Fe_2O_3 \cdot 2\ H_2O \longrightarrow Fe_2O_3 + 2\ H_2O$$

In den drei Reaktionsgleichungen dieses Abschnittes treten auf der linken Seite drei verschiedene Eisenerze auf. Um welche Erze handelt es sich (in der Reihenfolge von oben nach unten)?

- Magneteisenstein, Roteisenstein und Brauneisenstein → 28
- Magneteisenstein, Brauneisenstein und Roteisenstein → 36
- Roteisenstein, Brauneisenstein und Magneteisenstein → 39
- Pyrit, Roteisenstein und Brauneisenstein → 41

---

7 Für die Reduktion von Magneteisenstein mit Kohlenmonoxid zu Eisenoxid gilt folgende Reaktionsgleichung:

$$Fe_3O_4 + CO \longrightarrow 3\,FeO + CO_2$$

Machen Sie die Probe, d. h. stellen Sie die Anzahl der Atome auf der linken und auf der rechten Seite dieser Reaktionsgleichung fest. Sie sehen, daß die Reaktionsgleichung stimmt. Wenn wir an Stelle von Fe_3O_4 das Eisen(III)-oxid, Fe_2O_3, einsetzen, dann sieht die Reaktionsgleichung ganz ähnlich aus. Stellen Sie bitte diese Reaktionsgleichung auf, und beantworten Sie folgende Frage:

Was steht auf der rechten Seite der Reaktionsgleichung?

- Fe und CO_2 → 30
- 3 FeO und CO_2 → 21
- 2 FeO und CO_2 → 19

---

8 Kontrollieren Sie Ihr Ergebnis, und verbessern Sie es, wenn nötig:

$$4\,FeS_2 + 11\,O_2 \longrightarrow 2\,Fe_2O_3 + 8\,SO_2$$

Sulfidische Eisenerze müssen also vor der Verarbeitung zu Eisen in oxidische Eisenverbindungen übergeführt werden. Oxidische Eisenerze können direkt eingesetzt werden.

Was muß man mit den oxidischen Eisenerzen machen, um aus ihnen Eisen zu gewinnen?

- Man muß sie reduzieren → 43
- Man muß sie oxidieren → 16

- Ich weiß es nicht → 31

---

9 *Schlacke*

Für eine *saure* Gangart nimmt man einen *basischen* Zuschlag, z. B.:

SiO_2	+	CaO	⟶	$CaSiO_3$
saure Gangart	+	basischer Zuschlag	⟶	Schlacke

An Stelle von Calciumoxid kann man auch Magnesiumoxid als basischen Zuschlag nehmen.

Stellen Sie die Reaktionsgleichung auf, die dann gilt, und lesen Sie weiter unter 32.

10 Ihre Antwort ist richtig. Und nun wollen wir uns den Aufbau des Hochofens im einzelnen ansehen (Abb. 31).

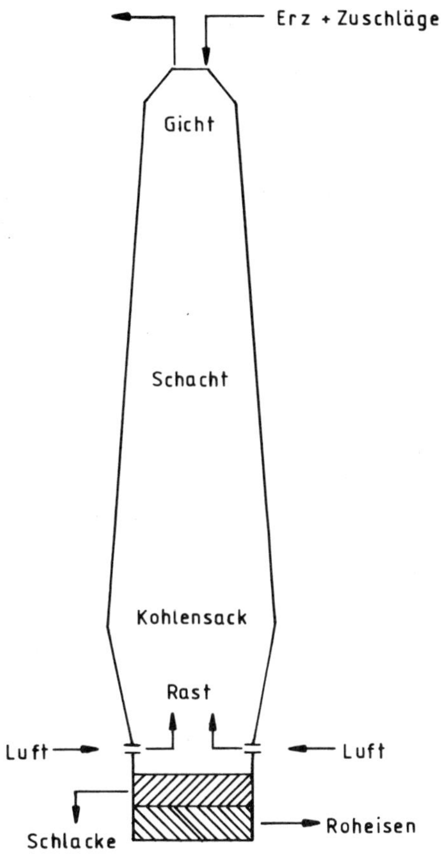

Abb. 31.

Der untere Teil des Hochofens ist das Gestell. Darüber befinden sich die Rast und der Schacht. Der oberste Teil des Hochofens ist die Gicht. Der breiteste Teil des Hochofens (die Berührungsstelle von Rast und Schacht) ist der Kohlensack. Am Gestell befinden sich Düsen, durch welche heiße Luft in den Ofen eingeblasen werden kann. Die Abgase (Gichtgase) verlassen den Hochofen oben, von woaus auch die Befüllung erfolgt. Durch eine Art Schleuse wird beim Befüllen dafür gesorgt, daß kein Gichtgas in die Atmosphäre gelangt. Sie werden sich den Bau eines Hochofens am besten einprägen, wenn Sie die Skizze abzeichnen. Schreiben Sie auch die Bezeichnungen dazu.

Folgende chemische Vorgänge spielen sich im Hochofen ab (vereinfachte Beschreibung):

Durch die unten eingeblasene Luft wird der Koks (Koks ist praktisch reiner Kohlenstoff) zu Kohlenmonoxid verbrannt.

Schreiben Sie bitte die entsprechende Reaktionsgleichung auf, und lesen Sie weiter unter 34.

25

11

Sie haben hier alle an der Reaktionsgleichung beteiligten Produkte:

$$FeS_2 + O_2 \longrightarrow Fe_2O_3 + SO_2$$

Versuchen Sie nun noch einmal, die richtigen stöchiometrischen Zahlen zu finden.

Wenn Sie die vollständige Reaktionsgleichung aufgestellt haben, lesen Sie bitte weiter unter 8.

12

Ihre Antwort ist richtig.

Im Magneteisenstein, Fe_3O_4, kommt das Eisen *zwei-* und *dreiwertig* vor, d. h. Magneteisenstein ist ein Eisen(II,III)-oxid.

Alle bisher genannten Eisenerze enthielten *Sauerstoff:*
Es sind *oxidische Erze.* Sie lassen sich *direkt* zur Eisengewinnung einsetzen.

Neben den oxidischen Eisenerzen gibt es noch schwefelhaltige Eisenerze. Diese nennt man *sulfidische Eisenerze.*

Sufidische Eisenerze lassen sich *nicht direkt* zur Eisengewinnung verwenden. Sie müssen vorher *„abgeröstet“,* d. h. *mit Luft oxidiert* werden.

Ein wichtiges sulfidisches Eisenerz ist der Schwefelkies oder Pyrit. Er hat die Summenformel FeS_2. Wir kennen dieses Erz bereits von der Schwefelsäuregewinnung.

Was entsteht beim Rösten von Pyrit neben Eisenoxid?

- Ich weiß es nicht → 2
- Schwefeldioxid → 22
- Schwefeltrioxid → 37

13

Wichtige Eisenerze:

Oxidische Eisenerze:

Roteisenstein	Fe_2O_3
Brauneisenstein	$Fe_2O_3 \cdot 2\,H_2O$
Magneteisenstein	Fe_3O_4

Sulfidische Eisenerze:

Pyrit FeS_2

Wir wollen uns jetzt noch einmal die schematische Zeichnung eines Hochofens ansehen (Abb. 32).

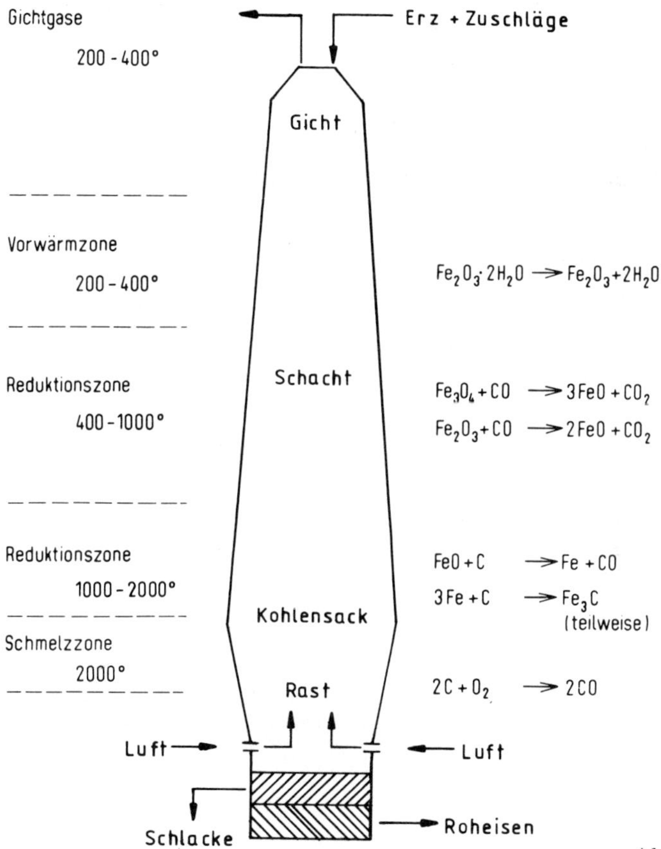

Abb. 32.

Übertragen Sie bitte jetzt die Temperaturangaben und die Reaktionsgleichungen in die Skizze, die Sie zu Beginn des Programms angefertigt haben.

Ende des 25. Programms.

14 Ihre Antwort ist falsch.

Eine Erklärung finden Sie unter 7.

15 Vergleichen Sie Ihr Ergebnis:

1. $FeO + C \longrightarrow Fe + CO$

2. $3\,Fe + C \longrightarrow Fe_3C$

Etwa in halber Höhe des Hochofens herrschen 400 bis 1000 °C. Hier werden die verschiedenen Eisenoxide zum Eisen(II)-oxid reduziert.

Stellen Sie bitte die Reaktionsgleichungen für die Reduktion von Fe_3O_4 und von Fe_2O_3 auf, und lesen Sie dann weiter unter 6.

16 Ihre Antwort ist falsch.

Lesen Sie bitte weiter unter 31.

17 $SiO_2 + CaCO_3 \longrightarrow CaSiO_3 + CO_2$

$MgCO_3 + SiO_2 \longrightarrow MgSiO_3 + CO_2$

Wir wollen jetzt noch eine weitere wichtige Reaktion, die sich im Hochofen abspielt, besprechen.

Bei den im Hochofen herrschenden hohen Temperaturen verbindet sich ein Teil des entstandenen Eisens mit Kohlenstoff. Es bildet sich *Eisencarbid.*

$$3\,Fe + C \longrightarrow Fe_3C$$

Durch die Gegenwart von Fe_3C wird der Schmelzpunkt des Eisens herabgesetzt, das Eisen wird flüssig. Gemeinsam mit der Schlacke fließt das Eisen nach unten ab und sammelt sich im Gestell des Hochofens. Die leichtere Schlacke schwimmt in flüssiger Form auf dem Eisen und schützt es vor einer Oxidation durch die eingeblasene Luft.

Für welche Reaktion wird im Hochofen Luft gebraucht?
Notieren Sie die Reaktionsgleichung. → 40

18 *Schlacke*

Es gibt zwei verschiedene Sorten von Gangart:

1. „Saure“ Gangart, z. B. Quarz. Quarz ist Siliciumdioxid, SiO_2.

2. „Basische“ Gangart, z. B. Magnesiumcarbonat, $MgCO_3$.

Wenn wir sagen, daß eine Gangart „sauer“ oder „basisch“ ist, dann meinen wir das nicht so, wie wir es für Säuren und Basen gelernt haben. Es handelt sich hier nicht um exakte chemische Bezeichnungen, sondern um Fachausdrücke der Eisenhüttenleute.

Man nennt „saure“ Gangart deshalb so, weil sie mit „basischen“ Zuschlägen unter Bildung von Salzen reagiert. Das gleiche gilt für die „basischen“ Gangarten: Sie reagieren mit „sauren“ Zuschlägen.

Die entstandenen Salze bilden die leicht schmelzende .... → 9

---

19 Ihre Antwort ist richtig.

Hier noch einmal die Reaktionsgleichungen für die Reduktion des Magneteisensteins und des Eisen(III)-oxids mit Kohlenmonoxid im Hochofen:

$$Fe_3O_4 + CO \longrightarrow 3\,FeO + CO_2$$

$$Fe_2O_3 + CO \longrightarrow 2\,FeO + CO_2$$

Die weitere Reduktion des Eisen(II)-oxids zum metallischen Eisen findet im *Kohlensack* statt. (Welchen Teil des Hochofens bezeichnet man so? Bitte sehen sie in Ihrer Skizze nach!) Hier reagiert das Eisen(II)-oxid mit Kohlenstoff zu metallischem Eisen und Kohlenmonoxid:

$$FeO + C \longrightarrow Fe + CO$$

In welcher Form wird der Kohlenstoff im Hochofenprozeß eingesetzt?

Bitte notieren Sie Ihre Antwort. → 5

---

20 Gichtgas wird das Gas genannt, das aus dem Hochofen oben entweicht. Da es mit den Eisenerzen nicht mehr in Berührung kommt, kann das Gichtgas nicht das gesuchte Reduktionsmittel sein.

Lesen Sie noch einmal 43.

---

21 Sie arbeiten unkonzentriert.

Lesen Sie bitte noch einmal 34.

---

22 Beim Rösten von Pyrit werden die Bestandteile des Pyrits oxidiert. Es entstehen Schwefeldioxid und Eisen(III)-oxid. Eisen(III)-oxid dient zur Gewinnung von Eisen, Schwefeldioxid zur Gewinnung von Schwefelsäure.

Schreiben Sie nun die Reaktionsgleichung für das Rösten des Pyrits auf.

Wenn Sie die Reaktionsgleichung haben (aber nur dann!), lesen Sie weiter unter 8, wenn Sie nicht zurechtkommen, lesen Sie weiter unter 11.

---

23 Vergleichen Sie bitte:

Eisen(II)-chlorid $FeCl_2$

Eisen(III)-chlorid $FeCl_3$

Als freies Metall kommt Eisen kaum vor. Wir finden das Eisen meist in Form von Eisenerzen. Wichtige Eisenerze sind:

Roteisenstein, ein Eisen(III)-oxid
Brauneisenstein, ein Eisen(III)-oxid mit 2 Molekülen Kristallwasser

Notieren Sie bitte die Namen dieser Eisenerze, und schreiben Sie die Summenformeln dazu.

Lesen Sie dann weiter unter 3.

---

24 Ein Reduktionsmittel bewirkt eine Reduktion, also den Entzug von Sauerstoff. Mit Luft kann man jedoch nicht reduzieren. Luft wirkt aufgrund des Sauerstoffgehaltes oxidierend.

Lesen Sie noch einmal 43.

---

25 Vergleichen Sie bitte:

$$CaCO_3 + SiO_2 \longrightarrow CaSiO_3 + CO_2$$

basische Gangart + saurer Zuschlag $\longrightarrow$ Schlacke

Beantworten Sie bitte folgende Frage:

In welcher der folgenden Zeilen stehen Verbindungen, die in Erzen eine basische Gangart sind?

- Calciumcarbonat, Siliciumcarbonat → 33
- Siliciumdioxid, Magnesiumcarbonat → 42
- Calciumcarbonat, Magnesiumcarbonat → 38

---

26 Ihre Antwort ist falsch.

Eine Erklärung finden Sie unter 7.

27

1. $2\,C + O_2 \longrightarrow 2\,CO$

2. $Fe_2O_3 + CO \longrightarrow 2\,FeO + CO_2$

   $Fe_3O_4 + CO \longrightarrow 3\,FeO + CO_2$

3. $FeO + C \longrightarrow Fe + CO$

Über den Prozeß zur Gewinnung von Eisen muß man jedoch noch ein wenig mehr wissen.

Eisenerze kommen in der Natur nie ganz rein vor. Sie enthalten stets mehr oder weniger große Mengen von Verunreinigungen, die man als *Gangart* bezeichnet. Diese Verunreinigungen müssen entfernt werden. Man macht das durch Umwandlung der Gangart in leichtschmelzende *Schlacke*. Dazu erhalten die Eisenerze noch einen Zusatz, den *Zuschlag*.

Gangart	Verunreinigung von Erzen
Zuschlag	Zusatz beim Hochofenprozeß, der die Gangart in leicht schmelzende Schlacke überführt

Gangart und Zuschlag gibt ....

Notieren Sie das fehlende Wort, und lesen Sie dann bitte weiter unter 18.

25

28 Ihre Antwort ist richtig.

Notieren Sie nun noch einmal die Namen der wichtigsten Eisenerze, und schreiben Sie die chemische Zusammensetzung dahinter:

Roteisenstein
Brauneisenstein
Magneteisenstein
Pyrit

Vergleichen Sie Ihr Ergebnis unter 13.

29 Sehen Sie sich die Summenformel für Magneteisenstein, Fe_3O_4 oder $FeO \cdot Fe_2O_3$, noch einmal genau an. Sie erkennen an der zweiten Formel, daß Eisen mit unterschiedlich viel Sauerstoff verbunden ist. Die Eisenatome müssen also zwei verschiedene Wertigkeiten besitzen. Bitte notieren Sie die Wertigkeiten, in denen Eisen im Magneteisenstein vorkommt. → 12

30 Die Reduktion der oxidischen Eisenerze im Hochofen mit Kohlenmonoxid geht zunächst nur bis zum FeO, dem Eisen(II)-oxid. Die Reduktion führt nicht bis zum elementaren Eisen. Das müßten Sie aber eigentlich bereits gelernt haben. Arbeiten Sie deshalb genauer, lesen Sie noch einmal 34.

31 Oxidische Eisenerze sind Verbindungen aus Eisen und Sauerstoff. Wenn man aus ihnen Eisen gewinnen will, muß man den Sauerstoff entfernen. Die Entfernung von Sauerstoff aus einer chemischen Verbindung ist eine Reduktion. Man muß die oxidischen Eisenerze also ...., um aus ihnen Eisen zu gewinnen.

Notieren Sie das fehlende Wort. → 43

32 Vergleichen Sie:

$$SiO_2 + MgO \longrightarrow MgSiO_3$$

saure Gangart + basischer Zuschlag ⟶ Schlacke

Wenn die Gangart *basisch* ist, muß man *saure* Zuschläge nehmen, z. B.:

$$MgCO_3 + SiO_2 \longrightarrow MgSiO_3 + CO_2$$

basische Gangart + saurer Zuschlag ⟶ Schlacke

Wenn die Gangart aus Calciumcarbonat besteht, kann man ebenfalls Quarz als sauren Zuschlag verwenden. Die Reaktionsgleichung sieht dann ganz ähnlich aus. Stellen Sie bitte diese Reaktionsgleichung auf, und lesen Sie dann weiter unter [25].

---

[33] Calciumcarbonat ist in Erzen eine basische Gangart, Siliciumdioxid aber nicht.

Wenn Sie die Kapitel über die Gangart noch einmal sorgfältig durcharbeiten, werden Sie auf dem Gebiet sicherer werden.

Lesen Sie noch einmal [18].

---

[34] Vergleichen Sie:

$$2\,C + O_2 \longrightarrow 2\,CO$$

Kohlenmonoxid wirkt als Reduktionsmittel auf die oxidischen Eisenerze. Diese werden zunächst nur bis zum Eisen(II)-oxid reduziert:

$$Fe_2O_3 + CO \longrightarrow 2\,FeO + CO_2$$

Wenn als oxidisches Eisenerz Magneteisenstein, Fe_3O_4, eingesetzt wird, dann sieht die Reaktionsgleichung für die Reduktion dieses Eisenerzes mit Kohlenmonoxid ganz ähnlich aus. Sie können dann leicht folgende Frage beantworten:

Was steht auf der rechten Seite der Reaktionsgleichung?

- $2\,FeO$ und CO_2 → [14]
- $3\,FeO$ und CO_2 → [19]
- $3\,Fe$ und $4\,CO_2$ → [26]

---

[35] Sehen Sie sich die Summenformel für Magneteisenstein, Fe_3O_4 oder $FeO \cdot Fe_2O_3$, noch einmal genau an. Sie erkennen an der zweiten Formel, daß Eisen mit unterschiedlich viel Sauerstoff verbunden ist. Die Eisenatome müssen also zwei verschiedene Wertigkeiten besitzen.
Bitte notieren Sie die Wertigkeiten, in denen Eisen im Magneteisenstein vorkommt. → [12]

---

36 Ihre Antwort ist nur teilweise richtig.

Fe_3O_4 ist Magneteisenstein, ein gemischtes Eisenoxid oder Fe(II,III)-oxid.
Fe_2O_3 ist Roteisenstein; Fe ist darin dreiwertig.
$Fe_2O_3 \cdot 2H_2O$ ist Brauneisenstein. Fe ist auch hier dreiwertig. Brauneisenstein enthält lediglich zusätzlich noch Kristallwasser.

Lesen Sie bitte weiter unter 13.

37 Das Rösten von Pyrit ist chemisch eine Oxidation. Der im Pyrit enthaltene Schwefel wird *nur bis zum Schwefeldioxid* oxidiert. Die weitere Oxidation des Schwefeldioxids zum Schwefeltrioxid ist gar nicht so einfach. Man muß dazu besondere Katalysatoren anwenden. Denken Sie an die Herstellung von Schwefeltrioxid und Schwefelsäure nach dem Kontaktverfahren. Machen Sie sich eine Notiz:

Möglichst bald die Verfahren zur Herstellung von Schwefelsäure wiederholen!

Lesen Sie bitte weiter unter 22.

38 Ihre Antwort ist richtig.

Notieren Sie bitte das kursiv Gedruckte, und stellen Sie für die angegebenen beiden Beispiele die Reaktionsgleichungen auf:

Saure Gangart + *basischer Zuschlag* ⟶ *Schlacke* + *Kohlendioxid*

Quarz + Calciumcarbonat ⟶

Basische Gangart + *saurer Zuschlag* ⟶ *Schlacke* + *Kohlendioxid*

Magnesiumcarbonat + Quarz ⟶

Hochofenschlacke ist ein wichtiges Nebenprodukt der Eisenerzeugung. Sie findet Verwendung z. B. zur Herstellung von Pflastersteinen.

Lesen Sie bitte weiter unter 17.

39 Ihre Antwort ist nur teilweise richtig.

Fe_3O_4 ist Magneteisenstein, ein gemischtes Eisenoxid oder Fe(II,III)-oxid.
Fe_2O_3 ist Roteisenstein; Fe ist darin dreiwertig.

$Fe_2O_3 \cdot 2H_2O$ ist Brauneisenstein. Fe ist auch hier dreiwertig. Brauneisenstein enthält lediglich zusätzlich noch Kristallwasser.

Lesen Sie bitte weiter unter 13.

---

40 $2C + O_2 \longrightarrow 2CO$

Betrachten wir nun noch die Temperaturen, die in den verschiedenen Teilen des Hochofens herrschen, und zwar von unten nach oben.

In der Rast finden wir mit etwa 2000 °C die höchste Temperatur. Hier schmelzen Eisen und Schlacke und fließen nach unten ab.

Darüber beträgt die Temperatur 1000 bis 2000 °C. Neben der Schlackenbildung finden hier noch zwei chemische Vorgänge statt:

1. Reduktion des Eisenoxids zum metallischen Eisen,

2. Bildung von Eisencarbid.

Stellen Sie bitte die zugehörigen Reaktionsgleichungen auf, und lesen Sie dann weiter unter 15.

---

41 Ihre Antwort ist nur teilweise richtig.

Fe_3O_4 ist Magneteisenstein, ein gemischtes Eisenoxid oder Fe(II,III)-oxid.
Fe_2O_3 ist Roteisenstein; Fe ist darin dreiwertig.
$Fe_2O_3 \cdot 2H_2O$ ist Brauneisenstein. Fe ist auch hier dreiwertig, Brauneisenstein enthält lediglich zusätzlich noch Kristallwasser.

Lesen Sie bitte weiter unter 13.

---

42 Magnesiumcarbonat ist in Erzen eine basische Gangart, Siliciumdioxid aber nicht.

Wenn Sie die Kapitel über die Gangart noch einmal sorgfältig durcharbeiten, werden Sie auf dem Gebiet sicherer werden.

Lesen Sie noch einmal 18.

43 Ja, die oxidischen Eisenerze werden im Hochofen *reduziert*.

Ein Hochofen ist ein hoher Schachtofen (bis zu 50 m hoch), der von oben mit Eisenerz und Koks beschickt wird. Von unten wird Luft eingeblasen.

Im Hochofen laufen eine ganze Reihe chemischer Reaktionen bei hohen Temperaturen ab. Die oxidischen Eisenerze werden dabei zu metallischem Eisen reduziert. Das metallische Eisen schmilzt und fließt unten aus dem Hochofen ab. Neben dem Eisen bildet sich noch Schlacke. Aus dem oberen Teil des Hochofens entweicht das Gichtgas.

Was wird als Reduktionsmittel im Hochofen verwendet?

- Gichtgas → 20
- Eisenerze → 4
- Koks → 10
- Luft → 24

26. Programm

Eisen (II)

1 Im Hochofenprozeß wird *Roheisen* hergestellt. Roheisen schmilzt etwa bei 1100 °C. Reines Eisen schmilzt dagegen über 1500 °C. Der niedrige Schmelzpunkt des Roheisens ist bedingt durch verschiedene Verunreinigungen.

Eine dieser Verunreinigungen, eine Verbindung aus Eisen und Kohlenstoff, kennen Sie bereits.

Schreiben Sie Namen und Formel dieser Verbindung auf, und lesen Sie weiter unter [13].

2 Prägen Sie sich die *richtige* Antwort ein:

Graues Roheisen enthält neben Graphit (vom Graphit kommt die graue Farbe!) als Verunreinigung Silicium.
Weißes Roheisen enthält als Verunreinigungen .... und ....

Lesen Sie bitte weiter unter [9].

3 *Saures* Futter.

Eine Schwierigkeit bei der Stahlgewinnung ergab sich früher, wenn phosphorhaltige Eisenerze zur Gewinnung des Roheisens verwendet werden sollten. Man erhielt aus diesen phosphorhaltigen Eisenerzen phosphorhaltiges Roheisen, da Phosphor im Hochofen nicht entfernt wird. Dieses konnte man lange Zeit nicht in der Bessemer-Birne zu Stahl verarbeiten, da beim Bessemer-Verfahren Phosphor nicht entfernt wird. Phosphorhaltiger Stahl ist aber spröde und brüchig. Durch Oxidation entsteht aus dem Phosphor ein Produkt, dessen chemische Zusammensetzung und Formel Sie bereits kennen.

Schreiben Sie Namen und Formel des Produkts auf, und lesen Sie dann weiter unter [25].

4 Ihre Antwort ist richtig.

Eisen kann *zwei-* und *drei*wertig auftreten. Beispiele für wichtige Eisenverbindungen sind

$FeCl_2$, $FeCl_3$, Fe_2O_3, FeO.

In welchen der genannten Verbindungen ist das Eisen

a) zweiwertig

b) dreiwertig?

Bitte notieren Sie die entsprechenden Verbindungen, und vergleichen Sie bei 48.

---

5 Bitte vergleichen Sie Ihr Ergebnis:

a) Gravimetrie: Waage, Filtriergeräte, Gewichte, Trichter, Filterpapier.

b) Maßanalyse: Bürette, Pipette, Meßkölbchen, Indikator.

Und nun wollen wir wiederholen.

Eisen kommt selten als freies Metall vor. Die wichtigsten Eisenerze sind (nach ihrem Eisengehalt geordnet):

Magneteisenstein	Eisen(II,III)-oxid
Roteisenstein	Eisen(III)-oxid
Brauneisenstein	Eisen(III)-oxid mit 2 Molekülen Wasser
Pyrit	FeS_2

Wieviele dieser Eisenerze können *direkt* zur Roheisengewinnung eingesetzt werden?

- alle → 74
- drei → 49
- zwei → 12
- eins → 43
- Ich weiß es nicht → 57

---

6 Nein, das Thomas-Verfahren ist veraltet. Das heute gebräuchlichste Verfahren arbeitet mit Sauerstoff (Oxygenium).

Kehren Sie zurück nach 75.

---

7 Ihre Antwort ist richtig.

Lesen Sie zur Vertiefung weiter unter 15.

8 Eisen kann *zwei-* und *dreiwertig* auftreten. Denken Sie z. B. an folgende Verbindungen:

$FeCl_2$, $FeCl_3$, Fe_2O_3, FeO.

In welchen der genannten Verbindungen ist das Eisen

a) zweiwertig

b) dreiwertig?

Bitte notieren Sie die entsprechenden Verbindungen, und vergleichen Sie bei 48.

9 Ihre Antwort ist richtig.

Graues Roheisen enthält als Verunreinigungen im wesentlichen Silicium und Kohlenstoff in Form von Graphit.

Weißes Roheisen enthält als Verunreinigungen *Mangan* und *Eisencarbid.*

Bei welcher Temperatur schmilzt Roheisen?

- bei ca. 500 °C → 30
- bei ca. 1100 °C → 21
- über 1500 °C → 16

10 Ihre Antwort ist falsch.

Lesen Sie bitte weiter unter 13.

11 Ihre Antwort ist falsch, weil Sie unkonzentriert arbeiten. Wenn Sie Abschnitt 41 sorgfältig lesen, dann müssen Sie die richtige Antwort finden.

Lesen Sie bitte weiter unter 41.

12 Ihre Antwort ist falsch.

Eine Erklärung finden Sie unter 57.

13 Eisencarbid Fe_3C

Man unterscheidet *zwei Sorten von Roheisen:*

1. *Weißes Roheisen* enthält als Verunreinigungen im wesentlichen *Mangan* und *Eisencarbid* (Fe_3C).

2. *Graues Roheisen* enthält als Verunreinigungen im wesentlichen *Silicium* und Kohlenstoff in Form von *Graphit* (daher die graue Farbe).

Welche Substanzen schmelzen bei niedrigerer Temperatur: Die beiden Roheisensorten oder reines Eisen?

- Reines Eisen → 23
- Weißes und graues Roheisen → 27
- Ich weiß nicht → 1

14 Eisen kann *zwei-* und *dreiwertig* auftreten. Denken Sie z. B. an folgende Verbindungen:

$FeCl_2$, $FeCl_3$, Fe_2O_3, FeO.

In welchen der genannten Verbindungen ist das Eisen

a) zweiwertig

b) dreiwertig?

Bitte notieren Sie die entsprechenden Verbindungen, und vergleichen Sie bei 48.

15 Erinnern Sie sich an die Besprechung des Hochofen-Prozesses:

Zur Entfernung von Verunreinigungen der Eisenerze, der sogenannten Gangart, werden verschiedene Zuschläge zugegeben.

Saure Gangart (z. B. Quarz, SiO_2) verbindet sich mit *basischen* Zuschlägen (z. B. Calciumoxid, CaO) zu Schlacke.

Basische Gangart (z. B. Magnesiumcarbonat, $MgCO_3$) verbindet sich mit *sauren* Zuschlägen (z. B. Quarz, SiO_2) ebenfalls zu Schlacke.

Ganz ähnlich ist es beim Bessemer-Verfahren:

Durch Oxidation des im Roheisen enthaltenen Mangans entsteht *basisches* Mangandioxid. Dieses wird durch ein .... (basisches/saures) Futter der Bessemer-Birne gebunden.

Lesen Sie bitte weiter unter [3].

---

16 Der Schmelzpunkt von *reinem* Eisen liegt über 1500 °C. Roheisen enthält aber verschiedene Verunreinigungen und schmilzt deshalb bei niedrigerer Temperatur.

Bitte merken Sie sich:

Roheisen schmilzt bei ca. 1100 °C.

Lesen Sie bitte weiter unter [21].

---

17 Ihre Antwort ist richtig.

Löst man eine Probe von weißem Roheisen in verdünnter Salzsäure auf, so hinterbleibt *kein* Rückstand, da sich die Verunreinigungen des weißen Roheisens, nämlich Eisencarbid und Mangan, in Salzsäure lösen.

Löst man dagegen eine Probe von grauem Roheisen in Salzsäure, so bleibt ein schwarzer Rückstand von unlöslichem Graphit zurück. Was enthält graues Roheisen als weitere Verunreinigung?

- Mangan → [34]
- Silicium → [9]
- Eisencarbid → [2]

---

18 Bitte vergleichen Sie:

$$2\ Fe(OH)_3 \xrightarrow{\text{Glühen}} Fe_2O_3 + 3\ H_2O$$

Das Eisen(III)-oxid wird nach dem Erkalten gewogen. Aus seiner Masse läßt sich dann leicht der Eisengehalt der ursprünglichen Lösung berechnen.

Die Bestimmung des Eisens nach dem eben beschriebenen Verfahren erfolgt mit der Analysenwaage. Man nennt ein solches quantitatives Analysenverfahren ein Verfahren der *Gravimetrie.*

Beantworten Sie schriftlich folgende Frage:

Welche der im folgenden angegebenen Geräte gehören

a) zur Gravimetrie

b) zur Maßanalyse?

Waage, Bürette, Pipette, Filtriergeräte, Gewichte, Trichter, Meßkölbchen, Filtrierpapier, Indikator.

Lesen Sie dann bitte weiter unter [5].

---

[19] Ihre Antwort ist falsch.

Lesen Sie bitte weiter unter [13].

---

[20] Ihre Antwort ist falsch.

Eine Erklärung finden Sie unter [15].

---

[21] Ihre Antwort ist richtig.

Graues Roheisen wird als *Gußeisen* verwendet oder *zu Stahl verarbeitet.* Weißes Roheisen ist zu hart und zu spröde. Man kann es deshalb nicht als Gußeisen verwenden. Es wird *zu Stahl verarbeitet.*

Stahl ist schmiedbares Eisen.

Um aus Roheisen Stahl zu machen, muß man die Verunreinigungen des Roheisens weitgehend entfernen.

Die Verunreinigungen des Roheisens werden durch Oxidation entfernt. Als Beispiele nennen wir hier folgende Verunreinigungen und ihre Oxidationsprodukte:

Kohlenstoff und Eisencarbid	→	Kohlendioxid,
Mangan	→	Mangandioxid,
Silicium	→	Siliciumdioxid.

Schreiben Sie bitte für diese Oxidationsprodukte Namen und Summenformeln auf – Mangan, Mn, ist vierwertig, daher auch die Bezeichnung Mangan(IV)-oxid – und lesen Sie dann weiter unter [37].

---

[22] Ihre Antwort ist falsch.

Lesen Sie bitte noch einmal [66].

---

[23] Ihre Antwort ist falsch.

Lesen Sie bitte noch einmal [1].

---

[24] Eine Legierung erhält man, wenn man zwei oder mehrere Metalle zusammenschmilzt.

Und nun zu den physikalischen und chemischen Eigenschaften des Eisens.

Eisen ist ein Schwermetall mit der Dichte $d = 7{,}8\ g/cm^3$.

Eisen wird von Magneten angezogen. Dabei wird es selbst magnetisch, es verliert diesen Magnetismus aber wieder, wenn es aus dem Bereich des Magneten entfernt wird.

Die chemischen Eigenschaften des Eisens kennen wir zum Teil bereits. So wissen Sie z. B. schon über die Wertigkeiten des Eisens Bescheid.

In welchen Wertigkeiten kann Eisen auftreten?

- zweiwertig → [8]
- dreiwertig → [14]
- zwei- und dreiwertig → [4]
- zwei-, drei- und fünfwertig → [35]
- Ich habe es vergessen → [39]

---

[25] Bei der Oxidation phosphorhaltiger Roheisensorten entsteht aus dem Phosphor das Phosphor(V)-oxid (Phosphorpentoxid), P_2O_5, das Säureanhydrid der Phosphorsäure.
Überlegen Sie jetzt, wie man es fertig brachte, aus phosphorhaltigen Roheisensorten doch den Phosphor zu entfernen, um brauchbaren Stahl zu erzeugen.

Mit welchem Futter muß man die Bessemer-Birne auskleiden, wenn man phosphorhaltiges Roheisen verarbeiten will?

- Mit einem basischen Futter → 46
- Mit einem sauren Futter → 36
- Ich weiß es nicht → 41

---

26 Ihre Antwort ist falsch.

Lesen Sie noch einmal 66.

---

27 Weißes und graues Roheisen enthalten Verunreinigungen, die den Schmelzpunkt des reinen Eisens herabsetzen. Beide Roheisensorten schmelzen also bei niedrigerer Temperatur als reines Eisen.

Welche hauptsächlichen Verunreinigungen enthält

a) weißes Roheisen,

b) graues Roheisen?

- a) Mangan und Eisencarbid
  b) Silicium → 19
- a) Mangan
  b) Silicium und Kohlenstoff (Graphit) → 33
- a) Mangan und Kohlenstoff (Graphit)
  b) Silicium und Eisencarbid → 10
- a) Mangan und Eisencarbid
  b) Silicium und Kohlenstoff (Graphit) → 17

---

28 Rotes Blutlaugensalz benutzt man zum Nachweis von Eisen(II)-salzen. Rotes Blutlaugensalz gibt also nur mit Eisen(II)-salzen einen blauen Niederschlag.

Zum Nachweis von Eisen(III)-salzen benutzt man gelbes Blutlaugensalz.

Lesen Sie bitte noch einmal 66.

---

29 Durch den Sauerstoff der Luft werden die Verunreinigungen des flüssigen Roheisens oxidiert (nebenbei natürlich auch ein kleiner, aber unerheblicher Teil des Eisens). Die Oxidationsprodukte entweichen zum Teil gasförmig (z. B. Kohlendioxid), bilden Schlacke oder werden durch das Futter der Bessemer-Birne aufgenommen. Zum Beispiel entsteht durch Oxidation von Mangan das basische Mangan(IV)-oxid (Mangandioxid).

Was für eine Art von Futter muß die Bessemer-Birne haben, damit diese basischen Verunreinigungen vom Futter aufgenommen werden können?

- Ich weiß es nicht → 15
- Ein basisches Futter → 20
- Ein saures Futter → 7

---

30 Bitte merken Sie sich:

Roheisen schmilzt bei etwa 1100 °C.

Lesen Sie weiter unter 21.

---

31 Das *Oxigenstahl*-Verfahren liefert gegenüber dem Bessemer- bzw. Thomas-Verfahren *besseren Stahl* und ist *umweltfreundlicher.* Das Gas zur Oxidation der Verunreinigungen ist nicht mehr Luft, sondern Sauerstoff, der *auf die Schmelze* geblasen wird. (Früher: Luft von unten durch die Schmelze!)

Das Verfahren wird in ähnlichen Konvertern (Birnen) wie das Bessemer Verfahren ausgeführt (nur viel größer als früher). Zeichnen Sie in ihre Skizze der Bessemer-Birne die Änderungen ein, die sich durch das Oxigenstahl-Verfahren ergeben haben. → 62

---

32 *Nickel, Chrom, Mangan.*

Beantworten Sie schriftlich folgende Frage:
Was ist eine Legierung?

Wenn Sie Schwierigkeiten dabei haben, lesen Sie noch einmal 44.

Wenn Sie die Frage beantworten konnten, lesen Sie weiter unter 24.

33 Ihre Antwort ist falsch.

Lesen Sie bitte weiter unter 13.

34 Prägen Sie sich die *richtige* Antwort ein:

Graues Roheisen enthält neben Graphit (vom Graphit kommt die graue Farbe!) als Verunreinigung Silicium.
Weißes Roheisen enthält als Verunreinigungen .... und ....

Lesen Sie bitte weiter unter 9.

35 Eisen kann *zwei-* und *dreiwertig* auftreten. Denken Sie z. B. an folgende Verbindungen:

$FeCl_2$, $FeCl_3$, Fe_2O_3, FeO.

In welchen der genannten Verbindungen ist das Eisen

a) zweiwertig

b) dreiwertig?

Bitte notieren Sie die entsprechenden Verbindungen, und vergleichen Sie bei 48.

36 Ihre Antwort ist falsch. Die Frage war aber auch nicht ganz leicht.

Lesen Sie weiter unter 41.

37 Kohlendioxid, CO_2; Mangandioxid, MnO_2; Siliciumdioxid, SiO_2.
Die Oxidation der Verunreinigungen erfolgt mit Hilfe von Luft.

Zum besseren Verständnis wollen wir hier auch die älteren, heute nur noch wenig benutzten Verfahren besprechen. Ein solches Verfahren ist das *Bessemer-Verfahren*, es wird in der Bessemer-Birne durchgeführt. Die Bessemer-Birne ist ein stählerner, birnenförmiger Behälter, der mit einer Schicht eines feuerfesten Materials ausgekleidet ist. Man bezeichnet diese Schicht als das *Futter* der Birne.

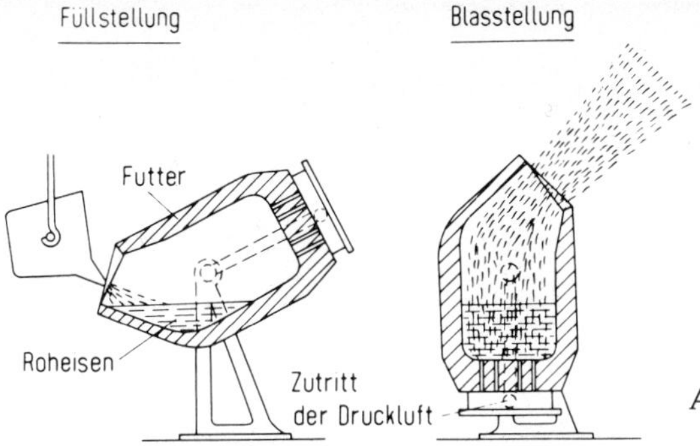

Abb. 33.

Zeichnen Sie die Skizze der Bessemer-Birne in Blasstellung (Abb. 32, rechts), ab, und beantworten Sie dann folgende Frage: Warum wird Luft durch das flüssige Roheisen geblasen? → 29

38 Ihre Antwort ist richtig.

Hier sind noch einmal die beiden Reaktionsgleichungen:

$$Fe + 2HCl \longrightarrow FeCl_2 + H_2$$

$$Fe + H_2SO_4 \longrightarrow FeSO_4 + H_2$$

Das Eisen(II)-sulfat kristallisiert mit 7 Molekülen Kristallwasser. Es hat daher die Summenformel

$FeSO_4 \cdot 7\ H_2O$ (Eisen(II)-sulfat-heptahydrat)

Was geschieht, wenn man auf Eisen konzentrierte Schwefelsäure einwirken läßt?

- Es entsteht Eisen(II)-sulfat → 64
- Es entsteht Eisen(III)-sulfat → 52
- Es erfolgt keine Reaktion → 71

39 Eisen kann *zwei-* und *dreiwertig* auftreten. Denken Sie z. B. an folgende Verbindungen:

$FeCl_2$, $FeCl_3$, Fe_2O_3, FeO.

In welchen der genannten Verbindungen ist das Eisen

a) zweiwertig

b) dreiwertig?

Bitte notieren Sie die entsprechenden Verbindungen, und vergleichen Sie bei [48].

---

40 Sie haben offenbar etwas verwechselt.

Lesen Sie bitte noch einmal [48].

---

41 *Basische* Produkte können durch ein *saures* Futter gebunden werden.

Saure Produkte können durch ein *basisches* Futter gebunden werden.

Bei der Oxidation phosphorhaltiger Roheisen-Sorten entsteht ein *saures* Produkt, nämlich Phosphor(V)-oxid (Phosphorpentoxid).

Was für ein Futter muß man also nehmen, wenn man phosphorhaltiges Roheisen zu Stahl verarbeiten will?

- Ein basisches Futter → [46]
- Ein saures Futter → [11]

---

42 Ihre Antwort ist richtig.

Wissen Sie noch, was man zum Nachweis von Eisen(II)-salzen verwendet?

- Kaliumrhodanid → [73]
- rotes Blutlaugensalz → [59]
- gelbes Blutlaugensalz → [26]

---

43 Ihre Antwort ist falsch.

Eine Erklärung finden Sie unter [57].

44

1. Bessemer-Verfahren	Oxidationsmittel: Luft
2. Thomas-Verfahren	Luft
3. Oxigenstahl-Verfahren oder Blasstahl-Verfahren	Sauerstoff
4. Siemens-Martin-Verfahren	Eisenoxid in Form von Schrott

Der nach den besprochenen Verfahren gewonnene Stahl läßt sich auf verschiedene Weise noch durch Zusätze anderer Metalle veredeln. Als solche Zusätze werden vor allem Nickel, Chrom und Mangan verwendet. Man schmilzt Stahl zusammen mit einem oder mehreren der genannten Metalle und nennt ein solches, durch Verschmelzen von zwei oder mehreren Metallen hergestelltes Produkt eine *Legierung.*

Legierungen haben besondere Eigenschaften und deshalb auch besondere Verwendungszwecke. Ein Beispiel ist Stahl, der mit dem Element *Chrom* legiert ist und als nichtrostender Stahl verwendet wird.

Notieren Sie bitte drei wichtige Metalle, mit denen Stahl legiert wird, und lesen Sie dann weiter unter 32.

45 Nein, das Bessemer-Verfahren ist veraltet, es ist auch für phosphorhaltige Erze nicht geeignet. Gehen Sie zurück nach 75.

46 Ihre Antwort ist richtig.

Das Verfahren zur Verarbeitung phosphorhaltiger Eisensorten zu Stahl nennt man Thomas-Verfahren. Der Engländer Thomas verwendete als Erster ein basisches Futter. Es konnten nun auch phosphorhaltige Erze, die viel häufiger sind, verarbeitet werden. Zusätzlich zum basischen Futter wird noch Calciumoxid (CaO) in die Schmelze gegeben.

Wir haben bisher zwei Verfahren zur Stahlgewinnung kennengelernt:

1. Das *Bessemer-Verfahren:* Oxidation der Verunreinigungen durch Luft; Hauptverunreinigung: Mangan, das zu basischem Mangan(IV)-oxid (Mangandioxid) oxidiert und durch ein saures Futter gebunden wird.

2. *Thomas-Verfahren:* Oxidation der Verunreinigungen durch Luft: zusätzliche Verunreinigung Phosphor, der zu saurem Phosphor(V)-oxid (Phosphorpentoxid) oxidiert und durch ein basisches Futter bzw. CaO gebunden wird.

Das Futter der Bessemer- und Thomas-Birnen besteht aus feuerfesten Steinen, da die Temperatur bei beiden Verfahren bei etwa 1400 °C liegt. Nach einer gewissen Zeit muß das Futter erneuert werden. Das Futter der Thomas-Birnen bzw. die Schlacke wird fein gemahlen und als Düngemittel verkauft. Es heißt Thomasmehl.

Welches ist der als Düngemittel wirksame Bestandteil des Thomasmehls? → 58

---

47 Ihre Antwort ist richtig.

Neben der *Maßanalyse* gibt es noch ein zweites wichtiges quantitatives Analysenverfahren, die Gravimetrie. Hierbei muß man den zu bestimmenden Stoff in eine wägbare Form überführen. Dazu ein Beispiel:

Wird eine Eisen(III)-chlorid-Lösung mit der wäßrigen Lösung von Ammoniak versetzt, so entsteht ein brauner Niederschlag von Eisenhydroxid. Die Reaktionsgleichung dafür heißt:

$$FeCl_3 + 3\,NH_3 + 3\,H_2O \longrightarrow Fe(OH)_3 + 3\,NH_4Cl$$

Zur quantitativen Bestimmung des Eisens sammelt man den Niederschlag von Eisen(III)-hydroxid auf einem Filter, wäscht nach und trocknet ihn zusammen mit dem Filter. Eisen(III)-hydroxid ist jedoch noch keine brauchbare Eisenverbindung für eine Gravimetrie, weil es Wasser festhält. Man bringt deshalb den Niederschlag zusammen mit dem Filter in einen Tiegel und glüht. Hierbei verbrennt das Filter, und das Eisen(III)-hydroxid geht unter Wasserabspaltung in Eisen(III)-oxid über.

Stellen Sie bitte die Reaktionsgleichung für die Wasserabspaltung aus Eisen(III)-hydroxid auf, und lesen Sie dann weiter unter 18.

---

48 Zweiwertig ist das Eisen in $FeCl_2$ und FeO.
Dreiwertig ist das Eisen in $FeCl_3$ und Fe_2O_3.

Eisen wird von verdünnten Säuren, besonders von verdünnter Salzsäure und Schwefelsäure, angegriffen. Konzentrierte Schwefelsäure greift dagegen Eisen nicht an. Man kann deshalb konzentrierte Schwefelsäure in eisernen Behältern aufbewahren und verarbeiten. An der Luft wird das Eisen vom Sauerstoff angegriffen, es rostet. Rost besteht aus verschiedenen Eisenoxiden und Eisenhydroxiden.

Stellen Sie nun die Reaktionsgleichungen für die Umsetzung des Eisens mit

a) verdünnter Salzsäure und

b) verdünnter Schwefelsäure

auf. Berechnen Sie die molaren Massen der entstehenden Eisen(II)-salz-Moleküle.

M(Fe) 56 g/mol
M(HCl) 36,5 g/mol
M(H_2SO_4) 98 g/mol

Welche molaren Massen haben Sie erhalten?

- a) 127 g/mol b) 152 g/mol → 38
- a) 162,5 g/mol b) 152 g/mol → 60
- a) 152 g/mol b) 127 g/mol → 40
- Ich habe andere molare Massen → 68

---

49 Ihre Antwort ist richtig.

Nur der Pyrit muß vor der Verarbeitung auf Roheisen abgeröstet werden. Die anderen drei genannten Eisenerze sind oxidische Erze und können direkt eingesetzt werden.

Die Eisengewinnung erfolgt im Hochofen. Der Hochofen wird mit Eisenerzen, Koks und Zuschlägen beschickt. Von unten eingeblasene heiße Luft verbindet sich mit dem Kohlenstoff zu .... Durch dieses werden die Eisenerze zum Eisen(II)-oxid reduziert. Die Reduktion des Eisen(II)-oxids zu metallischen Eisen erfolgt durch .... Ein Teil des Eisens reagiert mit dem Kohlenstoff zu ......

Notieren Sie bitte, was zu ergänzen ist, und lesen Sie dann weiter unter 61.

---

50 Ihre Antwort ist richtig.

Ende des 26. Programms.

---

51 Nein, das Siemens-Martin-Verfahren verliert immer mehr an Bedeutung. Das heute meist angewandte Verfahren arbeitet mit Sauerstoff (Oxygenium).

Gehen Sie zurück nach 75.

---

52 Sie haben an einer wichtigen Stelle nicht aufgepaßt. Die richtige Antwort finden Sie beim sorgfältigen Lesen von 48.

53 Bitte vergleichen Sie:

Rotes Blutlaugensalz, *Eisen(II)-salze.*
Gelbes Blutlaugensalz, *Eisen(III)-salze.*

Eine weitere, sehr empfindliche Reaktion zeigen Eisen(III)-salze mit Kaliumrhodanid (KCNS). Wird zur Lösung eines Eisen(III)-salzes Kaliumrhodanid-Lösung gegeben, so entsteht eine blutrote Färbung.

Was beobachtet man, wenn man Eisen (III)-salze mit

a) rotem Blutlaugensalz

b) Kaliumrhodanid

versetzt?

- a) einen blauen Niederschlag
- b) eine blutrote Färbung → 28

- in beiden Teilen einen blauen Niederschlag → 22

- a) keinen Niederschlag
- b) eine blutrote Färbung → 42

54 Das Verfahren heißt Oxigenstahl- oder Blasstahl-Verfahren. Kennzeichnend ist, daß ...... als Oxidationsmittel verwendet wird. Das Gas wird ......(durch/auf) die Roheisenschmelze geblasen. Phosphor wird durch ...... gebunden. Die oxidierten Verunreinigungen sammeln sich in der ......

Notieren Sie bitte die fehlenden Worte. → 69

55 Das *Siemens-Martin*-Verfahren wird in großen Herdöfen durchgeführt. Zur Oxidation der Verunreinigungen des Roheisens benutzt man den im *Eisenoxid* gebundenen Sauerstoff. Die Eisenoxide werden in Form von *Schrott* eingebracht.

Notieren Sie bitte die 4 besprochenen Verfahren zur Stahlgewinnung mit Namen und dem Oxidationsmittel.

Lesen Sie bitte weiter unter 44.

56 Ihre Antwort ist bedingt richtig.

Nach Ihrem Vorschlag müßte die vollständige Reaktionsgleichung so aussehen:

$$1\ Fe_2O_3 + 6\ HCl \longrightarrow 2\ FeCl_3 + 3\ H_2O$$

Wenn jedoch vor einer chemischen Substanz in einer Reaktionsgleichung eine 1 stehen müßte, dann läßt man diese als selbstverständlich weg. Die richtige Reaktionsgleichung heißt also:

$$Fe_2O_3 + 6\ HCl \longrightarrow 2\ FeCl_3 + 3\ H_2O.$$

Lesen Sie weiter unter 66.

57 Man unterscheidet zwei Sorten von Eisenerzen:

1. Oxidische Eisenerze (z. B. Roteisenstein, Brauneisenstein und Magneteisenstein)

2. Sulfidische Eisenerze (z. B. Pyrit)

Die oxidischen Eisenerze können direkt zur Eisengewinnung im Hochofen eingesetzt werden. Die sulfidischen Eisenerze müssen zuvor abgeröstet, d. h. unter Luftzutritt geglüht werden. Dabei enstehen Eisenoxide und Schwefeldioxid, z. B.

$$4\ FeS_2 + 11\ O_2 \longrightarrow 2\ Fe_2O_3 + 8\ SO_2$$

Lesen Sie bitte weiter unter 49.

58 Ihre Antwort ist richtig.

Der wirksame Bestandteil bei der Verwendung des Thomasmehls als Düngemittel ist Phosphor.

Seit ca. 1960 ging die Stahlerzeugung nach dem Bessemer- und Thomas-Verfahren immer weiter, zugunsten des Oxigenstahls (auch Blasstahl genannt), zurück. Heute wird fast nur noch nach diesem modernen Verfahren gearbeitet.

Es liefert besseren Stahl und ist umweltfreundlicher. (Die großen braunen Wolken über den Stahlwerken, eine Folge des Bessemer- bzw. Thomas-Verfahrens, sind weitgehend verschwunden!)

Man arbeitet mit reinem Sauerstoff, der von oben auf die Roheisenschmelze geblasen wird.

Notieren Sie in Stichworten die Änderungen und Vorteile, die das moderne Oxigenstahl-Verfahren gegenüber den älteren Verfahren brachte. → [31]

---

[59] Ihre Antwort ist richtig.

Wir wollen uns nun noch mit der Frage beschäftigen, wie man Verbindungen des dreiwertigen Eisens nicht nur qualitativ nachweisen, sondern auch quantitativ (mengenmäßig) bestimmen kann.

Sie haben bereits ein Verfahren der quantitativen Analyse kennengelernt. Wie hieß dieses?

- Maßanalyse → [47]
- Elektrolyse → [72]
- Katalyse → [67]

---

[60] Bei der Einwirkung von Salzsäure auf Eisen entsteht Eisen(II)-chlorid und *nicht* Eisen(III)-chlorid.

Lesen Sie noch einmal [48].

---

[61] Bitte vergleichen Sie:

Kohlenmonoxid, Kohlenstoff, Eisencarbid.

Zur Stahlgewinnung müssen die Verunreinigungen des Roheisens entfernt werden. Wir haben 4 Verfahren kennengelernt:

1. Oxidation der Verunreinigungen durch Luft: Hauptverunreinigung: Mangan, das zu basischem Mangan(IV)-oxid (Mangandioxid) oxidiert und durch ein saures Futter gebunden wird. Durchführung in einer Birne, Luft wird von unten durch die Schmelze geblasen.

2. Oxidation der Verunreinigungen durch Luft. Eine besonders störende Verunreinigung ist Phosphor, der zu saurem Phosphor(V)-oxid (Phosphorpentoxid) oxidiert und durch ein basisches Futter und CaO gebunden wird. Durchführung in einer Birne, Luft wird von unten durch die Schmelze geblasen.

3. Oxidation der Verunreinigungen durch Sauerstoff, der von oben auf die Roheisenschmelze geblasen wird. Phosphor wird durch Kalkzuschläge gebunden.

4. Oxidation der Verunreinigungen durch Sauerstoff, der in Form von Eisenoxiden zugeführt wird. Durchführung in einem flachen Herdofen.

Schreiben Sie die Namen der 4 Verfahren in der angegebenen Reihenfolge auf, und lesen Sie dann weiter unter 75.

---

62 Sie müssen Ihre Skizze der Bessemer-Birne folgendermaßen geändert haben (Abb. 34):

1. Zutritt der Druckluft unten entfällt.

2. Durchtrittsöffnungen für die Druckluft im Boden entfallen.

3. Sauerstoff wird von oben auf die Schmelze geblasen.

Der Sauerstoff wird durch ein Rohr, das fast bis auf die Oberfläche der Schmelze reicht, eingeblasen.

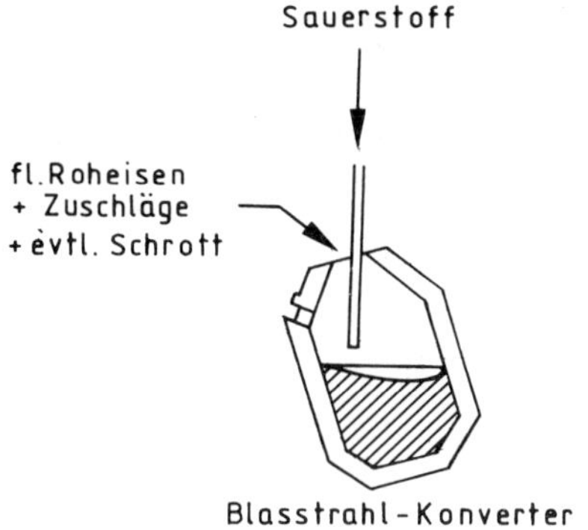

Abb. 34.

Kalkzuschläge binden den Phosphor und bilden mit den anderen oxidierten Verunreinigungen eine Schlacke. Es kann auch Schrott zugegeben werden.

Wie heißt das moderne Verfahren zur Stahlherstellung?

Bitte notieren Sie den Namen. → 54

---

63 Ihre Antwort ist richtig.

Eisen ist ein Schwermetall. Bei Berührung mit Magneten oder im Magnetfeld wird es selbst magnetisch. Eisen wird von feuchter Luft angegriffen, es rostet. Mit verdünnten Säuren entstehen Verbindungen des zweiwertigen Eisens. Gegen konzentrierte Schwefelsäure ist Eisen beständig.

Zum Nachweis von Eisenverbindungen benutzt man:

a) Für Verbindungen des zweiwertigen Eisens rotes Blutlaugensalz,

b) für Verbindungen des dreiwertigen Eisens gelbes Blutlaugensalz,

c) für Verbindungen des dreiwertigen Eisens Kaliumrhodanid.

Was beobachtet man bei diesen drei Nachweisreaktionen?

● a) einen blauen Niederschlag
b) einen blauen Niederschlag
c) einen roten Niederschlag → 70

● a) eine Blaufärbung
b) eine Blaufärbung
c) eine Rotfärbung → 77

● a) einen blauen Niederschlag
b) einen blauen Niederschlag
c) eine Rotfärbung → 50

---

64 Sie haben an einer wichtigen Stelle nicht aufgepaßt. Die richtige Antwort finden Sie beim sorgfältigen Lesen von 48.

---

65 Ihre Farbangaben für die drei Eisennachweise waren zwar richtig, Sie haben jedoch nicht gewußt, bei welchen Reaktionen ein Niederschlag entsteht und bei welchen nicht. Die richtigen Antworten heißen:

a) Verbindung des zweiwertigen Eisens + rotes Blutlaugensalz → blauer Niederschlag.

b) Verbindungen des dreiwertigen Eisens + gelbes Blutlaugensalz → blauer Niederschlag.

c) Verbindungen des dreiwertigen Eisens + Kaliumrhodanid →rote Färbung.

Ende des 26. Programms.

---

66 Ihre Antwort ist richtig.

Beim Nachweis von Eisenverbindungen müssen wir zwischen den Verbindungen des zweiwertigen und den Verbindungen des dreiwertigen Eisens unterscheiden.

Die Nachweisreagenzien für Eisensalze sind ziemlich kompliziert aufgebaute anorganische Verbindungen. Sie brauchen sich deshalb nur die Namen dieser Verbindungen zu merken.

Man benutzt zum Nachweis von Eisen(II)-salzen *rotes Blutlaugensalz*

und zum Nachweis von Eisen(III)-salzen *gelbes Blutlaugensalz.*

Die etwas merkwürdigen Namen dieser Reagenzien stammen aus der Zeit, in der diese Verbindungen aus Blut gewonnen wurden.

Zum Nachweis von Eisen(II)-salzen wird die Salzlösung mit einer Lösung von rotem Blutlaugensalz versetzt. Es entsteht ein tiefblauer Niederschlag.
Zum Nachweis von Eisen(III)-salzen wird die Salzlösung mit einer Lösung von gelbem Blutlaugensalz versetzt. Es entsteht ebenfalls ein tiefblauer Niederschlag.
Es entstehen keine Niederschläge, wenn die Reagenzien umgekehrt angewandt werden.

Notieren Sie bitte die Namen der Nachweisreagenzien, und schreiben Sie dazu, welche Eisenverbindungen mit ihnen nachgewiesen werden können.

Lesen Sie dann bitte weiter unter [53].

---

67 Nein, eine Katalyse ist etwas anderes.
Ein Katalysator ist ein Stoff, der eine chemische Reaktion beschleunigt, am Ende der Reaktion aber unverändert in der gleichen Form vorliegt wie am Anfang.

Beispiel für eine Katalyse: Beim Erhitzen von Kaliumchlorat entwickelt sich Sauerstoff gleichmäßiger und leichter, wenn Braunstein zugegen ist. Braunstein (Mangan(IV)-oxid oder Mangandioxid, MnO_2) ist für diesen Vorgang ein Katalysator.

Lesen Sie noch einmal [59].

---

68 Wenn Sie andere molare Massen haben, haben Sie irgendetwas falsch gemacht.

Bei der Einwirkung von Salzsäure auf Eisen entsteht Eisen(II)-chlorid, bei der Einwirkung von verdünnter Schwefelsäure auf Eisen entsteht Eisen(II)-sulfat.

Außerdem entweicht Wasserstoff.

Stimmen diese Angaben mit Ihren Reaktionsgleichungen überein? Verbessern Sie gegebenenfalls Ihre Reaktionsgleichungen, und überprüfen Sie Ihre Berechnungen. → [48]

---

69 Vergleichen Sie jetzt bitte Ihr Ergebnis:

Kennzeichnend für das Oxigenstahl- oder Blasstahl-Verfahren ist, daß *Sauerstoff* als Oxidationsmittel verwendet wird. Das Gas wird *auf* die Roheisenschmelze geblasen. Phosphor wird durch *Kalkzuschläge* gebunden. Die oxidierten Verunreinigungen sammeln sich in der *Schlacke.*

Wenn Ihre Antworten unsicher oder falsch waren, dann lesen Sie im eigenen Interesse noch einmal 58.

Es gibt noch ein weiteres Verfahren zur Gewinnung von Stahl aus Roheisen. Es ist das *Siemens-Martin-Verfahren.* Die Bedeutung geht allerdings, wie die des Bessemer- und Thomas-Verfahrens, immer weiter zurück.

Auch bei diesem Verfahren werden die Verunreinigungen des Roheisens oxidiert. Man verwendet dazu den in Eisenoxiden gebundenen Sauerstoff.

Das Siemens-Martin-Verfahren wird in großen flachen Pfannen (Herdöfen) durchgeführt. Auch hier werden die oxidierten Verunreinigungen des Roheisens durch ein geeignetes Futter gebunden.

Die für das Siemens-Martin-Verfahren benötigten Eisenoxide werden in das geschmolzene Roheisen meist in Form von Schrott eingebracht. Schrott enthält Eisenoxide in Form von Rost.

Notieren Sie bitte die fehlenden Wörter:

Das Siemens-...............-Verfahren wird in großen Herdöfen durchgeführt. Zur Oxidation der Verunreinigungen des Roheisens benutzt man den im .... gebundenen Sauerstoff. Die Eisenoxide werden in Form von .... eingebracht.

Lesen Sie bitte weiter unter 55.

70 Ihre Antwort ist falsch.

Eine Erklärung finden Sie unter 65.

71 Richtig! Eisen wird von konzentrierter Schwefelsäure *nicht* angegriffen. Dagegen setzt sich Eisen mit verdünnter Schwefelsäure zu Eisen(II)-sulfat um. Mit Salzsäure entsteht aus Eisen das Eisen(II)-chlorid.

Eisen(III)-chlorid entsteht z. B. beim Auflösen von Eisen(III)-oxid in Salzsäure. Die noch nicht vollständige Reaktionsgleichung dafür heißt:

$$Fe_2O_3 + HCL \longrightarrow FeCl_3 + H_2O$$

In dieser Reaktionsgleichung fehlen die stöchiometrischen Zahlen. Welches sind die richtigen?

	vor Fe_2O_3	HCl	$FeCl_3$	H_2O	
●	–	6	–	3	→ 76
●	–	6	2	3	→ 66
●	1	6	2	3	→ 56

---

72 Unter Elektrolyse versteht man die Zerlegung einer chemischen Verbindung mit Hilfe des elektrischen Gleichstroms, z. B. die Zerlegung von Wasser in Wasserstoff und Sauerstoff.

Lesen Sie noch einmal 59.

---

73 Ihre Antwort ist falsch.

Lesen Sie noch einmal 66.

---

74 Ihre Antwort ist falsch.

Eine Erklärung finden Sie unter 57.

---

75 Die vier Verfahren sind:

1. Bessemer-Verfahren.
2. Thomas-Verfahren,
3. Oxigenstahl- oder Blasstahl-Verfahren,
4. Siemens-Martin-Verfahren.

Welches der vier Verfahren wird heute hauptsächlich angewendet?

- Bessemer-Verfahren → 45
- Thomas-Verfahren → 6
- Siemens-Martin-Verfahren → 51
- Oxigenstahl-Verfahren → 63

---

76 Sie haben noch eine stöchiometrische Zahl vor $FeCl_3$ vergessen.

Wenn Sie sich die Reaktionsgleichung unter 71 noch einmal genau ansehen, finden Sie die richtige Antwort.

Lesen Sie weiter unter 71.

77 Ihre Antwort ist falsch.

Eine Erklärung finden Sie unter 65.

27. Programm

Kupfer, Blei, Zink, Zinn

1 Sie werden in diesem Programm einige Metalle kennenlernen, die in der Technik viel verwendet werden. Wir beginnen mit dem *Kupfer,* einem rötlich glänzenden Schwermetall. Es leitet die Wärme und den elektrischen Strom sehr gut.

In trockener Luft und bei nicht zu hohen Temperaturen ist Kupfer beständig. Es bleibt rötlich glänzend. In feuchter Luft überzieht es sich im Laufe von Wochen und Monaten mit einer grünlichen Schicht, die überwiegend aus Kupferhydroxid und Kupfercarbonat besteht. Man nennt diese Schicht, die man an alten Kupferdächern beobachten kann, Patina.

Beantworten Sie schriftlich (in Stichworten) folgende Fragen:

Welche Eigenschaften hat Kupfer?
Wie entsteht Patina?
Was ist Patina?

Lesen Sie dann weiter unter [24].

2 Ihre Antwort ist nur für $CuFeS_2$ richtig. Bei Sauerstoff haben Sie nicht berücksichtigt, daß Sauerstoff als O_2 in der Reaktionsgleichung steht.

Beantworten Sie die Frage bei [12] noch einmal.

3 Sie haben warscheinlich falsche Summenformeln aufgestellt.

Hier sind die Strukturformeln für

Kupfer(I)-oxid und Kupfer(II)-oxid

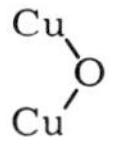

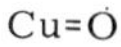

Sehen Sie sich diese Formeln genau an, zählen Sie die Bindungen, bestimmen Sie damit die Wertigkeiten von Kupfer und Sauerstoff, und schreiben Sie die Summenformeln der beiden Kupferoxide auf.

Lesen Sie dann bitte weiter unter [11].

4 Ihre Antwort ist richtig. Die vollständige Reaktionsgleichung lautet:

$$2\,CuS + 3\,O_2 \longrightarrow 2\,CuO + 2\,SO_2$$

Es wird Ihnen auch gelingen, die richtigen stöchiometrischen Zahlen für die folgende Reaktionsgleichung zu finden. Diese Reaktionsgleichung beschreibt das Rösten von Kupferkies. Kupferkies besteht aus Sulfiden von Kupfer und Eisen (Summenformel $CuFeS_2$). Beim Rösten entstehen Kupferoxid, Eisenoxid und Schwefeldioxid:

$$CuFeS_2 + O_2 \longrightarrow CuO + Fe_2O_3 + SO_2$$

Welche stöchiometrischen Zahlen sind richtig?

	vor $CuFeS_2$	vor O_2	vor CuO	vor Fe_2O_3	vor SO_2	
●	2	13	2	2	4	→ 21
●	4	13	4	2	8	→ 25
●	Ich weiß es nicht					→ 12
●	2	10	6	4	4	→ 28
●	4	6	2	2	4	→ 32

5 Notieren Sie bitte das Folgende:

Beim Nachweis von Kupferverbindungen mit einem Überschuß von wäßriger Ammoniak-Lösung beobachtet man eine tiefblaue Färbung.

Lesen Sie bitte weiter unter 84.

6 Sie haben die Reaktionsgleichung nicht richtig aufgestellt.

Lesen Sie bitte weiter unter 27, Sie bekommen dort eine Hilfe.

7 Bitte vergleichen Sie:

1. $CuO + H_2 \longrightarrow Cu + H_2O$

2. $CuO + C \longrightarrow Cu + CO$

Zur Reduktion des Kupferoxids benutzt man in der Technik Koks (Kohlenstoff). Dieses Reduktionsmittel ist billiger als Wasserstoff.

Wenn das Kupfer als sulfidisches Erz vorliegt, kann man dieses nicht direkt zu metallischem Kupfer reduzieren. Man verfährt genau so wie beim Einsatz von sulfidischen Erzen anderer Metalle.

Notieren Sie bitte die fehlenden Wörter des folgenden Abschnitts.

Sulfidische Erze müssen vor der Verarbeitung zu den Metallen .... werden. Unter Abrösten versteht man das Erhitzen der sulfidischen Erze in Gegenwart von .... Aus den Metallsulfiden entstehen dabei die entsprechenden .... und .... → 22

---

8 Sie haben die beiden molaren Massen verwechselt.

Lesen Sie noch einmal 24.

---

9 Ihre Antwort ist richtig.

Ende des 27. Programms.

---

10 Notieren Sie bitte das Folgende:

Zum Nachweis von Bleiverbindungen verwendet man Schwefelwasserstoff. Es entsteht ein schwarzer Niederschlag von Bleisulfid, z. B.

$$PbCl_2 + H_2S \longrightarrow PbS + 2\ HCl$$

$$Pb(NO_3)_2 + H_2S \longrightarrow PbS + 2\ HNO_3$$

Lesen Sie bitte weiter unter 84.

---

11 Ihre Antwort ist richtig.

Die Summenformeln der beiden Kupferoxide sind:

Kupfer(I)-oxid	Kupfer(II)-oxid
Cu_2O	CuO

Beide Kupferoxide entstehen durch Erhitzen von Kupfer an der Luft.

Notieren Sie bitte dafür die Reaktionsgleichungen, und lesen Sie dann weiter unter 39.

---

12 Die richtigen stöchiometrischen Zahlen der Reaktionsgleichung sind tatsächlich nicht ganz einfach zu finden. Die Sache wird leichter, wenn Sie das Verhältnis von Kupfer zu Eisen zu Schwefel im $CuFeS_2$ betrachten. Es ist 1 : 1 : 2. Also müssen wir auf die rechte Seite zunächst schreiben:

$$\longrightarrow\ 2\ CuO + Fe_2O_3 + 4\ SO_2$$

Wir setzen dann links erst einmal 2 $CuFeS_2$ ein:

$$2\ CuFeS_2 + O_2 \longrightarrow 2\ CuO + Fe_2O_3 + 4\ SO_2$$

Jetzt betrachten wir die Anzahl der Sauerstoffatome auf der rechten Seite. Es sind 13, eine *ungerade* Zahl. Da links aber immer nur eine gerade Anzahl Sauerstoffatome stehen kann, muß die rechte Seite der Reaktionsgleichung noch mit 2 multipliziert werden.

$$2\ CuFeS_2 + O_2 \longrightarrow 4\ CuO + 2\ Fe_2O_3 + 8\ SO_2$$

Die Reaktionsgleichung ist noch nicht richtig. Welche stöchiometrischen Zahlen müssen auf der linken Seite vor $CuFeS_2$ und O_2 stehen?

	vor $CuFeS_2$	vor O_2	
●	2	13	→ 37
●	4	26	→ 2
●	4	13	→ 25
●	2	26	→ 34
●	Ich brauche noch eine Hilfe		→ 23

13 Beim Abrösten von Kupfersulfid entstehen *Kupferoxid* und *Schwefeldioxid.* Die noch nicht vollständige Reaktionsgleichung heißt:

$$CuS + O_2 \longrightarrow CuO + SO_2$$

Es ist nicht ganz einfach, für diese Reaktionsgleichung die richtigen stöchiometrischen Zahlen zu finden.

Welches sind die richtigen stöchiometrischen Zahlen?

	vor CuS	vor O_2	vor CuO	vor SO_2	
●	2	2	2	2	→ 6
●	3	2	2	2	→ 29
●	2	3	2	2	→ 4
●	3	3	2	3	→ 20

● Ich brauche eine Hilfe → 27

14 Lesen Sie bitte weiter unter 3.

15 Wir waren von folgender, noch nicht vollständiger Reaktionsgleichung ausgegangen:

$$CuS + O_2 \longrightarrow 2\ CuO + 2\ SO_2$$

Auf der rechten Seite der Reaktionsgleichung sind von Kupfer und Schwefel je zwei Atome vorhanden. Das muß also auch auf der linken Seite der Fall sein. Schreiben wir das zunächst einmal hin:

$$2\ CuS + O_2 \longrightarrow 2\ CuO + 2\ SO_2$$

Jetzt haben wir aber auf der linken Seite zu wenig Sauerstoff. Rechts stehen 6 Sauerstoffatome. Also müssen auch auf der linken Seite 6 Sauerstoffatome oder 3 O_2 vorhanden sein. Die richtige Reaktionsgleichung heißt also:

$$2\ CuS + 3\ O_2 \longrightarrow 2\ CuO + 2\ SO_2$$

Schreiben Sie diese Reaktionsgleichung ab, und lesen Sie dann weiter unter 4.

16 Sie machen es sich zu bequem. Lesen Sie noch einmal 26.

17 Vergleichen Sie bitte Ihre Summenformeln:

Kupfer(I)-chlorid	CuCl
Kupfer(II)-oxid	CuO
Kupfer(II)-sulfid	CuS
Kupfer(II)-carbonat	$CuCO_3$

27

Schreiben Sie nun bitte für folgende Kupferverbindungen die Namen auf:

Cu_2O

$CuCl_2$

$CuCl$

$Cu(NO_3)_2$

Lesen Sie bitte weiter unter [43].

---

18 Nein, denken Sie daran, daß die Ionen am entgegengesetzt geladenen Pol entladen werden.

Die Anode ist der Pluspol.
Die Kathode ist der Minuspol.

Beantworten Sie die Frage noch einmal bei [55].

---

19 Sulfidische Erze sind Metall*sulfide.* Beim Abrösten werden diese Metallsulfide in Gegenwart von Luft erhitzt. Wie soll da Kohlendioxid entstehen?

Lesen Sie noch einmal [72].

---

20 Sie haben die Reaktionsgleichung nicht richtig aufgestellt.

Lesen Sie bitte weiter unter [27], Sie bekommen dort eine Hilfe.

---

21 Ihre Antwort ist falsch.

Eine Hilfe bekommen Sie bei [12].

---

22 Bitte vergleichen Sie:

Sulfidische Erze müssen vor der Verarbeitung zu den Metallen *abgeröstet* werden. Unter Abrösten versteht man das Erhitzen der sulfidischen Erze in Gegenwart von *Sauerstoff (Luft).* Aus den Metallsulfiden entstehen die entsprechenden *Metalloxide* und *Schwefeldioxid.*

Schreiben Sie bitte auf, welche Produkte beim Abrösten von *Kupfersulfid* entstehen, und lesen Sie dann weiter unter [13].

23

Wir gingen von folgender, noch unvollständiger Reaktionsgleichung aus:

$$2\ CuFeS_2 + O_2 \longrightarrow 4\ CuO + 2\ Fe_2O_3 + 8\ SO_2$$

Um die richtige stöchiometrische Zahl auf der linken Seite vor $CuFeS_2$ einsetzen zu können, müssen Sie feststellen, wieviel Cu-Atome auf der rechten Seite der Reaktionsgleichung vorhanden sind. Zur Kontrolle können Sie die Anzahl der Fe-Atome nochmals überprüfen.

Um die richtige stöchiometrische Zahl auf der linken Seite vor O_2 einsetzen zu können, müssen Sie feststellen, wieviel Sauerstoffatome auf der rechten Seite der Reaktionsgleichung vorhanden sind. Dann muß die Anzahl der Sauerstoffatome durch 2 geteilt werden, da Sauerstoff auf der linken Seite als O_2 steht.

Beantworten Sie die Frage bei [12] noch einmal.

24

Rötlich glänzendes Schwermetall; leitet Wärme und Strom sehr gut; in trockener Luft beständig, in feuchter Luft Bildung von Patina. Patina besteht überwiegend aus Kupferhydroxid und Kupfercarbonat.

Gegen verdünnte Säuren ist Kupfer beständig, von konzentrierter Schwefelsäure und von konzentrierter Salpetersäure wird es angegriffen.

In seinen Verbindungen ist Kupfer ein- und zweiwertig. Es gibt also zwei Kupferoxide, das Kupfer(I)-oxid und das Kupfer(II)-oxid. Stellen Sie die Summenformeln dieser beiden Kupferoxide auf, und berechnen Sie deren molare Massen [M(Cu) = 64 g/mol, M(O) = 16 g/mol].

Was haben Sie berechnet?

	M[Kupfer(I)-oxid]	M[Kupfer(II)-oxid]	
•	96 g/mol	80 g/mol	→ [3]
•	80 g/mol	144 g/mol	→ [8]
•	144 g/mol	80 g/mol	→ [11]
•	Ich habe andere Ergebnisse		→ [14]

25

Ihre Antwort ist richtig.

Hier noch einmal die vollständige Reaktionsgleichung:

$$4CuFeS_2 + 13O_2 \rightarrow 4CuO + 2Fe_2O_3 + 8SO_2$$

Für die Gewinnung des Kupfers halten wir fest:

Kupfer kommt als Metall und in Form von oxidischen und sulfidischen Erzen vor. Oxidische Erze können direkt reduziert werden (in der Technik mit Koks), sulfidische müssen vorher durch Abrösten in oxidische Erze umgewandelt werden.

Kupfer kann auch durch Elektrolyse von Kupfersalzlösungen gewonnen werden. Dabei wird als Salz im allgemeinen Kupfersulfat eingesetzt.

Notieren Sie bitte, in welche Ionen $CuSO_4$ in Wasser dissoziiert. → 55

---

26 Die Formel für Kupfersulfat mit 5 Molekülen Kristallwasser ist $CuSO_4 \cdot 5H_2O$ (Kupfersulfat-pentahydrat). Wir lernten dieses Salz bereits früher kennen. Was beobachtet man beim Erhitzen?

- Wasserabspaltung → 30
- Wasserabspaltung und Schwarzfärbung → 36
- Wasserabspaltung, Übergang der blauen Kristalle in weißes Pulver → 51
- Nichts → 16
- Übergang der blauen Kristalle in weißes Pulver → 44

---

27 In der Reaktionsgleichung

$$CuS + O_2 \longrightarrow CuO + SO_2$$

finden Sie rechts 3, links aber 2 Sauerstoffatome.

Rechts steht eine *ungerade* Anzahl Sauerstoffatome, dagegen links eine *gerade* Anzahl. Wir müssen also die stöchiometrischen Zahlen so wählen, daß auch auf der rechten Seite der Gleichung eine *gerade* Anzahl von Sauerstoffatomen steht. Multiplizieren Sie die rechte Seite der Gleichung mit 2. Das ergibt:

$$CuS + O_2 \longrightarrow 2CuO + 2SO_2$$

Es ist jetzt leichter, die Frage zu beantworten:

Welche stöchiometrischen Zahlen müssen vor CuS, O_2, CuO und SO_2 stehen, damit die Reaktionsgleichung stimmt?

	CuS	O_2	CuO	SO_2	
●	2	3	2	2	→ [4]
●	2	2	2	2	→ [35]
● Ich weiß es nicht					→ [15]

[28] Ihre Antwort ist falsch.

Eine Hilfe bekommen Sie bei [12].

[29] Sie haben die Reaktionsgleichung nicht richtig aufgestellt.

Lesen Sie bitte weiter unter [27], Sie bekommen dort eine Hilfe.

[30] Ihre Antwort ist unvollständig.

Neben der Wasserabspaltung beobachtet man auch noch eine Farbänderung.

Lesen Sie noch einmal [26].

[31] Bronze ist eine Legierung aus den Metallen Kupfer und Zinn.

In seinen Verbindungen tritt Kupfer ein- und zweiwertig auf.

Schreiben Sie bitte für folgende Verbindungen die Namen und Summenformeln auf:

Kupfer(I)-chlorid, Kupfer(II)-oxid, Kupfer(II)-sulfid, Kupfer(II)-carbonat. → [17]

[32] Ihre Antwort ist falsch.

Eine Hilfe bekommen Sie bei [12].

[33] Richtig, die Kupfer-Ionen werden an der Kathode entladen und Kupfer scheidet sich ab.

Die Elektrolyse von Kupfersalz-Lösungen ist ein wichtiges Verfahren zur Reinigung von Kupfer. Dazu schaltet man rohes, unreines Kupfer als Anode (Pluspol) und ein reines Kupferblech als Kathode (Minuspol). Diese beiden Pole taucht man in eine Kupfersulfatlösung.

Beim Durchgang von elektrischem Gleichstrom schlägt sich das Kupfer an der Kathode nieder. Die Kathode wird immer dicker. Dagegen geht das als Anode geschaltete unreine Kupfer allmählich in Lösung. Die Cu^{2+}-Ionen (Kationen) wandern von der Anode zur Kathode. Der Vorgang kann durch folgende Skizze wiedergegeben werden (Abb. 35):

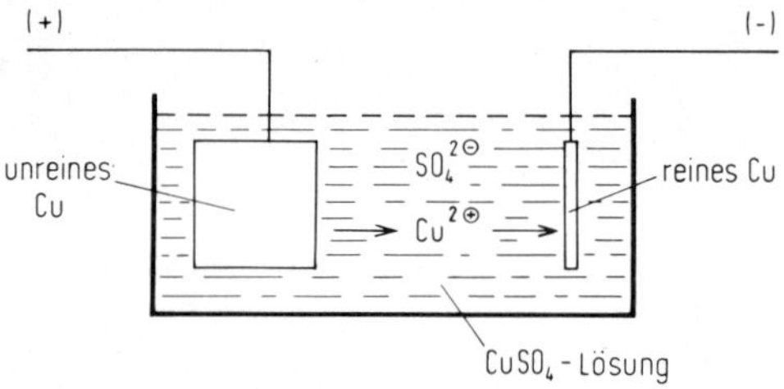

Abb. 35.

Bitte zeichnen Sie die Skizze.

Nicht nur durch Elektrolyse kann man aus Kupfersalz-Lösungen Kupfer gewinnen. Es gibt noch eine weitere Methode.

Wenn man Eisenspäne in eine Lösung von Kupfersulfat bringt, so löst sich das Eisen auf, und es scheidet sich metallisches Kupfer ab:

$$Fe + CuSO_4 \longrightarrow \ldots\ldots\ldots\ldots\ldots + Cu$$

Ergänzen Sie bitte diese Reaktionsgleichung. → 53

---

34 Keine der stöchiometrischen Zahlen ist richtig.

Lesen Sie die zusätzliche Erklärung bei 23.

---

35 Ihre Antwort ist falsch.

Lesen Sie bitte weiter unter 15.

---

36 Ihre Antwort ist nur teilweise richtig.

Man beobachtet zwar beim Erhitzen von Kupfersulfat-pentahydrat eine Wasserabspaltung, die blauen Kristalle gehen aber dabei in ein *weißes* Pulver über.

Lesen Sie bitte weiter unter 51.

---

37 Ihre Antwort ist nur für O_2 richtig. Sie haben nicht berücksichtigt, daß auch die stöchiometrische Zahl vor $CuFeS_2$ geändert werden muß.

Beantworten Sie die Frage bei 12 noch einmal.

38 Nein, Blei wird von Schwefelsäure nicht aufgelöst.

Lesen Sie bitte weiter unter 42.

39 Vergleichen Sie nun Ihr Ergebnis, und verbessern Sie es, wenn es falsch war:

$$4\,Cu + O_2 \longrightarrow 2\,Cu_2O$$

$$2\,Cu + O_2 \longrightarrow 2\,CuO$$

Kupfer kommt als Metall, als Kupferoxid, als Kupferkies und als Kupfersulfid vor. Kupferoxid kann leicht durch Reduktion in metallisches Kupfer übergeführt werden.

Formulieren Sie die Reaktionsgleichungen für die Reduktion des Kupfer(II)-oxids (CuO):

1. mit Wasserstoff,
2. mit Kohlenstoff.

Vergleichen Sie bei 7.

40 Notieren Sie bitte das Folgende:

Zum Nachweis von Bleiverbindungen verwendet man Schwefelwasserstoff. Es entsteht ein schwarzer Niederschlag von Bleisulfid.

Beispiele: $PbCl_2 + H_2S$

$$Pb(NO_3)_2 + H_2S \longrightarrow PbS + 2\,HNO_3$$

Lesen Sie bitte weiter unter 84.

41 Notieren Sie bitte das Folgende:

Beim Nachweis von Kupferverbindungen mit einem Überschuß von wäßriger Ammoniak-Lösung beobachtet man eine tiefblaue Färbung.

Lesen Sie bitte weiter unter 84.

---

42 Ja, Blei wird von Salpetersäure aufgelöst. Blei ist in seinen Verbindungen zwei- und vierwertig.

Stellen Sie bitte die Summenformeln der beiden Bleioxide auf, und berechnen Sie deren molare Massen [M(Pb) = 207 g/mol, M(O) = 16 g/mol].

	M[Blei(II)-oxid]	M[Blei(IV)-oxid]	
●	430 g/mol	844 g/mol	→ 77
●	223 g/mol	430 g/mol	→ 50
●	223 g/mol	239 g/mol	→ 58
●	239 g/mol	223 g/mol	→ 62
●	Ich brauche eine Hilfe		→ 66

43

Cu_2O	Kupfer(I)-oxid
$CuCl_2$	Kupfer(II)-chlorid
$CuCl$	Kupfer(I)-chlorid
$Cu(NO_3)_2$	Kupfer(II)-nitrat

Die Verbindungen des einwertigen Kupfers werden durch Luft leicht zu Verbindungen des zweiwertigen Kupfers oxidiert. Verbindungen des zweiwertigen Kupfers sind wichtiger und kommen häufiger vor als die des einwertigen Kupfers. Die Salze des zweiwertigen Kupfers sind blau oder grün. **Alle Kupfersalze sind mehr oder weniger giftig.**

Das wichtigste Kupfersalz ist das Kupfersulfat. Es kristallisiert mit 5 Molekülen Kristallwasser. Schreiben Sie bitte die Formel auf, und lesen Sie dann weiter unter 26.

44 Ihre Antwort ist unvollständig. Beim Erhitzen von Kupfersulfat-pentahydrat gehen die blauen Kristalle in ein weißes Pulver über, da eine *Wasserabspaltung* stattfindet.

Lesen Sie bitte weiter unter 51.

45 Ihre Antwort ist falsch.

Zink wird zur Gewinnung von Wasserstoff verwendet.

Wo wendet man dieses Verfahren der Wasserstoffgewinnung an?

- Im Laboratorium → 63
- In der Technik → 68

46 Ihre Antwort ist richtig.

Bitte schreiben Sie das Folgende mit den nötigen Ergänzungen ab:

Zink wird verwendet zum Verzinken von ....
Messing ist eine Legierung aus .... und ....
Zink dient zur Erzeugung von .... im Laboratorium
Zinkweiß ist chemisch ....

Wenn Sie alles ausfüllen konnten, lesen Sie bitte weiter unter 67, im anderen Falle gehen Sie im eigenen Interesse noch einmal zurück nach 54.

47 Beim Verbrennen von Schwefel entsteht Schwefeldioxid. Die Oxidation des Schwefeldioxids zum Schwefeltrioxid gelingt nicht ohne weiteres, sondern nur in Gegenwart von Katalysatoren (denken Sie an die Herstellung von Schwefelsäure oder Schwefeltrioxid nach dem Kontaktverfahren!). Auch beim Abrösten sulfidischer Erze geht die Oxidation nur bis zum ....

Lesen Sie bitte weiter unter 79.

48 Blei wird von Salzsäure nur in der Hitze aufgelöst; gegen kalte Salzsäure ist Blei beständig.

Lesen Sie bitte weiter unter 42.

49 $CuSO_4 \cdot 5H_2O$ ist Kupfersulfat-5-hydrat oder Kupfersulfat-pentahydrat.

Soweit die Besprechung des Kupfers. Nun zum *Blei.*

Blei ist ein Schwermetall, das an der frischen Schnittfläche silbrig glänzt und dann allmählich graublau anläuft. Es ist so weich und wird so leicht abgerieben, daß man damit auf Papier schreiben kann. Die heutigen „Bleistifte" enthalten allerdings kein Blei mehr, sondern Graphit.

Blei und seine Verbindungen sind giftig!

An der Luft verliert das Blei seinen Glanz, weil es sich mit einer Oxidschicht überzieht. Von Schwefelsäure und kalter Salzsäure wird Blei nicht angegriffen, Salpetersäure löst Blei auf.

Notieren Sie bitte die Farbe des Kupfers und des Bleis, und lesen Sie dann weiter unter 70.

---

50 Ihre Antwort ist nur halb richtig. Die Summenformel für Blei(II)-oxid ist PbO. Für Blei(IV)-oxid ist Ihre Summenformel falsch.

Denken Sie daran, daß die römische Zahl hinter dem Metall die Wertigkeit des Metalls in der Verbindung bedeutet.

Beantworten Sie die Frage bei 42 noch einmal.

---

51 Ihre Antwort ist richtig.

Das blaue Kupfersulfat-pentahydrat geht beim Erhitzen unter Wasserabspaltung in das farblose, wasserfreie Kupfersulfat über.

Ergänzen Sie bitte die folgende Reaktionsgleichung

$$CuSO_4 \cdot 5H_2O \xrightarrow{\text{Erhitzen}}$$

Vergleichen Sie bitte bei 80.

---

52 Bleisulfat ist das Bleisalz der Schwefelsäure.
Diese Verwechslung hätte Ihnen eigentlich nicht mehr passieren dürfen.

Lesen Sie bitte die Hilfe bei 56.

53 $Fe + CuSO_4 \longrightarrow FeSO_4 + Cu$

Die positiven Ladungen, die zunächst das Kupfer-Ion besaß, hat nun das Eisen-Ion. Es gab eine Übertragung zweier Elektronen vom Eisen zum Kupfer, wodurch das Kupfer-Ion entladen wurde und sich metallisch abschied, während das Eisen als Ion in Lösung ging. Genauer wird diese Reaktionsfolge bei der elektrochemischen Spannungsreihe im *Lehrprogramm Chemie II* beschrieben.

Kupfer wird heute in der Elektroindustrie zur Herstellung von Kabeln, im Apparatebau zur Herstellung von Kühlern und Heizschlangen und allgemein als Überzug für unedlere Metalle, die so geschützt werden, gebraucht.

Für alle diese Verwendungen spielen die Eigenschaften des Kupfers eine wichtige Rolle: Hohe Leitfähigkeit für den elektrischen Strom und für Wärme, Beständigkeit gegen trockene Luft, Wasser und verdünnte Säuren.

Notieren Sie in Stichworten die wichtigsten Eigenschaften des Kupfers und einige Anwendungsmöglichkeiten, die sich auf Grund dieser Eigenschaften ergeben.

Lesen Sie dann bitte weiter unter [86].

---

54 Richtig!

Bitte vergleichen Sie:

Erhitzen von Zinkcarbonat: $ZnCO_3 \longrightarrow ZnO + CO_2$
Brennen von Kalkstein: $CaCO_3 \longrightarrow CaO + CO_2$

Aus seinem Oxid erhält man das Zink durch Reduktion mit Koks.

$$ZnO + C \longrightarrow Zn + CO.$$

Zink ist an der Luft beständig. Es wird zum Verzinken von Eisenblech und zur Herstellung von Legierungen eingesetzt. *Messing* ist z. B. eine Legierung von Kupfer und Zink. Notieren Sie bitte diese Verwendungsmöglichkeiten in Stichworten.

Eine weitere Verwendung für Zink kennen Sie bereits.

Wozu kann Zink noch verwendet werden?

- Zur Gewinnung von Sauerstoff → [45]
- Zur Gewinnung von Wasserstoff im Laboratorium → [63]
- Zur Gewinnung von Wasserstoff in der Technik → [68]

55 $CuSO_4 \longrightarrow Cu^{2+} + SO_4^{2-}$

Schickt man durch die Lösung von Kupfersulfat elektrischen Gleichstrom, dann scheidet sich metallisches Kupfer ab.

An welchem Pol scheidet sich Kupfer ab?

- An der Anode → 18
- An der Kathode → 33

56 Wir stellen noch einmal gegenüber:

Schwefelwasserstoff:	H_2S	Salze: Sulfide
Schweflige Säure:	H_2SO_3	Salze: Sulfite
Schwefelsäure:	H_2SO_4	Salze: Sulfate

Kehren Sie zurück nach 75, und beantworten Sie die Frage noch einmal.

57 Bitte vergleichen Sie:

Zur Gewinnung des Bleis wird das Bleisulfid *abgeröstet.* Bei diesem Vorgang entstehen *Bleioxid* und *Schwefeldioxid.* Das Bleioxid wird mit Koks zum *Blei* reduziert.

Blei wird verwendet zur Herstellung von Bleiplatten (für Akkumulatoren). Wegen seiner Widerstandsfähigkeit gegen Säuren wird es auch häufig zum Auskleiden von Reaktionsgefäßen in der chemischen Technik verwendet. Denken Sie nur an das Bleikammerverfahren. Hier weist schon der Name auf die Verwendung von Blei für Reaktionsgefäße hin. Außerdem ist Blei Bestandteil verschiedener Legierungen.

Von welcher Säure wird Blei aufgelöst?

- von Salpetersäure → 42
- von Schwefelsäure → 38
- von Salzsäure → 48

58 Ihre Antwort ist richtig. Die Summenformeln für die beiden Bleioxide sind:

PbO	PbO_2
Blei(II)-oxid	Blei(IV)-oxid

PbO ist gelb (es gibt aber auch eine rote Modifikation), PbO_2 ist schwarz-braun.

Durch Erhitzen von PbO in Gegenwart von Luft entsteht ein leuchtend orangerotes Bleioxid mit der Summenformel Pb_3O_4.

Pb_3O_4 hat den Namen *Mennige*. Es wird als Malerfarbe verwendet. Da es Eisen vor dem Rosten schützt, wird es als Grundanstrich auf Eisen aufgebracht.

Vervollständigen Sie bitte die Reaktionsgleichung für die Herstellung von Mennige. (Es fehlen auch die stöchiometrischen Zahlen.)

$$\ldots\ldots\ldots\ldots + O_2 \longrightarrow \ldots Pb_3O_4$$ → 75

59 *Zink* ist ein Schwermetall. (Metalle, deren Dichte größer als 5 g/cm³ ist, sind Schwermetalle.) Es hat das chemische Symbol Zn. In seinen Verbindungen ist Zink stets zweiwertig. Zink kommt in der Natur nicht frei vor. Wichtige Zinkmineralien sind *Zinksulfid* und *Zinkcarbonat*.

Schreiben Sie die Namen und die Summenformeln dieser beiden Zinkmineralien auf, und lesen Sie dann weiter unter 69.

60 Nein, beim Abrösten sulfidischer Erze werden diese in Gegenwart von Luftsauerstoff erhitzt. Es entstehen die entsprechenden Metalloxide und Schwefeldioxid, z. B.

$$2\,CuS + 3\,O_2 \longrightarrow 2\,CuO + 2\,SO_2$$

Es ist also die *erste* Reaktionsgleichung bei 73, die an das Abrösten sulfidischer Erze erinnert, nicht aber die *zweite*.

Sehen Sie sich die Reaktionsgleichungen daraufhin noch einmal unter 73 an.

61 Vergleichen Sie Ihr Ergebnis:

Zinn(II)-chlorid	$SnCl_2$
Zinn(IV)-chlorid	$SnCl_4$
Zinn(II)-oxid	SnO
Zinn(II)-sulfat	$SnSO_4$

27

Und nun schreiben Sie bitte die folgenden beiden Summenformeln ab, und schreiben Sie die Namen dazu.

SnO_2
$Sn(NO_3)_2$

Lesen Sie dann bitte weiter unter 72.

---

62 Sie haben die molaren Massen der beiden Bleioxide wohl richtig ausgerechnet, aber die Zuordnung zu den Namen verwechselt.

Lesen Sie weiter bei 58.

---

63 Ihre Antwort ist richtig.

Stellen Sie die Reaktionsgleichung für die Erzeugung von Wasserstoff im Laboratorium unter Verwendung von Zink auf.

Lesen Sie dann weiter unter 71.

---

64 Bleisulfit ist das Bleisalz der schwefligen Säure. Diese Verwechslung hätte Ihnen eigentlich nicht mehr passieren dürfen.

Lesen Sie bitte die Hilfe bei 56.

---

65 Ihre Antwort ist richtig.

Kupfer ist in seinen Verbindungen ein- und zweiwertig, Blei ist in seinen Verbindungen zwei- und vierwertig. Zink ist nur zweiwertig, Zinn zwei- und vierwertig.

Die Verbindungen der vier genannten Schwermetalle, insbesondere die Kupfer- und Bleisalze, sind giftig. Einige Blei- und Zinkverbindungen finden Verwendung als Malerfarben.

Welches Reagenz verwendet man zum Nachweis von Bleiverbindungen, und was beobachtet man dabei?

- Schwefelwasserstoff, weißer Niederschlag → 76
- Ammoniak, Blaufärbung → 40
- Schwefelwasserstoff, schwarzer Niederschlag → 84
- Ich bin nicht sicher → 10

---

66 Blei ist in seinen Verbindungen zwei- und vierwertig.

Die römische Zahl hinter dem Metall im Namen des Oxids bedeutet jeweils die Wertigkeit des Metalls in dieser Verbindung.

Im Blei(II)-oxid ist das Blei zweiwertig.

Stellen Sie jetzt die Summenformeln auf für Blei(II)-oxid und Blei(IV)-oxid, und rechnen Sie erneut bei 42.

---

67 Kontrollieren Sie Ihr Ergebnis. Wenn Sie Fehler hatten, verbessern Sie diese.

Zink wird verwendet zum Verzinken von Eisen. Messing ist eine Legierung aus Kupfer und Zink. Zink dient zur Erzeugung von Wasserstoff im Laboratorium. Zinkweiß ist chemisch Zinkoxid (ZnO).

Und nun noch einiges über das *Zinn*.

Zinn hat das chemische Symbol Sn. Zinn ist auch ein Schwermetall. Es läßt sich leicht dehnen. Aus diesem Grunde wird es zu dünnen Folien, dem Stanniol, ausgewalzt. Sie kennen solche Zinnfolien (Stanniol) als Christbaumschmuck (Lametta).

Zinn ist gegen Luft beständig, wird aber durch Säuren angegriffen. Zinn wird aus oxidischen Erzen durch Reduktion gewonnen. Man benutzt es vor allem zum Verzinnen von Eisenblech. Die Oberfläche des Eisens wird dadurch vor dem Verrosten geschützt. Verzinntes Eisen wird z. B. zur Herstellung von Konservendosen verwendet. Man nennt es Weißblech. Eine wichtige Zinnlegierung ist Bronze. Bronze besteht aus Zinn und Kupfer.

Zinn hat die gleichen Wertigkeiten wie Blei. Bitte notieren Sie die Wertigkeiten von Zinn. → 81

---

68 Zur Gewinnung von Wasserstoff *in der Technik* ist die Umsetzung von Zink mit verdünnten Säuren zu teuer.

In der Technik wird Wasserstoff bei der Elektrolyse von Natriumchlorid-Lösungen als Nebenprodukt gewonnen. Eine andere Möglichkeit besteht im Überleiten von Wasserdampf über glühenden Koks und Trennung des entstandenen Gemisches von Kohlenmonoxid und Wasserstoff.

Lesen Sie bitte weiter unter 63.

69 *Zinksulfid ZnS* *Zinkcarbonat $ZnCO_3$*

Zur Herstellung von metallischem Zink müssen die beiden Zinkmineralien zunächst in Zinkoxid übergeführt werden.

1. Aus Zinksulfid (ZnS) entsteht Zinkoxid durch Abrösten.

2. Aus dem Zinkcarbonat ($ZnCO_3$) wird Zinkoxid durch Erhitzen gewonnen. Es spaltet sich dabei Kohlendioxid ab.

Stellen Sie die Reaktionsgleichungen für die beiden beschriebenen Vorgänge auf, und lesen Sie dann bitte weiter unter [73].

---

70 Kupfer ist rötlich; Blei silbrig bis blaugrau, je nach Alter der Schnittfläche.

Im Gegensatz zum Kupfer kommt Blei in der Natur nicht als Metall vor.

Das wichtigste Bleierz ist das *Bleisulfid.*

Die Gewinnung des Bleis aus Bleisulfid ist mit der Gewinnung anderer Metalle aus ihren sulfidischen Erzen vergleichbar.

Bitte notieren Sie den folgenden Abschnitt mit Ergänzungen:

Zur Gewinnung des Bleis wird das Bleisulfid ....
Bei diesem Vorgang entstehen ...... und ....
Das Bleioxid wird mit Koks zum ...... reduziert.

Lesen Sie bitte weiter unter [57].

---

71 Bitte vergleichen Sie:

$$Zn + 2\,HCl \longrightarrow ZnCl_2 + H_2$$

Einige Zinkverbindungen finden Verwendung als Malerfarben, z. B. das Zinkweiß (= Zinkoxid, ZnO) und Lithopone.

Lithopone entsteht durch Umsatz von Zinksulfat mit Bariumsulfid:

$$ZnSO_4 + BaS \longrightarrow ZnS + BaSO_4$$

Beide Produkte auf der rechten Seite der Reaktionsgleichung sind wasserunlösliche weiße Pulver. Die Bedeutung der Lithopone ist durch die Entwicklung von besseren weißen Malerfarben zurückgegangen.

Woraus besteht Lithopon?

- Aus einem Gemisch von Zinksulfid und Bariumsulfat → 46
- Aus einem Gemisch von Zinksulfat und Bariumsulfid → 78
- Aus Zinkoxid → 82

---

72 SnO_2, *Zinn(IV)-oxid;* $Sn(NO_3)_2$, *Zinn(II)-nitrat.*

Wir wollen wiederholen:

Kupfer, Blei, Zink und Zinn sind Schwermetalle.

Sie alle werden aus ihren oxidischen Erzen durch Reduktion mit Kohle gewonnen. Wenn die Metalle als sulfidische Erze auftreten, dann müssen diese vor der Reduktion durch Abrösten in oxidische Erze übergeführt werden.

Was entsteht als Nebenprodukt beim Abrösten sulfidischer Erze?

- Kohlendioxid → 19
- Schwefeldioxid → 79
- Schwefeltrioxid → 47

---

73 Vergleichen Sie bitte:

1. Abrösten von Zinksulfid:

$$2\ ZnS + 3\ O_2 \longrightarrow 2\ ZnO + 2\ SO_2$$

2. Erhitzen von Zinkcarbonat:

$$ZnCO_3 \longrightarrow ZnO + CO_2$$

Sollten Ihre Reaktionsgleichungen falsch sein, dann bitte verbessern!

An welche bereits besprochene Reaktion erinnert Sie die zweite Reaktionsgleichung?

- An das Brennen von Kalkstein → 54
- An das Abrösten sulfidischer Erze → 60

74 Ihre Antwort ist unvollständig.

Kupfer, Blei und Zinn haben zwar auch die von Ihnen angegebenen Wertigkeiten. Diese Metalle können aber in *mehreren* Wertigkeiten auftreten.

Lesen Sie bitte weiter unter 65.

75 Bitte vergleichen Sie:

$$6\,PbO + O_2 \longrightarrow 2\,Pb_3O_4$$

Der Nachweis von Bleisalzen in einer wäßrigen Lösung erfolgt durch Einleiten von Schwefelwasserstoff oder durch Zugabe einer wäßrigen Schwefelwasserstoff-Lösung. Es entsteht ein schwarzer Niederschlag.

Beispiel:

$$Pb(NO_3)_2 + H_2S \longrightarrow PbS + 2\,HNO_3$$

Wie heißt die als Niederschlag entstandene Bleiverbindung?

- Bleisulfid → 85
- Bleisulfit → 64
- Bleisulfat → 52
- Ich weiß es nicht → 56

76 Notieren Sie bitte das Folgende:

Zum Nachweis von Bleiverbindungen verwendet man Schwefelwasserstoff. Es entsteht ein *schwarzer* Niederschlag von Bleisulfid.

Beispiele: $PbCl_2 + H_2S \longrightarrow PbS + 2\,HCl$

$$Pb(NO_3)_2 + H_2S \longrightarrow PbS + 2\,HNO_3$$

Lesen Sie bitte weiter unter 84.

77 Ihre Antwort ist falsch.

Sie haben etwas verwechselt. Die römischen Zahlen im Namen der Oxide sind die Wertigkeiten der Metalle.

Beantworten Sie die Frage bei 42 noch einmal.

78 Sie arbeiten ungenau.

Lesen Sie bitte noch einmal 71 .

79 Ihre Antwort ist richtig. Es entsteht Schwefeldioxid.

Kupfer, Blei, Zink und Zinn sind gegen Luft beständig. Beständig gegen Säuren ist das Blei (Verwendung für chemische Apparaturen). Kupfer hat eine besonders hohe Leitfähigkeit für den elektrischen Strom und für Wärme (Verwendung in der Elektroindustrie). Zink und Zinn werden zum Verzinken bzw. zum Verzinnen von Eisen verwendet.

Welche Wertigkeiten haben die vier genannten Metalle?

	Cu	Pb	Zn	Sn		
●	I	II	II	II	→	74
●	II	II	II	II	→	83
●	II	IV	II	IV	→	87
●	I,II	II,IV	II	II,IV	→	65

80

$$CuSO_4 \cdot 5\,H_2O \xrightarrow{\text{Erhitzen}} CuSO_4 + 5\,H_2O$$

Versetzt man die Lösung von Kupfer(II)-salzen mit einem Überschuß von wäßriger Ammoniak-Lösung, dann tritt eine sehr kräftige, tiefblaue Farbe auf. Man benutzt diese Reaktion zum Nachweis von Kupfersalzen.

Wie heißt das Salz auf der linken Seite der oben stehenden Reaktionsgleichung?

Lesen Sie bitte weiter bei 49 .

81 In seinen Verbindungen tritt Zinn zwei- und vierwertig auf. Stellen Sie bitte die Summenformeln für folgende Zinnverbindungen auf:

Zinn(II)-chlorid, Zinn(IV)-chlorid, Zinn(II)-oxid, Zinn(II)-sulfat.

Lesen Sie dann weiter unter 61.

---

82 Sie arbeiten ungenau.

Lesen Sie bitte noch einmal 71.

---

83 Ihre Antwort ist unvollständig.

Kupfer, Blei und Zinn haben zwar auch die von Ihnen angegebenen Wertigkeiten. Diese Metalle können aber in mehreren Wertigkeiten auftreten.

Lesen Sie bitte weiter unter 65.

---

84 Beim Nachweis von Bleiverbindungen mit Schwefelwasserstoff tritt der schwarze Niederschlag von Bleisulfid auf, z. B.

$$Pb(NO_3)_2 + H_2S \longrightarrow PbS + 2\ HNO_3$$

Auch über den Nachweis von Kupferverbindungen haben wir gesprochen. Man verwendet als Reagenz einen Überschuß von wäßriger Ammoniak-Lösung. Was beobachtet man dabei?

- Es entsteht ein blauer Niederschlag → 41
- Ich bin nicht sicher → 5
- Es entsteht eine tiefblaue Färbung → 9

---

85 Ihre Antwort ist richtig. PbS ist Bleisulfid.

Wie man mit Schwefelwasserstoff Bleisalze nachweisen kann, so kann man umgekehrt mit Hilfe von Bleisalzen Schwefelwasserstoff oder Sulfide nachweisen. Wir haben über diesen Nachweis bereits gesprochen.

Die Besprechung des Bleis ist damit beendet, und wir kommen zu den beiden letzten Metallen, die in diesem Programm behandelt werden sollen: *Zink* und *Zinn*.

Zink hat die Dichte 7,1 g/cm^3. Ist es ein Schwer- oder Leichtmetall? → 59

86 Bitte vergleichen Sie:

Kupfer besitzt

a) gut elektrische Leitfähigkeit, deshalb Verwendung zur Herstellung von Kabeln in der Elektroindustrie;

b) gute Wärmeleitfähigkeit, deshalb Verwendung zur Herstellung von Kühlern oder Heizschlangen;

c) gute Beständigkeit gegen verdünnte Säuren, deshalb Verwendung als Schutzüberzug für unedle Metalle.

Kupfer ist schon seit dem Altertum bekannt. Es diente damals zusammen mit Zinn zur Herstellung von Bronze. Derartige Mischungen zweier Metalle werden *Legierungen* genannt. Auch heute werden noch Kupferlegierungen hergestellt, z. B.: Bronze und Messing.

Aus welchen Metallen wird die Legierung Bronze hergestellt? → 31

---

87 Ihre Antwort ist unvollständig.

Kupfer, Blei und Zinn haben zwar auch die von Ihnen angegebenen Wertigkeiten. Diese Metalle können aber in mehreren Wertigkeiten auftreten.

Lesen Sie bitte weiter unter 65.

28. Programm

Aluminium

1 In diesem Programm werden wir ein Leichtmetall, das Aluminium, besprechen.

Aluminium (chem. Symbol Al) ist ein matt-silbern glänzendes *Leichtmetall.*

Welche der folgenden Metalle sind Leichtmetalle und welche sind Schwermetalle?

Eisen, Kupfer, Zink, Blei, Natrium, Aluminium, Silber, Kalium, Gold, Quecksilber.

Bitte notieren Sie.

Leichtmetalle: ....

Schwermetalle: .... → 7

2 Sie haben in Ihrer Summenformel ein Aluminiumatom und ein Sauerstoffatom stehen.

Al ist aber dreiwertig, O nur zweiwertig. Da kann etwas nicht stimmen.

Versuchen Sie noch einmal unter 15, die Summenformel des Aluminiumoxids aufzustellen und die molare Masse der Aluminiumoxid-Moleküle zu berechnen. Oder gehen Sie nach 31, wo Sie zusätzliche Erklärungen finden.

3 Entweder haben Sie sich verrechnet, oder Ihre Summenformel stimmt noch nicht.

Wollen Sie es noch einmal versuchen?

- Ja → 67
- Nein, ich möchte eine Erklärung → 56

4 Die richtige Reaktionsgleichung heißt:

$$2\,Al + 6\,HCl \longrightarrow 2\,AlCl_3 + 3\,H_2$$

War Ihre Reaktionsgleichung richtig? Wenn nein, bitte verbessern!

Stellen Sie die Reaktionsgleichungen für die Umsetzungen von Aluminium mit Salpetersäure und mit Schwefelsäure auf. → 13

---

5 Wir wollen die Reaktionsgleichung für die Verbrennung des Aluminiums Schritt für Schritt entwickeln.

Zunächst die beteiligten Stoffe:

Aluminium reagiert mit Sauerstoff zu Aluminiumoxid:

$$Al + O_2 \longrightarrow Al_2O_3$$

Rechts finden wir eine ungerade Zahl von Sauerstoffatomen.

Da auf der linken Seite jedoch O_2 stehen muß, wird auf dieser Seite *immer eine gerade* Zahl von Sauerstoffatomen vorhanden sein.

Um auf der rechten Seite ebenfalls eine *gerade* Anzahl von Sauerstoffatomen zu haben, nehmen wir 2 Al_2O_3.

$$Al + O_2 \longrightarrow 2\ Al_2O_3$$

Sicher wird es Ihnen jetzt gelingen, die richtigen stöchiometrischen Zahlen für die linke Seite der Reaktionsgleichung zu finden. Schreiben Sie die vollständige Reaktionsgleichung auf, und vergleichen Sie unter 14.

---

6 Sie haben in Ihrer Summenformel ein Aluminiumatom und zwei Sauerstoffatome stehen.

Al ist aber dreiwertig, O dagegen zweiwertig. Da kann doch etwas nicht stimmen.

Versuchen Sie noch einmal unter 15, die Summenformel des Aluminiumoxids aufzustellen und die molare Masse der Aluminiumoxid-Moleküle zu berechnen, oder gehen Sie nach 31, wo Sie zusätzliche Erklärungen finden.

---

7 Vergleichen Sie:

Leichtmetalle sind Natrium, Aluminium, Kalium.
Schwermetalle sind Eisen, Kupfer, Zink, Blei, Silber, Gold, Quecksilber.

Natrium und Kalium reagieren leicht mit Luftsauerstoff und bilden Oxide. Mit Wasser setzen sie sich sehr heftig um und bilden Hydroxide. Die Metalle Na und K müssen deshalb unter Petroleum aufbewahrt werden.

Auch Aluminium reagiert leicht mit Luftsauerstoff oder Wasser. Trotzdem lassen sich beispielsweise Kochtöpfe aus Aluminium herstellen. Dies ist nur scheinbar ein Widerspruch: An der Luft bildet sich auf Aluminium schnell eine Schicht von Aluminiumoxid. Diese schützt das Metall vor einem weiteren Angreifen durch Luftsauerstoff oder Wasser.

Das Aluminiumoxid bildet eine festhaftende *Schutzschicht.*

Notieren Sie:

Aluminium überzieht sich an der Luft schnell mit einer .... aus .... → 15

---

8 Richtig, ein *aluminothermisches Verfahren.*

Die *Aluminothermie* wird auch dazu benutzt, um aus Metalloxiden, die auf andere Weise schwierig zu reduzieren sind, die Metalle zu gewinnen.

So kann man zum Beispiel *Mangan aluminothermisch aus Mangan(IV)-oxid (Mangandioxid, MnO_2)* gewinnen.

Stellen Sie die Reaktionsgleichung für die Umsetzung von MnO_2 mit Aluminium auf. Es entstehen Mangan und Aluminiumoxid.

Welche stöchiometrischen Zahlen haben Sie beim Aufstellen Ihrer Reaktionsgleichung gefunden?

	vor MnO_2	vor Al	vor Mn	vor Al_2O_3	
●	2	3	2	4	→ 17
●	3	2	2	2	→ 29
●	3	4	3	2	→ 25

● Ich möchte eine Anleitung haben, wie die richtigen stöchiometrischen Zahlen zu finden sind. → 39

---

9 Die stöchiometrischen Zahlen in der von Ihnen aufgestellten Reaktionsgleichung stimmen noch nicht.

Gehen Sie am besten so vor:

Schreiben Sie links die Ausgangsstoffe, ($Al(OH)_3$, H_2SO_4, und rechts die Endprodukte, $Al_2(SO_4)_3$, H_2O, hin.

Jetzt überlegen Sie: Wieviel Al stehen rechts? Links?
Wieviel SO_4 stehen rechts? Links? usw.

Versuchen Sie es noch einmal unter [44].

---

10 Solche Fehler dürften eigentlich nicht mehr passieren!

In der Reaktionsgleichung

$$3\,MnO_2 + Al \longrightarrow Mn + 2\,Al_2O_3$$

stehen links 3 Mn, also müssen auch rechts 3 Mn stehen.

Rechts stehen 4 Al, also müssen auch links 4 Al stehen.

Schreiben Sie die vollständige Reaktionsgleichung auf, und vergleichen Sie unter [25].

---

11 Sicher schaffen Sie die Aufgabe, wenn Sie die Summenformel der Essigsäure wissen. Diese ist:

CH_3COOH.

Versuchen Sie bitte jetzt, die Strukturformel aufzustellen. (C ist vierwertig, O zweiwertig, H einwertig.)

Lesen Sie dann bitte weiter unter [77].

---

12 Na_2HPO_4 und $Al_2(SO_4)_3$ sind *keine* Doppelsalze.

Phosphorsäure und Schwefelsäure sind zwar mehrbasige Säuren, aber die Begriffsbestimmung eines Doppelsalzes heißt doch:

Doppelsalze sind Verbindungen, in denen die negativen Ladungen der Säure-Anionen mehrbasiger Säuren durch die positiven Ladungen verschiedener Metall-Ionen ausgeglichen werden.

Sind die beiden folgenden Salze Doppelsalze?

$(NH_4)MgPO_4$ $\quad$ $Ca(HCO_3)_2$

- Ja, beide sind Doppelsalze → [73]
- Nein, beide sind keine Doppelsalze → [37]

- Nur $(NH_4)MgPO_4$ ist kein Doppelsalz → 58
- Nur $Ca(HCO_3)_2$ ist ein Doppelsalz → 61

13

$$2\,Al + 6\,HNO_3 \longrightarrow 2\,Al(NO_3)_3 + 3\,H_2$$

$$2\,Al + 3\,H_2SO_4 \longrightarrow Al_2(SO_4)_3 + 3\,H_2$$

Aluminium wird auch von Laugen angegriffen, weil die Schutzschicht aus Aluminiumoxid von Laugen aufgelöst wird. Den chemischen Vorgang lernen wir später kennen.

Notieren Sie:

Aluminium wird von ...... und starken ...... angegriffen. → 24

---

14 Hier ist die richtige Reaktionsgleichung:

$$4\,Al + 3\,O_2 \longrightarrow 2\,Al_2O_3$$

Die Neigung des Aluminiums, sich mit Sauerstoff zu verbinden, ist so groß, daß das Aluminium auch sauerstoffhaltigen Verbindungen den Sauerstoff entreißen kann.
Diese Reaktion verläuft unter starker Wärmeentwicklung.

Ein Beispiel ist die Umsetzung von Eisen(II)-oxid mit Aluminium:

$$Fe_2O_3 + 2\,Al \longrightarrow 2\,Fe + Al_2O_3$$

Wegen der starken Wärmeentwicklung nennt man solche Verfahren *aluminothermische Verfahren* oder *Aluminothermie.*

Prägen Sie sich bitte das kursiv Gedruckte gut ein.

Als was wirkt das Aluminium in der Aluminothermie?

- Als Oxidationsmittel → 23
- Als Reduktionsmittel → 32
- Es liefert die nötige Hitze → 42
- Als Katalysator → 50

---

15 Aluminium überzieht sich an der Luft schnell mit einer *festhaftenden Schutzschicht* aus *Aluminiumoxid.*

Schreiben Sie die Summenformel für Aluminiumoxid auf, und berechnen Sie die molare Masse der Aluminiumoxid-Moleküle (Al ist dreiwertig, molare Massen
$M(Al) = 27$ g/mol
$M(O) = 16$ g/mol).

Welche molare Masse haben Sie erhalten?

- 43 g/mol → 2
- 59 g/mol → 6
- 75 g/mol → 22
- 102 g/mol → 26
- Ich brauche eine zusätzliche Erklärung → 31

16 Die richtige Reaktionsgleichung lautet:

$$2\ Al(OH)_3 + 3\ H_2SO_4 \longrightarrow Al_2(SO_4)_3 + 6\ H_2O$$

Dabei ist vor $Al_2(SO_4)_3$ *keine Null,* sondern *eine Eins* zu denken, insofern war Ihre Antwort nicht korrekt. Die Ziffer 1 vor einer Formel wird in chemischen Reaktionsgleichungen stets weggelassen. Das Molekül $Al_2(SO_4)_3$ kommt in der Reaktionsgleichung *ein*mal vor. → 59

17 Entweder sind Sie sich über die Wertigkeiten von Al (dreiwertig) und Mn (hier vierwertig) noch nicht im klaren, oder Sie haben sich verrechnet.

- Wollen Sie es noch einmal versuchen? → 8
- Oder möchten Sie eine Anleitung zum Aufstellen der gewünschten Reaktionsgleichung haben? → 39

18 Nicht nur $NaFe(SO_4)_2$ ist ein Doppelsalz.

Beantworten Sie die Frage unter 69 noch einmal, nachdem Sie sich mit der Begriffsbestimmung ganz vertraut gemacht haben!

19 Entweder haben Sie sich verrechnet, oder Ihre Summenformel stimmt noch nicht.

Wollen Sie es noch einmal versuchen?

- Ja → 67
- Nein, ich möchte eine Erklärung → 56

20 Ihnen sind die Vorgänge der Bauxit-Reinigung noch nicht ganz klar.

Wiederholen Sie ab 27.

Achten Sie besonders auf die Reihenfolge der einzelnen Schritte.

21 $Fe_2O_3 + 2\ Al \longrightarrow 2\ Fe + Al_2O_3$

Bei dieser Reaktion tritt *sehr viel Wärme* auf, so daß das entstehende Eisen schmilzt.

Man nennt die Mischung von Aluminium und Eisenoxid *Thermit.*

Thermit findet Anwendung beim Zusammenschweißen von Eisenteilen. Will man zum Beispiel zwei Eisenbahnschienen zusammenschweißen, so kann man um die Schweißstelle eine Thermitpackung legen und diese anzünden. Nach dem Abbrennen des Thermits sind die beiden Schienen durch das entstandene Eisen verschweißt.

Dieses Verfahren, zwei Eisenteile durch Abbrennen von *Thermit* zu verschweißen, ist ein ...... Verfahren. → 8

22 Sie haben in ihrer Summenformel 1 Al-Atom und 3 O-Atome stehen. Al ist aber dreiwertig und Sauerstoff nur zweiwertig. Da kann etwas nicht stimmen.

Versuchen Sie noch einmal unter 15, die Summenformel des Aluminiumoxids aufzustellen und die molare Masse der Aluminiumoxid-Moleküle zu berechnen, oder gehen Sie nach 31, wo Sie zusätzlich Erklärungen finden.

23 *Oxidationsmittel* sind Stoffe, die *Sauerstoff* abgeben können.

Reduktionsmittel sind Stoffe, die anderen Verbindungen *Sauerstoff entziehen* können.

Schreiben Sie diese Begriffsbestimmungen ab, und überlegen Sie sich nochmals, als was das Aluminium in der Aluminothermie wirkt. → 14

24

Aluminium wird von *Laugen* und starken *Säuren* angegriffen.

Die Schutzschicht aus Aluminiumoxid schützt gegen Luftsauerstoff nur bei normalen Temperaturen.

Beim Erhitzen verbindet sich fein verteiltes Aluminium in einer sehr heftigen Reaktion mit Sauerstoff. Dabei verbrennt das Aluminium mit grellem Licht. Es bildet sich Aluminiumoxid. Stellen Sie die entsprechende Reaktionsgleichung auf.

Welche stöchiometrischen Zahlen stehen in der Reaktionsgleichung vor Al, O_2 und Al_2O_3?

	vor Al	vor O_2	vor Al_2O_3	
•	4	3	1	→ 5
•	4	3	2	→ 14
•	2	3	2	→ 33
•	Ich habe andere Zahlen			→ 40

25

Hier ist die richtige Reaktionsgleichung:

$$3\ MnO_2 + 4\ Al \longrightarrow 3\ Mn + 2\ Al_2O_3$$

Haben Sie die richtigen stöchiometrischen Zahlen auf Anhieb gefunden? Wenn ja, haben Sie ein Lob verdient!

Notieren Sie bitte die zu ergänzenden Wörter:

Sauerstoffhaltigen Verbindungen kann Aluminium den ...... entreißen. Dabei tritt viel ...... auf. Die Mischung aus Eisen(II)-oxid und Aluminium nennt man .... → 45

26

Die von Ihnen aufgestellte Summenformel des Aluminiumoxids ist richtig: Al_2O_3

Die Schutzschicht aus Aluminiumoxid kann Aluminium natürlich nur gegen solche Stoffe schützen, von denen sie selbst nicht angegriffen wird.

Die Oxidschicht schützt gegen:	Luftsauerstoff, Wasser, *schwache* Säuren.
Die Oxidschicht schützt nicht gegen:	Laugen und starke Säuren (auch wenn diese *verdünnt* sind).

Aluminium wird also von verdünnten starken Säuren (z. B. verdünnte H_2SO_4, verdünnte HCl) angegriffen.

Bei der Einwirkung von Salzsäure auf Aluminium reagiert zuerst die dünne Oxidschicht, danach das Aluminium. Aus Aluminium und Salzsäure entstehen Aluminiumchlorid und Wasserstoff.

Formulieren Sie bitte die Reaktionsgleichung der Reaktion von Aluminium mit Salzsäure, schreiben Sie die Namen der beteiligten Stoffe darunter, und lesen Sie dann weiter unter [4].

---

[27] An der Anode spielen sich bei der Aluminiumgewinnung folgende Vorgänge ab:

$$2\,C + O_2 \longrightarrow 2\,CO$$
$$2\,CO + O_2 \longrightarrow 2\,CO_2$$

Zur Elektrolyse kann nur *sehr reines* Aluminiumoxid eingesetzt werden. Die Herstellung von sehr reinem Aluminiumoxid ist nicht einfach.

Passen Sie deshalb bei den nächsten Lernschritten besonders gut auf!

Aluminium kommt in der Natur nicht frei vor. Dagegen ist es in Form von Verbindungen sehr weit verbreitet. Das wichtigste Aluminiummineral ist der *Bauxit*.

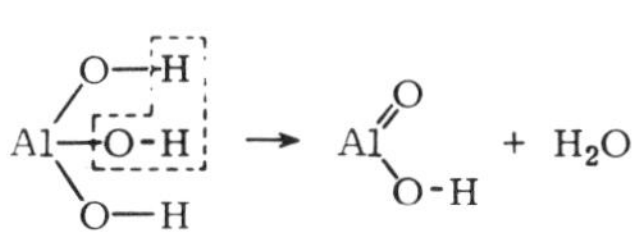

Bauxit

Bauxit ist das wichtigste Ausgangsmaterial zur Herstellung von Aluminium. Man kann jedoch dafür den Bauxit nicht direkt einsetzen, da er einige Verunreinigungen enthält. Diese müssen entfernt werden.

Zu diesem Zweck wird der Bauxit zunächst geglüht: Dabei spaltet sich aus zwei Molekülen Bauxit ein Molekül Wasser ab.

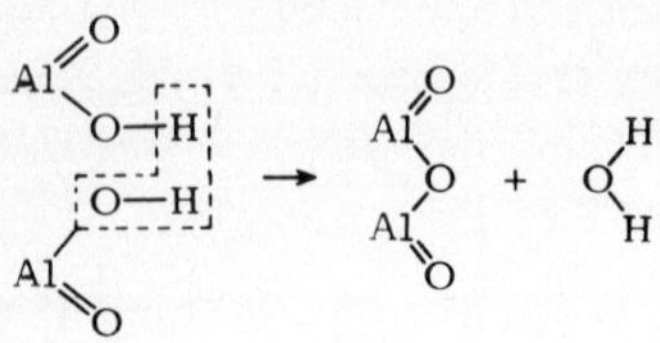

Notieren Sie bitte diese Reaktionsgleichung, indem Sie anstelle der Strukturformel die Summenformeln einsetzen.

Lesen Sie bitte weiter unter 47.

---

28 Metalle scheiden sich bei der Elektrolyse immer *an der Kathode* ab. Denken Sie doch an die Herstellung von Natrium aus geschmolzenem NaOH!

Schreiben Sie folgenden Satz ab:

Bei der Elektrolyse scheidet sich Aluminium (wie alle Metalle) an der Kathode (dem ......-Pol) ab. → 38

---

29 Entweder sind Sie sich über die Wertigkeiten von Al (dreiwertig und Mn (hier vierwertig) noch nicht im klaren, oder Sie haben sich verrechnet.

- Wollen Sie es noch einmal versuchen? → 8
- Oder möchten Sie eine Anleitung zum Aufstellen der gewünschten Reaktionsgleichung haben? → 39

---

30 Die stöchiometrischen Zahlen in der von Ihnen aufgestellten Reaktionsgleichung stimmen noch nicht.

Gehen Sie am besten so vor:

Schreiben Sie links die Ausgangsstoffe, $Al(OH)_3$ und H_2SO_4, und rechts die Endprodukte, $Al_2(SO_4)_3$ und H_2O, hin. Jetzt überlegen Sie:

Wieviel Al stehen rechts? Links?

Wieviel SO_4 stehen rechts? Links? usw.

Versuchen Sie es noch einmal unter 44.

---

31 Aluminium ist dreiwertig, und Sauerstoff ist zweiwertig. Um festzustellen, in welchem Verhältnis sich diese beiden Stoffe zum Aluminiumoxid verbinden, überlegen wir:

Ein Atom Aluminium kann sich *nicht* mit nur einem Sauerstoffatom verbinden, denn dann bleibt eine Bindung des Aluminiums übrig.

Zwei Aluminium-Atome können insgesamt 2 x 3 = 6 Bindungen betätigen. Diese 6 Bindungen können wir mit 3 Sauerstoff-Atomen verknüpfen, denn 3 Sauerstoff-Atome haben ebenfalls 3 x 2 = 6 Bindungen. Die Summenformel des Aluminiumoxids ist also ....

Lesen Sie weiter bei 26.

32 Ihre Antwort ist richtig.

In der Aluminothermie wirkt Aluminium *als Reduktionsmittel.* Hier noch einmal das Beispiel für eine aluminothermische Reaktion: Die Umsetzung von Eisenoxid mit Aluminium.

$$Fe_2O_3 + Al \longrightarrow Fe + Al_2O_3$$

Es fehlen in der Gleichung die stöchiometrischen Zahlen. Notieren Sie die vollständige Reaktionsgleichung, und gehen Sie nach 21.

33 Wir wollen die Reaktionsgleichung für die Verbrennung des Aluminiums Schritt für Schritt entwickeln.

Zunächst die beteiligten Stoffe:

Aluminium reagiert mit Sauerstoff zu Aluminiumoxid:

$$Al + O_2 \longrightarrow Al_2O_3$$

Rechts finden wir eine ungerade Zahl von Sauerstoffatomen.

Da auf der linken Seite jedoch O_2 stehen muß, wird auf dieser Seite *immer eine gerade* Zahl von Sauerstoff-Atomen vorhanden sein.

Um auf der rechten Seite ebenfalls eine *gerade* Anzahl von Sauerstoffatomen zu haben, nehmen wir 2 Al_2O_3.

$$Al + O_2 \longrightarrow 2\,Al_2O_3$$

Sicher wird es Ihnen jetzt gelingen, die richtigen stöchiometrischen Zahlen für die linke Seite der Reaktionsgleichung zu finden. Schreiben Sie die vollständige Reaktionsgleichung auf, und vergleichen Sie unter [14].

---

[34] Ihre Antwort ist richtig.

Schreiben Sie die Vorgänge der Bauxit-Reinigung in Stichworten und mit Reaktionsgleichungen schrittweise auf.

Vergleichen Sie unter [71].

---

[35] Ihre Reaktionsgleichung stimmt noch nicht.

Lesen Sie weiter unter [79].

---

[36] Entweder haben Sie sich verrechnet, oder Ihre Summenformel stimmt noch nicht.

Wollen Sie es noch einmal versuchen?

- Ja → [67]
- Nein, ich möchte eine Erklärung → [56]

---

[37] Wie kommen Sie zu dem Ergebnis, $(NH_4)MgPO_4$ sei kein Doppelsalz? Es ist ein Doppelsalz.

Die negativen Ladungen des Phosphat-Ions sind durch die positiven Ladungen zweier verschiedener Metall-Ionen (NH_4^+ und Mg^{2+}) ausgeglichen.

Oder wollten Sie „Ammonium" nicht als ein Metall ansehen? Wir wissen aber, daß sich das NH_4^+-Ion in Salzen wie ein Metall-Kation verhält.

Kehren Sie nach [69] zurück, und überlegen Sie sich genau die Bedeutung der dort angegebenen Begriffsbestimmung.

---

[38] Ja, wie alle Metalle scheidet sich das Aluminium an der *Kathode* (dem *Minuspol*) ab. Das flüssige Aluminium wird aus einer Stichöffnung abgelassen. (Sehen Sie sich Ihre Zeichnung an!)

An der *Anode* (dem *Pluspol*) entsteht Sauerstoff. Die Anode besteht aus Elektrodenkohle (chemisch: Kohlenstoff). Der entstehende Sauerstoff greift die Kohle an und verbindet sich mit dem Kohlenstoff zu Kohlenmonoxid. Bei den hohen Temperaturen gerät dieses sofort in Brand, es entsteht Kohlendioxid. Während der Elektrolyse des Aluminiumoxids sieht man die Flammen des verbrennenden Kohlenmonoxids. *Die Anoden* werden während der Elektrolyse also allmählich *verbraucht.*

In diesem Lernabschnitt sind zwei chemische Vorgänge an der Anode erwähnt. Stellen Sie für diese beiden Vorgänge die chemischen Reaktionsgleichungen auf, und lesen Sie dann weiter unter [27].

[39] Wir wollen die Reaktionsgleichung Schritt für Schritt entwickeln:

Zuerst schreiben wir nur Ausgangsstoffe und Endprodukte auf. Mangan(IV)-oxid (Mangandioxid) reagiert mit Aluminium zu Mangan und Aluminiumoxid:

$$MnO_2 + Al \longrightarrow Mn + Al_2O_3$$

Links sind zwei O vorhanden, rechts drei O. Um auf beiden Seiten auf die gleiche Zahl an Sauerstoffatomen (6) zu kommen, nehmen wir links 3 MnO_2 und rechts 2 Al_2O_3:

$$3\,MnO_2 + Al \longrightarrow Mn + 2\,Al_2O_3$$

Jetzt müssen Sie noch die Anzahl der Al-Atome und der Mn-Atome finden. Welche stöchiometrischen Zahlen müssen vor Al bzw. Mn stehen?

	vor Al	vor Mn	
●	2	3	→ [10]
●	4	6	→ [49]
●	4	3	→ [25]

[40] Wir wollen die Reaktionsgleichung für die Verbrennung des Aluminiums Schritt für Schritt entwickeln.

Zunächst die beteiligten Stoffe:
Aluminium reagiert mit Sauerstoff zu Aluminiumoxid:

$$Al + O_2 \longrightarrow Al_2O_3$$

Rechts finden wir eine ungerade Zahl von Sauerstoffatomen.

Da auf der linken Seite jedoch O_2 stehen muß, wird auf dieser Seite *immer eine gerade* Zahl von Sauerstoff-Atomen vorhanden sein.

Um auf der rechten Seite ebenfalls eine *gerade* Anzahl von Sauerstoffatomen zu haben, nehmen wir 2 Al_2O_3.

$$Al + O_2 \longrightarrow 2\,Al_2O_3$$

Sicher wird es Ihnen jetzt gelingen, die richtigen stöchiometrischen Zahlen für die linke Seite der Reaktionsgleichung zu finden.

Schreiben Sie die vollständige Reaktionsgleichung auf, und vergleichen Sie unter [14].

---

[41] Na_2HPO_4 ist *kein* Doppelsalz, sondern ein Hydrogensalz.

Phosphorsäure ist zwar eine mehrbasige Säure, aber die Begriffsbestimmung für ein Doppelsalz heißt doch:

Doppelsalze sind Verbindungen, in denen die negativen Ladungen der Säure-Anionen mehrbasiger Säuren durch die positiven Ladungen verschiedener Metall-Ionen ausgeglichen werden.

Sind die beiden folgenden Salze Doppelsalze?

$$(NH_4)MgPO_4,\ Ca(HCO_3)_2$$

- Ja, beide sind Doppelsalze → [73]
- Nein, beide sind keine Doppelsalze → [37]
- Nur $(NH_4)MgPO_4$ ist ein Doppelsalz → [58]
- Nur $Ca(HCO_3)_2$ ist ein Doppelsalz → [61]

---

[42] Bei der Aluminothermie tritt zwar eine ziemlich große Hitze auf, es war aber nach der *chemischen Wirkungsweise* des Aluminiums in der Aluminothermie gefragt.

Lesen Sie bitte noch einmal [14].

---

[43]

$Al(OH)_3$	$+ 3\,CH_3COOH$	$\longrightarrow$	$Al(CH_3COO)_3$	$+ 3\,H_2O$
Aluminium-hydroxid	Essigsäure		Aluminium-acetat	Wasser

Die Frage, ob sie den Lehrstoff des Aluminium-Programms verstanden, gut durchgearbeitet und behalten haben, können Sie bejahen, wenn Sie folgende Fragen richtig und sicher beantworten können:
(Schreiben Sie die Antworten am besten auf!)

1. Ist Al ein Leicht- oder Schwermetall?
2. Ist Al gegen Wasser und Luft beständig?
   Wenn ja, warum?
   Wenn nein, warum nicht?
3. Ist Al gegen Säuren und Laugen beständig?
   Wenn ja, warum?
   Wenn nein, warum nicht?
4. Wenn Sie Frage 2. oder 3. mit „nein" beantwortet haben, können Sie die Gleichungen zur Begründung aufschreiben?
5. Was ist Aluminothermie und wozu wird sie angewandt? (2 Beispiele)
6. Wie wird Aluminium hergestellt (mit Zeichnung und Erklärung der Vorgänge an den Elektroden).
7. Wie wird der Rohstoff für die Aluminiumherstellung gereinigt? (4 Schritte!)
8. Was ist ein Doppelsalz?
9. Schreiben Sie die Summenformeln folgender Verbindungen auf: Aluminiumoxid, Bauxit, Aluminiumsulfat, Kaliumalaun, Aluminiumacetat.
10. Wie wird Aluminiumsulfat hergestellt?

Vergleichen Sie Ihre Antworten unter [80].

---

[44] Ihre Antwort ist richtig. Die Summenformel des Aluminiumsulfats ist

$$Al_2(SO_4)_3.$$

Aluminiumsulfat wird durch Reaktion von Aluminiumhydroxid mit Schwefelsäure gewonnen. Stellen Sie bitte für diesen Vorgang die Reaktionsgleichung auf, und beantworten Sie dann folgende Frage.

Welche stöchiometrischen Zahlen stehen in der Reaktionsgleichung?

	vor $Al(OH)_3$	vor H_2SO_4	vor $Al_2(SO_4)_3$	vor H_2O	
●	2	4	1	3	→ [9]
●	2	3	1	6	→ [59]
●	2	3	0	6	→ [16]
●	1	3	1	3	→ [30]

● Ich brauche eine Erklärung → [70]

45 *Sauerstoff, Wärme, Thermit.*

Man kann Metalloxide (wie Fe_2O_3, MnO_2) mit Aluminium reduzieren. Neben Al_2O_3 entstehen dabei die freien ......
Man nennt diese Verfahren ...... Verfahren oder ......

Notieren Sie die fehlenden Wörter. → 54

46 Die Schutzschicht des Aluminiums besteht aus Al_2O_3!

Beim Auflösen dieser Schicht durch Natronlauge entsteht $Na[Al(OH)_4]$!

Wie heißen die beiden Stoffe?

Notieren Sie die Namen, und lesen Sie dann bitte weiter unter 55.

47 Bitte vergleichen Sie:

$$2\,AlO_2H \longrightarrow Al_2O_3 + H_2O$$

Beim Glühen von *Bauxit* entstehen *Aluminiumoxid* und *Wasser.*

Zur Reinigung wird das Aluminiumoxid mit heißer Natronlauge behandelt. Dabei geht das Aluminiumoxid in *Lösung*; es bildet sich eine für Sie neue Aluminium-Verbindung, das *Natriumaluminat.*

Natriumaluminat hat die Formel $Na[Al(OH)_4]$.

Trauen Sie sich zu, die Reaktionsgleichung für das Lösen von Aluminiumoxid in Natronlauge selbst aufzustellen?

Wenn ja, versuchen Sie es! Vergleichen Sie Ihr Ergebnis unter 72.

Oder wollen Sie lieber eine Erklärung haben, wie die Reaktionsgleichung aufgestellt wird?
Dann lesen Sie weiter unter 62.

48 Ihnen sind die Vorgänge der Bauxit-Reinigung noch nicht ganz klar.

Wiederholen Sie ab 27.

Achten Sie besonders auf die Reihenfolge der einzelnen Schritte.

49 Solche Fehler dürften eigentlich nicht mehr passieren!

In der Reaktionsgleichung

$$3\ MnO_2 + Al \longrightarrow Mn + 2\ Al_2O_3$$

stehen links 3 Mn, also müssen auch rechts 3 Mn stehen.
Rechts stehen 4 Al, also müssen auch links 4 Al stehen.

Schreiben Sie die vollständige Reaktionsgleichung auf, und vergleichen Sie unter 25.

50 *Ein Katalysator ist ein Stoff, der eine chemische Reaktion beschleunigt, am Ende der Reaktion aber in der gleichen Form vorliegt wie am Anfang.*

Beispiel: Bei der Gewinnung von Sauerstoff durch Erhitzen von Kaliumchlorat wirkt „Braunstein“ (Mangan(IV)-oxid, Mangandioxid) als Katalysator.

In der Aluminothermie wird aus Aluminium aber Aluminiumoxid. Das Aluminium verändert sich, kann also kein Katalysator sein!

Schreiben Sie bitte die kursiv gesetzte Begriffsbestimmung ab, und lesen Sie dann noch einmal 14.

51 Geglühter *Bauxit* muß in Lösung gebracht werden, damit die Verunreinigungen, die unlöslich sind, abfiltriert werden können.

Wie wird Bauxit behandelt?

1. Schritt: Glühen

2. Schritt: Lösen

Können Sie noch die Reaktionsgleichungen für die beiden Schritte aufstellen? Probieren Sie es!

Gelingt es ohne Schwierigkeiten, vergleichen Sie unter 74. Wenn Sie nicht zurecht kommen, wiederholen Sie ab 27.

52 $Al_2(SO_4)_3$ ist *kein* Doppelsalz.

Schwefelsäure ist zwar eine mehrbasige Säure, aber die Begriffsbestimmung für ein Doppelsalz heißt doch:

Doppelsalze sind Verbindungen, in denen die negativen Ladungen der Säure-Anionen mehrbasiger Säuren durch die positiven Ladungen verschiedener Metall-Ionen ausgeglichen werden.

Sind die beiden folgenden Salze Doppelsalze?

$(NH_4)MgPO_4$, $Ca(HCO_3)_2$

- Ja, beide sind Doppelsalze → [73]
- Nein, beide sind keine Doppelsalze → [37]
- Nur $(NH_4)MgPO_4$ ist ein Doppelsalz → [58]
- Nur $Ca(HCO_3)_2$ ist ein Doppelsalz → [61]

---

[53] Schreiben Sie folgende Sätze ab:

Tonerde ist chemisch *Aluminiumoxid.*

Bauxit ist ein Aluminiumhydroxid, dem ein Molekül Wasser fehlt.

Kehren Sie nach [75] zurück.

---

[54] *Metalle, aluminothermische* Verfahren, *Aluminothermie.*

Aluminium wird *durch Elektrolyse* von geschmolzenem Al_2O_3 gewonnen.

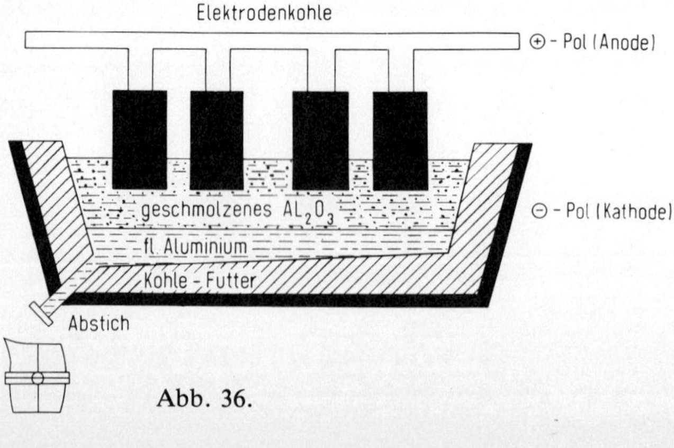

Abb. 36.

Das Kohlefutter der Schmelzwanne bildet die Kathode (auch als Minuspol oder −-Pol bezeichnet). Als Anode (Pluspol, +-Pol) werden Graphitelektroden in die Schmelze eingetaucht (Abb. 36).

Zeichnen Sie bitte diese Skizze *mit allen Bezeichnungen* ab, und beantworten Sie dann folgende Frage:

An welchem Pol scheidet sich Aluminium ab?

- An der Kathode (dem Minuspol) → 38
- An der Anode (dem Pluspol) → 28
- Ich weiß es nicht → 64

---

55 Ihre Antwort ist richtig. Die Schutzschicht besteht aus *Aluminiumoxid.* Beim Auflösen der Schutzschicht mit Natronlauge entsteht *Natriumaluminat.*

Natriummaluminat entsteht auch aus Aluminiumhydroxid und Natriumhydroxid.

Schreiben Sie die Reaktionsgleichung auf, und vergleichen Sie 67.

---

56 Bei der Dissoziation von Aluminiumsalzen in Wasser bilden sich dreifach positiv geladene Aluminium-Ionen, Al^{3+}.
Das Sulfat-Ion ist zweifach negativ geladen, SO_4^{2-}.

Die Summenformel des Aluminiumsulfats enthält soviele Aluminium-Ionen und Sulfat-Ionen, daß die Zahl der positiven und negativen Ladungen gleich ist:

2 Aluminium-Ionen 2 x 3 = 6 positive Ladungen
3 Sulfat-Ionen 3 x 2 = 6 negative Ladungen

Stellen Sie nun selbst die Summenformel für Aluminiumsulfat auf. → 44

---

57 Ihre Antwort ist nur teilweise richtig.
Bauxit ist AlO(OH).

Schreiben Sie folgenden Satz ab:

Tonerde ist chemisch *Aluminiumoxid.*

Welche Summenformel hat Aluminiumoxid? → 81

---

58 Ihre Antwort ist richtig, $Na_2(NH_4)PO_4$ und $NaFe(SO_4)_2$ sind Doppelsalze.
Notieren Sie bitte die Begriffsbestimmung für Doppelsalze.

Doppelsalze sind Verbindungen, in denen die ...... Ladungen der Säure-Anionen mehrbasiger Säuren durch die positiven Ladungen ...... Metall-Ionen ausgeglichen werden. → 76

59 Ihre Antwort ist richtig (die Ziffer 1 vor $Al_2(SO_4)_3$ wird nicht geschrieben):

$$2\ Al(OH)_3 + 3\ H_2SO_4 \longrightarrow Al_2(SO_4)_3 + 6\ H_2O$$

Die von Ihnen aufgestellte Reaktionsgleichung ist eine Neutralisations-Gleichung.

Aluminiumsulfat ist sehr leicht in Wasser löslich. Es kristallisiert mit 18 Molekülen Kristallwasser.

Schreiben Sie die Formel für kristallisiertes, kristallwasserhaltiges Aluminiumsulfat auf. → 69

60

4. Schritt: $2\ Al(OH)_3 \xrightarrow{\text{Glühen}} Al_2O_3 + 3\ H_2O$

Was war der 3. Schritt der Bauxit-Reinigung?

- Lösen von Al_2O_3 → 48
- Auskristallisieren von $Al(OH)_3$ → 34
- Glühen von Bauxit → 20

61 Wie kommen Sie zu dem Ergebnis, $(NH_4)MgPO_4$ sei kein Doppelsalz? Es ist ein Doppelsalz!

Die negativen Ladungen des Phosphatrestes sind durch die positiven Ladungen zweier verschiedener Metall-Ionen ausgeglichen. Oder wollten Sie „Ammonium“ nicht als ein Metall ansehen? Wir wissen aber, daß sich das NH_4^+-Ion in Salzen wie ein Metall-Kation verhält.

$Ca(HCO_3)_2$ dagegen ist kein Doppelsalz, sondern ein Hydrogensalz.

Kehren Sie nach 69 zurück, und überlegen Sie sich genau die Bedeutung der dort angegebenen Begriffsbestimmung.

62 Aluminiumoxid löst sich in Natronlauge zu Natriumaluminat.

Die Reaktionsgleichung wollen wir Schritt für Schritt entwickeln und schreiben zuerst die Ausgangsstoffe und Endprodukte an (Bitte schreiben Sie mit!):

$$Al_2O_3 + NaOH \longrightarrow Na[Al(OH)_4]$$

Links stehen zwei Al, deshalb müssen auch rechts zwei Al vorkommen, also:

$$Al_2O_3 + NaOH \longrightarrow 2\,Na[Al(OH)_4]$$

Jetzt stehen rechts zwei Na, also müssen wir links 2 NaOH schreiben:

$$Al_2O_3 + 2\,NaOH \longrightarrow 2\,Na[Al(OH)_4]$$

Wenn Sie jetzt die O-Atome und H-Atome nachzählen, werden Sie feststellen, daß links weniger O- und H-Atome stehen als rechts. (Links 2 H, rechts 8 H!)

Es fehlen links doppelt so viele H-Atome wie O-Atome, es fehlen also einige Wassermoleküle! Überlegen Sie sich, wieviel Wasser fehlt, und vervollständigen Sie folgende Reaktionsgleichung:

$$Al_2O_3 + 2\,NaOH + \quad H_2O \longrightarrow 2\,Na[Al(OH)_4]$$

Zählen Sie alle Atome rechts und links noch einmal nach, und vergleichen Sie unter [72].

63 Die Schutzschicht des Aluminiums besteht aus Al_2O_3!

Beim Auflösen dieser Schicht durch Natronlauge entsteht $Na[Al(OH)_4]$.

Wie heißen die beiden Substanzen? Notieren Sie die Namen, und vergleichen Sie unter [55].

64 Metalle scheiden sich bei der Elektrolyse immer *an der Kathode* ab. Denken Sie doch an die Herstellung von Natrium aus geschmolzenem NaOH!

Schreiben Sie folgenden Satz ab:

Bei der Elektrolyse scheidet sich Aluminium (wie alle Metalle) an der Kathode (dem ......-Pol) ab. → [38]

65 Schreiben Sie folgende Sätze ab.

Tonerde ist chemisch *Aluminiumoxid.*

Bauxit ist Aluminiumhydroxid, dem ein Molekül Wasser fehlt.

Kehren Sie nach 75 zurück.

66 Bitte vergleichen Sie die Summenformel des Kalium-Eisen-Alauns:

$KFe(SO_4)_2 \cdot 12\ H_2O$

Hier noch einmal eine Zusammenstellung der Ihnen bekannten Alaune:

$KAl(SO_4)_2 \cdot 12\ H_2O$

$NaAl(SO_4)_2 \cdot 12\ H_2O$

$(NH_4)Al(SO_4)_2 \cdot 12\ H_2O$

$KFe(SO_4)_2 \cdot 12\ H_2O$

Sie können jetzt sicher die fehlenden Wörter des folgenden Satzes notieren:

Die Summenformel eines jeden Alauns enthält ein einfach positiv geladenes Metall-Ion und ein ...... positiv geladenes Metall-Ion neben zwei zweifach negativ geladenen ...... und zwölf Molekülen .... → 75

67 $Al(OH)_3 + NaOH \longrightarrow Na[Al(OH)_4]$

Eine weitere wichtige Aluminiumverbindung ist das Aluminiumsulfat.

Stellen Sie bitte die Summenformel des Aluminiumsulfats auf, und berechnen Sie auf Grund dieser Summenformel die molare Masse der Aluminiumsulfat-Moleküle, molare Masse:

Al = 27 g/mol
S = 32 g/mol
O = 16 g/mol

Welche molare Masse finden Sie für die Aluminiumsulfat-Moleküle?

- 123 g/mol → 3
- 219 g/mol → 19

- 246 g/mol → 36
- 342 g/mol → 44
- Ich brauche eine Erklärung → 56

68 Aluminiumacetat ist ein Salz der *Essigsäure.*

Die Salze der Essigsäure heißen Acetate.

Und nun versuchen Sie einmal, ob Sie noch die Summenformel und die Strukturformel der Essigsäure aufstellen können. Denken Sie dabei daran: Essigsäure ist eine organische Säure, die Kohlenstoff, Wasserstoff und Sauerstoff enthält. Kohlenstoff ist in organischen Verbindungen stets vierwertig, Sauerstoff ist zweiwertig und Wasserstoff ist einwertig.

Wenn Sie sicher sind, daß Sie die richtigen Formeln aufgestellt haben, gehen Sie nach 77.

Haben Sie Zweifel, oder kommen Sie mit der Aufgabe gar nicht zurecht, so gehen Sie nach 11.

69 $Al_2(SO_4)_3 \cdot 18\ H_2O$ Aluminiumsulfat-18-Hydrat

Aluminiumsulfat wird z. B. in der Papierindustrie verwendet.

Dort dient es zum „Leimen" des Papiers. Ungeleimtes Papier ist zum Beschreiben mit Tinte nicht zu gebrauchen, weil die Tinte ausläuft.

Eine weitere wichtige Aluminiumverbindung ist der Alaun mit der Summenformel

$$KAl(SO_4)_2$$

Im Alaun werden die vier negativen Ladungen der beiden Sulfat-Ionen durch die drei positiven Ladungen des Aluminium-Ions und die Ladung des Kalium-Ions ausgeglichen. $KAl(SO_4)_2$ ist ein Doppelsalz.

Doppelsalze sind Verbindungen, in denen die negativen Ladungen der Säure-Anionen mehrbasiger Säuren durch die positiven Ladungen verschiedener Metall-Ionen ausgeglichen werden. Ammonium-Ionen (NH_4^+) sind hierbei gleichberechtigt den einfach positiv geladenen Metall-Ionen (Na^+, K^+).

Prägen Sie sich die Begriffsbestimmung der Doppelsalze gut ein, und beantworten Sie dann die folgende Frage:

Welche der folgenden Salze sind Doppelsalze?

Na_2HPO_4, $Na_2(NH_4)PO_4$, $NaFe(SO_4)_2$, $Al_2(SO_4)_3$

- Alle vier Salze sind Doppelsalze → 12
- Die ersten drei Salze sind Doppelsalze → 41
- Die letzten drei Salze sind Doppelsalze → 52
- $Na_2(NH_4)PO_4$ und $NaFe(SO_4)_2$ sind Doppelsalze → 58
- Nur $NaFe(SO_4)_2$ ist ein Doppelsalz → 18

---

70 Wir wollen die Reaktionsgleichung schrittweise entwickeln:

Bei der Reaktion von Aluminiumhydroxid mit Schwefelsäure entstehen Aluminiumsulfat und Wasser:

$$Al(OH)_3 + H_2SO_4 \longrightarrow Al(SO_4)_3 + H_2O$$

Auf der rechten Seite dieser Reaktionsgleichung stehen 2 Al.
Wir müssen also auch auf der linken Seite von 2 Molekülen Aluminiumhydroxid ausgehen:

$$2\ Al(OH)_3 + H_2SO_4 \longrightarrow Al_2(SO_4)_3 + H_2O$$

Auch diese Reaktionsgleichung ist noch unvollständig.

Welche stöchiometrischen Zahlen stehen in der Reaktionsgleichung?

	vor H_2SO_4	vor $Al_2(SO_4)_3$	vor H_2O	
•	2	1	4	→ 35
•	3	1	6	→ 59
•	3	0	6	→ 16

- Ich brauche eine Erklärung → 79

---

71 *Bauxit-Reinigung.*

1. Glühen von Bauxit: $2\ AlO(OH) \longrightarrow Al_2O_3 + H_2O$

2. Lösen von Al_2O_3: $Al_2O_3 + 2\ NaOH + 3\ H_2O \longrightarrow 2\ Na[Al(OH)_4]$

3. Auskristallisieren von $Al(OH)_3$

4. Glühen von $Al(OH)_3$: $2\ Al(OH)_3 \longrightarrow Al_2O_3 + 3\ H_2O$

Die Reaktionsgleichung von Schritt 2 ist noch aus einem anderen Grunde von Interesse. Sie zeigt uns, warum metallisches Aluminium trotz der Oxid-Schutzschicht von Laugen angegriffen wird.

Die dünne Schutzschicht, die sich auf dem Aluminium bildet, wird von der Lauge weggelöst.

Beantworten Sie die beiden Fragen:

a) Woraus besteht die Schutzschicht?

b) Was entsteht beim Auflösen der Schutzschicht durch Natronlauge?

- a) Aus Aluminiumhydroxid b) Natriumaluminat → 63
- a) Aus Aluminiumoxid b) Aluminiumhydroxid → 78
- a) Aus Aluminiumoxid b) Natriumaluminat → 55
- Ich weiß es nicht → 46

---

72 $Al_2O_3 + 2\ NaOH + 3\ H_2O \longrightarrow 2\ Na[Al(OH)_4]$

Damit haben wir Bauxit, nachdem er durch Glühen in Al_2O_3 überführt wurde, in Lösung gebracht.

Die *Verunreinigungen* des geglühten Bauxits bleiben *ungelöst*. Sie können abfiltriert werden. Aus dem Filtrat, welches das Natriumaluminat enthält, kann man Aluminiumhydroxid, $Al(OH)_3$, auskristallisieren.

Beantworten Sie schriftlich folgende Frage:

Warum muß geglühter Bauxit in Lösung gebracht werden? → 51

---

73 $Ca(HCO_3)_2$ ist ein Hydrogensalz, aber kein Doppelsalz!

Ein Doppelsalz besteht aus verschiedenen Metallen und den Säureresten mehrbasiger Säuren.

Kehren Sie nach 69 zurück, und überlegen Sie sich noch einmal die Bedeutung der dort angegebenen Begriffsbestimmung.

74

Bauxit-Reinigung:

1. Schritt: Glühen: $2\ AlO(OH) \longrightarrow Al_2O_3 + H_2O$

2. Schritt: Lösen: $Al_2O_3 + 2\ NaOH + 3\ H_2O \longrightarrow 2\ Na[Al(OH)_4]$

3. Schritt: Auskristallisieren von $Al(OH)_3$

Aus $Al(OH)_3$ kann durch Glühen reines Al_2O_3 hergestellt werden, das nun zur Gewinnung des Aluminiums durch Elektrolyse eingesetzt werden kann.

Für den 4. Schritt (Glühen von Aluminiumhydroxid zu Aluminiumoxid) sollen Sie jetzt die Reaktionsgleichung aufstellen.

Das sollte Ihnen nicht schwerfallen, wenn Sie an den 1. Schritt denken, bei dem eine ähnliche Reaktion durchgeführt wird. → 60

75

Es fehlen die kursiv gedruckten Wörter:

Die Summenformel eines jeden Alauns enthält ein einfach positiv geladenes Metall-Ion und ein *dreifach* positiv geladenes Metall-Ion neben zwei zweifach negativ geladenen *Sulfat-Ionen* und zwölf Molekülen *Wasser.*

Eine weitere wichtige Aluminiumverbindung ist die *Tonerde.* Chemisch ist Tonerde *Aluminiumoxid.* Ebenso wie der Bauxit kommt Tonerde in der Natur vor. Tonerde und Bauxit sind die beiden wichtigsten natürlich vorkommenden Aluminiumverbindungen.

Welche chemische Zusammensetzung haben die beiden wichtigsten natürlich vorkommenden Aluminiumverbindungen?

	Tonerde	*Bauxit*	
●	$AlO(OH)$	$Al(OH)_3$	→ 53
●	$Al(OH)_3$	Al_2O_3	→ 65
●	Al_2O_3	$AlO(OH)$	→ 81
●	$Al(OH)_3$	$AlO(OH)$	→ 57

76 Doppelsalze sind Verbindungen, in denen die *negativen* Ladungen der Säure-Anionen mehrbasiger Säuren durch die positiven Ladungen *verschiedener* Metall-Ionen ausgeglichen werden.

$KAl(SO_4)_2$, Kalium-aluminium-sulfat (oder kurz: Alaun) ist ein Doppelsalz.

Es gibt noch andere *Alaune*, z. B. den Natriumalaun, den Ammoniumalaun usw. Sie haben alle eine ähnliche Zusammensetzung, außerdem kristallisieren sie alle mit 12 Molekülen Kristallwasser. Die Summenformeln sind:

Kaliumalaun	$KAl(SO_4)_2 \cdot 12\ H_2O$
Natriumalaun	$NaAl(SO_4)_2 \cdot 12\ H_2O$
Ammoniumalaun	$(NH_4)Al(SO_4)_2 \cdot 12\ H_2O$

Das Aluminium kann in den Alaunen durch ein anderes dreiwertiges Metall ersetzt werden, z. B. durch das dreiwertige Eisen. Wir erhalten dann z. B. den Kalium-Eisen-Alaun.

Stellen Sie für diese Verbindung die Summenformel auf. → 66

77 Vergleichen Sie nun die von Ihnen aufgestelle Strukturformel mit der hier gezeichneten.

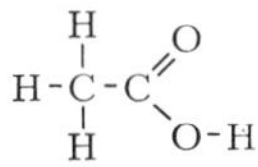
oder abgekürzt:
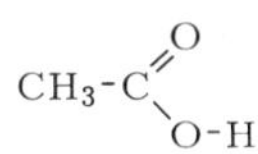

Der Säurerest der Essigsäure ist das einfach negativ geladene Acetat-Ion.

$$CH_3COO^-$$

Hier ist die Formel für Aluminiumacetat:

$$(CH_3-COO)_3Al$$

oder (da wir gewöhnt sind, erst das Metall und dann den Säurerest zu schreiben) $Al(CH_3COO)_3$.

Aluminiumacetat stellt man durch Reaktion von Aluminiumhydroxid mit Essigsäure her.

Stellen Sie bitte die Reaktionsgleichung (eine Neutralisationsgleichung) auf, und schreiben Sie die Namen der Ausgangs- und Endprodukte dazu. → 43

78

Die Schutzschicht des Aluminiums besteht aus Al_2O_3.

Beim Auflösen dieser Schicht durch Natronlauge entsteht $Na[Al(OH)_4]$.

Wie heißen die beiden Substanzen? Notieren Sie die Namen, und vergleichen Sie unter 55.

79

Hier noch einmal die noch nicht vollständige Reaktionsgleichung für die Auflösung von Aluminiumhydroxid in Schwefelsäure:

$$2\ Al(OH)_3 + H_2SO_4 \longrightarrow Al_2(SO_4)_3 + H_2O$$

Links und rechts stimmt das Aluminium. Dagegen sind rechts 3 SO_4 vorhanden, links aber nur ein SO_4. Zum Ausgleich müssen wir links also 3 Moleküle Schwefelsäure hinschreiben.

$$2\ Al(OH)_3 + 3\ H_2SO_4 \longrightarrow Al_2(SO_4)_3 + H_2O$$

Jetzt stimmt in dieser Reaktionsgleichung nur die Zahl der Wassermoleküle noch nicht.

Wir haben links 6 OH-Gruppen. Hilft Ihnen dieser Hinweis weiter?

Schreiben Sie bitte die vollständige Reaktionsgleichung mit den zugehörigen stöchiometrischen Zahlen auf, und vergleichen Sie unter 59.

80

1. Al ist ein *Leicht*metall.
2. Ja, Al ist gegen Wasser und Luft *beständig*, da es sich mit einer *Schutzschicht aus Aluminiumoxid* überzieht.
3. Nein, Al ist gegen Laugen und starke Säuren *nicht* beständig, da diese die *Schutzschicht* aus Al_2O_3 *auflösen*.
4. Zum Beispiel: $Al_2O_3 + 6\ HCl \longrightarrow 2\ AlCl_3 + 3\ H_2O$

   $Al_2O_3 + 2\ NaOH + 3\ H_2O \longrightarrow 2\ Na[Al(OH)_4]$
5. In der Aluminothermie werden *Metalloxide* mit *Aluminium reduziert*. Dabei entsteht *viel Wärme*.

   Beispiel: $Fe_2O_3 + 2\ Al \longrightarrow 2\ Fe + Al_2O_3$

   Diese Reaktion erfolgt z. B. beim Schweißen von Schienen.

6. Al wird durch Elektrolyse von geschmolzenem Al_2O_3 hergestellt.

   Al scheidet sich an der *Kathode* ab. Die *Anoden*, die aus *Kohle* bestehen, werden von dem dort entstehenden *Sauerstoff angegriffen* und allmählich *verbraucht*. Es bildet sich CO, das an der Oberfläche zu CO_2 verbrennt (Abb. 37).

$$2\,C + O_2 \longrightarrow 2\,CO$$
$$2\,CO + O_2 \longrightarrow 2\,CO_2$$

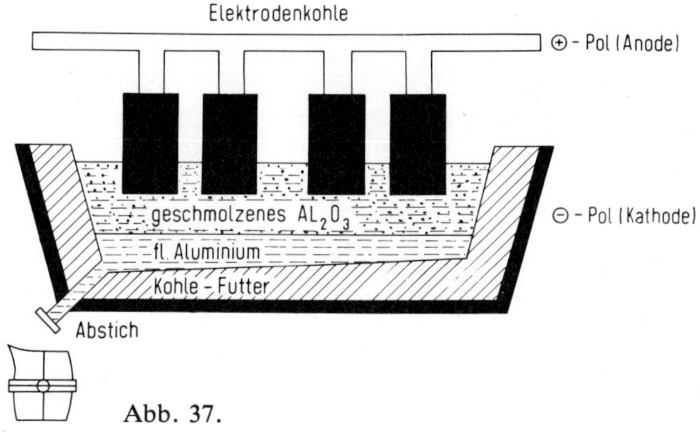

Abb. 37.

7. 1. Schritt: Der Rohstoff wird geglüht.

$$2\,AlO(OH) \longrightarrow Al_2O_3 + H_2O$$

   2. Schritt: Al_2O_3 wird in Lauge gelöst.

$$Al_2O_3 + 2\,NaOH + 3\,H_2O \longrightarrow 2\,Na[Al(OH)_4]$$

   3. Schritt: Auskristallisieren von $Al(OH)_3$).

   4. Schritt: $Al(OH)_3$ wird geglüht, es bildet sich *reines* Al_2O_3.

$$2\,Al(OH)_3 \longrightarrow Al_2O_3 + 3\,H_2O$$

8. Doppelsalze sind Verbindungen, in denen die negativen Ladungen der Säure-Anionen mehrbasiger Säuren durch die positiven Ladungen verschiedener Metall-Ionen ausgeglichen werden.

9.

Al_2O_3	$AlO(OH)$	$Al_2(SO_4)_3$	$KAl(SO_4)_2 \cdot 12\,H_2O$	$Al(CH_3COO)_3$
Aluminiumoxid	Bauxit	Aluminiumsulfat	Kaliumalaun	Aluminiumacetat

10. Aluminiumsulfat wird hergestellt durch Lösen von Al_2O_3 oder $Al(OH)_3$ in Schwefelsäure.

$$Al_2O_3 + 3\ H_2SO_4 \longrightarrow Al_2(SO_4)_3 + 3\ H_2O \text{ oder}$$

$$2\ Al(OH)_3 + 3\ H_2SO_4 \longrightarrow Al_2(SO_4)_3 + 6\ H_2O$$

Ende des 28. Programms.

---

81 Hier sind noch einmal die richtigen Summenformeln:

Bauxit: $AlO(OH)$ Tonerde: Al_2O_3

Die letzte Aluminiumverbindung, die wir besprechen wollen, ist eine organische Aluminiumverbindung, das *Aluminiumacetat.*

Aluminiumacetat ist ein Aluminiumsalz. Wie hießt die zugehörige Säure? Bitte notieren Sie:

Aluminiumacetat ist ein Salz der .... → 68

---

29. Programm

Magnesium

1 Magnesium hat das Symbol Mg. Magnesium ist ein Leichtmetall. Es ist gegen Luft und Wasser beständig, weil es sich mit einer festhaftenden, unlöslichen Oxidschicht überzieht. Diese schützt das Metall vor dem weiteren Angriff durch Luft oder Wasser. Schon von verdünnten Säuren wird das Magnesium jedoch angegriffen.

Welchem der folgenden Metalle ist das Magnesium am ähnlichsten?

- Dem Natrium → 31
- Dem Aluminium → 22
- Dem Zink → 10

2 Es ist gut, daß Sie nicht raten. Bitte prägen Sie sich das kursiv Gedruckte gut ein:

Metalle scheiden sich bei der Elektrolyse immer an der Kathode (dem Minuspol) ab.

Ende des 29. Programms.

3 Ihre Antwort ist richtig.

Bei der Reaktion von Aluminium mit Natronlauge entstehen *Natriumaluminat* und *Wasserstoff*. Zuerst wird dabei die Oxid-Schutzschicht aufgelöst.

Dagegen ist Magnesium gegen Natronlauge beständig, weil seine Oxid-Schutzschicht *nicht* angegriffen wird.

Magnesium kommt in der Natur nicht frei vor. Wichtige, natürlich vorkommende Magnesiumverbindungen sind:

$MgCO_3$

$MgCl_2$

$MgSO_4$

Notieren Sie die Namen dieser drei Magnesiumverbindungen, und lesen Sie dann weiter unter [28].

---

[4] Außer Magnesium werden noch folgende Metalle durch Schmelzelektrolyse gewonnen:

Natrium
Kalium
Aluminium

Bei welchem Metall setzt man zur Schmelzelektrolyse ein *Salz* ein?

- Beim Natrium → [12]
- Beim Kalium → [20]
- Beim Magnesium → [36]
- Beim Aluminium → [29]

---

[5] Beim Dolomit handelt es sich um ein *Misch*carbonat. Notieren Sie, welche beiden Carbonate darin enthalten sind, und lesen Sie dann weiter unter [15].

---

[6] Magnesiumhydroxid: $Mg(OH)_2$

Formulieren Sie nun bitte die Reaktionsgleichung für die Reaktion von Magnesium mit Wasser, und lesen Sie dann weiter unter [37].

---

[7] Natrium reagiert bereits bei Zimmertemperatur sehr heftig mit Wasser. Sogar von der in der Luft enthaltenen Feuchtigkeit wird Natrium angegriffen.

Wegen seiner Empfindlichkeit gegen Wasser muß man Natrium unter Petroleum aufbewahren.

Bitte notieren Sie:

Magnesium wird von Wasser nur in der Hitze angegriffen. Es entstehen dabei Magnesium ...... und ....

Lesen Sie bitte weiter unter [18].

---

8 Bitte vergleichen Sie:

Magnesiumchlorid, Magnesiumsulfat, Magnesiumnitrat.

In wäßriger Lösung dissoziieren diese Salze in die zweifach positiv geladenen Magnesium-Kationen und die negativ geladenen Säure-Anionen.

Notieren Sie bitte die Reaktionsgleichungen für die Dissoziation von Magnesiumchlorid, Magnesiumsulfat und Magnesiumnitrat. → [14]

---

9 Doch!

Al und Mg werden beide von verdünnten Säuren angegriffen!

Lesen Sie weiter unter [27].

---

10 Zink und Magnesium sind zwar einander ähnlich im Verhalten gegen Wasser und verdünnte Säuren (beide Metalle sind gegen Wasser beständig, von verdünnten Säuren werden sie angegriffen), Magnesium ist aber ein *Leichtmetall*, Zink ist ein *Schwer*metall.

Lesen Sie noch einmal [1].

---

11 Bei der *Schmelzelektrolyse* von *Magnesiumchlorid* entstehen an der *Anode Chlor* und an der *Kathode* metallisches *Magnesium.*

Das Magnesium hat eine große technische Bedeutung. Im allgemeinen wird jedoch nicht das reine Metall verwendet, sondern es werden Magnesiumlegierungen benutzt. Als Legierungsbestandteil kommt im wesentlichen Aluminium in Frage. Man stellt aus Magnesium-Aluminium-Legierungen Beschläge für Türen und Fenster (Klinken und Griffe), Teile für Maschinen, Karosserien von Fahrzeugen und Flugzeuge her.

Nun wollen wir wiederholen:

Notieren Sie bitte das Folgende mit Ergänzungen:

Aluminium und Magnesium sind ......-metalle mit den Symbolen ...... und .... Beide sind gegen Luft und Wasser ......, weil sie sich mit einer schützenden Schicht von Aluminium- bzw. Magnesium ...... überziehen.

Lesen Sie bitte weiter unter [23].

---

12 Zur Gewinnung von Natrium durch Schmelzelektrolyse setzt man Natriumhydroxid ein. Natriumhydroxid ist aber eine Base. → 4

13 *Magnesium* ist gegen Natronlauge *beständig, Aluminium* wird unter Bildung von Natriumaluminat und Wasserstoff *angegriffen.*

Das liegt daran, daß die Magnesiumoxid-Schutzschicht gegen Laugen beständig ist.

Dagegen wird die Aluminiumoxid-Schutzschicht von Laugen aufgelöst.

Bitte notieren Sie mit Ergänzungen:

Bei der Reaktion von Aluminium mit Natronlauge entstehen .... und .... Lesen Sie bitte weiter unter 3.

14 Bitte vergleichen Sie:

$$MgCl_2 \longrightarrow Mg^{2+} + 2\,Cl^-$$

$$MgSO_4 \longrightarrow Mg^{2+} + SO_4^{2-}$$

$$Mg(NO_3)_2 \longrightarrow Mg^{2+} + 2\,NO_3^-$$

Im Gegensatz zum Aluminium ist Magnesium *gegen Laugen beständig.* Das kommt daher, daß sich die Magnesiumoxid-Schutzschicht nicht in Laugen auflöst, während die Aluminiumoxid-Schutzschicht von Laugen aufgelöst und dadurch entfernt wird. Prägen Sie sich diesen Unterschied zwischen den beiden Leichtmetallen gut ein.

Magnesium kommt in der Natur nicht frei vor.

Wichtige natürlich vorkommende Magnesiumverbindungen sind:

Magnesiumcarbonat
Magnesiumsulfat
Magnesiumchlorid

Notieren Sie bitte die Namen dieser drei Magnesiumverbindungen, und schreiben Sie auch die Summenformeln dazu.

Lesen Sie dann bitte weiter unter 33.

15 Ihre Antwort ist richtig.

Der Dolomit hat die Zusammensetzung $MgCO_3 \cdot CaCO_3$, d. h. auf 1 Molekül $MgCO_3$ kommt (etwa) 1 Molekül $CaCO_3$.

Wir müssen nun noch über die Gewinnung und die Verwendung des Magnesiums sprechen.

Metallisches Magnesium gewinnt man technisch durch *Schmelzelektrolyse von Magnesiumchlorid.*

Wir erinnern uns, daß auch andere Metalle durch Schmelzelektrolyse hergestellt werden. Welche Metalle sind das? (Bitte aufschreiben!)

Lesen Sie bitte weiter unter [4].

16 Dolomit ist ein Mischcarbonat aus Magnesiumcarbonat und Calciumcarbonat, $MgCO_3 \cdot CaCO_3$.

Welche Magnesiumverbindung setzt man zur Gewinnung des freien Metalls ein? (Bitte aufschreiben!) → [24]

17 Ihre Antwort ist richtig.

Metalle scheiden sich bei der Elektrolyse immer an der Kathode (dem Minuspol) ab.

Ende des 29. Programms.

18 Magnesium wird von Wasser nur in der Hitze angegriffen. Es entstehen dabei Magnesium*hydroxid* und *Wasserstoff.*

Dagegen reagiert Natrium mit Wasser schon bei tiefen Temperaturen sehr heftig. Wegen seiner Empfindlichkeit gegen Wasser muß man ja Natrium unter Petroleum aufbewahren.

In seiner Reaktionsfähigkeit gegenüber Säuren verhält sich das Magnesium wiederum ähnlich wie das Aluminium.

Werden Magnesium und Aluminium von verdünnten Säuren angegriffen?

- Ja → [27]
- Nein → [9]
- Ich weiß es nicht → [38]

19 Vergleichen Sie Ihr Ergebnis, und verbessern Sie eventuelle Fehler:

$$Mg + 2\,HCl \longrightarrow MgCl_2 + H_2$$

$$Mg + H_2SO_4 \longrightarrow MgSO_4 + H_2$$

$$Mg + 2\,HNO_3 \longrightarrow Mg(NO_3)_2 + H_2$$

Schreiben Sie die Namen der nach diesen drei Reaktionsgleichungen entstandenen Magnesiumsalze auf, und lesen Sie dann weiter unter [8].

20 Zur Gewinnung von Kalium durch Schmelzelektrolyse setzt man Kaliumhydroxid ein. Kaliumhydroxid ist aber eine Base. → [4]

21 Bitte vergleichen Sie:

$$2\,Mg + O_2 \longrightarrow 2\,MgO$$

Die Tatsache, daß Magnesium unter starker Licht- und Hitzeentwicklung verbrennt, deutet darauf hin, daß es sich sehr gern mit Sauerstoff verbindet. Man kann auch sagen, Magnesium hat eine große *Affinität* zum Sauerstoff.

Gegenüber Wasser ist Magnesium recht widerstandsfähig. Erst bei längerem Erhitzen von feuchtem Mangesiumpulver kann man eine chemische Reaktion beobachten. Es entstehen Magnesiumhydroxid und Wasserstoff.

Notieren Sie bitte die Summenformel für Magnesiumhydroxid, und lesen Sie weiter unter [6].

22 Ihre Antwort ist richtig.

Das Magnesium ist dem Aluminium sehr ähnlich.

Beide Metalle sind Leichtmetalle. Beide werden durch eine Oxidschicht vor dem weiteren Angriff durch Luft und Wasser geschützt, und beide werden von verdünnten Säuren angegriffen.

Magnesium ist in Verbindungen *zwei*wertig.

Stellen Sie die Summenformel für Magnesiumoxid auf, und lesen Sie dann weiter unter [30].

[23] Bitte vergleichen Sie:

Aluminium und Magnesium sind *Leicht*metalle mit den Symbolen *Al* und *Mg*. Beide sind gegen Luft und Wasser *beständig,* weil sie sich mit einer schützenden Schicht von Aluminium- bzw. Magnesium*oxid* überziehen.

Sind Aluminium und Magnesium gegenüber Natronlauge beständig?

- Beide sind gegen Natronlauge beständig → [35]
- Beide werden von Natronlauge angegriffen → [13]
- Aluminium wird von Natronlauge angegriffen, Magnesium nicht → [3]

[24] Zur Gewinnung von Magnesium setzt man *Magnesiumchlorid* ein. Man gewinnt Magnesium genauso wie Aluminium durch *Schmelzelektrolyse,* allerdings geht man beim Aluminium vom Oxid aus.
An welchem Pol scheiden sich Aluminium bzw. Magnesium ab?

- An der Anode (dem Pluspol) → [32]
- An der Kathode (dem Minuspol) → [17]
- Ich bin nicht sicher → [2]

[25] Beim Dolomit handelt es sich um ein *Misch*carbonat. Notieren Sie, welche beiden Carbonate darin enthalten sind, und lesen Sie dann weiter unter [15].

[26] Bitte vergleichen Sie:

$$2\,Na + 2\,H_2O \longrightarrow 2\,NaOH + H_2$$

Wie steht es mit der Widerstandsfähigkeit von Magnesium gegen Wasser im Vergleich zur Widerstandsfähigkeit von Natrium gegen Wasser?

- Magnesium ist viel widerstandsfähiger → [18]
- Magnesium ist nicht so widerstandsfähig → [7]
- Beide Metalle verhalten sich gegenüber Wasser gleich → [34]

27 Ihre Antwort ist richtig.

Mg und Al werden von verdünnten Säuren angegriffen.

Bei der Einwirkung von verdünnten Säuren auf Magnesium entstehen die entsprechenden Magnesiumsalze und Wasserstoff.

Formulieren Sie bitte die drei Reaktionsgleichungen für die Reaktion des Magnesiums

1. mit verdünnter Salzsäure,
2. mit verdünnter Schwefelsäure,
3. mit verdünnter Salpetersäure.

Lesen Sie bitte weiter unter 19.

28 Bitte, vergleichen Sie:

$MgCO_3$ Magnesiumcarbonat

$MgCl_2$ Magnesiumchlorid

$MgSO_4$ Magnesiumsulfat

Eine weitere wichtige natürlich vorkommende Magnesiumverbindung ist der Dolomit. Schreiben Sie bitte auf, woraus Dolomit besteht.

Lesen Sie bitte weiter unter 16.

29 Zur Gewinnung von Aluminium durch Schmelzelektrolyse setzt man das Aluminiumoxid ein. Oxide gehören aber nicht zu den Salzen. → 4

30 Magnesiumoxid: MgO.

An der Luft verbrennt Magnesium mit einem außerordentlich hellen, weißen Licht. Blitzlichtbirnen, wie man sie beim Fotografieren benutzt, enthalten feine Magnesium-Drähte. Nach dem Abbrennen kann man in der Birne einen weißen Belag von Magnesiumoxid beobachten.

Stellen Sie bitte die Reaktionsgleichung für die Verbrennung des Magnesiums auf, und lesen Sie dann weiter unter [21].

---

[31] Magnesium und Natrium sind zwar beide Leichtmetalle, *ganz verschieden verhalten sie sich aber gegenüber Wasser.* Magnesium überzieht sich an der Luft mit einer Oxidschicht, die von Wasser nicht angegriffen wird. Magnesium ist also gegen Wasser beständig. Natrium dagegen reagiert mit Wasser sehr heftig. Man muß das Natrium sogar vor der Luftfeuchtigkeit schützen, indem man es unter Petroleum aufbewahrt.

Lesen Sie bitte noch einmal [1].

---

[32] Ihre Antwort ist falsch.

Metalle scheiden sich bei der Elektrolyse immer an der Kathode (dem Minuspol) ab.

Prägen Sie sich diesen Satz gut ein.

Ende des 29. Programms.

---

[33] Bitte vergleichen Sie:

Magnesiumcarbonat	$MgCO_3$
Magnesiumsulfat	$MgSO_4$
Mangesiumchlorid	$MgCl_2$

Magnesiumcarbonat kommt meist zusammen mit Calciumcarbonat vor und bildet mit diesem ein Mischcarbonat, den *Dolomit.* Ganze Gebirgszüge (z. B. die Dolomiten) bestehen aus diesem Gestein.

Welche Zusammensetzung hat der Dolomit?

- $MgCO_3$ → [5]
- $CaCO_3$ → [25]
- $CaCO_3 \cdot MgCO_3$ → [15]

---

34 Natrium reagiert bereits bei Zimmertemperatur sehr heftig mit Wasser. Sogar von der in der Luft enthaltenen Feuchtigkeit wird Natrium angegriffen.

Wegen seiner Empfindlichkeit gegen Wasser muß man Natrium unter Petroleum aufbewahren.

Bitte notieren Sie:

Magnesium wird von Wasser nur in der Hitze angegriffen.

Es entstehen dabei Magnesium ...... und ...... → 18

---

35 *Magnesium* ist gegen Natronlauge *beständig. Aluminium* wird dagegen unter Bildung von Natriumaluminat und Wasserstoff *angegriffen.*

Das liegt daran, daß die Magnesiumoxid-Schutzschicht gegen Laugen beständig ist. Dagegen wird die Aluminiumoxid-Schutzschicht von Laugen aufgelöst.

Bitte notieren Sie mit Ergänzungen:

Bei der Reaktion von Aluminium mit Natronlauge entstehen .... und ......

Lesen Sie bitte weiter unter 3.

---

36 Ihre Antwort ist richtig.

Bei der Schmelzelektrolyse zur Gewinnung der Metalle setzt man ein:

Für Natrium:	Natriumhydroxid
Für Kalium:	Kaliumhydroxid
Für Magnesium:	Magnesiumchlorid
Für Aluminium:	Aluminiumoxid

Ein *Salz* wird also zur Gewinnung des Magnesiums verwendet. Es ist das Magnesiumchlorid.

Beantworten Sie bitte schriftlich folgende Frage:

Was entsteht an der Kathode?

Was entsteht an der Anode? → 11

37 Bitte vergleichen Sie Ihr Ergebnis, und verbessern Sie es wenn nötig:

$$Mg + 2\,H_2O \xrightarrow{100\,°C} Mg(OH)_2 + H_2$$

Eine ganz ähnliche Reaktion haben wir schon für das Natrium kennengelernt. Stellen Sie bitte die Reaktionsgleichung für die Umsetzung von Natrium mit Wasser auf, und lesen Sie dann weiter unter 26.

38 *Aluminium wird ebenso wie Magnesium von verdünnten Säuren angegriffen.*

Lesen Sie weiter unter 27.

Register

Jedes Lehrprogramm ist so angelegt, daß es von Anfang an möglichst in einem Zug durchgearbeitet werden muß. Das Register soll dem Benutzer der Lehrprogramme zusätzlich die Wiederholung einzelner Begriffe ermöglichen. Die **fett**gedruckte Zahl bezieht sich auf das Lehrprogramm, die dahinterstehende Zahl auf den Lernschritt.

A

P

Q

R

S

Inhalt Lehrprogramm Chemie II

1. Programm

Der Aufbau der Atome. Protonen, Neutronen, Elektronen – Atomkern, Elektronenhülle – Elektronenschalen – Kernladungszahl – Masse der Atome – Isotope – Isotopengemisch – radioaktiver Zerfall – radioaktive Strahlung – Halbwertszeit.

2. Programm

Die chemische Bindung (I). Edelgaskonfiguration – Ionenbindung – Kationen, Anionen – Ionengitter – Ionenwertigkeit – Atombindung – Atomwertigkeit – Metallbindung – Komplexverbindungen.

3. Programm

Das chemische Gleichgewicht. Elektrolyte, Nichtelektrolyte – elektrolytische Dissoziation – Dissoziationsgrad – Dissoziationsgleichgewicht – Dissoziationskonstante – Massenwirkungsgesetz – Ionenprodukt des Wassers – pH-Wert – Pufferlösung – Hydrolyse – Löslichkeitsprodukt.

4. Programm

Das Periodensystem der Elemente. Perioden und Gruppen im Zusammenhang mit dem Atombau – Hauptgruppen – Nebengruppen – Kurzperiodensystem – Langperiodensystem – Lanthanoide – Actinoide – Chemische Eigenschaften der Hauptgruppenelemente, ihrer Hydroxide, Sauerstoff- und Wasserstoffverbindungen im Zusammenhang mit der Stellung des Elements im Periodensystem.

5. Programm

Die Übergangselemente. Chemische Eigenschaften einiger Übergangselemente im Zusammenhang mit ihrer Stellung im Periodensystem – Wertigkeit – Bildung von Kationen oder Komplexanionen – Vorkommen – Gewinnung – Verwendung.

6. Programm

Elektrochemische Spannungsreihe. Oxidation, Reduktion im Zusammenhang mit Elektronenübertragung – Reduktions- und Oxidationsmittel – Oxidationskraft – Normalpotential – Spannungsreihe – Redoxreaktionen unter Anwendung der Spannungsreihe.

7. Programm

Oxidationszahl, Redoxreaktionen. Regeln zur Ermittlung der Oxidationszahlen – Anwendung der Oxidationszahländerung bei der Aufstellung schwieriger Redoxreaktionen.

8. Programm

Kohlenwasserstoffe (I). Kettenförmige Kohlenwasserstoffe – homologe Reihe – Isomerie – cyclische Kohlenwasserstoffe – ungesättigte Kohlenwasserstoffe – Hydrierung – Dehydrierung – Polymerisation – Acetylen.

9. Programm

Kohlenwasserstoffe (II). Aromatische Kohlenwasserstoffe – Benzolring – Isomerie am Benzolring – Einteilung und Eigenschaften der Kohlenwasserstoffe – Erdöl und seine Verarbeitung.

10. Programm

Halogenverbindungen (I). Einfache Chlorverbindungen – Nomenklatur – Substitution – Halogenierung – Kern- und Seitenkettenchlorierung bei Aromaten.

11. Programm

Halogenverbindungen (II). Addition von Halogenen und Halogenwasserstoffen an Mehrfachbindungen – Fluorkohlenwasserstoffe – Eigenschaften und Verwendung von Halogenkohlenwasserstoffen – funktionelle Gruppe – Reaktionen mit Halogenkohlenwasserstoffen – Grignard-Verbindungen – Nachweis von organischen Halogenverbindungen.

12. Programm

Die Hydroxy-Gruppe. Primäres, sekundäres, tertiäres und quartäres Kohlenstoffatom – primäre, sekundäre und tertiäre Alkohole – Nomenklatur – Synthese und Eigenschaften einfacher Alkohole – Benzylalkohol – mehrwertige Alkohole – Phenole, Vorkommen und Synthese – substituierte Phenole – Phenolate und Alkoholate.

13. Programm

Ether, Thioether, Thioalkohole. Ether, Nomenklatur – Synthese von Ethern – intramolekulare und intermolekulare Reaktionen – Wasserstoffbrücken, Assoziation – Thioether und Thiole – Sulfoxide und Sulfone – Nachweis von organisch gebundenem Schwefel.

14. Programm

Die Carbonylgruppe (I). Ketone und Aldehyde, Nomenklatur – Synthese aus Alkoholen – Acetonsynthesen – Oxosynthese – Eigenschaften von Aldehyden – Chloral – Benzaldehyd – aromatische Ketone – Chinone.

15. Programm

Die Carbonylgruppe (II). Reduktion und Oxidation von Carbonylverbindungen – Additionsreaktionen – Bisulfit-Addukte – Cyanhydrine – Ammoniak-Addukte – Oxime – Caprolactam.

16. Programm

Die Carbonylgruppe (III). Polymerisation von Formaldehyd und Acetaldehyd – Aldolkondensation – Cannizzaro-Reaktion – Aldol- und Cannizzaro-Reaktion als Konkurrenz-Reaktionen.

17. Programm

Die Carboxygruppe. Wichtige Carbonsäuren – Fettsäuren – Darstellung von Carbonsäuren – Essig – Dicarbonsäuren – ungesättigte Carbonsäuren – cis-trans-Isomerie – Halogencarbonsäuren – Hydroxycarbonsäuren – asymmetrisches Kohlenstoffatom – optische Isomerie.

18. Programm

Carbonsäurederivate (I). Ester – Darstellung von Estern – Veresterung – Verseifung – Veresterungsgleichgewicht – Vorkommen und Verwendung von Estern – Säurechloride – Darstellung und Reaktionen von Säurechloriden.

19. Programm

Carbonsäurederivate (II). Carbonsäureanhydride – Darstellung und Reaktionen von Anhydriden – Säureamide – Darstellung und Reaktionen von Amiden – Nitrile – Darstellung und Reaktionen von Nitrilen – Blausäure und Cyanide.

20. Programm

Die Sulfonsäure-Gruppe. Synthese aromatischer Sulfonsäuren – sulfonsaure Salze – Sulfonsäurederivate – Phenole und Nitrile aus Sulfonsäuren – Substitution am Benzolkern, Substitutionsregeln – Sulfochlorierung – aliphatische Kohlenwasserstoffe.

21. Programm

Organische Stickstoffverbindungen (I). Nitroverbindungen – Nitrierung – Reduktion von Nitroverbindungen – Amine, Nomenklatur – quartäre Ammoniumsalze – Synthese von Aminen – Hofmannscher Abbau – Aminsalze.

22. Programm

Organische Stickstoffverbindungen (II). Umsetzung von Aminen mit Säurechloriden – Acylierung und Alkylierung – Isocyanate – Reaktion von Aminen mit Salpetriger Säure – Diazoniumsalze – Herstellung und Eigenschaften von Diazoniumsalzen – Azofarbstoffe – quantitative Stickstoffbestimmung in organischen Verbindungen.

23. Programm

Synthetische Polymere. Begriff des Makromoleküls – Polymerisation – Mischpolymerisate – Verarbeitung von Thermoplasten – synthetische Fasern – Polyamide – Polyester – Polycarbonate – Vernetzung von Polymeren – ungesättigte Polyesterharze – Polyaddition, Isocyanate – Polymere mit Kautschukeigenschaften.

24. Programm

Naturstoffe und heterocyclische Verbindungen. Eiweiß – Fette – Kohlenhydrate – heterocyclische Verbindungen (Pyridin, Pyrrol, Furan, Thiophen) – Eigenschaften und Synthese von Heterocyclen – Hämoglobin, Chlorophyll – Beispiel einer klassischen Strukturaufklärung: Nikotin.

25. Programm

Die chemische Bindung (II). Unschärfe-Relation (Heisenberg) – Pauli-Prinzip – Orbital-Begriff – Bindungsorbitale – Bindung im Wasserstoff- und Wassermolekül – Orbitale des Kohlenstoffatoms – angeregter Zustand – Hybrid-Orbitale – Bindung im Methan- und Ethenmolekül – σ- und π-Bindung im Benzolmolekül.